全国高校土木工程专业应用型本科规划推荐教材

工程结构设计原理

吴珊瑚　陈　麟　主编
周　云　黄贵良　主审

中国建筑工业出版社

图书在版编目（CIP）数据

工程结构设计原理/吴珊瑚等主编. —北京：中国建筑工业出版社，2013.3

全国高校土木工程专业应用型本科规划推荐教材

ISBN 978-7-112-15395-4

Ⅰ.①工… Ⅱ.①吴… Ⅲ.①工程结构-结构设计 Ⅳ.①TU318

中国版本图书馆 CIP 数据核字（2013）第 084699 号

本书根据工程结构基本构件的受力特点，将混凝土、钢、钢-混凝土组合结构等不同材料的工程结构构件的设计原理和方法有机地结合在一起。

全书共 7 章，包括绪论、工程结构材料、工程结构的设计原则、轴心受力构件、受弯构件、拉弯和压弯构件、预应力混凝土构件等内容。每章后附有思考题和习题。

本书是根据《工程结构可靠性设计统一标准》GB 50153—2008、《建筑结构荷载规范》GB 50009—2012 、《混凝土结构设计规范》GB 50010—2010、《钢结构设计规范》GB 50017—2003 和《钢-混凝土组合结构设计规程》DL/T 5085—1999、《钢管混凝土结构设计与施工规程》CECS28：2012 等我国现行的有关规范和规程编写。

本书可作为高等学校全日制本科生、成人教育、自学考试等相关土建类专业的教材，并可供从事结构设计和施工等工程技术人员参考。

* * *

责任编辑：王 跃 吉万旺
责任设计：张 虹
责任校对：张 颖 关 健

全国高校土木工程专业应用型本科规划推荐教材
工程结构设计原理
吴珊瑚 陈 麟 主编
周 云 黄贵良 主审
*
中国建筑工业出版社出版、发行（北京西郊百万庄）
各地新华书店、建筑书店经销
霸州市顺浩图文科技发展有限公司制版
北京圣夫亚美印刷有限公司印刷
*
开本：787×1092 毫米 1/16 印张：24¾ 字数：600 千字
2013 年 9 月第一版 2013 年 9 月第一次印刷
定价：**48.00** 元
ISBN 978-7-112-15395-4
(23430)

序

自1952年院系调整之后，我国的高等工科教育基本因袭了苏联的体制，即按行业设置院校和专业。工科高校调整成土建、水利、化工、矿冶、航空、地质、交通等专科院校，直接培养各行业需要的工程技术人才；同样的，教材也大都使用从苏联翻译过来的实用性教材，即训练学生按照行业规范进行工程设计，行业分工几乎直接“映射”到高等工程教育之中。应该说，这种过于僵化的模式，割裂了学科之间的渗透与交叉，并不利于高等工程教育的发展，也制约了创新性人才的培养。

作为传统工科专业之一的土木工程，在我国分散在房建、公路、铁路、港工、水工等行业，这些行业规范差异较大、强制性较强。受此影响，在教学过程中，普遍存在对行业规范依赖性过强、专业方向划分过细、交融不够等问题。1998年教育部颁布新专业目录，按照“大土木”组织教学后，这种情况有所改观，但行业影响力依旧存在。相对而言，土木工程专业的专业基础课如建材、力学，专业课程如建筑结构设计、桥梁工程、道路工程、地下工程的问题要少一些，而介于二者之间的一些课程如结构设计原理、结构分析计算、施工技术等课程的问题要突出一些。为此，根据全国高等学校土木工程学科专业指导委员会的有关精神，配合我校打通建筑工程、道桥工程、地下工程三个专业方向的教学改革，我校部分教师以突出工程性与应用性、扩大专业面、弱化行业规范为切入点，将重点放在基本概念、基本原理、基本方法的应用上，将理论知识与工程实例有机结合起来，汲取较为先进成熟的技术成果和典型工程实例，编写了《工程结构设计原理》、《基础工程》、《土木工程结构电算》、《工程结构抗震设计》、《土木工程试验与检测技术》、《土木工程施工》六本教材，以使学生更好地适应“大土木”专业课程的学习。

希望这一尝试能够为跨越土建行业鸿沟、促进土木工程专业课程教学提供有益的帮助与探索。

是为序。

中国工程院院士

周福霖

2012年7月于广州大学

前　言

本教材的编写原则是：根据我国高等学校土木工程学科专业指导委员会的有关精神，配合打通建筑工程、道桥工程、地下工程三个专业方向的教学改革，以突出工程性与应用性、扩大专业面、弱化行业规范为切入点，将重点放在基本概念、基本原理、基本方法的应用上，将理论知识与工程实例有机结合起来，汲取较为先进成熟的技术成果和典型工程实例。

为了强化学生的结构概念，本书在编写过程中，根据工程结构基本构件的受力特点，将混凝土、钢、钢-混凝土组合结构等不同材料的工程结构构件的设计原理和方法进行有机结合。

同时，本书力求少而精，突出重点，讲明难点。全书共 7 章，主要内容有绪论、工程结构材料、工程结构的设计原则、轴心受力构件、受弯构件、拉弯和压弯构件的设计原理、预应力混凝土构件设计原理等内容。每章后附有思考题和习题。

本书是根据《工程结构可靠性设计统一标准》GB 50153—2008、《建筑结构荷载规范》GB 50009—2012 、《混凝土结构设计规范》GB 50010—2010、《钢结构设计规范》GB 50017—2003 和《钢-混凝土组合结构设计规程》DL/T 5085—1999、《钢管混凝土结构设计与施工规程》CECS28：2012 等我国现行的有关规范和规程编写。

本书由广州大学吴珊瑚、陈麟制定编写大纲和统稿。全书共 7 章，其中第 1 章由广州大学邓雪松撰写，第 2 章、第 3 章由广州大学许勇撰写，第 4 章由广州大学吴珊瑚、陈麟撰写，第 5 章由广州大学吴珊瑚、陈麟、张春梅撰写，第 6 章由广州大学吴珊瑚、陈麟撰写，第 7 章由广州大学张春梅撰写。

在编写本书时，参考和引用了公开发表的一些文献和资料，谨向这些作者表示感谢。

由于水平有限，书中难免有缺点和错误，热切希望读者批评指正。

目　录

第1章　绪　　论

1.1　工程结构的定义及作用

在房屋、桥梁、公路、地铁、隧道等工程中，支承它们的骨架被称之为工程结构。工程结构的作用（以图1-1～图1-4所示的工程为例）主要有以下三点：

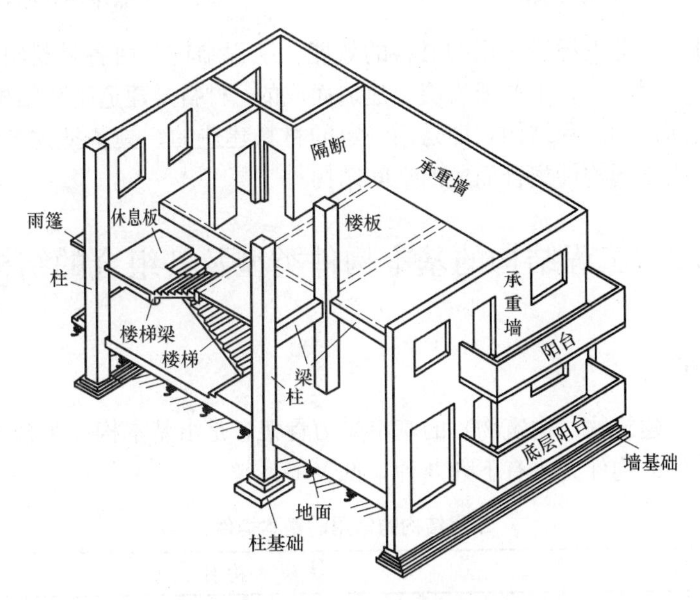

图1-1　房屋建筑物中的结构构件和其他构件

（1）它首先要组成人类活动需要的多种空间，如各类房间、厅室、过道、楼梯；还要形成为人类服务的各种构筑物，如桥梁、地下建筑、贮罐、烟囱；同时还要表现人类的精神需求，如它的文化内涵、新颖和高雅的外形。这是工程结构存在的根本目的。

（2）它必须抵御自然界和人为的各种作用力，前者如地球引力、风力、热胀冷缩产生的隐形荷载（作用）和地震作用等，后者如振动、爆炸等，确保建筑物在这些荷载作用下不破坏、不倒塌，还要持续地保持良好的使用状态。这是工程结构存在的根本原因。

图1-2　上海西藏南路地铁站

图 1-3　世博会中国国家馆

图 1-4　日本明石海峡大桥

（3）它必须要充分发挥所采用的材料的效能。工程结构是由各种材料（如用砖、石、混凝土、钢材、木材等）在土层或岩层上建造而成的，材料是建造工程结构的物质基础。

因此可知，所谓的工程结构，即是用一定的材料建造的，具备抵抗各种荷载（作用）和变形的能力，由不同构件集合而成的空间结构。

1.2　工程结构的基本构件类型及其组合的结构

1.2.1　基本构件

工程结构——建筑物（构筑物）的基本受力骨架，是由基本构件集合而成的空间有机体。工程结构常用的构件大体有下列九种，见表 1-1。

工程结构的常用的基本构件　　**表 1-1**

类型		基本构件	
线形构件	直线形	拉杆 $(+N)$　压杆 $(-N)$　梁 $(M、V)$　柱 $(-N、M、V)$	刚性
		拉索 $(+N)$	柔性
	曲线形	曲梁 $(M、T、V)$　拱 $(-N、M、V)$	刚性
		悬索 $(+N)$	柔性

续表

类　型		基本构件	
面形构件	平面	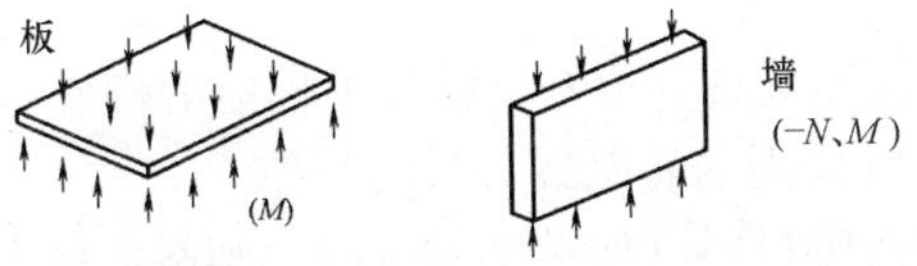 板 (M)　墙 $(-N、M)$	刚性
	单曲面	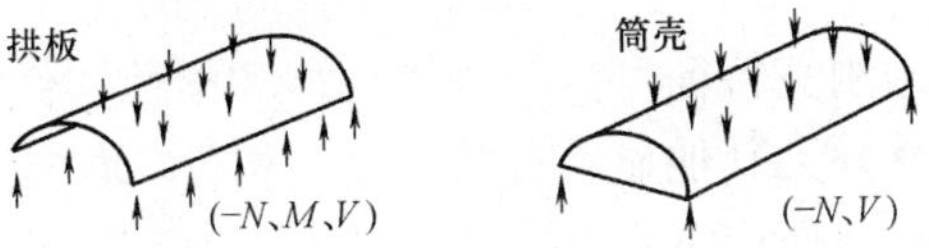 拱板 $(-N、M、V)$　筒壳 $(-N、V)$	刚性
		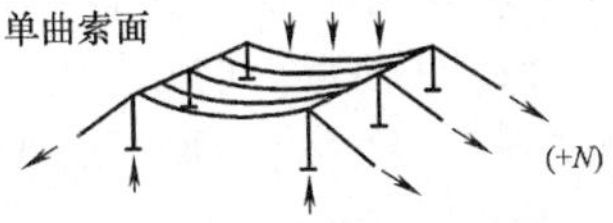 单曲索面 $(+N)$	柔性
	双曲面	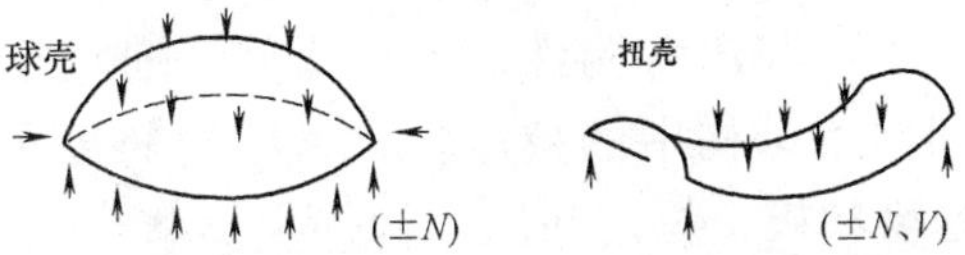 球壳 $(\pm N)$　扭壳 $(\pm N、V)$	刚性
		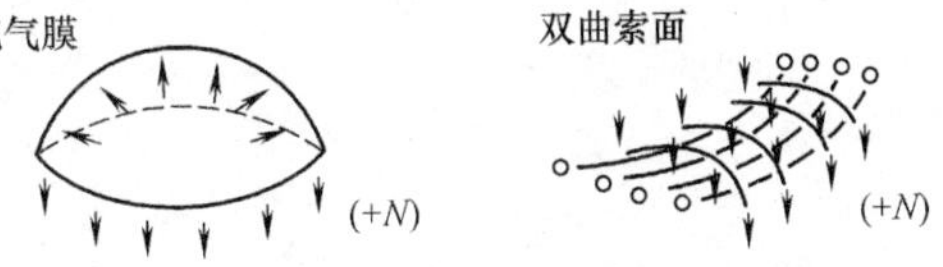 充气膜 $(+N)$　双曲索面 $(+N)$	柔性

(1) 梁——指承受垂直于其纵轴方向荷载的直线形构件，其截面尺寸小于其长向跨度。如果荷载重心作用在梁的纵轴平面内，该梁只承受弯矩和剪力，否则还受扭矩。常采用钢筋混凝土、钢材、钢-混凝土组合材料和木材等材料制作。

(2) 柱——指承受平行于其纵轴方向荷载的直线形构件，其截面尺寸小于其高度，以受压、受弯为主。常采用钢筋混凝土、钢材、钢—混凝土组合材料、砌体和木材等材料制作。

(3) 杆——指截面尺寸小于其长度的直线形杆件，承受与其长度方向一致的轴力（受拉或受压），多用于组成桁架或网架。常采用钢结构拉压杆或混凝土压杆。

(4) 索——指一种以柔性受拉钢索组成的构件，具有直线形或曲线形。

(5) 板——指覆盖一个具有较大平面尺寸但却有较小厚度的平面形构件，通常在水平方向设置，承受垂直于板面方向的荷载，以承受弯矩、剪力、扭矩为主，一般的板较薄，剪力和扭矩可以忽略。可以采用钢筋混凝土、钢材、钢-混凝土组合材料和木材等材料制作。

(6) 墙——指承受平行于及垂直于墙面方向荷载的竖向平面构件，其厚度小于墙面尺寸，以承受压力为主，有时也受弯、受剪。常采用钢筋混凝土、钢材、钢一混凝土组合材料、砌体和木材等材料制作。

(7) 拱——指承受沿其纵轴平面内荷载的曲线形构件，其截面尺寸小于其弧长，以承受压力为主，有时也承受弯矩和剪力。常采用砌体、钢筋混凝土、钢一混凝土组合材料制作。

(8) 壳——指一种曲面形且具有很好空间传力性能的构件，能以极小厚度覆盖大跨度空间，以双向受压为主。常采用钢筋混凝土材料制作。

(9) 膜——指一种用薄膜材料（如玻璃纤维布、塑料薄膜等）制成的构件，只能承受拉力。

上述基本构件按构件的刚性特征可分为刚性构件和柔性构件。刚性构件是指在荷载作用下除有一定的挠度和位移外无其他显著现状改变的构件，如板、梁、墙、杆、柱、拱和壳；柔性构件是指在一定荷载作用下只有一个形状，一旦荷载性质有变（如集中荷载改为均布荷载），它的形状也会突然变化的构件，如索和膜。

拉伸（$+N$）、压缩（$-N$）、弯曲（M）、剪切（V）、扭转（T）是上述基本构件的五种基本受力状态（如图 1-5 所示），我国钢结构、混凝土结构、砌体、木结构设计规范，都是以受拉、受压、受弯、受剪、受扭或其组合进行分类，即把基本构件分为轴心受力构件、受弯构件、拉弯和压弯构件、受扭构件。轴心受力构件主要承受轴心压力或轴心拉力，如桁架和网架结构中的拉压杆，索结构的拉索；受弯构件主要承受弯矩与剪力，其典型构件是梁和板；拉弯和压弯构件主要承受压力、弯矩和剪力或拉力、弯矩和剪力，如柱、墙、拱；受扭构件主要承受扭矩或扭矩、弯矩和剪力，如曲梁、楼盖中的边梁。

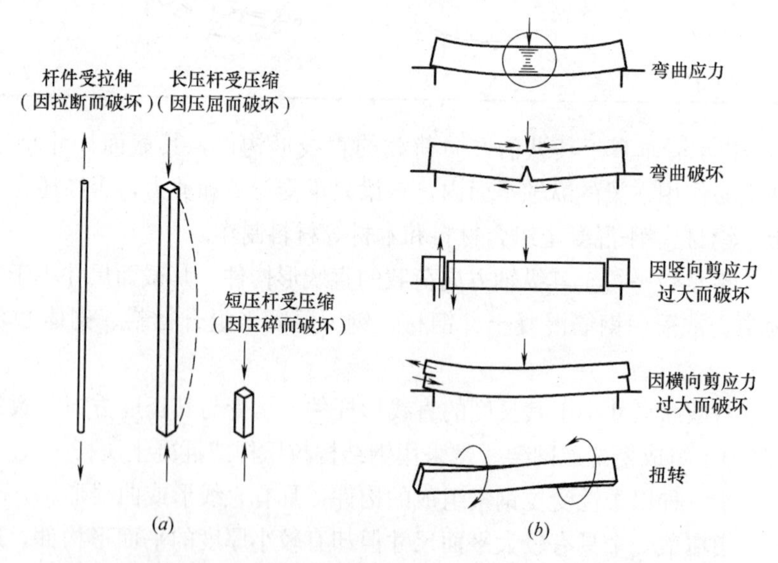

图 1-5　构件承受拉力、压力、弯矩、剪力、扭矩变形破坏示意图

(a) 轴向受荷载；(b) 横向受荷载

1.2.2　结构形式

基本构件的不同组合可以形成各种不同的结构，如以梁和柱为主要受力构件的框架结构，以墙为主要竖向受力构件的剪力墙结构等，如图 1-6 给出部分结构形式的示意图。

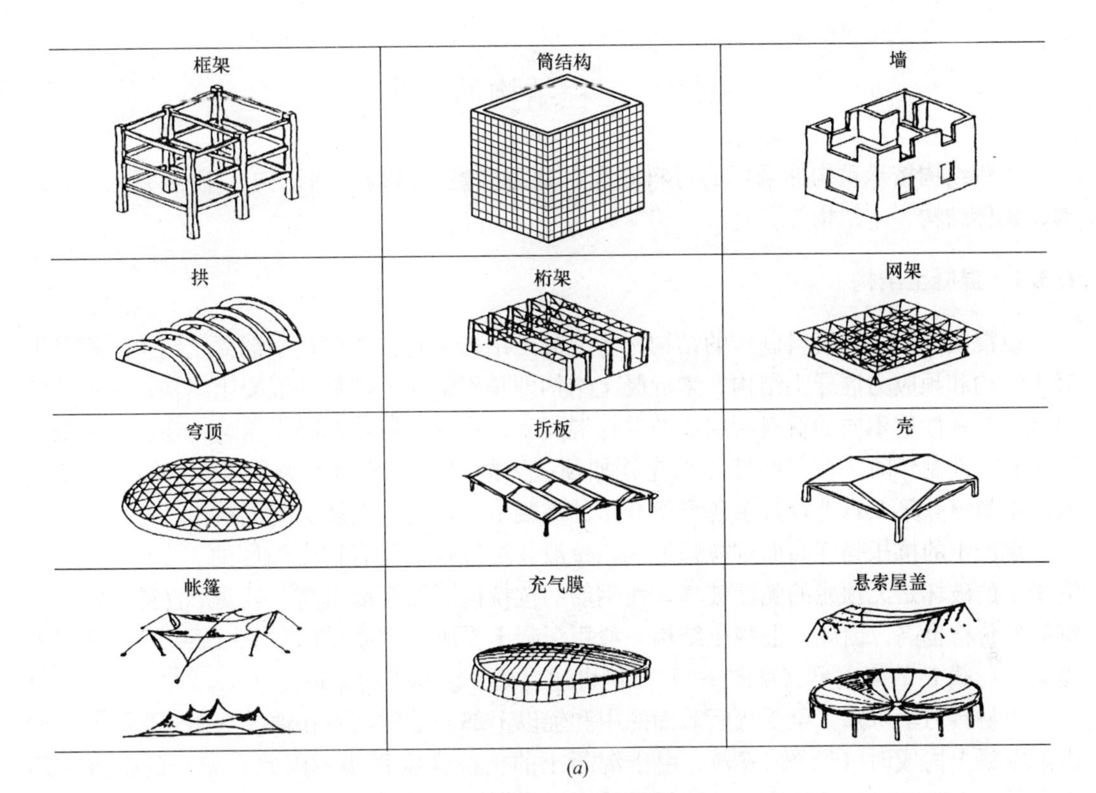

(*a*)

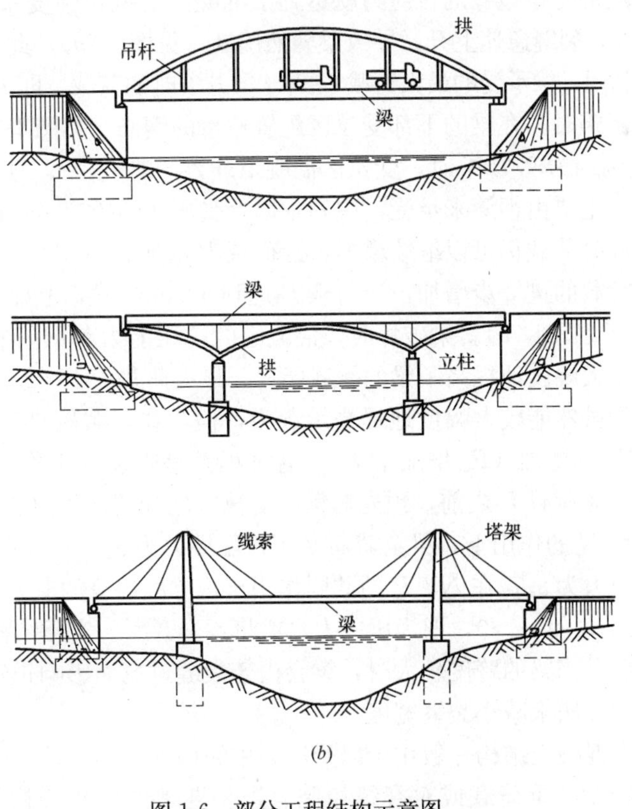

(*b*)

图 1-6　部分工程结构示意图

(*a*) 房屋建筑结构示意图；(*b*) 桥梁结构示意图

1.3 工程结构的分类

工程结构按承重构件采用的材料不同，分为混凝土结构、钢结构、钢-混凝土组合结构、砌体结构、木结构等。

1.3.1 混凝土结构

以混凝土为主要材料制作的结构称为混凝土结构。它主要包括素混凝土结构、钢筋混凝土结构和预应力混凝土结构。素混凝土结构即是不配任何钢材的混凝土结构；由钢筋和混凝土两种性质不同的材料所组成的普通混凝土结构称为钢筋混凝土结构；在钢筋混凝土结构和构件制作时，在一些部位预先施加预应力的混凝土结构称为预应力钢筋混凝土结构。本教材除第7章外，其余各章所介绍的混凝土结构均为钢筋混凝土结构。

混凝土的抗压强度高而抗拉强度低，一般其抗拉强度只有抗压强度的1/20～1/8，且混凝土的破坏是无预兆的脆性破坏；而钢筋的抗拉抗压强度都很高，且变形性能良好，但钢筋的价格也高。因此，混凝土结构一般用混凝土受压，钢筋受拉。下面用一个在跨中承受集中荷载 P 的简支梁（见图1-7）为例讲述混凝土结构受力原理。

由材料力学可知，梁受弯后截面的中和轴以上部分受压，中和轴以下部分受拉。当梁由素混凝土构成时（见图1-7a），由于混凝土的抗拉强度很小，因此在较小的荷载作用下，梁跨中截面底部受拉边缘的拉应力就达到了混凝土的抗拉强度 f_t，梁下部随即开裂，在荷载持续作用下，裂缝急速上升，导致梁骤然脆断（见图1-7a），此时梁上部混凝土的抗压强度还未充分利用，梁承受的最大荷载 P_u 等于梁开裂时的荷载，即 $P_u=P_{cr}=9.7$kN。

倘若在构件浇筑时，在梁的下部受拉区配置适量的钢筋（见图1-7b）做成钢筋混凝土梁，当荷载 P 达到约为9.7kN时，受拉区混凝土开裂，即 $P_{cr}=9.7$kN。开裂后梁中和轴以下受拉区的拉力主要由钢筋来承受，中和轴以上受压区的压应力仍由混凝土承受，与素混凝土梁不同，此时荷载仍可以继续增加，当荷载 P 增加到50kN时，受拉钢筋应力达到屈服强度，随着荷载的进一步增加，当荷载 P 达到52.5kN时，上部受压区的混凝土也被压碎，梁才破坏（见图1-7b）。梁破坏时，混凝土的抗压能力和钢筋的抗拉能力都得到充分的利用，因此较大幅度地提高了梁的承载能力，最大荷载 $P_u=52.5$kN。

钢筋混凝土梁虽然能较大幅度地提高承载力，但梁在荷载较小时就已经开裂（$P_{cr}=9.7$kN），在荷载继续增加（P_{cr}增加至 P_u）的过程都是带裂缝工作的。如果不允许梁开裂，则可以在梁承受荷载 P 之前，预先对梁的受拉区施加压应力（见图1-7c），即做成预应力混凝土梁。在 N 的作用下，梁全截面受压，压应力为 σ_1；而在荷载 P 作用下，梁底部受拉边缘的拉应力为 σ_2；在 N、P 的共同作用下，梁底边缘的应力为 $\sigma_c=\sigma_1-\sigma_2$。可以通过调整 N 的大小，使 $\sigma_c>0$，即为压应力，梁将不会开裂。实际结构中，梁一般是允许带裂缝工作的，但是当梁的跨度较大时，梁会由于裂缝过宽而影响正常工作，此时就可以采用施加预应力的方法来减小裂缝宽度。

由此可见，素混凝土结构一般用于以受压为主的构件，如基础、桥墩等；预应力混凝土结构常用于大跨度、重荷载或对裂缝控制有严格要求的结构和构件，如大跨度的梁、板，屋架下弦、混凝土梁桥等；钢筋混凝土结构广泛适用于一般的受弯、受剪、受压及受

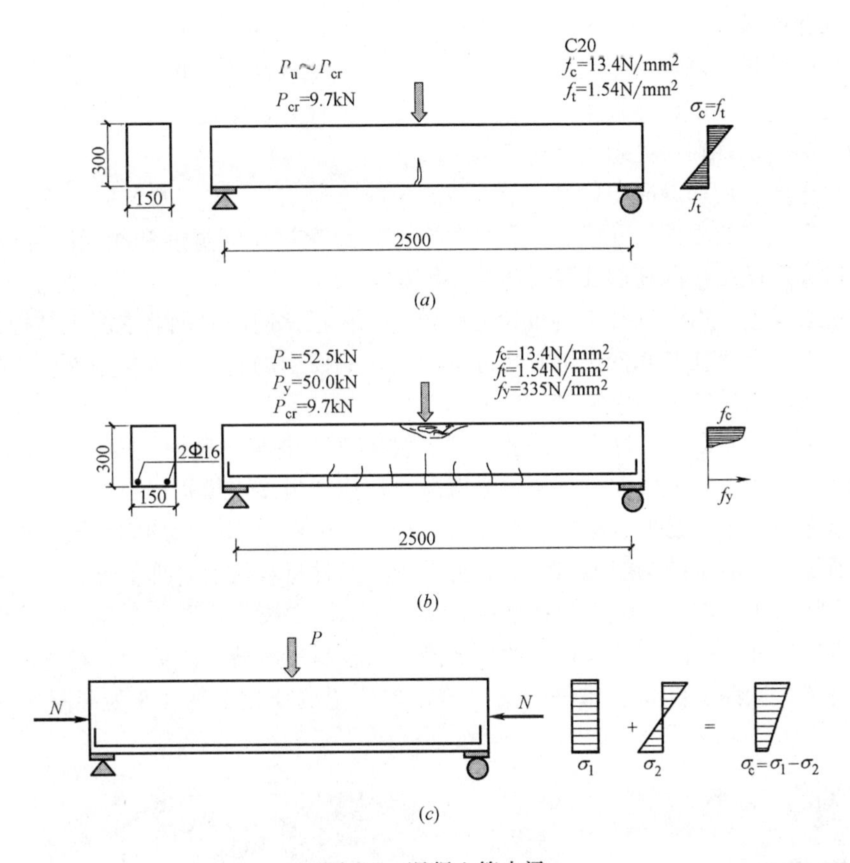

图 1-7　混凝土简支梁

(*a*) 素混凝土简支梁；(*b*) 钢筋混凝土简支梁；(*c*) 预应力混凝土简支梁

扭构件。

除素混凝土结构外，混凝土结构都是由钢筋和混凝土两种物理、力学性质很不相同的材料浇捣在一起构成的，它们之所以能够共同工作，其主要原因是：

(1) 钢筋与混凝土之间存在良好的粘结力，能牢固地形成整体，保证在荷载作用下钢筋和外围混凝土能够协调变形、共同受力。

(2) 钢筋和混凝土这两种材料的温度线膨胀系数接近。钢材为 1.2×10^{-5}/℃，混凝土为 $(1.0\sim1.5)\times10^{-5}$/℃，因此，当温度变化时，二者之间不会产生过大的相对变形而导致它们之间的粘结力破坏。

(3) 混凝土还可以包裹钢筋，防止钢筋锈蚀。

混凝土结构与其他结构相比，有以下优点：

(1) 就地取材。混凝土结构中，砂和石料所占比例很大，水泥和钢筋所占的比例很小，砂和石料一般可以由建筑工地附近供应。

(2) 节约钢材。混凝土结构的承载力较高，大多数情况下可用来代替钢结构，因此节约钢材。

(3) 耐久、耐火。钢筋埋放在混凝土中，受混凝土保护不易发生锈蚀，因此提高了混凝土的耐久性。当发生火灾时，钢筋混凝土结构不会像木结构那样燃烧，也不会像钢结构那样很快软化而破坏。

（4）可模性好。钢筋混凝土结构可以根据需要浇捣成任何形状。

（5）现浇式或装配整体式钢筋混凝土结构的整体性好，刚度大。

混凝土结构也存在一些缺点，主要有：

（1）自重大。钢筋混凝土的重力密度为 $25kN/m^3$，比砌体和木材的重度大。尽管比钢材的小，但结构的截面尺寸较大，因此其自重远远超过相同宽度和相同高度的钢结构，这对于建造大跨度结构和高层建筑结构是不利的。

（2）抗裂性差。由于混凝土的抗拉强度较低，在正常使用时钢筋混凝土结构往往是带裂缝工作的，裂缝存在会降低抗渗和抗冻能力而影响使用功能。在工作条件较差的环境条件下，会导致钢筋的锈蚀而影响结构物的耐久性。

（3）施工比较复杂，工序多。需要支模、绑钢筋、浇筑、养护、拆模，因此工期长，施工受季节、天气的影响较大。现浇钢筋混凝土使用模板多，模板材料耗费量大。

（4）新老混凝土不易形成整体。混凝土结构一旦破坏，修补和加固比较困难。

综上所述，混凝土结构能够将钢筋和混凝土这两种材料按照合理的方式有机地结合在一起共同工作，可以取长补短，使钢筋主要承受拉力、混凝土主要承受压力，充分发挥它们的材料特性，并使得结构具有良好的变形能力和较高的承载力。因此，在房屋建筑、地下建筑、桥梁、铁路、隧道、水利、港口等得到广泛的应用，图 1-8 为混凝土结构工程实例。

(*a*)

(*b*)

图 1-8　混凝土结构工程实例

（*a*）混凝土桥梁；（*b*）混凝土高层建筑

1.3.2　钢结构

钢结构主要是指由钢板、热轧型钢、薄壁型钢和钢管等构件组合而成的结构，它是土木工程的主要结构形式之一。钢结构与其他材料的结构相比，具有以下优点：

（1）建筑钢材强度高，塑性韧性好。由于强度高，所以在同样受力的情况下，钢结构与钢筋混凝土结构和木结构相比，构件较小，质量较轻，适用于建造跨度大、高度高和承载重的结构。而塑性好，使得钢结构在一般条件下不会因超载而突然断裂，只会增大变形，故容易被发现，此外，还能将局部高峰应力重分配，使应力变化趋于平缓。韧性好，适宜在动力荷载下工作，因此在地震区采用钢结构较为有利。

（2）钢结构的质量轻。钢材密度大，强度高，但做成的结构却比较轻。结构的轻质性可用材料的密度ρ和强度f的比值密强比α来衡量，α值越小，结构相对较轻。建筑钢材的α值在（1.7～3.7）$\times10^{-4}$/m；木材的α值为5.4$\times10^{-4}$/m；钢筋混凝土的α值为18$\times10^{-4}$/m。以同样的跨度承受同样的荷载，钢屋架的质量最多不过是钢筋混凝土屋架的1/4～1/3。

（3）材质均匀，与力学计算的假定比较符合。钢材内部组织比较均匀，接近各向同性，可视为理想的弹-塑性体材料。因此，钢结构的实际受力情况和工程力学的计算结果比较符合，在计算中采用的经验公式不多，从而，计算的不确定性较小，计算结果比较可靠。

（4）工业化程度高，工期短。钢结构所用的材料可由专业化的金属结构厂轧制成各种型材，加工制作简便，准确度和精密度较高。制成的构件可运到现场拼装，采用焊接或螺栓连接。因构件较轻，故安装方便，施工机械化程度高，工期短，为降低造价、充分发挥投资的经济效益创造了条件。

（5）密封性好。钢结构采用焊接连接后可以做到安全密封，能够满足一些要求气密性和水密性好的高压容器、大型油库和管道的要求。

（6）耐热性较好。温度在200℃以内，钢材性质变化较小，在温度为300℃以上时，强度逐渐下降，600℃时，强度几乎为零。因此，钢结构可用于温度不高于200℃的场合。在有特殊防火要求的建筑中，钢结构必须采取保护措施。

但钢结构也具有以下缺点：

（1）耐腐蚀性差。钢材在潮湿环境中，特别是在处于有腐蚀性介质的环境中容易锈蚀。目前，新建造的钢结构应定期刷涂料加以保护，维护费用较高。

（2）耐火性差。钢结构耐火性较差，在火灾中，未加防护的钢结构一般只能维持20min左右。因此在需要防火时，应采取防火措施，如在钢结构外面包混凝土或其他防火材料，或在构件表面喷涂防火涂料等。

（3）钢结构在低温条件下可能发生脆性断裂。

现在钢材已经被认为是可以持续发展的材料，因此从长远发展的观点看，钢结构将有很好的应用发展前景。主要应用在吊车起重量较大或者其工作较繁重的车间的工业厂房、大跨空间结构和大跨桥梁结构、多层和高层房屋建筑、塔架和桅杆结构、可拆卸的结构、油罐、煤气罐、高炉等，图1-9为钢结构工程实例。

1.3.3 钢—混凝土组合结构

由两种或两种以上材料组成，并在荷载作用下具有整体工作性能的结构称为组合结构。如常见的型钢混凝土梁、柱，钢管混凝土柱，钢与混凝土组合梁板等均为钢—混凝土组合结构，本教材简称之为组合结构。

组合结构与钢筋混凝土结构、钢结构相比，有其自身的优势与特色，也存在一些劣势。

1. 组合结构与钢筋混凝土结构相比的优点

（1）组合结构承载能力高，刚度大，组合构件的承载能力可以高出同样外形的钢筋混

(*a*)

(*b*)

图 1-9　钢结构工程实例

(*a*) 广州新白云机场；(*b*) 上海卢浦大桥（中承式箱形截面钢拱桥）

凝土构件承载能力一倍以上，这样能有效减小构件截面尺寸。对于高层建筑，构件承载力的提高和截面尺寸的减小，可以增加使用面积和楼层净高，减少结构自重，降低基础造价，其经济效益是可观的。

（2）组合结构施工速度快，工期短。型钢混凝土和钢-混凝土组合梁板的型钢在混凝土未浇灌以前已具有相当的承载力，能够承受构件自重和施工荷载。这样，不必等待混凝土达到一定强度就可继续施工上层，也不需临时支撑。钢-混凝土组合梁板、钢管混凝土柱的钢材本身就是耐压的模板，可省去支模、拆模的工作量。所以组合结构施工工期可比钢筋混凝土结构缩短。

（3）组合结构的延性好，抗震性能优越。组合结构比钢筋混凝土结构的延性明显提高，在地震中具有更好的耗能能力，呈现出优良的抗震性能。

2. 组合结构与钢结构相比的优点

（1）组合结构比钢结构用钢量少。

（2）整体与局部刚度好。组合结构比纯钢结构的刚度大很多，变形小，正常使用条件下的舒适度更容易满足。组合结构中的外包混凝土可以防止内部钢材的局部屈曲，使钢材的强度充分发挥。

（3）因混凝土的保护作用，组合结构耐久性和耐火性均优于钢结构。

3. 组合结构的缺点

当然，组合结构也存在一些不足。与混凝土结构相比，其用钢量大，与钢结构比，增加了混凝土用量，结构自重大。另外，组合结构的施工要求高。钢结构加工制作精度与混凝土结构的差异、节点区域混凝土、型钢、钢筋交汇一起等，这些对施工单位的技术水平要求较高。

4. 组合结构的常用构件形式

(1) 型钢混凝土结构构件

由混凝土包裹型钢而形成的构件称为型钢混凝土构件，其中除配置型钢外，一般还配置纵向钢筋和箍筋。这种结构在各国有不同的名称，英、美等国家将它称为混凝土包钢结构，在日本被称为钢骨钢筋混凝土结构，在苏联则称为劲性钢筋混凝土结构。

型钢混凝土结构可以代替钢筋混凝土结构和钢结构应用于高层建筑结构之中。型钢混凝土梁、柱是最基本的构件，按其内的型钢形式可分为实腹式和空腹式两大类。空腹式型钢混凝土构件的受力性能与普通钢筋混凝土构件基本相同，而实腹式型钢混凝土构件的受剪承载力得到很大提高，抗震性能也得到很大改善，是目前高层建筑结构中主要采用的形式。图 1-10 为工程中常见的型钢混凝土梁、柱截面形式。

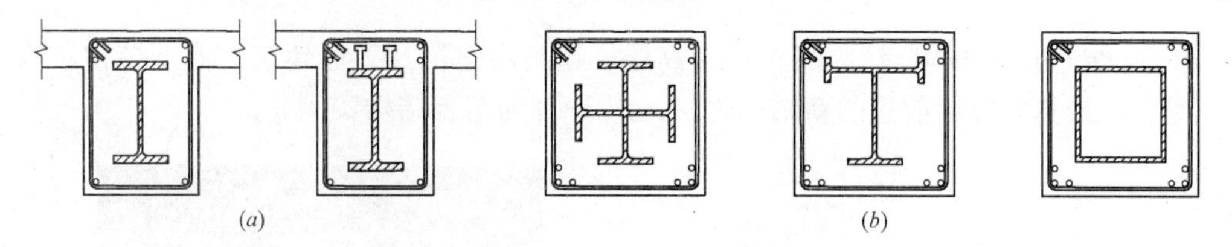

图 1-10　型钢混凝土梁、柱构件截面形式

(*a*) 型钢混凝土梁；(*b*) 型钢混凝土柱

(2) 钢-混凝土组合梁

钢—混凝土组合梁（以下简称组合梁）是通过剪力连接件将钢梁与混凝土板连接起来而共同承受荷载、变形协调的一种梁，这种梁使得下部的钢材承受截面拉应力，上部的混凝土部分承受截面的压应力，充分发挥了钢材的抗拉性能和混凝土的抗压性能，显著提高了材料的利用效率，而且混凝土板又增强了钢梁的侧向刚度，防止侧向失稳。此外，利用钢梁的刚度和承载力来承担悬挂模板、混凝土板及施工荷载，无须设置满堂红脚手架，节约了模板，加快了施工速度。

高层建筑中，组合梁的钢梁可采用工字钢、箱形钢梁等几种截面形式，如图 1-11 所示。对于承受较小荷载的组合梁，钢梁一般采用轧制工字钢，如图 1-11 (*a*)、(*d*)；荷载稍大时，可在工字钢下翼缘加焊一块钢板，形成不对称的工字形截面，如图 1-11 (*b*)；或采用焊接拼制的工字钢。箱形钢梁截面具有较大的抗扭刚度，可用于大跨度的偏心转换梁，如图 1-11 (*c*)。

(3) 钢管混凝土构件

钢管混凝土即在钢管内填充混凝土，将两种不同性质的材料组合而形成的组合结构。钢管混凝土根据截面形式的不同，分为矩形钢管混凝土、圆钢管混凝土和多边形钢管混凝土等，其中圆形钢管混凝土应用较为广泛。

钢管混凝土利用钢管和混凝土两种材料在受力过程中的相互制约作用，即钢管对混凝

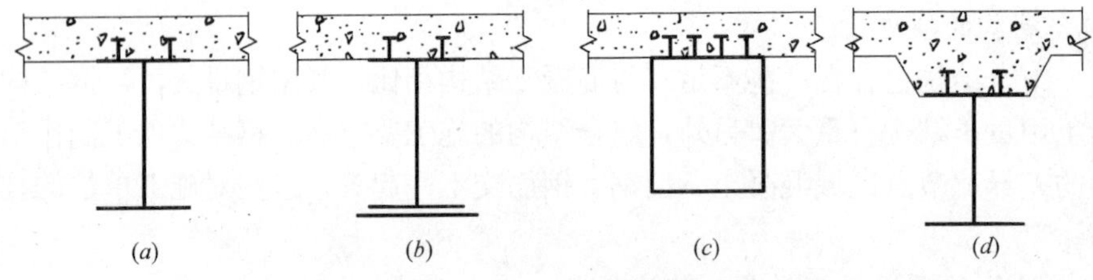

图 1-11　组合梁的截面形式

土变形的约束，使混凝土处于复杂应力状态之下，从而使混凝土强度、塑性以及韧性性能大为改善。同时，由于混凝土的变形，使钢管也处于复杂应力状态。通过二者的组合，充分发挥两种材料的优点，使其受力性能优于两种材料性能的简单叠加，常见截面形式如图 1-12 所示。

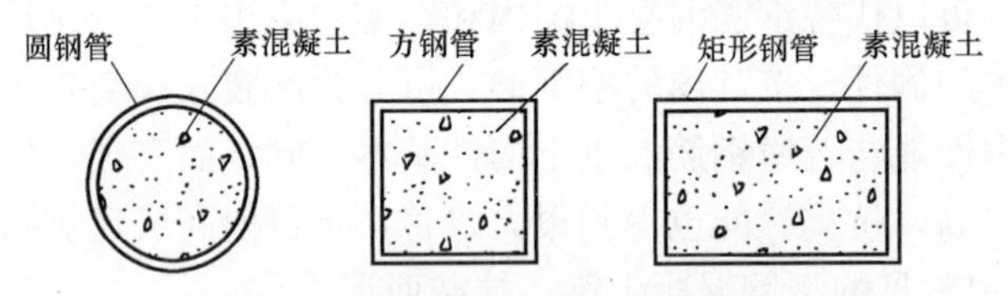

图 1-12　钢管混凝土构件的截面形式

钢-混凝土组合结构广泛应用于许多高层、超高层建筑及工业建筑、地下结构、桥梁中，是目前最具有应用前景的新结构之一，图 1-13 为组合结构实例。

图 1-13　组合结构实例
(a) 兰州雁滩黄河大桥（钢管混凝土柱）；(b) 香港中银大厦（型钢混凝土柱）

1.3.4　砌体结构

砌体结构（见图 1-14）是指由块材（如普通黏土砖、硅酸盐砖、石材等）通过砂浆砌筑而成的结构。由于砌体的抗压强度较高而抗拉强度很低，因此，砌体结构构件主要承受轴心或小偏心压力，而很少受拉或受弯，一般民用和工业建筑的墙、柱和基础都可采用砌体结构。

1.3.5 木结构

木结构（见图1-15）是单纯由木材或主要由木材承受荷载的结构，通过各种金属连接件或榫卯手段进行连接和固定。这种结构因为是由天然材料所组成，受着材料本身条件的限制，因而木结构多用在民用和中小型工业厂房的屋盖中。木屋盖结构包括木屋架、支撑系统、吊顶、挂瓦条及屋面板等。

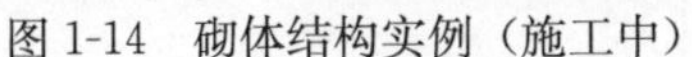

图1-14 砌体结构实例（施工中）

图1-15 木结构实例

本教材仅对常用的钢筋混凝土结构、预应力钢筋混凝土结构、钢结构和钢-混凝土组合结构构件进行介绍，其他结构构件的设计可参阅相关书籍。

1.4 工程结构设计的技术标准和规范

为了指导土木工程各领域的工程结构设计，我国相关部门制订有各专门领域的技术标准和设计规范。本教材以建筑工程领域的技术标准和规范为依据编写，它们包括：《工程结构可靠性设计统一标准》GB 50153—2008、《建筑结构可靠度设计统一标准》GB 50068—2001、《建筑结构荷载规范》GB 50009—2012、《混凝土结构设计规范》GB 50010—2010、《钢结构设计规范》GB 50017—2003、《冷弯薄壁型钢结构技术规范》GB 50018—2002、《钢-混凝土组合结构设计规程》DL/T 5085—1999、《钢管混凝土结构设计与施工规程》CECS 28：2012、《建筑抗震设计规范》GB 50011—2010 等。铁路工程、公路工程、港口工程、水利水电工程等土木工程其他领域的工程结构设计，请参阅各领域的技术标准和规范。

思考题与习题

1-1 介绍工程结构的定义和作用。

1-2 列出在你生活和学习的教学楼、餐厅或宿舍里所能看到的基本结构构件，画出示意图说明它们的形态。

1-3 阐述混凝土结构、钢结构、钢-混凝土组合结构、砌体结构的优缺点。

1-4 考察你所在城市的两个不同桥梁，并画出结构示意图。

第2章 工程结构材料

工程结构的材料包括钢材、混凝土、复合材料、砌体、木材、膜材等。材料是组成工程结构的物质基础，结构及构件的强度、变形规律、受力时的基本性能等都与各种材料的物理力学性能和不同材料之间的相互作用密切相关，因此工程结构设计过程中的计算、构造等问题，归根结底都来源于材料性能上的特点，任何一个合理的结构设计，均是在深入理解材料性能的基础上综合应用设计方法和设计理论的结果（见表2-1）。本章主要介绍工程结构中的钢材和混凝土材料的基本特性。

结构体系的发展状况及特点（2006土木工程战略发展报告） **表2-1**

结构体系	结构材料	设计理念	新技术	机构功能	寿命	结构形式
第一代	天然材料	经验的、无科学依据的设计理论				
第二代	工业化人工材料，以钢和混凝土为主	安全度设计、构件极限状态设计		以被动承载为主	不确知的耐久性	传统的结构
第三代	高性能、多功能、高耐久性材料	精细化、全寿命、计算与试验交互仿真性能设计	新材料、信息与通信技术、智能技术、计算机仿真技术	具有自感知、自诊断、自修复等智能功能	高耐久性预期寿命	多种结构形式优化组合

2.1 钢材

钢材在不同作用下所表现出的各种特征称为钢材的机械性能。工程结构用钢材的主要机械性能指标有五项，即抗拉强度、伸长率、屈服强度、冷弯性能和冲击韧性，这些性能均可通过试验得到。

2.1.1 单向受力时钢材的力学性能

1. 钢材的应力—应变关系

（1）钢材的拉伸应力—应变关系

单向拉伸试验是确定钢材力学性能（强度、变形等）的主要手段。经过钢材的单向拉伸试验可知钢材的拉伸应力—应变曲线可分为两类：有明显流幅和没有明显流幅的应力—应变曲线。

1）有明显流幅的钢材的应力—应变关系

低碳钢的标准试件在常温静载情况下，单向均匀受拉试验时的应力—应变（σ ε）曲线如图 2-1 所示。

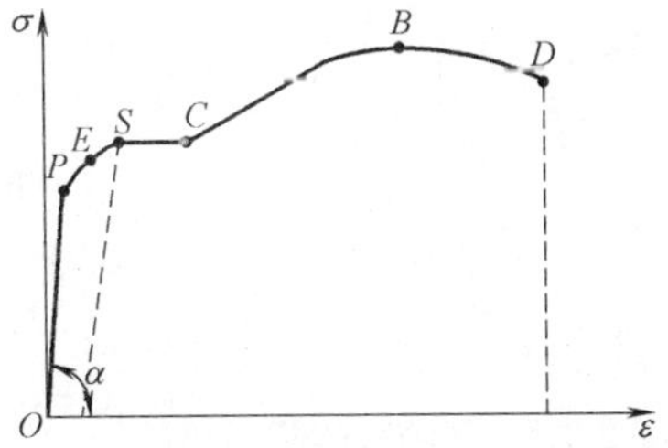

① 线弹性阶段

在拉伸的初始阶段，σ-ε 曲线的 OP 段为一斜直线，其应力与应变之比为常数，应变在卸荷后能完全消失，称为线弹性阶段，P 点应力称为比例极限。

图 2-1　碳素结构钢应力—应变曲线

② 非线性弹性阶段

σ-ε 曲线的 PE 段为曲线，说明应力与应变的关系为非线性，但材料仍为弹性。E 点的应力称为弹性极限。弹性极限与比例极限很接近，一般可不加区分。

③ 弹-塑性阶段

σ-ε 曲线的 ES 段，材料表现出非弹性性质，应力与应变不成正比关系。钢材的卸荷曲线为图 2-1 中的虚直线，它与 OP 平行，此时留下永久性的残余变形。即应变包括弹性应变和塑性应变两部分，其中弹性应变是应力卸除后可以恢复的应变，而塑性应变则是应力卸除后不能恢复的应变。

④ 塑性阶段

对于碳素结构钢等低碳钢，会出现明显的屈服台阶（SC 段），即应力不变而应变不断增大。在开始进入塑性流动范围时，曲线波动较大，随后逐渐趋于平稳，其波动应力最高点和最低点分别称为上屈服点和下屈服点。塑性阶段从开始点到应力又开始明显增加的变形范围对应的应变幅度称为流幅，流幅越大，说明钢材的塑性越好。

⑤强化颈缩阶段

经过屈服台阶后，σ-ε 曲线出现了上升的 CB 曲线段，材料表现出应变强化。当曲线达到 B 点时，应力达到最大值，此后，试件截面开始出现横向收缩，截面面积明显缩小，发生颈缩现象，至 D 点而断裂。

2）无明显流幅的钢材的应力—应变曲线

高强度钢材的标准试件在常温静载情况下，单向均匀受拉试验时的应力—应变（σ-ε）曲线如图 2-2 所示。与有明显流幅的钢材的应力—应变曲线相比较，没有明显的屈服点和屈服台阶，塑性变形小。

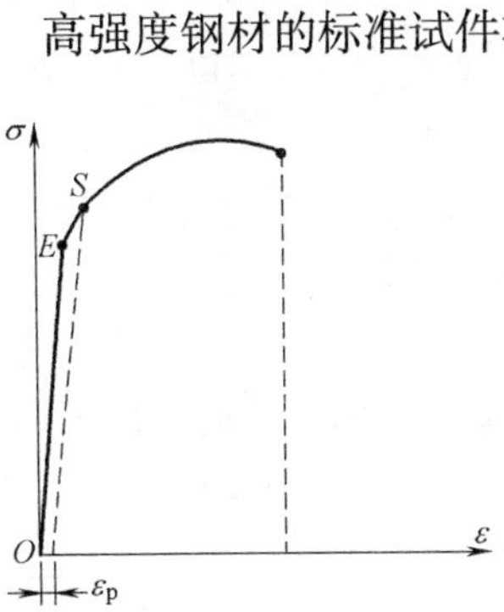

图 2-2　高强度钢应力-应变曲线

（2）钢材单向受压及受剪时的应力—应变关系

试验表明，钢材在单向受压时的应力—应变曲线基本上和单向受拉时相同，在受剪时的应力—应变曲线也与单向受拉时相似。

（3）钢材单向受力应力—应变曲线的简化表达

实际计算分析过程，对有明显屈服台阶的钢材，常以其单向受力应力—应变曲线为基础，假定钢材在应力不超过其屈服点以前处于线弹性状态，在应力超过屈服点以后则进入完全塑性状态，这样钢材就表现出理想的弹塑性材料特点，可以用如图 2-3 所示的双折线模型进行简化计算。

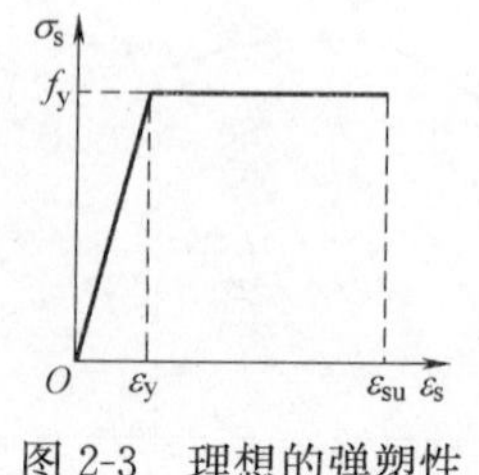

图 2-3 理想的弹塑性体应力—应变曲线

2. 钢材的强度指标

(1) 屈服强度

钢材的受拉、受压及受剪屈服强度是钢材的主要强度指标。

对于有明显屈服点的钢材，通常比例极限和屈服点比较接近，且屈服点前的应变很小（对低碳钢约为 0.15%）。当钢材应力达到屈服点后，将导致结构构件可能在钢材尚未进入强化阶段就产生过大的变形（如低碳钢的应变达到 2.5%）和裂缝，无法满足正常使用或耐久性的要求。因此，在结构构件设计时一般取屈服点作为钢材可以达到的最大应力。由于上屈服点与试验条件（加荷速度、试件形状、试件对中的准确性）有关，下屈服点则对试验条件不太敏感，取值时一般以下屈服点为依据，称为屈服强度，其设计值用符号 f_y 表示。

高强度钢材的屈服点是根据试验结果分析人为规定的，故称为条件屈服点。条件屈服点是以卸荷后试件中残余应变为 0.2%所对应的应力定义的，以符号 $\sigma_{0.2}$ 表示。

(2) 极限强度

钢材的极限强度是材料能承受的最大应力，用符号 f_u 表示。极限强度与屈服强度之比称为强屈比，常被用来衡量钢材的强度储备，显然，强屈比越大，钢材的强度储备就越大。

一般来讲，普通低碳钢的抗压强度指标与抗拉强度指标基本相等。

3. 钢材的变形模量

(1) 弹性模量

钢材在线弹性阶段应力与应变的比值为常量（即图 2-1 中 OP 段直线的斜率），该比值称为钢材的弹性模量，用符号 E_s 表示，可采用式（2-1）计算：

$$E_s=\frac{\sigma}{\varepsilon} \tag{2-1}$$

钢材的弹性模量可由单向拉伸试验测定，一般情况下同一品种钢材的受拉和受压弹性模量相同。工程结构设计时，钢结构中钢材的弹性模量一般取 $2.06\times10^5\text{N/mm}^2$，钢筋的弹性模量可按附表 C-5 选择。材料的弹性模量越高，在相同应力作用下所产生的应变越小。

由于制作偏差等因素的影响，实际钢材受力后的弹性模量存在一定的不确定性，而且通常不同程度的偏小，因此必要时可通过试验测定钢材的实际弹性模量。

(2) 剪切变形模量

剪切变形模量是材料在剪切应力作用下，在弹性变形比例极限范围内，剪切应力与应变的比值，又称切变模量或刚性模量，用符号 G 表示，可采用式（2-2）计算：

$$G=\frac{E_s}{2\times(1+\mu)} \tag{2-2}$$

式中 μ——泊松比，钢材取 0.3～0.35。

钢材的剪变模量低于弹性模量，钢结构设计时通常取剪变模量为 $0.79\times10^5\text{N/mm}^2$。

4. 钢材的伸长率

钢材的伸长率是衡量钢材的塑性变形能力的重要指标，伸长率越大，钢材的塑性越好。

(1) 断后伸长率

我国以往用钢材试件被拉断后原标距间长度的伸长值和原标距比值的百分率来表示断后伸长率。如图 2-4 所示，断后伸长率可采用式（2-3）计算：

$$\delta=\frac{L-L_0}{L_0}\times 100\% \tag{2-3}$$

式中 δ——断后伸长率，其值与试件原标距长度 L_0 和试件的直径 d 的比值有关，当 $L_0/d=5$ 时，记作 δ_5，当 $L_0/d=10$ 时，记作 δ_{10}；

L_0——试件原标距（测量区）长度；

L——试件拉断后的标距长度。

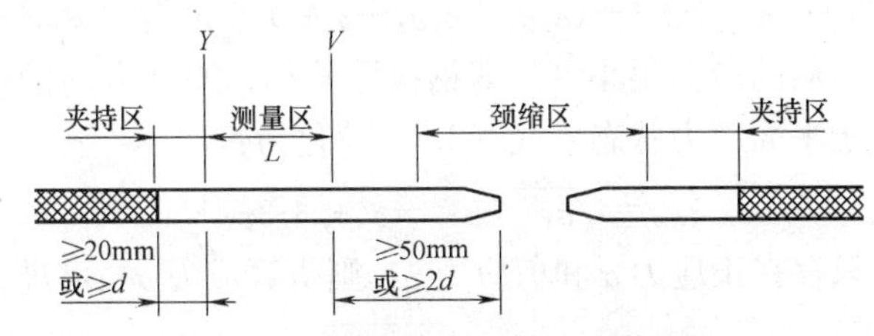

图 2-4 钢筋断后伸长率计算示意图

用断后伸长率反映钢材的塑性变形能力存在许多不足：只反映颈缩区域的残留变形大小，与钢筋拉断时的应变状态相差甚远，且各类钢筋对颈缩的反应不同，受钢材断口颈缩区域残余变形的影响较大；颈缩区段的长度与测量标距的大小无关，标距越短，获得的平均残余应变越大，导致不同标距长度得到结果的离散性较大；忽略了钢材的弹性变形，不能反映钢材受力时的总体变形能力；断口拼接的量测误差容易使结果产生人为误差。

(2) 最大力下总伸长率

为了消除钢材断口颈缩区域局部变形的影响，宜采用试件应力达到极限强度时钢材的伸长率（即最大力下总伸长率）来反映钢材的塑性变形能力。如图 2-5 所示，最大力下总伸长率反映了钢材拉断前达到最大应力时的均匀应变，故又称为均匀伸长率，可采用式（2-4）计算：

$$\delta_{gt}=\left(\frac{L-L_0}{L_0}+\frac{\sigma_b}{E_s}\right)\times 100\% \tag{2-4}$$

式中 δ_{gt}——最大力下总伸长率；

L——试件应力达到极限强度时试件的标距长度；

σ_b——试件钢材的极限强度；

E_s——试件钢材的弹性模量。

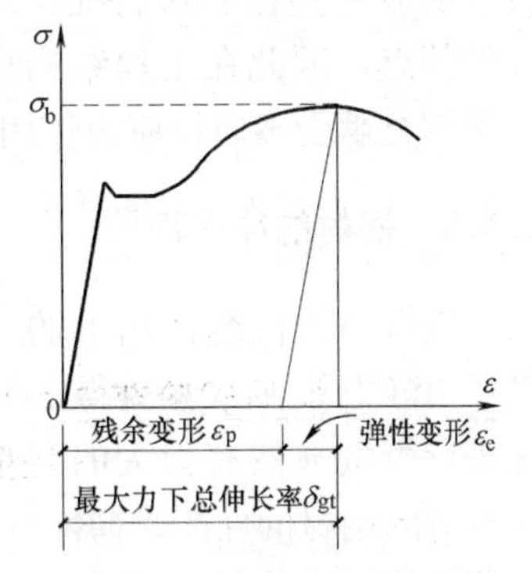

图 2-5 钢筋最大力下的总伸长率计算示意图

工程结构设计时，普通钢筋及预应力筋在最大力下的总伸长率限值可按附表 C-6 选择。

2.1.2 复杂应力作用下钢材的力学性能

在单向均匀拉伸试验中，判断钢材由弹性状态转入塑性状态的条件是钢材单向应力 σ

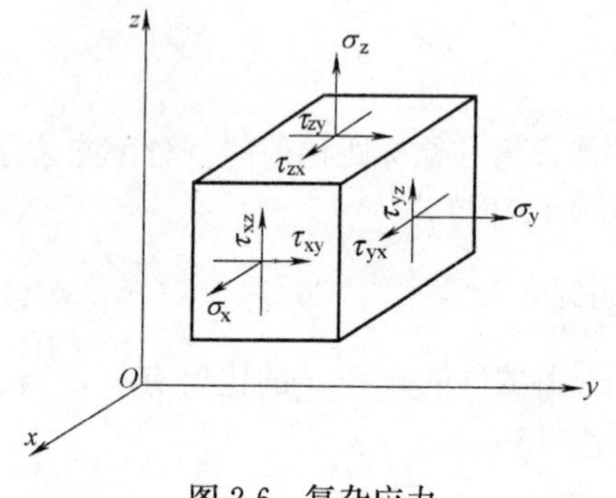

图 2-6　复杂应力

达到屈服强度 f_y。在复杂应力（如平面应力或图 2-6 所示的体应力）作用下，钢材是否由弹性状态转入了塑性状态，可用折算应力 σ_{red} 与单向应力下的屈服强度 f_y 之比来判断，当 $\sigma_{red} \leqslant f_y$ 时，钢材处于弹性状态；当 $\sigma_{red} > f_y$ 时，钢材进入塑性状态。

根据能量强度理论（第四强度理论），复杂应力作用下钢材的折算应力 σ_{red} 可采用式（2-5）计算：

$$\sigma_{red}=\sqrt{\sigma_x{}^2+\sigma_y{}^2+\sigma_z{}^2-(\sigma_x\sigma_y+\sigma_y\sigma_z+\sigma_z\sigma_x)+3(\tau_{xy}{}^2+\tau_{yz}{}^2+\tau_{zx}{}^2)} \tag{2-5}$$

若三向应力中有一向的应力很小（如薄钢板厚较小，厚度方向的应力 σ_z 可忽略不计）或为应力零时，则属于平面应力状态，式（2-5）简化为：

$$\sigma_{red}=\sqrt{\sigma_x{}^2+\sigma_y{}^2-\sigma_x\sigma_y+3\tau_{xy}{}^2} \tag{2-6}$$

在一般的梁中，只存在正应力 σ 和剪应力 τ，则折算应力 σ_{red} 可进一步简化为：

$$\sigma_{red}=\sqrt{\sigma^2+3\tau^2} \tag{2-7}$$

当只有剪应力时，由于 $\sigma=0$，则折算应力 σ_{red} 可表示为：

$$\sigma_{red}=\sqrt{3\tau^2}=\sqrt{3}\tau \tag{2-8}$$

由此得，当 $\sigma_{red}=f_y$ 时，有：

$$\tau=\frac{f_y}{\sqrt{3}}=0.58f_y \tag{2-9}$$

因此，《钢结构设计规范》规定钢材的抗剪设计强度为抗拉设计强度的 0.58 倍。

试验研究揭示（如图 2-7 所示）：若钢材承受的复杂应力均表现为拉应力，则发生材料破坏时没有明显的塑性变形特征，即材料表现出脆性破坏的特点，因此在工程结构设计过程中应注意避免使钢材承受多向拉应力作用。

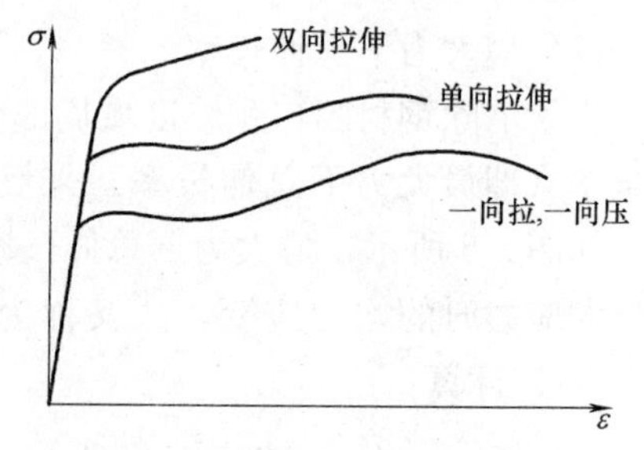

图 2-7　复杂应力作用下钢材的应力—应变曲线

2.1.3　钢材的冲击韧性

进行动力荷载作用下的工程结构设计时，仅采用由静力拉伸试验获得的钢材的强度和塑性指标进行衡量显然有很大的局限性。与抵抗冲击作用有关的钢材的性能是韧性。韧性是钢材断裂前单位体积材料所吸收的总能量是钢材强度和塑性的综合指标。通常情况下，随着钢材强度的提高其韧性会出现降低，钢材趋于脆性。

在动力荷载作用下，结构中的钢材由于存在局部缺陷（如裂纹、缺口等），易产生应力集中和同号应力场，使钢材的塑性变形发展受到限制。实际工作中，常用冲击韧性来作为衡量钢材抵抗动力荷载的性能指标。目前国内外，常采用如图 2-8 所示的 V 形缺口夏比试件在夏比试验机上进行冲击韧性试验，根据试件断裂时所消耗的冲击功（弹性能和非弹性能之和，以 C_V 表示，单位：J）来衡量钢材的抗冲击脆断能力。冲击韧性试验中击断试件所耗的冲击功越大，冲击韧性越高，材料韧性越好，不易脆断。设计时钢材的冲击韧性值应不低于 27J。

如图 2-9 所示，钢材的冲击韧性值受温度影响很大，存在一个由可能塑性破坏到可能脆性破坏的转变温度区（T_1～T_2），T_1 称为临界温度，T_0 称为转变温度。在 T_0 以上，只有当缺口根部产生一定数量的塑性变形后才会产生脆性裂纹；在 T_0 以下，即使塑性变形很不明显，甚至没有塑性变形也会产生脆性裂纹，脆性裂纹一旦形成，只需很少能量就可使之迅速扩展，至材料完全断裂。为了避免钢材的低温脆断，工程结构钢材的使用温度需高于其转变温度。故设计时寒冷地区的钢结构不但要求钢材具有常温（20℃）冲击韧性指标，还要求具有负温（0℃、－20℃或－40℃）冲击韧性指标，以保证结构具有足够的抗脆性破坏能力。各种钢材的转变温度都不同，应由实验确定。

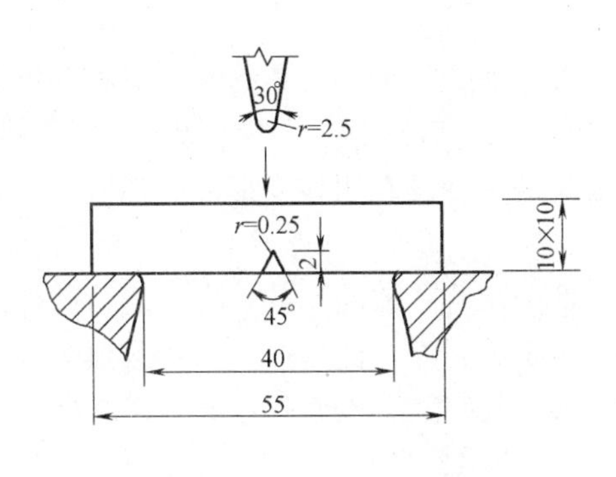

图 2-8　冲击韧性试验

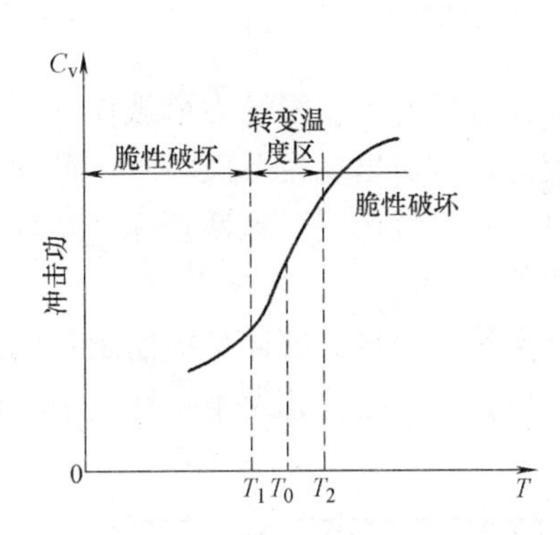

图 2-9　冲击韧性与温度的关系

2.1.4　钢材的冷弯性能

伸长率一般不能反映钢材脆化的倾向，为了避免钢材在弯折加工和使用过程中出现脆断，工程应用中应对钢材进行冷弯试验，并满足规定的指标要求。《金属薄板成形性能与试验方法通用试验规程——第 2 部分通用试验规程》GB/T 15825.2 提出采用冷弯试验方法（压弯法或折叠弯曲法），按照规定的弯心直径在试验机上用冲头对按原有厚度经表面加工成板状的钢材试件加压，使试件弯成 180°（如图 2-10 所示），在逐渐减小冲头凸模弧面直径 d（按钢材牌号和板厚允许有不同的弯心直径）的条件下，通过测定试样外层材料不产生裂纹、不起层时的最小弯曲半径 R_{min}，将其与试样基本厚度 a 的比值即最小相对弯曲半径 R_{min}/a，作为衡量钢材弯曲成形的性能指标。最小相对弯曲半径越小，钢材的弯曲成形性能越好。

在实际工程应用中，钢材往往会遇到弯折后再回弯的情况。实践表明，钢材冷弯试验合格后反弯时经常会发生断裂现象，因此 20 世纪 60 年代以来，荷兰、英国和法国等欧洲国家先后提出了钢材的反弯性能要求。我国近年来也对变形钢筋的反弯性能进行了系列试验研究，呈现出了对钢材增加反弯性能要求的趋势。

冷弯试验合格一方面同伸长率符合规定一样，表示钢材的弯曲变形能力或塑性性能符合要求，另一方面表示钢材的冶金质量（颗粒结晶、硫磷的偏析、硫化物与氧化物的等非

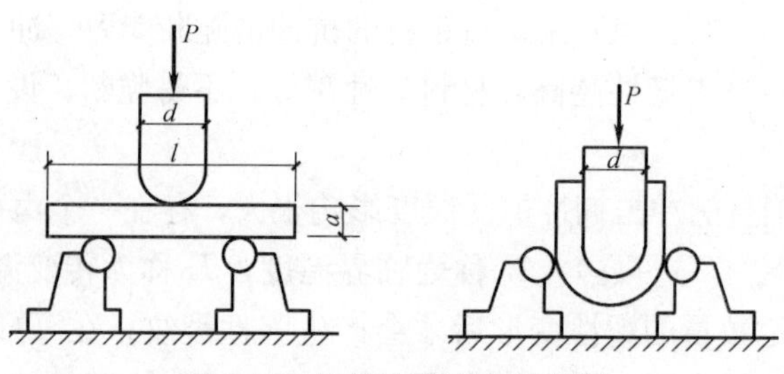

图 2-10　钢材冷弯试验示意图

金属的夹杂分布，甚至在一定程度上包括可焊性）符合要求，因此，冷弯性能是判别钢材在弯曲状态下的塑性应变能力及冶金质量的综合指标。重要结构中需要有良好的冷热加工的工艺性能时，应有冷弯试验合格保证。

2.1.5　钢材的疲劳性能

在直接连续反复动力荷载作用下，钢材的强度将呈现降低的趋势，这种现象称为钢材的疲劳。钢材出现疲劳破坏时，截面上的应力低于材料的抗拉强度，甚至低于屈服强度。同时，疲劳破坏属于脆性破坏，塑性变形极小，因此是一种没有明显变形的突然破坏，危险性较大。

实际上，疲劳破坏是损伤累积的结果。材料总是存在着“缺陷”的，在反复荷载作用下，在其缺陷处首先发生塑性变形和硬化而生成一些微小裂痕，此后这些微小裂痕逐渐发展成宏观裂纹；裂纹根部出现应力集中，使材料处于三向拉伸应力状态、塑性变形受到限制，而裂纹进一步深入。当反复荷载达到一定的循环次数时，试件截面被裂纹严重削弱，应力集中达到非常严重的程度，以至于不能继续承受荷载作用而发生突然脆性断裂。钢材疲劳破坏时断口如图 2-11 所示。

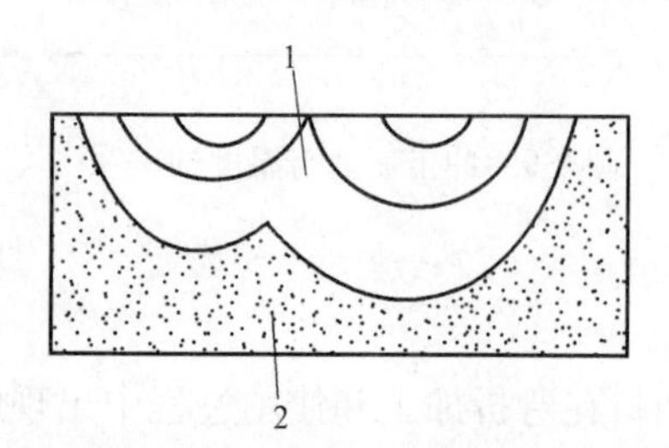

图 2-11　钢材疲劳破坏时断口示意图
1—光滑区；2—粗糙区

实践证明，构件钢材承受的应力水平不高或反复荷载作用次数不多时一般不会发生疲劳破坏，计算中不必考虑疲劳的影响。但是，长期承受频繁反复荷载作用的结构及连接，例如承受重级工作制吊车的吊车梁、桥梁、输送栈桥和某些工作平台梁以及它们的连接等，当应力循环次数 $n>105$ 时，在设计中必须考虑结构的疲劳问题。

连续重复荷载作用之下疲劳应力往复变化一周叫做一个循环。疲劳应力循环特性常用疲劳应力比值来表示，可采用式（2-10）计算：

$$\rho=\frac{\sigma_{\min}}{\sigma_{\max}} \tag{2-10}$$

式中　ρ——钢材的疲劳应力比值；

$\sigma_{\min}$、$\sigma_{\max}$——构件疲劳验算时钢材同一位置的最小应力、最大应力，以拉应力为正值。

构件疲劳验算时应力变化的幅度称为疲劳应力幅，疲劳应力幅值 $\Delta\sigma$ 可采用式（2-11）计算：

$$\Delta\sigma=\sigma_{max}-\sigma_{min} \tag{2-11}$$

图 2-12 给出了几种不同荷载作用下钢材疲劳应力比值与疲劳应力幅值结果。

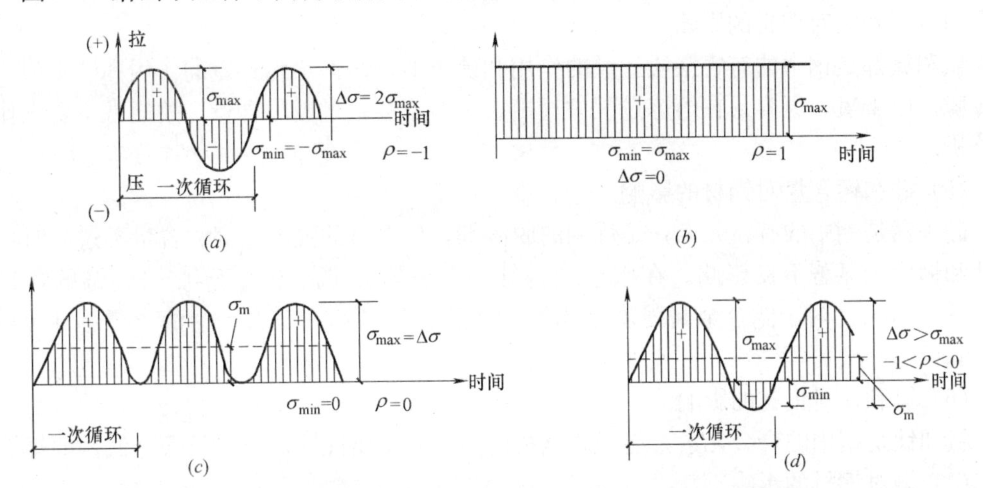

图 2-12 不同荷载作用下钢材疲劳应力比值与疲劳应力幅值

(a) 完全对称循环荷载作用 ($\rho=-1$)；(b) 静荷载作用 ($\rho=1$)

(c) 脉冲循环荷载作用 ($\rho=0$)；(d) 一般应力循环荷载作用 ($-1<\rho<0$)

永久荷载所产生的应力为不变值，没有应力幅。应力幅只由重复作用的可变荷载产生，所以疲劳验算按可变荷载标准值进行，荷载计算中不乘以吊车动力系数。工程结构抗疲劳设计时，钢材疲劳应力幅值 $\Delta\sigma$ 应不超过按钢材的疲劳应力比值 ρ 确定的疲劳应力幅限值，钢筋疲劳应力幅限值可按附表 C-7 或附表 C-8 线性内插取值。

2.1.6 影响钢材性能的主要因素

1. 化学成分

(1) 碳素结构钢、低合金钢的化学成分

在碳素结构钢中，铁约占 99%，碳和其他元素仅占 1%。其他元素包括硅 (Si)、锰 (Mn)、硫 (S)、磷 (P)、氮 (N)、氧 (O) 等。铁 (Fe) 是钢中的基本元素，但纯铁质软。碳和其他元素虽然所占的比例很小，但对钢材的力学性能却有着决定性影响。在低合金钢中，除铁以外，还含有低于 5%的合金元素。这些合金元素包括铜 (Cu)、钒 (V)、钛 (Ti)、铌 (Nb)、铬 (Cr) 等。

(2) 碳含量对钢材的影响

在碳素结构钢中，碳元素含量虽然很少但对钢材的性能影响却非常大。碳含量增加，钢的强度提高，但塑性、韧性和疲劳强度降低，同时可焊性和抗腐蚀性显著变差。因此，在一般钢结构应用中，碳素结构钢的含碳量一般不应超过 0.22%，在焊接钢结构中应低于 0.20%。

(3) 硫和磷含量对钢材的影响

硫和磷 (特别是硫) 是钢中的有害成分，它们降低钢材的塑性、韧性、可焊性和疲劳强度。在高温时，硫使钢材变脆，称之为热脆；在低温时，磷使钢材变脆，称之为冷脆。一般硫的含量应不超过 0.05%，磷的含量应不超过 0.045%。但是，磷的含量可提高钢材的强度和抗锈性。现在可使用的高磷钢，磷含量高达0.12%，但应对含碳量加以控制，以保持一定的塑性和韧性。

(4) 氧和氮对钢材的影响

氧和氮都是钢中的有害杂质。氧的作用和硫类似，使钢热脆；氮的作用和磷类似，使钢冷脆。由于氧、氮容易在熔炼过程中逸出，一般不会超过极限含量，故通常不要求作含量分析。

(5) 硅和锰含量对钢材的影响

硅和锰是钢中的有益元素，是炼钢的脱氧剂，使钢材的强度提高。含量不过高时，对塑性和韧性无显著不良影响。在碳素结构钢中，硅的含量应不大于0.3%，锰的含量为0.25%～0.8%。对于低合金高强度结构钢，硅的含量可达0.55%，锰的含量为1.0%～1.6%。

(6) 钒和钛对钢材的影响

钒和钛是钢中的合金元素，能提高钢材的强度和抗腐蚀性，又不显著降低钢的塑性。

(7) 铜对钢材的影响

铜在碳素结构钢中属于杂质成分。它可以显著地提高钢的抗腐蚀性能，也可以提高钢的强度，但对可焊性有不利影响。

2. 冶金缺陷

常见的冶金缺陷有偏析、非金属夹杂、气孔、裂纹及分层等。这些缺陷将影响钢材的力学性能。偏析是指钢中化学成分不一致和不均匀性，特别是硫、磷偏析严重恶化钢材的性能。非金属夹杂是指钢中含有硫化物与氧化物等杂质。气孔是指浇铸钢锭时由氧化铁与碳的作用生成一氧化碳气体没能充分逸出而形成的空隙。非金属夹杂物在轧制钢材时使钢材产生分层，将会显著降低钢材的冷弯性能。

3. 钢材硬化

如图2-13 (*a*) 所示，夹杂在铁中的少量氮和碳随着时间的增长逐渐从纯铁中析出，形成自由碳化物和氮化物，对纯铁体的塑性变形起遏制作用，从而使钢材的强度提高、塑性和韧性下降，这种现象称为时效硬化（俗称老化）。时效硬化的过程一般很长，但若在材料塑性变形后加热，可使时效硬化发展特别迅速，这种方法称为人工时效。

如图2-13 (*b*) 所示，对钢材进行冷拉、冷弯、冲孔、机械剪切等冷加工，使钢材产生很大的塑性变形，从而导致钢材的屈服点提高，塑性和韧性下降，这种现象称为冷作硬化或应变硬化。

如图2-13 (*c*) 所示，若钢材既遭受了冷作硬化又经历了时效硬化，钢材出现强度提高、塑性和韧性下降，这种情况称为应变时效。

在一般钢结构中，并不利用由硬化所增加的强度。有些重要结构要求对钢材进行人工时效后检验其冲击韧性，以保证结构具有足够的抗脆性破坏能力。另外，应将钢材局部硬化部分用刨边或扩钻予以消除。

4. 温度作用

试验研究揭示温度对钢材力学性能的影响如图2-14所示。

温度在200℃以内时钢材的性能没有很大变化，在430～540℃之间强度急剧下降，600℃时强度很低不能承担荷载。

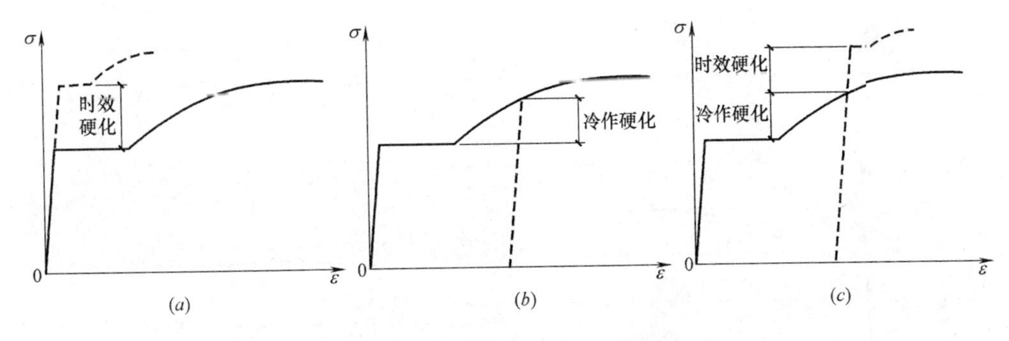

图 2-13 钢材的硬化示意图

温度在 250℃左右时，钢材的抗拉强度略有提高，但塑性和韧性均降低，材料有转脆的倾向，钢材表面氧化膜呈现蓝色，称为蓝脆现象。钢材应避免在蓝脆温度范围内进行热加工。

当温度在 260～320℃时，在应力持续不变的情况下，钢材以很缓慢的速度继续变形，此种现象称为徐变现象。

当钢材在常温以下特别是负温以下时，其强度有提高，但其塑性和韧性降低，材料变脆，这种性质称为低温冷脆。

5. 应力集中

钢轴心受拉构件中存在孔洞、槽口、凹角、截面突变及内部缺陷等问题时，构件截面上应力不再保持均匀分布，在离孔洞、槽口等最近区域将产生比平均应力高得多的局部高峰应力，而在其他一些区域应力则降低（如图 2-15 所示），这就是应力集中现象。

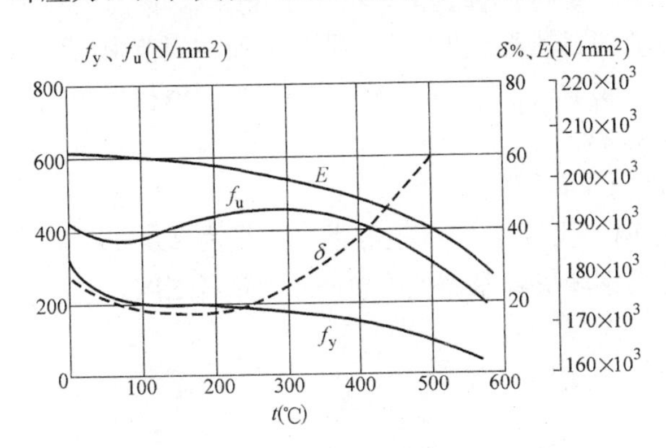

图 2-14 温度对钢材力学性能的影响

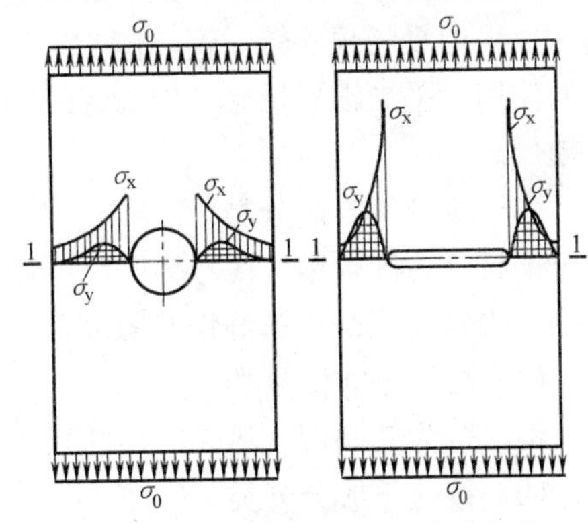

图 2-15 孔洞及槽孔处的应力集中

高峰应力 σ_x 与净截面平均应力 σ_0 之比称为应力集中系数。研究表明，在高峰应力区总是存在着同号的双向或三向应力。若高峰应力为拉应力时，则该拉应力将引起截面横向收缩但必然受到附近低应力区材料的横向约束，从而引起垂直于拉力方向的拉应力 σ_y，在较厚的构件里还产生垂直于试件作用平面的应力 σ_z，使材料处于三向受拉状态。由能量强度理论得知，这种同号的平面或立体应力场使钢材趋向变脆。截面变化越剧烈，应力集中系数越大，变脆的倾向亦越严重（见图 2-16）。但由于建筑钢材塑性较好，在一定程度上能促使应力进行重分配，使应力分布严重不均程度的现象趋于平缓。故受静荷载作用的构件在常温下工作时，在计算中可不考虑应力集中的影响。但在负温下或动力荷载作用下的结构，应力集中的不利影响将十分突出，往往是引起脆性破坏的根源，故在设计中应采

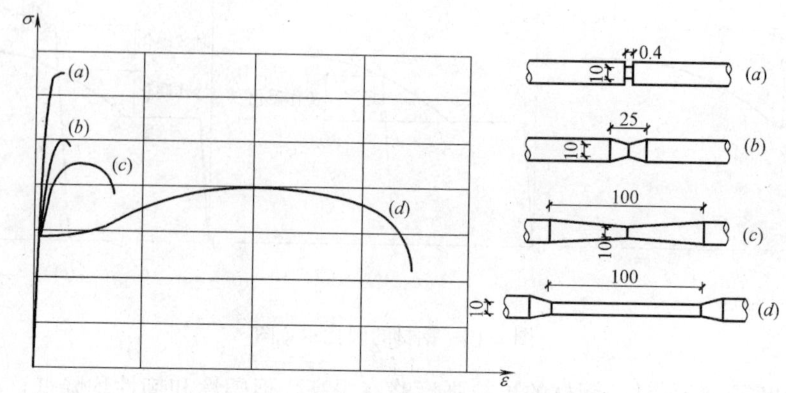

图 2-16　截面变化试件的应力—应变关系

取措施避免或减小应力集中，并选用质量优良的钢材。

2.1.7　钢材的种类和规格

1. 钢材的种类

(1) 按用途分类

钢材分为结构钢、工具钢和特殊钢（如不锈钢等）。其中，结构钢又分为建筑用钢和机械用钢。

(2) 按冶炼方法分类

钢材分为转炉钢和平炉钢（还有电炉钢，是特种合金钢，不用于建筑）。目前的转炉钢主要采用氧气顶吹转炉钢，侧吹空气转炉钢因其所含杂质多、质量差而在规范中已取消它的使用。平炉钢质量好，但冶炼时间长，成本高。氧气转炉钢质量与平炉钢相当而成本则较低。

(3) 按脱氧方法分类

钢材分为沸腾钢（代号为 F)、半镇静钢（代号为 b)、镇静钢（代号为 Z）和特殊镇静钢（代号为 TZ)。镇静钢脱氧充分，沸腾钢脱氧较差，半镇静钢介于二者之间。

(4) 按成型方法分类

钢材分为轧制钢（热轧、冷轧）、锻钢和铸钢。

(5) 按化学成分分类

1) 碳素结构钢

碳素结构钢是最普遍的工程用钢，按其含碳量的多少，可粗略地分为低碳钢、中碳钢和高碳钢。通常把含碳量在 0.03%～0.25%范围内称为低碳钢，含碳量在 0.25%～0.60%范围内称为中碳钢，含碳量在 0.6%～2.0%范围内称为高碳钢。建筑钢结构主要使用低碳钢。

碳素结构钢的强度等级有：Q195、Q215、Q235、Q255、Q275。碳素结构钢的强度等级数值采用的是钢材厚度（或直径）≤16mm 时的屈服点数值。

同一强度等级的碳素结构钢，按其质量分为 A、B、C、D 四个质量等级。A 级钢只保证抗拉强度、屈服点、伸长率，必要时可附加冷弯试验的要求，化学成分对碳、锰的含量可以不作为交货条件。B、C、D 级钢均保证抗拉强度、屈服点、伸长率、冷弯和冲击韧性（温度为＋20℃、0℃、－20℃）等力学性能，此外，化学成分对碳、硫、磷的极限含量有严格要求。

碳素结构钢的牌号表示法由四部分组成："字母Q＋屈服点＋质量等级符号（A、B、C或D）＋脱氧方法符号"。例如，钢结构通常采用的Q235表示厚度不超过16mm的钢材屈服强度为235N/mm²，它的牌号分为Q235-A、Q235-B、Q235-C、Q235-D。

Q235钢是建筑钢结构中应用最多的碳素钢，也是现行标准中质量等级最齐全的钢种，其中Q235-C和Q235-D对含碳量控制较严格，也具备冲击韧性保证，是焊接结构优先采纳的品种。

2）低合金高强度结构钢

低合金高强度结构钢是指在炼钢过程中添加一些合金元素，其含量不超过5%的钢材。加入合金元素后钢材强度可明显提高，使钢结构构件的强度、刚度、稳定性三个主要控制指标都能有充分发挥，尤其在大跨度或重负荷结构中优点更为突出，一般可比碳素结构钢节约20%左右的用钢量。

低合金高强度结构钢的强度等级有：Q295、Q345、Q390、Q420、Q460。钢的强度等级仍采用钢材厚度（或直径）≤16mm时的屈服点数值。

低合金高强度结构钢有五个质量等级：A、B、C、D、E。前四个等级A、B、C、D的要求与碳素结构钢的相同，等级E主要是要求－40℃时的冲击韧性。A级钢应进行冷弯试验，对于其他质量等级钢，如供方能保证弯曲试验结果符合规定要求，则可不作检验。

低合金高强度结构钢的牌号表示法与碳素结构钢的相同。低合金高强度结构钢一般为镇静钢，所以在钢的牌号中不注明脱氧方法。冶炼方法也由供方自行选择。

Q460钢和其他强度等级钢的D、E牌号一般不供应型钢、钢棒。

3）优质碳素结构钢

优质碳素结构钢，以不热处理（退火、正火或高温回火）状态交货。若要求以热处理状态交货，应在合同中注明。例如，用于高强度螺栓的45号优质碳素结构钢需经热处理，强度提高，对塑性和韧性又无显著影响。

2. 钢材的规格

工程结构用钢材主要包括热轧成形的钢板和型钢、冷弯成形的薄壁型钢、花纹钢板、钢格栅板、网架球节点以及焊接钢管、钢筋、钢丝、钢绞线和预应力螺纹钢筋等。

（1）钢板

1）薄钢板：厚度0.35～4mm，宽度500～1800mm，长度0.4～6m。

2）厚钢板：厚度4.5～60mm，宽度700～3000mm，长度7～12m。

3）扁钢：厚度4～60mm、宽度12～200mm，长度4～9m。

钢板的表示方法为："—长度（mm）"，如"—1200"表示钢板长度1200mm。建筑钢结构使用的钢板（钢带）按轧制方法分为冷轧板和热轧板，薄钢板一般用冷轧法轧制。热轧钢板是建筑钢结构应用最多的钢材之一。

（2）热轧型钢

工程结构中常用的热轧型钢截面如图2-17所示，可分为以下几类：

1）角钢

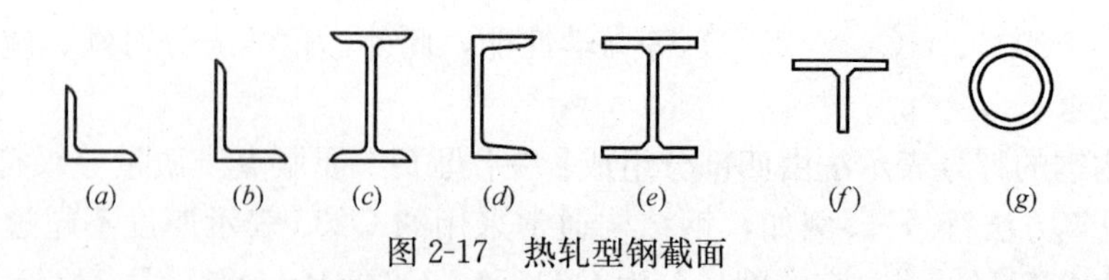

图 2-17　热轧型钢截面

角钢分等边（见图 2-17*a*）和不等边（见图 2-17*b*）两种。不等边角钢的表示法为："∟长边(mm)×短边(mm)×壁厚(mm)"，等边角钢的表示法为："∟边长(mm)×壁厚(mm)"，如"∟ 100×8"表示等边角钢肢长 100mm，壁厚 8mm。

2）工字钢

工字钢（图 2-17*c*）有普通工字钢、轻型工字钢，轻型工字钢的腹板和翼缘均较普通工字钢薄，因而在相同重量下其截面模量和回转半径均较大，用作受弯构件较为经济。工字钢的表示方法为："I 截面高度（cm）a（b 或 c)"，字母 a、b、c 为腹板厚度分类，例如 I32a 表示工字钢截面高度 32cm，腹板为 a 类（较薄）。

3）槽钢

槽钢（图 2-17*d*）有普通槽钢和轻型槽钢两种，轻型槽钢的翼缘较普通槽钢宽而薄，腹板也较薄，回转半径较大，重量较轻。槽钢的表示方法为"［截面高度（cm）a（b 或 c)"，如［25a、［25b、［25c。

4）H 及 T 型钢

与普通工字钢相比，H 型钢的翼缘内外两侧平行，材料分布侧重在翼缘部分，便于与其他构件相连（图 2-17*e*)。H 型钢有宽翼缘 H 型钢（HW)、中翼缘 H 型钢（HM）和窄翼缘 H 型钢（HN)。H 型钢的表示法为："HW(HM 或 HN)高(mm)×宽(mm)×腹板厚(mm)×翼缘厚(mm)"。宽翼缘型钢（HW)，宽度＝高度；中翼缘 H 型钢（HM)，宽度＝(1/2～2/3）高度；窄翼缘 H 型钢（HN)，宽度＝(1/3～1/2）高度。

各种 H 型钢均可剖分为 T 型钢，剖分 T 型钢的规格表示方法与 H 型钢类似，即"TW（TM 或 TN)高(mm)×宽(mm)×腹板厚(mm)×翼缘厚（mm)"。

5）钢管

结构用钢管有无缝钢管和焊接钢管两大类。无缝钢管分热轧和冷拔两种。焊接钢管由钢带卷焊而成，依据管径大小，又分为直缝焊和螺旋焊两种。钢管规格表示方法为："Φ外径（mm）×壁厚（mm)"，如"Φ219×6"表示钢管外径 219mm，壁厚 6mm。

(3）冷弯薄壁型钢

冷弯型钢（见图 2-18）是用薄钢板（钢带）在连续冷弯机组上生产的冷加工型材，其截面形式有等边角钢、卷边等边角钢、Z 型钢、卷边 Z 型钢、槽钢、卷边槽钢等开口截

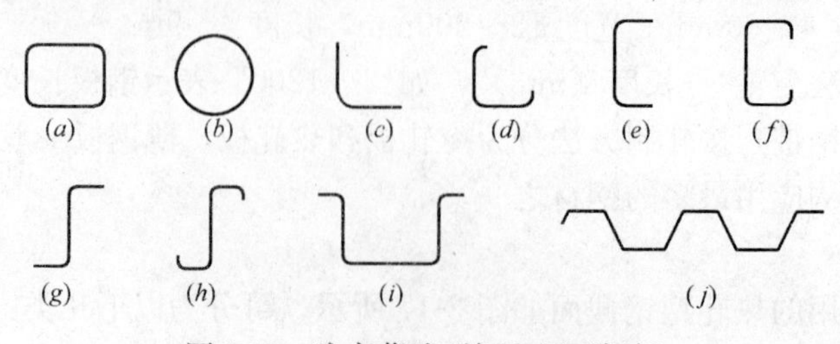

图 2-18　冷弯薄壁型钢和压型钢板

面及矩形闭口截面的型材。

（4）钢筋

工程结构用钢筋主要有热轧钢筋、预应力钢丝、钢绞线及预应力螺纹钢筋四种。

1）热轧钢筋

热轧钢筋是低碳钢、普通低合金钢在高温下轧制而成的，如图 2-19 所示，可分为光圆钢筋与变形钢筋，变形钢筋有螺纹形、人字纹形和月牙纹形等。光圆钢筋直径为 6～22mm，变形钢筋的公称直径（相当于横截面面积相等的光圆钢筋的直径）为 6～50mm。

热轧钢筋分为 HPB300 级（符号Φ），HRB335 级（符号Φ），HRBF335 级（符号$Φ^{F}$），HRB400 级（符号Φ），HRBF400 级（符号$Φ^{F}$），RRB400 级（符号$Φ^{R}$），HRB500 级（符号Φ），HRBF500 级（符号$Φ^{F}$）八个种类。热轧钢筋的表示方法为："符号＋公称直径(mm)"，如Φ10 表示公称直径为 10mm 的 HPB300 级钢筋。

图 2-19　钢筋的形式

HPB300 级钢为低碳钢，强度较低，但有较好的塑性；HRB335 级、HRB400 级、HRB500 级、RRB400 级钢为低合金钢，其成分除每级递增碳元素的含量外，再分别加入少量的锗、硅、钒、钛等元素以提高钢筋的强度。目前我国生产的低合金钢有锰系(20MnSi、25MnSi)、硅钒系（40Si2MnV、45SiMnV）硅钛系（45Si2MnTi）等系列。

HRBF335 级、HRBF400 级、HRBF500 级细晶粒热轧带肋钢筋是我国冶金行业研究开发的新型热轧钢筋，这种钢筋生产过程中不需要添加或只需添加很少的钒、钛等合金元素，在热轧过程中，通过控轧和控冷工艺轧制成的带肋钢筋，其金相组织主要是铁素体加珠光体，晶粒度不粗于 9 级。细晶粒热轧带肋钢筋的外形与普通低合金热轧带肋钢筋相同，其强度和延性完全满足混凝土结构对钢筋性能的要求。用细晶粒热轧带肋钢筋代替我国目前大量使用的普通低合金热轧钢筋可节约国家宝贵的钒、钛等合金元素资源，降低碳当量和钢筋的价格，社会效益和经济效益均十分显著。

2）预应力钢丝

预应力钢丝分为中强度预应力钢丝和消除应力钢丝两种，钢丝直径包括 5mm、7mm、9mm。中强钢丝是采用优质碳素钢盘条经过多次冷拔后得到，其极限强度标准值为 800～1270N/mm^2，按外形可分为光面（符号为$Φ^{PM}$）与螺旋肋（符号为$Φ^{HM}$，图 2-20）两种，螺旋肋预应力钢丝与混凝土材料的粘结性能较好。钢丝经冷拔后存在较大的内应力，一般都需要采用低温回火处理来消除内应力，经这样处理的钢丝称为消除应力钢丝，其比例极限、条件屈服强度和弹性模量均比消除应力前有所提高，塑性也有所改善。消除应力钢丝按外形也可分为光面（符号为$Φ^{P}$）与螺旋肋（符号为$Φ^{H}$）两种，其极限强度标准值为 1470～1860N/mm^2。预应力钢丝的表示方法为："符号＋预应力钢丝规格（mm）-极限强度标准值（N/mm^2）"，如：$Φ^{H}$5-1570 表示公称直径为 5mm 的螺旋肋消除应力钢丝，

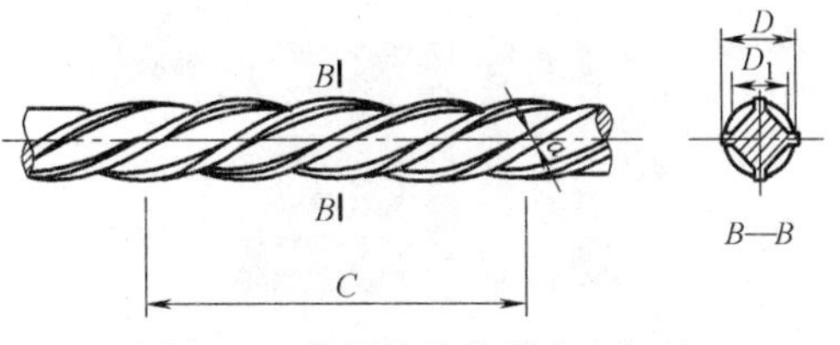

图 2-20　带螺旋肋的预应力钢丝

其极限强度标准值为 1570N/mm^2。

3）钢绞线

钢绞线（ϕ^S）是用 3 股或 7 股预应力钢丝铰结而成的（见图 2-21）。3 股钢绞线的公称直径为 8.6～12.9mm，极限强度标准值为 1570～1960N/mm^2，多用于先张法混凝土构件。7 股钢绞线的公称直径为 9.5～21.6mm，极限强度标准值为 1720～1960N/mm^2。极限强度标准值为 1960N/mm^2 级的钢绞线作后张预应力混凝土配筋时，应有可靠的工程经验。钢绞线的表示方法为："符号＋钢绞线规格（mm）-极限强度标准值（N/mm^2）"，如：ϕ^S12.7-1860 表示 7 股预应力钢丝制成的钢绞线，公称直径为 12.7mm，其极限强度标准值为 1860N/mm^2。

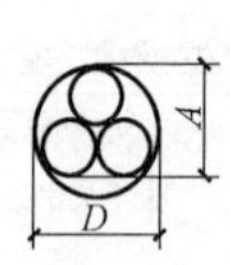

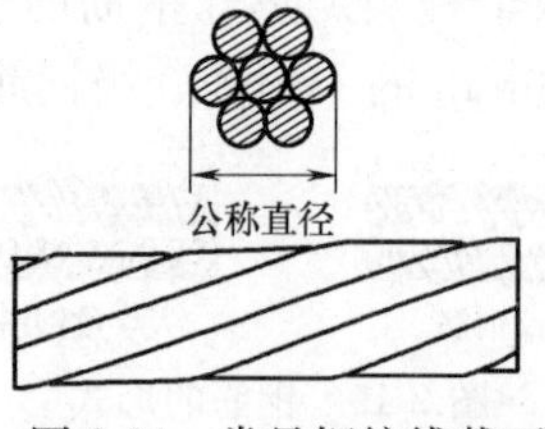

图 2-21　常见钢绞线截面

4）预应力螺纹钢筋

预应力螺纹钢筋（又称精轧螺纹钢筋，ϕ^T）是一种热轧成带有不连续的外螺纹的直条钢筋，在钢筋的任意截面处，均可用带有匹配性状的内螺纹连接器或锚具进行连接或锚固（见图 2-22）。预应力螺纹钢筋的直径为 18～50mm，极限强度标准值为 980～1230N/mm^2。预应力螺纹钢筋的表示方法为："符号＋预应力螺纹钢筋规格（mm）-极限强度标准值（N/mm^2）"，如：ϕ^T25-1080 表示公称直径为 25mm 的预应力螺纹钢筋，其极限强度标准值为 1080N/mm^2。

5）无粘结预应力筋

无粘结预应力筋是以专用的防腐润滑脂作为涂料层，由聚乙烯塑料等作为护套的预应力筋制作而成（图 2-23），适用于正常环境使用的后张法预应力混凝土结构构件。涂料层使预应力筋与其周围混凝土隔离，减少摩擦损失，防止预应力筋锈蚀。护套材料的作用是保护防腐润滑脂，将混凝土和预应力筋隔离，具有足够的韧性、耐磨性及抗冲击性，对周围材料无侵蚀性、低温不脆化、高温化学稳定性好，以防止在施工中出现问题，宜采用高密度聚乙烯，有可靠经验时也可采用聚丙乙烯，不得采用聚氯乙烯。预应力筋种类主要为钢绞线（规格 1×7-ϕ^S12.7、1×7-ϕ^S15.2）和碳素钢丝束（规格 7ϕ^P5）两种。无粘结预应力筋的表示方法为："UT＋预应力筋种类-预应力筋规格-极限强度标准值（N/mm^2）"，如：UTS-15.2-1960 表示 1×7-ϕ^S15.2 的钢绞线无粘结预应力筋，其极限强度标准值为

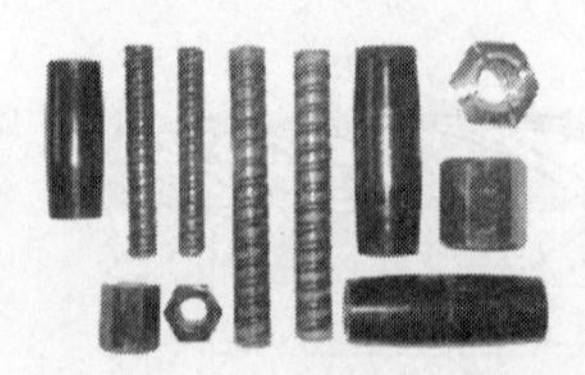

图 2-22　预应力螺纹钢筋及连接器

图 2-23　无粘结预应力筋

$1960N/mm^2$。

2.1.8 钢材的选用原则

为实现工程结构安全性、适用性和经济性的统一，设计时应按下列规定合理选用钢材：

1. 结构构件的重要性

根据工程结构的安全等级（一级、二级、三级），考虑选用机械性能指标要求不同的钢材。《钢筋混凝土用钢》GB 1499 等国家标准对工程结构钢材的机械性能要求作出了相关规定：对于有明显流幅的钢材，其主要检验指标为屈服强度、抗拉强度、伸长率和冷弯性能四项；对于没有明显流幅的钢材，其主要检验指标为抗拉强度、伸长率和冷弯性能三项。对于重要工程结构，例如重型工业建筑结构、大跨度结构、高层或超高层民用建筑结构等，应考虑选用机械性能好的钢材。承重结构的钢材应保证抗拉强度、屈服点、伸长率和硫、磷的极限含量。重要的承重结构的钢材应具有冷弯试验的合格保证。

2. 荷载情况

对以承受静力荷载为主的一般工程结构，可选用价格相对较低的低强度碳素钢和屈强比大的钢材，提高钢筋强度的有效利用率。对桥梁等直接承受动力荷载的工程结构和高烈度区的工程结构，应选用综合性能较好的钢材，如屈强比小的钢材，使结构的强度储备变大。

3. 可焊性

钢材的连接有焊接和非焊接两种。可焊性是指钢材对焊接工艺的适应能力，包括两方面要求：一是通过一定的焊接工艺能保证焊接接头具有良好的力学性能；二是施工过程中，选择适宜的焊接材料和焊接工艺参数后，有可能避免焊缝金属和钢材热影响区产生热（冷）裂纹的敏感性，防止结构出现脆性断裂。因此，对焊接结构钢材的要求应严格一些。例如，在化学成分方面，焊接结构必须严格控制碳、硫、磷的极限含量；而非焊接结构对含碳量可降低要求。由于 Q235-A 钢的含碳量不作为交货条件，故不允许用于焊接结构。焊接承重结构应具有冷弯试验的合格保证。对于需要验算疲劳的以及主要受拉或受弯的焊接结构，钢材应具有常温冲击韧性的合格保证。

4. 温度和环境

钢材处于低温时容易冷脆，因此在低温条件下工作的结构，尤其是焊接结构，应选用具有良好抗低温脆断性能的镇静钢。此外，露天结构的钢材容易产生时效，有害介质作用的钢材容易腐蚀、疲劳和断裂，也应加以区别地选择不同材质。当结构工作温度等于或低于 0℃但高于－20℃时，Q235 钢和 Q345 钢应具有 0℃冲击韧性的合格保证，而 Q390 钢和 Q420 钢应具有－20℃冲击韧性的合格保证。当结构工作温度等于或低于－20℃时，Q235 钢和 Q345 钢应具有－20℃冲击韧性的合格保证，而 Q390 钢和 Q420 钢应具有－40℃冲击韧性的合格保证。

5. 塑性变形性能

工程结构发生脆性破坏时变形很小，没有预兆，而且是突发性的，因此是危险的。工程结构用钢材断裂时要有足够的变形，这样，结构在破坏之前就能显示出预警信号，保证安全。薄钢材辊轧次数多，轧制的压缩比较大，不但强度大，而且塑性、冲击韧性和焊接性能也较好。因此，厚度大的焊接结构应采用材质较好的钢材。另外在施工时，钢材要经受各种加工，所以钢筋要保证冷弯试验的要求。

6. 建筑节能

结构中的钢材宜优先采用中高强度的钢材，以节约钢材用量，改善我国工程结构的质量。如钢筋混凝土结构中的非预应力钢筋以优先采用 HRB400、HRB500、HRBF400、HRBF500，也可采用 HRB335、HRBF335、HPB300、RRB400。预应力钢筋宜采用预应力钢丝和钢绞线，公路桥涵工程中还可以选用预应力螺纹钢筋。

钢材的各项指标要求可参考国家规范和行业规范的相关规定。

2.2 混 凝 土

混凝土是一种不均匀、不密实的混合体，内部结构复杂。试验研究揭示，混凝土的力学性能指标受到许多因素的影响，诸如水泥的品质和用量、骨料的性质、混凝土的级配、水灰比、制作的方法、养护环境的温湿度、龄期、试件的形状和尺寸、试验的方法等。

2.2.1 单向受力时混凝土的力学性能

1. 混凝土的强度指标

(1) 混凝土的抗压强度

1) 立方体抗压强度

立方体抗压强度标准值（$f_{cu,k}$）是指按标准方法制作和养护的 150mm×150mm×150mm 的标准立方体试块，在 28d 龄期用标准试验方法测得的具有 95%保证率的抗压强度，是混凝土的基本强度指标。为了应用方便，我国规范按照立方体抗压强度标准值的大小，按照 5N/mm^2 等差，将混凝土的强度划分 14 个强度等级，包括 C15、C20、C25、C30、C35、C40、C45、C50、C55、C60、C65、C70、C75、C80（其中数字部分表示立方体抗压强度标准值），并将 C50 以上混凝土称为高强混凝土。

考虑与实际工程一致，立方体抗压强度测试采用试验机钢压板与试块接触面不涂润滑剂的标准试验方法。由于试验机钢压板刚度大，加载时除对试块施加竖向压力外，还将在试块表面产生向内的摩擦力，约束试块的横向变形（图 2-24），阻滞裂缝的发展，从而提高试块的强度。破坏时，远离承压板处的混凝土所受的约束最少，混凝土脱落得最多，形成两个对顶叠置的额头方锥体。

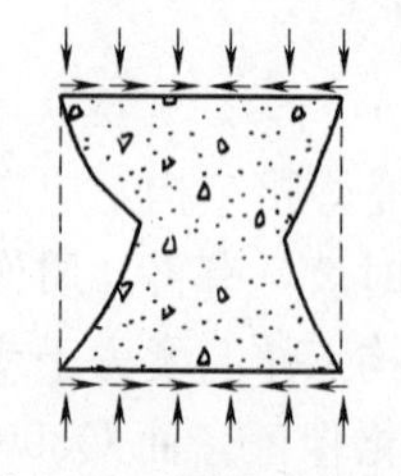

图 2-24 混凝土立方体试块的破坏情况

2) 轴心抗压强度

实际工程中混凝土受压构件的长度往往比截面的边长大很多。试验研究揭示棱柱体长宽比介于 2～3 时，试块中部截面摆脱了试验机钢压板横向摩擦约束影响，达到纯压状态。我国《普通混凝土力学性能试验方法》GB/T 50081 规定以 150mm×150mm×300mm 的棱柱体作为标准试件，测得的混凝土抗压强度称为混凝土的轴心抗压强度，其标准值用 f_{ck}表示。混凝土轴心抗压强度能更好地反映结构构件中混凝土的实际抗压能力。

我国根据相同的条件下制作的大量棱柱体与立方体试件抗压强度对比试验，获得图

2-25 所示混凝土轴心抗压强度与立方体抗压强度关系曲线，曲线揭示轴心抗压强度试验统计平均值 f_c^0 与立方体抗压强度试验统计平均值 f_{cu}^0 大致呈直线关系，其比值大致在 0.70～0.92 的范围内变化。

考虑实际结构构件制作、养护和受力等情况产生的实际构件强度与试件强度之间的差异，《混凝土结构设计规范》基于安全要求提出了轴心抗压强度标准值与立方体抗压强度标准值之间的折算关系如下：

$$f_{ck}=0.88\alpha_{c1}\alpha_{c2}f_{cu,k} \tag{2-12}$$

式中 α_{c1}——棱柱体强度与立方体强度之比，对混凝土等级为 C50 及以下的取 $\alpha_1=0.76$，对 C80 取 $\alpha_1=0.82$，中间按线性规律插值；

α_{c2}——高强度混凝土的脆性折减系数，对 C40 取 $\alpha_2=1.00$，对 C80 取 $\alpha_2=0.87$，中间按线性规律插值；

0.88——试件混凝土强度的修正系数，考虑实际构件与试件之间的差异而取用的折减系数。

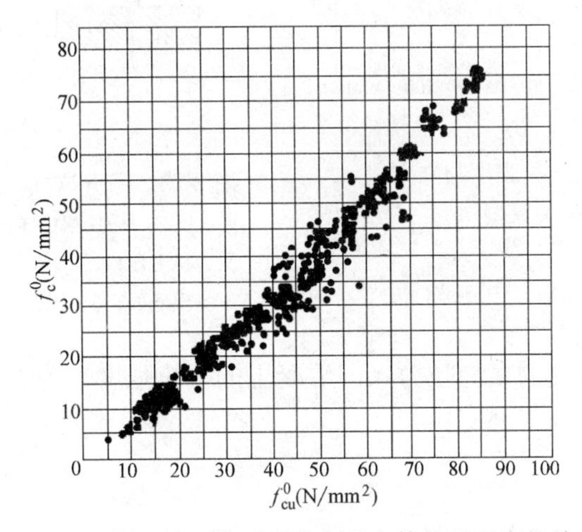

图 2-25 混凝土轴心抗压强度与立方体抗压强度的关系

(2) 混凝土的轴心抗拉强度

利用试验机的夹具夹紧尺寸为 100mm×100mm×500mm 的混凝土试件两端通过构件中心轴线的钢筋外伸段，对试件施加拉力（如图 2-26 所示），试件将在无钢筋的中部截面被拉断，其截面的拉应力即为混凝土的轴心抗拉强度。中国建筑科学研究院等单位通过开展 72 组混凝土试件的抗拉试验，对混凝土的轴心抗拉强度与立方体抗压强度的关系进行了系统的测定，试验结果见图 2-27。

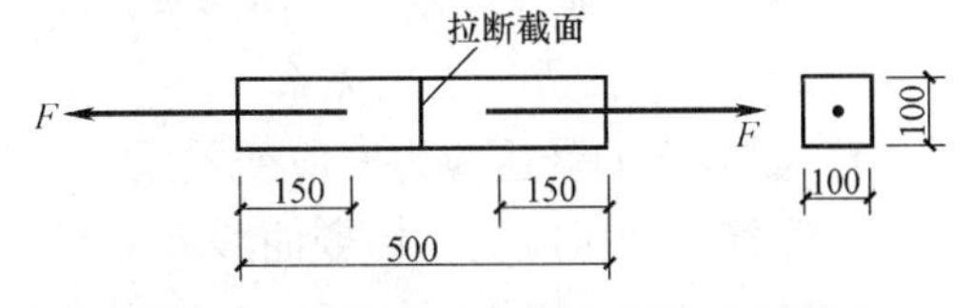

图 2-26 混凝土轴心抗拉强度试验试件

根据图 2-27，混凝土的轴心抗拉强度标准值（f_{tk}）与立方体抗压强度标准值（$f_{cu,k}$）的关系经修正后表示为：

$$f_{tk}=0.88\times0.395f_{cu,k}^{0.55}(1-1.645\delta)^{0.45}\times\alpha_{c2} \tag{2-13}$$

式中 δ——变异系数；

0.395、0.55——折算系数，根据试验数据（包括对高强混凝土研究的试验数据）进行统计分析以后确定。

在用上述方法测定混凝土的轴心抗拉强度时，保持试件轴心受拉是很重要的，也是不容易完全做到的，因为混凝土内部结构不均匀，试件的质量中心往往不与几何中心重合，钢筋的预埋和试件的安装都难以对中，而偏心和歪斜又对抗拉强度有很大的干扰。为避免这种情况，国内外多采用立方体或圆柱体劈裂试验来测定混凝土的抗拉强度，如图 2-28 所示，用压力机在立方体或圆柱体的垫条上施加一条均匀分布的压力线荷载，这样试件中心垂直截面除垫条附近很小的范围外，将产生均匀的横向拉应力，当拉应力达到混凝土的抗拉强度时，试件即被劈裂成两半。

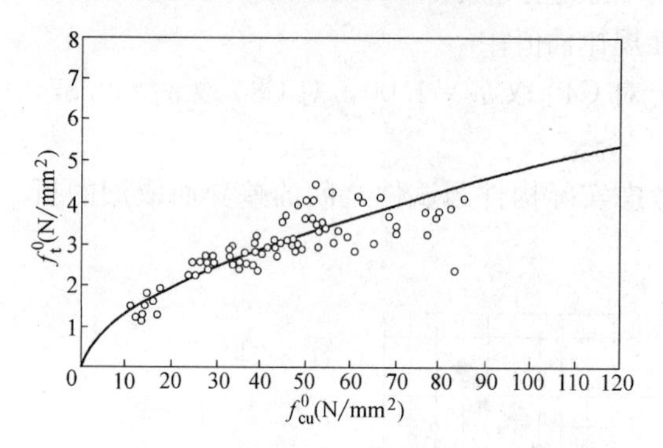

图 2-27 混凝土轴心抗拉强度与立方体抗压强度的关系图

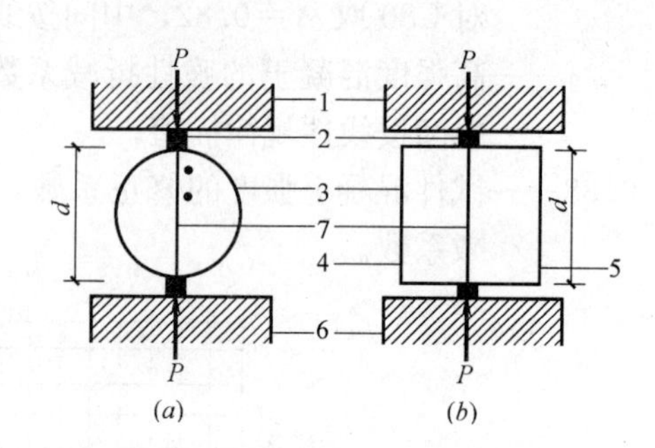

图 2-28 用劈拉试验测定混凝土抗拉强度

(a) 圆柱体；(b) 立方体

1—压力机上压板；2—垫条；3—试件；4—浇模顶面；5—浇模底面；6—压力机下压板；7—试件破裂线

按照弹性理论，截面的横向拉力（即混凝土的抗拉强度）为：

$$f_{tk}=\frac{2P}{\pi dl} \tag{2-14}$$

式中 P——破坏荷载；

d——圆柱体直径或立方体边长；

l——圆柱体长度或立方体边长。

2. 混凝土的应力—应变关系

(1) 混凝土的受压应力—应变关系

1) 混凝土受压应力—应变曲线

将混凝土棱柱体试件放入刚度较大的试验机（或在试验时附加控制装置以等应变速度加载，或采用液压伺服辅助装置等以减慢试验机释放应变能时变形的恢复速度），可得到混凝土在单调短期加荷作用下的应力—应变全曲线如图 2-29 所示，整个曲线大致包括上升段与下降段两部分。

① 上升段 OC

当应力 σ 较小时（OA 段），变形主要取决于混凝土内部骨料和水泥结晶体的弹性变形，应力应变关系呈直线变化。当应力 σ 进入 AB 段范围时，由于混凝土内部水泥凝胶体的黏性流动，以及各种原因形成的微裂缝亦渐处于稳态的发展中，致使应变的增长较应力为快，表现了材料的弹塑性性质。当应力进入 BC 段之后，混凝土内部微裂缝进入非稳态发展阶段，塑性变形急剧增大，曲线斜率显著减小。当应力到达峰值时，混凝土内部粘结力破坏，随着微裂缝的延伸和扩展，试件形成若干贯通的纵裂缝，混凝土应力达到受压时最大承压应力 σ_{max}（C 点）。

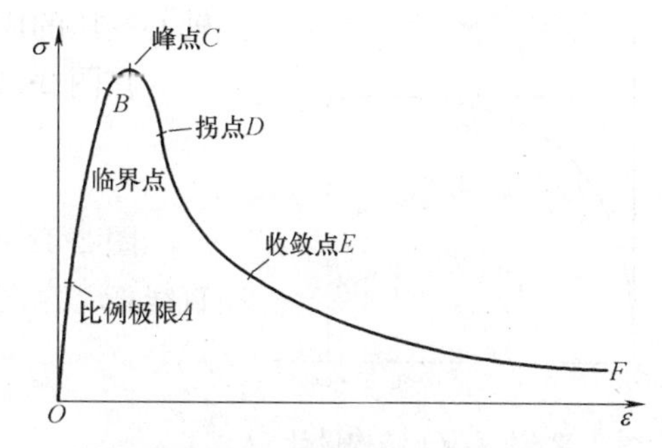

图 2-29 混凝土受压时应力—应变曲线

② 下降段 CF

当试件应力达到峰值应力（C 点对应的应力）后，随着裂缝的贯通，试件的承载能力将开始下降。之后，裂缝迅速发展，内部结构的整体性受到愈来愈严重的破坏，传力路线不断减少，试件的平均应力强度下降，应力—应变曲线向下弯曲，直到凹向发生改变，曲线出现“拐点”（D）。超过“拐点”（D），曲线开始凸向应变轴，这时，只靠骨料间的咬合及摩擦力与残余承压面来承受荷载。随着变形的增加，应力—应变曲线逐渐凸向水平轴方向发展，此段曲线中曲率最大的一点 E 称为“收敛点”。从收敛点 E 点开始，以后的曲线称为收敛段 EF，这时贯通的主裂缝已很宽，内聚力几乎耗尽，表现出无侧向约束特性，失去了结构意义。

2）影响混凝土受压应力—应变曲线的主要因素

① 强度等级

图 2-30 为强度等级不同的混凝土标准试件的受压应力—应变曲线试验结果。由图可见，随着混凝土强度等级的提高，其相应的峰值应变略有增加。强度等级高的混凝土下降段顶部陡峭，应力急剧下降，曲线较短，残余应力相对较低；而强度等级低的混凝土，其下降段顶部宽坦，应力下降甚缓，曲线较长，残余应力相对较高，其延性较好。

② 加荷速度

如果加荷速度不同，虽然混凝土的强度等级相同，但其应力—应变全曲线也表现出较大的差异。如图 2-31 所示，随着加荷应变速度的降低，混凝土应力—应变曲线的应力峰值略有降低，相应的峰值应变增加，而下降段曲线的坡度趋于缓和。

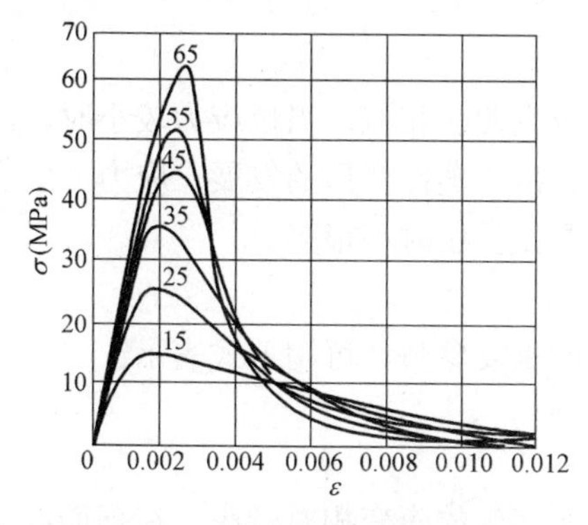

图 2-30 强度等级不同的混凝土的应力—应变曲线

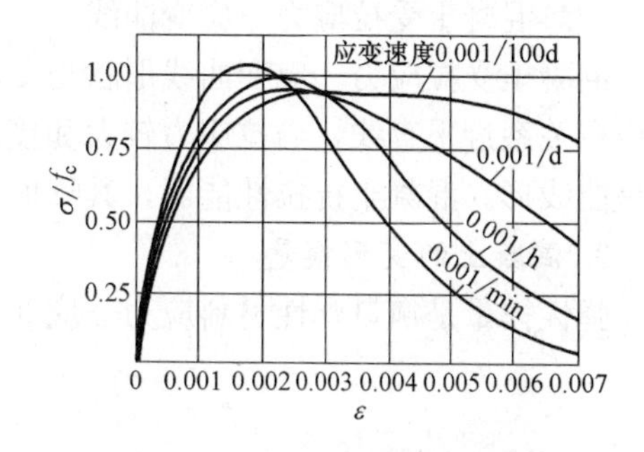

图 2-31 不同应变速度的混凝土受压应力—应变曲线

3）混凝土受压应力—应变曲线的简化表达

根据试验结果并考虑混凝土的塑性性能，我国《混凝土结构设计规范》将混凝土单向

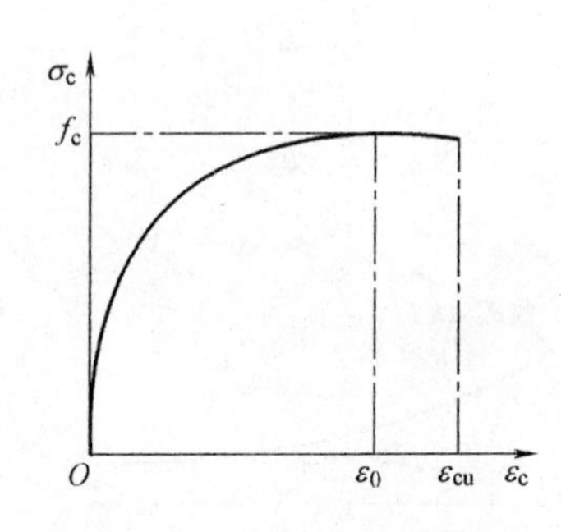

图 2-32 《混凝土结构设计规范》应力—应变曲线

轴心受压的应力—应变曲线按图 2-32 加以简化以便应用。

在图 2-32 中上升段，即当 $\varepsilon_c \leqslant \varepsilon_0$时，取为抛物线：

$$\sigma = f_c\left[1-\left(1-\frac{\varepsilon_c}{\varepsilon_0}\right)^n\right] \tag{2-15}$$

图 2-32 中水平段，即当 $\varepsilon_0 < \varepsilon_c \leqslant \varepsilon_{cu}$ 时，取为水平直线：

$$\sigma = f_c \tag{2-16}$$

$$n = 2-\frac{1}{60}(f_{cu,k}-50) \tag{2-17}$$

$$\varepsilon_0 = 0.002+0.5(f_{cu,k}-50)\times10^{-5} \tag{2-18}$$

$$\varepsilon_{cu} = 0.0033-(f_{cu,k}-50)\times10^{-5} \tag{2-19}$$

式中 σ_c——混凝土压应变为 ε_c时的混凝土压应力；

f_c——混凝土轴心抗压强度设计值；

ε_0——混凝土压应力达到 f_c时的混凝土压应变，当计算的 ε_0值小于 0.002 时，取为 0.002；

ε_{cu}——正截面的混凝土极限压应变，当处于非均匀受压且按式（2-19）计算的值大于 0.0033 时，取为 0.0033；当处于轴心受压时取为 ε_0；

$f_{cu,k}$——混凝土立方体抗压强度标准值；

n——系数，当计算的 n 值大于 2.0 时，取为 2.0。

设计时混凝土应力—应变曲线参数可按表 2-2 取值。

《混凝土结构设计规范》中混凝土应力—应变曲线参数 **表 2-2**

f_{cu}	≤C50	C60	C70	C80
n	2	1.83	1.67	1.5
ε_0	0.002	0.00205	0.0021	0.00215
ε_{cu}	0.0033	0.0032	0.0031	0.003

（2）混凝土受拉应力—应变曲线

混凝土受拉应力—应变曲线形状与受压应力—应变曲线相似。当拉应力较小时，应力—应变关系近乎直线，当拉应力较大和接近破坏时，由于塑性变形的发展，应力—应变关系呈曲线形。混凝土抗拉性能弱，其峰值应力应变要比受压时小很多。

3. 混凝土的变形模量

弹性模量是衡量弹性材料应力—应变之间关系的重要参数，可用下式表示：

$$E = \frac{\sigma}{\varepsilon} \tag{2-20}$$

弹性模量高，即表示材料在一定应力作用下，所产生的应变相对较小。在钢筋混凝土结构中，无论是进行超静定结构的内力分析，还是计算构件的变形、温度变化和支座沉陷对结构构件产生的内力，以及预应力构件等等都要应用到混凝土的弹性模量。

混凝土是弹塑性材料，一般说来其应力—应变关系为曲线关系，只是在应力很小的时候，或者在快速加荷试验时才近乎直线，故其弹性模量是变量。从混凝土棱柱体受压应力

—应变的典型曲线上，取任一点，其应力为 σ_c，相应的应变为 ε_c，则：

$$\varepsilon_c = \varepsilon_e + \varepsilon_p \tag{2-21}$$

式中 ε_e——混凝土应变中的弹性应变部分；

ε_p——混凝土应变中的塑性应变部分。

为此，对于混凝土的受压变形模量可有如图 2-33 所示的几种表达方式：

(1) 原点弹性模量，也称原始或初始弹性模量，简称弹性模量 E_c

过棱柱体试件应力—应变曲线原点作曲线的切线，该切线的斜率即为原点弹性模量，以 E_c表示，从图 2-33 中可得：

$$E_c = \tan\alpha_0 \tag{2-22}$$

即：

$$E_c = \frac{\sigma_c}{\varepsilon_e} \tag{2-23}$$

式中 α_0——混凝土应力—应变曲线在原点处的切线与横坐标的夹角。

虽然混凝土是弹塑性材料，卸荷后会有残余变形，但是每经一次加荷，残余变形都将减少一些，实验结果表明，经 5～10 次反复之后，变形渐趋稳定，应力应变关系已近于直线，且与第一次加荷时应力—应变曲线原点的切线大致平行。因此，我国规定采用图 2-34 所示方法确定弹性模量：取棱柱体试件，加荷至不超过适当的应力（如 $\sigma = 0.5f_c$），反复进行 5～10 次加卸载实验所得应力—应变曲线的斜率作为混凝土弹性模量的试验值。

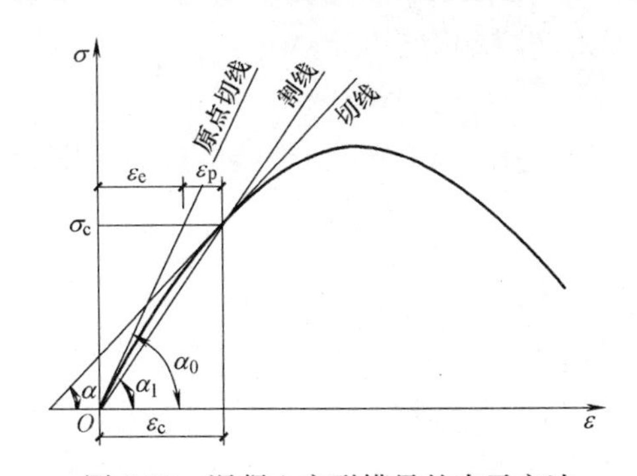

图 2-33 混凝土变形模量的表示方法

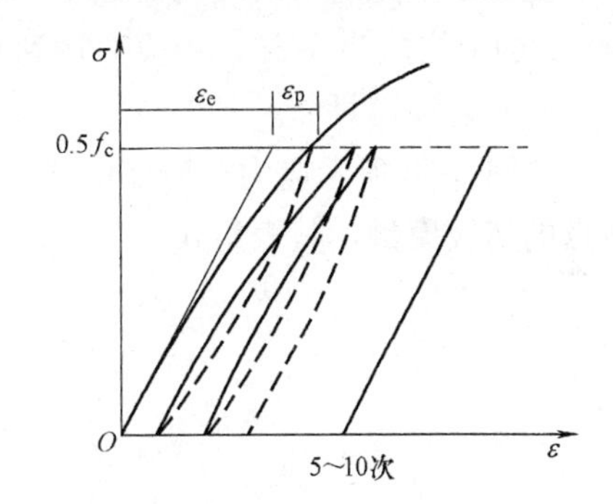

图 2-34 混凝土弹性模量的测定方法

为了确定混凝土的受压弹性模量，中国建筑科学研究院进行了大量的测定试验，试验结果示于图 2-35 中，经统计分析得出弹性模量与立方体抗压强度标准值的关系为：

$$E_c = \frac{10^5}{2.2 + \dfrac{34.7}{f_{cu,k}}} (\text{N/mm}^2) \tag{2-24}$$

(2) 变形模量，也称割线模量 E_c'

如图 2-33 所示，作原点 O 与曲线任一点（σ_c、ε_c）的连线，其所形成的割线的正切值，即为混凝土的变形模量，可表达为：

$$E_c' = \tan\alpha_1 \tag{2-25}$$

即：

$$E_c' = \frac{\sigma_c}{\varepsilon_c} \tag{2-26}$$

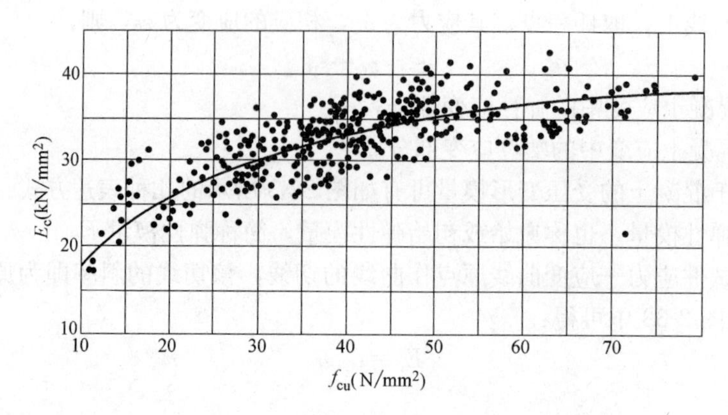

图 2-35　混凝土的弹性模量与立方体抗压强度的关系

式中　α_1——割线与横坐标的夹角。

割线模量随混凝土的应力而变化。设 $\nu'=\varepsilon_e/\varepsilon_c$ 为反映混凝土弹塑性性能指标的弹性系数，则应力—应变曲线上任一点的变形模量可用弹性模量来表示，由图 2-33，有：

$$E_c\varepsilon_e=E'_c\varepsilon_c \tag{2-27}$$

$$E'_c=\frac{\varepsilon_e}{\varepsilon_c}E_c=\nu'E_c \tag{2-28}$$

变形模量随应力的增大而减小，通常 $\sigma\leqslant0.3f_c$ 时，近似取弹性系数 $\nu'=1$；$\sigma=0.5f_c$ 时，ν' 的平均值为 0.85；当应力达到 $\sigma=0.8f_c$ 时，ν' 值约为 0.4～0.7。

（3）切线模量 E''_c

在图 2-33 所示应力—应变曲线上任一点（σ_c、ε_c）处作一切线，此切线的斜率，即为该点的切线模量，其表达式为：

$$E''_c=\tan\alpha \tag{2-29}$$

即：

$$E''_c=\frac{d\sigma_c}{d\varepsilon_c} \tag{2-30}$$

式中　α——计算点切线与横坐标的夹角。

由于混凝土的塑性变形是随应力增大而发展的，切线模量也是一个变数，其数值随着应力的增长而不断降低。

当应力较大，混凝土进入弹塑性阶段后，可应用变形模量或切线模量，不过切线模量往往只用于科学研究中。另外，混凝土的弹性模量和变形模量，只有在混凝土的应力很低（例如 $\sigma\leqslant0.2f_c$）时才近似相等，故而材料力学对弹性材料的公式不能在混凝土材料中随便套用。

（4）剪切变形模量 G_c

根据弹性理论，弹性模量与剪变模量 G_c 之间的关系为：

$$G_c=\frac{E_c}{2(1+\nu_c)} \tag{2-31}$$

式中　ν_c——混凝土的泊松比，我国《混凝土结构设计规范》取为 0.2。

这样，混凝土的剪变模量为 $G_c=0.4E_c$。

根据我国试验资料，混凝土受拉时应力—应变曲线上切线的斜率与受压时基本一致，即两者的弹性模量相同。当拉应力 $\sigma_t=f_t$时，弹性系数 $\nu'=0.5$，故相应于 f_t时的变形模量 $E_c'=\nu' E_c=0.5E_c$。

2.2.2 复杂应力作用下混凝土的力学性能

实际结构中的混凝土，多处于双向、三向或兼有剪应力的复合受力状态。复合受力强度是混凝土结构的重要理论问题，但由于问题的复杂性，至今还在研究探讨之中，目前对于混凝土复合受力强度主要还是凭借试验所得的经验分析数据。

1. 双向受力状态下的强度和变形

图 2-36 为 200mm×200mm×200mm 的混凝土立方体试块双向受力试验结果。试验时沿试件的两个平面作用有法向应力 σ_1和 σ_2（设以拉为正），沿板厚方向的法向应力 $\sigma_3=0$，试件处于平面应力状态。

（1）双向受拉应力状态

图 2-36 中第一象限为双向受拉应力状态，σ_1和 σ_2相互间的影响不大，无论 σ_1/σ_2比值如何，实测破坏强度基本上接近单向抗拉强度 f_t。

（2）双向受压应力状态

图 2-36 中第三象限为双向受压情况，由于双向压应力的存在，相互制约了横向的变形，因而抗压强度和极限压应变均有所提高。混凝土的强度与 σ_1/σ_2的比值有关，由图可见，双向受压强度比单向受压强度最多可提高 27%左右，不过却不是发生在 $\sigma_1/\sigma_2=1$ 的情况下。

（3）一拉一压应力状态

在图 2-36 第二、四象限，试件一个平面受拉，另一个平面受压，其相互作用的结果，正好助长了试件的横向变形，故而在两向异号的受力状态下，强度要降低。

在《混凝土结构设计规范》中对混凝土双向受力的强度曲线进行了修订，混凝土的二轴强度可由 4 条曲线连成的封闭曲线确定（图 2-37），也可由下列公式取值：

$$\begin{cases} L_1: & f_1^2+f_2^2-2vf_1f_2=(f_{t,r})^2 \\ L_2: & \sqrt{f_1^2+f_2^2-f_1f_2}-\alpha_s(f_1+f_2)=(1-\alpha_s)\left|f_{c,r}\right| \\ L_3: & \dfrac{f_2}{\left|f_{c,t}\right|}-\dfrac{f_1}{\left|f_{t,r}\right|} \\ L_4: & \dfrac{f_1}{\left|f_{c,t}\right|}-\dfrac{f_2}{\left|f_{t,r}\right|} \end{cases} \tag{2-32}$$

式中 f_1、f_2——混凝土双轴强度，受拉为正，受压为负；

v——混凝土泊松比，可取 0.18～0.22；

$f_{t,r}$——混凝土单轴抗拉强度，其值可根据实际结构分析需要分别取 f_t、f_{tk}或 f_{tm}（f_{tm}为混凝土抗拉强度平均值）；

$f_{c,r}$——混凝土单轴抗压强度，其值可实际结构分析需要分别取 f_c、f_{ck}或 f_{cm}（f_{cm}为混凝土抗压强度平均值）；

α_s——受剪屈服参数，$\alpha_s=\dfrac{r-1}{2r-1}$；

r——双轴受压强度提高系数，取值范围 1.15～1.30，可根据实验数据确定，在缺乏实验数据时可取 1.2。

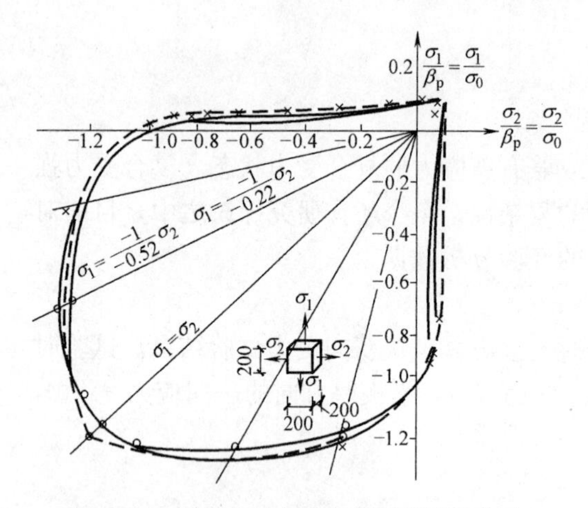

图 2-36　混凝土双向受力的强度试验曲线

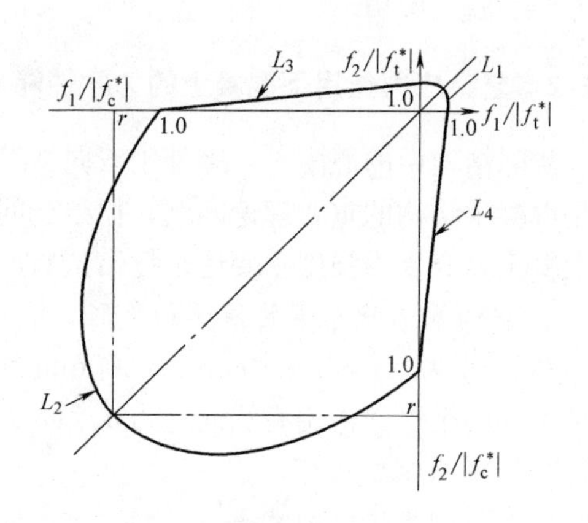

图 2-37　规范建议的混凝土双向受力的强度曲线

2. 受平面法向应力和剪应力的强度

如图 2-38 所示，在试件的单元体上，除作用有剪应力 τ 外，还作用有法向应力 σ，在有剪应力作用时，混凝土的抗压强度将低于单向抗压强度。所以在混凝土结构构件中，若有剪应力的存在将影响抗压强度。

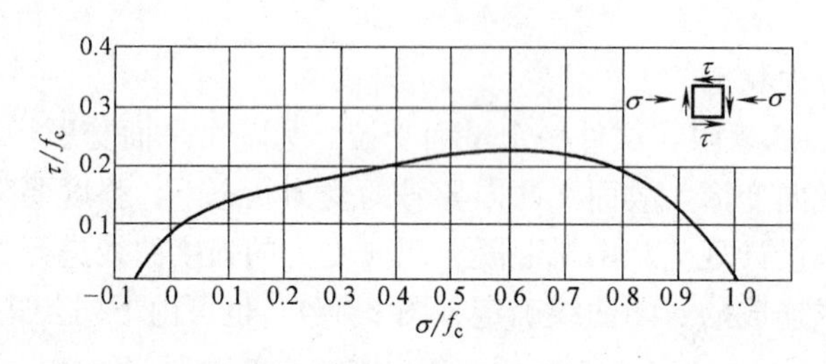

图 2-38　混凝土受平面法向应力和剪应力的强度曲线

3. 三向受压状态下的强度和变形

在三向受压的情况下，因为混凝土试件横向处于约束状态，其强度与延性均有较大程度的增长。图 2-39 为混凝土圆柱体试件在三向受压作用下轴向应力—应变曲线。圆柱体周围用液体压力把它约束住，每条曲线都使液压保持为常值，轴向压力逐渐增加直至破坏并量测它的轴向应变。当试件周围侧向力 $\sigma=0$ 时，混凝土强度 f_c的数值只有 25.7N/mm^2，但是随着试件周围侧向压力的加大，试件的强度和延性都大为提高了。

在工程实际中，常以钢管（如图 2-40）、间距较小的螺旋钢筋或箍筋来约束混凝土的横向膨胀，使混凝土处于三向受压状态。图 2-41 与图 2-42 分别为螺旋钢筋圆柱体试件和箍筋棱柱体试件所测得的约束混凝土的应力—应变曲线。从图中可知，在应力接近混凝土抗压强度之前，试件应力—应变曲线与不配置螺旋钢筋或箍筋的试件基本相同。随着螺旋钢筋和箍筋间距的加密，约束混凝土的峰值应力不断提高，峰值应变亦相应增大。螺旋钢筋和箍筋约束延缓了裂缝的发展，使得应力的下降减慢，下降坡度趋向平缓，曲线延伸甚长，延性大为提高。因此，对结构构件和节点区，采用间距较密的螺旋筋和箍筋，约束混凝土来提高构件的延性。

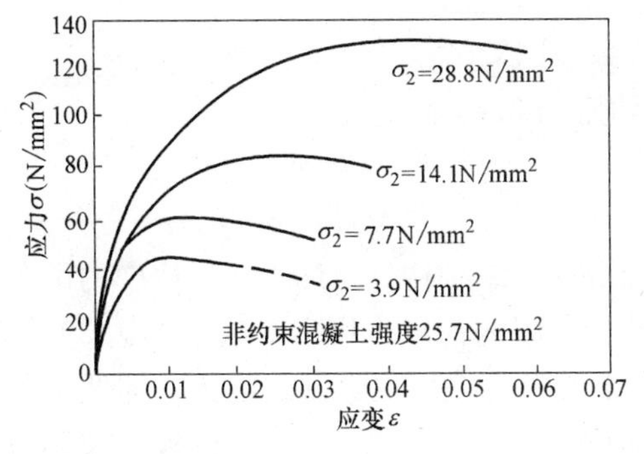

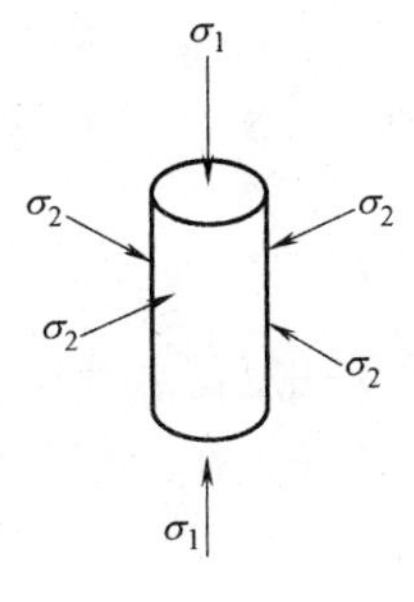

图 2-39　混凝土圆柱体三向受压试验时轴向应力—应变曲线

图 2-40　广州珠江新城西塔X形钢管节点

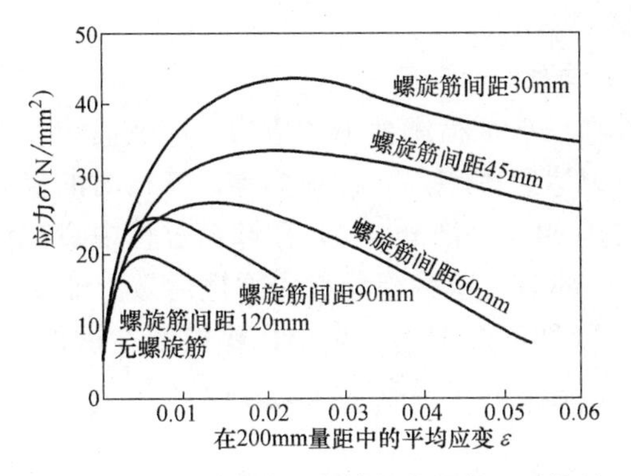

图 2-41　螺旋筋圆柱体约束混凝土试件的应力—应变曲线图

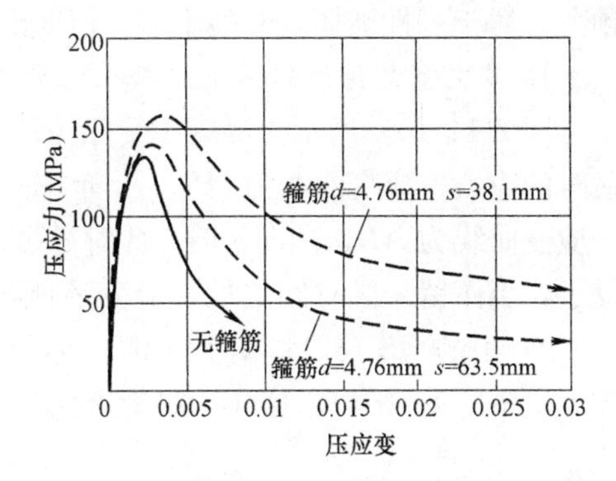

图 2-42　普通箍筋棱柱体约束混凝土试件的应力—应变曲线图

螺旋筋和普通箍的约束效果不一致。如图 2-43 所示，螺旋筋约束力匀称，效果自然好。箍筋只对四角和核心部分的混凝土约束较好，对边部的约束则甚差。所以间距密集的箍筋对提高延性的效果是好的，但对提高混凝土强度的作用就不大，不过，普通箍筋制作和施工较方便，也容易配合方形截面。

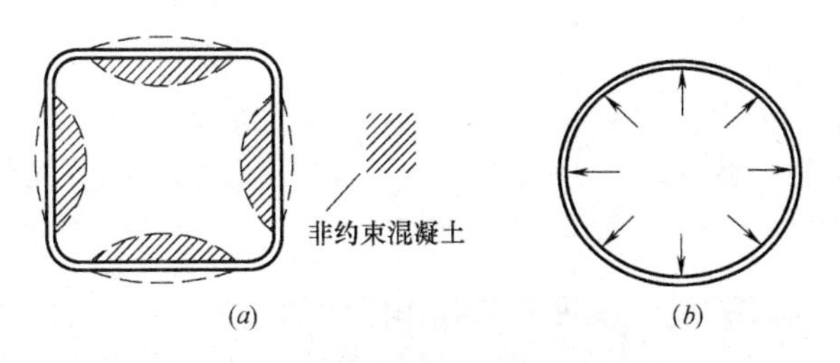

图 2-43　普通方形箍筋和螺旋筋对混凝土的约束

(a) 普通方形箍筋；(b) 螺旋筋

混凝土试件三向受压则由于变形受到相互间有利的制约，形成约束混凝土，其强度有较大的增长，根据试验结果，三向受压时混凝土纵向抗压强度的经验公式为：

$$f_{cc}=f_c+kf_1 \tag{2-33}$$

式中 f_{cc}——三向受压时轴心抗压强度（变形受约束试件）；

f_c——混凝土轴心抗压强度（非约束试件）；

f_1——侧向压力（约束力）；

k——侧向压力效应系数，4.5～7，平均值定为5.6。

2.2.3 混凝土的疲劳性能

在工程实际中，存在大量承受往复荷载作用的混凝土结构构件，如工业厂房中的吊车梁和公路桥、铁路桥上的受弯构件等，在其整个使用期限内荷载作用重复次数可达200～600万次。在直接连续反复动力荷载作用下，混凝土的强度将呈现降低的趋势，即低于单调静力荷载作用下的强度，这种现象称为混凝土的疲劳。一般来说，混凝土的疲劳破坏归因于混凝土微裂缝、孔隙、弱骨料等内部缺陷，在承受重复荷载之后产生应力集中，导致裂缝发展、贯通，结果引起骨料与砂浆间的粘结破坏所致。混凝土发生疲劳破坏时无明显预兆，属于脆性破坏，开裂不多，但变形很大。

1. *多次重复荷载作用下混凝土的应力—应变曲线*

图2-44（a）所示为混凝土受压棱柱体试件在一次加荷卸荷下的应力—应变曲线。加荷时的应力—应变曲线为OA，凸向σ轴，当应力达到A点后，卸荷为零，卸荷时的应力—应变曲线为AB，凸向ε轴，此时A点的应变有相当一部分（ε_c'）在卸荷过程中瞬时恢复了，当停留一段时间之后，应变还能再恢复一部分，这种现象称为弹性后效，即图2-44（a）中的BB'（ε_e''）；剩下来的一部分，$B'O$段是不能恢复的变形，将保留在试件中，称为残余应变（ε_{cr}'）。这样，混凝土在一次加荷卸荷下的应力应变曲线为$OABB'$。

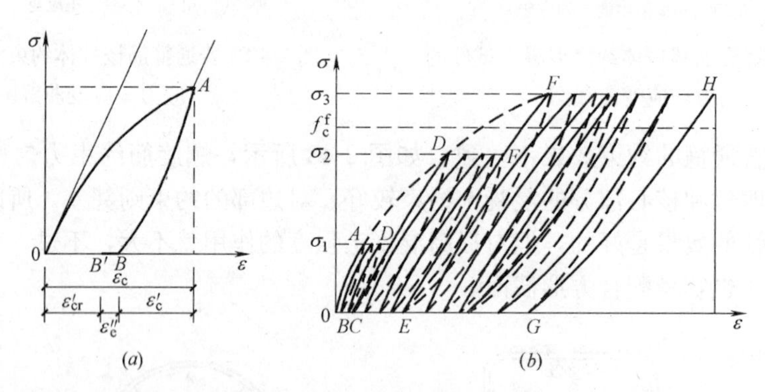

图2-44 混凝土在重复荷载作用下的应力—应变曲线

（a）混凝土一次加荷的应力应变曲线；（b）混凝土多次重复加荷的应力应变曲线

图中 ε_{cr}'—残余应变；ε_e''—卸荷后弹性后效；ε_c'—卸荷时瞬时恢复应变

混凝土受压棱柱体试件受多次重复荷载作用下的应力—应变曲线如图2-44（b）所示，当用小于某个数值的应力σ_1和σ_2作多次重复荷载试验时，起初其加荷卸荷应力—应变曲线都与图2-44（a）的情况类似，经多次加、卸荷作用后加荷卸荷应力—应变曲线愈闭合，最终成为一条直线（σ_1时为CD'，σ_2时为EF'），且与曲线在原点处的切线大体平行。应力—应变曲线呈直线状态后，塑性变形不再增长，混凝土试件遂按弹性工作，即使重复循环加荷数百万次也不致破坏。但是，当用高于该数值的应力σ_3加荷，经过几次重复循环之后，应力—应变曲线很快就变成直线，接着反向弯曲，曲线由凸向σ轴而变为凸向ε轴，变形不断增加，表明混凝土试件很快将破坏，应力—应变曲线斜率的降低是混凝土发生疲劳破坏的一个主要征兆。在图 2-44（*b*）中还可看到，各种应力的外包曲线 *OADF* 与图 2-44（*a*）的一次加、卸荷应力—应变曲线是差不多相同的。

2. 混凝土疲劳强度

根据国内大量测试资料的统计分析，混凝土疲劳强度的数值较分散，且与重复次数有关，并随混凝土的强度等级而变化。通常把试件承受 200 万次（或更多次数）重复荷载时发生破坏的压（拉）应力值，称为混凝土的抗压（拉）疲劳强度，用符号 f_c（或 f_t）表示。

试验研究揭示，混凝土的疲劳强度与对试件所施加重复作用应力的变化幅度有关。根据疲劳应力比值 ρ_c^f，确定混凝土疲劳强度修正系数 γ_ρ，即可对混凝土的抗压强度和抗拉强度予以修正。疲劳应力比值可按下式进行计算：

$$\rho_c^f = \sigma_{c,\min}^f / \sigma_{c,\max}^f \tag{2-34}$$

式中 $\sigma_{c,\min}^f$、$\sigma_{c,\max}^f$——构件疲劳验算时，截面同一纤维上的混凝土最小应力、最大应力。

混凝土受压（或受拉）疲劳强度修正系数 γ_ρ 与疲劳应力比值之间的关系见附表 C-14 所示，将混凝土受压（或受拉）强度乘以疲劳强度修正系数 γ_ρ 即可确定混凝土的抗压（或抗拉）疲劳强度。当混凝土承受拉-压疲劳应力作用时，疲劳强度修正系数 γ_ρ 取 0.60。当 $\rho_c^f \geqslant 0.5$ 时，疲劳强度可不修正，当 $\rho_c^f < 0.5$ 后，疲劳应力比值越低则修正越多。

采用级配良好的混凝土，加强振捣以提高混凝土的密实性，并注意养护，都有利于混凝土疲劳强度的提高。

3. 混凝土疲劳变形模量

混凝土疲劳变形模量 E_c^f 应按附表 C-15 采用，取值约为混凝土弹性模量的一半。

2.2.4 混凝土的徐变

1. 混凝土的徐变曲线

在荷载维持不变的情况下，混凝土的变形随时间而增长的现象称为徐变。我国铁道部科学研究院根据混凝土棱柱体试件的试验结果，得出混凝土典型的徐变曲线如图 2-45 所示。从图 2-45 中可以看出，当加荷应力达到 $0.5f_c$ 时，加荷瞬间产生的应变为瞬时应变，用符号 ε_{ela} 表示。若荷载保持不变，随着加荷时间的推移，应变将继续增长，从而产生了混凝土的徐变应变 ε_{cr}。徐变在开始的半年内增长较快（可达总徐变量的 70%～80%），其后逐渐缓慢，趋于稳定。经过两年时间，徐变量约为加荷时瞬时应变的 1～4 倍，此时卸载，部分应变立即恢复，称之为瞬时恢复应变 ε'_{ela}，其数值略小于加荷时的瞬时应变 ε_{ela}。经过 20d 左右，又有部分应变得以恢复，这就是弹性后效 ε''_{ela}，弹性后效约为徐变变形的 1/12。最后剩余的大部分应变是不可恢复的，称为残余变形 ε'_{cr}。

2. 混凝土产生徐变的原因

在持续的外荷载作用下，混凝土中未晶体化的水泥凝胶体会产生黏性流动，将压应力逐渐转移给骨料，骨料应力增大试件变形也随之增大。卸荷后，水泥胶凝体逐渐恢复原状，骨料遂将这部分应力逐渐传回给凝胶体，于是产生弹性后效。另外，当压应力较大时，在荷载的长期作用下，混凝土内部微裂缝不断发展也致使混凝土的应变增加。

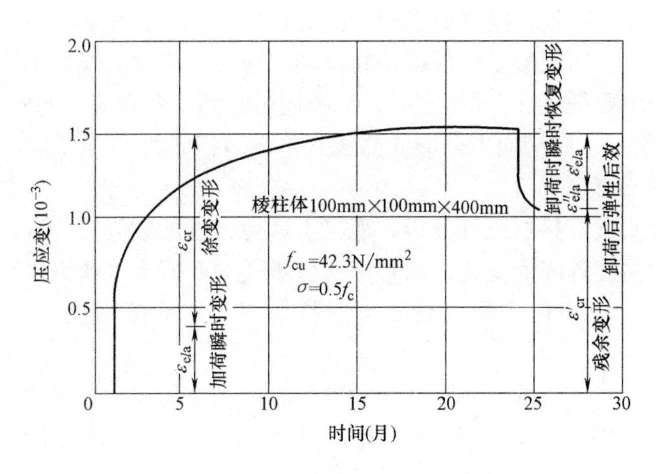

图 2-45　混凝土的徐变

3. 混凝土徐变对工程结构的影响

混凝土的徐变对混凝土结构构件的内力分布及其受力性能将产生影响，使钢筋与混凝土间产生应力重分布。

（1）不利影响

1）使钢筋混凝土柱中混凝土的应力减小而钢筋的应力增加，但不影响柱的极限承载力；

2）使受弯构件的受压区变形加大，构件的挠度增加；

3）使偏压构件（特别是大偏压构件）的附加偏心距加大而导致强度降低；

4）使预应力构件产生预应力损失等不利影响。

（2）有利影响

徐变会缓和混凝土结构构件的应力集中现象，降低温度应力，减少支座不均匀沉降引起的结构内力，延缓收缩裂缝在受拉构件中的出现等。

4. 影响混凝土徐变的因素

混凝土的徐变与混凝土的应力条件、环境因素、内在因素等密切相关。

（1）混凝土的应力条件

1）应力大小

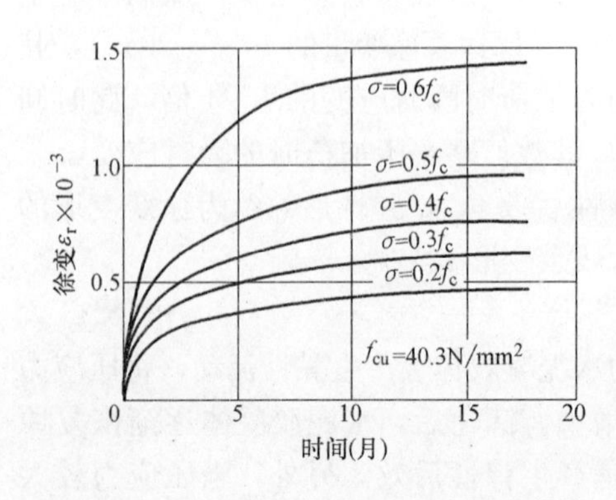

图 2-46　不同应力水平下的徐变增长曲线

图 2-46 为不同应力水平下的徐变增长试验曲线。由图可见，当施加于混凝土的应力 $\sigma \leqslant 0.5f_c$时，徐变与应力成正比，各条徐变曲线接近等间距分布，这种情况称为线性徐变。当施加于混凝土的应力 $\sigma = 0.5 \sim 0.8f_c$时，由于微裂缝在长期荷载作用下不断地发展，塑性变形剧增，徐变与应力不成正比，这种情况称为非线性徐变。当施加于混凝土的应力 $\sigma > 0.8f_c$时，试件内部裂缝进入非稳态发展，非线性徐变变形骤然增加，变形不收敛，最终将导致混凝土破坏。所以

工程应用上取 $\sigma=0.8f_c$ 作为混凝土的长期抗压强度。在工程实际中，若构件长期处于不变的高应力作用下是不安全的，设计时要给予注意。

2）荷载作用时间

由图 2-45 可知，荷载持续作用的时间越长，徐变也越大。加荷时混凝土的龄期愈短，徐变越大。

（2）环境因素

养护及使用条件下的温湿度是影响徐变的环境因素。

1）养护环境湿度愈大、温度愈高，徐变就愈小，因此加强混凝土的养护，促使水泥水化作用充分，尽早尽多结硬，尽量减少不转化为结晶体的水泥胶凝体的成分，是减少徐变的有效措施，对混凝土加以蒸汽养护，可使徐变减少 20%～35%。

2）使用阶段构件所处环境的温度越高、湿度越低，则徐变越大。如环境温度为 70℃的试件受荷一年后的徐变可达到环境温度为 20℃的试件的 2 倍以上，因此高温干燥环境将使徐变显著增大。

3）由于混凝土中水分的挥发逸散和构件的体积与其表面之比有关，故而构件的尺寸越大，则徐变就越小。

（3）内在因素

混凝土的组成和配合比是影响徐变的内在因素。

1）水灰比愈大，徐变愈大，在常用的水灰比（0.4～0.6）情况下，徐变与水灰比呈线性关系；水泥用量愈多，徐变也愈大。

2）水泥品种不同对徐变也有影响，用普通硅酸盐水泥制成的混凝土，其徐变要较火山灰质水泥或矿渣水泥制成的大。

3）骨料的力学性质也影响徐变变形，骨料愈坚硬、弹性模量愈大（图 2-47），以及骨料所占体积比愈大，徐变就愈小。试验表明，当骨料所占体积比由 60%增加到 75%时，徐变量将减少 50%。

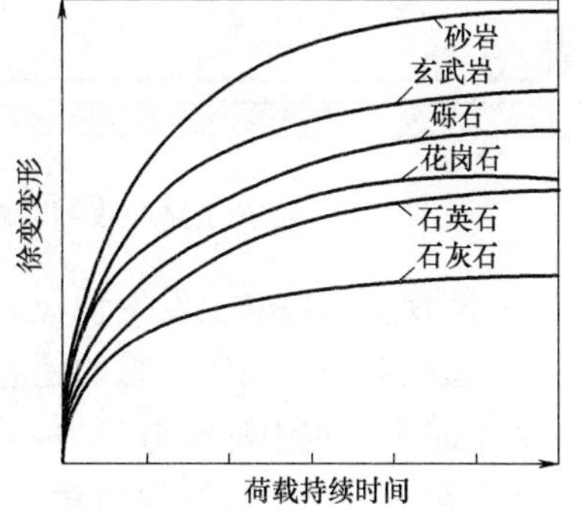

图 2-47　骨料对徐变影响的示意图

2.2.5　混凝土的非受力变形

1. 混凝土的收缩与膨胀

（1）混凝土的收缩曲线

混凝土在空气中结硬时体积减小的现象称为收缩；混凝土在水中或处于饱和湿度情况下结硬时体积增大的现象称为膨胀。由于混凝土的膨胀值要比收缩值小很多，而且膨胀往往对结构受力有利，所以一般对膨胀可不予考虑。

图 2-48 为我国铁道部科学研究院对混凝土自由收缩所作的试验曲线。由图可见，混凝土的收缩是随时间而增长的变形，结硬初期收缩变形发展得很快，半个月大约可完成全部收缩的 25%，1 个月可完成约 50%，2 个月可完成约 75%，其后发展趋缓，2 年左右渐趋稳定。受诸多因素影响，混凝土的最终收缩应变值变异性较大，介于 $(2\sim5)\times10^{-4}$ 之间，结构设计时一般取其值为 3×10^{-4}。

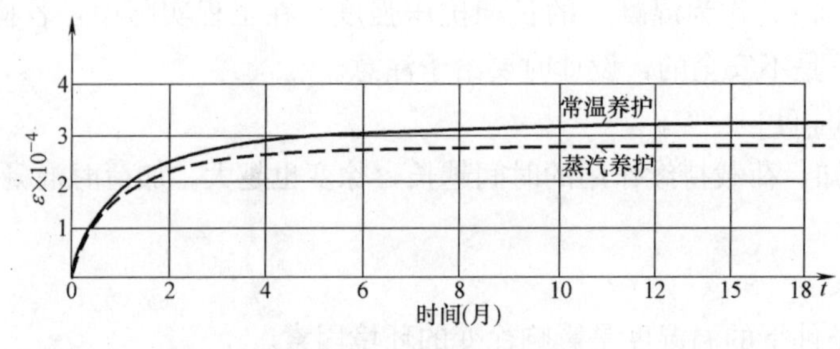

图 2-48　混凝土的收缩

(2) 混凝土收缩的原因

混凝土结硬过程中特别是结硬初期，水泥水化凝结作用将引起混凝土的体积凝缩，以及混凝土内游离水分蒸发逸散引起的干缩，是产生收缩变形的主要原因。

(3) 混凝土收缩对工程结构的影响

1) 在钢筋混凝土构件中，混凝土收缩使钢筋受到压应力，而混凝土则受到拉应力。当混凝土受到各种制约不能自由收缩时，将在混凝土中产生拉应力，甚而导致混凝土产生收缩裂缝，影响构件的耐久性、疲劳强度和观瞻（图 2-49、图 2-50）；

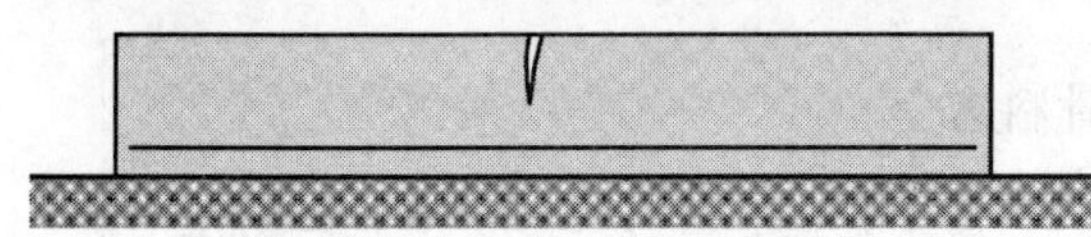

图 2-49　混凝土路面收缩裂缝

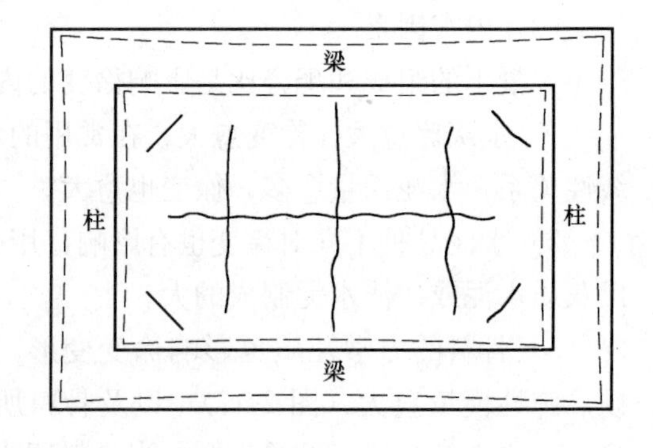

图 2-50　墙板干燥收缩裂缝与边框架的变形

2) 使预应力混凝土发生预应力损失；

3) 某些对跨度比较敏感的超静定结构，收缩也会引起不利的内力。

为了减少结构中的收缩应力，可设置伸缩缝，必要时也可使用膨胀水泥。

(4) 影响混凝土收缩的因素

1) 环境因素

养护及使用条件下的温湿度是影响混凝土收缩的环境因素。

① 注意养护，在湿度大、温度高的环境中结硬则收缩小；

② 蒸汽养护不但加快水化作用，而且减少混凝土中的游离水分，故而收缩减少；

③ 体表比直接涉及混凝土中水分蒸发的速度，体表比比值大，水分蒸发慢，收缩小，体表比比值小的构件如工字形、箱形构件，收缩量大，收缩变形的发展也较快。

2) 内在因素

混凝土的制作方法和组成是影响收缩的内在因素。

① 密实的混凝土收缩小；

② 水泥用量多、水灰比大，收缩就大；

③ 用强度高的水泥制成的混凝土收缩较大；

④ 骨料的弹性模量高、粒径大、所占体积比大，收缩小。

2. 混凝土的温度变形

当温度变化时，混凝土具有热胀冷缩的特性。当温度在0℃到100℃范围内时，混凝土的热工参数可按下列规定取值：线膨胀系数α_c为1×10^{-5}/℃，导热系数λ为10.6kJ/(m·h·℃)，比热容c为0.96kJ/(kg·℃)。

当温度变形受到约束而不能自由发生时，将在构件内产生温度应力。混凝土的线温度膨胀系数与钢筋的相近，故而温度变化时在混凝土和钢筋间引起的内力很小，不致产生不利的变形。但是钢筋没有收缩性能，当配置过多时，由于对混凝土收缩变形的阻滞作用加大，会使混凝土收缩开裂；对于大体积混凝土，表层混凝土的收缩较内部为大，而内部混凝土因水泥水化热蓄积得多，其温度却比表层为高，若内部与外层变形差较大，也会导致表层混凝土开裂。对于烟囱、水池等结构，在设计时也要注意温度应力的影响。

2.2.6 混凝土的选用原则

为了提高材料的利用效率，素混凝土结构的混凝土强度等级不应低于C15；钢筋混凝土结构的混凝土强度等级不应低于C20；采用强度等级400MPa及以上的钢筋时，混凝土强度等级不应低于C25。预应力混凝土结构的混凝土强度等级不宜低于C40，为确保满足耐久性要求，混凝土强度等级不应低于C30。承受重复荷载的钢筋混凝土构件，混凝土强度等级不应低于C30。

2.3 钢材与混凝土之间的粘结

2.3.1 钢材与混凝土的粘结作用

1. 钢材与混凝土协同工作原理

在钢材和混凝土共同工作的结构构件中，当钢材与混凝土之间出现相对变形（或滑移）时，就会在两者的交界面上产生阻止相对变形（或滑移）的相互作用力，这种力称为粘结作用。

粘结作用是保证结构中钢材和混凝土这两种力学性能截然不同的材料协同工作的基础。工程结构中钢材的温度线膨胀系数为1.2×10^{-5}/℃，混凝土为$(1.0\sim1.5)\times10^{-5}$/℃，两者比较接近，因此当温度变化时，两种材料之间不致产生过大的温度应力而破坏粘结作用。混凝土包裹在钢材外部，保护了钢材免遭锈蚀，保证了钢材与混凝土的共同工作。

在结构及构件设计中既应根据结构构件的受力状况合理配置材料，尽量发挥钢材和混凝土材料各自的优点，改善构件的受力性能，同时又要确保粘结作用不超过粘结强度，使两种材料形成一个整体，共同受力、共同变形，承受着由于变形差（相对滑移）沿钢材与混凝土接触面产生的剪应力，完成结构的功能。

2. 粘结应力的分布规律

(1) 钢材锚固端的粘结应力（锚固粘结）

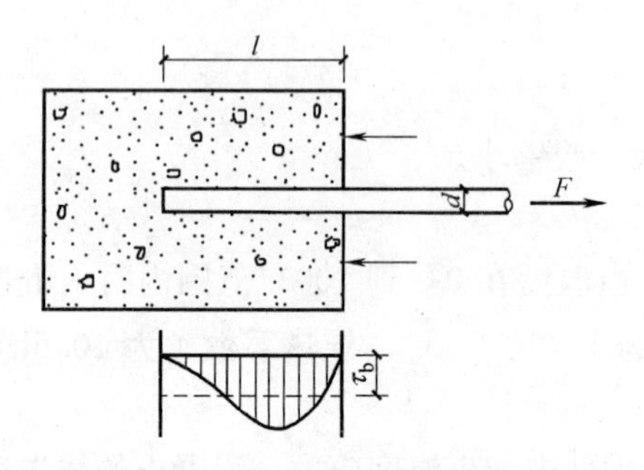

图 2-51　拔出试验及粘结应力分布

拔出试验是确定粘结作用特性的一种常用试验手段。如图 2-51 所示，将钢材的一端埋置在混凝土试件中，在伸出的一端施加拉力 F，则试件端面外伸部分钢筋的应力为 $\sigma_s = F/A_s$，试件端面混凝土自由端应力 $\sigma_c = 0$，钢材与混凝土之间的应力差导致钢材和混凝土接触界面上沿钢材产生粘结应力 τ。拔出试验揭示：粘结应力呈曲线形分布，从混凝土端面开始迅速增长，在靠近端面的一定距离处达到峰值，其后逐渐衰减。

带肋钢筋的粘结应力分布图形与光圆钢筋的有所不同，其衰减段略为凹进。随着荷载的增加，应力分布的长度将增大，不过分布长度增大甚缓，超过一定范围之后，应力甚至会消失，这说明过长部分的钢筋不起作用；应力图形的峰值也将随着荷载的增加而增大，光圆钢筋的峰值不断向埋入端内移，到破坏时渐呈三角形分布，而带肋钢筋峰值位置则移动甚少，只在接近破坏时才明显内移，见图 2-52。

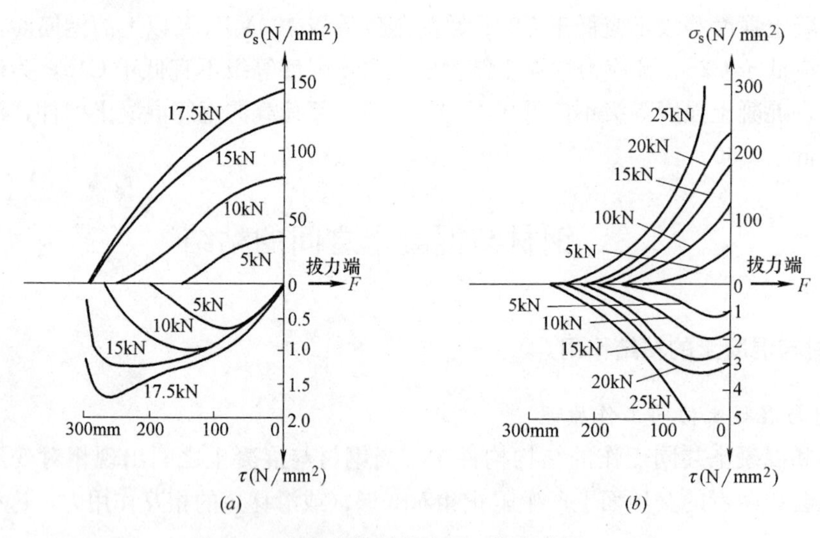

图 2-52　钢筋的粘结应力图（钢筋直径 13mm）

(a) 光圆钢筋；(b) 带肋钢筋

实际工程中，通常以拔出试验中粘结失效（钢筋被拔出或者混凝土劈裂破坏）时的最大平均粘结应力作为钢筋与混凝土的粘结强度。对于沿钢筋纵向的粘结应力，可取其平均值为：

$$\tau_b = \frac{F}{\pi d l} \tag{2-35}$$

式中 F——拉拔力；

d——钢筋直径；

l——钢筋埋置长度。

对埋入端端头做有弯钩或作弯折的钢筋，建议以钢筋埋入端端头滑移量为 0.01mm、0.1mm 及 1.0mm 时三者粘结应力的平均值作为评定粘结作用的指标。

当钢筋压入试验时，因钢筋受压缩短、直径增大，在实际工程中钢筋端头又有混凝土顶住，故得到的粘结强度要比拔出试验时大，因此钢筋埋置的锚固长度可较短。

自试件端部 $x<l$ 区段内取一长度为 dx 的微段（如图 2-53），设钢筋直径为 d，钢筋应力为 $\sigma_s(x)$，其应力增量为 $d\sigma_s(x)$，钢筋的合力必须和钢筋外表面上的总粘结力构成平衡，即：

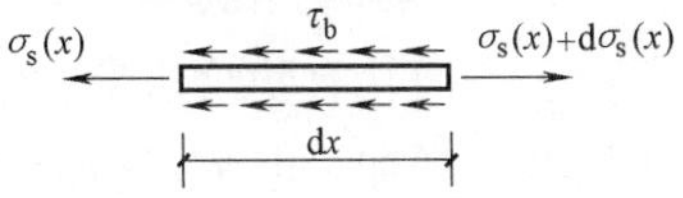

$$\frac{\pi d^2}{4}d\sigma_s(x)=\pi d\cdot\tau_b dx$$

$$\tau_b=\frac{d}{4}\frac{d\sigma_s(x)}{dx} \tag{2-36}$$

图 2-53　钢筋隔离体受力图

式（2-36）表明，粘结应力与单位长度上钢筋应力的增长率成正比。

（2）钢筋中部的粘结应力（局部粘结）

图 2-54 所示为一轴心受拉构件裂缝分布及裂缝两侧钢筋粘结应力的分布情况，这种在裂缝两侧的粘结应力称为局部粘结应力。在实际工程中，通过适当的设计手段，可以使这些裂缝不致影响构件的正常使用。局部粘结应力与构件的裂缝宽度计算以及刚度计算都有重要的关系。相对于锚固粘结而言，局部粘结失效影响面较小，只涉及构件的裂缝开展和变形，而粘结锚固的失效将造成结构提前破坏，达不到所设计的承载量。

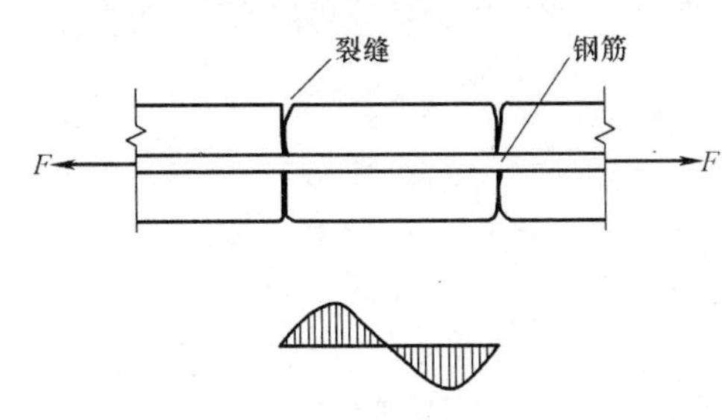

图 2-54　在钢筋中部的粘结应力分布情况

2.3.2　粘结作用的组成

1. 钢材与混凝土粘结作用的组成

粘结性能试验表明，钢材与混凝土的粘结作用主要由四部分组成。

（1）化学胶结力：钢材与混凝土接触面上水泥胶体的化学吸附作用力，这种力一般很小，当接触面发生相对滑移时就消失，仅在局部无滑移区内起作用；

（2）摩擦力：混凝土凝结收缩后紧紧地握裹住钢材，当钢材与混凝土发生相对滑移时在接触面上产生，钢材和混凝土之间的挤压作用越大、接触面越粗糙，则摩擦力越大；

（3）机械咬合力：钢筋表面粗糙不平或表面凸起的肋纹与混凝土产生机械咬合作用，带肋钢筋的横肋会产生机械咬合力，且咬合作用往往很大，是带肋钢筋粘结作用的主要来源；

（4）锚固力：通过在钢材端部弯钩、弯折，在锚固区焊接短钢筋、短角钢的方法提供锚固力。

2. 光圆钢筋的粘结性能

光圆钢筋粘结强度低、滑移量大，其破坏形态可认为是钢筋与混凝土相对滑移产生的，或钢筋从混凝土中被拔出产生剪切破坏，其破坏面就是钢筋与混凝土的接触表面。

根据试验资料，光圆钢筋的粘结强度 τ_u 为 1.5～3.5N/mm^2；新轧制的光圆钢筋，粘结强度只有混凝土抗拉强度的 0.4 倍；若光圆钢筋表面有微锈，只要表面凹凸达到 0.1mm，借助于摩擦力和机械咬合力的作用，粘结强度可增至混凝土抗拉强度的 1.4 倍（但浮锈无粘结效果，必须清除）。外表光滑的冷加工钢丝，其粘结强度较光圆钢筋要低约 30%。

为了提高光圆钢筋的抗滑移性能，须在光圆直钢筋的端部附加弯钩或弯转、弯折以加强锚固。附加的弯钩足以使光圆钢筋承载至屈服而不被拔出，但滑移量仍较大。

3. 带肋钢筋的粘结性能

由于表面轧有肋纹，带肋钢筋能与混凝土犬牙交错紧密结合，其化学胶结力和摩擦力的作用有所增加，但主要是钢筋表面凸起的肋纹与混凝土的机械咬合力。带肋钢筋的肋纹阻滞了混凝土的斜向挤压。斜向挤压力的水平分力使伸进肋纹间的混凝土犹如悬臂环梁那样地受力；而其径向分力，又使粘结区外围的混凝土受到内压力，遂在其环向产生拉力。在这些力的综合作用下，剪应力和纵向拉应力会使钢筋附近粘结区的混凝土产生如图 2-55 所示的内部斜裂缝，而其外围混凝土中的环向拉应力则使钢筋附近的混凝土产生径向裂缝。裂缝出现后，随着荷载的加大，肋纹前方的混凝土逐渐被压碎形成滑移面，使钢筋与混凝土间沿滑移面产生较大的滑动。所以，当粘结强度较高时，可认为在钢筋周围的混凝土是一个粘结受力区。在这个范围内的混凝土，在钢筋拔力的带动下，内部裂缝较易发展，滑移发生在粘结区混凝土与外围混凝土的界面上。

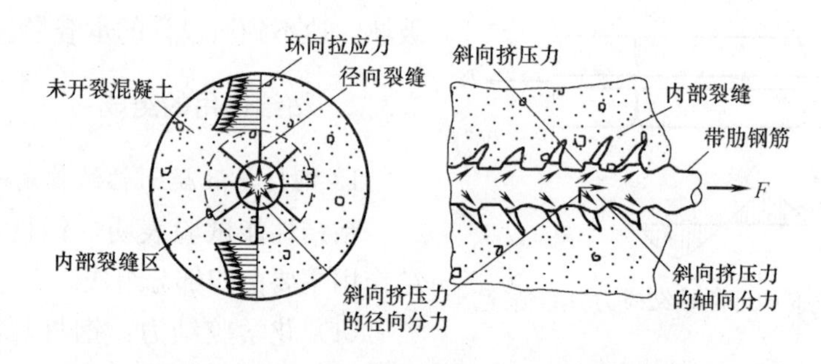

图 2-55　带肋钢筋横肋处的挤压力和内部裂缝

如果带肋钢筋外围混凝土较薄（如保护层厚度不足或钢筋净间距过小），又未配置环向箍筋来约束混凝土的变形，则径向裂缝很容易发展到试件表面，形成沿纵向钢筋的裂缝，使钢筋附近的混凝土（保护层）逐渐劈裂。劈裂破坏不是脆性破坏，具有一定延性特征，称之为劈裂型粘结破坏，见图 2-56。劈裂应力 τ_{cr} 约为粘结强度 τ_u 的 80%～85%；

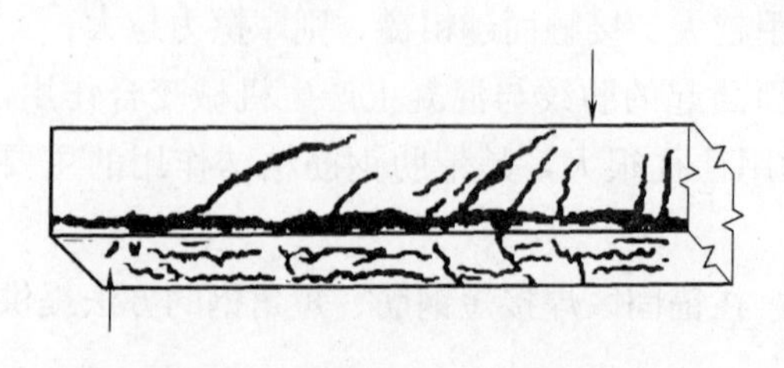

图 2-56　劈裂型粘结破坏示意图

若变形钢筋外围混凝土较厚，或有环向箍筋约束混凝土的变形，则纵向劈裂裂缝的发展受到抑制，破坏是剪切型粘结破坏，钢筋连同肋纹间的破碎混凝土逐渐由混凝土中被拔出，破坏面为带肋钢筋肋的外径形成的一个圆柱滑移面。

剪切型破坏的粘结强度要比劈裂型的高很多。当滑移量达到 1～2mm 后，劈裂粘结应力即下降减缓进入收敛。剪切型破坏在破坏时滑移也达 1～2mm，不过滑移面上还残存有相当大的骨料摩阻力和咬合力，直到滑移大于 3mm 后粘结应力才开始渐渐下降，其粘结延性较好。

根据试验，带肋钢筋的粘结强度 τ_u 约为光圆钢筋的 2～3 倍，我国螺纹钢筋的粘结强度约为 2.5～6.0N/mm^2。

2.3.3 影响粘结强度的因素

1. 混凝土的强度

粘结强度随着混凝土强度等级的提高而增高。试验表明，当其他条件相同时，粘结强度 τ_u 大体上与混凝土抗拉强度 f_t 呈正比关系。

2. 混凝土保护层厚度

试验表明，粘结强度随混凝土保护层增厚而提高。混凝土保护层厚度不大于 $5d$ 时，容易发生沿纵向钢筋方向的劈裂裂缝，使粘结强度显著降低；钢筋的净距不足时，钢筋外围混凝土将会在钢筋位置水平面上发生贯穿整个梁宽的劈裂裂缝。劈裂裂缝对构件的受力和耐久性都极为不利。

3. 钢材的强度

粘结强度随着钢材强度的提高而减小。试验表明，当其他条件相同时，粘结强度 τ_u 与钢材屈服强度 f_y 呈近乎反比关系。

4. 钢材的类型

带肋钢筋比光圆钢筋的粘结强度高；带肋钢筋纹型对粘结强度有所影响，月牙纹比螺旋纹钢筋的粘结强度降低约 5%～15%，所以月牙纹钢筋的锚固长度就略需加长；粗直径带肋钢筋相对肋高随着钢筋直径 d 的加大而减小，使粘结作用降低，直径大于 25mm 的粗直径带肋钢筋的锚固长度应适当增大；环氧树脂涂层钢筋表面光滑状态对粘结作用产生不利影响，其锚固长度应适当增大。

5. 横向配筋

适当横向配筋可以约束纵向裂缝和劈裂裂缝的发展，提高粘结强度。设置箍筋可将纵向钢筋的抗滑移能力提高 25%，使用焊接骨架或焊接网则提高得更多。所以在直径较大钢筋的锚固区和搭接区，以及一排钢筋根数较多时，都应设置附加钢筋，以加强锚固或防止混凝土保护层劈裂剥落。不过，横向钢筋的约束作用是有限度的，用横向钢筋加强后所得的粘结强度，总不至大过因混凝土较厚时所得剪切型破坏的粘结强度。钢材锚固区有横向压力时，混凝土横向变形受到约束，摩阻力增大，抵抗滑移好，有利于提高粘结强度，故而在梁的简支支座处，可以相应减小钢筋在支座中的锚固长度。

6. 施工及构造

施工扰动（例如滑模施工或其他施工期间依托钢筋承载的情况）、钢材表面沾染油脂、糊着泥污、长满浮锈都会损害粘结作用，其锚固长度应适当增大；采用钢筋弯钩或机械锚固等措施有助于提高粘结作用，锚固长度可适当减小；配筋设计时实际配筋面积往往因构造原因大于计算值，故钢筋实际应力通常小于强度设计值，受力钢筋的锚固长度可根据配筋裕量的数值按比例缩短；结构和构件承受反复荷载对粘结不利，反复荷载所产生的应力愈大、重复的次数愈多，则粘结强度遭受的损害愈严重。

2.3.4 保证可靠粘结的构造措施

1. 钢筋的锚固措施

工程上常用图 2-57 所示的钢筋弯钩和机械锚固等形式实现钢材和混凝土的可靠粘结。

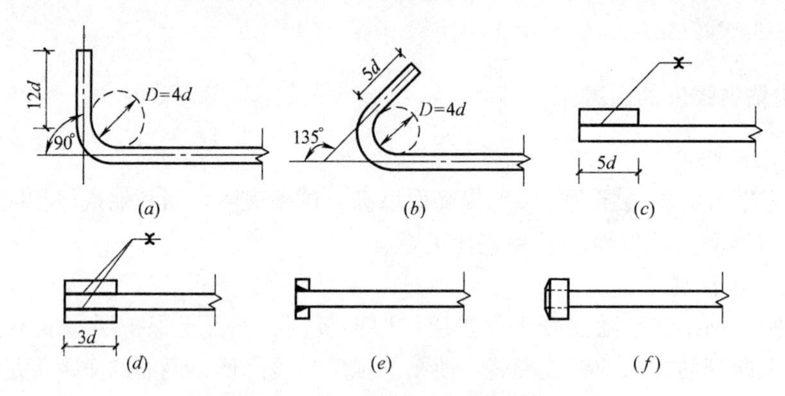

图 2-57 钢筋弯钩和机械锚固的形式

(*a*) 90°弯钩；(*b*) 135°弯钩；(*c*) 一侧贴焊锚筋；(*d*) 两侧贴焊锚筋；
(*e*) 穿孔塞焊锚板；(*f*) 螺栓锚头

钢筋弯钩和机械锚固的技术要求应符合表 2-3 的规定。

钢筋弯钩和机械锚固技术要求 **表 2-3**

锚固形式	技术要求
90°弯钩	末端 90°弯钩，弯钩内径 4d，弯后直段长度 12d
135°弯钩	末端 135°弯钩，弯钩内径 4d，弯后直段长度 5d
一侧贴焊锚筋	末端一侧贴焊长 5d 同直径钢筋
两侧贴焊锚筋	末端两侧贴焊长 3d 同直径钢筋
穿孔塞焊锚板	末端与厚度 d 的锚板穿孔塞焊
螺栓锚头	末端旋入螺栓锚头

注：1. 焊缝和螺纹长度应满足承载力要求；
2. 螺栓锚头或焊接锚板的承压净面积应不小于锚固钢筋计算截面积的 4 倍；
3. 螺栓锚头产品的规格应符合相关标准的要求；
4. 螺栓锚头和穿孔塞焊锚板的钢筋净间距不宜小于 4d，否则应考虑群锚效应的不利影响；
5. 截面角部的弯钩和一侧贴焊锚筋的布筋方向宜向截面内侧偏置（如图 2-58 所示）。

承受动力荷载的预制构件，应将纵向受力普通钢筋末端焊接在钢板或角钢上，钢板或角钢应可靠地锚固在混凝土中。钢板或角钢的尺寸应按计算确定，其厚度不宜小于 10mm。其他构件中的受力普通钢筋的末端也可通过焊接钢板或型钢实现锚固。

当锚固钢筋保护层厚度不大于 5d（d 为锚固钢筋的直径）时，锚固长度范围内应配置横向构造钢筋，其直径不应小于 $d/4$；对梁、柱、斜撑等构件间距不应大于 5d，对板、墙等平面构件间距不应大于 10d，且均不应小于 100mm。

2. 受拉钢筋的锚固长度

(1) 受拉钢筋的锚固长度

锚固长度是实现钢材和混凝土可靠粘结的重要技术指标。计算中充分利用钢筋的抗拉

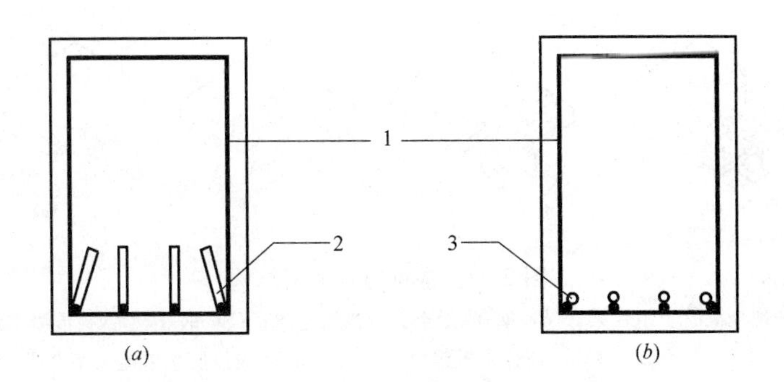

图 2-58 侧边角部锚固的布置

（a）钢筋弯钩；（b）贴焊锚筋

1—约束箍筋；2—锚筋；3—贴焊锚筋

强度时，受拉钢筋的锚固长度应根据具体锚固条件按下列公式计算：

$$l_a = \zeta_a l_{ab} \tag{2-37}$$

式中 l_a——受拉钢筋的锚固长度，不应小于 200mm；

ζ_a——锚固长度修正系数，根据锚固条件不同确定，具体取值参看《混凝土结构设计规范》；

l_{ab}——受拉钢筋的基本锚固长度。

（2）受拉钢筋的基本锚固长度 l_{ab}

受拉钢筋的基本锚固长度应按下列公式计算：

普通钢筋
$$l_{ab} = \alpha \frac{f_y}{f_t} d \tag{2-38}$$

预应力筋
$$l_{ab} = \alpha \frac{f_{py}}{f_t} d \tag{2-39}$$

式中 f_y、f_{py}——普通钢筋、预应力筋的抗拉强度设计值；

f_t——混凝土轴心抗拉强度设计值，当混凝土强度等级高于 C60 时，按 C60 取值；

d——锚固钢筋的直径；

α——锚固钢筋的外形系数，按表 2-4 取用。

锚固钢筋的外形系数 α **表 2-4**

钢筋类型	光面钢筋	带肋钢筋	螺旋肋钢丝	三股钢绞线	七股钢绞线
α	0.16	0.14	0.13	0.16	0.17

注：光面钢筋末端应做 180°弯钩，弯后平直段长度不应小于 $3d$，但作受压钢筋时可不做弯钩。

3. 受压钢筋的锚固长度

柱及桁架上弦等结构构件中的受压钢筋也存在着锚固问题。混凝土结构中的纵向受压钢筋，当计算中充分利用其抗压强度时，锚固长度应不小于相应受拉锚固长度的 0.7 倍。受压钢筋不应采用末端弯钩和一侧贴焊锚筋的锚固措施。

4. 保证钢-混凝土组合结构可靠粘结的措施

如图 2-59 所示为组合梁板结构中常见的钢与混凝土粘结锚固做法。

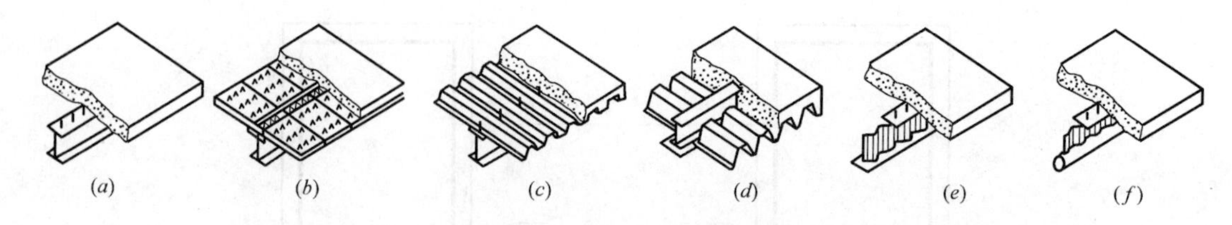

图 2-59　常见组合梁板结构

(a) 钢-现浇混凝土组合梁；(b) 钢-混凝土叠合板组合梁；(c) 钢-压型钢板混凝土组合梁；(d) Slim-floor；(e) 波纹腹板组合梁；(f) 钢管-波纹腹板混凝土组合梁

思考题与习题

2-1　试绘出有明显流幅的钢筋受拉的应力—应变曲线，说明各阶段的特点，指出比例极限、屈服强度、极限强度的含义。

2-2　钢筋受拉的应力—应变曲线中，为什么拉断前会出现应变不断增长而应力不断下降的现象？实际上钢筋的应力会不会不断降低？

2-3　软钢和硬钢的应力—应变曲线有什么不同，其抗拉强度设计值 f_y 各取图中何处的应力值作为依据？

2-4　何谓最大力下的总伸长率？何谓屈强比？

2-5　选用钢材时要注意些什么要求？为什么冷弯性能是衡量钢材力学性能的一项综合指标？

2-6　检验钢筋的机械性能主要有哪些指标？

2-7　建筑用钢材的类别有哪些？各用什么符号表示？

2-8　试述钢筋混凝土结构对钢筋的性能有哪些要求？

2-9　我国建筑用钢材有几种？我国热轧钢筋的强度分为几个等级？钢筋的抗拉与抗压强度设计值是否相等？

2-10　混凝土立方体抗压强度能不能代表实际构件中的混凝土强度？既然用立方体抗压强度 f_{cu} 作为混凝土的强度等级，为什么还要有轴心抗压强度 f_c？

2-11　混凝土的基本强度指标有哪些？各用什么符号表示？它们相互之间有怎样的关系？

2-12　混凝土在短期、一次加载轴心压力作用下的应力—应变曲线，和热轧钢筋一次加载受拉时的应力—应变曲线对比起来有什么不同？并指出前者曲线的特点。

2-13　混凝土应力等于 f_c 时的应变和极限压应变 ε_{cu} 有什么区别？它们各在什么受力情况下考虑？其应变数值大致为多少？

2-14　为什么混凝土棱柱体试件，在短期轴压作用下的应力—应变曲线中有一个“下降段”？为什么会出现应变不断增加，而应力不断降低的现象？

2-15　强度等级不同的混凝土，其应力—应变曲线各有什么特点？

2-16　什么叫约束混凝土？混凝土处于三向受压时其变形特点如何？

2-17　混凝土的受压变形模量有几种表达方式？我们国家是怎样确定混凝土的受压弹

性模量的?

2-18 混凝土在重复荷载作用下，其应力—应变曲线有何特征，在实用上有何意义?

2-19 混凝土的徐变和收缩有什么不同? 是由什么原因而引起的? 各自的变形特征是什么?

2-20 混凝土的收缩和徐变对钢筋混凝土结构各有什么影响? 减少徐变和收缩的措施有哪些?

2-21 为什么钢筋和混凝土能够共同工作? 它们之间的粘结作用是由哪几部分组成的? 提高钢筋和混凝土之间的粘结作用，可采取哪些措施?

2-22 粘结作用沿钢筋长度方向是如何分布的? 钢筋埋入混凝土中的长度无限增大，其粘结力是否也随之无限增加? 为什么?

2-23 粘结破坏机理如何? 影响粘结强度的主要因素有哪些?

2-24 为使钢筋在混凝土中有可靠的锚固，可采取哪些措施?

第3章　工程结构的设计原则

结构设计中的问题主要包括两大类。一类是带有共性的问题，是设计任何结构和构件都要加以解决的，如结构的作用及作用效应分析、结构的抗力如何取值、实际结构应具备何种功能、结构可靠的标准是什么等等，这些属于基本的设计原则。另一类问题是运用这些基本的设计原则对整个结构体系进行设计，对各种构件进行具体的设计计算及对特殊工程进行性能设计等，并采取相应的构造、连接措施，使所设计的结构构件满足要求。

本章主要介绍第一类问题，第二类问题将在今后各章中陆续加以介绍。

3.1　结构上的作用

工程结构设计时，应考虑结构上可能出现的各种作用（包括直接作用、间接作用）的影响。

结构上的作用是指施加在结构上的集中力或分布力，以及引起结构外加变形或约束变形各种的原因（如基础沉降、温度变化、混凝土收缩、焊接等）。直接以力的不同集结形式（如集中力和分布力）施加在结构上的作用称为直接作用（习惯上也称为荷载）；不直接以力的形式出现，但对结构或构件产生内力，引起结构或构件外加变形和约束变形的其他作用称为间接作用。

3.1.1　作用的分类

结构上的作用可根据不同的分类方法进行分类。工程上习惯按作用随时间的变异性和出现的可能性对作用进行分类，可分为：

(1) 永久作用

在设计使用年限内其量值不随时间变化，或其变化与平均值相比可以忽略不计的作用，或其量值变化是单调的且趋于某个限值的作用。

(2) 可变作用

在设计使用年限内其量值随时间变化，且其变化与平均值相比不可忽略不计的作用。

(3) 偶然作用

在设计使用年限内出现的概率很小，一旦出现，其量值很大且持续时间很短的作用。

作用类型及常见示例见表3-1。

以上提到的设计使用年限是指设计规定的结构或结构构件不需进行大修即可按预定目的使用的年限。工程结构设计时，应规定结构的设计使用年限。我国《工程结构可靠性设计统一标准》规定：房屋建筑结构的设计使用年限，应按表3-2采用；铁路桥涵结构的设计使用年限应为100年；公路桥涵结构的设计使用年限，应按表3-3采用；港口工程结构的设计使用年限，应按表3-4采用。

作用分类及示例 **表 3-1**

编　号	作用分类	示　例
1	永久作用	结构自重(包括结构附加重力)
2		预应力
3		土压力
4		水位不变的水压力
5		水的浮力
6		地基变形
7		混凝土收缩及徐变作用
8		钢材焊接变形、引起结构外加变形或约束变形的各种施工因素
9	可变作用	使用时人群、物件等荷载
10		施工时结构的某些自重
11		安装荷载
12		车辆荷载
13		汽车制动力
14		吊车荷载
15		风荷载
16		雪荷载
17		冰荷载
18		地震作用
19		撞击
20		水位变化的水压力
21		支座摩阻力
22		波浪力
23		温度变化
24	偶然作用	地震作用
25		撞击
26		爆炸
27		龙卷风
28		火灾
29		极严重的侵蚀
30		洪水作用
31		泥石流

注：地震作用和撞击可认为是规定条件下的可变作用，或可认为是偶然作用。

房屋建筑结构的设计使用年限 **表 3-2**

类　别	设计使用年限(年)	示　例
1	5	临时性建筑结构
2	25	易于替换的结构构件
3	50	普通房屋和构筑物
4	100	标志性建筑和特别重要的建筑结构

公路桥涵结构的设计使用年限 **表 3-3**

类　别	设计使用年限(年)	示　例
1	30	小桥、涵洞
2	50	中桥、重要小桥
3	100	特大桥、大桥、重要中桥

注：对有特殊要求结构的设计使用年限，可在上述规定基础上经技术经济论证后予以调整。

港口工程结构的设计使用年限分类 **表 3-4**

类　别	设计使用年限(年)	示　例
1	5～10	安全等级为三级的港口工程结构
2	50	安全等级为一级和二级的港口工程结构

3.1.2 作用的代表值

工程结构上的各种作用，都具有不同性质的变异性，只是永久作用的变异性小，可变作用的变异性大。如果在设计中直接引用反映作用变异性的各种统计参数，将会给设计带来许多困难。因此，在设计时，对作用规定了具体的量值，即作用的代表值。

根据作用的统计特性。

1. 作用的统计特性

(1) 永久作用的统计特性

工程结构中的屋面、楼面、墙体、梁、柱、桥面、地铁隧道的拱圈等结构构件和结构构件的找平层、保温层等的自重都是永久作用。研究表明，永久作用的概率分布服从正态分布。

(2) 可变作用的统计特性

工程结构所承受的楼面活荷载、风荷载、雪荷载、车辆荷载以及吊车荷载等均为可变作用。一般说来，可变作用最大值的概率分布可取极值Ⅰ型。

运用概率统计方法获得各种作用的概率分布模型及统计参数时，必须规定一个统计时间，为确定可变作用等取值而选用的时间参数称为设计基准期。我国房屋建筑结构和港口工程结构的设计基准期为 50 年，铁路桥涵结构和公路桥涵结构的设计基准期为 100 年。

2. 作用的代表值

结构或构件设计时，应根据设计目的的要求采用各种作用的代表值。

(1) 作用的标准值

作用的标准值是结构或构件设计时采用的基本代表值。若具有足够的观测数据，作用的标准值可由设计基准期最大概率分布的特征值（例如均值、众值或某个分位值）确定，如图 3-1 所示。若无充分的观测统计数据，其标准值则可根据作用的自然界限或工程经验，经分析后确定。

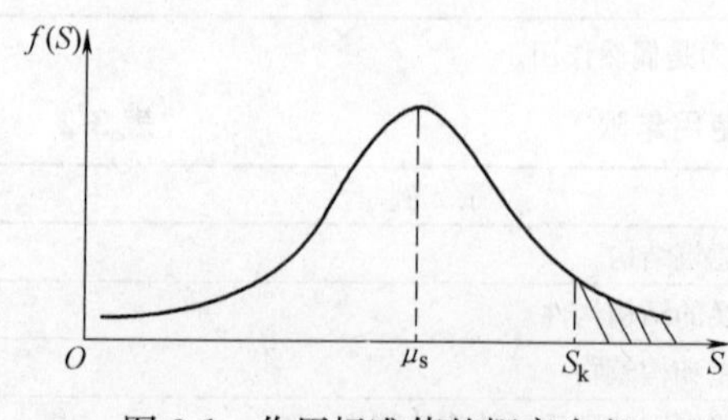

图 3-1 作用标准值的概率含义

1) 永久作用的标准值

永久作用的标准值 G_k 取其分布的平均值，

保证率50%。可按结构构件的设计尺寸和各种材料的重度（或单位体积的自重）计算确定，由其计算的荷载大致与统计平均值相当。

对于某些自重变异性较大的材料或结构构件（尤其是制作屋面的轻质材料等），在设计中应根据作用对结构是否有利来考虑，分别取其自重的上限值或下限值。

2）可变作用的标准值

可变作用的标准值 Q_k 是指在结构的设计基准期内，在正常情况下出现的最大可变作用统计值。按照ISO国际标准的建议，可变作用标准值宜取其平均值加1.645倍标准差（相当于95%的保证率）确定。考虑到具体的国情和规范的衔接，我国结构设计时采用的可变作用标准值基本上是经验值。各种可变作用的保证率目前尚未完全统一，如办公楼的楼面活荷载标准值相当于设计基准期最大荷载概率分布的平均值加3.16倍的标准差，对于住宅的活荷载标准值相当于设计基准期最大荷载概率分布的平均值加2.38倍的标准差，办公楼的活荷载高于普通住宅的活荷载保证率。

我国《建筑结构荷载规范》（以下简称《荷载规范》）和《公路桥涵设计通用规范》（以下简称《公路桥规》）等均给出了各类作用标准值的具体取值，设计时可根据需要直接查用。

（2）可变作用的伴随值

结构上可能会同时出现多种作用，如建筑结构上除承受自重等永久作用外，可能同时出现活荷载、风荷载、雪荷载等可变作用和地震作用等偶然作用。因此，结构设计时应考虑各种作用的组合。可变作用的伴随值是指在作用组合中，伴随主导作用的可变作用值，可以是组合值、频遇值或准永久值。

1）可变作用的频遇值

可变作用的频遇值是指在设计基准期内，被超越的总时间占设计基准期的比率较小的作用值；或被超越的频率限制在规定频率内的作用值。可变作用的频遇值为可变作用的标准值乘以频遇值系数。各种常规建筑结构的可变荷载的频遇值系数（ψ_f）可在《荷载规范》中直接查到。

2）可变作用的准永久值

可变作用的准永久值是指在设计基准期内，被超越的总时间占设计基准期的比率较大（可取0.5）的作用值。可变作用的准永久值为可变作用的标准值乘以准永久值系数。可见，可变作用的准永久值实际上是考虑长期作用效应而对可变作用标准值的折减。各种建筑结构的可变荷载的准永久值系数（ψ_q）可在《荷载规范》中查到。

3）可变作用的组合值

可变作用的组合值是指使多种可变作用组合后，其作用效应的超越概率与各作用单独出现时的标准值作用效应的超越概率趋于一致的作用值；或组合后使结构具有规定可靠指标的荷载值。可变作用的组合值为可变作用的标准值乘以组合值系数。各种建筑结构的可变荷载的组合值系数（ψ_c）可在《荷载规范》中查到。

3.1.3 作用效应

作用效应 S 是指由各种作用引起的结构或构件的反应（如内力、变形和裂缝等）。若结构上的作用为直接作用，则其效应也可称为荷载效应。一般情况下，结构或构件弹性阶段的作用与作用效应近似呈线性关系，故作用效应常用作用值乘以作用效应系数来表达。如跨度为 l 的两端简支梁，在均布永久荷载 g 作用下，其跨中控制截面的弯矩为：

$$M_{\mathrm{g}}=\frac{1}{8}gl^2 \tag{3-1}$$

式中 M_{g}——作用效应 S；

$\frac{1}{8}l^2$——作用效应系数。

3.2 结构的抗力

结构的抗力 R 指的是结构或构件承受作用效应的能力，例如承载力、刚度、抗裂度等。结构构件的截面尺寸、材料的强度等级及性能、配筋数量及方式等因素确定后，结构构件便具有了一定的抗力。钢筋混凝土结构构件常用式（3-2）表示其抗力：

$$R=R(f_{\mathrm{ck}},f_{\mathrm{yk}},A,h_0,A_{\mathrm{s}},\cdots) \tag{3-2}$$

式中 R——结构抗力；

$R(\cdot)$——结构抗力计算函数；

f_{ck}——混凝土的抗压强度代表值；

f_{yk}——钢筋的屈服强度代表值；

A——构件的截面尺寸；

h_0——截面的有效高度；

A_{s}——受拉钢筋的截面面积。

3.2.1 影响结构抗力的主要因素

影响结构抗力的主要因素有：

（1）材料的性能（如强度、变形模量、材料缺陷等）；

（2）几何参数（如构件截面尺寸的偏差、安装误差、钢材的截面变化等）；

（3）计算模式的精确性（如为简化问题采用的基本假设和各种计算函数的精度等）。

实际工程中，按照同一标准生产的各种材料各批次之间的性能参数往往是有差异的，不可能完全相同。即使是同一批次材料，按照同一方法在同一台试验设备上进行材性试验，所测得的材料的性能参数值也不完全相同，这就是材料性能参数的变异性。材料性能参数的变异性主要是由材质及工艺、加载、尺寸等因素引起的，导致了材料性能的不确定性。几何参数等因素往往也具有不确定性。

由于影响结构抗力的各种主要因素都是随机变量，因此结构的抗力也是随机变量。

3.2.2 材料强度的代表值

材料强度是随机变量，为便于设计计算规定的材料强度具体量值即为材料强度的代表值。材料强度的标准值是结构或构件设计时采用的基本代表值。

1. 材料强度标准值表达式

统计资料表明，大量工程结构材料强度的概率分布满足正态分布特性，因此可根据符合规定质量的材料强度概率分布的某一分位值（例如下分位值）确定材料强度的标准值，如图 3-2 所示。

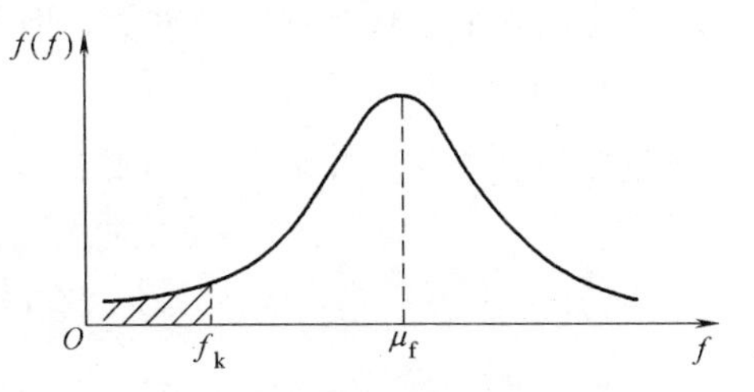

图 3-2　材料强度标准值的概率含义

材料强度的标准值 f_k 可表示为：

$$f_k=\mu_f(1-\alpha\delta_f) \tag{3-3}$$

式中　f_k——材料强度的标准值；

μ_f——材料强度的平均值；

α——材料强度的保证率系数；

δ_f——材料强度的变异系数。

2. 混凝土的强度标准值

混凝土强度的概率分布离散程度较大，基本符合正态分布。混凝土的强度标准值为具有 95%保证率的强度值，取为混凝土强度平均值减去 1.645 标准差，即式（3-3）中取$\alpha=1.645$。

因此，混凝土立方体抗压强度标准值为：

$$f_{cu,k}=\mu_{f_{cu}}(1-1.645\delta_{f_{cu}}) \tag{3-4}$$

式中　$f_{cu,k}$——混凝土立方体抗压强度的标准值；

$\mu_{f_{cu}}$——混凝土立方体抗压强度的平均值；

$\delta_{f_{cu}}$——混凝土立方体抗压强度的变异系数。

混凝土的轴心抗压强度标准值 f_{ck} 和轴心抗拉强度标准值 f_{tk} 均可由立方体抗压强度标准值求得。混凝土强度标准值见附表 C-9 和附表 C-10。

3. 钢材的强度标准值

钢材虽经科学冶炼和工业生产，但是由于材料的变异性，产品的质量仍然存在波动。为了保证钢材的质量，冶金部门规定钢材出厂前要抽样检查，在既保证钢材的可靠性又顾及钢厂的经济核算的前提下制定有关标准值，称为废品限值，抽样试件的屈服强度低于废品限值就认为是废品，不得以合格品出厂。

钢材强度的概率分布符合正态分布。我国各级热轧钢筋的屈服强度平均值减去两倍标准差所得的数值，即式（3-3）中取 $\alpha=2$ 时计算的钢筋强度标准值，约相当于冶金部门颁布的各相应钢种屈服强度的废品限值，其保证率为 97.73%。

$$f_{yk}=\mu_{fy}(1-2\delta_{fy}) \tag{3-5}$$

式中　f_{yk}——钢筋屈服强度的标准值；

μ_{fy}——钢筋屈服强度的平均值；

δ_{fy}——钢筋屈服强度的变异系数。

为确保与检验标准协调一致，钢筋强度标准值取值方法具体如下：

（1）对有明显屈服点的普通钢筋，取屈服强度（废品限值）作为强度的标准值，记为 f_{yk}；结构抗倒塌设计时，取钢筋的极限强度（即钢筋拉断前相当于最大拉力下的强度）作为强度的标准值，记为 f_{stk}。

（2）对无明显屈服点的预应力钢丝、钢绞线和预应力螺纹钢筋，一般采用极限抗拉强

度 f_{ptk}（废品限值）作为强度标准值，但设计时常取 0.002 残余应变所对应的应力 $\sigma_{0.2}$ 作为其条件屈服强度标准值 f_{pyk}。

钢筋强度标准值见附表 C-1 和附表 C-3。

3.3 结构的极限状态

3.3.1 结构的功能要求

结构在规定的设计使用年限内应满足安全性、适用性和耐久性等各项功能的要求。

1. 安全性

(1) 结构在其设计使用年限内，应能承受在施工和使用期间可能出现的各种作用（如荷载、外加变形和约束变形等）；图 3-3 所示为上海莲花河畔某在建公寓楼，由于邻近基坑施工开挖堆载，导致结构基桩断裂，出现结构整体倒塌，结构的安全性功能得不到满足。

(2) 当发生火灾时，在规定的时间内可保持足够的承载力。

(3) 当发生爆炸、撞击（对港口工程结构指非正常撞击）、人为错误等偶然事件时，结构能保持必需的整体稳固性，不出现与起因不相称的破坏后果（如图 3-4 所示的伦敦 Ronan point 公寓天然气爆炸造成的连续倒塌现象）；对重要的结构，应采取必要的措施，防止出现结构的连续倒塌；对一般的结构，宜采取适当的措施，防止出现结构的连续倒塌。

图 3-3 上海某公寓楼倒塌图

图 3-4 Ronan point 公寓连续倒塌现象

2. 适用性

结构在其设计使用年限内，应具有良好的工作性能，如不发生影响正常使用的过大变形（挠度、侧移）、振动（频率、振幅），不产生过大的裂缝宽度。如桥梁结构发生过大的不均匀沉降（图 3-5）将导致车辆行进中发生严重跳车现象，结构裂缝过宽将令使用者产生心理恐惧，工业厂房振动过大将导致产品无法满足质量要求等。

3. 耐久性

结构在其设计使用年限内，在正常使用和正常维护条件下，受各种因素的影响（如混凝土碳化、钢筋锈蚀等）时，结构承受各种预期作用的能力和刚度等均不应随时间推移有过大的降低，结构或构件材料的风化、腐蚀和老化不应超过规定的限值，以避免结构使用寿命降低。在我国大量存在的盐碱地等环境中建造工程结构时，若不注意结构的耐久性设计的基本要求，极易产生如图 3-6 所示的混凝土保护层严重剥落等问题。

图 3-5 桥梁出现严重不均匀沉降现象

图 3-6 结构混凝土保护层严重剥落

3.3.2 结构功能的极限状态

结构功能的极限状态是指整个结构或结构的一部分超过某一特定状态就不能满足设计规定的某一功能要求，此特定状态称为该功能的极限状态。极限状态实质上是区分结构可靠与失效的界限。如对于钢筋混凝土简支梁，不同功能要求的可靠、失效和极限状态的概念见表 3-5。

某简支梁的可靠、失效和极限状态的概念　　表 3-5

结构的功能		可靠	极限状态	失效
安全性	受弯承载能力	$M<M_u$	$M=M_u$	$M>M_u$
适用性	挠度变形	$f<[f]$	$f=[f]$	$f>[f]$
耐久性	裂缝宽度	$w_{max}<[w_{max}]$	$w_{max}=[w_{max}]$	$w_{max}>[w_{max}]$

《工程结构可靠性设计统一标准》GB 50153 将结构的极限状态分为两类，即承载能力极限状态和正常使用极限状态。

1. 承载能力极限状态

这种极限状态是对应于结构或结构构件达到最大承载能力或不适于继续承载的变形状态。当结构或结构构件出现了下列状态之一时，应认为超过了承载能力极限状态：

（1）结构构件或连接因超过材料强度而破坏，或因过度变形而不适于继续承载（如轴心受压构件中混凝土达到了轴心抗压强度、构件的钢筋因锚固长度不足而被拔出等）；

（2）整个结构或其一部分作为刚体失去平衡（如雨篷压重不足而倾覆、烟囱抗风不足而倾倒、挡土墙抗滑不足在土压力作用下而整体滑移等）；或结构因变形过大而不适于继续承受荷载；

（3）结构转变为机动体系（如构件发生三铰共线而形成体系机动，丧失承载能力）；

（4）结构或结构构件丧失稳定（如细长柱到达临界荷载后压屈失稳而破坏）；

（5）结构因局部破坏而发生连续倒塌（如因结构局部失稳导致整个结构的破坏）；

（6）地基丧失承载力而破坏（如地震作用下砂土液化等原因造成承载力的下降而导致结构的破坏）；

（7）结构或结构构件的疲劳破坏。

结构或结构构件一旦达到承载能力极限状态，出现安全性问题的概率就非常大了，因此，所有的结构或结构构件均应按承载能力极限状态进行设计。

2. 正常使用极限状态

这种极限状态是对应于结构或结构构件达到正常使用或耐久性能的某项规定限值的状态。当出现下列状态之一时，应认为结构或结构构件超过了正常使用极限状态：

（1）影响正常使用或外观的变形（如吊车梁变形过大导致吊车不能正常行驶、梁挠度过大影响外观等）；

（2）影响正常使用或耐久性能的局部损坏（如水池池壁开裂漏水不能正常使用、裂缝过宽导致钢筋锈蚀等）；

（3）影响正常使用的振动（如由于机器振动而导致结构的振幅超过按正常使用要求所规定的限值等）；

（4）影响正常使用的其他特定状态（如相对沉降量过大等）；

（5）影响结构的舒适度（如自振频率过低等）。

正常使用极限状态主要是考虑结构或结构构件的适用性和耐久性的功能。当结构或结构构件达到适用性和耐久性限值时，往往对生命和财产产生的危害相对较小。

结构设计时应对结构的不同极限状态进行计算或验算；当某一极限状态的计算或验算起控制作用时，可仅对该极限状态进行计算或验算。

3.3.3 结构的功能函数和极限状态方程

设 X_i（$i=1, 2, \cdots, n$）表示影响结构某一功能的基本变量（如结构上的各种作用、环境影响、材料的性能、几何参数和计算公式的精确性等），则与此功能对应的结构功能函数可表示为：

$$Z=g(X_1, X_2, \cdots, X_n) \tag{3-6}$$

当采用结构的作用效应 S 和结构的抗力 R 作为综合基本变量时，结构的功能函数可表示为：

$$Z=g(R, S)=R-S \tag{3-7}$$

如图 3-7 所示，利用功能函数可判别结构所处的状态。

当 $Z=R-S>0$ 时，结构处于可靠状态，当 $Z=R-S<0$ 时，结构处于失效状态；当 $Z=R-S=0$ 时，结构处于极限状态，因此，结构的极限状态方程可表示为：

$$Z=R-S=0 \tag{3-8}$$

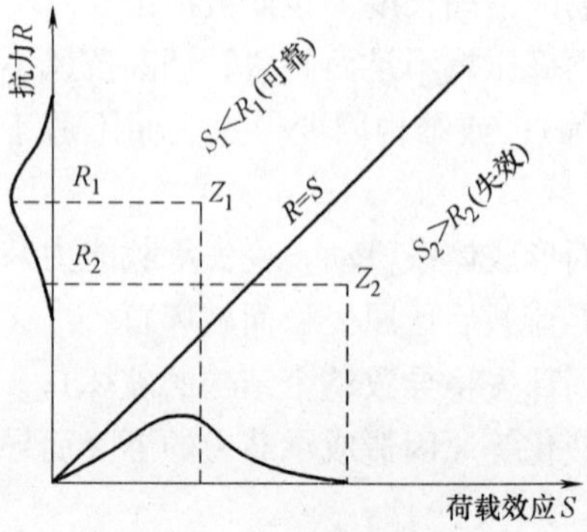

图 3-7 结构所处的状态

3.3.4 结构可靠度的计算

1. 结构的可靠性、可靠度及失效概率

结构可靠性是指结构在规定的时间内（即设计使用年限），在规定的条件下（结构正常的设计、施工、使用和维修条件），完成预定功能（如承载力、刚度、稳定性、抗裂性、耐久性和动力性能等）的能力。结构可靠度是结构可靠性的概率度量，$Z=R-S\geqslant 0$ 的概率即为可靠度，记为 p_s；与可靠度相对应，结构不能完成预定功能的概率称为结构的失效概率，即 $Z=R-S<0$ 的概率，记为 p_f。显然，$p_s+p_f=1$。

结构设计的目的就是要使结构处于可靠状态，至少也应处于极限状态。但由于实际结构中的不确定性，结构的作用效应 S 和结构的抗力 R 都是随机变量，因此 Z 也是随机变量，要求结构绝对可靠是不可能的，无论如何进行结构设计，都会存在失效的可能性，只是可能性大小不同而已。

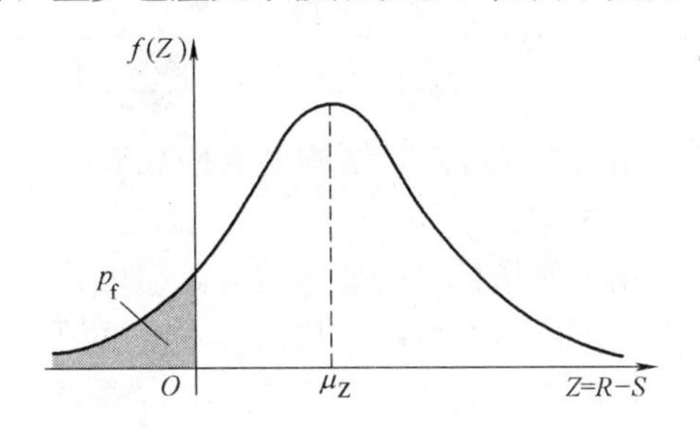

图 3-8　结构功能函数的概率密度曲线

假设 R、S 均服从正态分布且两者相互独立，则结构的功能函数也服从正态分布。设功能函数概率分布如图 3-8，则图中阴影部分面积即为失效概率 p_f。

$$p_f=P(Z=R-S<0)=\int_{-\infty}^{0}f(Z)\mathrm{d}Z=\int_{-\infty}^{0}\frac{1}{\sqrt{2\pi}\sigma_Z}\exp\left[-\frac{1}{2}\left(\frac{Z-\mu_Z}{\sigma_Z}\right)^2\right]\mathrm{d}Z \tag{3-9}$$

将 Z 的正态分布转换为标准正态分布，引入标准化变量 t，有：

$$t=\frac{Z-\mu_Z}{\sigma_Z} \tag{3-10}$$

则式（3-9）可表示为：

$$p_f=P\left(t<-\frac{\mu_Z}{\sigma_Z}\right)=\int_{-\infty}^{-\frac{\mu_Z}{\sigma_Z}}\frac{1}{\sqrt{2\pi}}\exp\left(-\frac{t^2}{2}\right)\mathrm{d}t=\Phi\left(-\frac{\mu_Z}{\sigma_Z}\right)=1-\Phi\left(\frac{\mu_Z}{\sigma_Z}\right) \tag{3-11}$$

式中　$\Phi(\cdot)$——标准正态分布函数，可由数学手册查表求得；

μ_Z——功能函数平均值；

σ_Z——功能函数标准差。

结构的失效概率越小，表示结构可靠性越大。因此，可以用结构的失效概率来定量表示结构可靠性的大小。当失效概率 p_f 小于某个值时，因结构失效的可能性很小可认为结构设计是可靠的。

当结构的使用年限到达或超过后，并不意味该结构就不能满足功能要求，而是指它的可靠度水平从此降低了，在做结构鉴定及必要加固后，仍可继续使用。

2. 结构构件的可靠指标

引入无量纲系数 β，令

$$\beta=\frac{\mu_Z}{\sigma_Z}=\frac{\mu_R-\mu_S}{\sqrt{\sigma_R^2+\sigma_S^2}} \tag{3-12}$$

式中　β——结构可靠指标；

μ_S、μ_R——结构作用效应 S 平均值、结构抗力 R 平均值；

σ_S、σ_R——结构作用效应 S 标准差、结构抗力 R 标准差。

则式（3-11）可表示为：

$$p_f = \Phi(-\beta) = 1 - \Phi(\beta) \tag{3-13}$$

由式（3-13）可得结构可靠指标 β 与失效概率 p_f 的对应关系如表 3-6 所示。

可靠指标 β 与失效概率 p_f 的对应关系 **表 3-6**

β	2.0	2.5	2.7	3.2	3.7	4.2
p_f	2.28×10^{-2}	6.21×10^{-3}	3.5×10^{-3}	6.9×10^{-4}	1.1×10^{-4}	1.3×10^{-5}

由表 3-6 可知，结构可靠指标 β 与失效概率 p_f 具有一一对应关系，β 越大，p_f 越小，结构越可靠。

用可靠指标 β 来描述结构可靠度几何意义直观明确，$\beta\sigma_Z$ 表示从坐标原点到功能函数概率密度函数曲线的平均值 μ_Z 之间的距离。如图 3-9 所示，若 $\beta\sigma_Z$ 越大，则图中阴影部分的面积越小，失效概率 p_f 越小，结构越可靠；反之，$\beta\sigma_Z$ 越小，阴影部分的面积越大，失效概率 p_f 越大，结构可靠度越小。

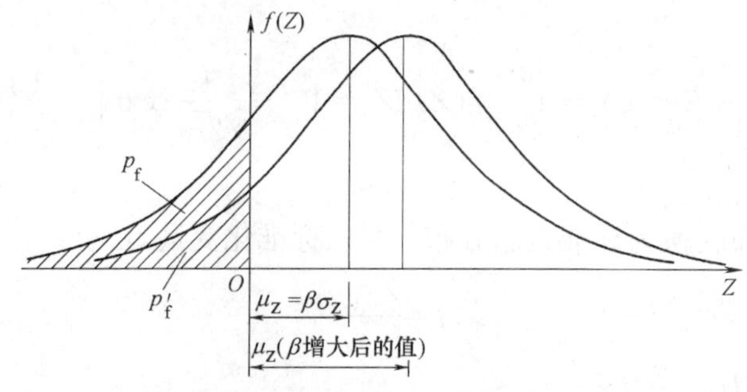

图 3-9 可靠指标 β 与平均值 μ_Z 关系曲线

当基本变量不按正态分布时，结构构件的可靠指标 β 应以结构构件作用效应和抗力当量正态分布的平均值和标准差代入来式（3-9）计算。

3. 设计可靠度指标

规范规定的结构或结构构件设计时所应达到的可靠度指标，称为设计可靠度指标（也称为目标可靠度指标），记为 $[\beta]$。工程结构设计时，应根据结构破坏可能产生的后果（危及人的生命、造成经济损失、对社会或环境产生影响等）的严重性确定结构的重要性，从而采用不同的设计可靠度指标。

《统一标准》用结构的安全等级来衡量结构的重要性程度。工程结构安全等级的划分应符合表 3-7 的规定。其中，大量的一般性工程结构安全等级宜取为二级，重要的结构安全等级应取为一级，次要结构安全等级可取为三级。构件的安全等级宜与结构的安全等级相同，对其中部分结构构件的安全等级可进行调整，但不得低于三级。

工程结构的安全等级 **表 3-7**

安全等级	破坏后果	建筑物类型	桥涵类型
一级	很严重：对人的生命、经济、社会或环境影响很大	重要的房屋（大型的公共建筑等）	特大桥、大桥、中桥、重要小桥
二级	严重：对人的生命、经济、社会或环境影响较大	一般的房屋（普通的住宅和办公楼等）	小桥、重要涵洞、重要挡土墙
三级	不严重：对人的生命、经济、社会或环境影响较小	次要的房屋（小型的或临时性贮存建筑等）	涵洞、挡土墙、防撞护栏

限于目前统计资料的不足，并考虑规范的继承性，目前中国、加拿大、美国和欧洲的一些国家主要是采用“校准法”，结合工程经验和经济优化原则确定设计可靠度指标［β］。所谓“校准法”就是根据各基本变量的统计参数和概率分布类型，通过对原有规范可靠度进行反演计算和综合分析，确定结构或结构构件设计时所采用的可靠指标。

设计可靠度指标［β］的设置应根据结构构件的安全等级、失效模式和经济因素等确定。《统一标准》给出的结构构件承载能力极限状态的［β］不应小于表3-8所示数值。表中延性破坏是指结构构件在破坏前有明显的变形或其他预兆，脆性破坏是指结构构件在破坏前无明显的变形或其他预兆。显然脆性破坏产生的后果相对更为严重，其［β］相对就要取高一些；延性破坏产生的后果相对较轻，其［β］就可取小一些。公路桥涵结构破坏产生的后果往往较建筑结构严重，故《公路工程结构可靠度设计统一标准》规定，公路桥涵结构的［β］相对取高1.0。各类结构构件的安全等级每相差一级，［β］宜相差0.5。

结构构件的设计可靠指标［β］　　表3-8

破坏类型	房屋建筑结构安全等级			公路桥涵结构安全等级		
	一级	二级	三级	一级	二级	三级
延性破坏	3.7	3.2	2.7	4.7	4.2	3.7
脆性破坏	4.2	3.7	3.2	5.2	4.7	4.2

正常使用极限状态设计宜考虑极限状态的可逆程度。不可逆正常使用极限状态指当产生超越正常使用要求的作用卸除后，该作用产生的后果不可恢复的正常使用极限状态。可逆正常使用极限状态是指当产生超越正常使用要求的作用卸除后，该作用产生的后果可以恢复的正常使用极限状态。例如，某简支梁在某一数值的荷载作用后，其挠度超过了规范的允许值，卸去该荷载后若梁的挠度小于允许值，则为可逆极限状态，否则为不可逆极限状态。对可逆正常使用极限状态，其［β］宜取0；对不可逆正常使用极限状态，其［β］宜取1.5。当介于可逆与不可逆之间时，［β］宜取0～1.5之间的值，对可逆程度高的结构构件取小值，对可逆程度低的结构构件取大值。

3.4　结构的设计方法

3.4.1　结构设计的基本要求

结构可靠性分析就是要使结构设计符合技术先进、经济合理、安全适用和确保质量的要求。简而言之，进行结构设计的基本目的，就是要采取最经济的手段，使结构在设计使用年限内，具有各种预期的功能。因此，如何在结构可靠与经济这对矛盾之间取得均衡是结构设计要解决的根本问题。

可靠与经济的均衡受到多方面的影响，如国家经济实力、设计工作寿命、维护和修复等。各种规范规定的设计方法，是这种均衡的最低限度。设计人员可以根据具体工程的重要程度、使用环境以及业主的要求，提高设计水准，增加结构的可靠性。

3.4.2　结构的设计方法

为了满足结构功能的基本要求，应结合结构施工和使用阶段的不同特点，选用合理的结构分析模型和方法，开展预定作用条件下结构或构件受力状况的分析，通过设计计算和构造等措施，进行结构的设计和校核。自结构设计理论在土木工程领域提出以来，随着生产实践的积累和科学研究的不断深化，结构设计方法从最初经验的、无科学依据的设计逐步发展到了体现精细化、全寿命、计算与试验交互仿真性能设计，设计理论获得了不断地发展和完善。

1. 容许应力法

最早的结构设计理论是以弹性理论为基础的容许应力法。根据这种设计方法要求，构件在规定的标准荷载作用下，按弹性理论计算得到的构件截面上任何一点的应力应不大于规定的容许应力。容许应力法可表示为式（3-14）：

$$\sigma \leqslant [\sigma] = \frac{f}{k} \tag{3-14}$$

式中 σ——按弹性方法计算的构件截面上的最大应力；

$[\sigma]$——规定的结构或构件的容许应力；

f——材料的强度；

k——安全系数。

容许应力法在实际应用过程中存在许多明显的不足。首先，这种方法是基于单一材料、线弹性、简单结构提出的，认为只要结构中出现某一点应力达到容许应力，结构即失效。然而，许多工程结构往往由多种材料复合而成（如钢筋混凝土结构主要由钢筋和混凝土材料组成），视为一种弹性均质材料具有一定的误差，而且结构往往表现出明显的塑性性能。其次，容许应力法无法满足结构功能的多样性即安全性、适用性和耐久性要求，安全系数是凭经验确定的，缺乏科学依据。

2. 破坏阶段设计法

20 世纪 30 年代，苏联学者提出了充分考虑材料塑性性能的钢筋混凝土塑性性能的破坏阶段计算方法。用破坏阶段设计法表示的结构构件的承载力可表示为式（3-15）：

$$S \leqslant \frac{R_u}{k} \tag{3-15}$$

式中 S——由规定的标准荷载计算的构件设计截面上的最大内力（包括弯矩、剪力、轴力等）；

R_u——按材料标准极限强度计算的结构或构件的承载能力；

k——安全系数。

我国在 1955 年制定的《钢筋混凝土结构暂行规范》（规结 6-55）即采用破坏阶段设计法。这一方法认为结构构件整个设计截面达到极限承载力结构才失效，考虑了材料塑性和强度的充分发挥，极限荷载可以直接由试验验证，构件的总安全度概念较为明确，可实现材料的充分利用，但其安全系数仍然依据工程经验和主观判断来确定，结构功能的多样性要求的问题仍然没有考虑。

3. 以概率理论为基础的极限状态设计法

随着荷载和材料强度变异性研究的深入，20 世纪 50 年代，苏联学者在破坏阶段设计法的基础上，又提出了极限状态设计法。20 世纪 70 年代以来，以概率论和数理统计为基础的结构可靠度设计理论在土木工程领域逐步进入实用阶段。该方法采用多系数（如荷载系数、材料系数和工作条件系数等）表达方式，把不同荷载、不同材料及不同的构件受力性质等都用不同的安全系数区别考虑，实现不同构件有较一致的安全度。用极限状态设计法表示的混凝土结构构件的设计表达式如式（3-16）所示：

$$S(\sum k_{qi}q_{ik})\leqslant R_u\left(\frac{f_{ck}}{k_c},\frac{f_{sk}}{k_s},A_s,b,h_0,\cdots\right) \tag{3-16}$$

式中 $S(\cdot)$——荷载效应函数；

$R_u(\cdot)$——材料抗力函数；

q_{ik}——第 i 种荷载的标准值；

k_{qi}——第 i 种荷载的荷载系数；

f_{ck}、f_{sk}——混凝土、钢筋强度的标准值；

k_c、k_s——混凝土材料强度系数、钢筋材料强度系数。

结构概率极限状态设计方法按精度不同划分为水准Ⅰ、水准Ⅱ、水准Ⅲ三个水准。

（1）水准Ⅰ——半概率极限状态设计法

这种设计方法虽然在荷载和材料强度上分别考虑了概率原则，但它把荷载和抗力分开考虑，并没有从结构构件的整体性出发考虑结构的可靠度，因而无法触及结构可靠度的核心——结构的失效概率，并且各分项安全系数主要是依据工程经验确定，所以称其为半概率设计法。我国《钢筋混凝土结构设计规范》BJG 21—66、《钢筋混凝土结构设计规范》TJ 10—74《公路钢筋混凝土及预应力混凝土桥涵设计规范》JTJ 02—1985 等规范采用的就是这种设计方法。

（2）水准Ⅱ——近似概率极限状态设计方法

该设计方法运用概率论和数理统计理论，通过忽略（或简化）基本变量随时间变化的关系、近似处理基本变量的概率分布（以解决统计不足问题）、将一些复杂的非线性极限状态方程线性化处理等手段，实现对结构设计的可靠概率作出较为近似的相对估计。

我国现行的《工程结构可靠性设计统一标准》GB 50153、《建筑结构设计统一标准》GBJ 68、《铁路工程结构可靠度设计统一标准》GB 50216、《公路工程结构可靠度设计统一标准》GB/T 50283、建筑结构设计规范（包括混凝土结构、钢结构、钢—混凝土组合结构、砌体结构、木结构等）都采用了近似概率极限状态设计方法。

（3）水准Ⅲ——全概率极限状态设计方法

全概率极限状态设计方法是一种完全基于概率理论的较理想的方法，它不仅把影响结构可靠度的各种因素用随机变量概率模型去描述，更进一步考虑时间变化的特性并用随机过程概率模型去描述，而且在对整个结构体系进行精确概率分析的基础上，以结构的失效概率作为结构可靠度的直接测量。

3.5 结构概率极限状态设计的表达式

当荷载的概率分布、统计参数以及材料性能、尺寸的统计参数已确定时，根据规定的目标可靠指标，即可按照结构可靠度的概率分析方法进行结构设计和可靠度校核，以较全面地考虑可靠度影响因素的客观变异性，使结构满足预定功能的要求。但是，这样进行设计对于一般性结构构件工作量很大，过于烦琐。考虑到实用上的简便和广大工程设计人员的习惯，目前除了少数十分重要的结构直接根据可靠指标来进行结构设计外，一般结构仍然采用以基本变量的标准值和相应的分项系数表达的极限状态设计表达式进行设计，设计表达式中的各分项系数与设计可靠指标有一定的对应关系，是通过对可靠指标的分析及工程经验校准法确定的。因此，可靠指标其实已经隐含在分项系数中，按照设计表达式进行设计，结构或构件就能满足设计可靠指标的要求。

各类工程结构的设计表达式形式和意义基本是相同的，只是表达式中的符号表达及取值有所不同。本教材仅介绍建筑结构设计的相关表达式。

3.5.1 结构的设计状况

设计状况是代表一定时段内实际情况的一组设计条件，设计应做到在该组条件下结构不超越有关的极限状态。《工程结构可靠性设计统一标准》规定了结构设计时应区分四种设计状况：持久设计状况、短暂设计状况、偶然设计状况和地震设计状况。工程结构设计时，对不同的设计状况，应采用相应的结构体系、可靠度水平、基本变量和作用组合等。

1. 持久设计状况

在结构使用过程中一定出现，且持续期很长的设计状况，其持续期一般与设计使用年限为同一数量级。适用于结构使用时的正常情况。

2. 短暂设计状况

在结构施工和使用过程中出现概率较大，而与设计使用年限相比，其持续期很短的设计状况。适用于结构出现的临时情况，如结构施工和维修时的情况等。

3. 偶然设计状况

在结构使用过程中出现概率很小，且持续期很短的设计状况。适用于结构出现的异常情况，如结构遭受火灾、爆炸、撞击时的情况等。

4. 地震设计状况

结构遭受地震时的设计状况。适用于结构遭受地震时的情况，在抗震设防地区必须考虑地震设计状况。

对工程结构的四种设计状况均应进行承载能力极限状态设计，对持久设计状况尚应进行正常使用极限状态设计，对短暂设计状况和地震设计状况可根据需要进行正常使用极限状态设计，对偶然设计状况可不进行正常使用极限状态设计。

3.5.2 承载能力极限状态设计表达式

1. 承载能力极限状态设计表达式

结构的承载能力极限状态计算应包括结构构件承载力计算、直接承受反复荷载构件的疲劳验算；对有抗震设防要求的结构应进行抗震承载力计算；必要时尚应进行结构整体稳定、倾覆、滑移、漂浮验算；对于可能遭受偶然作用，且倒塌可能引起严重后果的重要结构，宜进行防连续倒塌设计。

对持久设计状况、短暂设计状况和地震设计状况，当用内力的形式表达时，结构构件应采用下列承载能力极限状态设计表达式：

$$\gamma_0 S_d \leqslant R_d \tag{3-17}$$

$$R_d = R(f_c, f_s, a_k, \cdots)/\gamma_{Rd} \tag{3-18}$$

式中 γ_0——结构重要性系数，在持久设计状况和短暂设计状况下，对安全等级为一级的结构构件不应小于 1.1，对安全等级为二级的结构构件不应小于 1.0，对安全等级为三级的结构构件不应小于 0.9；在偶然设计状况下，不小于 1.0；在地震设计状况下，应取 1.0；

S_d——承载能力极限状态下作用组合的效应设计值（用 N、M、V、T 等表示）：对持久设计状况和短暂设计状况应按作用的基本组合计算；对地震设计状况应按作用的地震组合计算；

R_d——结构构件的抗力设计值；

$R(\cdot)$——结构构件的抗力函数；

γ_{Rd}——结构构件的抗力模型不确定性系数：静力设计取 1.0，对不确定性较大的结构构件应根据具体情况大于 1.0 的数值；抗震设计应用承载力抗震调整系数 γ_{RE}代替 γ_{Rd}；

f_c、f_s——混凝土、钢材的强度设计值，应参考现行国家规范相关规定取值；

a_k——几何参数的标准值，当几何参数的变异性对结构性能有明显的不利影响时，应增减一个附加值。

对偶然作用下的结构进行承载能力极限状态设计时，式（3-18）中混凝土、钢筋的强度设计值 f_c、f_s改用强度标准值 f_{ck}、f_{yk}（或 f_{pyk}）。当进行偶然作用下结构防连续倒塌验算时，作用宜考虑结构相应部位倒塌冲击引起的动力系数。在抗力函数的计算中，混凝土强度取强度标准值 f_{ck}；普通钢筋强度取极限强度标准值 f_{stk}，预应力钢筋强度取极限强度标准值 f_{ptk}并考虑锚具的影响。宜考虑偶然作用下结构倒塌对结构几何参数的影响。必要时尚应考虑材料性能在动力作用下的强化和脆性，并取相应的强度特征值。

2. 作用效应组合的设计值 S_d

（1）基本组合

当作用与作用效应为线性的情况时，作用基本组合的效应设计值 S_d应从式（3-19）和式（3-20）组合值中取最不利值确定：

1）由可变作用控制的效应设计值

$$S_d = \sum_{j=1}^{m} \gamma_{G_j} S_{G_{jk}} + \gamma_{Q_1} \gamma_{L_1} S_{Q_{1k}} + \sum_{i=2}^{n} \gamma_{Q_i} \gamma_{L_i} \psi_{ci} S_{Q_{ik}} \tag{3-19}$$

2）由永久作用控制的效应设计值

$$S_d = \sum_{j=1}^{m} \gamma_{G_j} S_{G_{jk}} + \sum_{i=1}^{n} \gamma_{Q_i} \gamma_{L_i} \psi_{ci} S_{Q_{ik}} \tag{3-20}$$

式中 γ_{G_j}——第 j 个永久作用的分项系数，包括设计中要考虑的预应力荷载；

γ_{Q_i}——第 i 个可变作用的分项系数，其中 γ_{Q_1}为主导可变作用 Q_1的分项系数；

γ_{L_i}——第 i 个可变作用考虑设计使用年限的调整系数，其中 γ_{L_1}为主导可变作用 Q_1考虑设计使用年限的调整系数，楼面和屋面活荷载考虑设计使用年限的调整系数 γ_L应按表 3-9 采用；对雪荷载和风荷载，应取重现期为设计使用年限，按有关规范的规定确定基本雪压和基本风压；

$S_{G_{jk}}$——按第 j 个永久作用标准值 G_{jk}计算的作用效应值；

$S_{Q_{ik}}$——按第 i 个可变作用标准值 Q_{ik}计算的作用效应值，其中 $S_{Q_{1k}}$为诸可变作用效应中起控制作用者（当对 $S_{Q_{1k}}$ 无法明显判断时，应依次以各可变作用效应为 $S_{Q_{1k}}$，并选其中最不利作用的效应设计值）；

ψ_{ci}——第 i 个可变作用 Q_i 的组合值系数，应分别按相关规范规定采用；

m——参与组合的永久作用数；

n——参与组合的可变作用数。

楼面和屋面活荷载考虑设计使用年限的调整系数 γ_{L_i} **表 3-9**

结构设计使用年限(年)	5	50	100
γ_{L_i}	0.9	1.0	1.1

注：1. 当设计使用年限不为表中数值时，调整系数 γ_{L_i} 可线性内插；

2. 对于荷载标准值可控制的可变荷载，设计使用年限调整系数 γ_{L_i} 取 1.0。

3）作用分项系数

① 永久作用的分项系数

当永久作用效应对结构不利（如使结构内力增大）时，对由可变作用效应控制的组合应取 1.2，对由永久作用效应控制的组合应取 1.35；

当永久作用效应对结构有利（如预应力使结构内力减小）时，不应大于 1.0。

② 可变作用的分项系数

对标准值大于 $4kN/m^2$ 的工业房屋楼面结构的活荷载，应取 1.3；其他情况，应取 1.4。

③ 对结构的倾覆、滑移或漂浮验算，作用的分项系数应按有关结构设计规范的规定采用。

（2）偶然组合

对于偶然设计状况，应采用偶然组合。由于偶然事件的发生是一个强不确定性事件，偶然作用的大小也是不确定的，所以实际中偶然作用值超过规定设计值的可能性是存在的，所有按规定设计值设计的结构仍然存在破坏的可能性，但为保证人的生命安全，设计还要保证偶然事件发生后受损的结构能够承担对应于偶然设计状况的永久荷载和可变荷载，所以，当作用与作用效应为线性的情况时，偶然作用效应组合的设计值可按下列规定采用：

1）用于偶然荷载作用下的结构承载能力极限状态计算的效应设计值

$$S_d = \sum_{j=1}^{m} S_{G_{jk}} + S_{A_d} + \psi_{f_1} S_{Q_{1k}} + \sum_{i=2}^{n} \psi_{q_i} S_{Q_{ik}} \quad (3\text{-}21)$$

式中 S_{A_d}——按偶然作用标准值 A_d 计算的荷载效应值；

ψ_{f_1}——第 1 个可变荷载的频遇值系数；

ψ_{q_i}——第 i 个可变荷载的准永久值系数。

2）用于偶然事件发生后受损结构整体稳固性验算的效应设计值

$$S_d = \sum_{j=1}^{m} S_{G_{jk}} + \psi_{f_1} S_{Q_{1k}} + \sum_{i=2}^{n} \psi_{q_i} S_{Q_{ik}} \quad (3\text{-}22)$$

由于偶然作用的确定往往带有主观臆测因素，因而式（3-21）和式（3-22）中不再考虑荷载分项系数。对偶然设计状况，偶然事件本身属于小概率事件，两种不相关的偶然事件同时发生的概率更小，所以不必同时考虑两种偶然荷载。

（3）地震组合

对于地震设计状况，应采用地震组合。地震作用效应组合的设计值应按现行国家标准《建筑抗震设计规范》等规范确定。

3.5.3 正常使用极限状态设计表达式

1. 正常使用极限状态设计表达式

结构的正常使用极限状态的验算应包括对需要控制变形的构件进行变形验算、对使用上限制出现裂缝的构件进行混凝土拉应力验算、对允许出现裂缝的构件进行受力裂缝宽度验算和对有舒适度要求的楼盖结构进行竖向自振频率验算等。

对于正常使用极限状态，应根据不同的设计要求，采用作用效应的标准组合、频遇组合或准永久组合，并考虑长期作用的影响，按下列极限状态设计表达式进行验算：

$$S_d \leqslant C \tag{3-23}$$

式中 S_d——作用效应组合的设计值；

C——结构或结构构件达到正常使用要求的规定限值，例如变形、裂缝、振幅、加速度、应力等的限值，应按各有关结构设计规范的规定采用。

2. 作用组合的效应设计值 S_d

（1）标准组合

当作用与作用效应为线性的情况时，作用标准组合的效应设计值 S_d 应按下式确定：

$$S_d = \sum_{j=1}^{m} S_{G_{jk}} + S_{Q_{1k}} + \sum_{i=2}^{n} \psi_{ci} S_{Q_{ik}} \tag{3-24}$$

显然，作用标准组合的效应设计值代表了结构构件在设计使用年限内的效应的最大值，从正常使用的要求来看，显然偏于安全的。当一个极限状态被超越将产生严重的永久性损害时，应采用标准组合。目前我国建筑结构设计规范中大多采用这种组合。

（2）频遇组合

当作用与作用效应为线性的情况时，作用频遇组合的效应设计值 S_d 应按下式确定：

$$S_d = \sum_{j=1}^{m} S_{G_{jk}} + \psi_{f_1} S_{Q_{1k}} + \sum_{i=2}^{n} \psi_{q_i} S_{Q_{ik}} \tag{3-25}$$

频遇组合考虑了可变作用与时间的关系，它意味着允许某些极限状态在一个较短的持续时间内被超越，或在总体上不长的时间内被超过，相当于在结构上时而出现的较大作用值，但它总是小于作用的标准值。当一个极限状态被超越将产生局部损害、较大变形或短暂振动等情况时，应考虑频遇组合。频遇组合目前在桥梁结构的设计中被采用，但尚未在建筑结构的设计实践中得到应用。

（3）准永久组合

当作用与作用效应为线性的情况时，作用准永久组合的效应设计值 S_d 应按下式确定：

$$S_d = \sum_{j=1}^{m} S_{G_{jk}} + \sum_{i=1}^{n} \psi_{q_i} S_{Q_{ik}} \tag{3-26}$$

在作用效应的准永久组合中，只包括了在整个使用期内出现时间很长的作用效应值，即作用效应的准永久值。当作用的长期效应是决定性因素时，应考虑准永久组合。对一些要求可以放松的正常使用功能的控制，有时也可采用作用效应的准永久组合。

3. 正常使用极限状态验算规定

(1) 受弯构件的挠度不应影响其使用功能和外观要求。受弯构件的最大挠度应按作用效应的准永久组合（如普通钢筋混凝土构件）或作用效应的标准组合（如预应力混凝土构件），并均应考虑荷载长期作用的影响进行计算，其计算值不应超过规范规定的挠度限值。

(2) 结构构件应根据结构类型、裂缝控制等级及耐久性环境类别，按受力裂缝宽度限值及拉应力控制要求进行验算。

(3) 对大跨度楼盖结构应根据使用功能的要求进行竖向自振频率验算，其自振频率不宜低于下列要求：住宅和公寓 5Hz、办公楼和旅馆 4Hz、大跨度公共建筑 3Hz，工业建筑及有特殊要求的建筑根据使用功能提出要求。

【例 3-1】 某工业厂房采用 1.5m×6m 的大型屋面板，卷材防水保温屋面，永久荷载标准值为 2.7kN/m^2，不上人屋面活荷载为 0.7kN/m^2，屋面积灰荷载为 0.5kN/m^2，雪荷载为 0.4kN/m^2，各可变作用的组合值系数 ψ_c、频遇值系数 ψ_f、准永久值系数 ψ_q 见表 3-10。已知纵肋的计算跨度 $l=5.87\text{m}$，结构设计使用年限为 50 年。试求纵肋跨中弯矩的基本组合设计值、标准组合设计值、频遇组合设计值及准永久组合设计值。

组合系数表 **表 3-10**

荷载类别	组合值系数 ψ_c	频遇值系数 ψ_f	准永久值系数 ψ_q
屋面活荷载	0.7	0.5	0
屋面积灰荷载	0.9	0.9	0.8
雪荷载	0.7	0.6	0

【解】

(1) 作用标准值

1) 永久作用 $G_k=2.7\times1.5/2=2.025\text{kN/m}$

2) 可变作用

① 屋面活荷载（不上人） $Q_{1k}=0.7\times1.5/2=0.525\text{kN/m}$

② 积灰荷载 $Q_{2k}=0.5\times1.5/2=0.375\text{kN/m}$

③ 雪荷载 $Q_{3k}=0.4\times1.5/2=0.3\text{kN/m}$

(2) 作用效应组合

按《荷载规范》规定，不上人屋面均布活荷载可不与雪荷载同时组合，因此选择屋面均布活荷载与雪荷载中的较大值与其他可变荷载进行组合。

1) 基本组合设计值

① 由永久作用控制的组合

$$M=\sum_{j=1}^{m}\gamma_{G_j}M_{G_{jk}}+\sum_{i=1}^{n}\gamma_{Q_i}\gamma_{L_i}\psi_{ci}M_{Q_{ik}}$$

$$=1.35\times\frac{1}{8}G_k l^2+1.4\times1\times0.7\times\frac{1}{8}Q_{1k}l^2+1.4\times1\times0.9\times\frac{1}{8}Q_{2k}l^2$$

$$=1.35\times\frac{1}{8}\times2.025\times5.87^2+1.4\times1\times0.7\times\frac{1}{8}\times0.525\times5.87^2+$$

$$1.4\times1\times0.9\times\frac{1}{8}\times0.375\times5.87^2$$

$$=16.03\text{kN}\cdot\text{m}$$

② 由可变作用控制的组合

$$M=\sum_{j=1}^{m}\gamma_{G_j}M_{G_{jk}}+\gamma_{Q_1}\gamma_{L_1}M_{Q_{1k}}+\sum_{i=2}^{n}\gamma_{Q_i}\gamma_{L_i}\psi_{C_i}M_{Q_{ik}}$$

屋面活荷载为第一可变荷载：

$$\begin{aligned}M&=\gamma_G M_{G_k}+\gamma_{Q_1}\gamma_{L_1}M_{Q_{1k}}+\gamma_{Q_2}\gamma_{L_2}\psi_{C_2}M_{Q_{2k}}\\&=1.2\times\frac{1}{8}G_k l^2+1.4\times1\times\frac{1}{8}Q_{1k}l^2+1.4\times1\times0.9\times\frac{1}{8}Q_{2k}l^2\\&=1.2\times\frac{1}{8}\times2.025\times5.87^2+1.4\times1\times\frac{1}{8}\times0.525\times5.87^2+\\&\quad 1.4\times1\times0.9\times\frac{1}{8}\times0.375\times5.87^2\\&=15.67\text{kN}\cdot\text{m}\end{aligned}$$

屋面积灰荷载为第一可变荷载：

$$\begin{aligned}M&=\gamma_G M_{G_k}+\gamma_{Q_2}\gamma_{L_2}M_{Q_{2k}}+\gamma_{Q_1}\gamma_{L_1}\psi_{C_1}M_{Q_{1k}}\\&=1.2\times\frac{1}{8}G_k l^2+1.4\times1\times\frac{1}{8}Q_{2k}l^2+1.4\times1\times0.7\times\frac{1}{8}Q_{1k}l^2\\&=1.2\times\frac{1}{8}\times2.025\times5.87^2+1.4\times1\times\frac{1}{8}\times0.375\times5.87^2+\\&\quad 1.4\times1\times0.7\times\frac{1}{8}\times0.525\times5.87^2\\&=14.94\text{kN}\cdot\text{m}\end{aligned}$$

由上面的计算可知，纵肋跨中弯矩的基本组合设计值应取16.03kN·m。

2）标准组合设计值

$$\begin{aligned}M&=M_{G_k}+M_{Q_{1k}}+\psi_{C_2}M_{Q_{2k}}\\&=\frac{1}{8}G_k l^2+\frac{1}{8}Q_{1k}l^2+0.9\times\frac{1}{8}Q_{2k}l^2\\&=\frac{1}{8}\times2.025\times5.87^2+\frac{1}{8}\times0.525\times5.87^2+0.9\times\frac{1}{8}\times0.375\times5.87^2\\&=12.44\text{kN}\cdot\text{m}\end{aligned}$$

3）频遇组合设计值

$$\begin{aligned}M&=M_{G_k}+\psi_{f_1}M_{Q_{1k}}+\psi_{q_2}M_{Q_{2k}}\\&=\frac{1}{8}G_k l^2+0.5\times\frac{1}{8}Q_{1k}l^2+0.8\times\frac{1}{8}Q_{2k}l^2\\&=\frac{1}{8}\times2.025\times5.87^2+0.5\times\frac{1}{8}\times0.525\times5.87^2+0.8\times\frac{1}{8}\times0.375\times5.87^2\\&=11.14\text{kN}\cdot\text{m}\end{aligned}$$

4）准永久组合设计值

$$
\begin{aligned}
M &= M_{G_k} + \psi_{q_1} M_{Q_{1k}} + \psi_{q_2} M_{Q_{2k}} \\
&= \frac{1}{8} G_k l^2 + 0 \times \frac{1}{8} Q_{1k} l^2 + 0.8 \times \frac{1}{8} Q_{2k} l^2 \\
&= \frac{1}{8} \times 2.025 \times 5.87^2 + 0 \times \frac{1}{8} \times 0.525 \times 5.87^2 + 0.8 \times \frac{1}{8} \times 0.375 \times 5.87^2 \\
&= 10.01 \text{kN} \cdot \text{m}
\end{aligned}
$$

思考题与习题

3-1 什么是结构上的作用、荷载、作用效应?

3-2 什么是荷载和荷载的代表值?结构设计中应如何应用荷载的代表值?

3-3 什么是抗力?影响抗力的因素有哪些?

3-4 结构的功能有哪些?结构的可靠性和可靠度的概念是什么?

3-5 什么是结构的极限状态?极限状态的分类和标志是什么?

3-6 什么是设计可靠指标?

3-7 概率极限状态设计方法表达式是如何确保可靠度的?

3-8 结构的可靠性包括哪些方面的内容?

3-9 为什么说结构设计是一个非确定性的问题,试举例说明。

3-10 正常使用极限状态的验算具体包含哪些内容?为什么在正常使用极限状态的验算中不考虑荷载的分项系数和材料分项系数?

3-11 某屋盖结构支承梁的设计控制截面,永久作用产生的弯矩标准值为 15kN·m,屋面活荷载产生的弯矩标准值为 12kN·m,使用维修集中荷载产生的弯矩标准值为 2kN·m。结构安全等级为二级,设计使用年限为 100 年,试分别求按承载能力极限状态设计和正常使用极限状态设计时的作用效应设计值。

第 4 章　轴心受力构件

轴心受力构件是指作用力沿杆轴向且通过构件截面形心作用的构件，根据作用力方向的不同，将轴心受力构件分为轴心受拉构件和轴心受压构件。在实际工程中，它们的应用非常广泛。例如钢结构中的桁架、塔架和网架、网壳等（图 4-1），以及工业建筑的工作平台支柱；混凝土结构中的屋架、圆形水池的池壁、多层框架房屋的中柱等（图 4-2）。

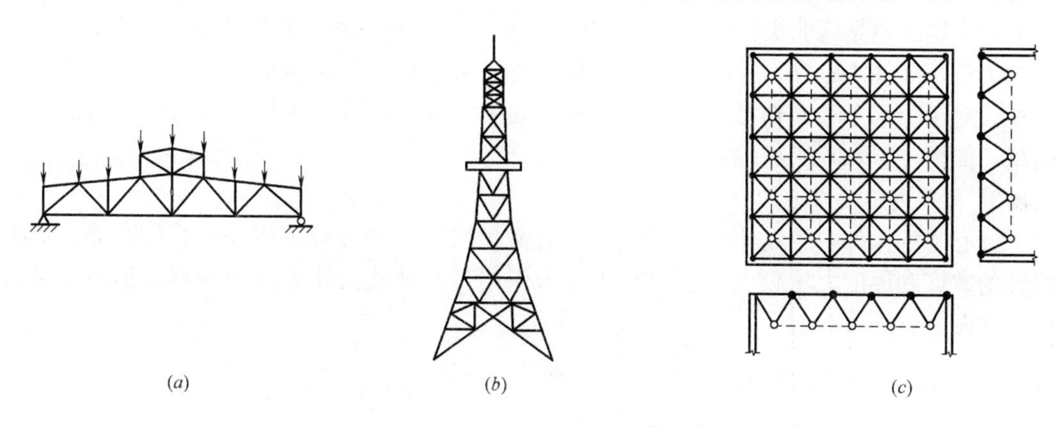

图 4-1　轴心受力构件在钢结构工程中的应用

(*a*) 桁架；(*b*) 塔架；(*c*) 网架

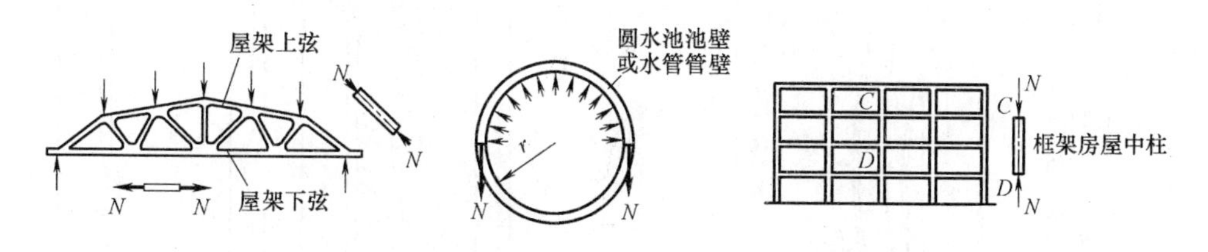

图 4-2　轴心受力构件在混凝土结构工程中的应用

4.1　轴心受力构件的破坏形式

4.1.1　钢轴心受力构件的破坏形式

轴心受拉构件的破坏形式是强度破坏。轴心受压构件的可能破坏形式有强度破坏、整体失稳破坏和局部失稳等几种形式。

1. 强度破坏

轴心受压构件的截面如无削弱，一般不会发生强度破坏，因为整体失稳破坏和局部失稳总发生在强度破坏之前。截面有削弱，则有可能在截面削弱处发生强度破坏。

2. 整体失稳破坏

轴心受压构件在轴心压力较小时处于稳定平衡状态，如有微小干扰力使其偏离平衡位置，则在干扰力撤去后，仍能回复到原先的平衡状态。随着轴心压力的增加，轴心受压构件会由稳定平衡状态过渡到随遇平衡状态，这时如有微小干扰力使其偏离平衡位置，则在干扰力撤去后，将停留在新的位置而不能回复到原先的平衡位置。随遇平衡状态也称为临界状态，这时的轴心压力称为临界压力。当轴心压力超过临界压力后，构件就不能维持平衡而失稳破坏。

整体失稳破坏是轴心受压构件的主要破坏形式，与截面形式有密切关系。一般情况下，双轴对称截面如工字形截面、H 形截面在失稳时只出现弯曲变形，称为弯曲失稳，如图 4-3（*a*）所示。单轴对称截面如不对称工字形截面、[形截面、T 形截面等，在绕非对称轴失稳时也是弯曲失稳；而绕对称轴失稳时，不仅出现弯曲变形还有扭转变形，称为弯扭失稳，如图 4-3（*b*）所示。无对称轴的截面如不等肢 L 形截面，在失稳时均为弯扭失稳。对于十字形和 Z 形截面，除了出现弯曲失稳外，还可能出现只有扭转变形的扭转失稳，如图 4-3（*c*）所示。

3. 局部失稳

轴心受压构件中的板件如工字形、H 形截面的翼缘和腹板等均处于受压状态，如果板件的宽度和厚度之比较大，就会在压应力作用下出现波浪状的鼓曲变形，称为局部失稳，如图 4-4 所示。

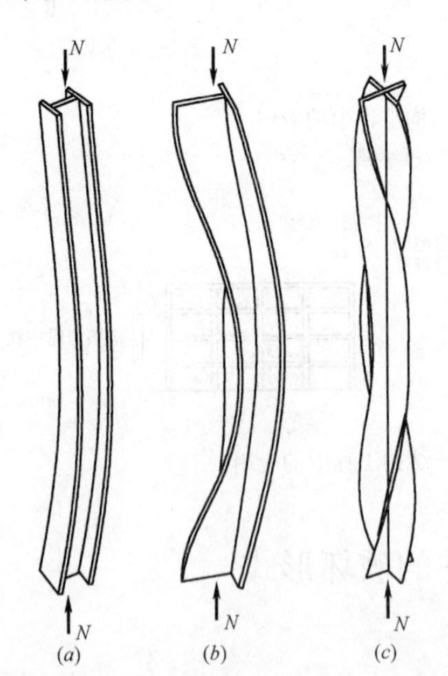

图 4-3 钢轴心受压构件的失稳形式
（*a*）弯曲失稳；（*b*）弯扭失稳；（*c*）扭转失稳

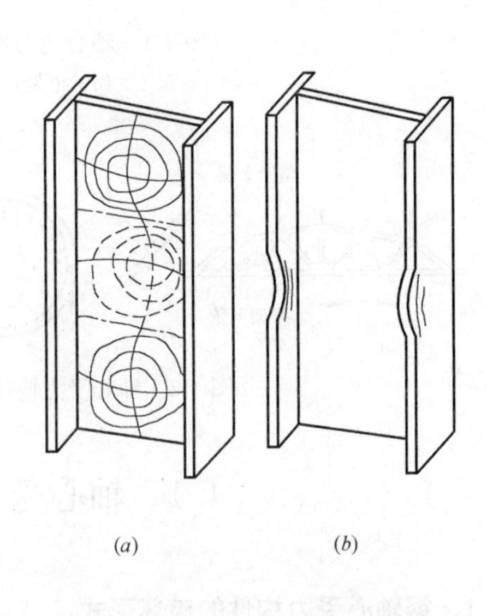

图 4-4 钢轴心受压构件的局部失稳
（*a*）腹板失稳；（*b*）翼缘失稳

4.1.2 混凝土轴心受力构件的破坏形式

混凝土轴心受力构件的截面尺寸通常不会太小，因此，一般只会发生强度破坏，也就是说，在轴向力的作用下，构件通常是材料达到强度而破坏。如轴心受拉构件，破坏时混凝土开裂，钢筋达到受拉屈服；而轴心受压构件，破坏时混凝土达到抗压强度，钢筋一般也能达到受压屈服。对于截面尺寸很小的轴压构件，如长细比 $l_0/i>100$ 的混凝土电线杆等，也有可能发生失稳破坏，但实用上此类构件很少，在此不作讨论。当然，长细比较大的轴心受压构件，虽然还是会发生强度破坏，但其承载力会随长细比的增大有所降低，因此，在轴心受压构件承载力计算时，要考虑长细比对承载力的影响。

4.1.3 钢管混凝土柱的破坏形式

钢管混凝土柱是指在钢管中填充混凝土而形成的一种组合柱。钢管混凝土柱在外荷载作用下，当轴向压力较小时，钢管与混凝土之间的粘结没有破坏，两者之间可以传递应力，钢管受到一定的压应力，N-ε 曲线基本呈直线段（图 4-5 所示的 AB 段），钢管混凝土柱基本处于弹性工作阶段。当荷载继续增加，混凝土内部出现微裂缝，向外膨胀，钢管受到环向拉力，且钢管与混凝土之间的粘结力逐渐破坏，但两者之间的摩擦阻力仍然存在，钢管还有一定的压应力。随着荷载的继续增加，钢管主要受到环向应力，核心混凝土受到钢管环向应力而处于三向受压状态，其轴心抗压强度显著提高，直到钢管表面出现斜向的剪切滑移线（见图 4-6），钢管开始屈服，N-ε 曲线呈明显曲线，钢管混凝土柱进入弹塑性阶段（图 4-5 所示的 BC 段），荷载达到最大值（C 点）。N-ε 曲线开始下降，但是试件仍能继续承载。对于径厚比 D/t 较大的薄壁钢管，曲线下降较快，最后因钢管胀裂出现纵向裂缝而破坏。对于径厚比 D/t 较小的试件，荷载下降缓慢，表现出很大的变形能力。超过 C 点以后，柱体外形逐渐明显鼓曲。通常，把 N-ε 曲线上 B 点对应的荷载定义为屈服荷载，C 点的荷载定义为极限荷载，其对应的应变称为极限压应变。

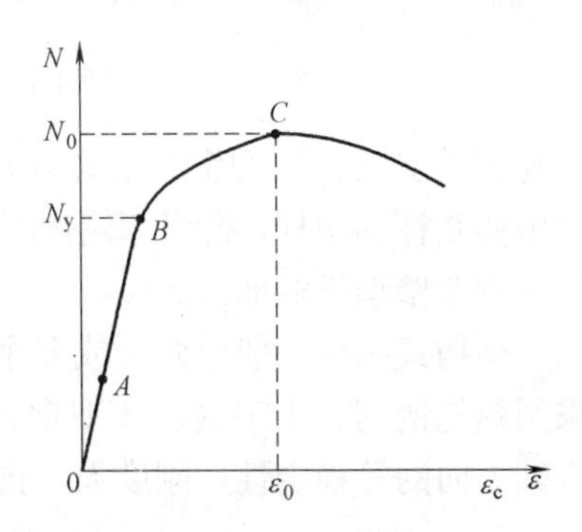

图 4-5 钢管混凝土短柱的 N-ε 曲线

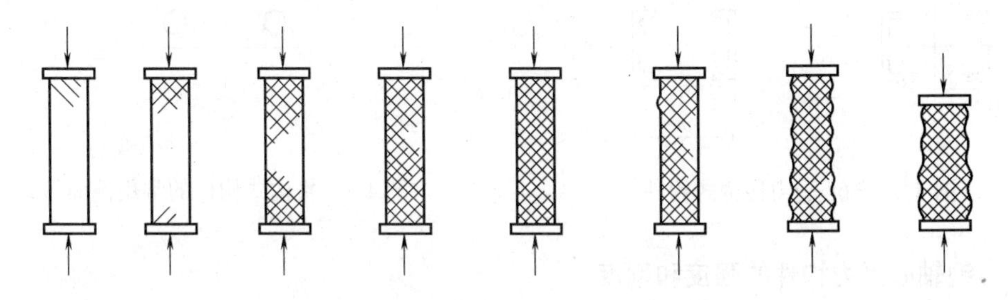
图 4-6 钢管混凝土短柱的剪切滑移线

4.2 钢轴心受力构件

轴心受力构件的常用截面形式可分为实腹式和格构式两大类。

实腹式构件制作简单，与其他构件连接也较方便，其常用截面形式很多（图 4-7），

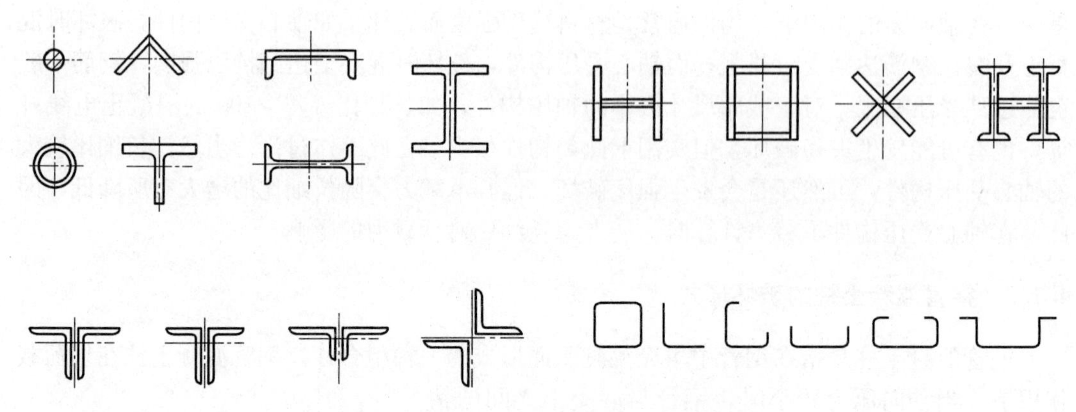

图 4-7　轴心受力实腹式构件的截面形式

有轧制工字钢、H 型钢、钢管以及由多块钢板或型钢焊接组成的组合截面。一般桁架结构中的弦杆和腹杆，除 T 型钢外，常采用角钢或双角钢组合截面，在轻型结构中则可采用冷弯薄壁型钢截面。

格构式构件一般由两个或多个分肢用缀件（缀板或缀条）组成（图 4-8）。肢件通常采用热轧槽钢、工字钢、H 型钢、角钢或钢管（图 4-9）。格构式构件容易使压杆实现两主轴方向的等稳定性，刚度大，抗扭性能也好，用料较省。

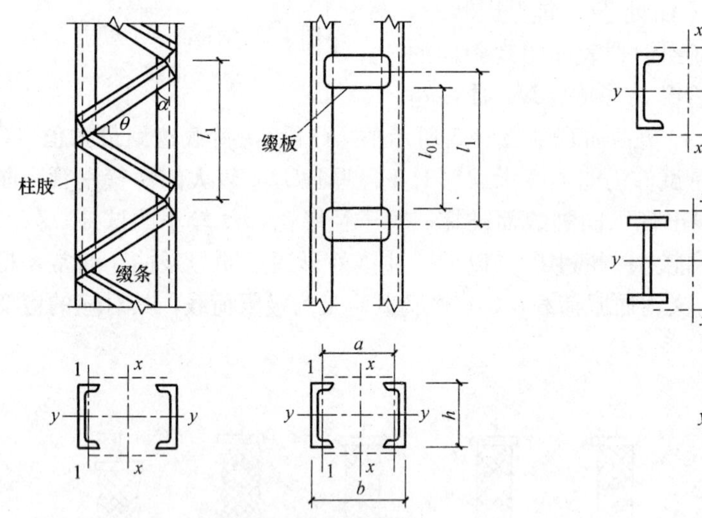

图 4-8　轴心受力格构式构件

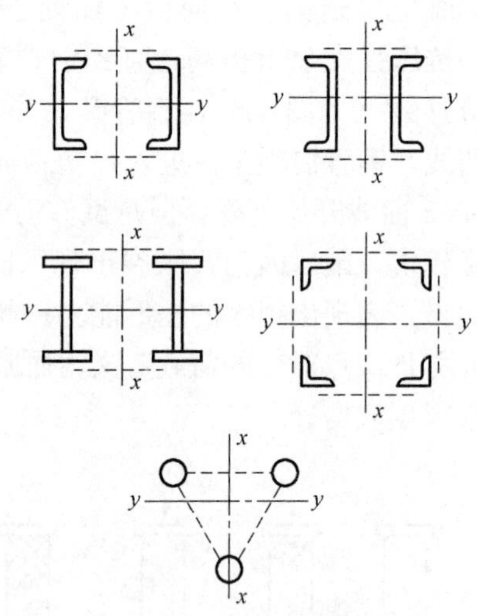

图 4-9　格构式构件的常用截面形式

4.2.1　钢轴心受力构件的强度和刚度

1. 强度计算

轴心受力构件以截面的平均应力达到钢材的屈服应力为强度破坏的准则。截面无削弱时，截面上的应力是均匀分布的。截面有局部削弱时，截面上的应力分布不再是均匀的，在孔洞附近有应力集中现象，如图 4-10（*a*）所示，弹性阶段孔洞边缘应力很大。若拉力继续增加，当孔洞边缘的最大应力达到材料的屈服强度后，应力不再继续增加而只发生塑性变形，截面上的应力产生塑性重分布，最后达到均匀分布，如图 4-10（*b*）所示。因此，

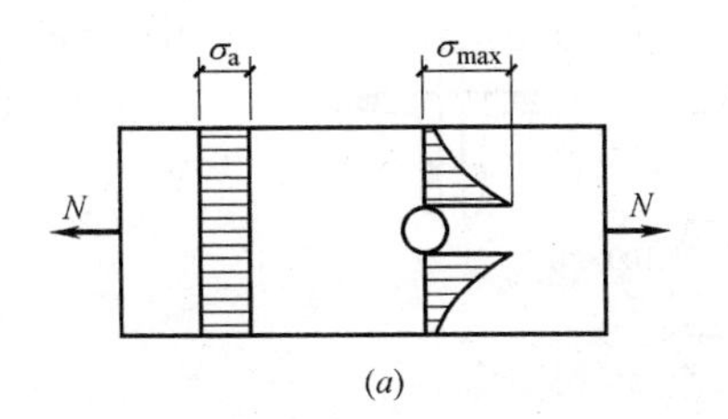

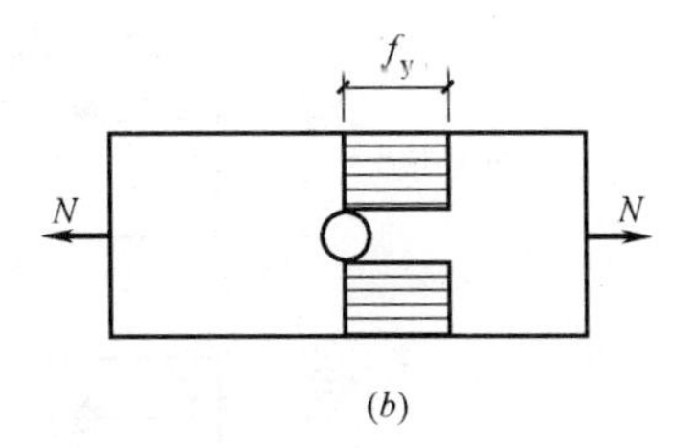

图 4-10　有孔洞拉杆的截面应力分布

(a) 弹性状态应力；(b) 极限状态应力

对于有孔洞削弱的轴心受力构件，仍以其净截面的平均应力达到其强度限值作为设计时的控制值。

轴心受力构件的强度按下式计算：

$$\sigma=\frac{N}{A_n}\leqslant f \tag{4-1}$$

式中　N——构件的轴心拉力或轴心压力设计值；

f——钢材的强度设计值；

A_n——构件的净截面面积。

2. 刚度计算

为满足结构的正常使用要求，轴心受力构件应具有一定的刚度，以保证构件不会产生过度的变形。

轴心受力构件的刚度是以限制其长细比不超过规定的容许长细比来保证的，即：

$$\lambda=\frac{l_0}{i}\leqslant[\lambda] \tag{4-2}$$

式中　λ——构件的最大长细比；

l_0——构件的计算长度；

i——截面的回转半径；

$[\lambda]$——构件的容许长细比。

《钢结构设计规范》根据构件的重要性和荷载情况，分别规定了轴心受拉和轴心受压构件的容许长细比，见附表 A-17 和附表 A-18。轴心受压构件的长细比过大，会使构件的极限承载力显著降低，同时，初弯曲和自重产生的挠度也将对构件的整体稳定带来不利影响，因此，规范对压杆容许长细比的规定更为严格。

【例 4-1】 图 4-11 所示热轧角钢组成的拉杆，角钢上有交错排列的螺栓孔（普通 C 级螺栓），孔径 21.5mm，拉杆计算长度为 10m，钢材为 Q235。试验算拉杆强度和刚度。

【解】

2∟100×10 的截面特性：

$i_x=3.05$cm，$i_y=4.52$cm，角钢厚度 $t=10$mm。

图 4-11 (b) 是一个角钢的中面展开图。

齿状净截面Ⅰ的面积为：

$$A_n=(\sqrt{110^2+40^2}+2\times40)\times10-2\times21.5\times10=1540\text{mm}^2$$

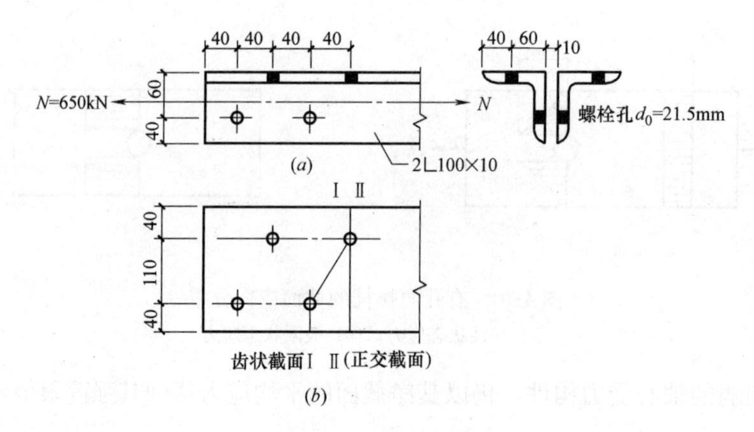

图 4-11　例 4-1 图

正交净截面Ⅱ的面积为：

$$A_n=(110+2\times40)\times10-2\times21.5\times10=1685\text{mm}^2$$

$$\frac{N}{A_n}=\frac{650\times10^3}{1540\times2}=211\text{N/mm}^2<f=215\text{N/mm}^2$$

$$\lambda_x=\frac{l_{0x}}{i_x}=\frac{1000}{3.05}=328<[\lambda]=350$$

$$\lambda_y=\frac{l_{0y}}{i_y}=\frac{1000}{4.52}=221<[\lambda]=350$$

拉杆的强度和刚度均满足要求。

4.2.2　钢轴心受压构件的稳定

1. 整体稳定计算

当轴心受压构件的长细比较大而截面又没有孔洞削弱时，一般不会因截面的平均应力达到抗压强度设计值而丧失承载能力，因而不必进行强度计算。其承载力通常由整体稳定控制。钢轴心受压构件丧失整体稳定时的临界应力低于钢材的屈服应力，即构件在达到强度极限状态前就会丧失整体稳定，且整体失稳常常是突发性的，容易造成严重后果，应予特别重视。

(1) 整体稳定的临界应力

确定轴心压杆整体稳定临界应力的方法，一般有下列三种：

1) 屈曲准则

屈曲准则是建立在理想轴心压杆的假定上的。理想轴心压杆假定杆件完全挺直、荷载沿杆件形心轴作用，杆件在受荷之前没有初始应力，也没有初弯曲和初偏心等缺陷，截面沿杆件是均匀的。理想轴心压杆的失稳也叫做屈曲。屈曲的形式有三种：①弯曲屈曲；②弯扭屈曲；③扭转屈曲。这三种屈曲形式中最基本且最简单的屈曲形式是弯曲屈曲。

理想轴心压杆在弹性阶段弯曲屈曲时的临界力 N_{cr} 和临界应力 σ_{cr} 可由欧拉（Euler）公式求出：

$$N_{cr}=\frac{\pi^2EI}{l^2} \tag{4-3}$$

$$\sigma_{cr}=\frac{\pi^2 E}{\lambda^2} \tag{4-4}$$

当弯曲屈曲临界应力 σ_{cr}超过钢材的比例极限 f_p时，构件受力已进入弹塑性阶段，材料的应力-应变关系成为非线性的，欧拉公式不再适用。德国科学家恩格赛尔（Engesser）提出了切线模量理论，该理论提出的 σ_{cr}的计算公式为：

$$\sigma_{cr}=\frac{\pi^2 E_t}{\lambda^2} \tag{4-5}$$

式中　E_t——非弹性区的切线模量。

建立在屈曲准则上的稳定计算方法，弹性阶段以欧拉临界力为基础，弹塑性阶段以切线模量临界力为基础，通过提高安全系数来考虑初偏心、初弯曲等不利影响。

2）边缘屈服准则

实际的轴心压杆不可避免地存在初弯曲和初偏心等几何缺陷，以及残余应力和材质不均匀等材料缺陷，这些缺陷的存在将降低轴心受压构件的整体稳定承载力。边缘屈服准则以有初偏心和初弯曲等的压杆为计算模型，截面边缘应力达到屈服点即视为压杆承载能力的极限。

图 4-12 为一两端铰支的压杆，跨中最大等效初始弯曲挠度（综合考虑初弯曲、初偏心和残余应力的影响）为 v_0，该压杆一经加载，挠度就会增加至 v，由于实际压杆并非无限弹性体，挠度增大到一定程度，杆件跨中截面在轴心力 N 和弯矩 Nv 作用下边缘开始屈服（图 4-13 中的 A 点或 A'点），随后截面塑性区不断增加，杆件进入弹塑性阶段，致使压力还未达到临界力 N_{cr}之前就丧失承载能力。图 4-13 中的虚线即为弹塑性阶段的压力-挠度曲线，虚线的最高点（B 点或 B'点）为压杆弹塑性阶段的极限压力点。

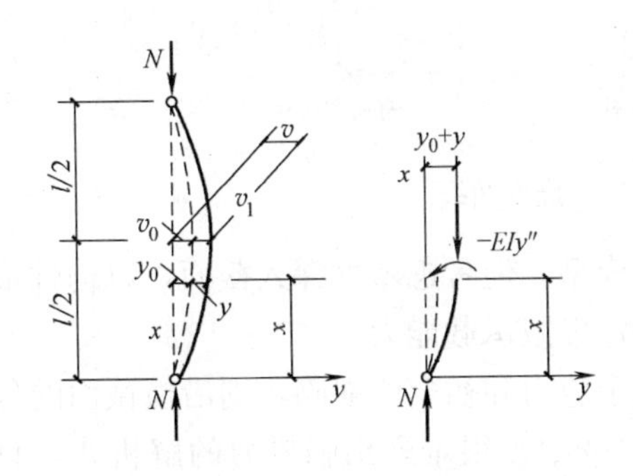

图 4-12　有初弯曲的轴心压杆

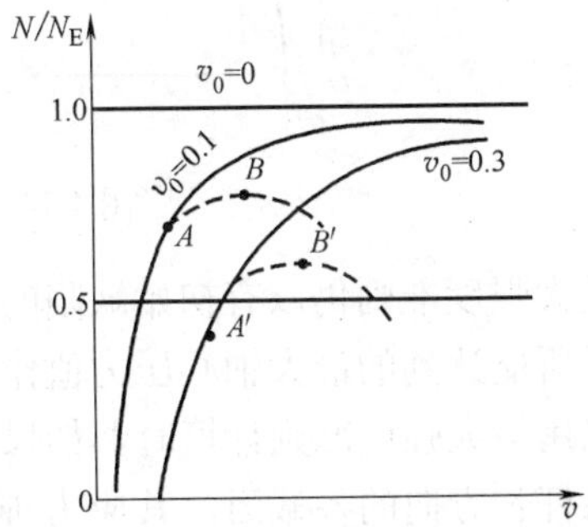

图 4-13　有初弯曲压杆的压力-挠度曲线

根据弹性理论，对无残余应力仅有初弯曲的轴心压杆，截面开始屈服的条件为：

$$\frac{N}{A}+\frac{Nv}{W}=\frac{N}{A}+\frac{Nv_0}{W}\cdot\frac{N_E}{N_E-N}=f_y$$

或

$$\frac{N}{A}\left(1+v_0\frac{A}{W}\cdot\frac{\sigma_E}{\sigma_E-\sigma}\right)=f_y$$

$$\sigma\left(1+\varepsilon_0\cdot\frac{\sigma_E}{\sigma_E-\sigma}\right)=f_y \tag{4-6}$$

式中　ε_0——初弯曲率；

σ_E——欧拉临界应力；

W——截面模量。

式（4-7）是以σ为变量的一元二次方程，解出其有效根，就是以截面边缘屈服为准则的临界应力σ_{cr}：

$$\sigma_{cr}=\frac{f_y+(1+\varepsilon_0)\sigma_E}{2}-\sqrt{\left[\frac{f_y+(1+\varepsilon_0)\sigma_E}{2}\right]^2-f_y\sigma_E} \tag{4-7}$$

式（4-7）称为柏利（Perry）公式，它由构件截面边缘屈服准则导出，求得的σ_{cr}代表构件边缘受压纤维刚达到屈服时的最大应力，而不是实际的临界应力，因此所得结果偏于保守，有些情况比实际屈曲荷载低得多。

3）最大强度准则

轴心压杆边缘纤维屈服以后塑性还可以深入截面，压力还可以继续增加，压力超过边缘屈服时的最大承载力N_A以后（图4-14），构件进入塑性阶段，随着截面塑性区不断扩展，挠度v增加得更快，到达B点之后，压杆的抵抗能力开始小于外力的作用，不能维持稳定平衡。曲线最高点B处的压力N_B才是具有初始缺陷的轴心压杆真正的稳定极限承载力，以此为准则计算压杆稳定，称为“最大强度准则”。

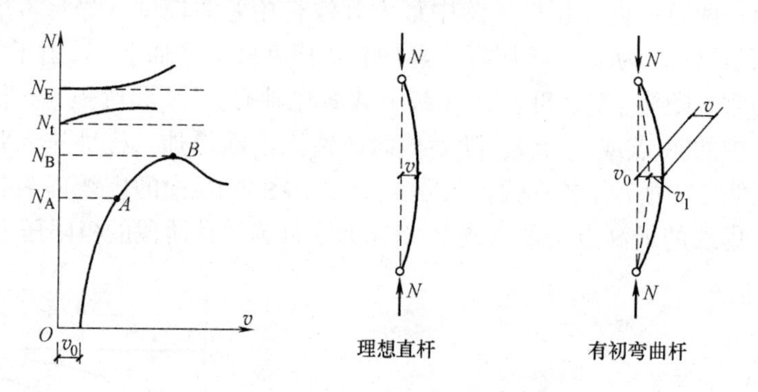

图4-14　轴心压杆的压力-挠度曲线

最大强度准则仍以有初始缺陷的压杆为计算模型，但考虑塑性深入截面，以构件最后破坏时所能达到的最大轴心压力值作为压杆的稳定极限承载能力。

采用最大强度准则计算时，如果同时考虑残余应力和初弯曲缺陷，则沿横截面的各点以及沿杆长方向的各截面，其应力-应变关系都是变数，很难列出临界力的解析式，只能借助计算机用数值方法求解。

（2）轴心受压构件的柱子曲线

压杆失稳时临界应力σ_{cr}和长细比λ之间的关系曲线称为柱子曲线。我国现行《钢结构设计规范》制定轴心受压构件λ-φ曲线时，根据不同截面形状和尺寸，不同加工条件和相应的残余应力分布和大小，不同的弯曲屈曲方向，以及$l/1000$的初弯曲，按最大强度准则，用计算机算出了96条柱子曲线。这96条曲线形成相当宽的分布带，规范将96条曲线分成四组，也就是将分布带分成四个窄带，取每组的平均值曲线作为该组代表曲线，即图4-15中的a、b、c和d四条曲线。在$\lambda=40\sim120$的常用范围，柱子曲线a比曲线b高出4%～15%，而曲线c比曲线b低7%～13%，d曲线则更低，主要用于厚板截面。

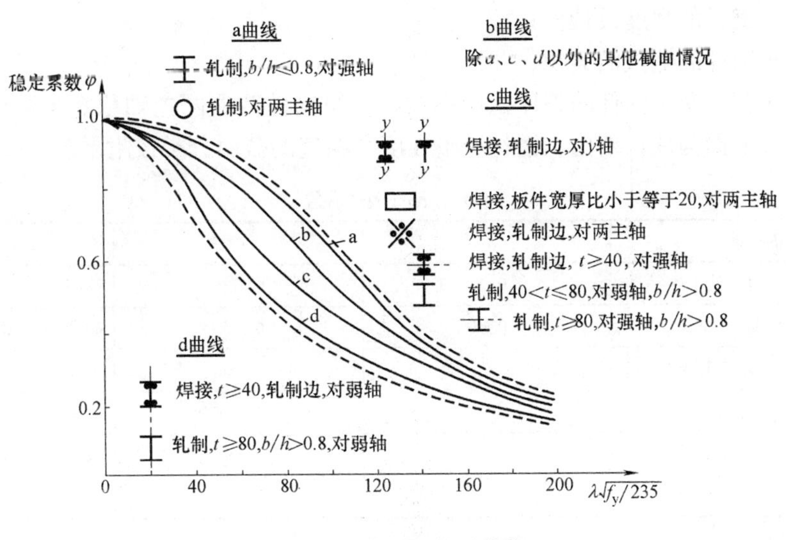

图 4-15 我国的柱子曲线

组成板件厚度 $t<40$mm 及厚度 $t\geqslant40$mm 的轴心受压构件的截面分类见附表 A-19。

一般的截面情况属于 b 类。轧制圆管以及轧制普通工字钢绕 x 轴失稳时其残余应力影响较小，属于 a 类。格构式构件绕虚轴的稳定计算，由于此时不宜采用塑性深入截面的最大强度准则，采用边缘屈服准则确定的 φ 值与曲线 b 接近，故列入 b 类。翼缘为轧制或剪切边的焊接工字形截面，翼缘端部存在较大的残余压应力，对绕弱轴稳定承载力的降低比绕强轴的高，所以前者属 c 类，后者属 b 类。

板件厚度大于 40mm 的轧制工字形截面和焊接实腹截面，残余应力不但沿板件宽度方向变化，在厚度方向的变化也很明显，对构件的稳定承载力影响较大，另外厚板质量相对较差也会对稳定带来不利影响，因此属于 d 类截面。

为了便于使用计算机计算，采用最小二乘法将各类截面的 φ 值拟合成公式表达：

$\lambda_n\leqslant0.215$ 时 $$\varphi=1-\alpha_1\lambda_n^2 \tag{4-8}$$

$\lambda_n>0.215$ 时 $$\varphi=\frac{1}{2\lambda_n^2}\left[(\alpha_2+\alpha_3\lambda_n+\lambda_n^2)-\sqrt{(\alpha_2+\alpha_3\lambda_n+\lambda_n^2)-4\lambda_n^2}\right] \tag{4-9}$$

式中 λ_n——构件的正则化长细比，等于构件长细比 λ 与欧拉临界应力 σ_E 为 f_y 时的长细比的比值，$\lambda_n=\frac{\lambda}{\pi}\sqrt{\frac{f_y}{E}}$；这里用 λ_n 代替 λ 是使公式无量纲化并能适用于各种屈服强度 f_y 的钢材；

α_1、α_2、α_3——系数，按表 4-1 查用。

(3) 整体稳定计算公式

轴心受压构件所受应力应不大于整体稳定的临界应力，考虑抗力分项系数 γ_R 后，即为：

$$\sigma=\frac{N}{A}\leqslant\frac{\sigma_{cr}}{\gamma_R}=\frac{\sigma_{cr}}{f_y}\cdot\frac{f_y}{\gamma_R}=\varphi f$$

$$\frac{N}{\varphi A}\leqslant f \tag{4-10}$$

式中 N——轴心受压构件的压力设计值；

f——钢材的强度设计值；

A——构件的毛截面面积；

φ——轴心受压构件的整体稳定系数，取绕构件截面两主轴稳定系数中的较小值。根据构件长细比、钢材屈服强度和相应的截面分类按附录表 A-20 采用。

α_1、α_2、α_3 系数 表 4-1

<table>
<tr><th colspan="2">截面分类</th><th>α_1</th><th>α_2</th><th>α_3</th></tr>
<tr><td colspan="2">a类</td><td>0.41</td><td>0.986</td><td>0.152</td></tr>
<tr><td colspan="2">b类</td><td>0.65</td><td>0.965</td><td>0.300</td></tr>
<tr><td rowspan="2">c类</td><td>$\lambda_n \leqslant 1.05$</td><td rowspan="2">0.73</td><td>0.906</td><td>0.595</td></tr>
<tr><td>$\lambda_n > 1.05$</td><td>1.216</td><td>0.302</td></tr>
<tr><td rowspan="2">d类</td><td>$\lambda_n \leqslant 1.05$</td><td rowspan="2">1.35</td><td>0.868</td><td>0.915</td></tr>
<tr><td>$\lambda_n > 1.05$</td><td>1.375</td><td>0.432</td></tr>
</table>

构件长细比按下列规定确定：

1）截面为双轴对称或极对称的构件

$$\lambda_x = l_{0x}/i_x,\ \lambda_y = l_{0y}/i_y \tag{4-11}$$

式中 l_{0x}、l_{0y}——分别是构件对截面主轴 x 和 y 的计算长度；

i_x、i_y——分别是构件对截面主轴 x 和 y 的回转半径。

双轴对称的十字形截面构件，λ_x和λ_y的取值不得小于 $5.07b/t$（b/t 为截面悬伸板件的宽厚比），以防止构件出现扭转屈曲。

2）截面为单轴对称的构件

以上讨论轴心压杆的整体稳定临界力时，假定构件失稳时只发生弯曲没有扭转，即弯曲屈曲。对于单轴对称截面，由于截面形心和剪心不重合，绕对称轴失稳时，在弯曲的同时总伴随着扭转，即弯扭屈曲。在相同情况下，弯扭失稳比弯曲失稳的临界力要低。因此，对截面为单轴对称的构件，绕非对称轴（设为 x 轴）的长细比仍按式（4-11）计算；绕对称轴（设为 y 轴）的稳定应取计及扭转效应的换算长细比 λ_{yz}代替 λ_y。几种常见的单角钢截面和双角钢组合 T 形截面（图 4-16）绕对称轴的 λ_{yz}简化计算如下：

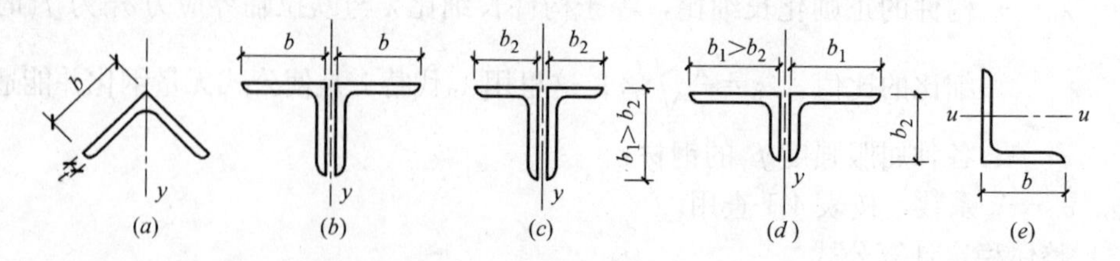

图 4-16 单角钢截面和双角钢组合 T 形截面

① 等边单角钢截面（图 4-16a）

当 $b/t \leqslant 0.54 l_{0y}/b$ 时， $$\lambda_{yz} = \lambda_y \left(1 + \frac{0.85b^4}{l_{0y}^2 t^2}\right) \tag{4-12}$$

当 $b/t > 0.54 l_{0y}/b$ 时， $$\lambda_{yz} = 4.78 \frac{b}{t} \left(1 + \frac{l_{0y}^2 t^2}{13.5b^4}\right) \tag{4-13}$$

② 等边双角钢截面（图 4-16b）

当 $b/t \leqslant 0.58 l_{0y}/b$ 时， $\lambda_{yz}=\lambda_y\left(1+\frac{0.475b^4}{l_{0y}^2 t^2}\right)$ (4-14)

当 $b/t > 0.58 l_{0y}/b$ 时， $\lambda_{yz}=3.9\frac{b}{t}\left(1+\frac{l_{0y}^2 t^2}{18.6b^4}\right)$ (4-15)

③ 长肢相并的不等边双角钢截面（图 4-16c）

当 $b_2/t \leqslant 0.48 l_{0y}/b_2$ 时， $\lambda_{yz}=\lambda_y\left(1+\frac{1.09b_2^4}{l_{0y}^2 t^2}\right)$ (4-16)

当 $b_2/t > 0.48 l_{0y}/b_2$ 时， $\lambda_{yz}=5.1\frac{b_2}{t}\left(1+\frac{l_{0y}^2 t^2}{17.4b_2^4}\right)$ (4-17)

④ 短肢相并的不等边双角钢截面（图 4-16d）

当 $b_1/t \leqslant 0.56 l_{0y}/b_1$ 时，近似取 $\lambda_{yz}=\lambda_y$；

否则取 $\lambda_{yz}=3.7\frac{b_1}{t}\left(1+\frac{l_{0y}^2 t^2}{52.7b_1^4}\right)$ (4-18)

⑤ 计算等边单角钢绕平行轴（图 4-16e 的 u 轴）的稳定时，可用下式计算其换算长细比 λ_{uz}，并按 b 类截面确定 φ 值。

当 $b/t \leqslant 0.69 l_{0u}/b$ 时， $\lambda_{uz}=\lambda_u\left(1+\frac{0.25b^4}{l_{0u}^2 t^2}\right)$ (4-19)

当 $b/t > 0.69 l_{0u}/b$ 时， $\lambda_{uz}=5.4b/t$ (4-20)

2. 局部稳定

轴心受压构件都是由板件组成，一般板件的厚度与宽度相比都较小，设计时应考虑局部稳定问题。图 4-17 为一工字形截面轴心受压构件发生局部失稳时的变形图。构件丧失局部稳定后还可能继续维持着整体的平衡状态，但由于部分板件屈曲后退出工作，使构件的有效截面减小，加速构件整体失稳而丧失承载能力。

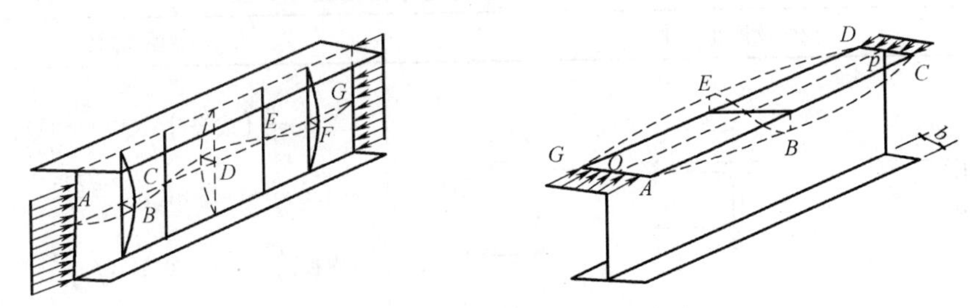

图 4-17 轴心受压构件的局部失稳

根据弹性稳定理论，板件的临界应力与板件的形状、尺寸、支承情况以及应力情况有关，可用下式表达：

$$\sigma_{cr}=\frac{\sqrt{\eta}\chi\beta\pi^2 E}{12(1-\upsilon)^2}\left(\frac{t}{b}\right)^2 \tag{4-21}$$

式中 χ——板边缘的弹性屈曲系数；

β——屈曲系数；

η——弹性模量折减系数，根据轴心受压构件局部稳定的试验资料，可取为：

$$\eta=0.1013\lambda^2(1-0.0248\lambda^2 f_y/E)f_y/E \tag{4-22}$$

局部稳定验算考虑等稳定性，保证板件的局部失稳临界应力不小于构件整体失稳的临界应力，即：

$$\frac{\sqrt{\eta}\chi\beta\pi^2 E}{12(1-\upsilon)^2}\left(\frac{t}{b}\right)^2\geqslant\varphi f_{\mathrm{y}} \tag{4-23}$$

φ 值与构件的长细比 λ 有关，由式（4-23）即可确定出板件宽厚比的限值，以工字形截面的板件为例：

（1）翼缘

由于工字形截面的腹板较薄，对翼缘板几乎没有嵌固作用，因此翼缘可视为三边简支一边自由的均匀受压板，取屈曲系数 $\beta=0.425$，弹性约束系数 $\chi=1.0$，由式（4-23）可以得到翼缘板悬伸部分的宽厚比 b/t 与长细比 λ 的关系曲线，为了便于应用，采用下列简单的直线式表达：

$$\frac{b}{t}\leqslant(10+0.1\lambda)\sqrt{\frac{235}{f_{\mathrm{y}}}} \tag{4-24}$$

式中　λ——构件两方向长细比的较大值，当 $\lambda<30$ 时，取 $\lambda=30$；当 $\lambda>100$ 时，取 $\lambda=100$。

（2）腹板

工字形截面的腹板为四边支承板，其中二边简支，二边弹性嵌固，取屈曲系数 $\beta=4$。翼缘对腹板的嵌固作用较大，可使腹板的临界应力提高，根据试验可取弹性约束系数 $\chi=1.3$。代入式（4-23），可得腹板高厚比 h_0/t_{w} 限值的简化表达式为：

$$\frac{h_0}{t_{\mathrm{w}}}\leqslant(25+0.5\lambda)\sqrt{\frac{235}{f_{\mathrm{y}}}} \tag{4-25}$$

其他截面构件的板件宽厚比限值见表 4-2。对箱形截面中的板件（包括双层翼缘板的外层板）其宽厚比限值近似借用了箱形梁翼缘板的规定；对圆管截面是根据材料为理想弹塑性体，轴向压应力达屈服强度的前提下导出的。

轴心受压构件板件宽厚比限值　　**表 4-2**

截面及板件尺寸	宽厚比限值
	翼缘：$\frac{b}{t}\left(或\frac{b_1}{t}\right)\leqslant(10+0.1\lambda)\sqrt{\frac{235}{f_{\mathrm{y}}}}$ $\frac{b_1}{t_1}\leqslant(15+0.2\lambda)\sqrt{\frac{235}{f_{\mathrm{y}}}}$ 腹板：$\frac{h_0}{t_{\mathrm{w}}}\leqslant(25+0.5\lambda)\sqrt{\frac{235}{f_{\mathrm{y}}}}$
	$\frac{b_0}{t}\left(或\frac{h_0}{t_{\mathrm{w}}}\right)\leqslant 40\sqrt{\frac{235}{f_{\mathrm{y}}}}$
	$\frac{d}{t}\leqslant 100\left(\frac{235}{f_{\mathrm{y}}}\right)$

注：对两板焊接 T 形截面，其腹板高厚比应满足 $b_1/t_1\leqslant(13+0.17\lambda)\sqrt{235/f_{\mathrm{y}}}$。

根据国家相应技术标准生产的热轧型钢（工字钢、H型钢、槽钢、角钢和钢管等），在截面尺寸确定时已考虑了局部稳定的要求，对由热轧型钢制作的轴心受压构件可不进行局部稳定验算。

轴心受压构件设计时所选截面如不满足局部稳定所要求的截面板件宽厚比的限值规定，一般应调整板件厚度或宽度使其满足要求。

当工字形截面的腹板高厚比不满足式（4-25）的要求时，加厚腹板不太经济，方法之一是在腹板中部设置纵向加劲肋，用纵向加劲肋加强后的腹板仍按式（4-25）计算，但h_0应取翼缘与纵向加劲肋之间的距离。纵向加劲肋宜在腹板两侧成对配置，如图 4-18 所示。

另一种方法是允许腹板中间部分屈曲，采用有效截面的概念进行计算。因为四边支承板在达到屈曲临界应力后还有很大的承载能力，一般称之为屈曲后强度，此时板内的纵向压力出现不均匀分布。板件发生局部屈曲后会降低构件的承载能力。此时，在计算构件的强度和整体稳定时，仅考虑腹板计算高度边缘范围内两侧宽度各为 $20t_w\sqrt{235/f_y}$ 的部分与翼缘一起作为有效截面（图 4-19）参与工作，但在计算构件整体稳定系数 φ 时仍用全部截面。对于轴心受压构件受局部稳定控制而其强度和整体稳定有富余时，此方法有时较经济。

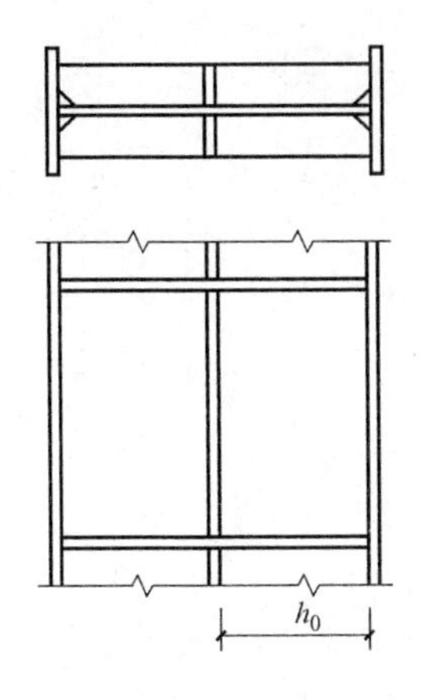

图 4-18　实腹柱的腹板加劲肋

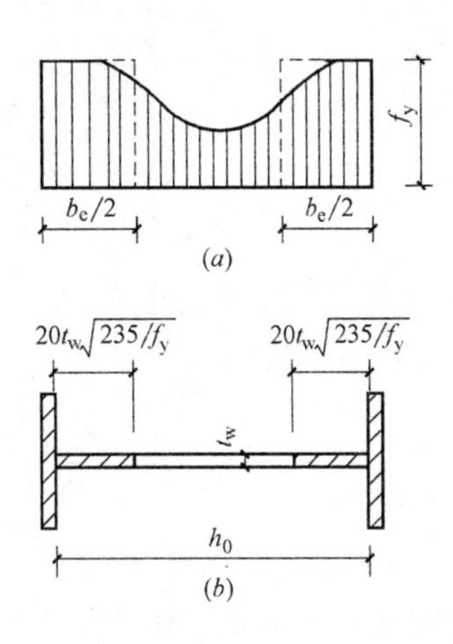

图 4-19　腹板屈曲后的有效截面

【例 4-2】 两端铰接的焊接工字形截面轴心受压柱，柱高 10m，钢材为 Q235，采用如图 4-20（*a*）、（*b*）所示的两种截面尺寸，翼缘火焰切割。试计算柱能承受的压力及截面的局部稳定性是否满足要求。

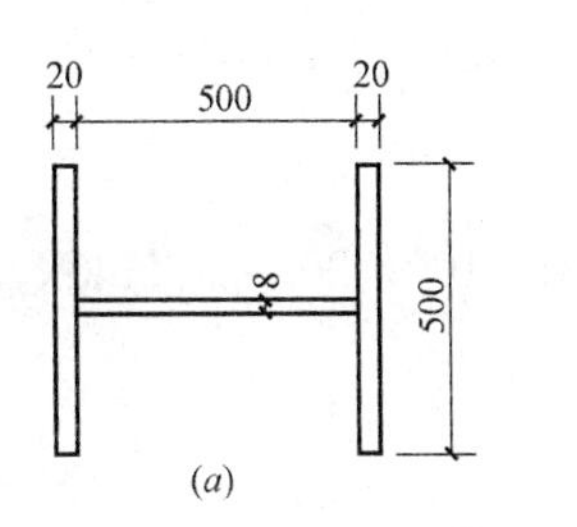

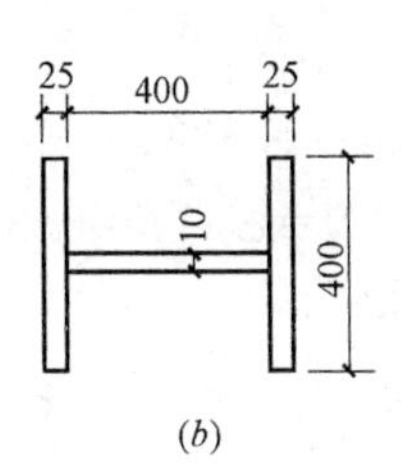

图 4-20　例 4-2 图

【解】

(1) 计算截面特性

图 4-20 (a) 截面：

$$A=2\times50\times2+50\times0.8=240\text{cm}^2$$

$$I_x=\frac{1}{12}\times(50\times54^3-49.2\times50^3)=143600\text{cm}^4$$

$$I_y=2\times\frac{1}{12}\times2\times50^3=41667\text{cm}^4$$

$$i_x=\sqrt{\frac{143600}{240}}=24.5\text{cm}$$

$$i_y=\sqrt{\frac{41667}{240}}=13.2\text{cm}$$

图 4-20 (b) 截面：

$$A=2\times40\times2.5+40\times1=240\text{cm}^2$$

$$I_x=\frac{1}{12}\times(40\times45^3-39\times40^3)=95750\text{cm}^4$$

$$I_y=2\times\frac{1}{12}\times2.5\times40^3=26667\text{cm}^4$$

$$i_x=\sqrt{\frac{95750}{240}}=20\text{cm}$$

$$i_y=\sqrt{\frac{26667}{240}}=10.5\text{cm}$$

(2) 计算柱能承受的压力

图 4-20 (a) 截面：

$$\lambda_x=\frac{l_{0x}}{i_x}=\frac{1000}{24.5}=41<[\lambda]=150$$

$$\lambda_y=\frac{l_{0y}}{i_y}=\frac{1000}{13.2}=76<[\lambda]=150$$

b 类截面，查得 $\varphi_y=0.714$。

$N=\varphi_y Af=0.714\times240\times10^2\times205=3513\text{kN}$

图 4-20 (b) 截面：

$$\lambda_x=\frac{l_{0x}}{i_x}=\frac{1000}{20}=50<[\lambda]=150$$

$$\lambda_y=\frac{l_{0y}}{i_y}=\frac{1000}{10.5}=95<[\lambda]=150$$

b 类截面，查得 $\varphi_y=0.588$。

$$N=\varphi_y Af=0.588\times240\times10^2\times205=2893\text{kN}$$

(3) 验算局部稳定

图 4-20 (a) 截面：

翼缘：$\frac{b_1}{t}=\frac{250-4}{20}=12.3<(10+0.1\lambda)\sqrt{\frac{235}{f_y}}=(10+0.1\times76)\times1=17.6$

腹板：$\frac{h_0}{t_w}=\frac{500}{8}=62.5<(25+0.5\lambda)\sqrt{\frac{235}{f_y}}=(25+0.5\times76)\times1=63$

图 4-20（b）截面：

翼缘：$\frac{b_1}{t}=\frac{200-5}{25}=7.8<(10+0.1\lambda)\sqrt{\frac{235}{f_y}}=(10+0.1\times95)\times1=19.5$

腹板：$\frac{h_0}{t_w}=\frac{400}{10}=40<(25+0.5\lambda)\sqrt{\frac{235}{f_y}}=(25+0.5\times95)\times1=72.5$

由计算结果可见，图 4-20（a）和图 4-20（b）两种截面面积相等，但截面（a）的承载能力大于截面（b）的 21%。因此，设计工字形截面柱时，在满足局部稳定的条件下，截面宜尽量开展。

4.2.3 钢轴心受压实腹柱设计

1. 截面形式

实腹式轴心受压柱一般采用双轴对称截面，以避免弯扭失稳。常用截面形式有轧制普通工字钢、H 型钢、焊接工字形截面、型钢和钢板的组合截面、圆管和方管截面等，见图 4-7。

在选择截面形式时，首先要考虑用料经济，并尽可能使结构简单、制造省工，方便运输和便于装配，要达到用料经济，就必须使截面符合等稳定性和壁薄而宽敞的要求。所谓等稳定性，就是使轴心压杆在两个主轴方向的稳定系数近似相等，即 $\varphi_x \approx \varphi_y$；所谓壁薄而宽敞的截面，就是要在保证局部稳定的条件下，尽量使壁薄一些，使材料离形心轴远些，以增大截面的回转半径，提高稳定承载力。

轧制普通工字钢的制造最省工，但因两个主轴方向的回转半径相差较大，且腹板相对较厚，用料很不经济。热轧宽翼缘 H 型钢的最大优点是制造省工，腹板较薄，翼缘较宽，可以做到与截面的高度相同，因而具有很好的截面特性。用三块板焊接而成的工字形及十字形截面组合灵活，容易使截面分布合理，制造并不复杂。管形截面从受力性能来看，符合各向等稳定性和壁薄而宽敞的要求，用料最省。这类构件为封闭式，内部不易生锈，但与其他构件的连接和构造较麻烦。

2. 截面设计

当实腹式轴心受压构件所用钢材、截面形式、轴心压力设计值 N 以及两主轴方向的计算长度 l_{0x}、l_{0y}都已确定时，可先按整体稳定要求初选构件截面尺寸，然后验算是否满足容许长细比、整体稳定和局部稳定要求。如有孔洞削弱，还应验算强度。如不满足，则调整截面尺寸，再进行验算，直到满足为止。具体步骤如下：

（1）假定构件的长细比 λ，求出需要的截面积 A。一般假定 $\lambda=50\sim100$，当压力大而计算长度小时取较小值，反之取较大值。根据 λ、截面分类和钢种可查得稳定系数 φ，则需要的截面面积为：

$$A=\frac{N}{\varphi f} \tag{4-26}$$

（2）求两个主轴所需要的回转半径：

$$i_x=\frac{l_{0x}}{\lambda},\ i_y=\frac{l_{0y}}{\lambda} \tag{4-27}$$

（3）若采用型钢截面，则可根据 A、i_x、i_y 查型钢规格表，初步选择相应的截面规格。

（4）若采用钢板焊接组合截面，则需根据回转半径与截面高度 h，宽度 b 之间的近似关系，求出所需截面的轮廓尺寸，即：

$$h=\frac{i_x}{a_1},\ b=\frac{i_y}{a_2} \tag{4-28}$$

a_1、a_2为系数，常用截面可由表 4-3 查得。例如由三块钢板组成的工字形截面，$a_1=0.43$，$a_2=0.24$。

各种截面回转半径的近似值 **表 4-3**

截面							
$i_x=a_1h$	0.43h	0.38h	0.38h	0.40h	0.30h	0.28h	0.32h
$i_y=a_2b$	0.24b	0.44b	0.60b	0.40b	0.215b	0.24b	0.20b

（5）由所需的 A、h、b 等，再考虑构造要求、局部稳定以及钢材规格等，确定截面的初选尺寸。

（6）构件强度、稳定和刚度验算。

如验算结果不完全满足要求，应将截面再作适当修改，重复上述验算，直到满足要求并认为满意为止。

3. 构造要求

当实腹柱的腹板高厚比 $h_0/t_w>80\sqrt{235/f_y}$时，为防止腹板在施工和运输过程中发生变形，提高柱的抗扭刚度，应设置横向加劲肋。横向加劲肋的间距不得大于 $3h_0$，其截面尺寸要求为双侧加劲肋的外伸宽度 $b_s \geqslant (h_0/30+40)$mm，厚度 $t_s \geqslant b_s/15$。

轴心受压实腹柱的纵向焊缝，即翼缘与腹板的连接焊缝受力很小，不必验算，可按构造要求确定焊缝尺寸。

【例 4-3】 一轴心受压柱 AB 如图 4-21 所示，其设计压力为 $N=1600$kN（设计值），柱两端铰接，钢材为 Q235，截面无空洞削弱。试设计此柱的截面：①用热轧 H 型钢；②用焊接工字形截面，翼缘板为焰切边。

【解】

柱在两个方向的计算长度分别为：

$$l_{0x}=6\text{m},\ l_{0y}=3\text{m}$$

（1）热轧 H 型钢

假设 $\lambda=60$，b 类截面，查得：$\varphi=0.807$。

$$A=\frac{N}{\varphi f}=\frac{1600\times10^3}{0.807\times215}=92.2\text{cm}^2$$

$$i_x=\frac{l_{0x}}{\lambda}=\frac{600}{60}=10\text{cm}$$

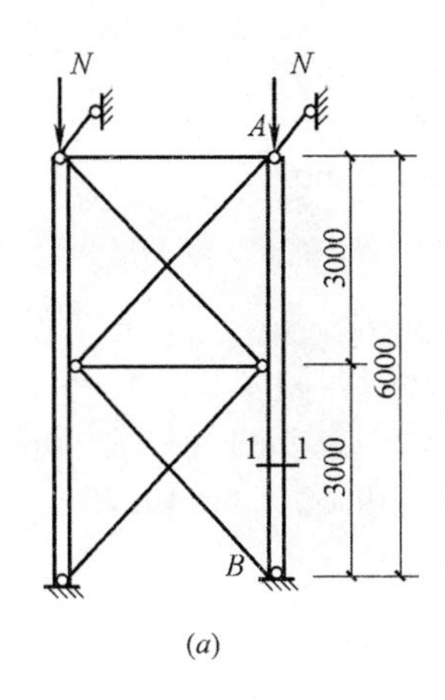

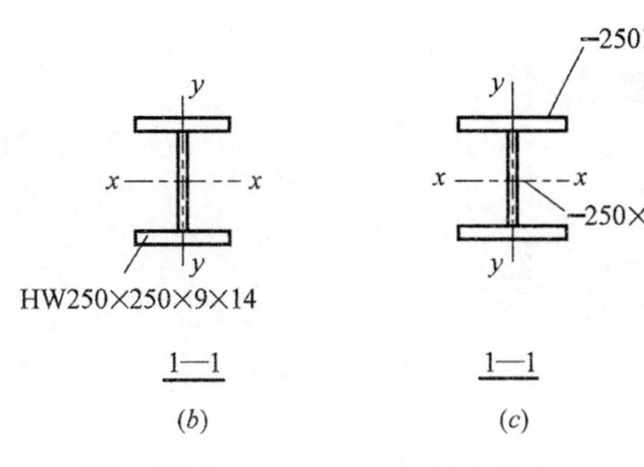

图 4-21　例 4-3 图

$$i_y=\frac{l_{0y}}{\lambda}=\frac{300}{60}=5\text{cm}$$

由型钢表选用 HW250×250×9×14，$A=92.18\text{cm}^2$，$i_x=10.8\text{cm}$，$i_y=6.29\text{cm}$。

截面验算：

因截面无空洞削弱，可不验算强度。热轧型钢可不验算局部稳定，只需进行整体稳定和刚度验算。

$$\lambda_x=\frac{l_{0x}}{i_x}=\frac{600}{10.8}=55.6<[\lambda]=150$$

$$\lambda_y=\frac{l_{0y}}{i_y}=\frac{300}{6.29}=47.7<[\lambda]=150$$

b 类截面，由 $\lambda_x=55.6$ 查得：$\varphi=0.83$。

$$\frac{N}{\varphi A}=\frac{1600\times10^3}{0.83\times9218}=209\text{N/mm}^2<f=215\text{N/mm}^2$$

(2) 焊接工字形截面

参照 H 型钢截面，选用截面如图 4-21 (*c*) 所示，翼缘 2-250×14，腹板-250×8。

$$A=2\times25\times1.4+25\times0.8=90\text{cm}^2$$

$$I_x=\frac{1}{12}\times(25\times27.8^3-24.2\times25^3)=13250\text{cm}^4$$

$$I_y=2\times\frac{1}{12}\times1.4\times25^3=3645.8\text{cm}^4$$

$$i_x=\sqrt{\frac{13250}{90}}=12.13\text{cm}$$

$$i_y=\sqrt{\frac{3645.8}{90}}=6.37\text{cm}$$

整体稳定和刚度验算：

$$\lambda_x=\frac{l_{0x}}{i_x}=\frac{600}{12.13}=49.5<[\lambda]=150$$

$$\lambda_y=\frac{l_{0y}}{i_y}=\frac{300}{6.37}=47.1<[\lambda]=150$$

b 类截面，由 $\lambda_x=49.5$ 查得：$\varphi=0.859$。

$$\frac{N}{\varphi A}=\frac{1600\times10^3}{0.859\times9000}=207\text{N/mm}^2<f=215\text{N/mm}^2$$

局部稳定验算：

翼缘：$\frac{b_1}{t}=\frac{125-4}{14}=8.6<(10+0.1\lambda)\sqrt{\frac{235}{f_y}}=(10+0.1\times49.5)\times1=14.95$

腹板：$\frac{h_0}{t_w}=\frac{250}{8}=31.25<(25+0.5\lambda)\sqrt{\frac{235}{f_y}}=(25+0.5\times49.5)\times1=49.75$

截面无孔眼削弱，不必验算强度。

4.2.4 钢轴心受压格构柱设计

当轴心受压构件较长时，为了节约钢材，宜采用格构式构件。格构式轴心压杆一般用两根槽钢、热轧工字钢或焊接工字钢作为肢件，通过缀件，即缀条或缀板连成整体，缀条一般用单根角钢做成，而缀板通常用钢板做成。格构柱调整两肢间的距离很方便，易于实现对两个主轴的等稳定性。槽钢肢件的翼缘可以向内（图 4-22*a*），也可以向外（图 4-22*b*），前者用得较普遍，因为在轮廓尺寸 b 相同的情况下，可以得到较大的惯性矩，且外观平整，便于和其他构件相连接。对于受力较大的柱子，肢件常用焊接组合工字形截面。受力较小、长度较大的轴心受压构件也可以采用四个角钢组成的截面，四角均用缀件连接，可以用较小的截面面积获得较大的刚度，但制造费用较高。

在柱的横截面上穿过肢件腹板的轴叫实轴（图 4-22 中的 y 轴），穿过两肢之间缀材面的轴称为虚轴（图 4-22 中的 x 轴）。

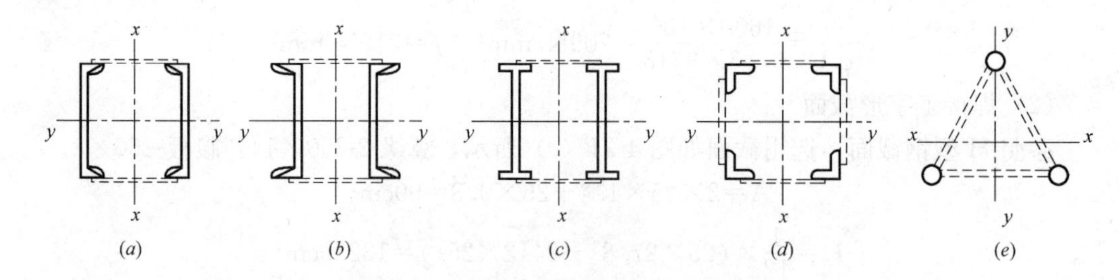

图 4-22 格构式轴心受压构件截面形式

格构柱绕实轴的稳定计算与实腹式构件相同，但绕虚轴的整体稳定临界力比长细比相同的实腹式构件低。轴心受压构件整体弯曲后，沿杆长各截面上会存在弯矩和剪力。对实腹式构件，剪力引起的附加变形很小，一般都可忽略不计。格构式柱绕虚轴失稳时，情况有所不同，因为肢件之间并不是连续的板而是每隔一定距离用缀件联系起来。柱的剪切变形较大，剪力造成的附加挠曲影响不能忽略。

1. 格构柱绕虚轴的换算长细比

在格构式柱的设计中，对虚轴失稳的计算，常以加大长细比的方法来考虑剪切变形的影响，加大后的长细比称为换算长细比。根据弹性稳定理论，当考虑剪力的影响后，格构柱绕虚轴的临界力可表达为：

$$N_{cr}=\frac{\pi^2 EA}{\lambda_x^2}\cdot\frac{1}{1+\frac{\pi^2 EA}{\lambda_x^2}\cdot\gamma}=\frac{\pi^2 EA}{\lambda_{0x}^2} \tag{4-29}$$

式中　λ_{0x}——格构式受压构件对截面虚轴 x 的换算长细比：

$$\lambda_{0x}=\sqrt{\lambda_x^2+\pi^2 EA\gamma} \tag{4-30}$$

《钢结构设计规范》对缀条柱和缀板柱采用不同的换算长细比计算公式。

（1）双肢缀条柱

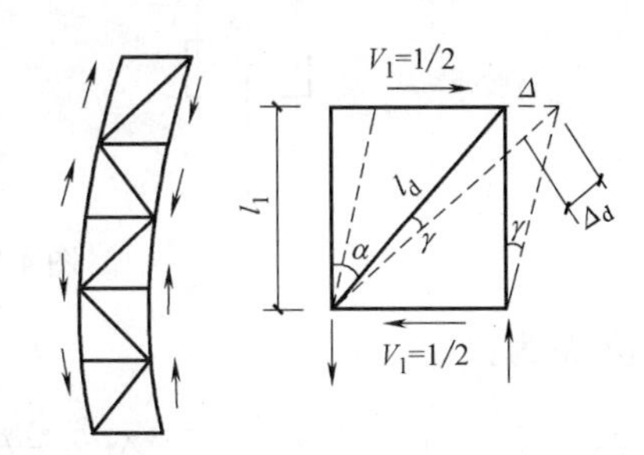

图 4-23　缀条柱的剪切变形

如图 4-23 所示，假设缀条与柱肢的连接为铰接，并忽略横缀条的变形，则由单位剪力 $V=1$ 所引起的剪切角 γ 为：

$$\gamma=\frac{\Delta}{l_1}=\frac{(\Delta_d/\sin\alpha)}{l_1}=\frac{\Delta_d}{l_1\sin\alpha} \tag{a}$$

在 $V=1$ 作用下，两个缀条面上斜缀条所受的拉力之和为 $N_d=1/\sin\alpha$，斜缀条长 $l_d=l_1/\cos\alpha$。设两根斜缀条毛截面面积之和为 A_1，则伸长量 Δ_d 可由虎克定律求得：

$$\Delta_d=\frac{N_d l_d}{EA_1}=\frac{l_1}{EA_1\sin\alpha\cos\alpha} \tag{b}$$

将式（b）代入式（a）：

$$\gamma=\frac{l_1}{EA_1\sin^2\alpha\cos\alpha} \tag{c}$$

将式（c）代入式（4-30），可得：

$$\lambda_{0x}=\sqrt{\lambda_x^2+\frac{\pi^2}{\sin^2\alpha\cos\alpha}\cdot\frac{A}{A_1}} \tag{4-31}$$

一般斜缀条与柱轴线间的夹角在 40°～70°范围内，在此常用范围，$\pi^2/(\sin^2\alpha\cos\alpha)$ 的值变化不大，我国规范加以简化取为常数 27，由此得双肢缀条柱的换算长细比为：

$$\lambda_{0x}=\sqrt{\lambda_x^2+27\cdot\frac{A}{A_1}} \tag{4-32}$$

式中　λ_x——整个柱对虚轴的长细比；

A——肢件横截面总面积；

A_1——各斜缀条横截面的毛面积之和。

需要注意的是，当斜缀条与柱轴线间的夹角不在 40°～70°范围内，尤其是小于 40°时，$\pi^2/(\sin^2\alpha\cos\alpha)$ 值将比 27 大很多，式（4-32）是偏于不安全的，此时应按（4-31）计算换算长细比 λ_{0x}。

（2）双肢缀板柱

双肢缀板柱中缀板与肢件的连接可视为刚接，因而分肢和缀板组成一个多层框架，假定变形时反弯点在各节间的中点（图 4-24a）。若只考虑分肢和缀板在横向剪力作用下的弯曲变形，取分离体如图 4-24（b）所示，可得单位剪力作用下缀板弯曲变形引起的分肢

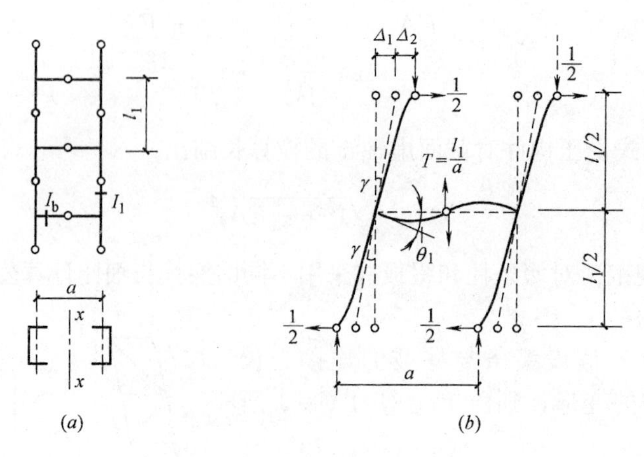

图 4-24 缀板柱的剪切变形

变位 Δ_1 为：

$$\Delta_1=\frac{l_1}{2}\theta_1=\frac{l_1}{2}\cdot\frac{\alpha l_1}{12EI_b}=\frac{\alpha l_1^2}{24EI_b}$$

分肢本身弯曲变形时的变位 Δ_2 为：

$$\Delta_2=\frac{l_1^3}{48EI_1}$$

由此得剪切角 γ：

$$\gamma=\frac{\Delta_1+\Delta_2}{0.5l_1}=\frac{\alpha l_1}{12EI_b}+\frac{l_1^2}{24EI_1}=\frac{l_1^2}{24EI_1}\left(1+2\frac{I_1/l_1}{I_b/a}\right)$$

将此 γ 值代入式（4-30），并令 $K_1=I_1/l_1$，$K_b=I_b/a$，得换算长细比为：

$$\lambda_{0x}=\sqrt{\lambda_x^2+\frac{\pi^2 A l_1^2}{24I_1}\left(1+2\frac{K_1}{K_b}\right)}$$

假设分肢截面面积 $A_1=0.5A$，$A_1 l_1^2/I_1=\lambda_1^2$，则：

$$\lambda_{0x}=\sqrt{\lambda_x^2+\frac{\pi^2}{12}\left(1+2\frac{K_1}{K_b}\right)\lambda_1^2} \tag{4-33}$$

式中 $\lambda_1=l_{01}/i_1$——分肢的长细比，i_1 为分肢弱轴的回转半径，l_{01} 为缀板间的净距离；

$K_1=i_1/l_1$——一个分肢的线刚度，l_1 为缀板中心距，I_1 为分肢绕弱轴的惯性矩；

$K_b=I_b/a$——两侧缀板线刚度之和，I_b 为两侧缀板惯性矩，a 为轴线间距离。

《钢结构设计规范》规定，缀板线刚度之和 K_b 应大于 6 倍的分肢线刚度，即 $K_b/K_1\geqslant 6$。若取 $K_b/K_1=6$，则式（4-33）中的 $\frac{\pi^2}{12}\left(1+2\frac{K_1}{K_b}\right)\approx 1$。因此规范规定双肢缀板柱的换算长细比采用：

$$\lambda_{0x}=\sqrt{\lambda_x^2+\lambda_1^2} \tag{4-34}$$

（3）三肢缀条柱（图 4-25a）

$$\lambda_{0x}=\sqrt{\lambda_x^2+\frac{42A}{A_1(1.5-\cos^2\theta)}} \tag{4-35}$$

$$\lambda_{0y}=\sqrt{\lambda_y^2+\frac{42A}{A_1\cos^2\theta}} \tag{4-36}$$

式中　A_1——构件截面中各斜缀条毛截面面积之和；

θ——构件截面内缀条所在平面与 x 轴的夹角。

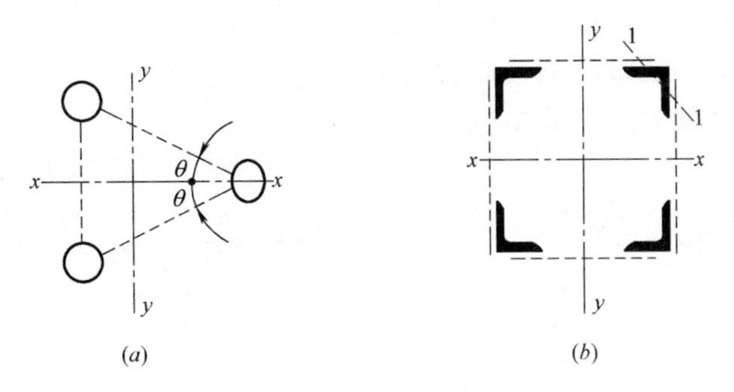

图 4-25　三肢和四肢格构式截面

（4）四肢缀条柱（图 4-25b）

$$\lambda_{0x}=\sqrt{\lambda_x^2+\frac{40A}{A_{1x}}} \tag{4-37}$$

$$\lambda_{0y}=\sqrt{\lambda_y^2+\frac{40A}{A_{1y}}} \tag{4-38}$$

式中　A_{1x}、A_{1y}——构件截面中垂直于 x 或 y 轴的斜缀条毛截面面积之和。

（5）四肢缀板柱（图 4-22d）

$$\lambda_{0x}=\sqrt{\lambda_x^2+\lambda_1^2} \tag{4-39}$$

$$\lambda_{0y}=\sqrt{\lambda_y^2+\lambda_1^2} \tag{4-40}$$

2. 格构柱分肢的稳定性

格构式轴心受压构件的分肢既是组成整体截面的一部分，在缀件节点之间又是一个单独的实腹式受压构件。所以除了计算格构柱整体的稳定、强度和刚度外，还应计算各分肢的稳定、刚度和强度。分肢稳定的计算原则是保证各分肢不先于构件整体丧失稳定，即应满足 $\lambda_1<\lambda_{max}$。

计算分肢的稳定和强度时需考虑格构柱中必然存在的初始缺陷（初弯曲、初偏心、残余应力等），因而整个构件除受轴心压力外还受弯矩作用，从而使各个分肢所受轴力并不相等，而且在缀板式格构柱中分肢还兼受弯矩作用，这些因素都将降低分肢的稳定性。故综合分析后规定，分肢强度和稳定性可以满足而不必另行计算的条件为：

缀条式构件：
$$\lambda_1<0.7\lambda_{max} \tag{4-41}$$

缀板式构件：
$$\lambda_1<0.5\lambda_{max}\text{且}\lambda_1\leqslant 40 \tag{4-42}$$

式中　λ_{max}——格构式构件两方向长细比的较大值。

格构式轴心受压构件的分肢承受压力，因而有板件的局部稳定问题。分肢常采用轧制型钢，一般都能满足局部稳定要求。当分肢采用焊接工字形截面时，应按实腹式轴心受压构件验算局部稳定。

3. 缀材设计

（1）轴心受压格构柱的横向剪力

缀材的主要作用是将各肢件连成整体并承受构件绕虚轴弯曲失稳时产生的横向剪力。

因此，需要首先计算出横向剪力的数值，然后才能进行缀材的设计。

图 4-26（a）所示一两端铰支轴心受压柱，绕虚轴弯曲时，假定最终的挠曲线为正弦曲线，跨中最大挠度为 v_0，则沿杆长任一点的挠度为：

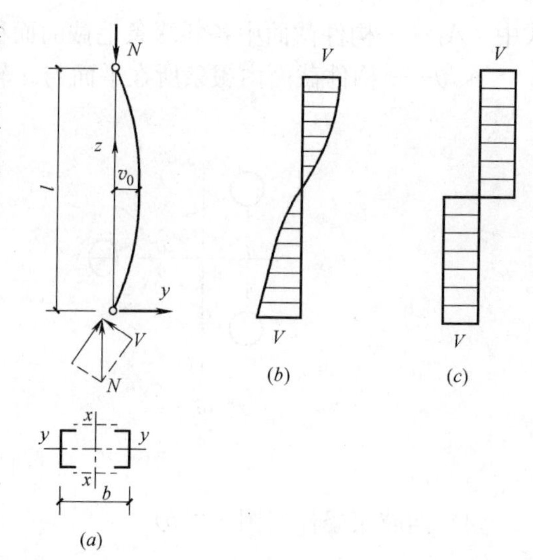

图 4-26　剪力计算简图

$$y=v_0\sin\frac{\pi z}{l}$$

任一点的弯矩为：

$$M=Ny=Nv_0\sin\frac{\pi z}{l}$$

任一点的剪力为：

$$V=\frac{\mathrm{d}M}{\mathrm{d}z}=N\frac{\pi v_0}{l}\cos\frac{\pi z}{l}$$

即剪力按余弦曲线分布（图 4-27b），最大值在杆件的两端，为：

$$V_{\max}=\frac{N\pi}{l}\cdot v_0 \tag{4-43}$$

跨度中点的挠度 v_0 可由边缘纤维屈服准则导出。当截面边缘最大应力达屈服强度时，有：

$$\frac{N}{A}+\frac{Nv_0}{I_x}\cdot\frac{b}{2}=f_y$$

即：

$$\frac{N}{Af_y}\left(1+\frac{v_0}{i_x^2}\cdot\frac{b}{2}\right)=1$$

上式中令$\frac{N}{Af_y}=\varphi$，并取 $b\approx i_x/0.44$（见表 4-3），得：

$$v_0=0.88i_x(1-\varphi)\frac{1}{\varphi} \tag{4-44}$$

将式（4-44）中的 v_0值代入式（4-43）中，得：

$$V_{\max}=\frac{0.88\pi(1-\varphi)}{\lambda_x}\cdot\frac{N}{\varphi}=\frac{1}{k}\cdot\frac{N}{\varphi}$$

式中　$k=\frac{\lambda_x}{0.88\pi(1-\varphi)}$。

经过对双肢格构柱的计算分析，在常用长细比范围内，k 值与长细比 λ_x 的关系不大，可取为常数，对 Q235 钢构件，取 $k=85$；对 Q345 钢、Q390 钢和 Q420 钢构件，取 $k\approx 85\sqrt{235/f_y}$，并令 $N=\varphi Af$，可得轴心受压格构柱平行于缀材面的剪力为：

$$V=V_{\max}=\frac{N}{85\varphi}\sqrt{\frac{f_y}{235}} \tag{4-45}$$

式中　φ——按虚轴换算长细比确定的整体稳定系数。

为了设计方便，此剪力 V 可认为沿构件全长不变，相当于简化为图 4-26（c）中的分布图形。

(2) 缀条的设计

缀条的布置一般采用单系缀条(图 4-27a),也可采用交叉缀条(图 4-27b)。缀条可视为以柱肢为弦杆的平行弦桁架的腹杆,内力与桁架腹杆的计算方法相同。在横向剪力作用下,一个斜缀条的轴心力为:

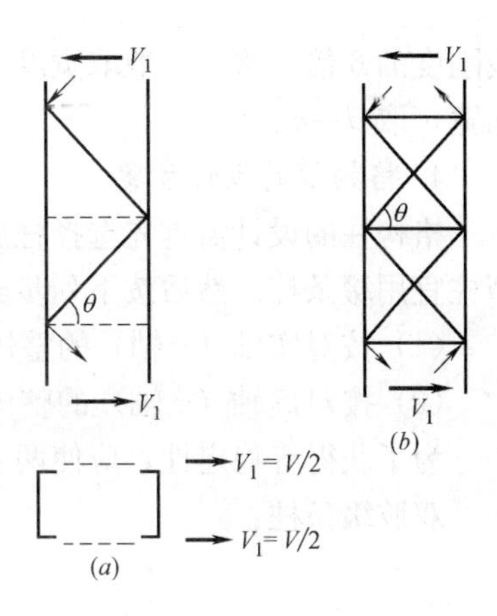

图 4-27 缀条的内力

$$N_1 = \frac{V_1}{n\cos\theta} \tag{4-46}$$

式中 V_1——分配到一个缀材面上的剪力;

n——承受剪力 V_1 的斜缀条数,单系缀条时,$n=1$;交叉缀条时,$n=2$;

θ——缀条的倾角。

由于剪力的方向不定,斜缀条可能受拉也可能受压,应按轴心压杆选择截面。

缀条一般采用单角钢,与柱单面连接,考虑到受力时的偏心和受压时的弯扭,当按轴心受力构件设计时,应将钢材强度设计值乘以下列折减系数 η:

① 按轴心受力计算构件的强度和连接时,$\eta=0.85$。

② 按轴心受压计算构件的稳定性时:

等边角钢:$\eta=0.6+0.0015\lambda$,但不大于 1.0;

短边相连的不等边角钢:$\eta=0.5+0.0025\lambda$,但不大于 1.0;

长边相连的不等边角钢:$\eta=0.70$。

λ 为缀条的长细比,对中间无联系的单角钢压杆,按最小回转半径计算,当 $\lambda<20$ 时,取 $\lambda=20$。交叉缀条体系的横缀条按受力 $N=V_1$ 计算。为了减少分肢的计算长度,单系缀条也可加横缀条,其截面尺寸一般与斜缀条相同,也可按容许长细比($[\lambda]=150$)确定。

(3) 缀板的设计

缀板柱可视为一多层框架,肢件为框架柱,缀板为横梁。当它整体挠曲时,假定各层分肢中点和缀板中点为反弯点(图 4-28a),从中取出如图 4-28(a)所示脱离体,可得缀板内力为:

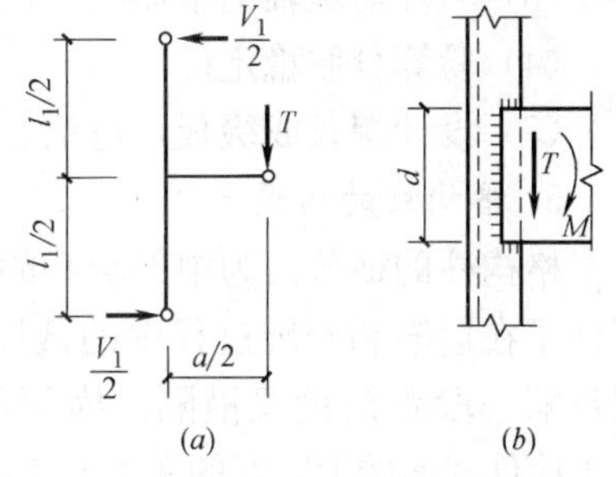

图 4-28 缀板计算简图

剪力 $$T = \frac{V_1 l_1}{a} \tag{4-47}$$

弯矩(与肢件连接处) $$M = T\cdot\frac{a}{2} = \frac{V_1 l_1}{2} \tag{4-48}$$

式中 l_1——缀板中心线间的距离;

a——肢件轴线间的距离。

缀板与肢件间用角焊缝连接,角焊缝承受剪力和弯矩的共同作用。由于角焊缝的强度设计值小于钢材的强度设计值,故只需用上述 M 和 T 验算缀板与肢件间的连接焊缝。

缀板应有一定的刚度,规范规定,同一截面处两侧缀板线刚度之和不得小于一个分肢线刚度的6倍。缀板一般取宽度 $d \geqslant 2a/3$，厚度 $t \geqslant a/40$，且不小于6mm。端缀板宜适当加宽，取 $d=a$。

4. 格构柱的设计步骤

格构柱的设计需首先选择柱肢截面和缀材的形式，中小型柱可用缀板柱或缀材柱，大型柱宜用缀条柱。然后按下列步骤进行设计：

（1）按对实轴（y 轴）的整体稳定选择柱的截面，方法与实腹柱的计算相同。

（2）按对虚轴（x 轴）的整体稳定确定两分肢的距离。

为了获得等稳定性，应使两主轴方向的长细比相等，即使 $\lambda_{0x}=\lambda_y$。

双肢缀条柱：

$$\lambda_{0x}=\sqrt{\lambda_x^2+27 \cdot \frac{A}{A_1}}=\lambda_y$$

即

$$\lambda_x=\sqrt{\lambda_y^2-27\frac{A}{A_1}} \tag{4-49}$$

双肢缀板柱：

$$\lambda_{0x}=\sqrt{\lambda_x^2+\lambda_1^2}=\lambda_y$$

即

$$\lambda_x=\sqrt{\lambda_y^2-\lambda_1^2} \tag{4-50}$$

对缀条柱应预先确定斜缀条的截面 A_1，对缀板柱应先假定分肢长细比 λ_1。按式（4-49）或式（4-50）计算得出 λ_x后，即可得到对虚轴的回转半径：

$$i_x=l_{0x}/\lambda_x$$

根据表4-3，可得柱在缀材方向的宽度 $b=i_x/\alpha_1$。

（3）验算对虚轴的整体稳定性，不合适时应修改柱宽 b 再进行验算。

（4）验算分肢稳定。

（5）设计缀条或缀板，包括它们与分肢的连接。

5. 格构柱的横隔

格构柱的横截面为中部空心的矩形，抗扭刚度较差。为了提高格构柱的抗扭刚度，保证柱子在运输和安装过程中的截面形状不变，应每隔一段距离设置横隔。横隔的间距不得大于构件截面较大宽度的9倍或8m。格构式构件的横隔可用钢板或交叉角钢做成（图4-29）。

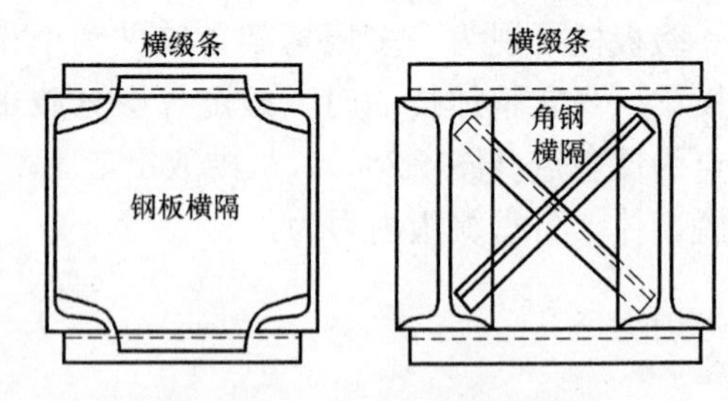

图4-29 格构式构件的横隔

【例4-4】 试设计一双肢缀条柱截面，分肢采用槽钢，肢尖向内。柱高6m，两端铰接，承受轴心压力设计值1000kN，钢材为Q235，截面无削弱。

【解】

（1）如图4-30所示，试选分肢截面（对实轴计算）

柱的计算长度为：

$$l_{0x}=l_{0y}=6\text{m}$$

假设 $\lambda_y=70$，b类截面，查得 $\varphi_y=0.751$。

需要的截面面积为：

$$A=\frac{N}{\varphi_y f}=\frac{1000\times10^3}{0.751\times215}=61.9\text{cm}^2$$

选用 2［22a：$A=2\times31.84=63.6\text{cm}^2$，$i_y=8.67\text{cm}$，$I_1=157.8\text{cm}^4$，$z_0=2.1\text{cm}$。

验算整体稳定性：

$$\lambda_y=\frac{l_{0y}}{i_y}=\frac{600}{8.67}=69.2<[\lambda]=150$$

查得：$\varphi_y=0.756$。

$$\frac{N}{\varphi_y A}=\frac{1000\times10^3}{0.756\times63.6\times10^2}=208\text{N/mm}^2<f=215\text{N/mm}^2$$

（2）确定两肢间距（对虚轴计算）

初选缀条截面∟45×4，$A_1=2\times3.49=6.98\text{cm}^2$，$i_1=0.89\text{cm}$。

根据等稳定性：

$$\lambda_{0x}=\sqrt{\lambda_x^2+27\frac{A}{A_1}}=\lambda_y$$

$$\lambda_x=\sqrt{\lambda_y^2-27\frac{A}{A_1}}=\sqrt{69.2^2-27\times\frac{63.6}{6.98}}=67.4$$

$$i_x=\frac{l_{0x}}{\lambda_x}=\frac{600}{67.4}=8.9\text{cm}$$

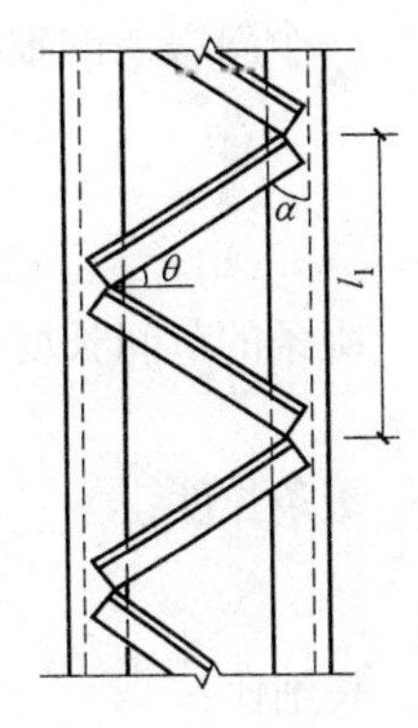

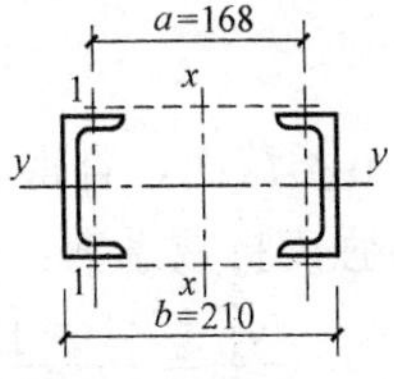

图 4-30　例 4-4 图

截面绕虚轴的回转半径近似为：

$$i_x\approx0.44b$$

$b\approx\frac{i_x}{0.44}=\frac{8.9}{0.44}=20.23\text{cm}$，取 $b=210\text{mm}$。

整个截面对虚轴的惯性矩：

$$I_x=2\times\left[157.8+31.8\times\left(\frac{21-2.1\times2}{2}\right)^2\right]=4803.2\text{cm}^4$$

$$i_x=\sqrt{\frac{4803.2}{63.6}}=8.69\text{cm}$$

$$\lambda_x=\frac{600}{8.69}=69$$

$$\lambda_{0x}=\sqrt{\lambda_x^2+27\frac{A}{A_1}}=\sqrt{69^2+27\times\frac{63.6}{6.98}}=70.8<[\lambda]=150$$

b 类截面，查得 $\varphi_x=0.746$。

$$\frac{N}{\varphi_x A}=\frac{1000\times10^3}{0.746\times63.6\times10^2}=210.7\text{N/mm}^2<f=215\text{N/mm}^2$$

（3）缀条验算

如图 4-30 所示，取 $\theta=45°$。

缀条所受的剪力为：

$$V=\frac{Af}{85}\sqrt{\frac{f_y}{235}}=\frac{63.6\times10^2\times215}{85}\times1=16087\text{N}$$

一个斜缀条的轴心力为：

$$N_1=\frac{V/2}{\cos\theta}=\frac{16087/2}{\cos45^\circ}=11375.2\text{N}$$

$$a=b-2z_0=210-2\times21=168\text{mm}$$

缀条的节间长度：

$$l_1=2\times a\times\tan45^\circ=2\times168\times\tan45^\circ=336\text{mm}$$

缀条长度：

$$l_0=\frac{a}{\cos45^\circ}=\frac{168}{\cos45^\circ}=238\text{mm}$$

长细比：

$$\lambda=\frac{l_0}{i_1}=\frac{238}{8.9}=24<[\lambda]=150$$

b 类截面，查得 $\varphi_x=0.957$。

强度折减系数：$\eta=0.6+0.0015\lambda=0.6+0.0015\times24=0.636$

$$\frac{N_1}{\varphi_x A}=\frac{11375.2}{0.957\times3.49\times10^2}=34.1\text{N/mm}^2<\eta f=0.636\times215=136.7\text{N/mm}^2$$

缀条与柱肢之间的连接角焊缝计算：

取焊脚尺寸 $h_f=4$mm，焊缝计算长度为：

肢背：$$l_{w1}\geqslant\frac{\alpha_1 N_1}{2\times0.7h_f\eta f_f^w}=\frac{\frac{2}{3}\times11375.2}{2\times0.7\times4\times0.85\times160}=20\text{mm}$$

肢尖：$$l_{w1}\geqslant\frac{\alpha_2 N_1}{2\times0.7h_f\eta f_f^w}=\frac{\frac{1}{3}\times11375.2}{2\times0.7\times4\times0.85\times160}=10\text{mm}$$

考虑角焊缝长度的构造要求，实际焊缝长度都取为 50mm。

(4) 单肢稳定验算

柱单肢在平面内（绕 1 轴）的长细比：

$$i_{x1}=2.23\text{cm}$$

$$\lambda_1=\frac{l_1}{i_1}=\frac{336}{22.3}=15.1<0.7\lambda_{max}=0.7\times70.8=49.6$$

单肢的稳定能满足。

【例 4-5】 试设计一双肢缀板柱截面，设计资料同例 4-4。

【解】

(1) 如图 4-31 所示，按实轴的整体稳定选择柱截面

计算同上例缀条柱，仍选 2［22a。

(2) 确定分肢间距

假定 $\lambda_1=35$（约等于 $0.5\lambda_y$）。

$$\lambda_x=\sqrt{\lambda_y^2-\lambda_1^2}=\sqrt{69.2^2-35^2}=59.7$$

$$i_x=\frac{l_{0x}}{\lambda_x}=\frac{600}{59.7}=10.05\text{cm}$$

截面绕虚轴的回转半径近似为：

$$i_x\approx0.44b$$

$b \approx \frac{i_x}{0.44} = \frac{10.05}{0.44} = 22.8\text{cm}$，取 $b=230\text{mm}$。

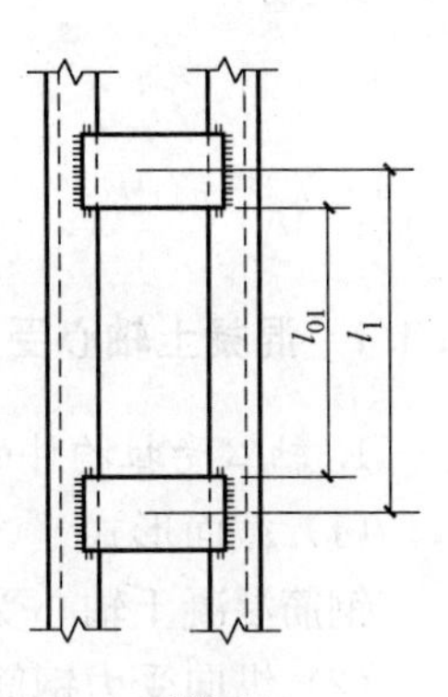

整个截面对虚轴的惯性矩：

$$I_x = 2 \times \left[157.8 + 31.8 \times \left(\frac{23-2.1\times 2}{2}\right)^2\right] = 5935.3\text{cm}^4$$

$$i_x = \sqrt{\frac{5935.3}{63.6}} = 9.66\text{cm}$$

$$\lambda_x = \frac{600}{9.66} = 62.1$$

$$\lambda_{0x} = \sqrt{\lambda_x^2 + \lambda_1^2} = \sqrt{62.1^2 + 35^2} = 71.3 < [\lambda] = 150$$

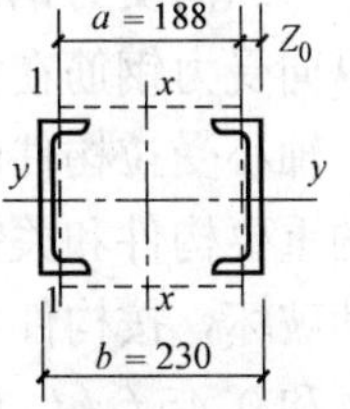

图 4-31　例 4-5 图

b 类截面，查得 $\varphi_x = 0.743$。

$$\frac{N}{\varphi_x A} = \frac{1000 \times 10^3}{0.743 \times 63.6 \times 10^2} = 211.6\text{N/mm}^2 < f = 215\text{N/mm}^2$$

（3）缀板设计

$$l_{01} = \lambda_1 i_1 = 35 \times 2.23 = 78.1\text{cm}$$

选用—180×8，$l_1 = 78.1 + 18 = 96.1\text{cm}$，取 $l_1 = 96\text{cm}$。

分肢线刚度：

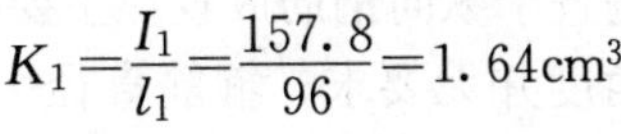

$$K_1 = \frac{I_1}{l_1} = \frac{157.8}{96} = 1.64\text{cm}^3$$

两侧缀板线刚度之和：

$$K_b = \frac{\sum I_b}{a} = \frac{1}{18.8} \times 2 \times \frac{1}{12} \times 0.8 \times 18^3 = 41.36\text{cm}^3 > 6K_1 9.84\text{cm}^3$$

横向剪力为：

$$V = \frac{Af}{85}\sqrt{\frac{f_y}{235}} = \frac{63.6 \times 10^2 \times 215}{85} \times 1 = 16087\text{N}$$

$$V_1 = \frac{V}{2} = 8043.5\text{N}$$

缀板与分肢连接处的内力为：

$$T = \frac{V_1 l_1}{a} = \frac{8043.5 \times 960}{188} = 41073.2\text{N}$$

$$M = T \cdot \frac{a}{2} = \frac{V_1 l_1}{2} = \frac{8043.5 \times 960}{2} = 3.86\text{kN} \cdot \text{m}$$

取角焊缝的焊脚尺寸 $h_f = 6\text{mm}$，绕角焊，焊缝计算长度 $l_w = 180\text{mm}$。

剪力 T 产生的剪应力（顺焊缝长度方向）：

$$\tau_f = \frac{41073.2}{0.7 \times 6 \times 180} = 54.3\text{N/mm}^2$$

弯矩 M 产生的应力（垂直焊缝长度方向）：

$$\sigma_f = \frac{6 \times 3.86 \times 10^6}{0.7 \times 6 \times 180^2} = 170.2\text{N/mm}^2$$

$$\sqrt{\left(\frac{\sigma_f}{\beta_f}\right)^2 + \tau_f^2} = \sqrt{\left(\frac{170.2}{1.22}\right)^2 + 54.3^2} = 150\text{N/mm}^2 < f_f^w = 160\text{N/mm}^2$$

4.3 混凝土轴心受力构件

4.3.1 混凝土轴心受力构件构造要求

1. 轴心受拉构件的构造要求

(1) 截面形式

钢筋混凝土轴心受拉构件一般宜采用正方形、矩形或其他对称截面。

(2) 纵向受力钢筋

纵向受力钢筋在截面中应对称布置或沿截面周边均匀布置，并宜优先选择直径较小的钢筋；轴心受拉构件的受力钢筋不得采用绑扎搭接；在同一根受力钢筋上宜少设接头。在结构的重要构件和关键传力部位，纵向受力钢筋不宜设置连接接头；为避免配筋过少引起的脆性破坏，按构件截面积 A 计算的轴心受拉构件一侧的受拉钢筋最小配筋率不应小于0.20%和 $0.45f_t/f_y$ 中的较大值，当钢筋沿构件截面周边布置时，一侧纵向钢筋系指沿受力方向两个对边中一边布置的纵向钢筋。

(3) 箍筋

在轴心受拉构件中，箍筋垂直于纵向钢筋放置，主要与纵向钢筋形成骨架，固定纵向钢筋在截面中的位置，从受力角度并无要求；箍筋直径一般不宜小于 6mm。箍筋间距一般不宜大于 400mm。

2. 轴心受压构件的构造要求

(1) 截面形式及尺寸

轴心受压构件的截面多采用方形或矩形，有时也采用圆形或多边形。方形柱的截面尺寸不宜小于 250mm×250mm。为了使受压构件不致因长细比过大而使承载力降低过多，常取 $l_0/b\leqslant30$，$l_0/h\leqslant25$，此处 l_0 为柱的计算长度，b 为矩形截面短边边长，h 为矩形截面长边边长。

(2) 纵向受力钢筋

轴心受压构件的纵向受力钢筋应沿截面的四周均匀布置，如图 4-32 所示。钢筋根数不得少于 4 根，纵向受力钢筋的配筋百分率 ρ 不应小于表 4-4 规定的数值。纵向钢筋直径不宜小于 12mm，通常在 16～32mm 范围内选用，为了减少钢筋在施工时可能产生的纵向弯曲，宜采用较粗的钢筋。从经济、施工以及受力性能等方面来考虑，全部纵筋配筋率不宜超过 5%。纵筋净距不应小于 50mm，且不宜大于 300mm。在水平位置上浇注的预制柱，其纵筋最小净距可减小，但不应小于 30mm 和 $1.5d$（d 为纵筋的最大直径）。纵向受力钢筋彼此间的中距不应大于 350mm。纵筋的连接接头宜设置在受力较小处。钢筋的接头可采用机械连接接头，也可采用焊接接头和搭接接头。但直径大于 32mm 的受压钢筋，不宜采用绑扎的搭接接头。

(3) 箍筋

柱中箍筋应符合下列规定：为防止纵筋压曲，柱中箍筋须做成封闭式；箍筋间距在绑扎骨架中不应大于 $15d$，在焊接骨架中则不应大于 $20d$（d 为纵筋最小直径），且不应大于 400mm，也不大于构件横截面的短边尺寸；箍筋直径不应小于 $d/4$（d 为纵筋最大直径），

纵向受力钢筋的最小配筋百分率 ρ_{min}（%）　表 4-4

受力类型			最小配筋百分率
受压构件	全部纵向钢筋	强度级别 500N/mm²	0.50
		强度级别 400N/mm²	0.55
		强度级别 300N/mm²、335N/mm²	0.60
	一侧纵向钢筋		0.20

注：1. 受压构件全部纵向钢筋最小配筋百分率，当采用 C60 及以上强度等级的混凝土时，应按表中规定增加 0.10；
2. 受压构件的全部纵向钢筋和一侧纵向钢筋的配筋率应按构件的全截面面积计算；
3. 当钢筋沿构件截面周边布置时，"一侧纵向钢筋"系指沿受力方向两个对边中一边布置的纵向钢筋。

且不应小于 6mm。当纵筋配筋率超过 3%时，箍筋直径不应小于 8mm，其间距不应大于 10d（d 为纵筋最小直径），且不应大于 200mm；当截面短边大于 400mm 且各边纵筋多于 3 根时，应设置复合箍筋，见图 4-32。

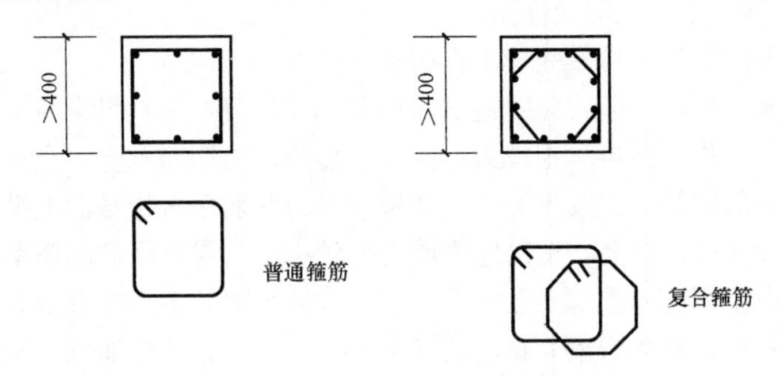

图 4-32　轴心受压构件的配筋形式

在纵筋搭接长度范围内，箍筋的直径不宜小于搭接钢筋直径的 0.25 倍；箍筋间距不应大于 10d（d 为受力钢筋中的最小直径），且不应大于 200mm。当搭接的受压钢筋直径大于 25mm 时，应在搭接接头两个端面外 100mm 范围内各设置两根箍筋。

螺旋箍筋柱的间接钢筋间距不应大于 80mm 及 $d_{cor}/5$（d_{cor} 为构件的核心截面直径），且不小于 40mm；间接钢筋的直径要求与普通箍筋柱相同。

4.3.2　混凝土轴心受拉构件承载力计算

1. 轴心受拉构件的受力分析

如图 4-33 所示对称配筋的钢筋混凝土轴心受拉构件，采用逐级加载的方式对构件进行试验，构件从开始加载到破坏的受力过程可分成三个阶段：

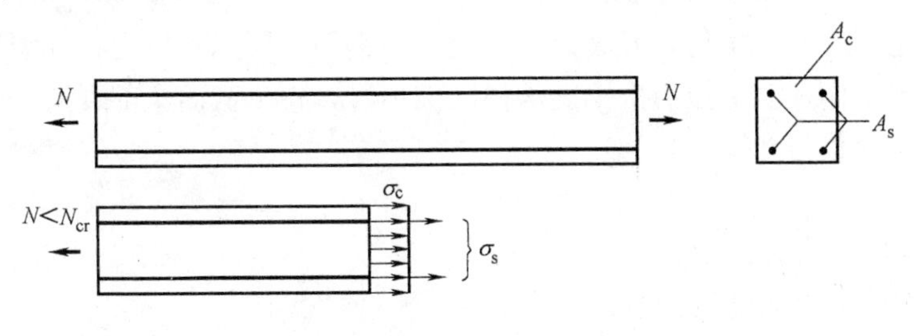

图 4-33　轴心受拉构件的受力

(1) 混凝土开裂前，钢筋和混凝土共同受力阶段

开始加载时，轴向拉力很小，由于钢筋与混凝土协调变形，构件截面上各点的应变值相等，即 $\Delta\varepsilon_s=\Delta\varepsilon_c$。混凝土和钢筋都处在弹性受力状态，应力与应变成正比。随着荷载的增加，混凝土受拉塑性变形开始出现并不断发展，混凝土的应力与应变不成比例，应力增长的速度小于应变增长的速度，钢筋仍然处于弹性受力状态。荷载继续增加，混凝土和钢筋的应力将继续增大，当混凝土的应力 σ_c 达到抗拉强度 f_{tk} 时，构件将开裂，开裂荷载 N_{cr} 为：

$$N_{cr}=(A_c+2\alpha_E A_s)f_{tk} \tag{4-51}$$

式中 N_{cr}——构件的开裂荷载；

A_s——纵向受拉钢筋截面面积；

A_c——混凝土净截面面积；

f_{tk}——混凝土的抗拉强度标准值；

α_E——钢筋与混凝土的弹性模量比，$\alpha_E=E_s/E_c$。

(2) 混凝土开裂后，构件带裂缝工作阶段

继续增加荷载，构件开裂，裂缝截面与构件轴线垂直，并且贯穿整个截面。在裂缝截面处，混凝土退出工作，不再承担拉力，所有外力全部由钢筋承受。在开裂前和开裂后的瞬间，裂缝截面处的钢筋应力发生突变。如果截面的配筋率（指截面上纵向受力钢筋面积与构件截面面积的比值）较高，钢筋应力的突变较小；如果截面的配筋率较低，钢筋应力的突变则较大。由于钢筋的抗拉强度很高，构件开裂一般并不意味着丧失承载力，荷载还可以继续增加。随着荷载的增加，新的裂缝不断产生，原有裂缝加宽。裂缝的间距和宽度与截面的配筋率、纵向受力钢筋的直径与布置等因素有关。一般情况下，当截面配筋率较高、在相同配筋率下钢筋直径较细、根数较多、分布较均匀时，裂缝间距小，裂缝宽度较细；反之则裂缝间距大、宽度较宽。

(3) 钢筋屈服后的破坏阶段

当轴向拉力使裂缝截面处钢筋的应力达到其抗拉强度时，构件进入破坏阶段。当构件采用有明显屈服点钢筋配筋时，构件的变形可有较大的发展，但裂缝宽度将大到不适于继续承载的状态。当采用无明显屈服点钢筋配筋时，构件有可能被拉断。

上述轴心受拉全过程及裂缝截面处钢筋和混凝土的应力变化情况，如图 4-34 所示。假设纵向受力钢筋的截面面积为 A_s，其抗拉强度用 f_y 表示，则构件破坏时所承受的拉力 N_u 为：

$$N_u=f_yA_s \tag{4-52}$$

2. 轴心受拉构件正截面承载力计算

钢筋混凝土轴心受拉构件，开裂以前混凝土与钢筋共同承受拉力；开裂后，开裂截面处的混凝土退出工作，全部拉力由钢筋承担；破坏时，整个截面全部裂通。所以，轴心受拉构件的正截面承载力计算公式为：

$$N\leqslant f_yA_s \tag{4-53}$$

式中 N——轴向拉力设计值；

f_y——钢筋抗拉强度设计值；

A_s——全部纵向受拉钢筋截面积。

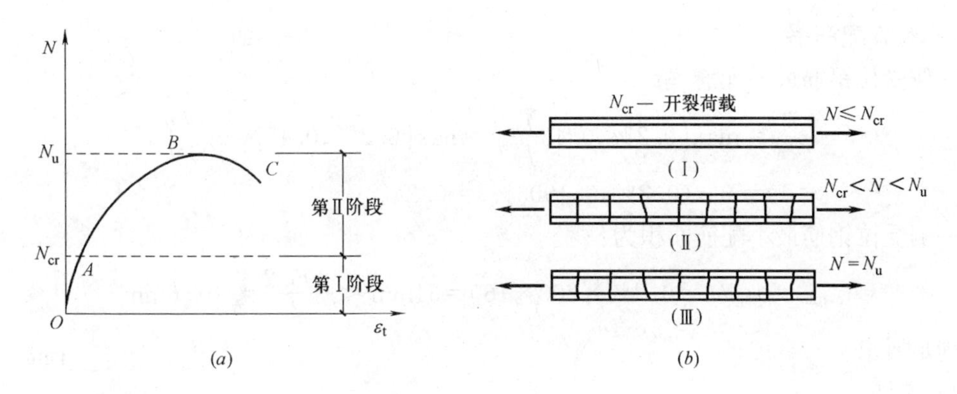

图 4-34　轴心受拉全过程

由式（4-53）可知，轴心受拉构件正截面承载力只与纵向受力钢筋有关，与构件的截面尺寸及混凝土的强度等级无关。钢筋混凝土轴心受拉构件配筋示意如图 4-35 所示。

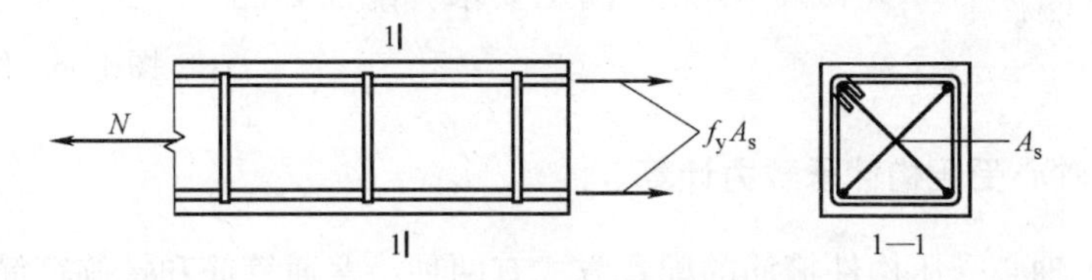

图 4-35　轴心受拉构件配筋示意图

【例 4-6】 某钢筋混凝土屋架下弦，按轴心受拉构件设计，结构重要性系数 $\gamma_0=1.1$，环境类别为一类。截面尺寸取为 $b\times h=200\text{mm}\times 160\text{mm}$，其端节间承受的永久荷载产生的轴向拉力标准值 $N_{gk}=130\text{kN}$，可变荷载产生的轴向拉力标准值 $N_{qk}=45\text{kN}$，可变荷载组合值系数 $\psi_c=0.7$，准永久值系数 $\psi_q=0.5$。混凝土的强度等级为 C25，纵向钢筋为 HRB335 级钢筋。试按正截面承载力要求计算其所需配置的纵向受拉钢筋截面面积。

【解】

(1) 设计资料

C25 混凝土：$f_{tk}=1.78\text{N/mm}^2$，$f_t=1.27\text{N/mm}^2$。

HRB335 级钢筋：$f_y=300\text{N/mm}^2$，$E_s=2.0\times 10^5\text{N/mm}^2$。

环境类别为一类：$c=25\text{mm}$。

(2) 按正截面承载力要求计算纵向受拉钢筋截面面积

1) 计算轴向拉力设计值

可变荷载效应控制组合下，$\gamma_G=1.2$，$\gamma_Q=1.4$，轴向拉力设计值为：

$$\gamma_0 N=\gamma_0(\gamma_G N_{gk}+\gamma_Q N_{qk})=1.1\times(1.2\times 130+1.4\times 45)=240.9\text{kN}$$

永久荷载效应控制组合下，$\gamma_G=1.35$，$\gamma_Q=1.4$，$\psi_c=0.7$，轴向拉力设计值为：

$$\gamma_0 N=\gamma_0(\gamma_G N_{gk}+\gamma_Q \psi_c N_{qk})=1.1\times(1.35\times 130+1.4\times 0.7\times 45)=241.56\text{kN}$$

故轴向拉力设计值取：　　　$\gamma_0 N=241.56\text{kN}$

2) 计算所需纵向受拉钢筋面积 A_s

$$A_s=\frac{\gamma_0 N}{f_y}=241560/300=805.2\text{mm}^2$$

3）验算配筋率

一侧受拉钢筋最小配筋率：

$$\rho_{\min}=\max\left(0.2\%,0.45\frac{f_{\mathrm{t}}}{f_{\mathrm{y}}}\right)=\max\left(0.2\%,0.45\times\frac{1.27}{300}\right)$$
$$=\max(0.2\%,0.1905\%)=0.2\%$$

一侧受拉钢筋最小配筋面积为：

$$A_{\mathrm{s,min}}=\rho_{\min}bh=0.2\%\times200\times160=64\mathrm{mm}^2<\frac{805.2}{2}=402.6\mathrm{mm}^2$$

满足要求。

4）选筋

按 $A_{\mathrm{s}}=805.2\mathrm{mm}^2$ 及构造要求选择钢筋，下弦端节间选用 4 根直径为 16mm 的 HRB335 级钢筋，记作 4Φ16（实配 $A_{\mathrm{s}}=804\mathrm{mm}^2$），$\frac{805.2-804}{804}=0.15\%<5\%$，满足要求。配筋如图 4-36 所示。

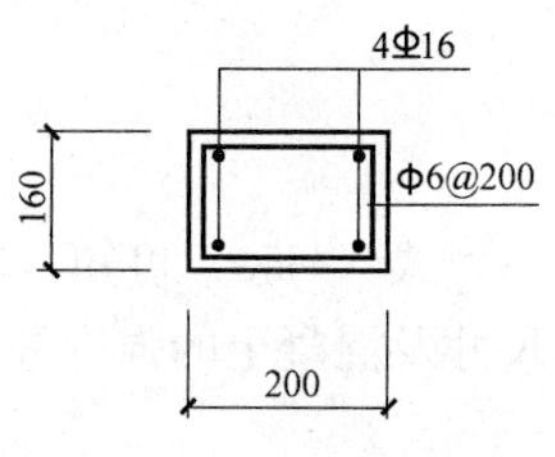

图 4-36　例 4-6 配筋图

4.3.3　混凝土轴心受压构件承载力计算

钢筋混凝土轴心受压构件箍筋的配置方式有两种：普通箍筋和螺旋箍筋（或焊接环形箍筋），如图 4-37 所示。由于这两种箍筋对混凝土的约束作用不同，因而相应的轴心受压构件的承载力也不同。习惯上把配有普通箍筋的轴心受压构件称为普通箍筋柱，配有螺旋箍筋（或焊接环形箍筋）的轴心受压构件称为螺旋箍筋柱。

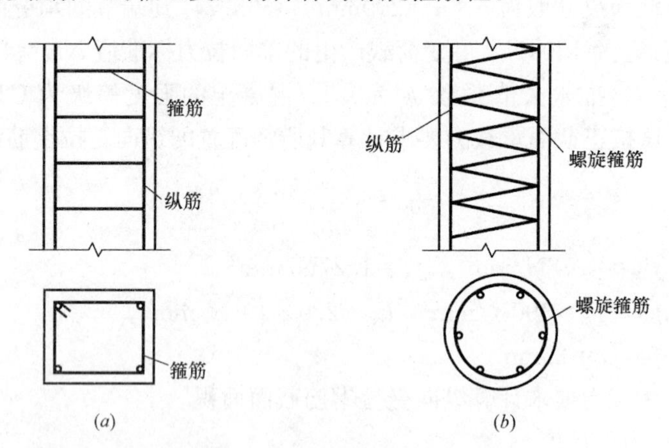

图 4-37　轴心受压构件箍筋的两种配置方式

（a）普通箍筋柱；（b）螺旋箍筋柱

1. 普通箍筋柱

（1）短柱的受力特点和破坏形态

典型的钢筋混凝土轴心受压短柱应力-荷载曲线如图 4-38 所示，破坏示意如图 4-39 所示。在轴心压力作用下，截面应变是均匀分布的。由于钢筋与混凝土之间粘结力的存在，使两者的应变相同，即 $\varepsilon_{\mathrm{c}}=\varepsilon_{\mathrm{s}}'$。当荷载较小时，混凝土和钢筋均处于弹性工作阶段，柱子压缩变形的增加与荷载的增加成正比，混凝土压应力 σ_{c} 和钢筋压应力 σ_{s}'增加与荷载增加也

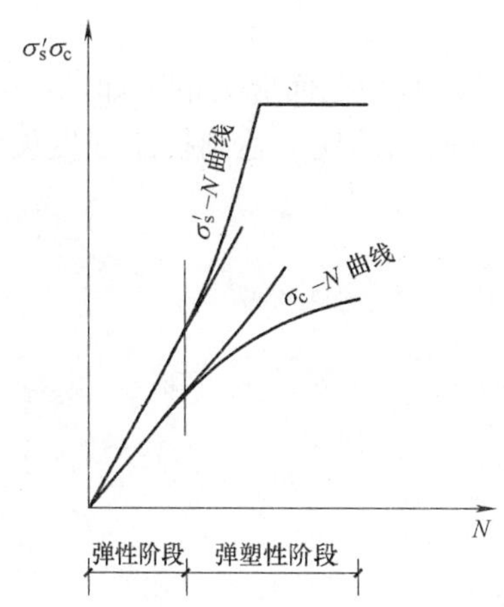

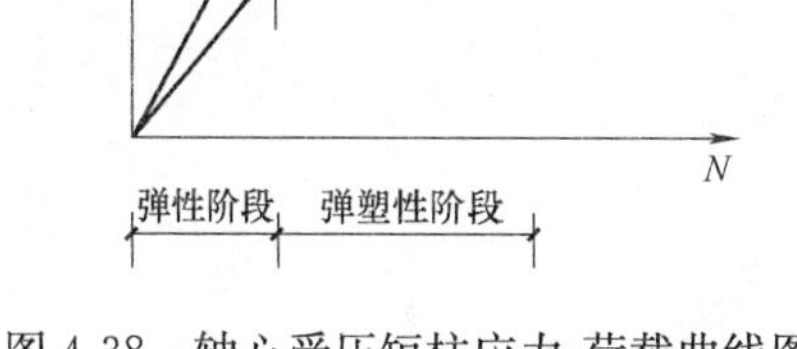

图 4-38　轴心受压短柱应力-荷载曲线图

图 4-39　短柱的破坏

成正比；当荷载较大时，由于混凝土塑性变形的发展，压缩变形的增加速度快于荷载增加速度，另外，在相同荷载增量下，钢筋压应力 σ_s' 比混凝土压应力 σ_c 增加得快，亦即钢筋和混凝土之间的应力出现了重分布现象；随着荷载的继续增加，柱中开始出现微细裂缝，在临近破坏荷载时，柱四周出现明显的纵向裂缝，箍筋间纵筋压屈，向外凸出，混凝土被压碎，柱子即告破坏。

素混凝土棱柱体试件的极限压应变为 0.0015～0.002，而钢筋混凝土短柱达到最大承载力时的压应变一般在 0.0025～0.0035 之间。这是因为纵筋起到了调整混凝土应力的作用，较好地发挥了混凝土的塑性性能，改善了受压破坏的脆性性质。在构件计算时，通常以应变达到 0.002 为控制条件，认为此时混凝土达到了轴心抗压强度 f_c。相应地，纵筋的应力 $\sigma_s' \approx 0.002 \times 2 \times 10^5 = 400\text{N/mm}^2$。因此，如果构件采用热轧钢筋为纵筋，则破坏时其应力已达到屈服强度；如果采用高强钢筋为纵筋，破坏时其应力达不到屈服强度，只能达到 $0.002E_s$（N/mm^2）。《混凝土结构设计规范》用 f_y' 表示钢筋的抗压强度设计值，对热轧钢筋取 $f_y' = f_y$（除 HRB500 级和 HRBF500 级外）；预应力钢筋，取 $f_y' = 0.002E_s$（N/mm^2）。f_y' 具体数值见附表 C-2 和附表 C-4。

（2）细长轴心受压构件的承载力降低现象

由于材料本身的不均匀性、施工的尺寸误差等原因，轴心受压构件的初始偏心是不可避免的。初始偏心距的存在，必然会在构件中产生附加弯矩和相应的侧向挠度，而侧向挠度又加大了原来的初始偏心距。这样相互影响的结果，必然导致构件承载能力的降低。试验表明，对粗短受压构件，初始偏心距对构件承载力的影响并不明显，而对细长受压构件，这种影响是不可忽略的。细长轴心受压构件的破坏，实质上已具有偏心受压构件强度破坏的典型特征。破坏时，首先在凹侧出现纵向裂缝，随后混凝土被压碎，纵筋压屈向外凸出；凸侧混凝土出现垂直纵轴方向的横向裂缝，侧向挠度迅速增大，构件破坏，如图 4-40 所示。对于长细比很大的细长受压构件，甚至还可能发生失稳破坏。在长期荷载作用下，由于徐变的影响，使细长受压构件的侧向挠度增加更大，因而，构件的承载力降低更多。

（3）轴心受压构件的承载力计算

1）承载力计算公式

如前所述，粗短轴心受压构件达到承载能力极限状态时的截面应力情况如图 4-41 所示，此时，混凝土应力达到轴心抗压强度设计值 f_c，纵向钢筋应力达到抗压强度设计值 f'_y。短柱的承载力设计值 N_{us} 为：

$$N_{us}=f_cA+f'_yA'_s \tag{4-54}$$

式中 f_c——混凝土轴心抗压强度设计值；

f'_y——纵向钢筋抗压强度设计值；

A——构件截面面积；

A'_s——全部纵向钢筋的截面面积。

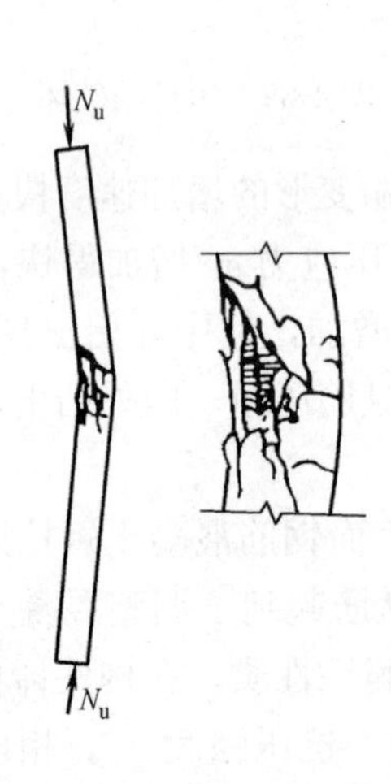

图 4-40 长柱的破坏

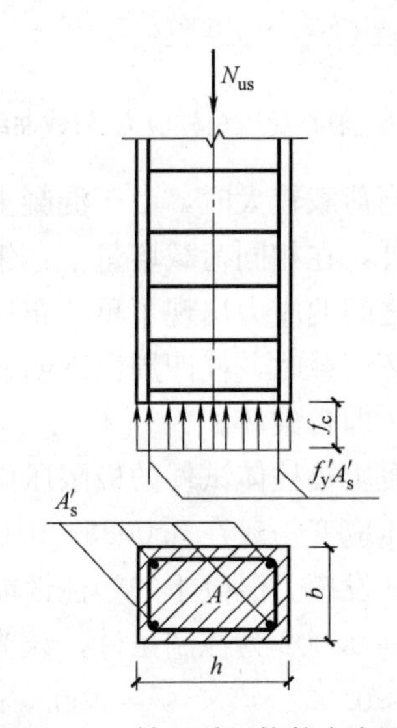

图 4-41 轴心受压构件应力图

对细长柱，如前所述，其承载力要比短柱低，《混凝土结构设计规范》采用稳定系数 φ 来表示细长柱承载力降低的程度，则细长柱的承载力设计值 N_{ul} 为：

$$N_{ul}=\varphi N_{us} \tag{4-55}$$

式中 φ——钢筋混凝土构件的稳定系数。

轴心受压构件承载力设计值为：

$$N_u=0.9\varphi(f_cA+f'_yA'_s) \tag{4-56}$$

式中系数 0.9 是可靠度调整系数。

写成设计表达式，即为：

$$N\leqslant N_u=0.9\varphi(f_cA+f'_yA'_s) \tag{4-57}$$

式中 N——轴向压力设计值。

当纵向钢筋配筋率大于 3%时，式（4-57）中的 A 应改用（$A-A'_s$）代替。

2）稳定系数

稳定系数 φ 主要与构件的长细比 l_0/i（l_0 为构件的计算长度，i 为截面的最小回转半径）有关。当为矩形截面时，长细比用 l_0/b 表示（b 为截面短边）。长细比越大，φ 值越小。根据原国家建委建筑科学研究院的试验结果，并参考国外有关试验结果得到的 φ 与

l_0/b 的关系曲线如图 4-42 所示。《混凝土结构设计规范》给出的 φ 值见表 4-5。当柱的长细比较小时（$l_0/i \leqslant 28$ 或 $l_0/b \leqslant 8$、$l_0/d \leqslant 7$），即为短柱，取 $\varphi=1$。

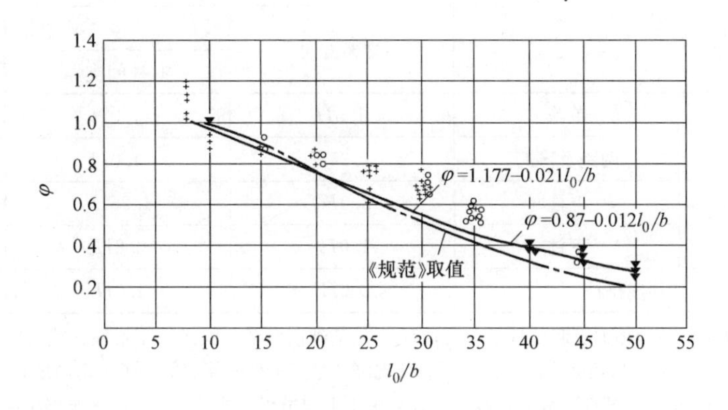

图 4-42　φ-l_0/b 关系曲线

钢筋混凝土轴心受压构件稳定系数　　表 4-5

l_0/b	≤8	10	12	14	16	18	20	22	24	26	28
l_0/d	≤7	8.5	10.5	12	14	15.5	17	19	21	22.5	24
l_0/i	≤28	35	42	48	55	62	69	76	83	90	97
φ	1.00	0.98	0.95	0.92	0.87	0.81	0.75	0.70	0.65	0.60	0.56
l_0/b	30	32	34	36	38	40	42	44	46	48	50
l_0/d	26	28	29.5	31	33	34.5	36.5	38	40	41.5	43
l_0/i	104	111	118	125	132	139	146	153	160	167	174
φ	0.52	0.48	0.44	0.40	0.36	0.32	0.29	0.26	0.23	0.21	0.19

注：l_0 为构件的计算长度，b 为矩形截面的短边尺寸，d 为圆形截面的直径，i 为截面的最小回转半径。

3）柱的计算长度

求稳定系数 φ 时，要确定构件的计算长度 l_0。l_0 与构件两端的支承情况有关：当构件两端均为不动铰支座时，$l_0=l$（l 为两支座间构件的实际长度）；当两端均为固定支座时，$l_0=0.5l$；当一端为不动铰支座而另一端为固定支座时，$l_0=0.7l$；当一端为固定支座而另一端自由时，$l_0=2l$。实际结构中，支座情况并非是理想的不动铰支座或固定支座，因此，《混凝土结构设计规范》根据不同结构的受力变形特点，按下述规定确定轴心受压柱的计算长度 l_0。

刚性屋盖的单层房屋排架柱、露天吊车柱和栈桥柱，其计算长度 l_0 可按表 4-6 取用。

一般多层房屋中梁柱为刚接的框架结构，各层柱的计算长度 l_0 可按表 4-7 的规定取用。

（4）设计方法

轴心受压构件的设计问题可分为截面设计和截面复核两类。

1）截面设计

一般已知轴向压力设计值（N），材料强度等级（f_c、f'_y），构件的计算长度 l_0，求构件截面面积（A 或 $b \times h$）及纵向受压钢筋面积（A'_s）。

刚性屋盖单层房屋排架柱、露天吊车柱和栈桥柱的计算长度 l_0　　表 4-6

柱的类别		l_0		
		排架方向	垂直排架方向	
			有柱间支撑	无柱间支撑
无吊车房屋柱	单跨	$1.5H$	$1.0H$	$1.2H$
	两跨及多跨	$1.25H$	$1.0H$	$1.2H$
有吊车房屋柱	上柱	$2.0H_u$	$1.25H_u$	$1.5H_u$
	下柱	$1.0H_l$	$0.8H_l$	$1.0H_l$
露天吊车柱和栈桥柱		$2.0H_l$	$1.0H_l$	—

注：1. 表中 H 为从基础顶面算起的柱子全高；H_l 为从基础顶面至装配式吊车梁底面或现浇式吊车梁顶面的柱子下部高度；H_u 为从装配式吊车梁底面或从现浇式吊车梁顶面算起的柱子上部高度；

2. 表中有吊车房屋排架柱的计算长度，当计算中不考虑吊车荷载时，可按无吊车房屋柱的计算长度采用，但上柱的计算长度仍可按有吊车房屋采用；

3. 表中有吊车房屋排架柱的上柱在排架方向的计算长度，仅适用于 H_u/H_l 不小于 0.3 的情况；当 H_u/H_l 小于 0.3 时，计算长度宜采用 $2.5H_u$。

框架结构各层柱的计算长度 l_0　　表 4-7

楼盖类型	柱的类别	l_0
现浇楼盖	底层柱	$1.0H$
	其余各层柱	$1.25H$
装配式楼盖	底层柱	$1.25H$
	其余各层柱	$1.5H$

注：表中 H 为底层柱从基础顶面到一层楼盖顶面的高度，对其余各层柱为上下两层楼盖顶面之间的高度。

由式（4-57）知，仅有一个公式需求解三个未知量（φ、A、A_s'），无确定解，故必须增加或假设一些已知条件。一般可以先选定一个合适的配筋率 ρ'（即 A_s'/A），通常可取 ρ' 为 1.0%～1.5%（柱的常用配筋率是 0.8%～2.0%），再假定 $\varphi=1.0$，然后代入式（4-57）求解 A。根据 A 来选定实际的构件截面尺寸（$b\times h$）。构件截面尺寸确定以后，由长细比 l_0/b 查表 4-5 确定 φ，再代入式（4-57）求实际的 A_s'。

2）截面复核

截面复核比较简单，只需将有关数据代入式（4-57），如果式（4-57）成立，则满足承载力要求。

【例 4-7】 某钢筋混凝土轴心受压柱，计算长度 $l_0=3.6\text{m}$，承受轴向压力设计值 $N=2500\text{kN}$，采用 C30 混凝土和 HRB400 级钢筋，求柱截面尺寸（$b\times h$）及纵筋截面面积（A_s'），选择箍筋并绘制配筋截面图。

【解】

（1）估算截面尺寸

假定 $\rho'=\dfrac{A_s'}{A}=1\%$，$\varphi=1.0$，由式（4-57）得：

$$A\geqslant\frac{N}{0.9\varphi(f_c+\rho' f_y')}=\frac{2500\times10^3}{0.9\times1.0\times(14.3+0.01\times360)}=155183\text{mm}^2$$

$$b=h=\sqrt{A}=394\text{mm}$$

实取 $b=h=400\text{mm}$，$A=160000\text{mm}^2$。

（2）求稳定系数

$\frac{l_0}{b}=\frac{3600}{400}=9$，查表 4-5 得 $\varphi=0.99$。

（3）求纵筋面积

由式（4-57）得：

$$A_s'\geqslant\frac{\frac{N}{0.9\varphi}-f_cA}{f_y'}=\frac{\frac{2500\times10^3}{0.9\times0.99}-14.3\times400\times400}{360}=1438.4\text{mm}^2$$

选 4Φ22 钢筋（$A_s'=1520\text{mm}^2$）。

（4）验算配筋率

总配筋率：

$$\rho'=\frac{1520}{400\times400}=0.95\%>\rho'_{\min}=0.55\%$$

一侧纵向钢筋配筋率：

$\rho'=\frac{760}{400\times400}=0.475\%>0.2\%$

（5）选择箍筋

箍筋选Φ8@300，符合直径不小于 $d/4=22/4=5.5\text{mm}$，且不小于 6mm；间距不大于 $15d=15\times22=330\text{mm}$，且不大于 400mm，也不大于短边尺寸 400mm 的要求。

（6）截面配筋图

截面配筋如图 4-43 所示。

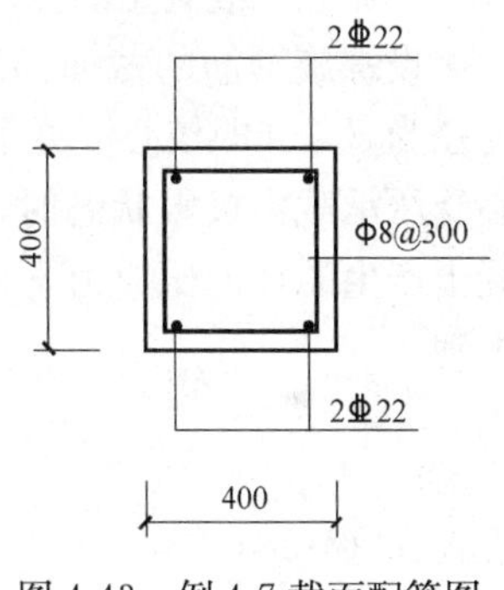

图 4-43　例 4-7 截面配筋图

2. 螺旋箍筋柱

当柱子需要承受较大的轴向压力，而截面尺寸又受到限制，增加钢筋和提高混凝土强度均无法满足要求的情况下，可以采用螺旋箍筋或焊接环形箍筋（统称为间接钢筋）以提高柱子的承载力。螺旋箍筋柱的构造形式见图 4-44。

（1）受力特点及破坏特征

螺旋箍筋柱的受力性能与普通箍筋柱有很大不同，图 4-45 为螺旋箍筋柱与普通箍筋柱的荷载-应变曲线的对比。图中可见，荷载不大（$\sigma_c\leqslant0.8f_c$）时，两条曲线并无明显区别，当荷载增加至应变达到混凝土的峰值应变 ε_0 时，混凝土保护层开始剥落，由于混凝土截面减小，荷载有所下降。但由于核心部分混凝土产生较大的横向变形，使螺旋箍筋产生环向拉力，亦即核心部分混凝土受到螺旋箍筋的径向压力，处在三向受压的状态，其抗压强度超过了 f_c，曲线逐渐回升。随着荷载的不断增大，箍筋的环向拉力随核心混凝土横向变形的不断发展而提高，对核心混凝土的约束也不断增大。当螺旋箍筋达到屈服时，不再对核心混凝土有约束作用，混凝土抗压强度也不再提高，混凝土被压碎，构件破坏。破坏时，螺旋箍筋柱的承载力及应变都要比普通箍筋柱大（压应变达到 0.01 以上）。试验资料表明，螺旋箍筋的配箍率越大，柱的承载力越高，延性越好。

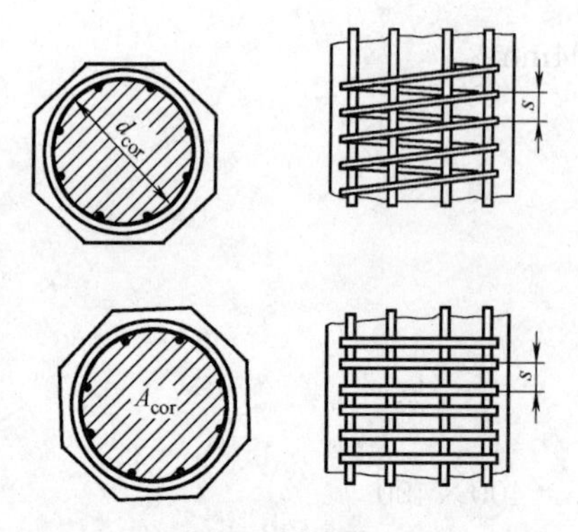

图 4-44 螺旋箍筋和焊接环形箍筋柱

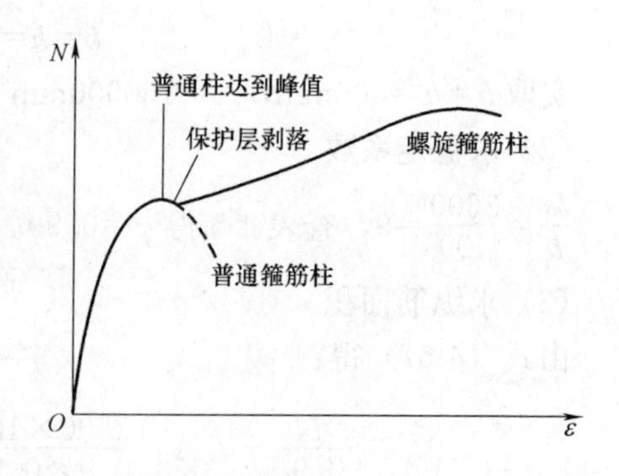

图 4-45 轴心受压柱的荷载-应变曲线

(2) 承载力计算

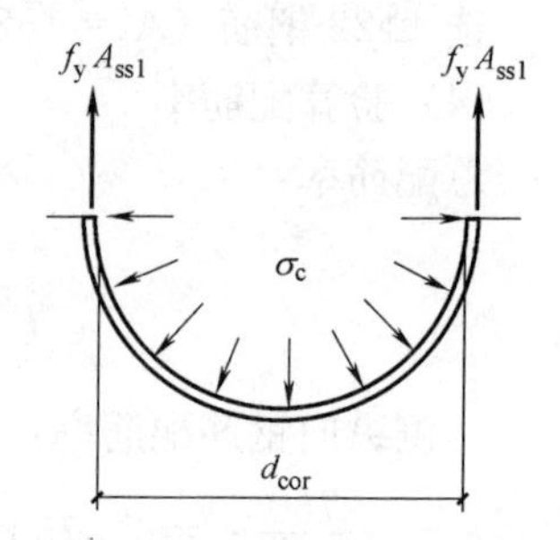

图 4-46 螺旋箍筋受力情况

根据混凝土圆柱体在三向受压状态下的试验结果，受约束混凝土的轴心抗压强度 f_{cc} 可近似按下列公式计算：

$$f_{cc}=f_c+4\sigma_c \tag{4-58}$$

式中 f_c——混凝土轴心抗压强度设计值；

σ_c——混凝土的径向压应力。

设螺旋箍筋的截面面积为 A_{ss1}，间距为 s，螺旋箍筋的内径为 d_{cor}（即核心混凝土截面的直径）。螺旋箍筋柱达到轴心受压承载力极限状态时，螺旋箍筋达到屈服，其对核心混凝土产生的径向压应力 σ_c 可由图 4-46 所示的隔离体平衡条件得到：

$$\sigma_c=\frac{2f_yA_{ss1}}{sd_{cor}} \tag{4-59}$$

代入式（4-58）得：

$$f_{cc}=f_c+\frac{8f_yA_{ss1}}{sd_{cor}} \tag{4-60}$$

由于箍筋屈服时，混凝土保护层已经剥落，所以混凝土的截面面积应取核心混凝土的截面面积 A_{cor}。根据螺旋箍筋柱达到承载力极限状态时混凝土和钢筋的应力情况，可得螺旋箍筋柱的承载力 N_u 为：

$$N_u=f_{cc}A_{cor}+f'_yA'_s=f_cA_{cor}+f'_yA'_s+\frac{8f_yA_{ss1}}{sd_{cor}}A_{cor} \tag{4-61}$$

按体积相等的原则将间距 s 范围内的螺旋箍筋换算成相当的纵向钢筋面积 A_{ss0}，即：

$$\pi d_{cor}A_{ss1}=sA_{ss0}$$

$$A_{ss0}=\frac{\pi d_{cor}A_{ss1}}{s} \tag{4-62}$$

式（4-61）可写成：

$$N_u=f_cA_{cor}+f'_yA'_s+2f_yA_{ss0} \tag{4-63}$$

试验表明，当混凝土强度等级大于 C50 时，径向压应力对构件承载力的影响有所降低，因此，上式中的第三项应乘以折减系数 α。另外，与普通箍筋柱类似，取可靠度调整系数为 0.9。于是，螺旋箍筋柱承载能力极限状态设计表达式为：

$$N \leqslant 0.9(f_c A_{cor} + f'_y A'_s + 2\alpha f_y A_{ss0}) \tag{4-64}$$

式中 f_y——间接钢筋的抗拉强度设计值；

A_{cor}——构件的核心截面面积，即间接钢筋内表面范围内的混凝土面积；

A_{ss0}——间接钢筋的换算截面面积；

d_{cor}——构件的核心截面直径，即间接钢筋内表面之间的距离；

A_{ss1}——单根间接钢筋的截面面积；

s——间接钢筋沿构件轴线方向的间距；

α——间接钢筋对混凝土约束的折减系数：当混凝土强度等级不超过C50时，取1.0，当混凝土强度等级为C80时，取0.85，其间按线性内插法确定。

应用式（4-64）设计时，应注意以下几个问题：

1）按式（4-64）算得的构件受压承载力不应比按式（4-57）算得的大50%。这是为了保证混凝土保护层在正常使用荷载下不过早剥落，不会影响正常使用。

2）当 $l_0/d>12$ 时，不考虑间接钢筋的约束作用，应用式（4-57）进行计算。这是因为长细比较大时，构件破坏时实际处于偏心受压状态，截面不是全部受压，间接钢筋的约束作用得不到有效发挥。由于长细比较小，故式（4-64）没考虑稳定系数 φ。

3）当间接钢筋的换算截面面积 A_{ss0} 小于全部纵向钢筋的截面面积的25%时，不考虑间接钢筋的约束作用，应用式（4-57）进行计算。这是因为间接钢筋配置得较少时，很难保证它对混凝土发挥有效的约束作用。

4）按式（4-64）算得的构件受压承载力不应小于按式（4-57）算得的受压承载力。

配置有螺旋箍筋或焊接环形钢筋的柱用钢量大，施工复杂，造价较高，一般较少采用。

【例4-8】 某展示厅内一根钢筋混凝土柱，按建筑设计要求截面为圆形，直径不大于600mm。该柱承受的轴心压力设计值 $N=9000\text{kN}$，柱的计算长度 $l_0=6.6\text{m}$，混凝土强度等级为C30，纵筋用HRB400级钢筋，箍筋用HRB335级钢筋。试进行该柱的设计。

【解】

（1）按普通箍筋柱设计

由 $l_0/d=6600/600=11$，得 $\varphi=0.965$，代入式（4-57）得：

$$A'_s=\frac{1}{f'_y}\left(\frac{N}{0.9\varphi}-f_c A\right)=\frac{1}{360}\times\left(\frac{9000\times10^3}{0.9\times0.965}-14.3\times\frac{\pi\times600^2}{4}\right)=17554\text{mm}^2$$

$$\rho'=\frac{A'_s}{A}=\frac{17554}{\frac{\pi\times600^2}{4}}=6.2\%$$

由于配筋率太大，且长细比又满足 $l_0/d<12$ 的要求，故考虑按螺旋箍筋柱设计。

（2）按螺旋箍筋柱设计

假定纵筋配筋率 $\rho'=4\%$，则 $A'_s=0.04\times\frac{\pi\times600^2}{4}=11310\text{mm}^2$，选23Φ25，$A'_s=11272.3\text{mm}^2$。取混凝土保护层为20mm，则 $d_{cor}=600-30\times2=540\text{mm}$，$A_{cor}=\frac{\pi d_{cor}^2}{4}=\frac{\pi\times540^2}{4}=229022\text{mm}^2$。混凝土C30<C50，$\alpha=1.0$。由式（4-64）得：

$$A_{ss0}=\frac{N/0.9-(f_cA_{cor}+f_y'A_s')}{2\alpha f_y}=\frac{9000\times10^3/0.9-(14.3\times229022+360\times11272.3)}{2\times1.0\times300}$$

$$=4445\text{mm}^2$$

$$A_{ss0}=4445\text{mm}^2>0.25A_s'=2812\text{mm}^2$$

满足要求。

假定螺旋箍筋直径 $d=12$mm，则 $A_{ss1}=113.1\text{mm}^2$，由式（4-62）得：

$$s=\frac{\pi d_{cor}A_{ss1}}{A_{ss0}}=\frac{3.14\times540\times113.1}{4445}=43\text{mm}$$

实取螺旋箍筋为Φ12@40。箍筋直径和间距均满足构造要求。

按式（4-57）求普通箍筋柱的承载力为：

$$N_u=0.9\varphi(f_cA+f_y'A_s')=0.9\times0.965\times\left[14.3\times\left(\frac{\pi\times600^2}{4}-11272.3\right)+360\times11272.3\right]$$

$$=6894\times10^3\text{N}$$

$$1.5\times6894=10341\text{kN}>9000\text{kN}$$

满足要求。

（3）截面配筋图

截面配筋图如图 4-47 所示。

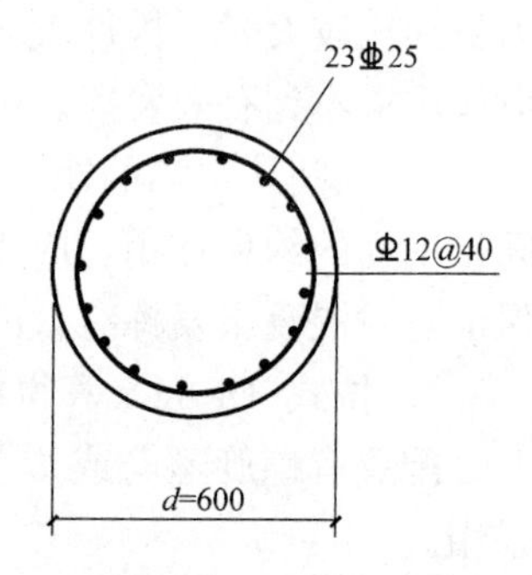

图 4-47　例 4-8 截面配筋图

4.3.4 混凝土轴心受拉构件裂缝宽度验算

由于混凝土的抗拉强度很低，所以，混凝土轴心受拉构件都是带裂缝工作的。如果裂缝过宽，不仅有碍观瞻，更会影响构件的耐久性。因此，《混凝土结构设计规范》要求对混凝土轴心受拉构件进行裂缝宽度验算。

1. 裂缝的发生及其分布

如图 4-48（*a*）所示，在未出现裂缝以前，轴心受拉构件各截面混凝土拉应力 σ_c 大致相同。因此，第一条（或第一批）裂缝将首先出现在混凝土抗拉强度 f_t^0 最弱的截面，如图 4-48（*a*）中的Ⅰ、Ⅲ截面。在开裂的瞬间，裂缝截面处混凝土拉应力降低至零（图 4-48*b*），受拉混凝土分别向裂缝截面两边回缩，混凝土和钢筋表面将产生变形差。由于混凝土和钢筋的粘结，混凝土回缩受到钢筋的约束。因此，随着离裂缝截面的距离增大，混凝土的回缩减小，即混凝土和钢筋表面的变形差减小，也就是说，混凝土仍处在一定程度的张紧状态。当达到离裂缝截面某一距离 l 处，混凝土和钢筋不再有变形差，σ_c 又恢复到未开裂前的状态；当荷载继续增大时，σ_c 亦增大，当 σ_c 达到混凝土实际抗拉强度 f_t^0 时，在该截面（如图 4-48*b* 中的Ⅱ截面）又将产生第二条（批）裂缝。

设两条裂缝之间的距离为 l_m，很显然，当 $l<l_m<2l$ 时，两条裂缝之间将不可能再形成新的裂缝，如图 4-48（*c*）所示。这意味着裂缝的间距将介于 l 和 $2l$ 之间，其平均值 l_{cr} 将为 $1.5l$。裂缝出齐后，随着荷载的继续增加，裂缝宽度不断开展。裂缝的开展是由于混凝土的回缩，钢筋不断伸长，导致钢筋与混凝土之间产生变形差，这是裂缝宽度计算的依据。

由于混凝土材料的不均匀性，裂缝的出现、分布和开展具有很大的离散性，因此裂缝

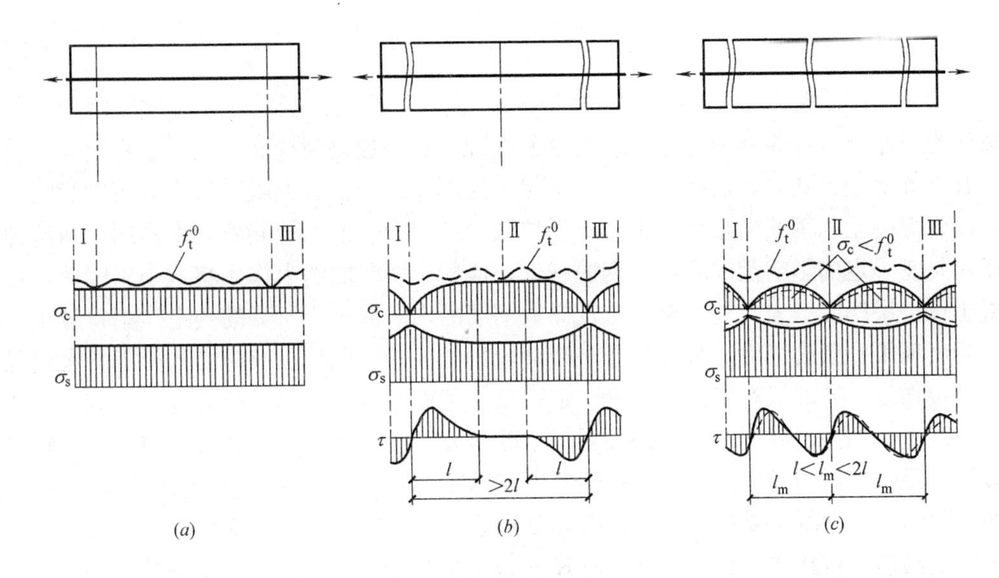

图 4-48　裂缝的发生及分布

间距和宽度也是不均匀的。但大量的试验统计资料分析表明，裂缝间距和宽度的平均值具有一定规律性。

2. 平均裂缝间距 l_{cr}

从轴心受拉构件中取隔离体如图 4-49（a）所示，隔离体一端为已出现的第一条裂缝位置（图 4-49a 中的 1-1 截面），另一端为即将出现第二条裂缝的位置（图 4-49a 中的 2-2 截面）。截面 1-1 混凝土开裂仅钢筋受拉，其拉应力为 σ_{s1}；截面 2-2 混凝土达到抗拉强度 f_t 即将开裂，钢筋的拉应力为 σ_{s2}。由隔离体的平衡条件得：

$$\sigma_{s1}A_s=\sigma_{s2}A_s+f_tA_c \tag{4-65}$$

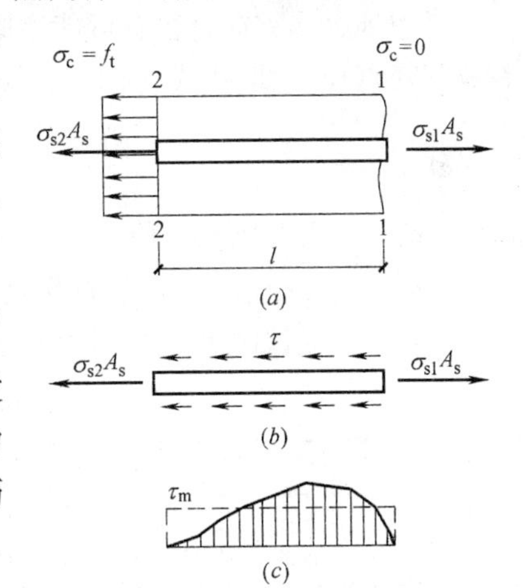

图 4-49　平均裂缝间距范围内的应力分布

再取出钢筋为隔离体，如图 4-49（b）所示，设在长度 l 范围内平均粘结应力为 τ_m，钢筋的直径为 d，则 1-1 截面与 2-2 截面钢筋两端的拉力差将由钢筋表面的粘结力来平衡，即：

$$\sigma_{s1}A_s-\sigma_{s2}A_s=\tau_m\pi dl \tag{4-66}$$

比较式（4-65）和式（4-66）得：

$$\tau_m\pi dl=f_tA_c \tag{4-67}$$

设 $\rho=A_s/A_c$，而 $A_s=\pi d^2/4$，代入式（4-67）得：

$$l=\frac{1}{4}\frac{f_t}{\tau_m}\frac{d}{\rho} \tag{4-68}$$

由于粘结应力 τ_m 与混凝土的抗拉强度 f_t 近乎成正比关系，故 f_t/τ_m 近似为常数。近似取平均裂缝间距为 1.5l，则平均裂缝间距可表示为：

$$l_{cr}=K_1\frac{d}{\rho} \tag{4-69}$$

式中 K_1 为常数。上式表明，当配筋率 ρ 相同时，钢筋直径越细，裂缝间距越小，裂缝宽度也越小，也即裂缝的分布和开展会密而细，这是控制裂缝宽度的一个重要原则。

在推导上述公式时，没有考虑混凝土保护层厚度对受拉区混凝土应力分布的影响。然而，由于混凝土和钢筋的粘结，钢筋对受拉张紧的混凝土的回缩起着约束作用，而这种约束作用是有一定的影响范围的，离钢筋越远，混凝土所受的约束作用将越小。因此，随着混凝土保护层厚度增大，外表混凝土较靠近钢筋的内芯混凝土所受的约束作用将越小。所以，当出现第一条裂缝后，只有离开该裂缝较远处的外表混凝土拉应力才可能增大到混凝土的抗拉强度，亦即只有离开该裂缝一定距离的截面才会出现第二条裂缝。这表明，裂缝间距与混凝土保护层厚度有一定的关系。试验研究也已证明了这一现象，因此，在确定平均裂缝间距时，适当考虑混凝土保护层厚度的影响，对式（4-69）进行修正是必要的、合理的。欧洲国际混凝土委员会的《裂缝和变形手册》中也已考虑了这种影响。

综上所述，可在式（4-69）中引入 K_2c_s 以考虑混凝土保护层厚度的影响，即得：

$$l_{cr}=K_2c_s+K_1\frac{d}{\rho} \tag{4-70}$$

式中 c_s——最外层纵向受拉钢筋外边缘至受拉区底边的距离（mm）；当 $c_s<20$ 时，取 $c_s=20$；当 $c_s>65$ 时，取 $c_s=65$；

K_2——经验系数（常数）。

考虑到纵向钢筋直径有可能不同，另外，不同品种钢筋的粘结性能也不同，因此，用等效钢筋直径 d_{eq} 取代式（4-70）中的 d：

$$d_{eq}=\frac{\sum n_i d_i^2}{\sum n_i \nu_i d_i} \tag{4-71}$$

式中 d_i——受拉区第 i 种纵向钢筋的直径；

n_i——受拉区第 i 种纵向钢筋的根数；

ν_i——受拉区第 i 种纵向钢筋的相对粘结特性系数，按表 4-8 取值。

钢筋的相对粘结特性系数 **表 4-8**

钢筋类别	钢筋		先张法预应力筋			后张法预应力筋		
	光面钢筋	带肋钢筋	带肋钢筋	螺旋肋钢丝	钢绞线	带肋钢筋	钢绞线	光面钢丝
ν_i	0.7	1.0	1.0	0.8	0.6	0.8	0.5	0.4

注：对环氧树脂涂层带肋钢筋，其相对粘结特性系数应按表中系数的 0.8 倍取用。

另外，由于《混凝土结构设计规范》对混凝土构件的裂缝计算是采用统一的计算公式的，而其他构件的混凝土非全截面受拉，因此，《混凝土结构设计规范》用有效受拉面积配筋率 ρ_{te} 来替代式（4-70）中的配筋率 ρ。对于轴心受拉构件来说，ρ_{te} 与 ρ 是相同的，即：

$$\rho_{te}=\frac{A_s}{A} \tag{4-72}$$

式中 A_s——受拉钢筋截面面积；

A——构件截面面积。

$\rho_{te}<0.01$ 时，取 $\rho_{te}=0.01$。

根据试验资料的分析和参照实践经验，轴心受拉构件的平均裂缝间距计算公式如下：

$$l_{cr}=1.1\times\left(1.9c_s+0.08\frac{d_{eq}}{\rho_{te}}\right) \tag{4-73}$$

3. 裂缝宽度

(1) 平均裂缝宽度

平均裂缝宽度等于平均裂缝间距范围内钢筋和混凝土的平均受拉伸长之差（见图 4-50），即

$$w_m=\bar{\varepsilon}_s l_{cr}-\bar{\varepsilon}_c l_{cr}=\bar{\varepsilon}_s\left(1-\frac{\bar{\varepsilon}_c}{\bar{\varepsilon}_s}\right)l_{cr} \tag{4-74}$$

试验结果分析表明，上式中的 $\left(1-\frac{\bar{\varepsilon}_c}{\bar{\varepsilon}_s}\right)\approx0.85$。

引入纵向钢筋应变不均匀系数 ψ，$\bar{\varepsilon}_s=\psi\varepsilon_s=\psi\frac{\sigma_s}{E_s}$，则平均裂缝宽度可表示为：

$$w_m=0.85\psi\frac{\sigma_s}{E_s}l_{cr} \tag{4-75}$$

式中，σ_s 为荷载准永久组合或标准组合下裂缝截面处的钢筋应力，对于钢筋混凝土轴心受拉构件，钢筋的应力可按下列公式计算：

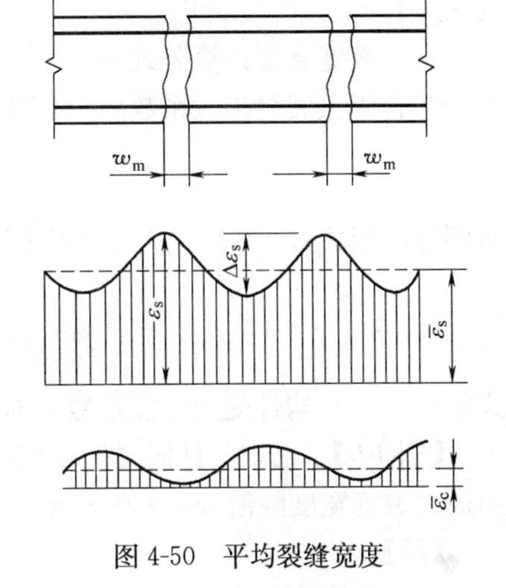

图 4-50　平均裂缝宽度

$$\sigma_s=\sigma_{sq}=\frac{N_q}{A_s} \tag{4-76}$$

式中　N_q——按荷载准永久组合计算的轴向力设计值。

(2) 钢筋应变不均匀系数 ψ

如前所述，系数 ψ 为裂缝之间钢筋的平均应变与裂缝截面钢筋应变之比，即 $\psi=\bar{\varepsilon}_s/\varepsilon_s$。系数 ψ 越小，裂缝之间的混凝土协同钢筋抗拉作用越强；当 $\psi=1$ 时，$\bar{\varepsilon}_s=\varepsilon_s$，即 $\bar{\sigma}_s=\sigma_s$，裂缝截面之间的钢筋应力等于裂缝截面的钢筋应力，钢筋与混凝土之间的粘结应力完全退化，混凝土不再协同钢筋受拉。因此，系数 ψ 的物理意义是反映裂缝之间混凝土协同钢筋抗拉工作的程度。《混凝土结构设计规范》规定，该系数可按下列经验公式计算：

$$\psi=1.1-0.65\frac{f_{tk}}{\rho_{te}\sigma_s} \tag{4-77}$$

当 $\psi<0.2$ 时，取 $\psi=0.2$；当 $\psi>1.0$ 时，取 $\psi=1.0$；对直接承受重复荷载的构件，取 $\psi=1.0$。

(3) 最大裂缝宽度

实际观测表明，裂缝宽度具有很大的离散性。取实测裂缝宽度 w_t 与式（4-75）计算的平均裂缝宽度 w_m 的比值为 τ。根据试验构件的大量裂缝量测结果统计表明，τ 的频率分布基本为正态。因此超越概率为 5%的最大裂缝宽度可由下式求得：

$$w_{max}=w_m(1+1.645\delta) \tag{4-78}$$

式中　δ——裂缝宽度变异系数。

对于轴心受拉构件，由试验结果统计，按超越概率为 5%得最大裂缝宽度的扩大系数

为 $\tau=1.9$。

(4) 长期荷载的影响

在荷载长期作用下，由于钢筋与混凝土的粘结滑移徐变、拉应力的松弛以及混凝土的收缩影响，会导致裂缝间混凝土不断退出受拉工作，钢筋平均应变增大，裂缝宽度随时间推移逐渐增大。此外，荷载的变动，环境温度的变化，都会使钢筋与混凝土之间的粘结受到削弱，也将导致裂缝宽度的不断增大。根据长期观测结果，长期荷载下裂缝的扩大系数为 $\tau_l=1.5$。

(5) 裂缝宽度计算公式

综合以上裂缝扩大系数后，长期荷载下的最大裂缝宽度为：

$$w_{\max}=0.85\tau\tau_l\psi\frac{\sigma_s}{E_s}l_{cr} \tag{4-79}$$

将裂缝间距式 (4-73) 代入，并将有关系数合并，可得：

$$w_{\max}=\alpha_{cr}\psi\frac{\sigma_s}{E_s}\left(1.9c_s+0.08\frac{d_{eq}}{\rho_{te}}\right) \tag{4-80}$$

式中 α_{cr}——构件受力特征系数，对混凝土轴心受拉构件，$\alpha_{cr}=2.7$。

【例 4-9】 已知条件同【例 4-6】，并配置了 4Φ16 的纵向受力钢筋。如该屋架下弦杆的最大裂缝宽度限值 $w_{\lim}=0.3$mm，试验算裂缝宽度是否满足要求。

【解】

(1) 计算轴向拉力设计值

荷载的准永久组合作用下，轴向拉力设计值为：

$$N_q=N_{gk}+\psi_q N_{qk}=130+0.5\times45=152.5\text{kN}$$

(2) 验算裂缝宽度

$$c_s=25+6=31\text{mm}$$

$$\rho_{te}=\frac{A_s}{A}=\frac{804}{200\times160}=0.025$$

$$\sigma_s=\frac{N_q}{A_s}=\frac{152.5\times10^3}{804}=189.68\text{N/mm}^2$$

$$\psi=1.1-\frac{0.65f_{tk}}{\rho_{te}\sigma_s}=1.1-\frac{0.65\times1.78}{0.025\times189.68}=0.856$$

$$w_{\max}=\alpha_{cr}\psi\frac{\sigma_s}{E_s}\left(1.9c_s+0.08\frac{d_{eq}}{\rho_{te}}\right)=2.7\times0.856\times\frac{189.68}{2.0\times10^5}\times\left(1.9\times31+0.08\times\frac{16}{0.025}\right)$$
$$=0.241\text{mm}$$

$$w_{\max}<w_{\lim}=0.3\text{mm}$$

满足要求。

4.4 钢管混凝土柱

钢管混凝土柱所用的钢管一般为薄壁圆钢管或方钢管，在混凝土中不再配置纵向钢筋与箍筋。本节主要介绍圆钢管混凝土柱的截面设计。

目前，圆形钢管混凝土受压承载力计算方法主要有：极限平衡理论计算法、强度提高系数计算法和强度理论计算法。其中，极限平衡理论计算法是一种概念清晰、形式简单、计算便捷且相对精确的实用计算方法。

按极限平衡理论计算法来计算圆形钢管混凝土柱的受压承载力，应符合下列基本假定：

（1）钢管混凝土短柱是由钢管和核心混凝土两种构件组成的。

（2）钢材屈服，混凝土达到极限压应变后均为理想塑性。

（3）钢管混凝土的极限平衡条件服从 Von Mises 屈服条件。

（4）钢管混凝土侧限强度为侧压指数 P/f_c的函数。

（5）在极限状态时，对于径厚比 $D/t\geqslant 20$ 的薄壁钢管，其径向应力远小于环向应力与纵向应力，可以忽略不计。

4.4.1 轴心受压钢管混凝土柱承载力计算

轴心受压钢管混凝土柱的压力设计值 N，应满足下式：

$$N\leqslant\varphi_0 N_0 \tag{4-81}$$

$$N_0=f_c A_c(1+\sqrt{\theta}+\theta) \tag{4-82}$$

当混凝土强度等级大于等于 C50，且套箍系数 $\theta\leqslant\xi$ 时，N_0应按下式计算：

$$N_0=f_c A_c(1+\alpha\theta) \tag{4-83a}$$

$$\theta=\frac{fA_s}{f_c A_c}=\frac{f\rho_s}{f_c} \tag{4-83b}$$

$$\xi=\frac{1}{(\alpha-1)^2} \tag{4-83c}$$

式中 N_0——钢管混凝土短柱的轴心受压承载力设计值；

θ、ρ_s——分别为钢管混凝土短柱的套箍系数和含钢率；

α、ξ——与混凝土强度等级相关的系数，可按表 4-9 确定；

A_s、A_c——分别为钢管和内填混凝土的截面面积；

f、f_c——分别为钢管和混凝土的抗压强度设计值；

φ_0——轴心受压钢管混凝土柱考虑构件长细比影响的受压承载力折减系数，可按下式确定：

当 $l_0/D\leqslant 4$ 时（钢管混凝土短柱）：

$$\varphi_0=1.0 \tag{4-84}$$

当 $l_0/D>4$ 时（钢管混凝土长柱）：

$$\varphi_0=1-0.115\sqrt{\frac{l_0}{D}-4} \tag{4-85}$$

式中 l_0——钢管混凝土柱的计算长度，$l_0=\mu l$；

l——钢管混凝土柱的实际长度；

μ——计算长度修正系数；

D——钢管混凝土柱的直径。

系数 α、ξ 的值 **表 4-9**

混凝土强度等级	C50	C55	C60	C65	C70	C75	C80
α	2.00	1.95	1.90	1.85	1.80	1.75	1.70
ξ	1.00	1.11	1.23	1.38	1.56	1.78	2.04

4.4.2 偏心受压钢管混凝土柱承载力计算

偏心受压钢管混凝土柱的压力设计值，应满足下式：

$$N \leqslant \varphi_1 \varphi_e N_0 \tag{4-86}$$

且

$$\varphi_1 \varphi_e \leqslant \varphi_0 \tag{4-87}$$

式中 φ_e——偏心受压钢管混凝土柱考虑偏心率影响的承载力折减系数，按式（4-88）～式（4-89）确定；

φ_1——偏心受压钢管混凝土柱考虑长细比影响的承载力折减系数，按式（4-90）～式（4-92）确定。

（1）φ_e 的确定

圆形钢管混凝土柱考虑偏心率影响的承载力折减系数 φ_e，可按下式确定：

当 $e_0/r_c \leqslant 1.55$ 时（小偏压柱）：

$$\varphi_e = \frac{1.0}{1+1.85\dfrac{e_0}{r_c}} \tag{4-88}$$

当 $e_0/r_c > 1.55$ 时（大偏压柱）：

$$\varphi_e = \frac{0.4r_c}{e_0} \tag{4-89}$$

式中 e_0——柱上、下端较大弯矩一端轴向力对柱截面形心的偏心距，$e_0 = M_2/N$；

r_c——钢管的内半径；

M_2——柱上、下端弯矩设计值两者中的较大值；

N——柱的轴向压力设计值。

（2）φ_1 的确定

圆形钢管混凝土柱考虑长细比影响的承载力折减系数 φ_1，可按下式确定：

当 $l_0/D \leqslant 4$ 时（钢管混凝土短柱）：

$$\varphi_1 = 1.0 \tag{4-90}$$

当 $l_0/D > 4$ 时（钢管混凝土长柱）：

$$\varphi_1 = 1-0.115\sqrt{\frac{l_e}{D}-4} \tag{4-91}$$

且

$$l_e \leqslant k\mu l \tag{4-92}$$

式中 l_e——钢管混凝土柱的等效计算长度；

k——钢管混凝土柱的等效计算长度系数，按下列方法确定：

对无侧移框架柱：

$$k = 0.5+0.3\beta+0.2\beta^2 \tag{4-93}$$

$$\beta = M_1/M_2 \text{且} |M_1| \leqslant |M_2| \tag{4-94}$$

柱上、下端弯矩使柱产生同向曲率时，β取正值；柱上、下端弯矩使柱产生反向曲率时，β取负值。

对有侧移框架柱：

当$e_0/r_c \geqslant 0.8$时： $$k=0.5 \tag{4-95}$$

当$e_0/r_c < 0.8$时： $$k=1.0-0.625e_0/r_c \geqslant 0.5 \tag{4-96}$$

对悬臂柱：

当$e_0/r_c \geqslant 0.8$时： $$k=1.0 \tag{4-97}$$

当$e_0/r_c < 0.8$时： $$k=2.0-1.25e_0/r_c \tag{4-98}$$

若悬臂柱有弯矩作用且使柱内产生剪力时：

$$k=1+\beta \geqslant 2.0-1.25e_0/r_c \tag{4-99}$$

式中 β——柱顶弯矩设计值与固端弯矩设计值比值，弯矩使柱产生同向曲率时，β取正值；弯矩使柱产生反向曲率时，β取负值。

【例 4-10】 一钢管混凝土框架柱，钢管截面为$\phi 750 \times 12$mm，钢材为Q345钢，$f=310\text{N/mm}^2$；内填C45混凝土，$f_c=21.1\text{N/mm}^2$，柱长度为8m，轴心压力设计值$N=18000$kN，已知柱计算长度系数$\mu=0.9$。试验算此钢管混凝土柱的受压承载力能否满足要求。

【解】

（1）截面的基本参数

钢管的截面面积：

$$A_s=\frac{\pi}{4}\times[750^2-(750-2\times12)^2]=27808\text{mm}^2$$

核心混凝土的截面面积：

$$A_c=\frac{\pi}{4}\times(750-2\times12)^2=413755\text{mm}^2$$

套箍系数：

$$\theta=\frac{fA_s}{f_cA_c}=\frac{310\times27808}{21.1\times413755}=0.987$$

（2）轴心受压钢管混凝土短柱的承载力

$$N_0=f_cA_c(1+\sqrt{\theta}+\theta)=21.1\times413755\times(1+\sqrt{0.987}+0.987)=26020\text{kN}$$

（3）考虑长细比影响的承载力折减系数

柱的长细比为：

$\dfrac{l_0}{D}=\dfrac{8000\times0.9}{750}=9.6>4$，属长柱

$$\varphi_0=1-0.115\sqrt{\frac{l_0}{D}-4}=1-0.115\times\sqrt{9.6-4}=0.728$$

（4）钢管混凝土柱承载力设计值

$$\varphi_0 N_0=0.728\times26020=18942\text{kN}>N=18000\text{kN}$$

满足设计要求。

思考题与习题

4-1　钢轴心受压构件的整体失稳有哪几种形式？

4-2　钢轴心受压构件的稳定承载力与哪些因素有关？

4-3　残余应力对钢轴心受压构件的强度与稳定有什么影响？

4-4　影响钢管混凝土柱承载力的主要因素是什么？

4-5　什么情况下会采用混凝土轴心受拉构件？举例说明。

4-6　混凝土轴心受压普通箍筋短柱与长柱的破坏形态有何不同？轴心受压长柱的稳定系数 φ 如何确定？

4-7　箍筋在混凝土轴心受压构件中有何作用？轴心受压普通箍筋柱与螺旋箍筋柱的正截面受压承载力计算有何不同？

4-8　混凝土螺旋箍筋柱在应用时要注意什么问题？为什么？

4-9　如何确定混凝土轴心受压构件的计算长度？

4-10　简述裂缝的出现、分布和开展的过程。影响裂缝间距的因素有哪些？

4-11　如何合理配筋能更有效地控制裂缝宽度？

4-12　某车间工作平台柱高 2.6m，轴心受压，两端铰接。柱采用热轧工字钢 I16。问：

(1) 钢材用 Q235 钢时，柱的承载力设计值为多少？

(2) 钢材改用 Q345 钢时，柱的承载力设计值提高了多少？

(3) 如果轴心压力设计值为 330kN，I16 能否满足要求？如不满足，从构造上采取什么措施能满足要求？

4-13　两端铰接的焊接工字形截面轴心受压柱，高度为 10m，采用如图 4-51 所示两种截面（截面面积相等），翼缘为焰切边，钢材为 Q235 钢。试计算这两种截面柱所能承受的轴心压力设计值，验算局部稳定并作比较说明。

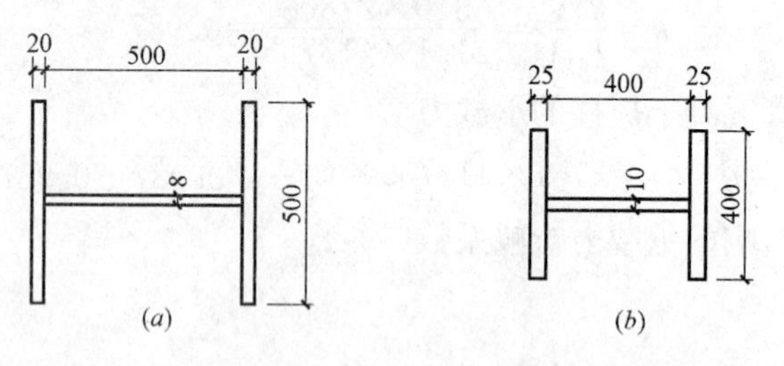

图 4-51　习题 4-13 图

4-14　试设计一工作平台柱的截面。已知柱高 8m，两端铰接，截面为焊接工字形，翼缘为轧制边，柱的轴心压力设计值为 5000kN，钢材为 Q235 钢。

4-15　一缀板式轴心受压柱，柱高为 9m，两端铰接，在虚轴平面于跨中设有一侧向支承。截面由两槽钢 2[25b 组成，如图 4-52 所示，钢材为 Q235 钢。试求该柱轴心受压承载力设计值。

4-16　某多层现浇钢筋混凝土框架结构，首层柱高 $H=5.6$m，中柱承受的轴向力设

计值 $N=1900\text{kN}$，截面尺寸 $b=h=400\text{mm}$。混凝土强度等级为 C25，钢筋为 HRB335 级钢筋。求所需纵向钢筋面积 A'_s，并绘制截面配筋图。

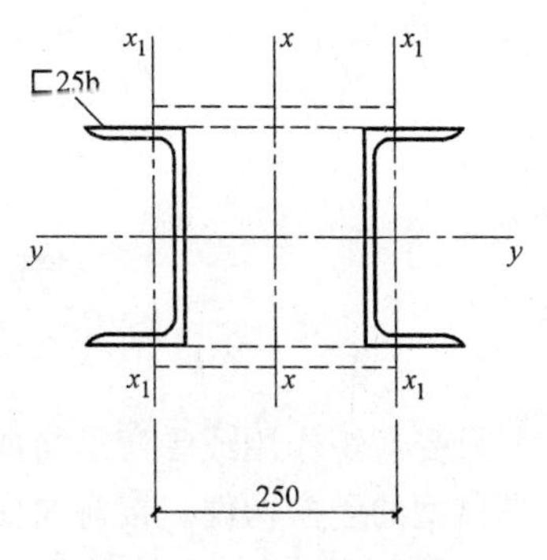

图 4-52　习题 4-15 图

4-17　已知现浇钢筋混凝土轴心受压柱，截面尺寸为 $b=h=500\text{mm}$，计算长度 $l_0=4.8\text{m}$，混凝土强度等级为 C30，配有 8Φ25 的纵向受力钢筋。求该柱所能承受的最大轴向力设计值。

4-18　已知圆形截面现浇钢筋混凝土柱，因使用要求，其直径不能超过 400mm。承受轴心压力设计值 $N=2900\text{kN}$，计算长度 $l_0=4.2\text{m}$。混凝土强度等级为 C25，纵向受力钢筋采用 HRB335 级钢筋，箍筋采用 HPB300 级钢筋。试设计该柱。

4-19　一钢管混凝土轴心受压柱，柱高为 3m，两端铰接，钢管截面尺寸为 $\phi299\times10\text{mm}$，钢材为 Q345 钢，钢管内填 C45 混凝土。试求该柱轴心受压承载力设计值。

第5章　受弯构件

只受弯矩作用或受弯矩与剪力共同作用的构件称为受弯构件。工程结构中各种类型的梁是典型的受弯构件。按弯曲变形情况不同，构件可能在一个主轴平面内受弯，也可能在两个主轴平面内受弯。前者称为单向弯曲构件，后者称为双向弯曲构件。按支承条件的不同，受弯构件可分为简支梁、连续梁、悬臂梁等。按在结构体系传力系统中的作用不同，受弯构件分为主梁、次梁等。

受弯构件在土木工程中应用很广泛，例如房屋建筑中的楼盖梁、工作平台梁、吊车梁、屋面檩条和墙架横梁，以及桥梁、水工闸门、起重机、海上采油平台中的梁等。

5.1　受弯构件的破坏形式

5.1.1　钢受弯构件的破坏形式

钢受弯构件的可能破坏形式有截面强度破坏、整体失稳破坏和局部失稳等几种形式。

1. *强度破坏*

设一双轴对称工字形的等截面构件，构件两端施加等值同曲率的渐增弯矩 M，并设弯矩使构件截面绕强轴转动（图 5-1）。构件材料的应力—应变关系如图（图 5-2e）所示。当弯矩较小时（图 5-2f 中的 a 点），整个截面上的正应力都小于材料的屈服点，截面处于弹性受力状态，假如不考虑残余应力的影响，这种状态可以保持到截面最外纤维的应力达到屈服点为止（图 5-2a）。之后，随弯矩继续增大（图 5-2f 中的 b 点），截面外侧及其附近的应力相继达到和保持在屈服点的水准上，主轴附近则保留一个弹性核（图 5-2b）。应力达到屈服点的区域称为塑性区，塑性区的应变在应力保持不变的情况下继续发展，截面弯曲刚度仅靠弹性核提供。当弯矩增长使弹性核变得非常小时，相邻两截面在弯矩作用方向几乎可以自由转动。此时，可以把截面上的应力分布简化为图 5-2（c）所示的情况，这种情况可以看作截面达到了抗弯承载力的极限（图 5-2f 中的 c 点）。截面最外边缘及其附近的应力，实际上可能超过屈服点而进入强化状态，真实的应力状态如图 5-2（d）所示，截面的承载能力还可能略微增大一些（图 5-2f 中的 d 点），但此时因绝大部分材料已进入塑性，截面曲率变得很大，对于工程设计而言，可利用的意义不大。

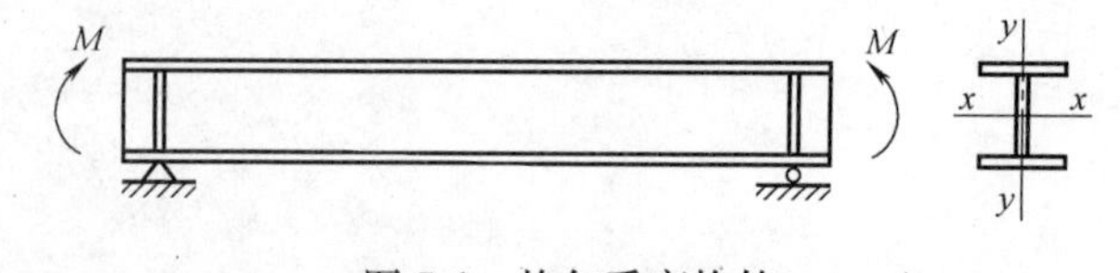

图 5-1　均匀受弯构件

实际工程的受弯构件的截面上都会有剪力。如图 5-3 所示两端简支梁受均布荷载作用，梁支座截面的剪力最大，若其最大剪应力达到材料剪切屈服值时，也可视为强度破坏。有时，最大弯矩截面上会同时受到剪力和局部压力的作用，在多种应力同时存在的情

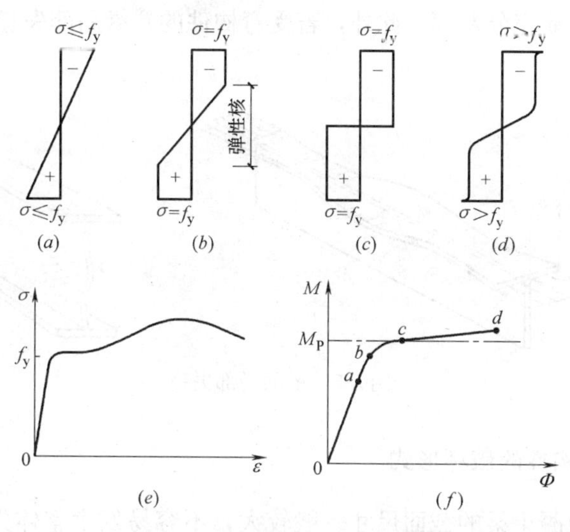

图 5-2 受弯构件截面应力发展

况下，受弯构件的截面抗弯强度与只受弯矩时相比，会有降低。

2. 整体失稳破坏

为了提高抗弯刚度，节省钢材，钢梁截面一般做成高而窄的形式，受荷方向刚度大，侧向刚度较小，如果梁的侧向支承较弱，例如仅在支座处有侧向支承，梁的弯曲会随荷载大小的不同而呈现出两种截然不同的平衡状态。

如图 5-4 所示的工字形截面梁，荷载作用在其最大刚度平面内，当荷载较小时，梁的弯曲平衡状态是稳定的。虽然外界各种因素会使梁产生微小的侧向弯曲或扭转变形，但外界影响消失后，梁仍能恢复原来的弯曲平衡状态。然而，当荷载增大到某一数值后，梁在向下弯曲的同时，将突然发生侧向弯曲或扭转变形而破坏，这种现象称为梁的侧向弯扭屈曲或整体失稳。失稳时构件的材料都处于弹性阶段，称为弹性失稳，否则称为弹塑性失稳。整体失稳是受弯构件的主要破坏形式之一。

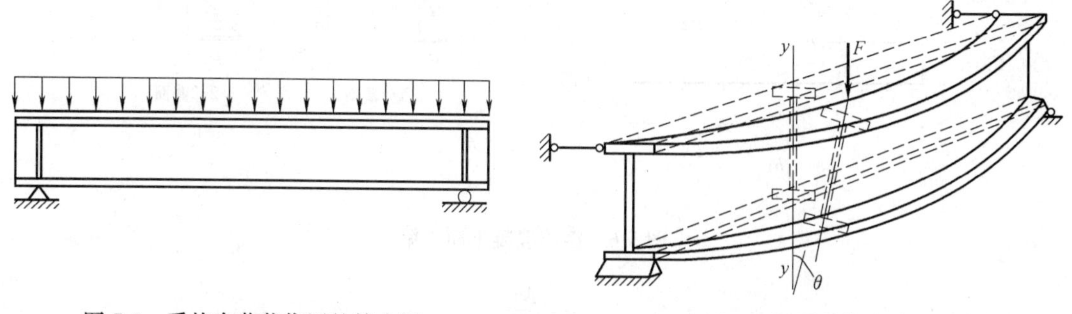

图 5-3 受均布荷载作用的简支梁

图 5-4 梁的整体失稳

3. 局部失稳

钢受弯构件的截面大都是由板件组成的。如果板件的宽度和厚度之比太大，在一定荷载条件下，会出现波浪状的鼓曲变形，这种现象称为局部失稳（图 5-5）。与整体失稳不同，若构件仅发生局部失稳，其轴线变形仍可视为发生在弯曲平面内。板件的局部失稳，虽然不一定使构件立即达到承载极限状态而破坏，但局部失稳会恶化构件的受力性能，使得构件的承载能力不能充分发挥。此外，若受弯构件的翼缘局部失稳，可能导致构件的整体失稳提前发生。

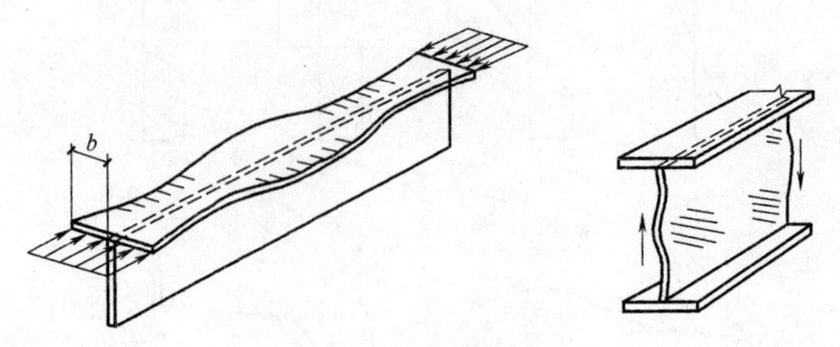

图 5-5　梁的局部失稳

5.1.2　混凝土受弯构件的破坏形式

与钢梁不同，混凝土梁的截面尺寸一般较大，不容易发生整体失稳和局部失稳破坏，混凝土梁的破坏主要是强度破坏。

图 5-6（*a*）所示的简支梁是一典型的钢筋混凝土受弯构件。混凝土在开裂之前，可以近似认为材料处在弹性状态，由材料力学可知，其弯矩图、剪力图如图 5-6（*b*）所示，截面的正应力和剪应力按式（5-1）计算。

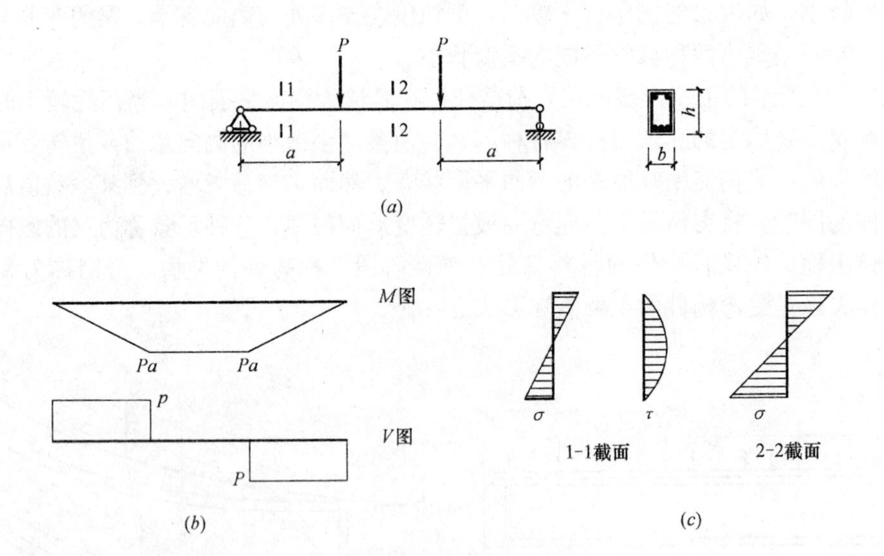

图 5-6　钢筋混凝土简支梁

$$\sigma=\frac{My}{I_0}$$
$$\tau=\frac{VS_0}{I_0 t} \tag{5-1}$$

式中　I_0、S_0——分别为换算截面的惯性矩和面积矩。

截面 1-1 和 2-2 的正应力和剪应力分布如图 5-6（*c*）所示。在梁的弯剪区，主拉应力、主压应力及主拉应力与梁轴线的夹角按式（5-2）计算。

$$
\begin{aligned}
\sigma_{tp} &= \frac{\sigma}{2} + \sqrt{\frac{\sigma^2}{4} + \tau^2} \\
\sigma_{cp} &= \frac{\sigma}{2} - \sqrt{\frac{\sigma^2}{4} + \tau^2} \\
\alpha &= \frac{1}{2}\arctan\left(-\frac{2\tau}{\sigma}\right)
\end{aligned} \tag{5-2}
$$

由于混凝土的抗拉强度很低，因此，随着外荷载的增大，截面的拉应力或主拉应力很快就达到了混凝土的抗拉强度，混凝土开裂，退出受拉工作，拉力由钢筋承担。在梁的纯弯段（截面 2-2），由于剪应力为零，主拉应力与梁轴线的夹角 $\alpha=0$，故裂缝垂直于梁轴线，如图 5-7（a）所示，如果梁中配置的纵向受力钢筋不是过少，随着外荷载的增大，当截面受压区混凝土的应力达到混凝土的抗压强度时，梁达到承载力极限发生破坏，称为正截面破坏；在梁的弯剪区段（截面 1-1），主拉应力与梁轴线有一定的夹角，故裂缝与梁轴线斜交，如图 5-7（b）所示，如果梁中配置的箍筋不是过少，随着外荷载的增大，当截面剪压区的混凝土应力达到混凝土在复合应力作用下的抗压强度时，梁达到承载力极限发生破坏，称为斜截面破坏。

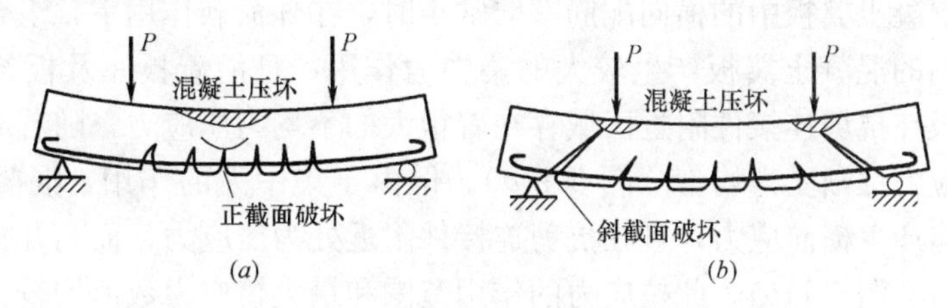

图 5-7　混凝土受弯构件的破坏形式

（a）正截面破坏；（b）斜截面破坏

5.1.3　钢-混凝土组合梁的破坏形式

钢梁与混凝土板，以抗剪连接件连接起来形成整体而共同工作的受弯构件称为钢-混凝土组合梁。其中抗剪连接件是保证混凝土板与钢梁共同工作的基础，它阻止混凝土翼板与钢梁之间产生相对滑移，使两者的弯曲变形协调。根据组合梁的抗剪连接程度以及混凝土翼板中的横向钢筋配筋率的不同，组合梁在弯矩作用下可能发生四种不同的破坏形式，即：弯曲破坏、弯剪破坏、纵向剪切破坏以及纵向劈裂破坏。

1. 弯曲破坏

当组合梁的抗剪连接程度较强，且混凝土翼板中的横向配筋率较大时，随着外荷载增大，钢梁的跨中截面下部受拉区首先达到屈服，最后混凝土翼板在跨中区域被压碎，且出现较多的横向裂缝，而在剪跨区仅出现细小的劈裂裂缝，裂缝分布如图 5-8所示，这种仅有弯曲的破坏形式称为组合梁的弯曲破坏。

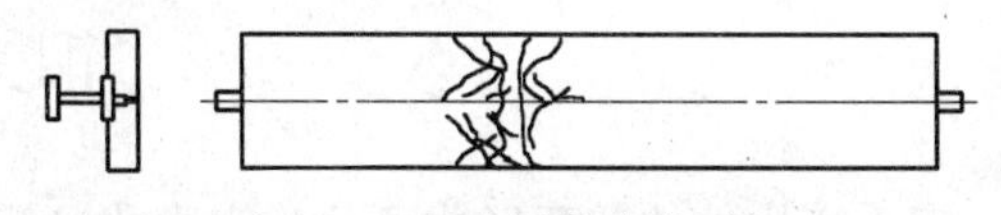

图 5-8　组合梁的弯曲破坏

2. 弯剪破坏

当组合梁的抗剪连接程度一般，且混凝土翼板中的横向配筋率不太大时，随着外荷载增大，钢梁的跨中截面下部受拉区首先达到屈服，然后混凝土翼板在跨中区域被压碎，出现较多的横向裂缝，同时由于抗剪件对在剪跨区的混凝土剪切作用，使剪跨区的混凝土上表面出现纵向的剪切裂缝，裂缝分布如图 5-9 所示，这种既有弯曲又有剪切的破坏形式称为组合梁的弯剪破坏。

3. 纵向剪切破坏

当组合梁的抗剪连接程度较小，且混凝土翼板中的横向配筋率不足时，随着外荷载增大，钢梁的跨中截面下部受拉区首先达到屈服，然后由于抗剪件对在剪跨区的混凝土纵向剪切作用，使剪跨区的混凝土上表面出现大量纵向的剪切裂缝，且几乎贯通，最终使跨中混凝土翼板压碎破坏，裂缝分布如图 5-10 所示，这种主要为剪切的破坏形式称为组合梁的纵向剪切破坏。

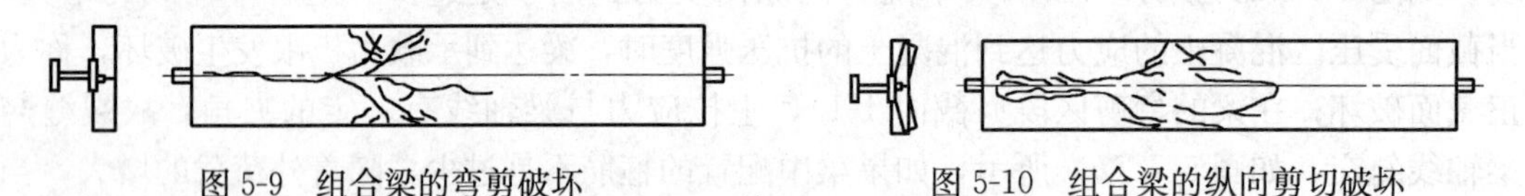

图 5-9　组合梁的弯剪破坏　　　图 5-10　组合梁的纵向剪切破坏

4. 纵向劈裂破坏

当组合梁混凝土翼板中的横向配筋率非常小时，在外荷载作用下，组合梁中的抗剪连接件将对其周围的混凝土翼板产生较大的集中力作用，且沿着板厚及板长的分布很不均匀。混凝土翼板在抗剪连接件附近区域存在着很大的不均匀压应力，随着离抗剪连接件的距离增加，压应力逐渐变得均匀（图 5-11*a*）。但由于集中力的作用，混凝土翼板沿着与集中力垂直方向产生横向应力，且在抗剪连接件附近处为压应力，而离开抗剪件一定距离后则变成拉应力（图 5-11*b*）。此拉应力的作用范围和最大拉应力数值均较大，使混凝土翼板沿纵向产生劈裂趋势，最终导致破坏，称为组合梁的纵向劈裂破坏。

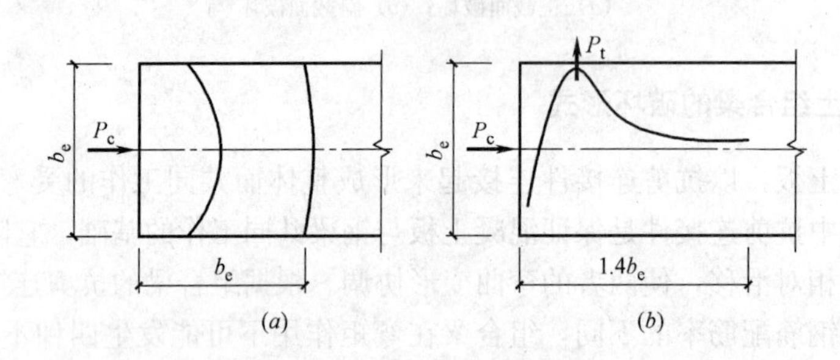

图 5-11　混凝土翼板在抗剪连接件集中力作用下的应力分布

（*a*）纵向应力分布；（*b*）横向应力分布

5.2　钢受弯构件

钢受弯构件的截面形式可分为实腹式（梁）和格构式（桁架）两大类（图 5-12）。

钢梁分为型钢梁和组合梁，型钢梁构造简单，制造省工，成本较低，因而应优先采用。但在荷载较大或跨度较大时，由于轧制条件的限制，型钢的尺寸、规格不能满足梁承载力和刚度的要求，就必须采用组合梁。

型钢梁的截面有热轧型钢和冷弯薄壁型钢两种。采用冷弯薄壁型钢用作檩条或墙架横

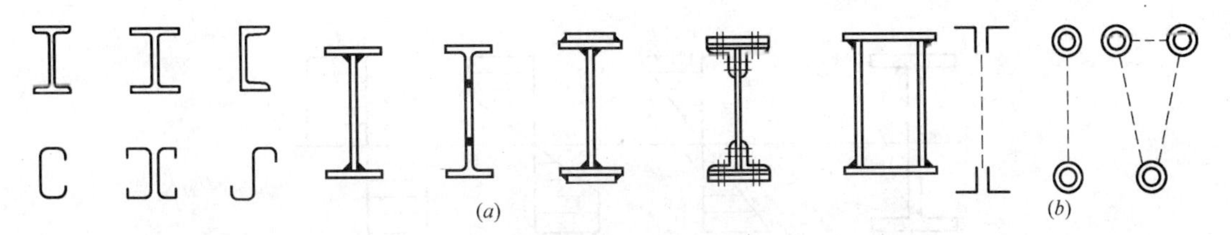

图 5-12　梁的截面形式

(a) 实腹式梁截面；(b) 格构式梁截面

梁，往往比较经济，但应注意防锈。热轧 H 型钢的截面分布最合理，翼缘内外边缘平行，与其他构件连接较方便。槽钢因其剪心和形心不重合，当横向荷载不通过剪心时，构件将同时产生弯曲和扭转，设计时应在构造上加以处理。

组合梁一般采用三块钢板焊接而成的工字形截面，或由 T 型钢中间加板的焊接截面。当焊接组合梁翼缘需要很厚时，可采用两层翼缘板的截面。受动力荷载的梁如钢材质量不能满足焊接结构的要求时，可采用高强度螺栓或铆钉连接而成的工字形截面。荷载很大而高度受到限制或梁的抗扭要求较高时，可采用箱形截面。组合梁的截面组成比较灵活，可使材料在截面上的分布更为合理，节省钢材。

当受弯构件的跨度很大时，最好采用钢桁架。与梁相比，其特点是以弦杆代替翼缘，以腹杆代替腹板，而在各节点将腹杆与弦杆连接。这样，桁架整体受弯时，弯矩转化为上下弦杆的轴力，剪力由腹杆承受。钢桁架可以根据不同的使用要求制成所需的外形，对跨度和高度较大的构件，其钢材用量比实腹梁有所减少，而刚度却有所增加。只是桁架的杆件和节点较多，构造较复杂，制造较费工。

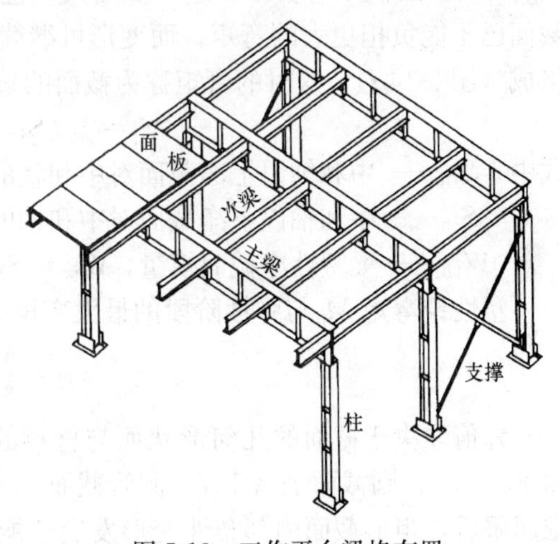

图 5-13　工作平台梁格布置

实际工程中，除少数情况（如吊车梁、起重机大梁）可由单根梁或两根梁成对布置外，大多数情况下是由若干梁平行或交叉排列而成梁格共同工作。图 5-13 所示为一钢平台梁格布置。

下面主要叙述实腹式受弯构件（梁）的工作性能和设计方法。

5.2.1　钢梁的强度和刚度

1. 梁的强度

梁的强度分为抗弯强度、抗剪强度、局部承压强度、在复杂应力作用下的强度等。

(1) 抗弯强度

梁在受弯时的应力-应变曲线与受拉时相似，屈服点也接近，因此钢材是理想弹塑性体的假定在梁的计算时仍然适用。梁在弯矩作用下，截面上正应力的发展过程可分为三个阶段（图 5-14）。

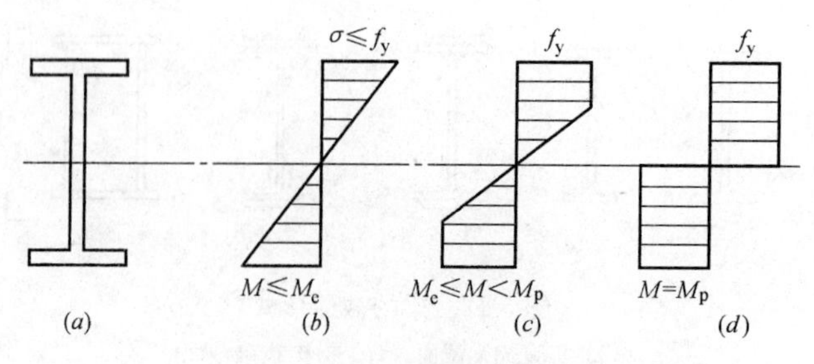

图 5-14 梁的截面形式

1）弹性工作阶段。截面上应力分布呈三角形（图 5-14*b*），中和轴为截面的形心轴。随着弯矩 M 的增加，应力按比例增长，到梁截面的最外边缘纤维应力达到屈服点 f_y时，表示弹性状态的结束，相应的弹性极限弯矩 M_e为：

$$M_e = W_n f_y \tag{5-3}$$

式中 W_n——梁净截面模量。

2）弹塑性工作阶段。弯矩继续增加，在梁截面边缘区域出现塑性区，而中间部分材料仍处于弹性工作状态（图 5-14*c*）。随着弯矩 M 的增加，塑性区逐渐向中和轴扩展，截面上发生应力的重分布。

3）塑性阶段。弯矩 M 进一步增大，直到梁截面全部进入塑性，形成塑性铰。此时梁截面已不能负担更大的弯矩，而变形可继续增大。近似认为截面上的应力分布由两个矩形组成（图 5-14*d*），这时的弯矩称为截面的塑性极限弯矩 M_p，即：

$$M_p = f_y (S_{1n} + S_{2n}) = f_y W_{pn} \tag{5-4}$$

式中 S_{1n}——中和轴以上净截面对中和轴的惯性矩；

S_{2n}——中和轴以下净截面对中和轴的惯性矩；

W_{pn}——梁塑性净截面模量，$W_{pn} = S_{1n} + S_{2n}$。

塑性铰弯矩 M_p与弹性阶段的最大弯矩 M_e之比为：

$$\gamma_F = \frac{M_p}{M_e} = \frac{W_{pn}}{W_n} \tag{5-5}$$

γ_F值取决于截面的几何形状而与材料的性质无关，称为截面形状系数。对于矩形截面 $\gamma_F = 1.5$，圆截面 $\gamma_F = 1.7$，圆管截面 $\gamma_F = 1.27$，工字形截面 $\gamma_F = 1.17$。说明在边缘纤维屈服后，矩形截面内部塑性变形发展还能使弯矩承载能力增大 50%，而工字形截面的弯矩承载能力增大则较小。

显然，在计算梁的抗弯强度时，考虑截面塑性发展比不考虑要节省钢材。但若按截面形成塑性铰来设计，可能使梁的挠度过大，受压翼缘过早失去局部稳定。因此限定截面部分发展塑性的深度不超过 1/8 截面高度，并通过截面塑性发展系数 γ 来体现。

梁的抗弯强度按下列规定计算：

单向弯曲时

$$\frac{M_x}{\gamma_x W_{nx}} \leqslant f \tag{5-6}$$

双向弯曲时

$$\frac{M_x}{\gamma_x W_{nx}} + \frac{M_y}{\gamma_y W_{ny}} \leqslant f \tag{5-7}$$

式中　M_x、M_y——绕 x 轴和 y 轴的弯矩（对工字形截面，x 轴为强轴，y 轴为弱轴）；

W_x、W_y——对 x 轴和 y 轴的净截面模量；

γ_x、γ_y——截面塑性发展系数，可按附表 A-21 采用；

f——钢材的抗弯强度设计值。

γ_x、γ_y是考虑塑性部分深入截面的系数，与式（5-5）的截面形状系数 γ_F 的含义有差别。对需要计算疲劳的梁，塑性深入截面将使钢材发生硬化，促使疲劳断裂提前出现，因此不考虑截面塑性发展，即取 $\gamma_x=\gamma_y=1.0$，按弹性工作阶段进行计算。另外，当梁受压翼缘的自由外伸宽度与其厚度之比大于 $13\sqrt{235/f_y}$时，应取 $\gamma_x=1.0$，以免翼缘因全塑性而出现局部失稳。

（2）抗剪强度

一般情况下，梁既承受弯矩，同时又承受剪力。工字形和槽形截面梁腹板上的剪应力分布如图 5-15 所示，截面上的最大剪应力在腹板中和轴处。

截面上任一点的剪应力应满足下式的要求：

$$\tau=\frac{VS}{It_w}\leqslant f_v \tag{5-8}$$

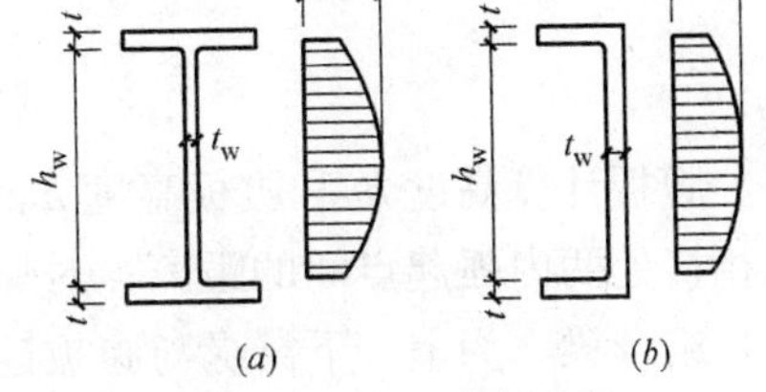

图 5-15　腹板剪应力

式中　V——计算截面的剪力设计值；

I——梁的毛截面惯性矩；

S——计算剪应力处以上（或以下）毛截面对中和轴的面积矩；

t_w——腹板厚度；

f_v——钢材抗剪强度设计值。

（3）局部承压强度

梁在承受固定集中荷载（包括支座反力）处，未设置支承加劲肋，或承受移动的集中荷载（如吊车轮压）作用时，荷载通过翼缘传至腹板，应验算腹板计算高度边缘的局部承压强度。

腹板边缘在压力 F 作用点处的压应力最大，向两侧边则逐渐减小，其压应力的实际分布并不均匀，如图 5-16 所示。在计算中假定压力 F 均匀分布在一段较短的范围 l_z之内。规范规定分布长度 l_z取为：

跨中集中荷载

$$l_z=a+5h_y+2h_R \tag{5-9}$$

梁端支反力

$$l_z=a+2.5h_y+a_1 \tag{5-10}$$

式中　a——集中荷载沿梁跨度方向的支承长度，对吊车轮压可取 50mm；

h_y——自梁承载的边缘到腹板计算高度边缘的距离；

h_R——轨道的高度，计算处无轨道时 $h_R=0$；

a_1——梁端到支座板外边缘的距离，按实际取，但不得大于 $2.5h_y$。

梁的局部承压强度可按下式计算：

$$\sigma_c=\frac{\psi F}{t_w l_z}\leqslant f \tag{5-11}$$

式中　F——集中荷载，对动力荷载应考虑动力系数；

ψ——集中荷载增大系数：对重级工作制吊车轮压，$\psi=1.35$，其他荷载，$\psi=1.0$；

f——钢材抗压强度设计值。

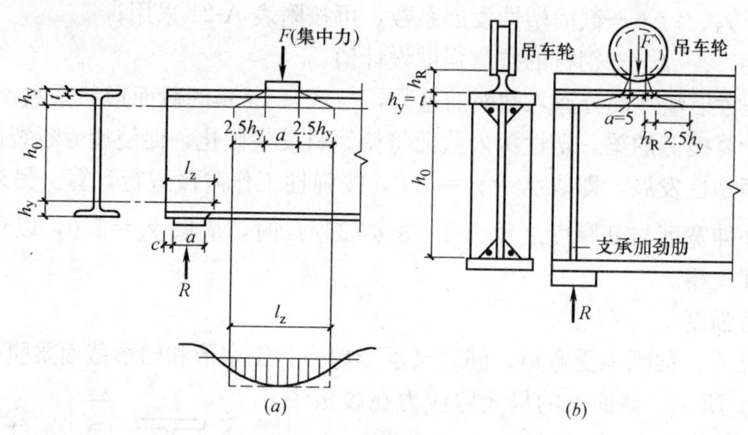

图 5-16　局部压应力

腹板计算高度 h_0 和腹板高度 h_w 含义有所不同。对轧制型钢梁，h_0 为腹板与上、下翼缘相接处两内弧起点间的距离；对焊接组合梁，h_0 为腹板高度；对铆接（或高强度螺栓连接）组合梁，为上、下翼缘与腹板连接的铆钉（或高强度螺栓）线间最近距离。

当集中荷载位置固定时，一般要在荷载作用处的梁腹板上设置支承加劲肋，这时可认为集中荷载通过支承加劲肋传递，因此腹板的局部压应力不必验算。对移动集中荷载，当局部承压强度验算不满足时，要加大腹板厚度。

（4）梁在复杂应力作用下的强度计算

在梁（主要是组合梁）的腹板计算高度边缘处，当同时受有较大的正应力、剪应力和局部压应力，或同时受有较大的正应力和剪应力时，应按下式验算该处的折算应力：

$$\sqrt{\sigma^2+\sigma_c^2-\sigma\sigma_c+3\tau^2}\leqslant\beta_1 f \tag{5-12}$$

式中　σ、τ、σ_c——腹板计算高度边缘同一点上同时产生的弯曲正应力、剪应力和局部压应力，σ 和 σ_c 均以拉应力为正值，压应力为负值；

β_1——验算折算应力的强度设计值增大系数，当 σ 与 σ_c 异号时，取 $\beta_1=1.2$；当 σ 与 σ_c 同号或 $\sigma_c=0$ 时，取 $\beta_1=1.1$。

在式（5-12）中，考虑到所验算的部位是腹板边缘的局部区域，几种应力同时以较大值在同一点上出现的概率很小，因此将强度设计值乘以 β_1 予以提高。当 σ 与 σ_c 异号时，其塑性变形能力比 σ 与 σ_c 同号时大，因此前者的 β_1 值大于后者。

2. 梁的刚度

梁的刚度用荷载作用下的挠度大小来度量。梁的刚度不足，就不能保证其正常使用。如楼盖梁的挠度超过正常使用限值时，一方面给人们一种不舒服和不安全的感觉，另一方面可能使其上部的楼面及下部的抹灰开裂；平台梁挠度过大，可能影响操作；吊车梁挠度过大，会加剧吊车运行时的冲击和振动，甚至使吊车运行困难等。因此，应按下式验算梁的挠度：

$$v\leqslant[v] \tag{5-13}$$

式中　v——由荷载标准值产生的最大挠度；

$[v]$ ——梁的挠度容许值，按附表 A-22 采用。

梁的挠度可按材料力学和结构力学的方法计算，也可由结构静力计算手册取用。除了要控制梁在全部荷载标准值下的最大挠度外，对于承受较大可变荷载的梁，还应保证其在可变荷载标准值作用下的挠度不超过相应的挠度容许值。

【例 5-1】 一简支梁，跨度 7m，截面尺寸如图 5-17 所示。梁上作用均布恒载标准值（未含梁自重）17.1kN/m，均布活载标准值 6.8kN/m，距一端 2.5m 处，有集中荷载标准值 60kN，支承长度 0.2m，荷载作用面距钢梁顶面 12cm。梁两端的支承长度各 0.1m。钢材为 Q235，计算钢梁截面强度。

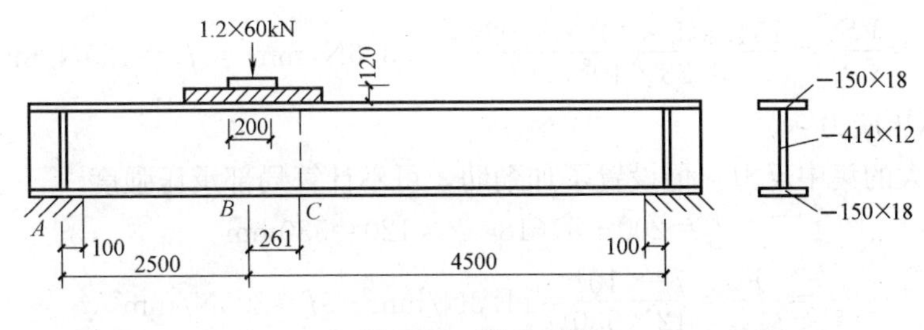

图 5-17　例 5-1 图

【解】

（1）计算截面特性

$$A=2\times150\times18+414\times12=10368\text{mm}^2$$

$$I_x=2\times150\times18\times216^2+\frac{1}{12}\times12\times414^3=3.23\times10^8\text{mm}^4$$

$$W_x=\frac{3.23\times10^8}{225}=1.44\times10^6\text{mm}^3$$

$$S_x=150\times18\times216+207\times12\times103.5=840294\text{mm}^3$$

$$S_{x1}=150\times18\times216=583200\text{mm}^3$$

（2）计算荷载与内力

梁自重：　　　　　$g=10368\times10^{-6}\times78.5=0.814\text{kN/m}$

均布荷载设计值：$q=1.2\times(17.1+0.814)+1.4\times6.8=31.017\text{kN/m}$

集中荷载设计值：　　　　　$F=1.2\times60=72\text{kN/m}$

梁上剪力与弯矩分布如图 5-18 所示。

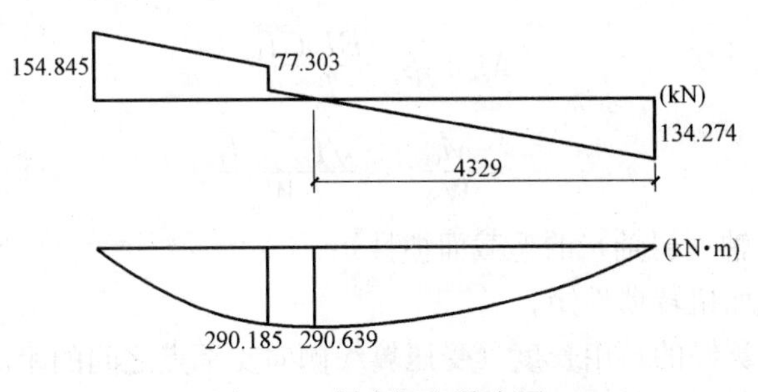

图 5-18　梁弯矩和剪力图

(3) 计算截面强度

① 弯曲正应力

C 处截面弯矩最大： $M_x = 290.639\text{kN}\cdot\text{m}$

梁受压翼缘宽厚比： $\frac{b}{t}=\frac{150-12}{2\times12}=5.75<13\sqrt{\frac{235}{f_y}}=13$

取 $\gamma_x = 1.05$

$$\sigma_{max}=\frac{M_x}{\gamma_x W_x}=\frac{290.639\times10^6}{1.05\times1.44\times10^6}=192.2\text{N/mm}^2<f=205\text{N/mm}^2$$

② 剪应力

A 处截面剪力最大： $V=154.845\text{kN}$

$$\tau_{max}=\frac{VS_x}{I_x t_w}=\frac{154.845\times10^3\times840294}{3.23\times10^8\times12}=33.6\text{N/mm}^2<f_v=125\text{N/mm}^2$$

③ 局部承压应力

A 处有较大的集中反力，但设置了加劲肋，可不计算局部承压强度。

B 截面处： $l_z=200+5\times18+2\times120=530\text{mm}$

$$\sigma_c=\frac{F}{t_w l_z}=\frac{72\times10^3}{12\times530}=11.3\text{N/mm}^2<f=205\text{N/mm}^2$$

④ 折算应力

B 处左侧截面同时存在较大的弯矩、剪力和局部承压应力，计算腹板与翼缘交界处的折算应力：

$$\sigma_1=\frac{M_x}{W_x}\cdot\frac{207}{225}=\frac{290.185\times10^6}{1.44\times10^6}\times\frac{207}{225}=185.4\text{N/mm}^2$$

$$\tau_1=\frac{VS_{x1}}{I_x t_w}=\frac{77.303\times10^3\times583200}{3.23\times10^8\times12}=11.6\text{N/mm}^2$$

$$\sigma_{zs}=\sqrt{185.4^2+11.3^2-185.4\times11.3+3\times11.6^2}=181.1\text{N/mm}^2\leqslant\beta_1 f=225.5\text{N/mm}^2$$

钢梁的截面强度满足要求。

5.2.2 钢梁的整体稳定

1. 梁整体稳定的临界应力

梁整体稳定的临界荷载与梁的侧向抗弯刚度、抗扭刚度、荷载沿梁跨分布情况及其在截面上的作用点位置等因素有关。根据弹性稳定理论，双轴对称工字形截面简支梁的临界弯矩和临界应力为：

$$M_{cr}=\beta\frac{\sqrt{EI_yGI_t}}{l_1} \tag{5-14}$$

$$\sigma_{cr}=\frac{M_{cr}}{W_x}=\beta\frac{\sqrt{EI_yGI_t}}{l_1 W_x} \tag{5-15}$$

式中 I_y——梁对 y 轴（弱轴）的毛截面惯性矩；

I_t——梁毛截面扭转惯性矩；

l_1——梁受压翼缘的自由长度（受压翼缘侧向支承点之间的距离）；

W_x——梁对 x 轴（强轴）的毛截面模量；

E——钢材的弹性模量；

G——钢材的剪切模量；

β——梁的侧扭屈曲系数，与荷载类型、梁端支承方式以及横向荷载作用位置有关。

由临界弯矩 M_{cr} 的计算公式和 β 值，可总结出以下规律：

（1）梁的侧向抗弯刚度 EI_y、抗扭刚度 GI_t 越大，临界弯矩 M_{cr} 越大。

（2）梁受压翼缘的自由长度 l_1 越大，临界弯矩 M_{cr} 越小。

（3）梁的跨度中点有集中荷载作用时，临界弯矩 M_{cr} 最大；纯弯曲时，临界弯矩 M_{cr} 最小。这是因为梁纯弯时，沿梁长方向弯矩图为矩形，受压翼缘的压应力沿梁长保持不变，梁易失稳；而在跨中作用集中荷载时，弯矩图呈三角形，靠近支座处弯矩减小，受压翼缘的压应力随之降低，对提高梁的整体稳定性有利。

（4）梁端固支比梁端铰支的临界弯矩 M_{cr} 大，这是由于梁支座处的约束越强，梁的整体稳定性越好。

（5）荷载作用于下翼缘比荷载作用于上翼缘的临界弯矩 M_{cr} 大，这是由于梁一旦扭转，作用于下翼缘的荷载对剪心产生的附加扭矩与梁的扭转方向是相反的，因而会减缓梁的扭转。

2. 梁整体稳定的计算方法

梁丧失整体稳定时必然同时发生侧向弯曲和扭转变形，因此当采取了必要措施阻止梁受压翼缘发生侧向变形，或使梁的整体稳定临界弯矩高于或接近于梁的屈服弯矩时，验算梁的抗弯强度后不需再验算梁的整体稳定。故《钢结构设计规范》规定，当符合下列情况之一时，可不计算梁的整体稳定：

（1）有刚性铺板密铺在梁的受压翼缘上并与其牢固连接，能阻止梁受压翼缘的侧向位移时。

（2）工字形截面简支梁受压翼缘的自由长度 l_1 与其宽度 b_1 之比不超过表 5-1 所规定的数值时。

工字形截面简支梁不需计算整体稳定性的最大 l_1/b_1 值　　表 5-1

跨中无侧向支承，荷载作用在		跨中有侧向支承，不论荷载作用于何处
上翼缘	下翼缘	$16\sqrt{235/f_y}$
$13\sqrt{235/f_y}$	$20\sqrt{235/f_y}$	

（3）箱形截面简支梁的截面尺寸（图 5-19）满足 $h/b_0 \leqslant 6$，且 $l_1/b_0 \leqslant 95(235/f_y)$ 时。

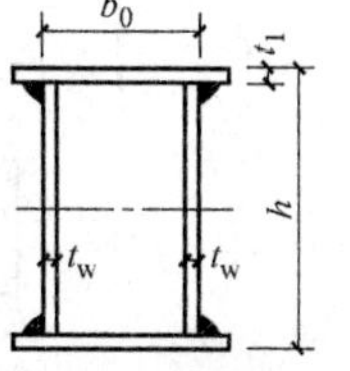

图 5-19　箱形截面

当不满足前述不必计算整体稳定条件时，应对梁的整体稳定进行计算，即使梁的最大压应力不大于临界应力 σ_{cr}。在考虑抗力分项系数后，有：

$$\sigma=\frac{M_x}{W_x}\leqslant\frac{\sigma_{cr}}{\gamma_R}=\frac{\sigma_{cr}}{f_y}\cdot\frac{f_y}{\gamma_R}=\varphi_b f$$

或写成规范采用的形式：

$$\frac{M_x}{\varphi_b W_x}\leqslant f \tag{5-16}$$

式中　M_x——绕强轴作用的最大弯矩；

W_x——按受压纤维确定的梁毛截面模量；

φ_b——梁的整体稳定系数。

现以受纯弯曲的双轴对称工字形截面简支梁为例，导出 φ_b 的计算公式。此时，梁的侧扭屈曲系数 $\beta=\pi\sqrt{1+\left(\frac{\pi h}{2l_1}\right)^2\frac{EI_y}{GI_t}}$，将其带入式（5-15）可得：

$$\sigma_{cr}=\pi\sqrt{1+\left(\frac{\pi h}{2l_1}\right)^2\frac{EI_y}{GI_t}}\cdot\frac{\sqrt{EI_yGI_t}}{l_1W_x}=\frac{\pi^2EI_yh}{2l_1^2W_x}\sqrt{1+\left(\frac{2l_1}{\pi h}\right)^2\frac{GI_t}{EI_y}}$$

从而

$$\varphi_b=\frac{\sigma_{cr}}{f_y}=\frac{\pi^2EI_yh}{2l_1^2W_xf_y}\sqrt{1+\left(\frac{2l_1}{\pi h}\right)^2\frac{GI_t}{EI_y}} \tag{5-17}$$

上式中，代入数值 $E=2.06\times10^5\text{N/mm}^2$，$E/G=2.6$，令 $I_y=Ai_y^2$，$l_1/i_y=\lambda_y$，并假定扭转惯性矩近似值为 $I_1\approx\frac{1}{3}At_1^2$，可得：

$$\varphi_b=\frac{4320Ah}{\lambda_y^2W_x}\sqrt{1+\left(\frac{\lambda_yt_1}{4.4h}\right)^2}\frac{235}{f_y} \tag{5-18}$$

式中 A——梁毛截面面积；

t_1——梁受压翼缘厚度；

f_y——钢材屈服强度。

当梁受任意横向荷载，或梁为单轴对称截面时，式（5-18）应加以修正。《钢结构设计规范》对梁的整体稳定系数 φ_b 的规定见附录 B。

上述整体稳定系数是按弹性稳定理论求得的。研究表明，当求得的 φ_b 大于 0.6 时，梁已进入非弹性工作阶段，整体稳定临界应力明显降低，必须对 φ_b 进行修正，用下式求得的 φ_b' 代替 φ_b 进行梁的整体稳定计算：

$$\varphi_b'=1.07-\frac{0.282}{\varphi_b}\leqslant1.0 \tag{5-19}$$

当梁的整体稳定承载力不足时，可在保证局部稳定的条件下，增大梁受压翼缘的宽度；或增设侧向支承以减小梁受压翼缘的自由长度 l_1。

【例 5-2】 一简支梁，跨度 15m，截面尺寸如图 5-20 所示，在跨长三分点处布置次梁，次梁传来的集中力设计值 $F=176.58\text{kN}$，钢材为 Q345，验算钢梁的整体稳定性。

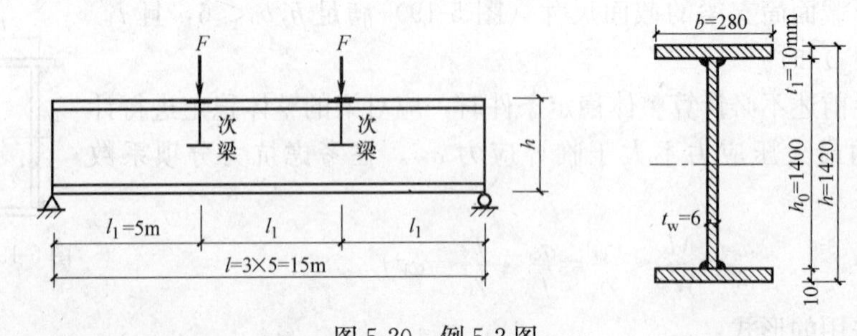

图 5-20 例 5-2 图

【解】

因 $l_1/b=5000/280=17.9>16\sqrt{235/345}=13.2$，故应进行梁的整体稳定验算。

（1）计算截面特性

$$A=2\times280\times10+1400\times6=14000\text{mm}^2$$

$$I_x=\frac{1}{12}\times(280\times1420^3-274\times1400^3)=41553\times10^5\text{mm}^4$$

$$I_y=2\times\frac{1}{12}\times10\times280^3=36587000\text{mm}^4$$

$$W_x=\frac{41553\times10^5}{710}=5852500\text{mm}^3$$

$$i_y=\sqrt{\frac{36587000}{14000}}=51\text{mm}$$

（2）计算荷载和内力

梁自重： $$g=14000\times10^{-6}\times78.5=1.1\text{kN/m}$$

$$M_x=176.58\times5+\frac{1}{8}\times1.2\times1.1\times15^2=920\text{kN}\cdot\text{m}$$

（3）验算梁的整体稳定

$$\beta_b=1.20$$

$$\lambda_y=l_1/i_y=5000/51=98$$

$$\varphi_b=1.2\times\frac{4320}{98^2}\times\frac{14000\times1420}{5852500}\times\left[\sqrt{1+\left(\frac{98\times10}{4.4\times1420}\right)^2}+0\right]\times\frac{235}{345}=1.26>0.6$$

$$\varphi_b'=1.07-\frac{0.282}{1.26}=0.85$$

$$\frac{M_x}{\varphi_b' W_x}=\frac{920\times10^6}{0.85\times5852500}=185\text{N/mm}^2<f=310\text{N/mm}^2$$

梁的整体稳定满足要求。

5.2.3 钢梁的局部稳定和腹板加劲肋设计

1. 受压翼缘的局部稳定

梁的受压翼缘板主要受均布压应力作用（图 5-21）。为了充分利用翼缘板的材料强度，以使板件在强度破坏前不致发生局部失稳，令板件的局部屈曲临界应力 σ_{cr} 不低于钢材的屈服强度 f_y，由此来确定翼缘板的最小宽厚比。

根据弹性稳定理论，单向均匀受压板的临界应力可用下式表达：

$$\sigma_{cr}=\beta\chi\frac{\pi^2E}{12(1-\nu^2)}\left(\frac{t}{b}\right)^2 \quad (5\text{-}20)$$

式中 t——板的厚度；

b——板的宽度；

ν——钢材的泊松比；

β——屈曲系数；

χ——弹性约束系数。

将 $E=2.06\times10^5\text{N/mm}^2$ 和 $\nu=0.3$ 代入式（5-20）得：

$$\sigma_{cr}=18.6\beta\chi\left(\frac{100t}{b}\right)^2 \quad (5\text{-}21)$$

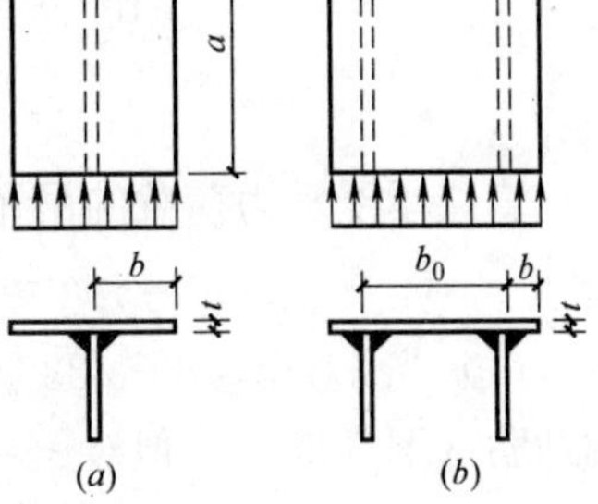

图 5-21 梁的受压翼缘板

对不需要验算疲劳的梁，考虑截面塑性发展计算其抗弯强度时，整个翼缘板已进入塑性，但在和压应力相垂直的方向，材料仍然是弹性的。这种情况属于正交异性板，其临界应力的精确计算比较复杂。一般可在式（5-20）中用$\sqrt{\eta}E$代替E（$\eta \leqslant 1$，为切线模量E_t与弹性模量E之比）来考虑这种弹塑性的影响。同理得：

$$\sigma_{cr}=18.6\beta\chi\sqrt{\eta}\left(\frac{100t}{b}\right)^2 \tag{5-22}$$

工字形梁受压翼缘板的悬伸部分，为三边简支一边自由的单向均匀受压板，其屈曲系数$\beta=0.425$，支承翼缘板的腹板一般较薄，对翼缘板没有什么约束作用，因此取弹性约束系数$\chi=1.0$。如取$\eta=0.25$，由$\sigma_{cr}\geqslant f_y$可得：

$$\sigma_{cr}=18.6\times0.425\times1.0\times\sqrt{0.25}\left(\frac{100t}{b}\right)^2\geqslant f_y \tag{5-23}$$

即：

$$\frac{b}{t}\leqslant13\sqrt{\frac{235}{f_y}} \tag{5-24}$$

当梁的抗弯强度按弹性设计（即取$\gamma_x=1.0$）时，受压翼缘板的宽厚比限值可放宽为：

$$\frac{b}{t}\leqslant15\sqrt{\frac{235}{f_y}} \tag{5-25}$$

箱形梁翼缘板在两腹板之间的部分，相当于四边简支的单向均匀受压板，取$\beta=4.0$，$\chi=1.0$，$\eta=0.25$，代入式（5-22）且由$\sigma_{cr}\geqslant f_y$可得：

$$\frac{b_0}{t}\leqslant40\sqrt{\frac{235}{f_y}} \tag{5-26}$$

2. 腹板的局部稳定

采用加大板厚的方法来保证梁腹板的局部稳定，显然是不经济的。为了提高梁腹板的局部屈曲荷载，常采用设置加劲肋的方法。加劲肋可分为横向、纵向和短加劲肋（图5-22）。通过加劲肋，把腹板划分为较小的区格，加劲肋就是每个区格的边支承。

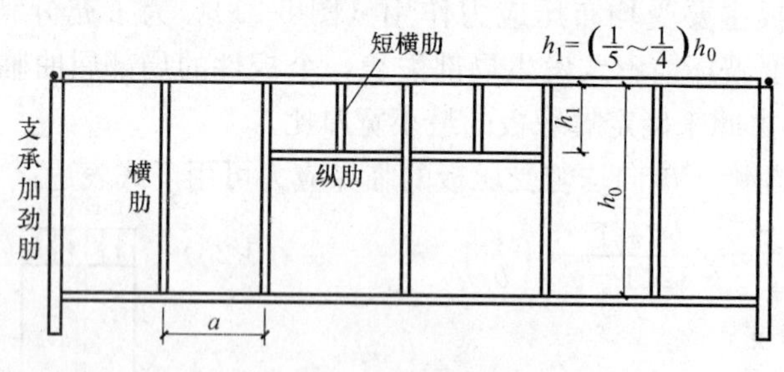

图5-22 加劲肋设置

直接承受动力荷载的吊车梁及类似构件，按下列规定配置加劲肋，并计算各板段的稳定性。

（1）当$h_0/t_w\leqslant80\sqrt{235/f_y}$时，对有局部压应力（$\sigma_c\neq0$）的梁，应按构造配置横向加劲肋（图5-23*a*），但对$\sigma_c=0$的梁，可不配置加劲肋。

（2）当$h_0/t_w>80\sqrt{235/f_y}$时，应按计算配置横向加劲肋（图5-23*b*）。

(3) 当 $h_0/t_w>170\sqrt{235/f_y}$（受压翼缘扭转受到约束，如连有刚性铺板、制动板或焊有钢轨时）或 $h_0/t_w>150\sqrt{235/f_y}$（受压翼缘扭转未受到约束时）或按计算需要时，应在弯矩较大区格的受压区增加配置纵向加劲肋（图 5-23*b*、*c*）。局部压应力很大的梁，必要时尚应在受压区配置短加劲肋（图 5-23*d*）。

任何情况下，h_0/t_w 均不应超过 250。

(4) 梁的支座处和上翼缘受有较大固定集中荷载处宜设置支承加劲肋。

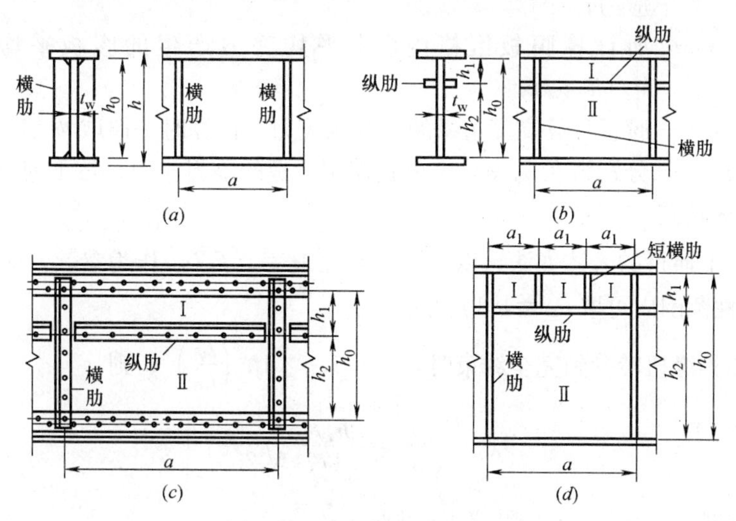

图 5-23　腹板加劲肋的布置

梁的加劲肋和翼缘使腹板成为若干四边支承的矩形板区格。这些区格一般受有弯曲正应力、剪应力以及局部压应力。在弯曲正应力单独作用下，腹板的失稳形式如图 5-24 (*a*) 所示，凸凹波形的中心靠近其压应力合力的作用线。在剪应力单独作用下，腹板在 45°方向产生主应力，主拉应力和主压应力数值上都等于剪应力。在主压应力作用下，腹板失稳形式如图 5-24 (*b*) 所示，为大约 45°方向倾斜的凸凹波形。在局部压应力单独作用下，腹板的失稳形式如图 5-24 (*c*) 所示，产生一个靠近横向压应力作用边缘的鼓曲面。

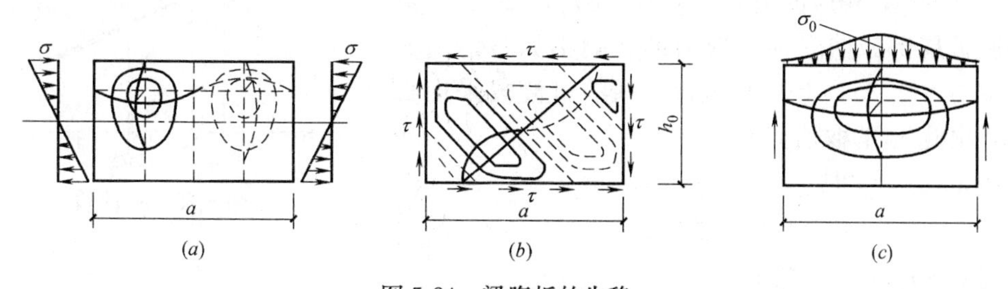

图 5-24　梁腹板的失稳

横向加劲肋主要防止由剪应力和局部压应力可能引起的腹板失稳，纵向加劲肋主要防止由弯曲压应力可能引起的腹板失稳，短加劲肋主要防止由局部压应力可能引起的腹板失稳。计算时，先布置加劲肋，再计算各区格板的平均作用应力和相应的临界应力，使其满足稳定条件。若不满足，再调整加劲肋间距，重新计算。以下介绍各种加劲肋配置时的腹板稳定计算方法。

(5) 仅用横向加劲肋加强的腹板。

腹板在每两个横向加劲肋之间的区格，同时受有弯曲正应力 σ、剪应力 τ、局部压应力 σ_c 共同作用，腹板各区格稳定计算公式为：

$$\left(\frac{\sigma}{\sigma_{cr}}\right)^2+\frac{\sigma_c}{\sigma_{c,cr}}+\left(\frac{\tau}{\tau_{cr}}\right)^2\leqslant 1 \tag{5-27}$$

式中 σ——所计算腹板区格内，由平均弯矩产生的腹板计算高度边缘的弯曲压应力；

τ——所计算腹板区格内，由平均剪力产生的腹板平均剪应力，$\tau=V/(h_w t_w)$；

σ_c——腹板计算高度边缘的局部压应力，计算时一律取 $\psi=1$。

σ_{cr}、$\sigma_{c,cr}$ 和 τ_{cr}——分别为在 σ、σ_c、τ 单独作用下板的临界应力，按下列方法计算：

1) σ_{cr} 的表达式

采用国际上通行的表达方法，以通用高厚比 $\lambda_b=\sqrt{f_y/\sigma_{cr}}$ 作为参数。即临界应力 $\sigma_{cr}=f_y/\lambda_b^2$，在弹性范围内可取 $\sigma_{cr}=1.1f_y/\lambda_b^2$。

当梁受压翼缘扭转受到完全约束时，$\sigma_{cr}=7.4\times10^6\left(\frac{t_w}{h_0}\right)^2$，则：

$$\lambda_b=\sqrt{\frac{f_y}{\sigma_{cr}}}=\frac{2h_c/t_w}{177}\sqrt{\frac{f_y}{235}} \tag{5-28a}$$

其他情况时，$\sigma_{cr}=5.5\times10^6\left(\frac{t_w}{h_0}\right)^2$，则：

$$\lambda_b=\sqrt{\frac{f_y}{\sigma_{cr}}}=\frac{2h_c/t_w}{153}\sqrt{\frac{f_y}{235}} \tag{5-28b}$$

对没有缺陷的板，当 $\lambda_b=1$ 时，$\sigma_{cr}=f_y$。考虑残余应力和几何缺陷的影响，令 $\lambda_b=0.85$ 为弹塑性修正的上起始点 A，实际应用时取 $\lambda_b=0.85$ 时，$\sigma_{cr}=f$（图 5-25）。弹塑性的下起始点 B 为弹性与弹塑性的交点，参照梁整体稳定，弹性界限取为 $0.6f_y$，相应的 $\lambda_b=\sqrt{f_y/(0.6f_y)}=1.29$。考虑到腹板局部屈曲受残余应力的影响不如整体屈曲大，取 $\lambda_b=1.25$。上、下起始点间的过渡段采用直线式，由此 σ_{cr} 的取值如下：

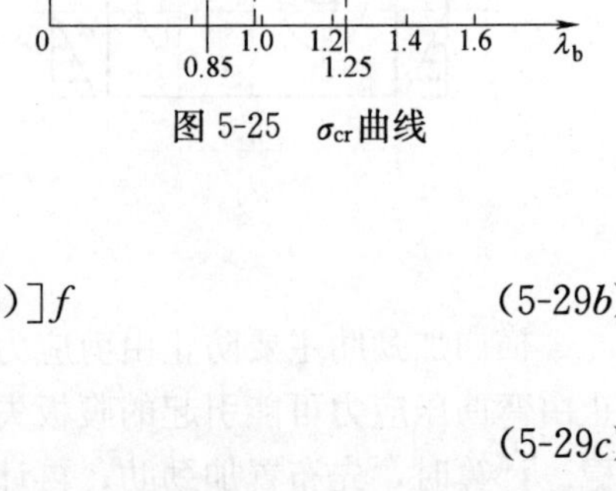

图 5-25 σ_{cr} 曲线

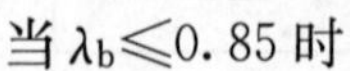

当 $\lambda_b\leqslant0.85$ 时

$$\sigma_{cr}=f \tag{5-29a}$$

当 $0.85<\lambda_b\leqslant1.25$ 时

$$\sigma_{cr}=[1-0.75(\lambda_b-0.85)]f \tag{5-29b}$$

当 $\lambda_b>1.25$ 时

$$\sigma_{cr}=1.1f/\lambda_b^2 \tag{5-29c}$$

2) τ_{cr} 的表达式

以 $\lambda_s=\sqrt{f_{vy}/\tau_{cr}}$ 作为参数。当 $a/h_0\leqslant1.0$ 时，$\tau_{cr}=233\times10^3\left[4+5.34\left(\frac{h_0}{a}\right)^2\right]\left(\frac{t_w}{h_0}\right)^2$，则：

$$\lambda_s=\frac{h_0/t_w}{41\sqrt{4+5.34(h_0/a)^2}}\cdot\sqrt{\frac{f_y}{235}} \tag{5-30a}$$

当 $a/h_0>1.0$ 时，$\tau_{cr}=233\times10^3\times\left[5.34+4\left(\frac{h_0}{a}\right)^2\right]\left(\frac{t_w}{h_0}\right)^2$，则：

$$\lambda_s=\frac{h_0/t_w}{41\sqrt{5.34+4(h_0/a)^2}}\cdot\sqrt{\frac{f_y}{235}} \tag{5-30b}$$

取 $\lambda_s=0.8$ 为 $\tau_{cr}=f_{vy}$ 的上起始点，$\lambda_s=1.2$ 为弹塑性与弹性相交的下起始点，过渡段仍用直线，则 τ_{cr} 的取值如下：

当 $\lambda_s\leqslant0.8$ 时

$$\tau_{cr}=f_v \tag{5-31a}$$

当 $0.8<\lambda_s\leqslant1.2$ 时

$$\tau_{cr}=[1-0.59\times(\lambda_s-0.8)]f_v \tag{5-31b}$$

当 $\lambda_s>1.2$ 时

$$\tau_{cr}=1.1f_v/\lambda_s^2 \tag{5-31c}$$

3）$\sigma_{c,cr}$ 的表达式

以 $\lambda_c=\sqrt{f_y/\sigma_{c,cr}}$ 作为参数，$\sigma_{c,cr}=186\times10^3\beta\chi\left(\frac{t_w}{h_0}\right)^2$，则 $\lambda_c=\frac{h_0/t_w}{28\sqrt{\beta\chi}}\cdot\sqrt{\frac{f_y}{235}}$，$\beta\chi$ 可由下式表达：

当 $0.5\leqslant a/h_0\leqslant1.5$ 时：

$$\beta\chi=\left[7.4\frac{h_0}{a}+4.5\left(\frac{h_0}{a}\right)^2\right]\times\left(1.81-0.255\frac{h_0}{a}\right)\approx10.9+13.4\times\left(1.83-\frac{a}{h_0}\right)^3$$

当 $1.5<a/h_0\leqslant2$ 时：

$$\beta\chi=\left[11\frac{h_0}{a}-0.9\left(\frac{h_0}{a}\right)^2\right]\times\left(1.81-0.255\frac{h_0}{a}\right)\approx18.9-5\frac{a}{h_0}$$

因此，λ_c 的计算式如下：

当 $0.5\leqslant a/h_0\leqslant1.5$ 时：

$$\lambda_c=\frac{h_0/t_w}{28\times\sqrt{10.9+13.4(1.83-a/h_0)^3}}\cdot\sqrt{\frac{f_y}{235}} \tag{5-32a}$$

当 $1.5<a/h_0\leqslant2$ 时：

$$\lambda_c=\frac{h_0/t_w}{28\times\sqrt{18.9-5a/h_0}}\cdot\sqrt{\frac{f_y}{235}} \tag{5-32b}$$

取 $\lambda_c=0.9$ 为 $\sigma_{c,cr}=f_y$ 的上起始点，$\lambda_c=1.2$ 为弹塑性与弹性相交的下起始点，过渡段仍用直线，则 $\sigma_{c,cr}$ 的取值如下：

当 $\lambda_c\leqslant0.9$ 时：

$$\sigma_{c,cr}=f \tag{5-33a}$$

当 $0.9<\lambda_c\leqslant1.2$ 时：

$$\sigma_{c,cr}=[1-0.79(\lambda_c-0.9)]f \tag{5-33b}$$

当 $\lambda_c>1.2$ 时：

$$\sigma_{c,cr}=1.1f/\lambda_c^2 \tag{5-33c}$$

(6) 同时用横向加劲肋和纵向加劲肋加强的腹板

这种情况下，纵向加劲肋将腹板分隔成区格Ⅰ和区格Ⅱ（图 5-23），应分别计算这两个区格的稳定性。

1）受压翼缘与纵向加劲肋之间高度为 h_1 的区格

此区格受有纵向压应力 σ、剪应力 τ、局部横向压应力 σ_c 的共同作用，其稳定计算公式为：

$$\frac{\sigma}{\sigma_{cr1}}+\left(\frac{\sigma_c}{\sigma_{c,cr1}}\right)^2+\left(\frac{\tau}{\tau_{cr1}}\right)^2\leqslant 1 \tag{5-34}$$

σ_{cr1}、$\sigma_{c,cr1}$ 和 τ_{cr1} 按下列方法计算：

① σ_{cr1} 按式（5-29）计算，但将式中的 λ_b 改用 λ_{b1} 代替。

当梁受压翼缘扭转受到完全约束时：

$$\lambda_{b1}=\frac{h_1/t_w}{75}\sqrt{\frac{f_y}{235}} \tag{5-35a}$$

其他情况时：

$$\lambda_{b1}=\frac{h_1/t_w}{64}\sqrt{\frac{f_y}{235}} \tag{5-35b}$$

② τ_{cr1} 按式（5-30）和式（5-31）计算，但将式中 h_0 改为 h_1。

③ $\sigma_{c,cr1}$ 按式（5-29）计算，但将式中的 λ_b 改用 λ_{c1} 代替。

当梁受压翼缘扭转受到完全约束时：

$$\lambda_{c1}=\frac{h_1/t_w}{56}\sqrt{\frac{f_y}{235}} \tag{5-36a}$$

其他情况时：

$$\lambda_{c1}=\frac{h_1/t_w}{40}\sqrt{\frac{f_y}{235}} \tag{5-36b}$$

2）受拉翼缘与纵向加劲肋之间高度为 h_2 的区格

此区格稳定计算式仍采用式（5-27）的形式，表达式为：

$$\left(\frac{\sigma_2}{\sigma_{cr2}}\right)^2+\frac{\sigma_{c2}}{\sigma_{c,cr2}}+\left(\frac{\tau}{\tau_{cr2}}\right)^2\leqslant 1 \tag{5-37}$$

式中 σ_2——所计算腹板区格内，由平均弯矩产生的在纵向加劲肋边缘的弯曲压应力；

τ——所计算腹板区格内，由平均剪力产生的腹板平均剪应力，$\tau=V/(h_w t_w)$；

σ_{c2}——腹板在纵向加劲肋处的横向压应力，取 $\sigma_{c2}=0.3\sigma_c$。

① σ_{cr2} 按式（5-29）计算，但将式中的 λ_b 改用 λ_{b2} 代替。

$$\lambda_{b2}=\frac{h_2/t_w}{194}\sqrt{\frac{f_y}{235}} \tag{5-38}$$

② τ_{cr2} 按式（5-30）和式（5-31）计算，但将式中 h_0 改为 h_2。

③ $\sigma_{c,cr2}$ 按式（5-32）和式（5-33）计算，但将式中 h_0 改为 h_2。当 $a/h_2>2$ 时，取 $a/h_2=2$。

3）受压翼缘与纵向加劲肋之间设有短加劲肋的区格（图 5-23*d*）

此区格的局部稳定性应按式（5-34）计算。该式中的 σ_{cr1} 按无短加劲肋情况取值；τ_{cr1} 应按式（5-30）和式（5-31）计算，但将式中 h_0 和 a 分别改为 h_1 和 a_1（a_1 为短加劲肋间距)；$\sigma_{c,cr1}$按式（5-29）计算，但将式中的λ_b改用λ_{c1}代替。

对$a_1/h_1 \leqslant 1.2$的区格：

当梁受压翼缘扭转受到完全约束时：

$$\lambda_{c1}=\frac{a_1/t_w}{87}\sqrt{\frac{f_y}{235}} \tag{5-39a}$$

当梁受压翼缘扭转未受到约束时：

$$\lambda_{c1}=\frac{a_1/t_w}{73}\sqrt{\frac{f_y}{235}} \tag{5-39b}$$

对$a_1/h_1>1.2$的区格，式（5-39）右侧应乘以$1/\sqrt{0.4+0.5a_1/h_1}$。

受拉翼缘与纵向加劲肋之间的区格Ⅱ，仍按式（5-37）计算。

3. 加劲肋的构造和截面尺寸

加劲肋按其作用可分为两类：一类是仅间隔腹板以保证腹板局部稳定，称为间隔加劲肋；另一类除了上面的作用外，还起传递固定集中荷载或支座反力的作用，称为支承加劲肋。间隔加劲肋仅按构造条件确定截面，而支承加劲肋截面尺寸还需满足受力要求。

焊接梁的加劲肋一般用钢板做成，为使梁的整体受力不致产生人为的侧向偏心，加劲肋最好在腹板两侧成对布置（图 5-26）。在条件不容许时，也可单侧布置，但支承加劲肋和重级工作制吊车梁的加劲肋不能单侧布置。

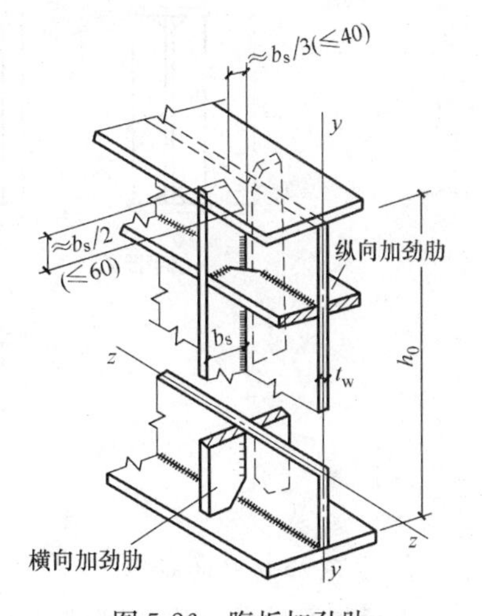

图 5-26　腹板加劲肋

横向加劲肋的间距a不得小于$0.5h_0$，也不得大于$2h_0$，对$\sigma_c=0$的梁，$h_0/t_w \leqslant 100$时，可采用$2.5h_0$。

加劲肋应具有足够的刚度才能作为腹板的可靠支承，所以对加劲肋的截面尺寸和截面惯性矩应有一定要求。

双侧布置的钢板横向加劲肋的外伸宽度b_s（mm）应满足下式要求：

$$b_s \geqslant \frac{h_0}{30}+40 \tag{5-40}$$

单侧布置时，外伸宽度应比上式增加20%。

加劲肋的厚度不应小于实际取用外伸宽度的1/15。

当腹板同时用横向加劲肋和纵向加劲肋加强时，应在其相交处切断纵向加劲肋而使横向加劲肋保持连续。此时，横向加劲肋的截面尺寸除应满足上述规定外，其截面惯性矩（对z-z轴）还应满足下式要求：

$$I_z \geqslant 3h_0 t_w^3 \tag{5-41}$$

纵向加劲肋的截面惯性矩（对y-y轴），应满足下列公式的要求：

当$a/h_0 \leqslant 0.85$时：

$$I_y \geqslant 1.5h_0 t_w^3 \tag{5-42a}$$

当$a/h_0>0.85$时：

$$I_y \geqslant \left(2.5-0.45\frac{a}{h_0}\right)\left(\frac{a}{h_0}\right)^2 h_0 t_w^3 \tag{5-42b}$$

计算加劲肋截面惯性矩的 y 轴和 z 轴规定为：双侧加劲肋为腹板轴线；单侧加劲肋为与加劲肋相连的腹板边缘线。

对大型梁，可采用以肢尖焊于腹板的角钢加劲肋，其截面惯性矩不得小于相应钢板加劲肋的惯性矩。

为了避免焊缝交叉，减小焊接应力，在加劲肋端部应切去宽约 $b_s/3$（但不大于40mm）、高约 $b_s/2$（但不大于60mm）的斜角。在纵向加劲肋和横向加劲肋相交处，纵向加劲肋也要切角（图5-27*a*）。对直接承受动力荷载的梁，如吊车梁，中间横向加劲肋下端不应与受拉翼缘焊接，一般在距受拉翼缘50～100mm处断开（图5-27*b*），以避免降低受拉翼缘的疲劳强度。

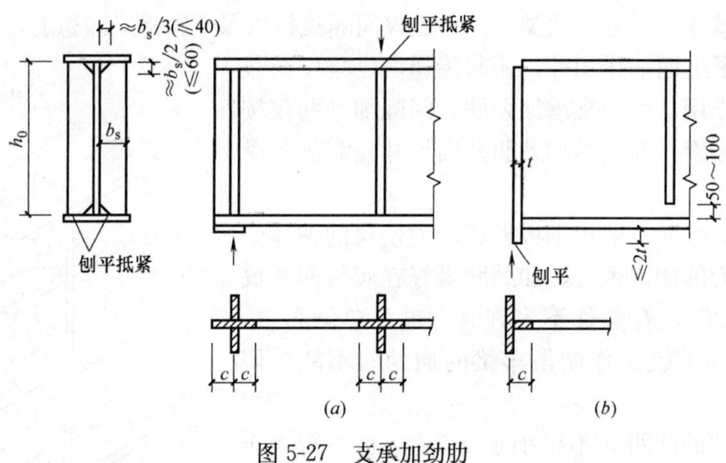

图5-27　支承加劲肋

4. *支承加劲肋的计算*

支承加劲肋应在腹板两侧成对设置，并应进行整体稳定和端面承压计算，其截面往往比中间横向加劲肋大。

（1）按轴心压杆计算支承加劲肋在腹板平面外的稳定性。此压杆的截面包括加劲肋以及每侧各 $15t_w\sqrt{235/f_y}$ 范围内的腹板面积（图5-27*a*中的阴影部分），其计算长度近似取为 h_0。

（2）支承加劲肋一般刨平顶紧于梁的翼缘（图5-27*a*）或柱顶（图5-27*b*），其端面承压强度按下式计算：

$$\sigma_{ce}=\frac{F}{A_{ce}}\leqslant f_{ce} \tag{5-43}$$

式中　F——集中荷载或支座反力；

A_{ce}——端面承压面积；

f_{ce}——钢材端面承压强度设计值。

突缘支座的伸出长度（图5-27*b*）不应大于加劲肋厚度的2倍。

（3）支承加劲肋与腹板的连接焊缝，应按承受全部集中力或支座反力进行计算。计算时假定应力沿焊缝长度均匀分布。

【例 5-3】 一钢梁端部支承加劲肋设计采用突缘加劲板，尺寸如图 5-28 所示，支座反力 $F=682.5$kN，钢材采用 Q235，试验算该加劲肋。

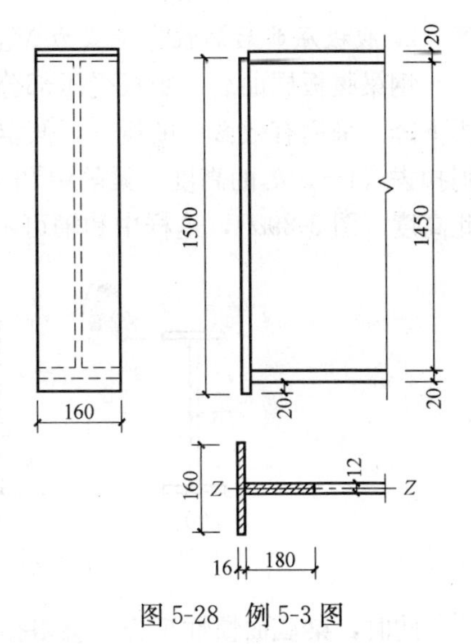

图 5-28　例 5-3 图

【解】

（1）支承加劲肋在腹板平面外的整体稳定

$$A=160\times16+180\times12=4720\text{mm}^2$$

$$I_z=\frac{1}{12}\times16\times160^3+\frac{1}{12}\times180\times12^3=5487253\text{mm}^4$$

$$i_z=\sqrt{\frac{5487253}{4720}}=34\text{mm}$$

$$\lambda=\frac{h_0}{i_z}=\frac{1450}{34}=42.6$$

b 类截面，查得：$\varphi=0.889$。

$$\frac{F}{\varphi A}=\frac{682.5\times10^3}{0.889\times4720}=162.7\text{N/mm}^2<f=215\text{N/mm}^2$$

（2）端部承压强度

$$\sigma_{ce}=\frac{F}{A_{ce}}=\frac{682.5\times10^3}{4720}=144.6\text{N/mm}^2<f_{ce}=235\text{N/mm}^2$$

该加劲肋满足要求。

5.2.4　考虑腹板屈曲后强度的梁设计

钢梁腹板一般都比较薄，并以加劲肋加强，而翼缘板相对较厚。对于这样的梁腹板，只要荷载不是多次循环作用的，无论在剪应力还是弯曲应力下屈曲，梁都还有继续承载的潜力，即有屈曲后强度可利用。如果梁承受多次循环荷载，则腹板反复屈曲可能造成疲劳破损，这时应把腹板屈曲看作承载力的极限状态。

承受静力荷载和间接承受动力荷载的组合梁宜考虑腹板屈曲后的强度，梁的腹板高厚比可以达到 250 而不设置纵向加劲肋，可仅在支座处或固定集中荷载作用处设置支承加劲肋，或视需要设置中间横向加劲肋。直接承受动力荷载的吊车梁或类似构件，腹板反复屈曲可能导致其边缘出现裂纹，因此不考虑腹板屈曲后强度。

1. 腹板屈曲后的抗剪承载力 V_u

腹板屈曲后的抗剪承载力应为屈曲剪力与张力场剪力之和，抗剪承载力设计值 V_u 可用下列公式计算：

当 $\lambda_s\leqslant0.8$ 时：

$$V_u=h_w t_w f_v \tag{5-44a}$$

当 $0.8<\lambda_s\leqslant1.2$ 时：

$$V_u=h_w t_w f_v[1-0.5(\lambda_s-0.8)] \tag{5-44b}$$

当 $\lambda_s>1.2$ 时：

$$V_u=h_w t_w f_v/\lambda_s^{1.2} \tag{5-44c}$$

式中　λ_s——用于抗剪计算的腹板通用高厚比，按式（5-30）计算。

2. 腹板屈曲后的抗弯承载力 M_{eu}

钢梁腹板屈曲后，腹板受压部分退出工作，使梁的有效截面减小导致其抗弯承载力有所下降。采用有效截面的概念，假定腹板受压区有效高度为 ρh_c，等分在 h_c 的两端，中部则扣去 $(1-\rho)h_c$ 的高度，梁的中和轴也有所下降。现假定腹板受拉区和受压区同样扣去此高度（图 5-29d），这样中和轴可不变动，计算较为简便。

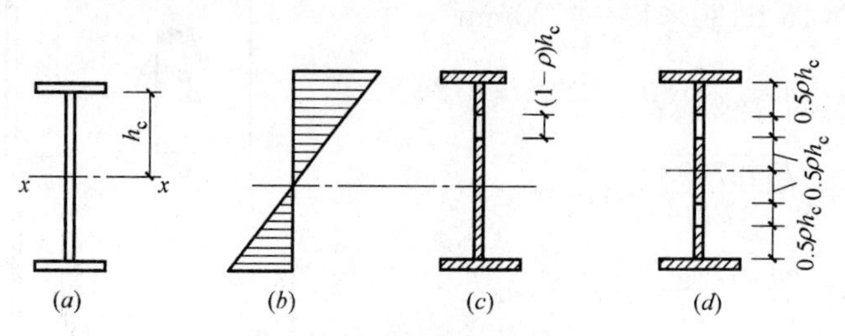

图 5-29 梁截面模量折减系数的计算

此时，梁截面惯性矩为（忽略孔洞绕本身轴惯性矩）：

$$I_{xe}=I_x-2(1-\rho)h_c t_w\left(\frac{h_c}{2}\right)^2=I_x-\frac{1}{2}(1-\rho)h_c^3 t_w \tag{5-45}$$

式中 I_x——按梁截面全部有效算得的绕 x 轴的惯性矩。

梁截面模量折减系数为：

$$\alpha_e=\frac{W_{xe}}{W_x}=\frac{I_{xe}}{I_x}=1-\frac{(1-\rho)h_c^3 t_w}{2I_x} \tag{5-46}$$

式中 ρ——有效高度系数，按下列公式计算：

当 $\lambda_b\leqslant 0.85$ 时：

$$\rho=1.0 \tag{5-47a}$$

当 $0.85<\lambda_b\leqslant 1.25$ 时：

$$\rho=1-0.82(\lambda_b-0.85) \tag{5-47b}$$

当 $\lambda_b>1.25$ 时：

$$\rho=\frac{1-0.2/\lambda_b}{\lambda_b} \tag{5-47c}$$

通用高厚比 λ_b 按式（5-28）计算。

式（5-46）是按双轴对称截面塑性发展系数 $\gamma_x=1.0$ 得出的偏安全的近似公式，也可用于 $\gamma_x=1.05$ 和单轴对称截面。

梁的抗弯承载力设计值为：

$$M_{eu}=\gamma_x \alpha_e W_x f \tag{5-48}$$

当 $\rho=1.0$ 时，$\alpha_e=1$，截面全部有效，截面抗弯承载力没有降低。

以上公式中的截面几何参数 W_x、I_x 以及 h_c 均按截面全部有效计算。

3. 考虑腹板屈曲后强度的梁的计算

在横向加劲肋之间的腹板各区段，通常承受弯矩和剪力的共同作用。我国规范采用的剪力 V 和弯矩 M 的计算公式为：

当 $M/M_f\leqslant 1.0$ 时：

$$V\leqslant V_u \tag{5-49a}$$

当 $V/V_u \leqslant 0.5$ 时：

$$M \leqslant M_{eu} \tag{5-49b}$$

其他情况：

$$\left(\frac{V}{0.5V_u}-1\right)^2+\frac{M-M_f}{M_{eu}-M_f}\leqslant 1.0 \tag{5-49c}$$

式中 M、V——梁同一截面上同时承受的弯矩和剪力设计值；

M_{eu}、V_u——梁抗弯或抗剪承载力设计值；

M_f——梁两翼缘所承担的弯矩设计值：对双轴对称截面梁，$M_f=A_f h_f f$（A_f为一个翼缘截面面积；h_f为上、下翼缘轴线间距离）；对单轴对称截面梁，$M_f=\left(A_{f1}\frac{h_1^2}{h_2}+A_{f2}h_2\right)f$，$A_{f1}$、$h_1$为一个翼缘截面面积及其形心至梁中和轴距离；$A_{f2}$、$h_2$为另一个翼缘的相应值。

4. 考虑腹板屈曲后强度的梁的加劲肋设计

考虑腹板屈曲后强度的梁，其横向加劲肋不允许单侧设置，加劲肋截面尺寸应满足式（5-40）的要求。中间横向加劲肋还将受到斜向拉力场竖向分力的作用，此竖向分力 N_s可用下式表达：

$$N_s=V_u-h_w t_w \tau_{cr} \tag{5-50}$$

式中 V_u——按式（5-44）计算；

τ_{cr}——按式（5-31）计算；

h_w——腹板高度。

中间横向加劲肋按承受 N_s的轴心压杆计算其在腹板平面外的稳定。若该加劲肋还承受固定集中荷载 F 的作用，则应按 $N=N_s+F$ 计算。

当 $\lambda_s>0.8$ 时，梁支座加劲肋除承受梁支座反力 R 外，还承受张力场斜拉力的水平分力 H_t：

$$H_t=(V_u-h_w t_w \tau_{cr})\sqrt{1+\left(\frac{a}{h_0}\right)^2} \tag{5-51}$$

H_t的作用点可取为距上翼缘 $h_0/4$ 处（图 5-30a）。为增加抗弯能力，还应在梁外延的端部加设封头板，封头板截面积不小于 $A_c=3h_0 H_t/(16ef)$，式中 e 为支座加劲肋与封头板的距离；f 为钢材强度设计值。

梁端构造还有另一个方案：即缩小支座加劲肋和第一道中间横向加劲肋的距离 a_1（图 5-30b），使 a_1范围内的 $\tau_{cr}\geqslant f_v$（即 $\lambda_s\leqslant 0.8$），此种情况的支座加劲肋就不会受到 H_t的作用。这种对端节间不利用腹板屈曲后强度的办法，为世界少数国家，如美国所采用。

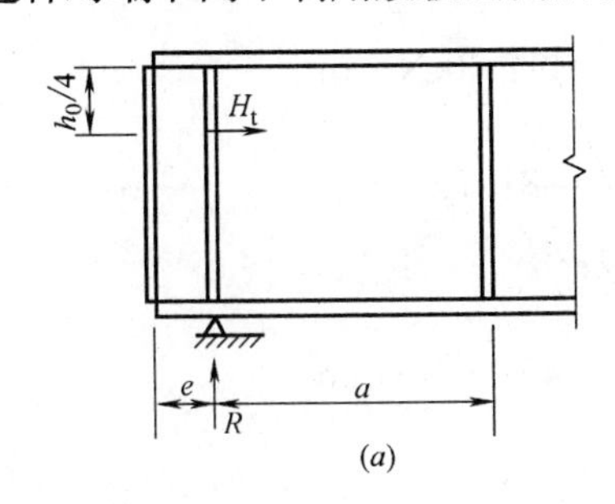

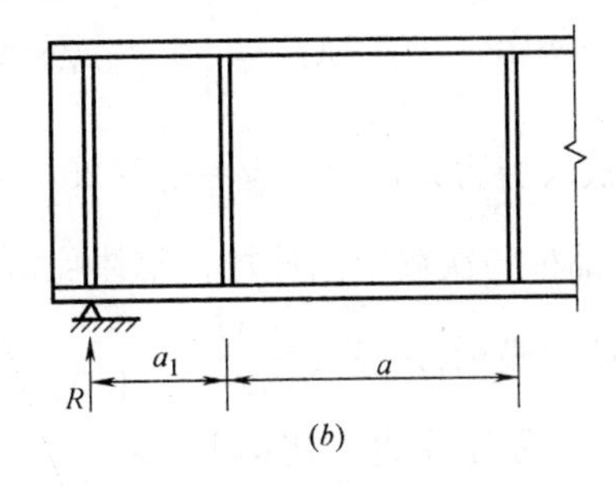

图 5-30 梁端构造

5.2.5 钢梁截面设计

1. 型钢梁设计

型钢梁的设计比较简单，通常先按抗弯强度（当梁的整体稳定有保证时）或整体稳定（当需要计算整体稳定时）求出需要的截面模量：

$$W_{nx}=\frac{M_x}{\gamma_x f}$$

或

$$W_x=\frac{M_x}{\varphi_b f}$$

式中的整体稳定系数 φ_b 可假定。由截面模量选择合适的型钢（一般为 H 型钢或普通工字钢），然后验算梁的弯曲正应力、局部压应力、整体稳定和刚度。由于型钢截面的翼缘和腹板厚度较大，不必验算局部稳定；截面无大的削弱时，也不必验算剪应力。

【例 5-4】 工作平台梁格布置如图 5-31 所示，次梁简支于主梁上，平台上恒荷载标准值为 3.0kN/m²，活荷载标准值为 4.5kN/m²，钢材为 Q235，试分别按以下两种情况选择中间次梁截面：①平台铺板与次梁牢固连接并可保证次梁的整体稳定；②平台铺板与次梁未牢固连接。

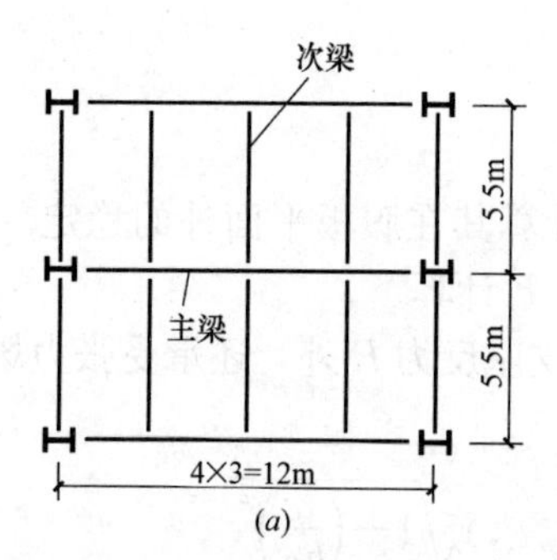

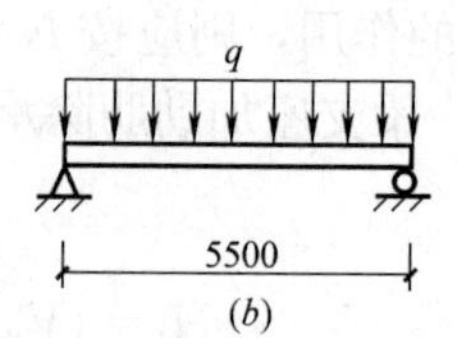

图 5-31 例 5-4 图

(a) 工作平台梁格布置；(b) 次梁计算简图

【解】

作用于次梁上的荷载标准值：

$$q_k=(3.0+4.5)\times 3=22.5\text{kN/m}$$

荷载设计值： $q=(1.2\times 3.0+1.4\times 4.5)\times 3=29.7\text{kN/m}$

跨中最大弯矩： $M_x=\frac{1}{8}\times 29.7\times 5.5^2=112.3\text{kN}\cdot\text{m}$

支座处最大剪力： $V=\frac{1}{2}\times 29.7\times 5.5=81.7\text{kN}$

① 平台铺板与次梁牢固连接，整体稳定不必验算。

需要的截面模量： $W_x=\frac{M_x}{\gamma_x f}=\frac{112.3\times 10^6}{1.05\times 215}=497\times 10^3\text{mm}^3$

采用普通轧制工字钢，初选 I28a：

$$W_x=508\text{cm}^3, I_x=7110\text{cm}^4, t_w=8.5\text{mm}, I_x/S_x=24.6\text{cm}$$

单位长度自重：0.425kN/m

总弯矩：　　$M_x=112.3+\frac{1}{8}\times1.2\times0.425\times5.5^2=114.2\text{kN}\cdot\text{m}$

总剪力：　　$V=81.7+\frac{1}{2}\times1.2\times0.425\times5.5=83.1\text{kN}$

弯曲正应力：$\sigma=\frac{M_x}{\gamma_x W_x}=\frac{114.2\times10^6}{1.05\times508\times10^3}=214\text{N/mm}^2<f=215\text{N/mm}^2$

最大剪应力：$\tau=\frac{VS_x}{I_x t_w}=\frac{83.1\times10^3}{246\times8.5}=39.7\text{N/mm}^2<f_v=125\text{N/mm}^2$

可见，型钢梁由于腹板较厚，剪应力一般不起控制作用。

挠度验算：

考虑梁自重的荷载标准值：$q_k=22.5+0.425=22.925\text{kN/m}$

$$v=\frac{5q_k l^4}{384EI}=\frac{5\times22.925\times5500^4}{384\times2.06\times10^5\times7110\times10^4}=18.7\text{mm}<[v]=\frac{5500}{250}=22\text{mm}$$

所选次梁截面满足要求。

② 平台铺板与次梁未牢固连接，根据整体稳定要求重新选择截面。

假定工字钢型号为22～40，查表可得 $\varphi_b=0.665>0.6$

$$\varphi_b'=1.07-\frac{0.282}{0.665}=0.646$$

$$W_x=\frac{M_x}{\varphi_b' f}=\frac{112.3\times10^6}{0.646\times215}=809\times10^3\text{mm}^3$$

选用I35a，自重为0.587kN/m，$W_x=875\text{cm}^3$

$$M_x=112.3+\frac{1}{8}\times1.2\times0.587\times5.5^2=115\text{kN}\cdot\text{m}$$

$$\frac{M_x}{\varphi_b' W_x}=\frac{115\times10^6}{0.646\times875\times10^3}=203.5\text{N/mm}^2<f=215\text{N/mm}^2$$

由此可见，截面增大约38%。因此，设计时应将平台铺板与次梁牢固连接，以保证次梁的整体稳定，既保证安全，又经济合理。

2. 组合梁设计

钢梁的内力较大时，需采用组合梁，常用的形式为由三块钢板焊成的工字形截面。选择组合梁截面时，首先要初步估算梁的截面高度、腹板厚度和翼缘尺寸。

(1) 梁的截面高度

确定梁的截面高度时应综合考虑建筑高度、刚度要求和经济条件。

建筑高度是指梁的底面到铺板顶面之间的高度，它往往由生产工艺和使用要求决定。建筑高度的限制决定了梁的最大高度 h_{max}。

刚度要求决定了梁的最小高度 h_{min}。刚度条件是要求梁在全部荷载标准值作用下的挠度 v 不大于容许挠度 $[v_T]$。

从用料最小出发可以定出梁的经济高度。最经济的截面高度是满足使用要求的前提下使梁的总用钢量为最小。梁单位长度的用钢量与截面面积成比例，梁截面的总面积 A 为两个翼缘面积（$2A_f$）与腹板面积（$t_w h_w$）之和。腹板加劲肋的用钢量约为腹板用钢量的20%，故将腹板面积乘以构造系数1.2。由此得：

$$A=2A_f+1.2t_wh_w \quad (5\text{-}52)$$

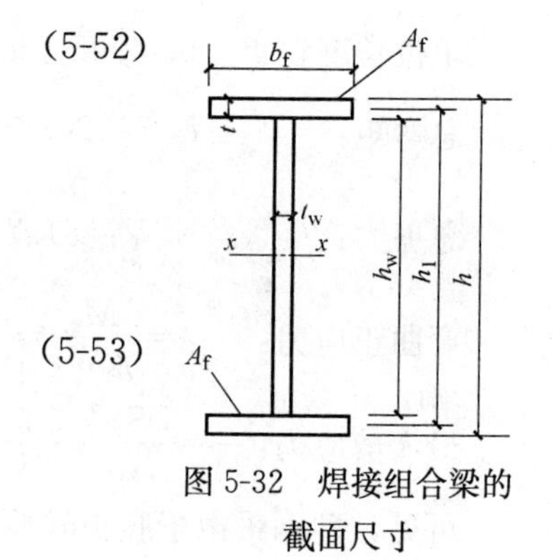

图 5-32　焊接组合梁的截面尺寸

根据截面尺寸（图 5-32）有：

$$I_x=\frac{1}{12}t_wh_w^3+2A_f\left(\frac{h_1}{2}\right)^2=W_x\frac{h}{2}$$

近似取 $h=h_1=h_w$，由此得每个翼缘的面积为：

$$A_f=\frac{W_x}{h_w}-\frac{1}{6}t_wh_w \quad (5\text{-}53)$$

将式（5-53）代入式（5-52）得：

$$A=2\frac{W_x}{h_w}+0.867t_wh_w$$

腹板厚度与其高度有关，根据经验可取 $t_w=\sqrt{h_w}/3.5$，代入上式得：

$$A=2\frac{W_x}{h_w}+0.248h_w^{3/2}$$

总截面积最小的条件为：

$$\frac{dA}{dh_w}=-2\frac{W_x}{h_w^2}+0.372h_w^{1/2}=0$$

由此得用钢量最小时经济高度 h_s 为：

$$h_s\approx h_w=2W_x^{0.4} \quad (5\text{-}54)$$

式中，W_x的单位为 mm³，h_s的单位为 mm。W_x可按下式求出：

$$W_x=\frac{M_x}{\alpha f} \quad (5\text{-}55)$$

式中　α——系数，一般单向弯曲梁：当最大弯矩处无孔眼时 $\alpha=\gamma_x=1.05$；有孔眼时 $\alpha=0.85\sim0.9$；对吊车梁，考虑横向水平荷载的作用可取 $\alpha=0.7\sim0.9$。

实际采用的梁高，应大于由刚度条件确定的最小高度 h_{min}，而大约等于或略小于经济高度 h_s。此外，梁的高度不能影响建筑物使用要求所需的净空尺寸，一般取腹板高度为 50mm 的倍数。

（2）腹板厚度

腹板厚度应满足抗剪强度的要求。初选截面时，可近似假定最大剪应力为腹板平均剪应力的 1.2 倍，腹板的抗剪强度计算公式简化为：

$$\tau_{max}\approx1.2\frac{V_{max}}{h_wt_w}\leqslant f_v$$

可得：

$$t_w\geqslant1.2\frac{V_{max}}{h_wf_v} \quad (5\text{-}56)$$

由式（5-56）确定的 t_w值往往偏小。为了考虑局部稳定和构造等因素，腹板厚度一般用下列经验公式进行估算：

$$t_w=\frac{\sqrt{h_w}}{3.5} \quad (5\text{-}57)$$

式（5-57）中，t_w和 h_w的单位均为 mm。实际采用的腹板厚度应考虑钢板的现有规格，一般为 2mm 的倍数。对于非吊车梁，腹板厚度取值宜比式（5-57）的计算值略小；

对考虑腹板屈曲后强度的梁，腹板厚度可更小，但不得小于 6mm，也不宜使高厚比超过 250。

（3）翼缘尺寸

已知腹板尺寸，由式（5-53）即可求得需要的翼缘截面积 A_f。

翼缘板的宽度通常为 $b_f=(1/5\sim1/3)h$，厚度 $t=A_f/b_f$。翼缘板常用单层板做成，当厚度过大时，可采用双层板。

确定翼缘板的尺寸时，应注意满足局部稳定要求，使受压翼缘的外伸宽度 b 与其厚度 t 之比 $b/t\leqslant15\sqrt{235/f_y}$（弹性设计，即取 $\gamma_x=1.0$）或 $13\sqrt{235/f_y}$（考虑塑性发展，即取 $\gamma_x=1.05$）。

选择翼缘尺寸时，同样应符合钢板规格，宽度取 10mm 的倍数，厚度取 2mm 的倍数。

（4）翼缘焊缝的计算

当梁弯曲时，由于相邻截面中作用在翼缘截面的弯曲正应力有差值，翼缘与腹板间将产生水平剪应力（图 5-33）。沿梁单位长度的水平剪力为：

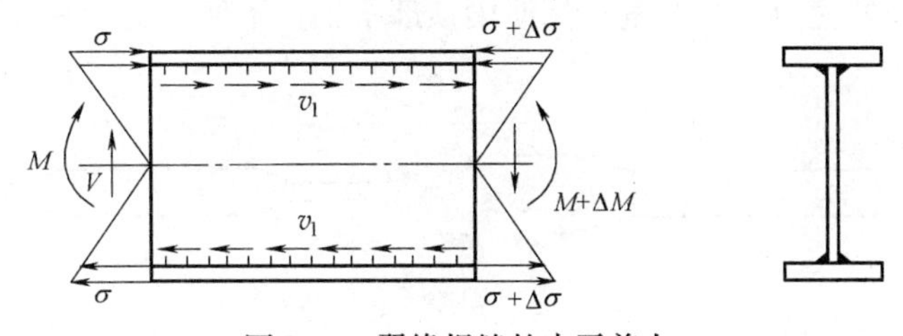

图 5-33 翼缘焊缝的水平剪力

$$v_1=\tau_1 t_w=\frac{VS_1}{I_x t_w}\cdot t_w=\frac{VS_1}{I_x}$$

式中 τ_1——腹板与翼缘交界处的水平剪应力（与竖向剪应力相等）；

S_1——翼缘截面对梁中和轴的面积矩。

当腹板与翼缘板用角焊缝连接时，角焊缝有效截面上承受的剪应力不应超过角焊缝强度设计值 f_f^w：

$$\tau_f=\frac{v_1}{2\times0.7h_f}=\frac{VS_1}{1.4h_f I_x}\leqslant f_f^w$$

需要的焊脚尺寸为：

$$h_f\geqslant\frac{VS_1}{1.4I_x f_f^w} \tag{5-58}$$

当梁的翼缘上受有固定集中荷载而未设置支承加劲肋，或受有移动集中荷载（如吊车轮压）时，上翼缘与腹板之间的连接焊缝，除承受沿焊缝长度方向的剪应力 τ_f 外，还承受垂直于焊缝长度方向的局部压应力：

$$\sigma_f=\frac{\psi F}{2h_e l_z}=\frac{\psi F}{1.4h_f l_z}$$

因此，受有局部压应力的上翼缘与腹板之间的连接焊缝应按下式计算强度：

$$\frac{1}{1.4h_f}\sqrt{\left(\frac{\psi F}{\beta_f l_z}\right)^2+\left(\frac{VS_1}{I_x}\right)^2}\leqslant f_f^w$$

由此，可得翼缘与腹板的连接焊缝需要的焊脚尺寸为：

$$h_f \geqslant \frac{1}{1.4f_f^w}\sqrt{\left(\frac{\psi F}{\beta_f l_z}\right)^2+\left(\frac{VS_1}{I_x}\right)^2}$$

对承受动力荷载的梁（如重级工作制吊车梁和大吨位中级工作制吊车梁），上翼缘若采用角焊缝连接，容易疲劳破坏，应采用K形坡口焊缝（图5-34）。可以认为这种焊缝与腹板等强度，不必进行验算。

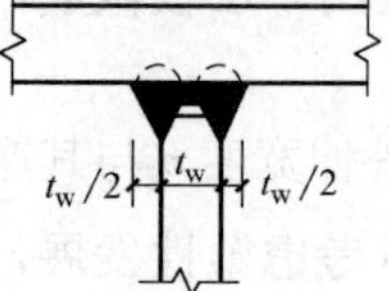

图5-34　K形焊缝

(5) 焊接组合梁的截面改变

为了节约钢材，焊接梁的截面可随弯矩图的变化而改变。但对跨度较小的梁，截面改变的经济效果不大，反而增加制造的工作量，则不宜改变截面。

改变梁截面的方法有：改变梁的翼缘宽度、厚度或层数，以及改变梁的腹板高度和厚度。不论如何改变，都要使截面的变换比较平缓，以防止截面突变而引起较严重的应力集中。截面变化处均应验算折算应力。

单层翼缘板的焊接梁改变截面时，宜改变翼缘板的宽度（图5-35）而不改变其厚度。因改变厚度时，该处应力集中严重，且使梁顶部不平，不便于支承其他构件。

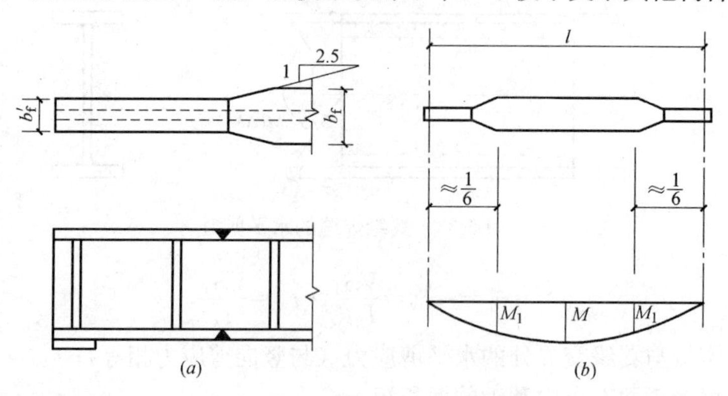

图5-35　梁翼缘宽度的改变

梁改变一次截面可节约钢材10%～20%。如再多改变一次，可再多节约3%～4%，效果不显著。为了便于制造，一般只改变一次截面。

对承受均布荷载的梁，截面改变位置在距支座$l/6$处（图5-35b）最有利。较窄翼缘板宽度b_f'应由截面开始改变处的弯矩M_1确定。为了减少应力集中，宽板应从截面开始改变处向弯矩减小的一方以不大于1∶2.5的斜度切斜延长，然后与窄板对接。

多层翼缘板的梁，可用切断外层板的办法来改变梁的截面（图5-36）。理论切断点的位置可由计算确定。为了保证被切断的翼缘板在理论切断处能正常工作，其外伸长度l_1应满足下列要求：

端部有正面角焊缝：

当$h_f \geqslant 0.75t_1$时：　　$l_1 \geqslant b_1$

当$h_f < 0.75t_1$时：　　$l_1 \geqslant 1.5b_1$

端部无正面角焊缝：　　$l_1 \geqslant 2b_1$

式中　b_1、t_1——分别为被切断翼缘板的宽度和厚度；

h_f——侧面角焊缝和正面角焊缝的焊脚尺寸。

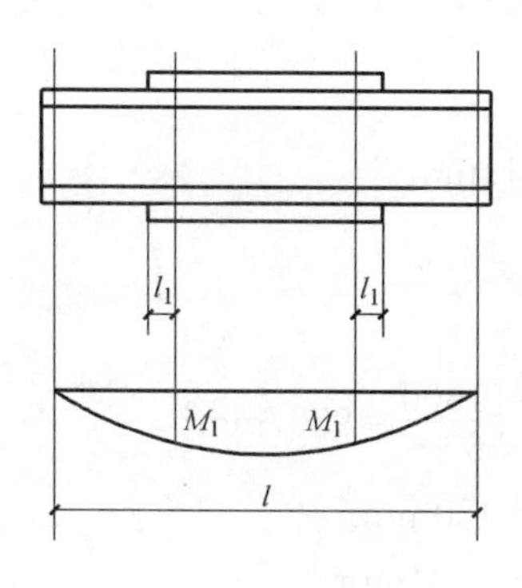

图 5-36　翼缘板的切断

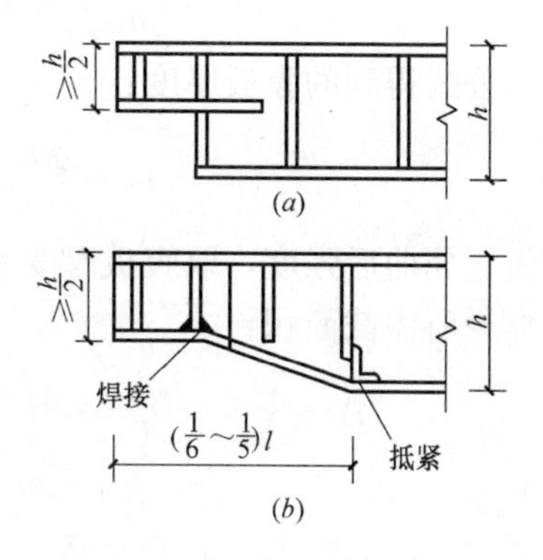

图 5-37　变高度梁

有时为了降低梁的建筑高度，简支梁可以在靠近支座处减小其高度，而使翼缘截面保持不变（图 5-37），其中图 5-37（a）构造简单、制作方便。梁端部高度应根据抗剪强度要求确定，但不宜小于跨中高度的 1/2。

【例 5-5】 一工作平台主梁的计算简图如图 5-38 所示，次梁传来的集中荷载标准值为 $F_k=253\text{kN}$，设计值为 323kN。试设计此主梁，钢材为 Q235，焊条为 E43 型。

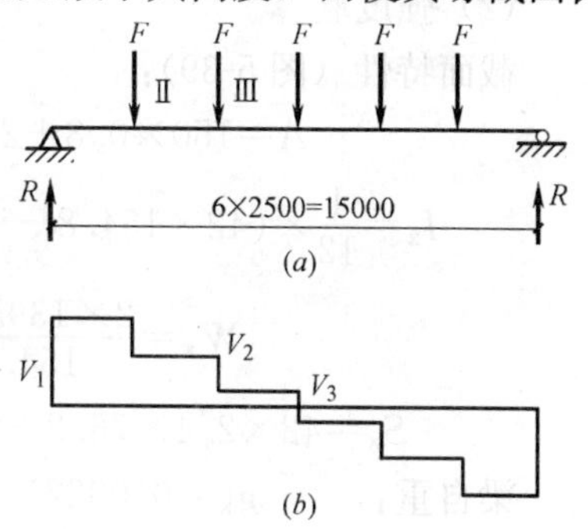

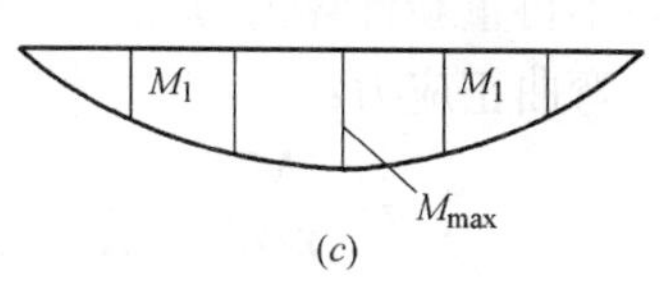

图 5-38　例 5-5 图

【解】

假设此主梁自重标准值为 3kN/m，设计值为 $1.2\times3=3.6\ \text{kN/m}$。

支座处最大剪力：

$$V_1=R=323\times2.5+\frac{1}{2}\times3.6\times15=834.5\text{kN}$$

跨中最大弯矩：

$$M_x=834.5\times7.5-323\times7.5-\frac{1}{2}\times3.6\times7.5^2=3735\text{kN}\cdot\text{m}$$

采用焊接组合梁，估计翼缘板厚度 $t_f\geq16\text{mm}$，故抗弯强度设计值 $f=205\text{N/mm}^2$。

（1）试选截面

按刚度条件，梁的最小高度为：

$$h_{min}=\frac{f}{1.34\times10^6}\cdot\frac{l^2}{[v_T]}=\frac{205}{1.34\times10^6}\times400\times15000=918\text{mm}$$

梁的经济高度：

$$W_x=\frac{M_x}{\alpha f}=\frac{3735\times10^6}{1.05\times205}=17350\times10^3\text{mm}^3$$

$$h_s=2W_x^{0.4}=2\times(17350\times10^3)^{0.4}=1573\text{mm}$$

取梁的腹板高度：　　　　$h_w=h_0=1500\text{mm}$

按抗剪要求的腹板厚度：

$$t_w \geqslant 1.2\frac{V_{max}}{h_w f_v}=1.2\times\frac{834.5\times10^3}{1500\times125}=5.3\text{mm}$$

按经验公式得到的腹板厚度：

$$t_w=\frac{\sqrt{h_w}}{3.5}=\frac{\sqrt{1500}}{3.5}=11\text{mm}$$

考虑腹板屈曲后强度，取腹板厚度 $t_w=8\text{mm}$。

每个翼缘所需截面积：

$$A_f=\frac{W_x}{h_w}-\frac{t_w h_w}{6}=\frac{17350\times10^3}{1500}-\frac{8\times1500}{6}=9567\text{mm}^2$$

翼缘宽度：$b_f=h/5\sim h/3=300\sim500\text{mm}$，取 $b_f=420\text{mm}$。

翼缘厚度：$t_f=A_f/b_f=9567/420=22.8\text{mm}$，取 $t_f=24\text{mm}$。

翼缘板外伸宽度与厚度之比：$206/24=8.6<13\sqrt{235/f_y}=13$，满足局部稳定要求。

(2) 强度验算

截面特性（图 5-39）：

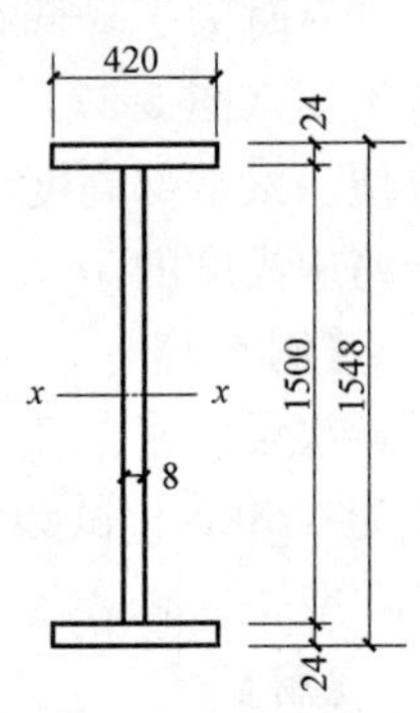

图 5-39 梁截面

$$A=150\times0.8+2\times42\times2.4=322\text{cm}^2$$

$$I_x=\frac{1}{12}\times(42\times154.8^3-41.2\times150^3)=1395675\text{cm}^4$$

$$W_x=\frac{2\times1395675}{154.8}=18032\text{cm}^3$$

$$S_x=42\times2.4\times76.2+75\times0.8\times37.5=9931\text{cm}^3$$

梁自重：　　$g_k=0.0322\times78.5=2.53\text{kN/m}$

考虑腹板加劲肋等增加的重量，原假设的梁自重 3kN/m 比较合适，不再重新计算内力。

弯曲正应力：

$$\sigma=\frac{M_x}{\gamma_x W_x}=\frac{3735\times10^6}{1.05\times18032\times10^3}=197.3\text{N/mm}^2<f=205\text{N/mm}^2$$

最大剪应力：

$$\tau=\frac{VS}{I_x t_w}=\frac{834.5\times10^3\times9931\times10^3}{1395675\times10^4\times8}=74.2\text{N/mm}^2<f_v=125\text{N/mm}^2$$

主梁的支承处及支承次梁处均设置支承加劲肋，故不需验算局部承压强度。

(3) 梁整体稳定验算

次梁可视为主梁受压翼缘的侧向支承，主梁受压翼缘自由长度与宽度之比

$$\frac{l_1}{b_1}=\frac{250}{42}=6<16\sqrt{\frac{235}{f_y}}=16$$

故不需验算主梁的整体稳定。

(4) 刚度验算

全部荷载标准值在梁跨中产生的最大弯矩：

$$R_k=253\times2.5+\frac{1}{2}\times3\times15=655\text{kN}$$

$$M_k=655\times7.5-253\times7.5-\frac{1}{2}\times3\times7.5^2=2930.6\text{kN}\cdot\text{m}$$

$$\frac{v_T}{l} \approx \frac{M_k l}{10EI_x} = \frac{2930.6 \times 10^6 \times 15000}{10 \times 2.06 \times 10^5 \times 1395675 \times 10^4} = \frac{1}{654} < \frac{[v_T]}{l} = \frac{1}{400}$$

因$\frac{v_T}{l} < \frac{[v_Q]}{l} = \frac{1}{500}$，故不必再验算仅有可变荷载作用下的挠度。

(5) 翼缘和腹板的连接焊缝计算

翼缘和腹板采用角焊缝连接，焊脚尺寸：

$$h_f \geqslant \frac{VS_1}{1.4 I_x f_f^w} = \frac{834.5 \times 10^3 \times 420 \times 24 \times 762}{1.4 \times 1395675 \times 10^4 \times 160} = 2.1\text{mm}$$

最小焊脚尺寸：$h_{fmin} = 1.5\sqrt{t_{max}} = 1.5\sqrt{24} = 7.3\text{mm}$

最大焊脚尺寸：$h_{fmax} = 1.2t_{min} = 1.2 \times 8 = 9.6\text{mm}$

取 $h_f = 8\text{mm}$。

(6) 主梁加劲肋设计

① 各板段的强度验算

梁腹板宜考虑屈曲后强度，应在支座处和每个次梁处设置支承加劲肋。端部板段另加横向加劲肋，使 $a_1 = 650\text{mm}$，因 $a_1/h_0 < 1$，则：

$$\lambda_s = \frac{h_0/t_w}{41\sqrt{4 + 5.34 \times (1500/650)^2}} \approx 0.8$$

故 $\tau_{cr} = f_v$，板段 I_1（图 5-40）不会屈曲，支座加劲肋不会受到水平力的作用。

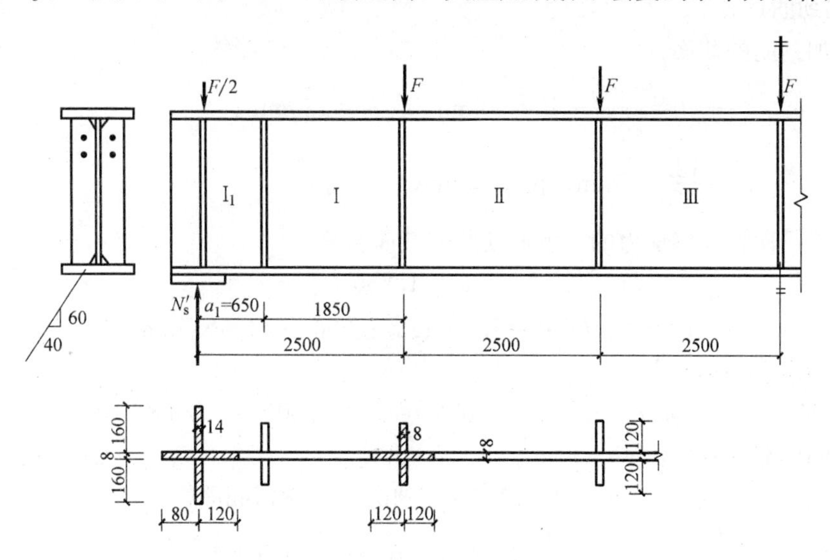

图 5-40 主梁加劲肋

对板段 I，验算左侧截面：

左侧截面剪力： $V_1 = 834.5 - 3.6 \times 0.65 = 832.2\text{kN}$

相应弯矩： $M_1 = 834.5 \times 0.65 - \frac{1}{2} \times 3.6 \times 0.65^2 = 542\text{kN} \cdot \text{m}$

$$M_f = 420 \times 24 \times 1524 \times 205 = 3150\text{kN} \cdot \text{m} > M_1$$

故用 $V_1 \leqslant V_u$ 验算：

$$a/h_0 > 1$$

$$\lambda_s=\frac{h_0/t_w}{41\sqrt{5.34+4(h_0/a)^2}}=\frac{1500/8}{41\sqrt{5.34+4(1500/1850)^2}}=1.62>1.2$$

$$V_u=h_w t_w f_v/\lambda_s^{1.2}=1500\times8\times125/1.62^{1.2}=841\text{kN}>V_1$$

对板段Ⅲ，验算右侧截面：

$$V_3=834.5-2\times323-3.6\times7.5=162\text{kN}$$

$$\lambda_s=\frac{h_0/t_w}{41\sqrt{5.34+4(h_0/a)^2}}=\frac{1500/8}{41\sqrt{5.34+4\times(1500/2500)^2}}=1.756>1.2$$

$$V_u=h_w t_w f_v/\lambda_s^{1.2}=1500\times8\times125/1.756^{1.2}=763\text{kN}$$

$V_3<0.5V_u$，故用 $M_3=M_{max}\leqslant M_{eu}$ 验算：

$$\lambda_b=\frac{h_0/t_w}{153}\sqrt{\frac{f_y}{235}}=\frac{1500/8}{153}\times1=1.225$$

$$0.85<\lambda_b<1.25$$

$$\rho=1-0.82\times(1.225-0.85)=0.693$$

$$\alpha_e=1-\frac{(1-\rho)h_c^3 t_w}{2I_x}=1-\frac{(1-0.693)\times750^3\times8}{2\times1395675\times10^4}=0.963$$

$$M_{eu}=\gamma_x\alpha_e W_x f=1.05\times0.963\times18032\times10^3\times205=3737\text{kN}\cdot\text{m}>M_3=3735\text{kN}\cdot\text{m}$$

板段Ⅱ的弯矩和剪力均较小，不需验算。

② 加劲肋计算

横向加劲肋的截面：

宽度：$b_s\geqslant\frac{h_0}{30}+40=\frac{1500}{30}+40=90\text{mm}$，取 $b_s=120\text{mm}$。

厚度：$t_s\geqslant\frac{b_s}{15}=\frac{120}{15}=8\text{mm}$，取 $t_s=8\text{mm}$。

中部承受次梁支座反力的支承加劲肋的截面验算：

$$\lambda_s=1.756$$

$$\tau_{cr}=1.1f_v/\lambda_s^2=1.1\times125/1.756^2=44.6\text{N/mm}^2$$

加劲肋承受的轴心力：

$$N_s=V_u-\tau_{cr}h_w t_w+F=763\times10^3-44.6\times1500\times8+323\times10^3=551\text{kN}$$

加劲肋的截面特性：

$$A_s=2\times120\times8+240\times8=3840\text{mm}^2$$

$$I_z=\frac{1}{12}\times8\times248^3=1017\times10^4\text{mm}^4$$

$$i_z=\sqrt{\frac{I_z}{A}}=\sqrt{\frac{1017\times10^4}{3840}}=51.5\text{mm}$$

$$\lambda_z=\frac{1500}{51.5}=29$$

b 类截面，查得 $\varphi_z=0.939$。

验算加劲肋在腹板平面外的稳定性：

$$\frac{N_s}{\varphi_z A_s}=\frac{551\times10^3}{0.939\times3840}=153\text{N/mm}^2<f=215\text{N/mm}^2$$

采用次梁连于主梁加劲肋的构造（图5-41），故不必验算加劲肋端部的承压强度。

靠近支座加劲肋的中间横向加劲肋仍用-120×8截面，不必验算。

支座加劲肋的截面验算：

支座加劲肋采用-160×14板，承受支座反力和上边部次梁直接传给主梁的支反力：

$$N_s'=834.5+\frac{1}{2}\times 323=996\text{kN}$$

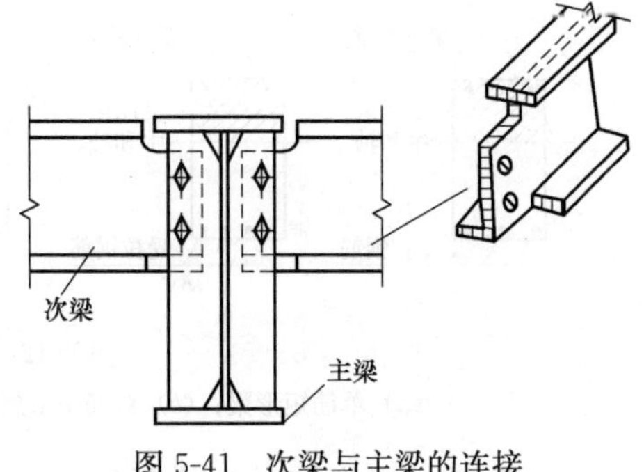

图5-41　次梁与主梁的连接

$$A_s=2\times 160\times 14+200\times 8=6080\text{mm}^2$$

$$I_z=\frac{1}{12}\times 14\times 328^3=4117\times 10^4\text{mm}^4$$

$$i_z=\sqrt{\frac{I_z}{A}}=\sqrt{\frac{4117\times 10^4}{6080}}=82.3\text{mm}$$

$$\lambda_z=\frac{1500}{82.3}=18.2$$

b类截面，查得$\varphi_z=0.974$。

验算在腹板平面外稳定：

$$\frac{N_s'}{\varphi_z A_s}=\frac{996\times 10^3}{0.974\times 6080}=168\text{N/mm}^2<f=215\text{N/mm}^2$$

验算端部承压：

$$\sigma_{ce}=\frac{996\times 10^3}{2\times(160-40)\times 14}=296\text{N/mm}^2<f_{ce}=325\text{N/mm}^2$$

计算与腹板的连接焊缝：

$$h_f\geqslant\frac{996\times 10^3}{4\times 0.7\times(1500-2\times 60)\times 160}=1.6\text{mm}$$

$$h_{fmin}=1.5\sqrt{14}=5.6\text{mm}$$

取$h_f=6\text{mm}$。

5.3　混凝土受弯构件

5.3.1　混凝土梁的构造要求

1. 截面形式及截面尺寸

梁常用矩形、T形、工字形、环形等对称截面和倒L形等不对称截面，如图5-42所示。

梁截面高度与梁跨度之比h/l称为高跨比。肋形楼盖的主梁高跨比一般为1/14～1/8，次梁为1/18～1/12；独立梁不小于1/15（简支）和1/20（连续）；铁路桥梁一般为1/10～1/6，公路桥梁为1/18～1/10。

矩形截面梁的高宽比h/b一般取2.0～3.0；T形截面梁的h/b一般取2.5～4.0（此

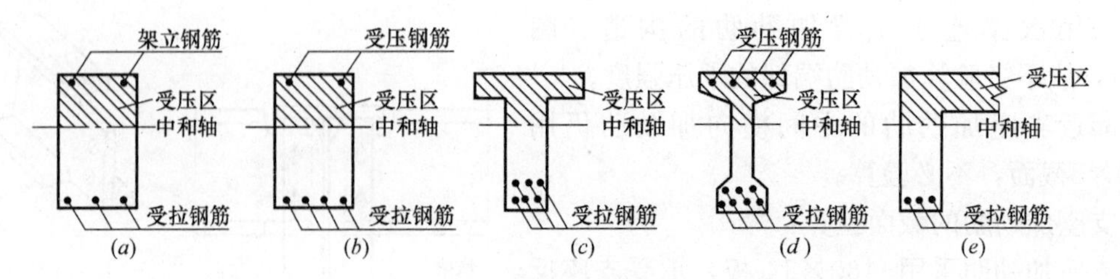

图 5-42　梁常用截面形式

(*a*) 单筋矩形梁；(*b*) 双筋矩形梁；(*c*) T 形梁；(*d*) 工形梁；(*e*) 倒 L 形梁

处 b 为梁肋宽)。为便于统一模板尺寸，通常采用矩形截面梁的宽度或 T 形截面梁的肋宽 b=100、120、150、(180)、200、(220)、250 和 300mm，300mm 以上的级差为 50mm，括号中的数值仅用于木模；梁的高度 h=250、300、…750、800、900、1000mm 等尺寸，当 h<800mm 时，级差为 50mm，当 h≥800mm 时，级差为 100mm。

2. 混凝土强度等级和保护层厚度

梁常用的混凝土强度等级是 C25、C30、C35、C40 等。

结构构件中最外层钢筋的外边缘至混凝土表面的垂直距离，称为混凝土保护层厚度，用 c 表示，如图 5-43 所示。为保证结构的耐久性、防火性以及钢筋与混凝土的粘结，受力钢筋的保护层厚度不应小于钢筋的直径，且应符合附表 C-23 的规定。

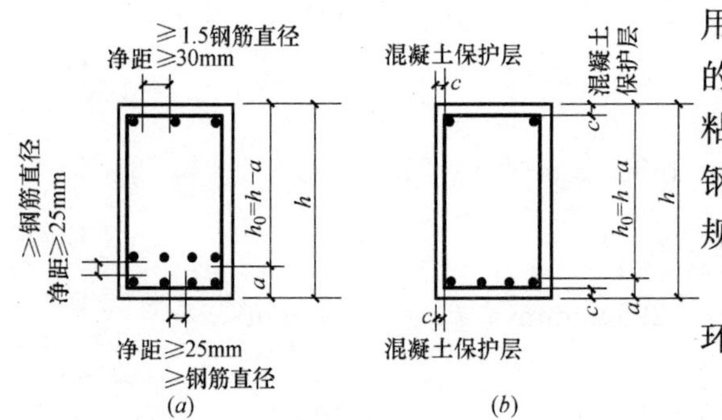

图 5-43　钢筋净距、保护层及有效高度

梁、板、柱的混凝土保护层厚度与环境类别和混凝土强度等级有关。

3. 纵向受力钢筋

梁中纵向受力钢筋宜采用 HRB400、HRB500、HRBF400、HRBF500，也可采用 HRB335、HRBF335、HPB300、RRB400。常用钢筋直径为 10～32mm，根数不得少于 2 根。梁内受力钢筋的直径宜尽可能相同。设计中若采用两种不同直径的钢筋，钢筋直径相差至少 2mm，以便于在施工中能用肉眼识别，但相差也不宜超过 6mm。

钢筋混凝土梁纵向受力钢筋的直径，当梁高 h≥300mm 时，不应小于 10mm；当梁高 h<300mm 时，不应小于 8mm。

为了便于浇筑混凝土，保证钢筋周围混凝土的密实性，以及保证钢筋能与混凝土粘结在一起，纵筋的净距应满足图 5-43 所示的要求。

4. 纵向构造钢筋

(1) 架立钢筋

为了固定箍筋并与纵向受力钢筋形成骨架，在梁的受压区应设置架立钢筋。梁内架立钢筋的直径，当梁的跨度 l<4m 时，不宜小于 8mm；当梁的跨度 l=4～6m 时，不宜小于 10mm；当梁的跨度 l>6m 时，不宜小于 12mm。

(2) 梁侧腰筋

由于混凝土的收缩，容易在梁的侧面产生收缩裂缝，裂缝一般呈枣核状，两头尖而中间宽，向上伸至板底，向下到达梁底纵筋处，截面较高的梁，情况更为严重，如图5-44（a）所示。

《混凝土结构设计规范》规定，当梁的腹板高度 $h_w \geqslant 450$mm 时，在梁的两个侧面沿高度配置纵向构造钢筋（腰筋），如图 5-44（b）所示。每侧纵向构造钢筋（不包括梁上、下部受力钢筋及架立钢筋）的截面面积不应小于腹板截面面积 bh_w 的 0.1%，且其间距不宜大于 200mm，但当梁宽较大时，可以适当放松。此处腹板高度 h_w 取：矩形截面为有效高度 h_0；T 形截面为有效高度 h_0 减去翼缘高度；工形截面为腹板净高。

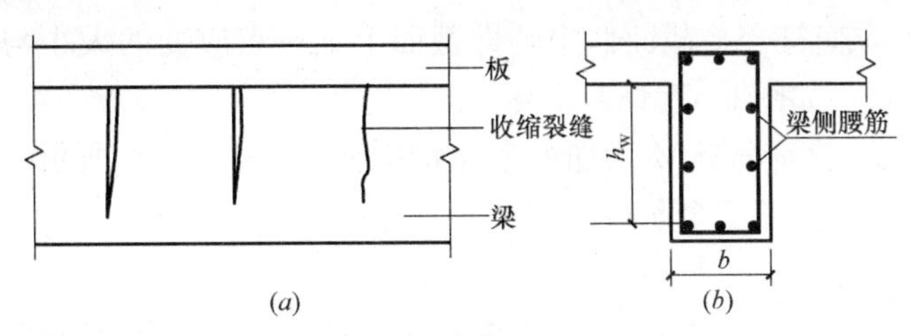

图 5-44　梁侧防裂的纵向构造钢筋

（a）梁侧裂缝；（b）梁侧腰筋

5.3.2　混凝土梁的正截面承载力计算

1. 混凝土梁正截面的破坏形态

由 5.1.2 节可知，2-2 截面混凝土开裂后，拉应力由钢筋承担，压区的混凝土承担压应力，由钢筋的拉力和混凝土的压力构成一力矩抵抗外弯矩，如图 5-45 所示。

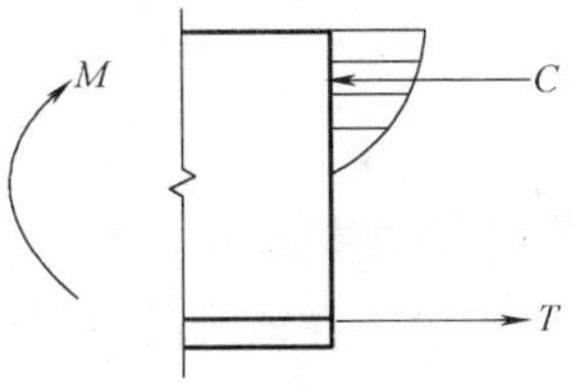

图 5-45　正截面开裂后的应力情况

此时，压区的混凝土已进入了弹塑性状态，因此，截面的应力已不能再用材料力学公式计算。为了了解钢筋混凝土梁正截面开裂后的受力情况，我们设计了这样一个试验。图 5-46 为一配筋适当的钢筋混凝土单筋矩形截面试验梁。梁截面宽度为 b，高度为 h，截面的受拉区配置了面积为 A_s 的受拉钢筋，受拉钢筋合力点至截面近边的距离为 a，纵向受拉钢筋合力点至梁顶面受压边缘的距离为 $h_0 = h - a$，h_0 称为截面有效高度。

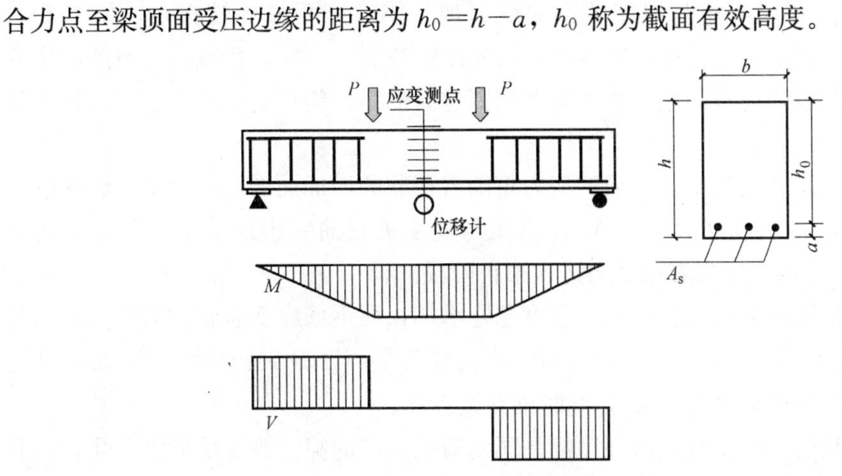

图 5-46　钢筋混凝土梁受弯试验

为了研究梁正截面受力和变形的规律，试验梁采用两点对称加载。荷载是逐级施加的，由零开始直至梁正截面受弯破坏。若忽略自重的影响，在梁上两集中荷载之间的区段，梁截面仅承受弯矩，即为纯弯段。为了研究分析梁截面的受弯性能，在纯弯段沿截面高度布置了一系列的应变计，量测混凝土的纵向应变分布。同时，在受拉钢筋上也布置了应变计，量测钢筋的受拉应变。此外，在梁的跨中，还布置了位移计，用以量测梁的挠度变形。

试验的结论如下：

① 截面的平均应变符合平截面假定，即截面上某一点应变的大小与该点到截面中和轴的距离成正比关系，如图 5-47（*a*）所示。

② 梁的挠度 f 随截面弯矩 M 增加的变化情况如图 5-47（*b*）所示，从图可知钢筋混凝土梁从加载到破坏经历了三个阶段：

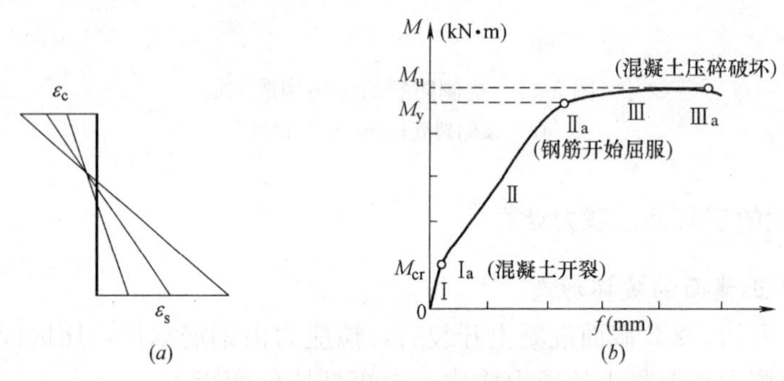

图 5-47　钢筋混凝土梁试验结果

（*a*）截面应变分布图；（*b*）梁弯矩-挠度关系试验曲线

当弯矩较小时，M-f 曲线接近直线变化。这时的工作特点是梁尚未出现裂缝，称为第Ⅰ阶段。在该阶段由于梁整个截面参与受力，截面抗弯刚度较大，梁的挠度很小，且与弯矩近似成正比。

当弯矩超过开裂弯矩 M_{cr} 后，开裂瞬间，裂缝截面受拉区混凝土退出工作，其开裂前承担的拉力将转移给钢筋承担，导致裂缝截面钢筋应力突然增加（应力重分布），使中和轴比开裂前有较大上移，弯矩与挠度关系曲线出现了第一个明显的转折点，如图 5-47（*b*）所示。随着裂缝的出现与开展，挠度的增长速度较开裂前为快。荷载继续增加，挠度不断增大，裂缝宽度也随荷载的增加而不断开展。这时的工作特点是梁带有裂缝，称为第Ⅱ阶段。

在第Ⅱ阶段整个发展过程中，钢筋的应力将随着荷载的增加而增加。当受拉钢筋刚达到屈服强度 f_y 时，弯矩达到屈服弯矩 M_y。弯矩与挠度关系曲线出现了第二个明显转折点，如图 5-47（*b*）所示，标志着梁受力进入第Ⅲ阶段。

第Ⅲ阶段特点是梁的裂缝急剧开展，挠度急剧增加，而钢筋应变有较大的增长，但其应力基本上维持屈服强度 f_y 不变。继续加载，当受压区混凝土达到极限压应变时，梁达到极限弯矩（正截面受弯承载力）M_u，此时梁开始破坏。

是否所有梁正截面的受力和变形规律都是同实验梁一样的呢？改变梁的纵向受力钢筋含量做相同的实验，我们发现，随着钢筋含量的变化，梁的受力性能和破坏形态有很大区别。通常用配筋率 ρ 来衡量截面上配置钢筋的多少，对矩形截面梁，ρ 定义为：

$$\rho=\frac{A_s}{bh_0} \tag{5-59}$$

式中 ρ——纵向受拉钢筋的配筋率，用百分数计量；

A_s——纵向受拉钢筋的截面面积；

b——梁截面宽度；

h_0——梁截面有效高度，$h_0=h-a$；

a——纵向受拉钢筋合力点至截面近边的距离。

随着配筋率的变化，梁正截面的破坏形态分为适筋破坏、超筋破坏及少筋破坏三种。三种破坏形态的破坏特征如下：

（1）适筋梁破坏

当配筋适中，即 $\rho_{min}\leqslant\rho\leqslant\rho_{max}$ 时（ρ_{min}、ρ_{max} 分别为纵向受拉钢筋的最小配筋率、最大配筋率）发生适筋梁破坏，适筋梁的破坏特点是破坏始自受拉区钢筋的屈服。在钢筋应力达到屈服强度之初，受压区边缘纤维的应变小于受弯时混凝土极限压应变。在梁完全破坏之前，由于钢筋要经历较大的塑性变形，因此引起裂缝急剧开展和梁挠度的激增，如图 5-48 所示，它将给人以明显的破坏预兆，属于延性破坏类型。梁破坏后的示意图见图 5-49（a）。

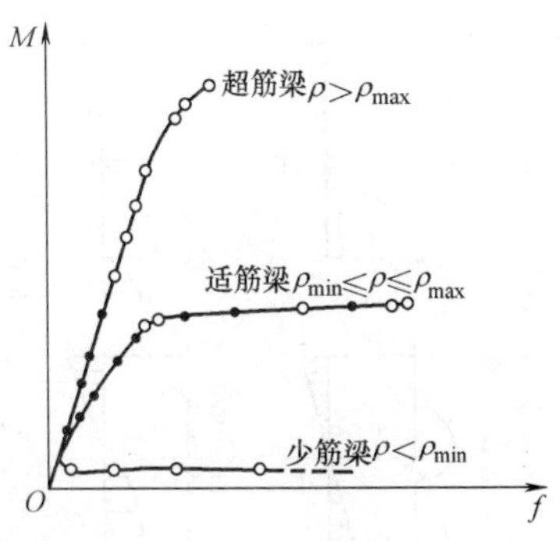

图 5-48 适筋梁、超筋梁、少筋梁的 M-f 曲线

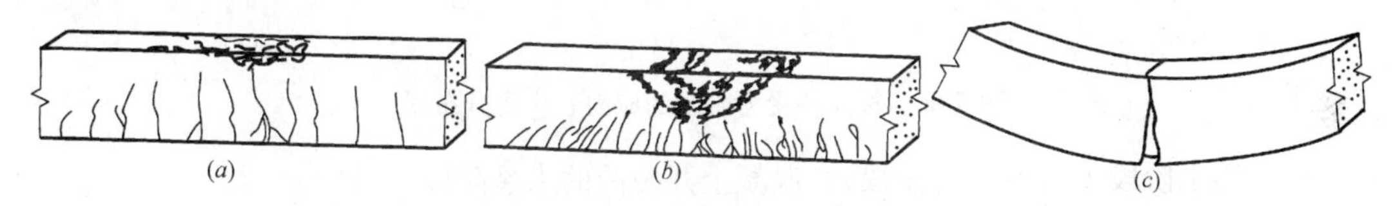

图 5-49 梁破坏后的示意图

（a）适筋破坏；（b）超筋破坏；（c）少筋破坏

（2）超筋梁破坏

当配筋过多，即 $\rho>\rho_{max}$ 时发生超筋梁破坏，超筋梁的破坏特点是混凝土受压区先压碎，纵向受拉钢筋不屈服，即是在受压区边缘纤维应变达到混凝土受弯极限压应变值时，钢筋应力尚小于屈服强度，但此时梁已告破坏。试验表明，钢筋在梁破坏前仍处于弹性工作阶段，裂缝开展不宽，延伸不高，梁的挠度亦不大，如图 5-48 所示。总之，它在没有明显预兆的情况下由于受压区混凝土被压碎而突然破坏，故属于脆性破坏类型。梁破坏后的示意图见图 5-49（b）。

（3）少筋梁破坏

当配筋过少，即 $\rho<\rho_{min}$ 时发生少筋梁破坏，少筋梁的破坏特点是受拉区混凝土一开裂梁就破坏。由于配筋过少，梁一旦开裂，受拉钢筋立即达到屈服强度，有时可迅速经历整个流幅而进入强化阶段，在个别情况下，钢筋甚至可能被拉断。少筋梁破坏时，裂缝往往只有一条，不仅裂缝开展过宽，且沿梁高延伸较高，即已标志着梁的“破坏”，如图 5-49（c）所示。少筋梁承载力很低，如图 5-48 所示。

2. 适筋梁正截面工作三个阶段的应力应变情况

由前面讨论可知，超筋破坏时钢筋应力低于屈服强度，不能充分发挥材料的作用，造成钢筋的浪费，且破坏没有预兆，属脆性破坏，故设计中不允许采用超筋梁；少筋破坏时承载力很低，破坏突然发生，没有预兆，属脆性破坏，故设计中也不允许采用少筋梁；而适筋梁破坏时钢筋和混凝土两种材料的强度都得到充分利用，且破坏有预兆，属延性破坏，是梁破坏的一种合理形式，因此，钢筋混凝土梁应设计为适筋梁。下面来讨论适筋梁正截面工作三个阶段的应力应变变化情况。

根据应变的平截面假定及钢筋和混凝土两种材料的应力-应变曲线，可以得到适筋梁从加荷到破坏三个工作阶段的应变、应力分布如图 5-50 所示。

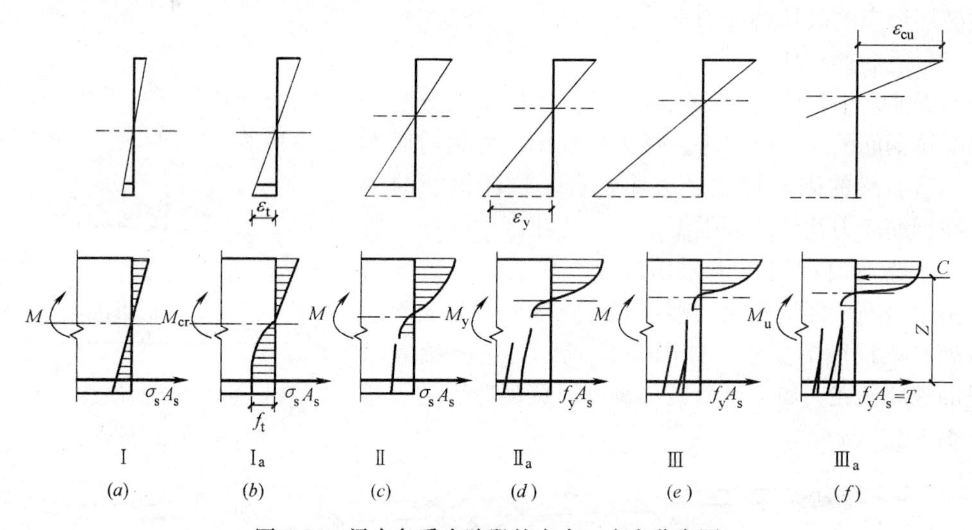

图 5-50　梁在各受力阶段的应力、应变分布图

(1) 第Ⅰ阶段（弹性受力阶段）：混凝土开裂前的未裂阶段。

从开始加荷到受拉区混凝土开裂前，整个截面均参与受力。由于荷载较小，混凝土处于弹性阶段，截面应变分布符合平截面假定，故截面应力分布为直线变化，如图 5-50 (*a*) 所示，整个截面的受力接近线弹性。

当截面受拉边缘混凝土的拉应变达到极限拉应变时（$\varepsilon_t = \varepsilon_{tu}$），如图 5-50 (*b*) 所示，截面达到即将开裂的临界状态（Ⅰa 状态），相应弯矩值称为开裂弯矩 M_{cr}。此时，截面受拉区混凝土出现明显的受拉塑性，应力呈曲线分布，但受压区压应力较小，仍处于弹性状态，应力为直线分布。

第Ⅰ阶段末（Ⅰa 状态）可作为受弯构件抗裂验算的计算依据。

(2) 第Ⅱ阶段（带裂缝工作阶段）：混凝土开裂后至钢筋屈服前的裂缝阶段。

在开裂弯矩 M_{cr} 下，梁纯弯段最薄弱截面位置处首先出现第一条裂缝，梁进入带裂缝工作阶段。此后，随着荷载的增加，梁受拉区还会不断出现一些裂缝，虽然梁中受拉区出现许多裂缝，但如果纵向应变的量测标距有足够的长度（跨过几条裂缝），则平均应变沿截面高度的分布近似直线，即仍符合平截面假定。

由于受压区混凝土的压应力随荷载的增加而不断增大，其弹塑性特性表现得越来越显著，受压区应力图形逐渐呈曲线分布，如图 5-50 (*c*) 所示。

第Ⅱ阶段相当于梁使用时的应力状态，可作为使用阶段验算变形和裂缝开展宽度的依据。

当钢筋应力达到屈服强度时（$\sigma_s = f_y$），梁的受力性能发生质的变化。此时的受力状态记为Ⅱ$_a$ 状态，弯矩记为 M_y，也称为屈服弯矩。此后，梁的受力将进入屈服阶段，即第Ⅲ阶段。

（3）第Ⅲ阶段（破坏阶段）：钢筋开始屈服至截面破坏的破坏阶段。

对于适筋梁，钢筋应力达到屈服强度时，受压区混凝土尚未压坏。在该阶段，钢筋应力保持屈服强度 f_y 不变，即钢筋的总拉力 T 保持定值，但钢筋应变 ε_s 急剧增大，裂缝显著开展，中和轴迅速上移。由于受压区混凝土的总压力 C 与钢筋的总拉力 T 应保持平衡，即 $T=C$，受压区高度的减小将使混凝土的压应力和压应变迅速增大，混凝土受压的塑性特征表现得更为充分，如图 5-50（e）所示，受压区压应力图形更趋丰满。同时，受压区高度的减小使钢筋拉力 T 与混凝土压力 C 之间的力臂有所增大，截面弯矩比屈服弯矩 M_y 也略有增加。弯矩增大至极限弯矩值 M_u 时，称为第Ⅲ阶段末，用Ⅲ$_a$ 表示。此时，边缘纤维压应变达到（或接近）混凝土受弯时的极限压应变值 ε_{cu}，标志着梁截面已开始破坏。

其后，在试验室条件下的一般试验梁虽然仍可继续变形，但所承受的弯矩将有所降低，如图 5-47（b）所示。最后在破坏区段上受压区混凝土被压碎甚至剥落，裂缝宽度已很大而告完全破坏。

第Ⅲ阶段末（Ⅲ$_a$ 状态）可作为正截面受弯承载力计算的依据。

3. 钢筋混凝土梁承载力计算的一般规定

（1）基本假定

受弯构件正截面承载力计算时，应以图 5-50（f）（即Ⅲ$_a$阶段）的受力状态为依据。为简化计算，钢筋混凝土受弯构件的正截面承载力按下列四个基本假定进行计算：

1）截面应变符合平截面假定；

2）不考虑混凝土的抗拉强度；

3）混凝土受压的应力与应变关系曲线取其简化的应力-应变曲线，如图 2-32 所示。

4）纵向钢筋的应力与应变关系曲线取其简化的应力-应变曲线，如图 2-3 所示。

（2）受压区混凝土的应力分布图

图 5-51（c）为梁达到正截面承载力极限状态时的实际应力图，根据基本假定 3）可得出受压区混凝土的理论应力图，如图 5-51（d）所示，由于受压区混凝土应力分布为曲线，所以压应力合力 C、内力臂 z、抵抗弯矩 M_u 的表达式为积分的形式。为简化计算，受压区混凝土应力图形可进一步用一个等效的矩形应力图形代替，如图 5-51（e）所示，矩形应力图的应力取为 $\alpha_1 f_c$，矩形应力图的受压区高度取为 $\beta_1 x_c$，α_1、β_1 根据理论应力图和等效矩形应力图的两个等效条件求得，即混凝土压应力的合力 C 大小相等及 C 的作用点不变。不同混凝土强度等级的 α_1、β_1 值见表 5-2。

系数 α_1 和 β_1 **表 5-2**

混凝土强度等级	≤C50	C55	C60	C65	C70	C75	C80
α_1	1.00	0.99	0.98	0.97	0.96	0.95	0.94
β_1	0.80	0.79	0.78	0.77	0.76	0.75	0.74

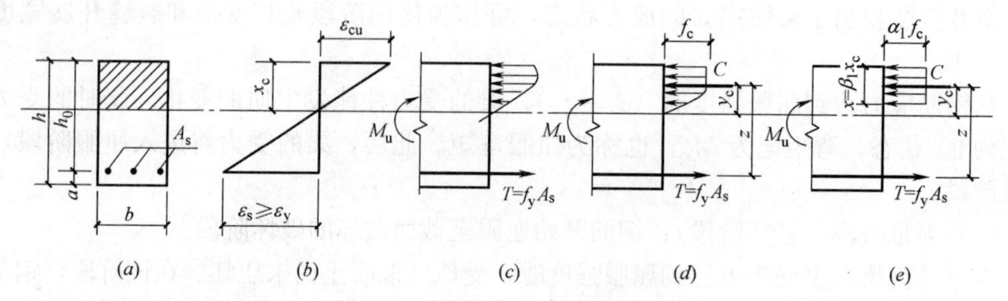

图 5-51 梁受压区应力图的简化

(*a*) 截面图；(*b*) 截面应变图；(*c*) 实际应力图；(*d*) 理论应力图；(*e*) 等效矩形应力图

4. 单筋矩形截面正截面承载力计算

仅在截面受拉区配置钢筋的截面称为单筋截面。

(1) 基本计算公式

单筋矩形截面受弯构件正截面承载力计算简图如图 5-52 所示。由于截面在破坏前的一瞬间处于静力平衡状态，所以，对于图 5-52 所示的受力状态可以建立两个静力平衡方程，即：

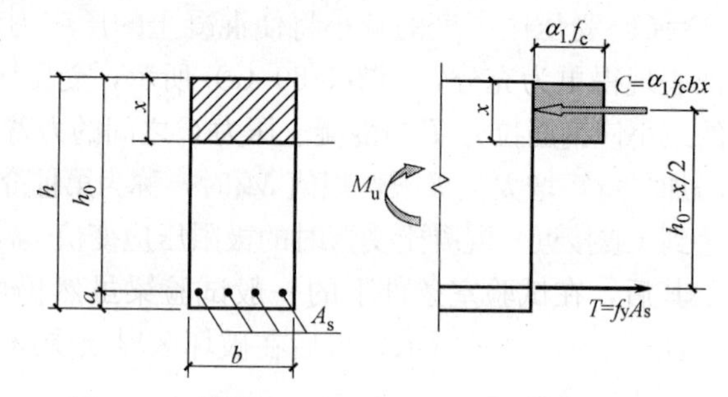

图 5-52 单筋矩形截面受弯构件正截面承载力计算简图

$$\sum X=0,\ f_y A_s=\alpha_1 f_c bx \tag{5-60a}$$

$$\sum M=0, M_u=\alpha_1 f_c bx\left(h_0-\frac{x}{2}\right) \tag{5-60b}$$

或

$$M_u=f_y A_s\left(h_0-\frac{x}{2}\right) \tag{5-60c}$$

写成设计表达式，即：

$$M\leqslant M_u=\alpha_1 f_c bx\left(h_0-\frac{x}{2}\right) \tag{5-61a}$$

或

$$M\leqslant M_u=f_y A_s\left(h_0-\frac{x}{2}\right) \tag{5-61b}$$

式中 M——弯矩设计值；

M_u——正截面受弯承载力设计值。

(2) 基本公式的适用条件

式 (5-61) 是根据适筋梁达到承载力极限状态时的应力状态建立的，因此仅适用于适筋梁的设计。另外，如前所述，超筋梁和少筋梁都属于脆性破坏的梁，设计时应避免设计成这两类构件。因此，受弯构件应满足下列两个使用条件。

1) $\rho\leqslant\rho_{max}$

满足此条件，梁就不会发生超筋破坏。也就是说，ρ_{max}是区分适筋破坏与超筋破坏的一个界限配筋率。由前面的讨论可知，适筋破坏与超筋破坏的根本区别是梁破坏时受拉钢筋有没有达到屈服强度，达到屈服强度时是适筋破坏，达不到屈服强度时是超筋破坏。可以设想一定有这么一种特殊情况，梁破坏时受拉区的钢筋屈服与受压区的混凝土压坏是同时发生的。我们把这种破坏形态称为“界限破坏”，界限破坏所对应的配筋率 ρ_b 即为 ρ_{max}。由于界限破坏时受拉钢筋已屈服，所以界限破坏亦可归结为适筋破坏，可以用适筋梁的公式来确定 ρ_{max}。

假设界限破坏时梁正截面受压区的高度为 x_{cb}，等效矩形应力分布图的受压区高度为 x_b，纵筋面积为 A_{smax}，配筋率 $\rho_b=\frac{A_{smax}}{bh_0}=\rho_{max}$，由式（5-60$a$）得：

$$f_y\frac{A_{smax}}{bh_0}=\alpha_1 f_c\frac{x_b}{h_0}$$

故

$$\rho_b=\rho_{max}=\alpha_1\frac{f_c}{f_y}\frac{x_b}{h_0}$$

令：$\xi=\frac{x}{h_0}$，称 ξ 为相对受压区高度，则 $\xi_b=\frac{x_b}{h_0}$，称 ξ_b 为相对界限受压区高度。所以有：

$$\rho_b=\rho_{max}=\xi_b\alpha_1\frac{f_c}{f_y} \tag{5-62}$$

由界限破坏时的截面应变图（图 5-53）可求 ξ_b 如下：

$$\xi_b=\frac{x_b}{h_0}=\frac{\beta_1 x_{cb}}{h_0}=\beta_1\frac{\varepsilon_{cu}}{\varepsilon_{cu}+\varepsilon_y}=\frac{\beta_1}{1+\frac{\varepsilon_y}{\varepsilon_{cu}}}$$

对于有明显屈服点的钢筋，$\varepsilon_y=\frac{f_y}{E_s}$，则：

$$\xi_b=\frac{\beta_1}{1+\frac{f_y}{E_s\varepsilon_{cu}}} \tag{5-63}$$

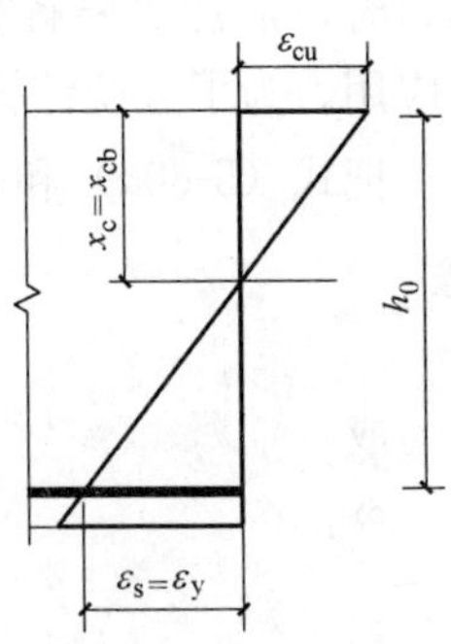

图 5-53　界限破坏时截面的应变图

表 5-3 给出了混凝土强度等级在 C50 以下、不同强度等级钢筋的相对界限受压区高度 ξ_b 的值。

相对界限受压区高度 ξ_b　　**表 5-3**

混凝土强度等级	≤C50			
钢筋级别	HPB300	HRB335、HRBF335	HRB400、HRBF400	HRB500、HRBF500
ξ_b	0.576	0.550	0.518	0.482

显然，亦可以由 ξ 与 ξ_b 之间的关系来判断梁是适筋破坏还是超筋破坏。如图 5-54 所示，当 $x_c<x_{cb}$ 即 $\xi<\xi_b$ 时，破坏时钢筋拉应变 $\varepsilon_s>\varepsilon_y$，受拉钢筋已经达到屈服，为适筋梁破坏（或少筋梁破坏）；当 $x_c>x_{cb}$ 即 $\xi>\xi_b$ 时，破坏时钢筋拉应变 $\varepsilon_s<\varepsilon_y$，受拉钢筋不屈服，为超筋梁破坏；当 $x_c=x_{cb}$ 即 $\xi=\xi_b$ 时，破坏时钢筋拉应变 $\varepsilon_s=\varepsilon_y$，受拉钢筋刚屈服，为界限破坏。

因此，第一个适用条件也可表达为：

$$\xi\leqslant\xi_b$$

2）$A_s\geqslant A_{smin}=\rho_{min}A_1$

满足此条件，梁就不会发生少筋破坏。显然，ρ_{min} 是区分适筋破坏与少筋破坏的一个界限配筋率，我们称为最小配筋率。从理论上讲，最小配筋率是按Ⅲ$_a$ 阶段计算钢筋混凝

土梁的极限弯矩 M_u 等于按 Ⅰa 阶段计算的同截面素混凝土梁的开裂弯矩 M_{cr} 确定的。但是，考虑到混凝土抗拉强度的离散性，以及收缩等因素的影响，所以在实用上，最小配筋率 ρ_{min} 往往是根据传统经验得出的。我国《混凝土结构设计规范》规定：对梁类受弯构件，取 $0.45\frac{f_t}{f_y}$ 和 0.2%的较大者为纵向受拉钢筋的最小配筋率。另外，A_1 为构件全截面面积扣除位于受压边的翼缘面积后的截面面积，对矩形截面，$A_1=bh$。

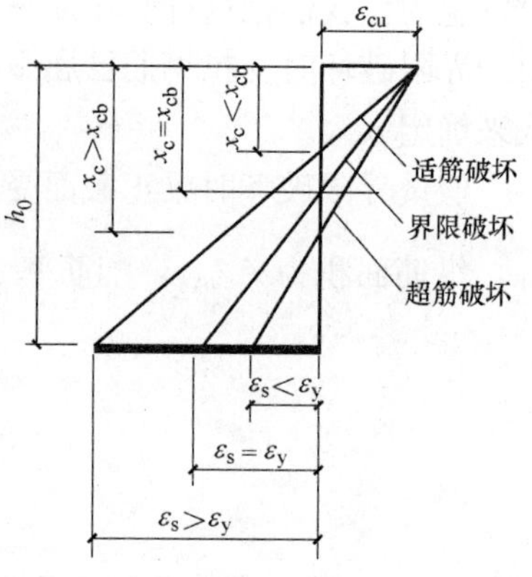

图 5-54　适筋破坏、超筋破坏、界限破坏时截面的应变图

(3) 正截面受弯承载力的计算系数

利用式（5-60a）和式（5-61）计算正截面受弯承载力时，常常需要解算一元二次方程，不便于实际工程应用。为了方便计算，可作如下变换：

把式（5-60a）和式（5-61）用 ξ 表示，有：

$$f_yA_s=\alpha_1 f_cbh_0\xi \tag{5-64a}$$

$$M\leqslant M_u=\alpha_1 f_cbh_0^2\xi(1-0.5\xi) \tag{5-64b}$$

或

$$M\leqslant M_u=f_yA_sh_0(1-0.5\xi) \tag{5-64c}$$

令：

$$\alpha_s=\xi(1-0.5\xi) \tag{5-65a}$$

$$\gamma_s=1-0.5\xi \tag{5-65b}$$

式中　α_s——截面抵抗矩系数；

γ_s——内力臂系数。

由式（5-65a）、式（5-65b）得：

$$\xi=1-\sqrt{1-2\alpha_s} \tag{5-65c}$$

$$\gamma_s=\frac{1+\sqrt{1-2\alpha_s}}{2} \tag{5-65d}$$

由式（5-64b）得：

$$\alpha_s=\frac{M}{\alpha_1 f_cbh_0^2} \tag{5-65e}$$

由式（5-64a）得：

$$A_s=\frac{\alpha_1 f_cbh_0\xi}{f_y} \tag{5-65f}$$

或由式（5-64c）得：

$$A_s=\frac{M}{f_yh_0\gamma_s} \tag{5-65g}$$

如果要求受拉钢筋面积 A_s，可由式（5-65e）求出 α_s 后，由相应的式（5-65c）和式（5-65d）求出系数 ξ、γ_s，再利用式（5-65f）或式（5-65g）即可求得 A_s。经过以上的变换后，可以不解方程就能解决正截面受弯承载力的计算问题。

(4) 设计计算方法

在实际工程设计中，正截面受弯承载力计算一般包括截面设计和截面复核两种情况。

1）截面设计

截面设计是指根据截面所承受的弯矩设计值 M 选定材料、确定截面尺寸，计算配筋量。设计时，应满足 $M \leqslant M_u$。一般按 $M=M_u$ 进行计算。

已知：弯矩设计值 M、截面尺寸 $b \times h$、混凝土和钢筋的强度等级，求受拉钢筋截面面积 A_s。

计算的一般步骤如下：

① 由式（5-65e）、式（5-65c）计算 $\alpha_s=\dfrac{M}{\alpha_1 f_c b h_0^2}$、$\xi=1-\sqrt{1-2\alpha_s}$；

② 若 $\xi \leqslant \xi_b$，则由式（5-65f）计算 $A_s=\dfrac{\alpha_1 f_c b h_0 \xi}{f_y}$，选择钢筋；

③ 验算最小配筋率 $A_s \geqslant \rho_{min} bh$。

在以上的计算中，若 $\xi > \xi_b$，说明截面尺寸过小，会形成超筋梁，应加大截面尺寸或提高混凝土强度等级，或改用双筋截面；若 $A_s < \rho_{min} bh$，应按最小配筋率进行配筋，即取 $A_s=\rho_{min} bh$。

2）截面复核

截面复核是在截面尺寸、截面配筋以及材料强度已给定的情况下，要求确定该截面的受弯承载力 M_u，并验算是否满足 $M \leqslant M_u$ 的要求。若不满足承载力要求，应修改设计或进行加固处理。这种计算一般在设计审核或结构检验鉴定时进行。

已知：弯矩设计值 M、截面尺寸 $b \times h$ 、混凝土和钢筋的强度等级、受拉钢筋的面积 A_s，求受弯承载力 M_u。

计算的一般步骤如下：

① 判断 $A_s \geqslant \rho_{min} bh$ 是否成立。若 $A_s < \rho_{min} bh$，则认为该梁是不安全的，应修改设计或进行加固。

② 若 $A_s \geqslant \rho_{min} bh$，由式（5-64$a$）得 $\xi=\dfrac{f_y A_s}{\alpha_1 f_c b h_0}$；

③ 若 $\xi \leqslant \xi_b$，则 $M_u=f_y A_s h_0(1-0.5\xi)$ 或 $M_u=\alpha_1 f_c b h_0^2 \xi(1-0.5\xi)$；

④ 若 $\xi > \xi_b$，则取 $\xi=\xi_b$，$M_u=\alpha_1 f_c b h_0^2 \xi_b(1-0.5\xi_b)$；

⑤ 当 $M \leqslant M_u$ 时，构件截面安全，否则为不安全。

【例 5-6】 某钢筋混凝土简支梁，计算跨度 6m，承受均布荷载，如图 5-55 所示。永久荷载标准值为 12.5kN/m，可变荷载标准值为 8kN/m，可变荷载组合系数为 0.7。混凝土强度等级为 C30，钢筋采用 HRB400 级，环境类别为一类，结构安全等级为二级。试确定该梁的截面尺寸及受拉钢筋面积。

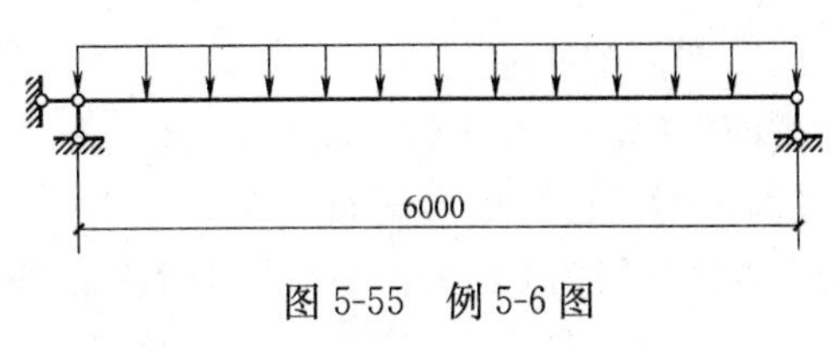

图 5-55　例 5-6 图

【解】

（1）设计参数

C30 混凝土，$f_c=14.3\text{N/mm}^2$、$f_t=1.43\text{N/mm}^2$、$\alpha_1=1.0$；环境类别为一类，$c=20\text{mm}$，$a=40\text{mm}$；HRB400 级钢筋，$f_y=360\text{N/mm}^2$，$\xi_b=0.518$。

(2) 确定梁截面尺寸及梁自重

取 $h=\frac{1}{12}l=\frac{6000}{12}=500\text{mm}$，$b=\frac{1}{2}h=\frac{500}{2}=250\text{mm}$

梁自重标准值为：0.25×0.5×25=3.125kN/m

(3) 计算弯矩设计值 M

可变荷载起控制作用时：

$$M=\frac{1}{8}\times[1.2\times(12.5+3.125)+1.4\times8]\times6^2=134.775\text{kN}\cdot\text{m}$$

永久荷载起控制作用时：

$$M=\frac{1}{8}\times[1.35\times(12.5+3.125)+0.7\times1.4\times8]\times6^2=130.202\text{kN}\cdot\text{m}$$

故：$M=134.775\text{kN}\cdot\text{m}$

(4) 计算受拉钢筋面积

$$h_0=h-a=500-40=460\text{mm}$$

$$\alpha_s=\frac{M}{\alpha_1 f_c bh_0^2}=\frac{134.775\times10^6}{1.0\times14.3\times250\times460^2}=0.178$$

$\xi=1-\sqrt{1-2\alpha_s}=1-\sqrt{1-2\times0.178}=0.198<\xi_b=0.518$，不会发生超筋破坏。

$$A_s=\frac{\alpha_1 f_c bh_0\xi}{f_y}=\frac{1.0\times14.3\times250\times460\times0.198}{360}=904\text{mm}^2$$

(5) 验算最小配筋率

$$\rho_{\min}=(0.45\frac{f_t}{f_y},0.2\%)_{\max}=\left(0.45\times\frac{1.43}{360}=0.179\%,0.2\%\right)_{\max}=0.2\%$$

$$A_{s,\min}=\rho_{\min}bh=0.2\%\times250\times500=250\text{mm}^2$$

$A_s>A_{s\min}$，不会出现少筋破坏。

(5) 选择钢筋

选 3⏀20 钢筋，$A_s=942\text{mm}^2$。

钢筋净距： $\frac{250-3\times20-2\times30}{2}=65\text{mm}$ $>25\text{mm}$，$>d=20\text{mm}$ 满足要求。

(6) 截面配筋图

截面配筋图如图 5-56 所示。

【例 5-7】 已知矩形截面梁 $b\times h=250\text{mm}\times500\text{mm}$，承受弯矩设计值 $M=160\text{kN}\cdot\text{m}$，混凝土强度等级为 C25，钢筋采用 HRB400 级，环境类别为一类，结构的安全等级为二级。截面配筋如图 5-57 所示，试复核该截面是否安全。

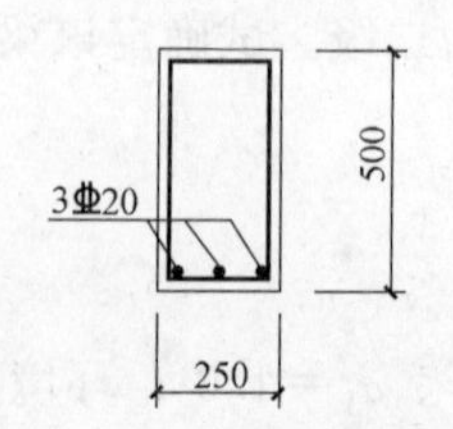

图 5-56 例 5-6 截面配筋图

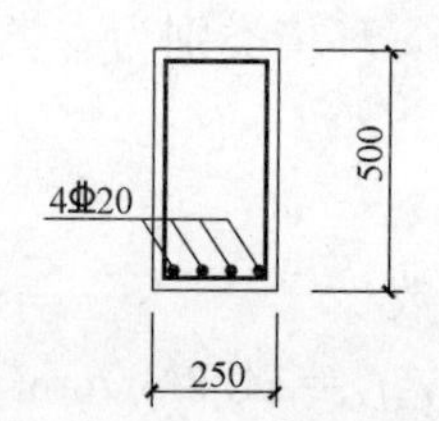

图 5-57 例 5-7 截面配筋图

【解】

（1）设计参数

C25 混凝土，$f_c=11.9\text{N/mm}^2$、$f_t=1.27\text{N/mm}^2$、$\alpha_1=1.0$

环境类别为一类，$c=25\text{mm}$，$a=25+10+20/2=45\text{mm}$，$h_0=500-45=455\text{mm}$

HRB400 级钢筋，$f_y=360\text{N/mm}^2$，$\xi_b=0.518$，4Φ20，$A_s=1256\text{mm}^2$

（2）验算最小配筋率

$$\rho_{min}=\left(0.45\frac{f_t}{f_y},0.2\%\right)_{max}=\left(0.45\times\frac{1.27}{360}=0.16\%,0.2\%\right)_{max}=0.2\%$$

$A_s=1256\text{mm}^2>A_{s,min}=\rho_{min}bh=0.2\%\times250\times500=250\text{mm}^2$，不会出现少筋破坏。

（3）计算受压区高度 x

$x=\dfrac{f_yA_s}{\alpha_1 f_c b}=\dfrac{360\times1256}{1.0\times11.9\times250}=151.99\text{mm}<\xi_b h_0=0.518\times455=235.69\text{mm}$，不会出现超筋破坏。

（4）计算受弯承载力 M_u

$$M_u=f_yA_s\left(h_0-\frac{x}{2}\right)=360\times1256\times(455-0.5\times151.99)\times10^{-6}=171.37\text{kN}\cdot\text{m}$$

$M_u>M=160\text{kN}\cdot\text{m}$，满足受弯承载力要求。

5. 双筋矩形截面正截面承载力计算

双筋截面是指同时配置受拉和受压钢筋的截面，如图 5-58 所示。一般来说，采用受压钢筋协助混凝土承受压力是不经济的。

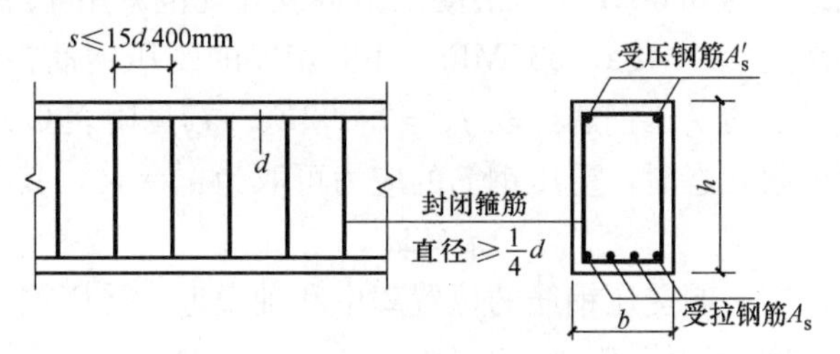

图 5-58　受压钢筋及其箍筋直径和间距

（1）纵向受压钢筋的应力 σ_s'

双筋截面与单筋截面的区别在于双筋截面在受压区配置了钢筋帮助混凝土受压。试验表明，双筋截面破坏时的受力特点与单筋截面相似，只要满足 $\xi\leqslant\xi_b$ 的条件，双筋矩形截面的破坏也是始于受拉钢筋的应力达到抗拉强度 f_y（屈服强度），然后受压区混凝土的应力达到其抗压强度，具有适筋梁的塑性破坏特征。这时，受压区混凝土的应力图形为曲线分布，边缘纤维的压应变已达极限压应变 ε_{cu}。因此，在建立截面受弯承载力的计算公式时，受压区混凝土仍可采用等效矩形应力图形。如果能够确定受压钢筋的应力 σ_s'，则可参照单筋截面的方式得到双筋截面的计算公式。

根据平截面假定，受压钢筋的应力 σ_s'推导如下：

如图 5-59 所示，双筋梁破坏时，受压钢筋的应力取决于它的应变 ε_s'，设 σ_s'为达到极限弯矩 M_u 时的受压钢筋 A_s'的应力 。

因为
$$\varepsilon_s'=\frac{x_c-a'}{x_c}\varepsilon_{cu}=\left(1-\frac{a'}{x_c}\right)\varepsilon_{cu}$$

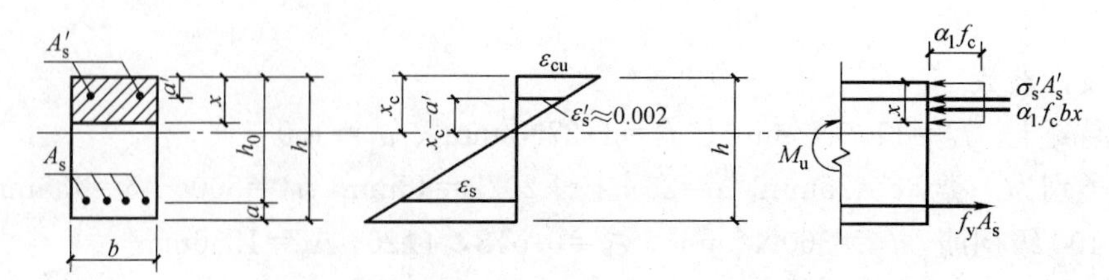

图 5-59 双筋截面中受压钢筋的应变和应力

而 $x=\beta_1 x_c$，$x_c=\dfrac{x}{\beta_1}$

所以 $\varepsilon_s'=\left(1-\dfrac{\beta_1 a'}{x}\right)\varepsilon_{cu}$

由图 5-59 可知，x_c 越小（x 越小），ε_s'也越小，对于配筋合适的受弯构件，一般 $x\geqslant 2a'$，故令 $x=2a'$，得 $\varepsilon_s'=(1-0.5\beta_1)\varepsilon_{cu}$。对于强度等级为 C50 以下的混凝土，$\beta_1=0.8$，$\varepsilon_{cu}=0.0033$，则 $\varepsilon_s'=0.00198\approx0.002$，有：

$$\sigma_s'=E_s\varepsilon_s'，如\begin{cases}\text{HPB300，}\sigma_s'=2.1\times10^5\times0.002=420\text{N/mm}^2\\ \text{HRB335，}\sigma_s'=2.0\times10^5\times0.002=400\text{N/mm}^2\\ \text{HRB400，}\sigma_s'=2.0\times10^5\times0.002=400\text{N/mm}^2\end{cases}$$

对于强度等级为 300MPa、335MPa、400MPa 的受压钢筋，压应力 σ_s'已超过受压屈服强度，表明受压钢筋已屈服；对于强度等级为 500MPa 及以上的受压钢筋，压应力 σ_s'小于受压屈服强度，只能达到约 $0.002E_s$。《混凝土结构设计规范》用 f_y'表示钢筋的抗压强度设计值，对于强度等级为 300MPa、335MPa、400MPa 的受压钢筋，取 $f_y'=f_y$；对于强度等级为 500MPa 及以上的受压钢筋，取 $f_y'\approx0.002E_s$。f_y'见附表 C-2 和附表 C-4。因此，双筋截面达到承载力极限状态时，受压钢筋的应力可取为 $\sigma_s'=f_y'$，其先决条件应满足：

$$x\geqslant 2a'$$

当不满足上式时，则表明受压钢筋的位置离中和轴太近，受压钢筋的应变 ε_s'太小，以致其应力达不到抗压强度设计值 f_y'。

（2）计算公式

双筋矩形截面受弯构件正截面承载力计算简图如图 5-60（a）所示。

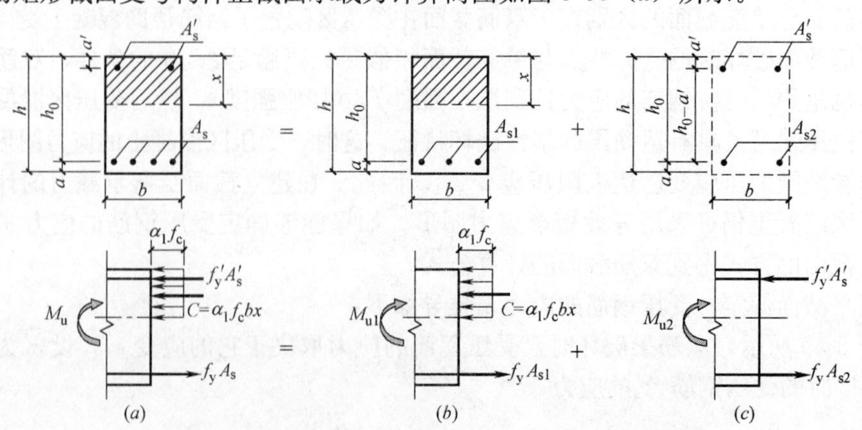

图 5-60 双筋矩形截面受弯构件正截面承载力计算简图

$$\sum X=0,\ f_y A_s=\alpha_1 f_c bx+f'_y A'_s=\alpha_1 f_c bh_0\xi+f'_y A'_s \tag{5-66a}$$

$$\begin{aligned}\sum M=0,\ M\leqslant M_u &=\alpha_1 f_c bx\left(h_0-\frac{x}{2}\right)+f'_y A'_s(h_0-a') \\ &=\alpha_1 f_c bh_0^2\xi(1-0.5\xi)+f'_y A'_s(h_0-a')\end{aligned} \tag{5-66b}$$

分析式（5-66a）和式（5-66b）可以看出，双筋矩形截面受弯承载力设计值M_u可分为两部分。第一部分是由受压区混凝土和相应的一部分受拉钢筋A_{s1}所形成的承载力设计值M_{u1}（图5-60b），相当于单筋矩形截面的受弯承载力；第二部分是由受压钢筋和相应的另一部分受拉钢筋A_{s2}所形成的承载力设计值M_{u2}（图5-60c），即：

$$M_u=M_{u1}+M_{u2} \tag{5-66c}$$

$$A_s=A_{s1}+A_{s2} \tag{5-66d}$$

对第一部分（图5-60b），由平衡条件可得：

$$f_y A_{s1}=\alpha_1 f_c bx \tag{5-66e}$$

$$M_{u1}=\alpha_1 f_c bx\left(h_0-\frac{x}{2}\right) \tag{5-66f}$$

对第二部分（图5-60c），由平衡条件可得：

$$f_y A_{s2}=f'_y A'_s \tag{5-66g}$$

$$M_{u2}=f'_y A'_s(h_0-a') \tag{5-66h}$$

（3）适用条件

1）$\xi\leqslant\xi_b$，防止发生超筋破坏。

2）$x\geqslant 2a'$，保证受压钢筋达到抗压强度设计值。

双筋截面一般不会出现少筋破坏情况，故一般可不验算最小配筋率。

（4）设计计算方法

1）截面设计

在双筋截面的配筋计算中，可能遇到下列两种情况。

a. 已知：弯矩设计值M、截面尺寸$b\times h$、混凝土和钢筋的强度等级，求受压钢筋面积A'_s和受拉钢筋面积A_s。

在式（5-66a）和式（5-66b）中，有A_s、A'_s及x三个未知数，还需增加一个条件才能求解。为取得较经济的设计，应按总的钢筋截面面积（$A_s+A'_s$）最小的原则来确定配筋，即应充分利用混凝土抗压，取$\xi=\xi_b$。

计算的一般步骤如下：

① 令：$\xi=\xi_b$，代入式（5-66b），则有：

② $$A'_s=\frac{M-\alpha_1 f_c bh_0^2\xi_b(1-0.5\xi_b)}{f'_y(h_0-a')} \tag{5-67}$$

③ 由式（5-66a）得： $$A_s=\frac{f'_y A'_s+\alpha_1 f_c bh_0\xi_b}{f_y} \tag{5-68}$$

b. 已知：弯矩设计值M、截面尺寸$b\times h$、混凝土和钢筋的强度等级、受压钢筋面积A'_s，求受拉钢筋面积A_s。

在式（5-66a）和式（5-66b）中，有A_s及x两个未知数，可直接用计算公式求解，也可用公式分解求解。计算公式求解的方法读者可参照单筋的方法自己写出计算步骤，在此不再叙述。公式分解求解的一般步骤如下：

① 由式（5-66h）计算：$M_{u2}=f'_yA'_s(h_0-a')$；

② 由式（5-66c）得：$M_{u1}=M-M_{u2}$；

③ $\alpha_s=\dfrac{M_{u1}}{\alpha_1 f_c bh_0^2}$，$\xi=1-\sqrt{1-2\alpha_s}$，$x=\xi h_0$；

④ 当 $2a'\leqslant x\leqslant\xi_b h_0$ 时，由式（5-66a）得 $A_s=\dfrac{\alpha_1 f_c bx+f'_yA'_s}{f_y}$；

⑤ 当 $x<2a'$时，则取 $x=2a'$，$A_s=\dfrac{M}{f_y(h_0-a')}$；

⑥ 当 $x>\xi_b h_0$ 时，则说明给定的受压钢筋面积 A'_s太少，梁会出现超筋破坏，此时可采取加大截面尺寸、提高混凝土强度等级等措施或按 A_s 和 A'_s未知的情况重新设计。

2）截面复核

已知：弯矩设计值 M、截面尺寸 $b\times h$、混凝土和钢筋的强度等级、受压钢筋面积A'_s和受拉钢筋面积 A_s，求受弯承载力 M_u。

计算的一般步骤如下：

① 由式（5-66a）得：$x=\dfrac{f_yA_s-f'_yA'_s}{\alpha_1 f_c b}$；

② 当 $2a'\leqslant x\leqslant\xi_b h_0$ 时，由式（5-66b）计算：$M_u=\alpha_1 f_c bx\left(h_0-\dfrac{x}{2}\right)+f'_yA'_s(h_0-a')$；

③ 当 $x<2a'$时，取 $x=2a'$，$M_u=f_yA_s(h_0-a')$；

④ 当 $x>\xi_b h_0$ 时，则说明双筋梁的破坏始自受压区，取 $x=\xi_b h_0$，$M_u=\alpha_1 f_c bh_0^2\xi_b(1-0.5\xi_b)+f'_yA'_s(h_0-a')$；

⑤ 当 $M\leqslant M_u$ 时，构件截面安全，否则为不安全。

（5）双筋截面的应用场合

双筋截面用钢筋帮助混凝土受压，仅从节省钢筋的角度来看，双筋截面是不经济的。因此，一般在下述情况下才使用双筋截面。

1）弯矩很大，按单筋矩形截面计算所得的 ξ 大于 ξ_b，而梁截面尺寸受到限制，混凝土强度等级又不能提高时；

2）在不同荷载组合情况下，梁截面承受异号弯矩。

值得指出的是，配置受压钢筋可以提高梁的刚度和提高截面的延性，因此在抗震结构中要求框架梁必须配置一定比例的受压钢筋。

由于受压钢筋在纵向压力作用下易产生压曲而导致钢筋侧向凸出，将受压区保护层崩裂，从而使构件提前发生破坏，降低构件的承载力。为此，必须配置封闭箍筋防止受压钢筋的压曲，并限制其侧向凸出。为保证有效防止受压钢筋的压曲和侧向凸出，《混凝土结构设计规范》规定箍筋的间距 s 不应大于 15 倍受压钢筋最小直径和 400mm，箍筋直径不应小于受压钢筋最大直径的 1/4（如图 5-58）。上述箍筋的设置要求是保证受压钢筋发挥作用的必要条件。

【例 5-8】 已知矩形梁的截面尺寸 $b\times h=300\text{mm}\times600\text{mm}$，承受弯矩设计值 $M=250\text{kN}\cdot\text{m}$，混凝土强度等级为 C30，钢筋采用 HRB335 级，环境类别为一类，结构的安全等级为二级。在受压区已配置 2Φ20 的钢筋，求受拉钢筋面积 A_s。

【解】

（1）设计参数

C30 混凝土，$f_c=14.3\text{N/mm}^2$、$\alpha_1=1.0$；HRB335 级钢筋 $f_y=f'_y=300\text{N/mm}^2$，$\xi_b=0.55$；2Φ20 的受压钢筋，$A'_s=628\text{mm}^2$，$a'=40\text{mm}$；假设受拉钢筋为一排配置，$a=40\text{mm}$，$h_0=600-40=560\text{mm}$。

（2）计算受拉钢筋的面积 A_s

$$M_{u2}=f'_yA'_s(h_0-a')=300\times628\times(560-40)=97.968\times10^6\text{N}\cdot\text{mm}$$

$$M_{u1}=M-M_{u2}=250\times10^6-97.968\times10^6=152.032\times10^6\text{N}\cdot\text{mm}$$

$$\alpha_s=\frac{M_{u1}}{\alpha_1f_cbh_0^2}=\frac{152.032\times10^6}{1.0\times14.3\times300\times560^2}=0.113$$

$\xi=1-\sqrt{1-2\alpha_s}=1-\sqrt{1-2\times0.113}=0.120<\xi_b=0.55$ 不会发生超筋破坏

$x=\xi h_0=0.12\times560=67.2\text{mm}<2a'=80\text{mm}$，取 $x=2a'$

$$A_s=\frac{M}{f_y(h_0-a')}=\frac{250\times10^6}{300\times(560-40)}=1602.6\text{mm}^2$$

（3）验算最小配筋率

$$\rho_{min}=\left(0.45\frac{f_t}{f_y},0.2\%\right)_{max}=\left(0.45\times\frac{1.43}{300}=0.2145\%,0.2\%\right)_{max}=0.2145\%$$

$$A_{s,min}=\rho_{min}bh=0.2145\%\times300\times600=386.1\text{mm}^2$$

$A_s>A_{smin}$不会出现少筋破坏。

（4）选择钢筋

选 2Φ20+2Φ25 的受拉钢筋，$A_s=628+982=1610\text{mm}^2$。

（5）截面配筋图

截面配筋图如图 5-61。

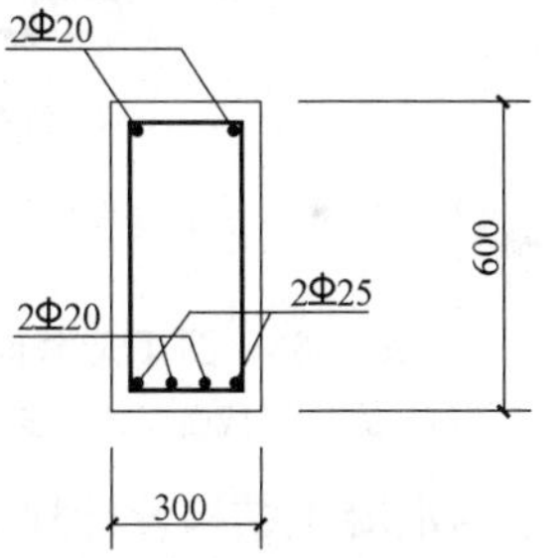

图 5-61 例 5-8 截面配筋图

6. T 形截面正截面受弯承载力计算

由前面的讨论可知，受弯构件在破坏时，大部分受拉区混凝土早已退出工作，故可挖去部分受拉区混凝土，并将钢筋集中放置，如图 5-62（a），形成 T 形截面，对受弯承载力没有影响。这样既可节省混凝土，也可减轻结构自重。若受拉钢筋较多，为便于布置钢筋，可将截面底部适当增大，形成工形截面，如图 5-62（b）所示。

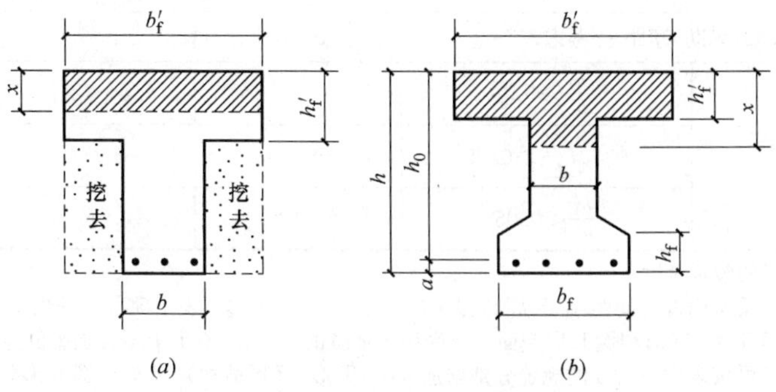

图 5-62 受弯构件的 T 形截面图

（a）T 形截面；（b）I 形截面

T 形截面伸出部分称为翼缘，中间部分称为肋或梁腹。肋的宽度为 b，位于截面受压区的翼缘宽度为 b_f'，厚度为 h_f'，截面总高为 h。工形截面位于受拉区的翼缘不参与受力，因此也按 T 形截面计算。

值得注意的是，这里所谓的 T 形截面，是指翼缘位于受压区的 T 形截面，若翼缘在梁的受拉区，如图 5-63（a）所示的倒 T 形截面梁，当受拉区的混凝土开裂以后，翼缘对承载力就不再起作用了，对于这种梁应按肋宽为 b 的矩形截面计算承载力。又如整体式肋梁楼盖连续梁中的支座附近的 2-2 截面，如图 5-63（b），由于承受负弯矩，翼缘受拉，故仍应按肋宽为 b 的矩形截面计算。

（1）T 形截面受压翼缘的计算宽度 b_f'

由实验和理论分析可知，T 形截面梁受力后，翼缘上的纵向压应力不是均匀分布的，离梁肋越远压应力越小，实际压应力分布如图 5-64（a）、（c）所示。实际设计中把翼缘宽度限制在一定范围内，称为翼缘计算宽度 b_f'，并假定在 b_f' 范围内压应力是均匀分布的，如图 5-64（b）、（d）所示。

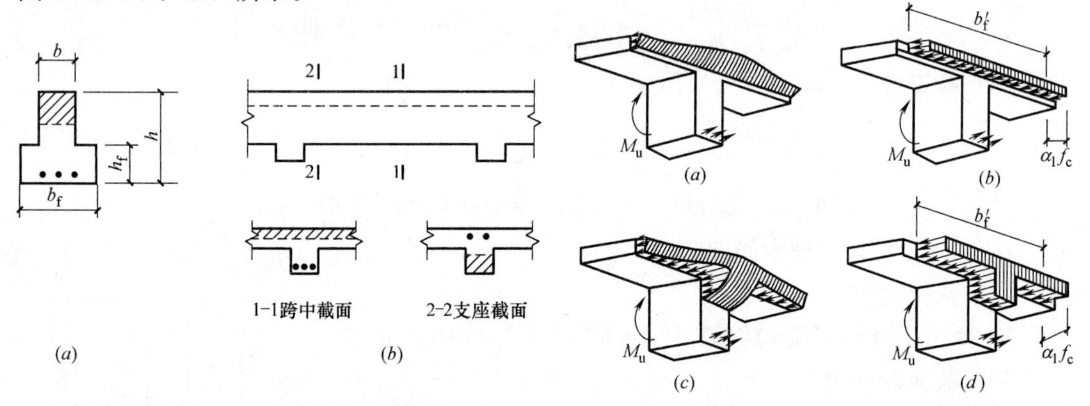

图 5-63　倒 T 形截面及连续梁截面

（a）倒 T 形截面；（b）连续梁跨中与支座截面

图 5-64　T 形截面受弯构件受压翼缘的应力分布

《混凝土结构设计规范》对翼缘计算宽度 b_f' 的取值规定见表 5-4，计算时应取表中有关各项中的最小值。

T 形、工形及倒 L 形截面受弯构件翼缘计算宽度 b_f'　　　　**表 5-4**

项次	情况		T形、I形截面		倒L形截面
			肋形梁(肋形板)	独立梁	肋形梁(板)
1	按跨度 l_0 考虑		$\frac{1}{3}l_0$	$\frac{1}{3}l_0$	$\frac{1}{6}l_0$
2	按梁(纵肋)净距 s_n 考虑		$b+s_n$	—	$b+\frac{s_n}{2}$
3	按翼缘高度 h_f' 考虑	$\frac{h_f'}{h_0}\geqslant 0.1$	—	$b+12h_f'$	—
		$0.1>\frac{h_f'}{h_0}\geqslant 0.05$	$b+12h_f'$	$b+6h_f'$	$b+5h_f'$
		$\frac{h_f'}{h_0}<0.05$	$b+12h_f'$	b	$b+5h_f'$

注：1. 表中 b 为梁的腹板宽度；

2. 如肋形梁在梁跨内设有间距小于纵肋间距的横肋时，则可不遵守表中项次 3 的规定；

3. 对有加腋的 T 形、I 形和倒 L 形截面，当受压区加腋的高度 h_h 不小于 h_f' 且加腋的宽度 $b_h\leqslant 3h_h$ 时，则其翼缘计算宽度可按表中项次 3 的规定分别增加 $2b_h$（T 形、I 形截面）和 b_h（倒 L 形截面）；

4. 独立梁受压区的翼缘板在荷载作用下经验算沿纵肋方向可能产生裂缝时，则其计算宽度应取用腹板宽度 b；

5. 表中各计算参数的含义可参见图 5-65。

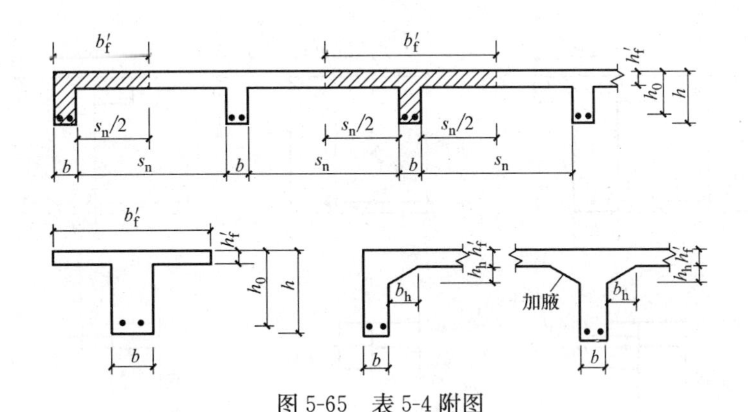

图 5-65 表 5-4 附图

(2) 计算公式与适用条件

1) T 形截面的两种类型

采用翼缘计算宽度 b_f'后，T 形截面受压区混凝土的应力分布仍可按等效矩形应力图考虑。构件破坏时，中和轴的位置可能位于翼缘，也可能位于梁肋，造成受压区的面积可能是矩形也可能是 T 形，计算公式因此而不同，故 T 形截面通常可分为两种类型来讨论：

第一类 T 形截面：中和轴在翼缘内，即 $x \leqslant h_f'$；

第二类 T 形截面：中和轴在梁肋内，即 $x > h_f'$。

2) 第一类 T 形截面的计算公式与适用条件

① 计算公式

第一类 T 形截面受弯构件正截面承载力计算简图如图 5-66 所示，这种类型的 T 形梁可看作由宽为 b_f'的矩形梁挖掉了部分受拉混凝土而形成，因此，可用矩形截面的公式计算，只需用 b_f'代替矩形截面公式中的 b 即可，即：

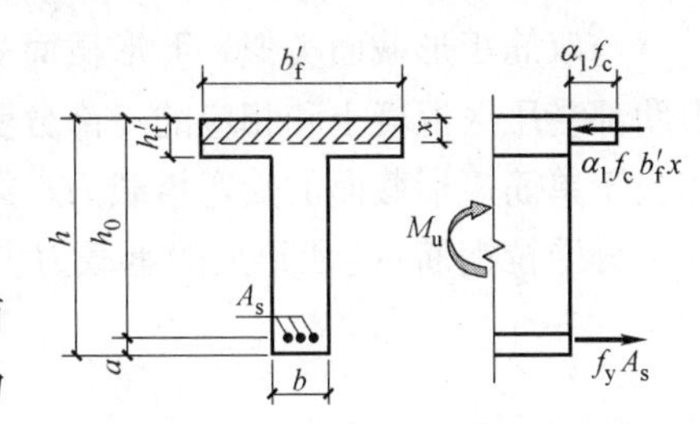

图 5-66 第一类 T 形截面梁正截面承载力计算简图

$$\sum X=0, \ f_y A_s = \alpha_1 f_c b_f' x \tag{5-69a}$$

$$\sum M=0, \ M \leqslant M_u = \alpha_1 f_c b_f' x \left(h_0 - \frac{x}{2}\right) \tag{5-69b}$$

② 适用条件

a. $\xi \leqslant \xi_b$，防止发生超筋破坏，此项条件通常均可满足，不必验算；

b. $A_s \geqslant A_{smin} = \rho_{min} A_1$，防止发生少筋破坏。

必须注意，这里受弯承载力虽然按 $b_f' \times h$ 的矩形截面计算，但 $A_1 = bh$ 而不是 $b_f' h$。这是因为最小配筋率是按 $M_u = M_{cr}$的条件确定，而开裂弯矩 M_{cr}主要取决于受拉区混凝土的面积，T 形截面的开裂弯矩与具有同样腹板宽度 b 的矩形截面基本相同。对工形和倒 T 形截面，$A_1 = bh + (b_f - b) h_f$。

3) 第二类 T 形截面的计算公式与适用条件

① 计算公式

第二类 T 形截面受弯构件正截面承载力计算简图如图 5-67 (a) 所示。由平衡条件得到的计算公式如下：

$$f_y A_s = \alpha_1 f_c b x + \alpha_1 f_c (b_f' - b) h_f' \tag{5-70a}$$

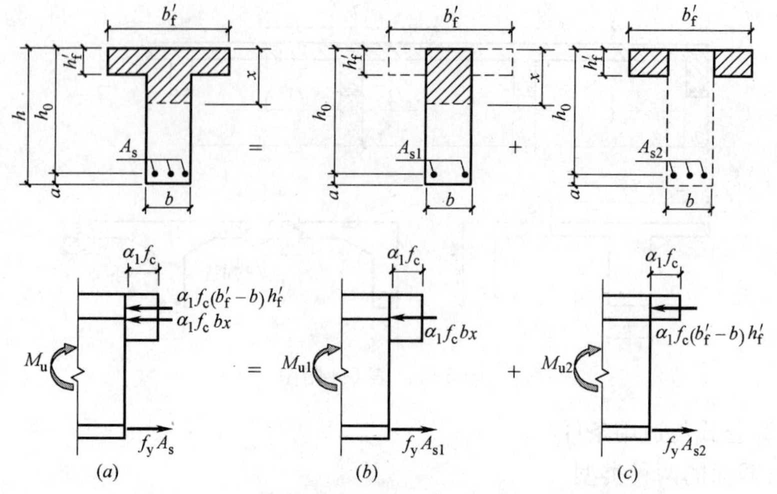

图 5-67　第二类 T 形截面梁正截面承载力计算简图

$$M \leqslant M_u = \alpha_1 f_c bx\left(h_0 - \frac{x}{2}\right) + \alpha_1 f_c (b_f' - b) h_f'\left(h_0 - \frac{h_f'}{2}\right) \tag{5-70b}$$

与双筋矩形截面类似，T 形截面受弯承载力设计值 M_u 也可分为两部分。第一部分是由肋部受压区混凝土和相应的一部分受拉钢筋 A_{s1} 所形成的承载力设计值 M_{u1}（图5-67b），相当于单筋矩形截面的受弯承载力；第二部分是由翼缘挑出部分的受压混凝土和相应的另一部分受拉钢筋 A_{s2} 所形成的承载力设计值 M_{u2}（图 5-67c），即：

$$M_u = M_{u1} + M_{u2} \tag{5-70c}$$

$$A_s = A_{s1} + A_{s2} \tag{5-70d}$$

对第一部分（图 5-67b），由平衡条件可得：

$$f_y A_{s1} = \alpha_1 f_c bx \tag{5-70e}$$

$$M_{u1} = \alpha_1 f_c bx\left(h_0 - \frac{x}{2}\right) \tag{5-70f}$$

对第二部分（图 5-67c），由平衡条件可得：

$$f_y A_{s2} = \alpha_1 f_c (b_f' - b) h_f' \tag{5-70g}$$

$$M_{u2} = \alpha_1 f_c (b_f' - b) h_f'\left(h_0 - \frac{h_f'}{2}\right) \tag{5-70h}$$

② 适用条件

a. $\xi \leqslant \xi_b$，防止发生超筋破坏；

b. $A_s \geqslant A_{smin} = \rho_{min} A_1$，防止发生少筋破坏，此项条件通常均可满足，不必验算。

4）设计计算方法

① 判别 T 形截面类别

无论是截面设计还是截面复核，都得首先判别 T 形截面属于哪一种类型。为此，我们来分析 $x = h_f'$ 的特殊情况，如图 5-68 所示，由平衡条件可得：

$$\sum X = 0,\ f_y A_s = \alpha_1 f_c b_f' h_f' \tag{5-71}$$

$$\sum M = 0,\ M_u = \alpha_1 f_c b_f' h_f'\left(h_0 - \frac{h_f'}{2}\right) \tag{5-72}$$

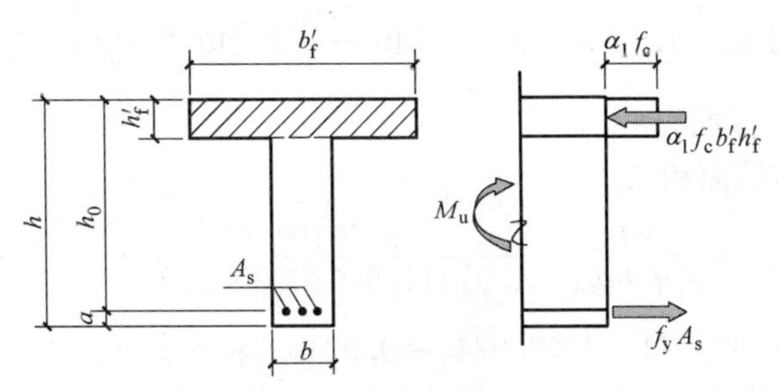

图 5-68　$x=h'_f$时的 T 形截面梁

当 $f_y A_s \leqslant \alpha_1 f_c b'_f h'_f$或 $M \leqslant \alpha_1 f_c b'_f h'_f\left(h_0-\frac{h'_f}{2}\right)$时，则 $x \leqslant h'_f$，即属于第一类 T 形截面；反之，当 $f_y A_s > \alpha_1 f_c b'_f h'_f$或 $M > \alpha_1 f_c b'_f h'_f\left(h_0-\frac{h'_f}{2}\right)$时，则 $x > h'_f$，即属于第二类 T 形截面。

② 第一类 T 形截面的截面设计与截面复核

计算方法与 $b'_f \times h$ 的单筋矩形截面梁完全相同。

③ 第二类 T 形截面的截面设计与截面复核

计算方法可参照双筋矩形截面梁，读者可自行推导。

【例 5-9】 已知一肋梁楼盖的次梁，跨度为 6m，间距为 2.4m，截面尺寸如图 5-69（*a*）所示。环境类别为一类，结构的安全等级为二级。跨中最大弯矩设计值 M=95kN·m，混凝土强度等级为 C25，钢筋采用 HRB335 级，求次梁纵向受拉钢筋面积 A_s。

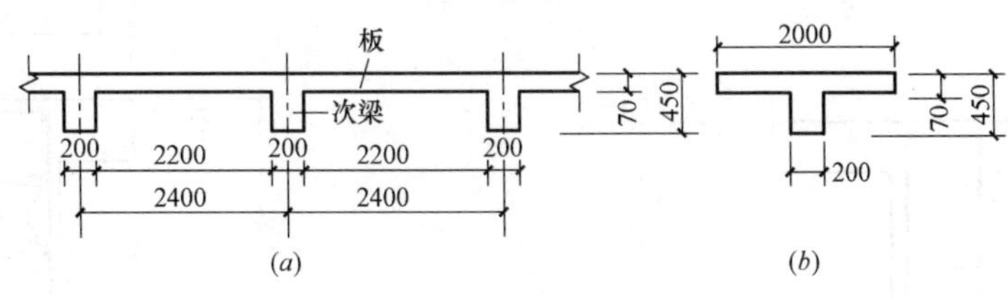

图 5-69　例 5-9 图

【解】

（1）设计参数

C25 混凝土，$f_c=11.9\text{N/mm}^2$、$f_t=1.27\text{N/mm}^2$、$\alpha_1=1.0$，环境类别为一类，c=25mm，a=45mm，$h_0=450-45=405$mm，HRB335 级钢筋 $f_y=300\text{N/mm}^2$，$\xi_b=0.55$。

（2）确定翼缘计算宽度 b'_f

按梁跨度 l_0 考虑：$b'_f=\frac{l_0}{3}=\frac{6000}{3}=2000$mm；

按梁净距 s_n 考虑：$b'_f=b+s_n=200+2200=2400$mm；

按翼缘高度 h'_f虑：当$\frac{h'_f}{h_0}=\frac{70}{405}=0.173>0.1$时，翼缘不受此项限制。

翼缘计算宽度 b'_f取三者中的较小值，所以 $b'_f=2000$mm，次梁截面如图 5-69（*b*）所示。

（3）判别 T 形截面类型

$$\alpha_1 f_c b_f' h_f'\left(h_0-\frac{h_f'}{2}\right)=1.0\times11.9\times2000\times70\times\left(405-\frac{70}{2}\right)\times10^{-6}=616.42\text{kN}\cdot\text{m}>M=95\text{kN}\cdot\text{m}$$

属于第一类T形截面。

（4）计算受拉钢筋面积A_s

$$\alpha_s=\frac{M}{\alpha_1 f_c b_f' h_0^2}=\frac{95\times10^6}{1.0\times11.9\times2000\times405^2}=0.0243$$

$\xi=1-\sqrt{1-2\alpha_s}=1-\sqrt{1-2\times0.0243}=0.0246<\xi_b=0.55$，不会出现超筋破坏。

$$A_s=\frac{\alpha_1 f_c b_f' x}{f_y}=\frac{\alpha_1 f_c b_f' h_0\xi}{f_y}=\frac{1.0\times11.9\times2000\times405\times0.0246}{300}=790.4\text{mm}^2$$

选用3Φ20，$A_s=941\text{mm}^2$。

（5）验算最小配筋率

$$\rho_{\min}=\left(0.45\frac{f_t}{f_y},\ 0.2\%\right)_{\max}=\left(0.45\times\frac{1.27}{300}=0.19\%,\ 0.2\%\right)_{\max}=0.2\%$$

$$A_{s,\min}=\rho_{\min}bh=0.2\%\times200\times450=180\text{mm}^2$$

$A_s>A_{s\min}$，不会出现少筋破坏。

（6）截面配筋图

截面配筋如图5-70所示。

【例5-10】 已知T形梁截面尺寸$b=250$mm，$h=800$mm，$b_f'=600$mm，$h_f'=100$mm，截面配筋如图5-71所示，混凝土强度等级为C25，环境类别为一类，结构的安全等级为二级。若弯矩设计值$M=500\text{kN}\cdot\text{m}$，复核该截面是否安全。

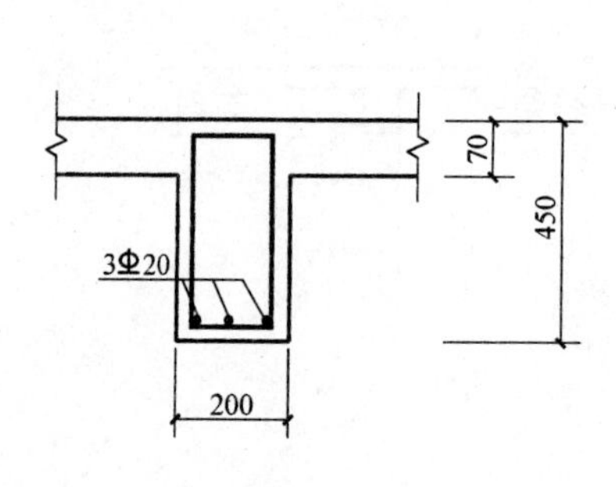

图5-70 例5-9截面配筋图

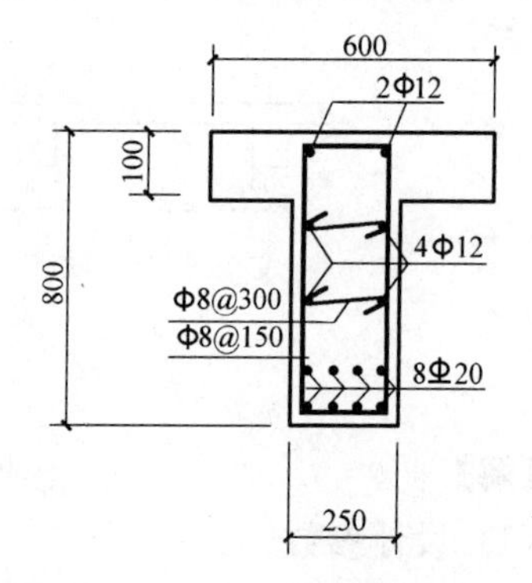

图5-71 例5-10截面配筋图

【解】

（1）设计参数

C25混凝土，$f_c=11.9\text{N/mm}^2$、$f_t=1.27\text{N/mm}^2$、$\alpha_1=1.0$，受拉钢筋为双排配置，$A_s=2513\text{mm}^2$，$h_0=800-25-8-20-25/2=734.5$mm，HRB335级钢筋，$f_y=300\text{N/mm}^2$，$\xi_b=0.55$。

（2）判别T形截面类型

$$\alpha_1 f_c b_f' h_f'=1.0\times11.9\times600\times100=714000\text{N}<f_y A_s=300\times2513=753900\text{N}$$

为第二类T形截面。

（3）计算受弯承载力M_u

$$M_{u2}=\alpha_1 f_c(b'_f-b)\times h'_f\times\left(h_0-\frac{h'_f}{2}\right)=1.0\times11.9\times(600-250)\times100\times\left(734.5-\frac{100}{2}\right)$$

$$=285.1\times10^6\text{N}\cdot\text{mm}$$

$$A_{s2}=\frac{\alpha_1 f_c(b'_f-b)h'_f}{f_y}=\frac{1.0\times11.9\times(600-250)\times100}{300}=1388.33\text{mm}^2$$

$$A_{s1}=A_s-A_{s2}=2513-1388.33=1124.67\text{mm}^2$$

$$x=\frac{f_y A_{s1}}{\alpha_1 f_c b}=\frac{300\times1124.67}{1.0\times11.9\times250}=113.4\text{mm}<\xi_b h_0=0.55\times734.5=404\text{mm}$$

不会出现超筋破坏。

$$M_{u1}=f_y A_{s1}(h_0-\frac{x}{2})=300\times1124.67\times(734.5-\frac{113.4}{2})=228.7\times10^6\text{N}\cdot\text{mm}$$

$$M_u=M_{u1}+M_{u2}=228.7+285.1=513.8\text{kN}\cdot\text{m}$$

$M_u>M=500\text{kN}\cdot\text{m}$，满足受弯承载力要求，该截面是安全的。

5.3.3 混凝土梁的斜截面承载力计算

由 5.1.2 节可知，随着荷载的增加，当梁的弯剪段（如图 5-6 中 1-1 截面）内的主拉应力超过混凝土的抗拉强度时，就会出现斜裂缝。随着荷载继续增加，斜裂缝不断延伸和加宽，当截面的抗弯强度得到保证时，梁最后可能由于斜截面的抗剪强度不足而破坏。

一般在梁中设置与梁轴垂直的箍筋和利用梁内的纵筋弯起来抵抗主拉应力，以防止梁发生斜截面破坏（如图 5-72 所示）。箍筋和弯起钢筋统称为腹筋。

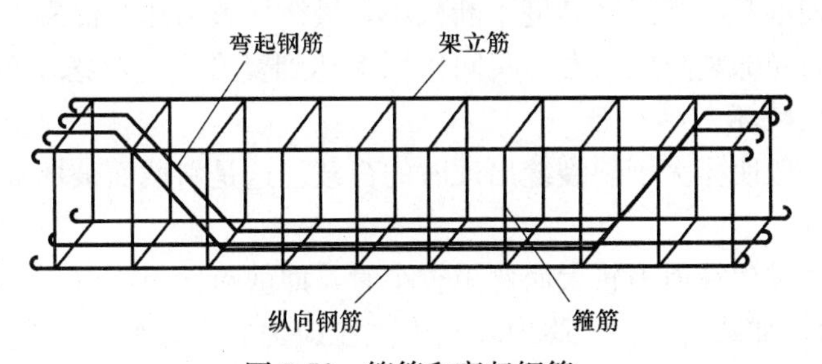

图 5-72　箍筋和弯起钢筋

1. 钢筋混凝土无腹筋梁斜截面的破坏形态

无腹筋梁是指不配箍筋和弯起钢筋的梁。实际结构中的梁一般都设有箍筋，有时还配有弯起钢筋。讨论无腹筋梁的破坏形态，主要是因为无腹筋梁比较简单，影响斜截面破坏的因素较少，从而为有腹筋梁的讨论奠定基础。

影响无腹筋梁斜截面受剪破坏形态的主要因素为：剪跨比 λ（集中荷载作用时，$\lambda=a/h_0$，其中 a 为简支梁集中荷载作用点到支座或节点边缘的距离，h_0 为截面有效高度）或跨高比 l_0/h_0（均布荷载作用时），主要破坏形态有斜拉破坏、剪压破坏和斜压破坏三种（图 5-73）。

（1）斜拉破坏

一般发生在剪跨比较大的情况（$\lambda>3$ 或 $l_0/h_0>8$ 时），如图 5-73（a）所示。在荷载作用下，首先在梁的底部出现垂直的弯曲裂缝；随即，其中一条弯曲裂缝很快地斜向（垂直主拉应力）伸展到梁顶的集中荷载作用点处，形成所谓的临界斜裂缝，将梁劈裂为两部分而破坏，同时，沿纵筋往往伴随产生水平撕裂裂缝，即斜拉破坏。

斜拉破坏荷载与开裂时荷载接近，这种梁的抗剪强度取决于混凝土抗拉强度，承载力较低，如图 5-74 所示。

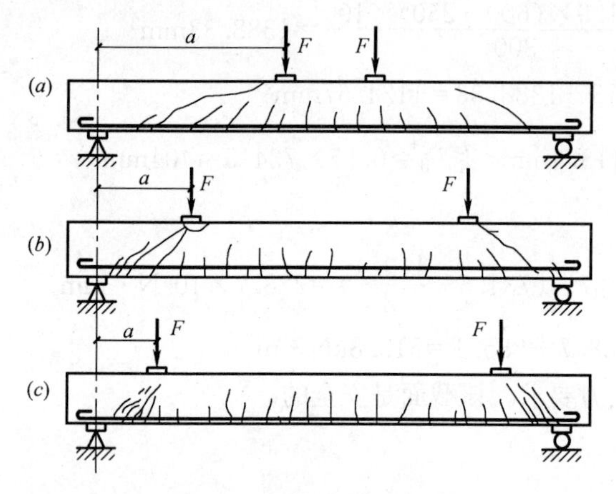

图 5-73　斜截面的破坏形态

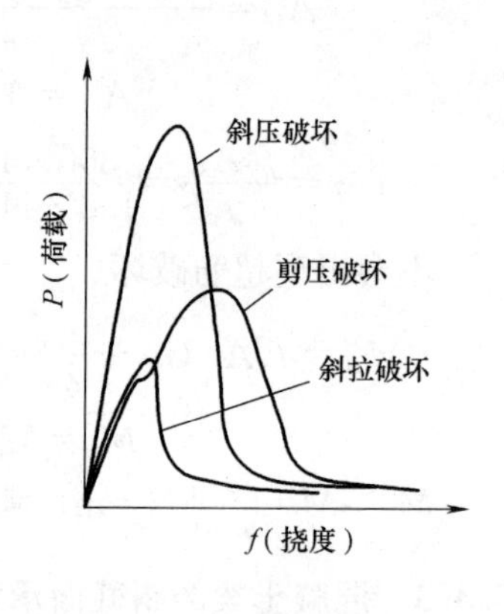

图 5-74　斜截面破坏的 P-f 曲线

(2) 剪压破坏

一般发生在剪跨比适中的情况（$1\leqslant\lambda\leqslant3$ 或 $3\leqslant l_0/h_0\leqslant8$），如图 5-73（$b$）所示。在荷载的作用下，首先在剪跨区出现数条短的弯剪斜裂缝；随着荷载的增加，形成一条延伸最长、开展较宽的斜裂缝，称为临界斜裂缝；随着荷载继续增大，临界斜裂缝将不断向荷载作用点延伸，使混凝土受压区高度不断减小，最终导致剪压区混凝土在正应力 σ 和剪应力 τ 和荷载引起的局部竖向压应力的共同作用下达到复合应力状态下的极限强度而破坏，这种破坏称为剪压破坏。

破坏时荷载一般明显大于斜裂缝出现时的荷载。这是斜截面破坏最典型的一种。

(3) 斜压破坏

这种破坏一般发生在剪力较大而弯矩较小时，即剪跨比很小（$\lambda<1$ 或 $l_0/h_0<3$），如图 5-73（c）所示。加载后，在梁腹中垂直于主拉应力方向，先后出现若干条大致相互平行的腹剪斜裂缝，梁的腹部被分割成若干斜向的受压短柱。随着荷载的增大，混凝土短柱沿斜向最终被压酥破坏，即斜压破坏。

由图 5-74 可知，不同剪跨比梁的破坏形态和承载力不同，斜压破坏最大，剪压破坏次之，斜拉破坏最小。而在荷载达到峰值时的跨中挠度均不大，且破坏后荷载均迅速下降，这与弯曲破坏的延性性质不同，均属于脆性破坏，其中斜拉破坏最明显，斜压破坏次之，剪压破坏稍好。

除上述三种破坏外，在不同的条件下，还可能出现其他的破坏形态，如：荷载离支座很近时的纯剪切破坏以及局部受压破坏和纵筋的锚固破坏等，这些破坏都不属于正常的弯剪破坏形态，在工程中应采取构造措施加以避免。

2. 钢筋混凝土无腹筋梁受剪承载力计算公式

影响钢筋混凝土无腹筋梁斜截面承载力的因素有剪跨比、混凝土强度、纵向钢筋配筋率、截面形式及尺寸效应等。

从图 5-75 中可见，随着剪跨比的增大，受剪承载力减小；当 $\lambda>3$ 以后，承载力趋于稳定。而从图 5-77 可知，均布荷载作用下跨高比 l_0/h_0 对梁的受剪承载力影响较大，随着跨高比的增大，受剪承载力下降；但当跨高比 $l_0/h_0>10$ 以后，跨高比对受剪承载力的影响不显著。

如图 5-76 所示，试验表明，无腹筋梁的受剪承载力与混凝土的抗拉强度 f_t 近似成正比，梁的受剪承载力随混凝土抗拉强度的提高而提高，大致成直线关系。

由于影响斜截面承载力的因素很多，要全面准确地考虑这些因素，是一个比较复杂的问题，目前仍未圆满解决。《混凝土结构设计规范》所给出的计算公式，是考虑了影响斜截面承载力的主要因素，对大量的试验数据进行统计分析所得出的。图 5-77 和图 5-78 为规范公式与试验结果的比较。

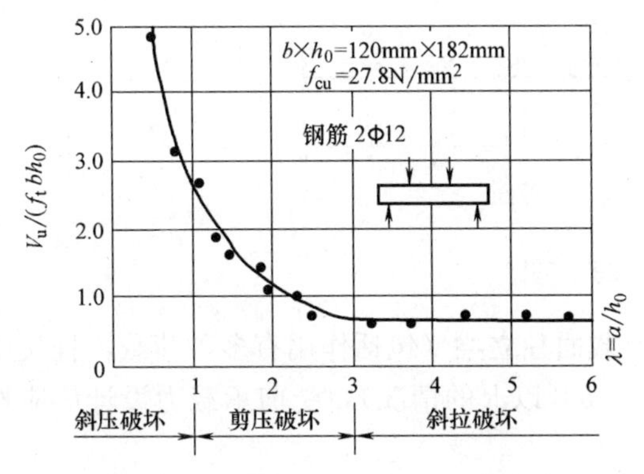

图 5-75　受剪承载力与剪跨比的关系

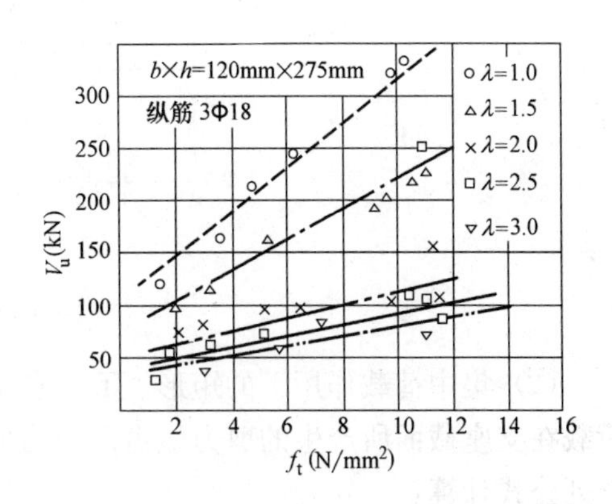

图 5-76　混凝土强度的影响

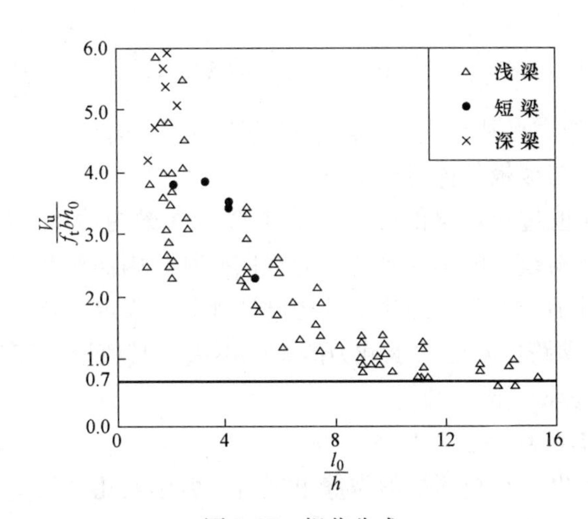

图 5-77　规范公式

无腹筋梁受剪承载力计算公式如下：

(1) 对矩形、T 形和工形截面的一般受弯构件，受剪承载力设计值可按下列公式计算：

$$V_c=0.7f_tbh_0 \tag{5-73}$$

式中　V_c——无腹筋梁受剪承载力设计值；

f_t——混凝土轴心抗拉强度设计值；

b——矩形截面的宽度或 T 形截面和工形截面的腹板宽度；

h_0——截面的有效高度。

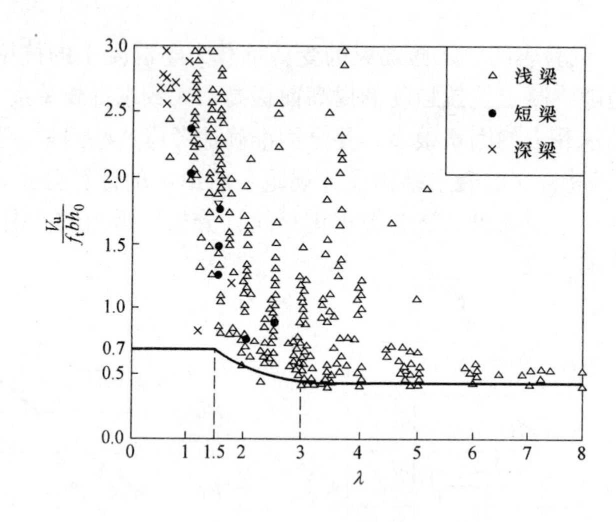

图 5-78 试验结果

(2) 集中荷载作用下的矩形、T 形和工形截面独立梁（包括作用有多种荷载，且集中荷载在支座截面所产生的剪力值占总剪力值的 75%以上的情况），受剪承载力设计值应按下列公式计算：

$$V_c=\frac{1.75}{\lambda+1}f_t b h_0 \tag{5-74}$$

式中 λ——计算剪跨比，$\lambda=\frac{a}{h_0}$，当 $\lambda<1.5$ 时，取 $\lambda=1.5$，当 $\lambda>3$ 时，取 $\lambda=3$；

a——集中荷载作用点到支座或节点边缘的距离。

其中独立梁是指不与楼板整体浇筑的梁。

由试验可知，当 λ 值过小，梁的受剪性能类似于深梁的性质，构件破坏时的承载力高，但开裂较早，而且斜裂缝的出现容易引起锚固破坏，因而对其受剪承载力取值不宜过高，亦即 λ 取值不能过小，因此《混凝土结构设计规范》规定：$\lambda<1.5$，$\lambda=1.5$。由图 5-78 可知，当 $\lambda>3$ 时，剪跨比对受剪承载力的影响不大，其值渐趋于稳定，因此《混凝土结构设计规范》规定 $\lambda\geqslant3$，取 $\lambda=3$。

3. 有腹筋梁斜截面破坏的主要形态

由前面分析可以看出，无腹筋梁斜裂缝出现后，剪压区几乎承受了全部的剪力，成为整个梁的薄弱环节。而在有腹筋梁中，当斜裂缝出现以后，如图 5-79 所示形成了一种“桁架—拱”的受力模型，斜裂缝间的混凝土相当于压杆，梁底纵筋相当于拉杆，箍筋则相当于垂直受拉腹杆（图 5-79*b*）。箍筋可以将压杆Ⅱ、Ⅲ的内力通过“悬吊”作用传递到压杆Ⅰ靠近支座的部分，从而减小了压杆Ⅰ顶部剪压区的负担。

因此在有腹筋的梁中，箍筋可以直接承担部分剪力，能限制斜裂缝的开展和延伸，增大混凝土剪压区的截面面积，提高混凝土剪压区的抗剪能力，还将提高斜裂缝交界面骨料的咬合和摩擦作用，延缓沿纵筋的粘结劈裂裂缝的发展，防止混凝土保护层的突然撕裂，提高纵向钢筋的销栓作用。总之，腹筋将使梁的受剪承载力有较大的提高。

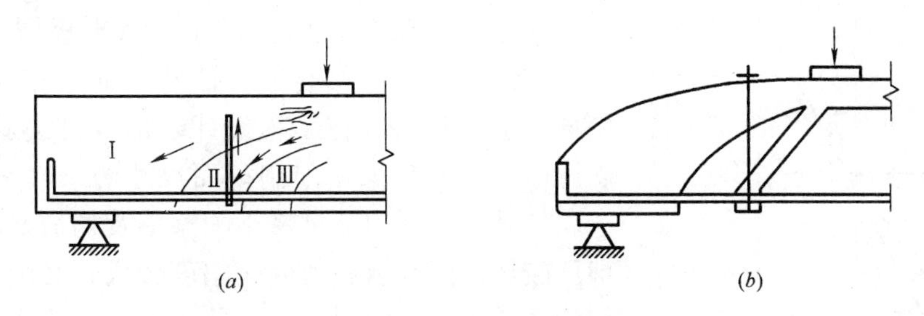

图 5-79 有腹筋梁的受力模型

(a) 斜裂缝；(b) 受力模型

(1) 配箍率

有腹筋梁的破坏形态不仅与剪跨比有关，还与配箍率有关。配箍率按下式计算：

$$\rho_{sv}=\frac{A_{sv}}{bs}=\frac{nA_{sv1}}{bs} \tag{5-75}$$

式中 A_{sv}——配置在同一截面内箍筋各肢的截面面积总和，$A_{sv}=nA_{sv1}$，这里 n 为同一截面内箍筋的肢数，如图 5-80 中箍筋为双肢箍，$n=2$；

A_{sv1}——为单肢箍筋的截面面积；

s——箍筋的间距；

b——梁宽。

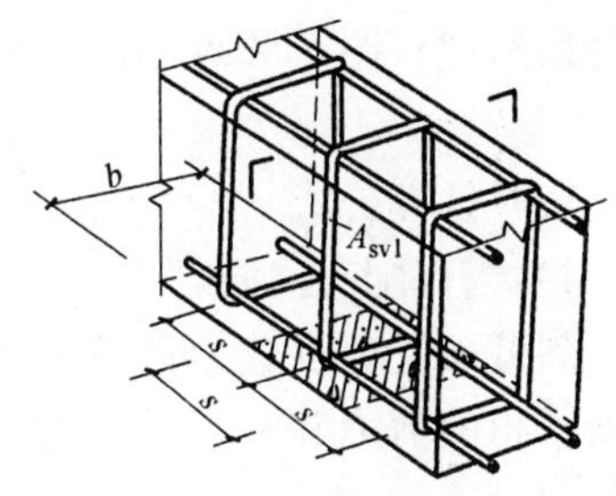

图 5-80 配箍率

(2) 有腹筋梁斜截面破坏的主要形态

有腹筋梁斜截面剪切破坏形态与无腹筋梁一样，也可概括为三种主要破坏形态：斜压破坏、剪压破坏和斜拉破坏。

1) 斜拉破坏

当配箍率太小或箍筋间距太大且剪跨比较大（λ>3）时，易发生斜拉破坏。其破坏特征与无腹筋梁相同，破坏时箍筋被拉断。

2) 斜压破坏

当配置的箍筋太多或剪跨比很小（λ<1）时，发生斜压破坏，其特征是混凝土斜向柱体被压碎，但箍筋不屈服。

3) 剪压破坏

当配箍适量且剪跨比介于 1～3 时发生剪压破坏。其特征是箍筋受拉屈服，剪压区混凝土压碎，斜截面受剪承载力随配箍率及箍筋强度的增加而增大。

4. 有腹筋梁的受剪承载力计算公式

影响有腹筋梁受剪承载力的因素，除了同无腹筋梁一样，与剪跨比、混凝土强度、纵筋配筋率和加载方式等有关以外，还与腹筋的数量和强度有关。由图 5-81 表示配箍率与箍筋强度的乘积对梁受剪承载力的影响。由图 5-81 可知，当其他条件相同时，两者大体呈线性关系。剪切破坏属于脆性破坏，为了提高斜截面的延性，不宜采用高强度钢筋作箍筋。

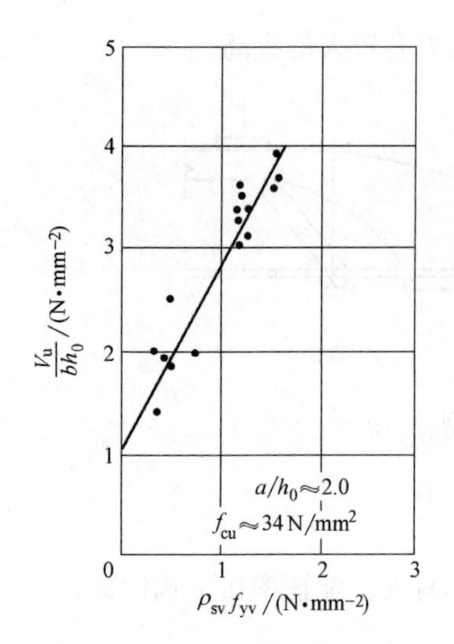

图 5-81　受剪承载力与箍筋强度和配箍率关系

《混凝土结构设计规范》中的斜截面受剪承载力计算公式是在大量的试验基础上，依据极限破坏理论，采用理论与经验相结合的方法建立的。对于梁的三种斜截面破坏形态，在工程设计时都应设法避免。对于斜压破坏，通常采用限制截面尺寸的条件来防止；对于斜拉破坏，则用满足最小配箍率及构造要求来防止；剪压破坏，因其承载力变化幅度较大，必须通过计算，使构件满足一定的斜截面受剪承载力，防止剪压破坏。《混凝土结构设计规范》的基本计算公式就是根据这种剪切破坏形态的受力特征而建立的。采用理论与试验相结合的方法，同时引入一些试验参数。

(1) 基本假定

假设梁的斜截面受剪承载力 V_u 由斜裂缝上端剪压区混凝土的抗剪能力 V_c、与斜裂缝相交的箍筋的抗剪能力 V_{sv} 和与斜裂缝相交的弯起钢筋的抗剪能力 V_{sb} 三部分所组成（图 5-82），由平衡条件 $\Sigma y=0$ 得：

$$V_u=V_c+V_{sv}+V_{sb} \tag{5-76}$$

(2) 计算公式

1) 当仅配有箍筋时

斜截面受剪承载力计算公式采用无腹筋梁所承担的剪力和箍筋承担的剪力两项相加的形式：

$$V_u=V_c+V_{sv}=V_{cs} \tag{5-77}$$

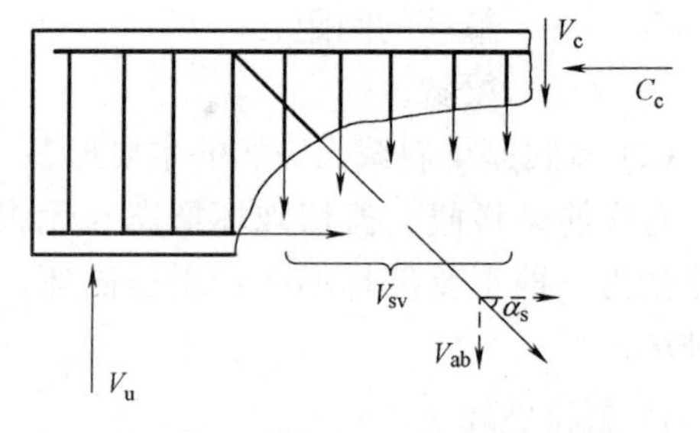

图 5-82　有腹筋梁斜截面破坏时的受力状态

根据试验结果分析统计（图 5-83），《混凝土结构设计规范》给出受剪承载力的计算公式如下：

① 对矩形、T 形和 I 形截面的一般受弯构件：

$$V_{cs}=0.7f_tbh_0+f_{yv}\frac{A_{sv}}{s}h_0 \tag{5-78}$$

式中　V_{cs}——构件斜截面上混凝土和箍筋的受剪承载力设计值；

A_{sv}——配置在同一截面内箍筋各肢的全部截面面积，$A_{sv}=nA_{sv1}$；

n——在同一截面内箍筋肢数；

A_{sv1}——单肢箍筋的截面面积；

s——沿构件长度方向的箍筋间距；

f_t——混凝土轴心抗拉强度设计值；

f_{yv}——箍筋抗拉强度设计值；

b——矩形截面的宽度或 T 形截面和工形截面的腹板宽度。

② 对集中荷载作用下（包括作用有多种荷载，其中集中荷载对支座截面或节点边缘所产生的剪力值占总剪力值的 75%以上的情况）的矩形、T 形和工形截面的独立梁，按

下列公式计算：

$$V_{cs}=\frac{1.75}{\lambda+1}f_t bh_0+f_{yv}\frac{A_{sv}}{s}h_0 \tag{5-79}$$

式中 λ——计算截面的计算剪跨比，可取 $\lambda=a/h_0$，a 为集中荷载作用点至支座截面或节点边缘的距离；当 $\lambda<1.5$ 时，取 $\lambda=1.5$；当 $\lambda>3$ 时，取 $\lambda=3$，此时，在集中荷载作用点与支座之间的箍筋应均匀配置。

式（5-78）和式（5-79）适用于矩形、T 形和工字形截面的简支梁、连续梁和约束梁。

必须指出，由于配置箍筋后混凝土所能承受的剪力与无箍筋时所能承受的剪力是不同的，因此，对于上述二项表达式，虽然其第一项在数值上等于无腹筋梁的受剪承载力，但不应理解为配置箍筋梁的混凝土所能承受的剪力；同时，第二项代表的是箍筋受剪承载力和箍筋对限制斜裂缝宽度后间接抗剪作用。换句话说，对于上述二项表达式应理解为二项之和代表有箍筋梁的受剪承载力。

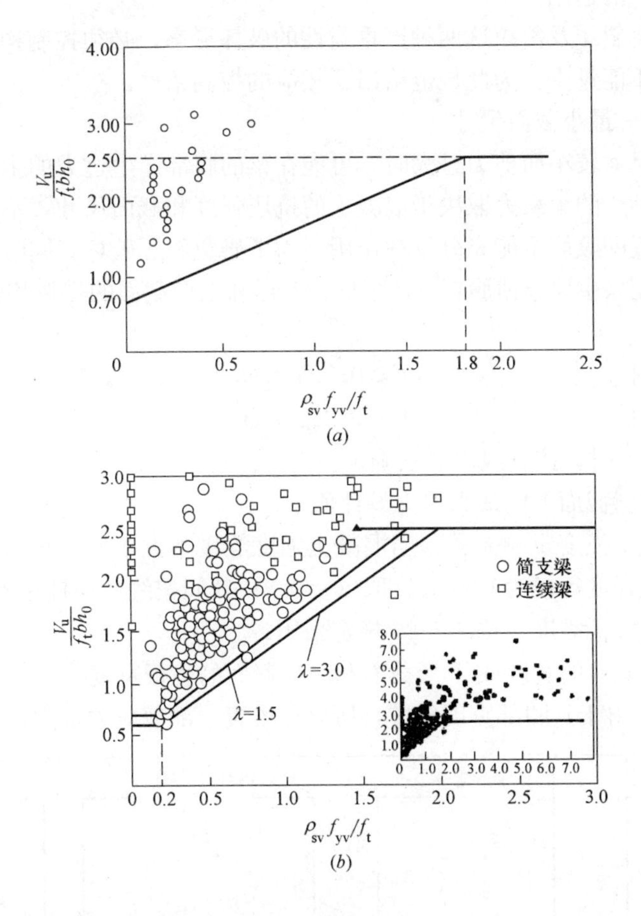

图 5-83　仅配置箍筋梁受剪承载力计算公式与试验结果的比较

(*a*) 均布荷载作用情况；(*b*) 集中荷载作用情况

2）同时配置箍筋和弯起钢筋的梁

弯起钢筋所能承担的剪力为弯起钢筋的总拉力在垂直于梁轴方向的分力，如图 5-84

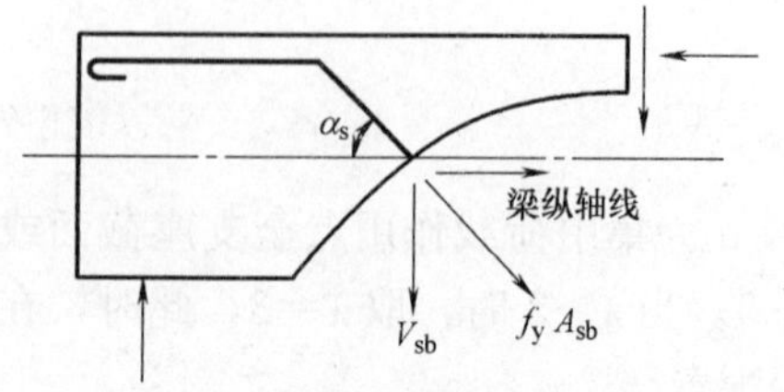

图 5-84　弯起钢筋承担的剪力

所示，即 $V_{sb}=0.8f_yA_{sb}\sin\alpha$。系数 0.8 是考虑弯起钢筋在破坏时可能达不到其屈服强度的应力不均匀系数。因此，对于配有箍筋和弯起钢筋的矩形、T 形和工形截面的受弯构件，其受剪承载力按下列公式计算：

$$V=V_{cs}+V_{sb}=V_{cs}+0.8f_yA_{sb}\sin\alpha_s \quad (5\text{-}80)$$

式中 V——剪力设计值；

V_{cs}——构件斜截面上混凝土和箍筋的受剪承载力设计值；

f_y——弯起钢筋的抗拉强度设计值；

A_{sb}——同一弯起平面内弯起钢筋的截面面积；

α_s——弯起钢筋与构件纵轴线之间的夹角，一般情况 $\alpha_s=45°$，梁截面高度较大时（$h\geqslant800$mm），取 $\alpha_s=60°$。

（3）计算公式的适用范围

为了防止发生斜压及斜拉这两种严重脆性的破坏形态，必须控制构件的截面尺寸不能过小及箍筋用量不能过少，为此规范给出了相应的控制条件。

1）上限值——最小截面尺寸

当梁的截面尺寸较小而剪力过大时，可能在梁的腹部产生过大的主压应力，使梁腹产生斜压破坏。这种梁的承载力取决于混凝土的抗压强度和截面尺寸，不能靠增加腹筋来提高承载力，多配置的腹筋不能充分发挥作用。为了避免斜压破坏，同时也为了防止梁在使用阶段斜裂缝过宽（主要指薄腹梁），矩形、T 形和工形截面的受弯构件的受剪截面应满足下列条件：

当 $h_w/b\leqslant4$ 时， $$V\leqslant0.25\beta_c f_c bh_0 \quad (5\text{-}81a)$$

当 $h_w/b\geqslant4$ 时， $$V\leqslant0.20\beta_c f_c bh_0 \quad (5\text{-}81b)$$

当 $4<h_w/b<6$ 时，按直线内插法确定。

式中 V——构件斜截面上的最大剪力设计值；

β_c——混凝土强度影响系数：当混凝土强度等级不大于 C50 时，取 $\beta_c=1.0$；当混凝土强度等级为 C80 时，取 $\beta_c=0.8$；其间按线性内插法确定；

h_w——截面腹板高度，按图 5-85 规定采用；

b——矩形截面的宽度或 T 形截面和工形截面的腹板宽度。

对于薄腹梁，由于其肋部宽度较薄，所以在梁腹中部剪应力很大，与一般梁相比容易

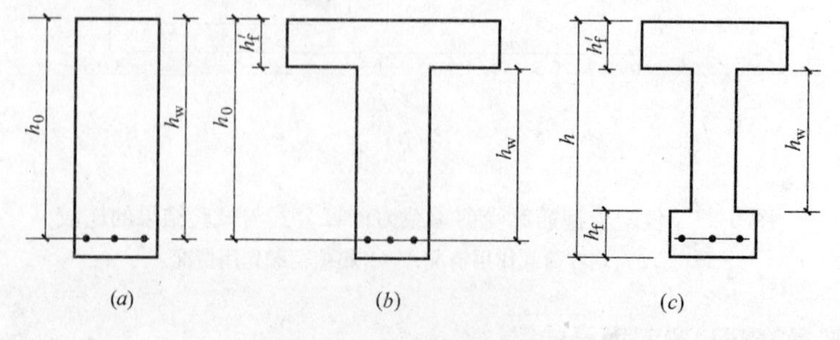

图 5-85　梁的腹板高度 h_w

(a) $h_w=h_0$；(b) $h_w=h_0-h_f'$；(c) $h_w=h-h_f'-h_f$

出现腹剪斜裂缝，裂缝宽度较宽，因此对其截面限值条件取值有所降低（式 5-81*b*）。对 T 形或工形截面的简支受弯构件，当有实践经验时，式（5-81*a*）中的系数可以改为 0.3；对受拉边倾斜的构件，当有实践经验时，其受剪截面的控制条件可适当放宽。

设计中，如不满足式（5-81）时，应加大截面尺寸或提高混凝土强度等级。

2）下限值——最小配箍率

当配箍率小于一定值时，斜裂缝出现后，箍筋不能承担斜裂缝截面混凝土退出工作释放出来的拉应力，而很快达到屈服，其受剪承载力与无腹筋梁基本相同，当剪跨比较大时，可能产生斜拉破坏。为了防止斜拉破坏，《混凝土结构设计规范》规定当$V>V_c$时，配箍率应满足下列公式：

$$\rho_{sv}=\frac{nA_{sv1}}{bs}\geqslant\rho_{min}=0.24f_t/f_{yv} \tag{5-82}$$

为控制使用荷载下的斜裂缝宽度，并保证箍筋穿越每条斜裂缝，《混凝土结构设计规范》规定了箍筋的最大允许间距 s_{max}（表 5-6）。

同样，为防止弯起钢筋间距太大，出现不与弯起钢筋相交的斜裂缝，使其不能发挥作用，《混凝土结构设计规范》规定，当按计算要求配置弯起钢筋时，前一排弯起点至后一排弯终点的距离不应大于表 5-6 中 $V>0.7f_tbh_0$ 栏的最大箍筋间距，且第一排弯起钢筋弯终点距支座边的间距也不应大于 s_{max}（见图 5-86）。

5. 受弯构件斜截面受剪承载力的设计计算

（1）设计方法及计算截面的确定

为了保证不发生斜截面的剪切破坏，应满足下列公式要求：

$$V\leqslant V_u \tag{5-83}$$

式中 V——斜截面上的剪力设计值；

V_u——斜截面受剪承载力设计值。

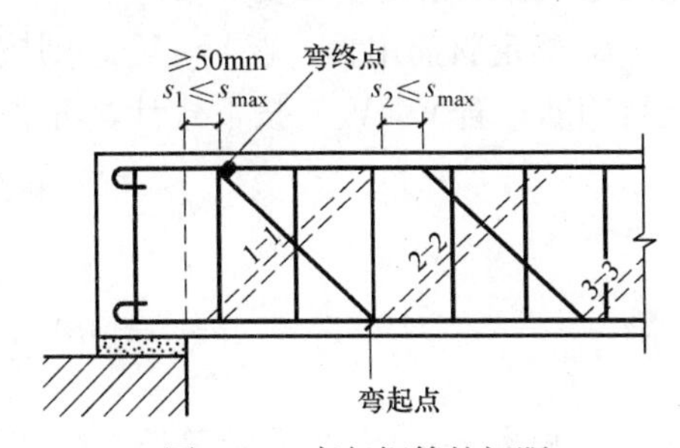

图 5-86 弯起钢筋的间距

在计算斜截面受剪承载力时，剪力设计值 V 应按下列计算截面采用：

1）支座边缘处的截面。通常支座边缘截面的剪力最大，对于图 5-87 中 1-1 斜裂缝截面的受剪承载力计算，应取支座截面处的剪力（图 5-87 中 V_1）。

2）腹板宽度改变处的截面。当腹板宽度减小时，受剪承载力降低，有可能产生沿图 5-87 中 2-2 斜截面的受剪破坏。对此斜裂缝截面，应取腹板宽度改变处截面的剪力（图 5-87 中 V_2）。

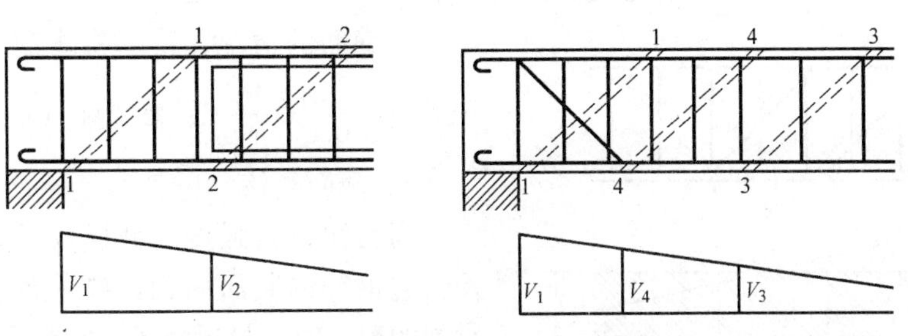

图 5-87 斜截面受剪承载力的计算截面

3）箍筋截面面积或间距改变处的截面。箍筋直径减小或间距增大，受剪承载力降低，可能产生沿图 5-87 中 3-3 斜截面的受剪破坏。对此斜裂缝截面，应取箍筋直径或间距改变处截面的剪力（图 5-87 中 V_3）。

4）受拉区弯起钢筋弯起点处的截面。未设弯起钢筋的受剪承载力低于弯起钢筋的区段，可能在弯起钢筋弯起点处产生沿图 5-87 中的 4-4 斜截面破坏。对此斜裂缝截面，应取弯起钢筋弯起点处截面的剪力（图 5-87 中 V_4）。

总之，斜截面受剪承载力的计算是按需要进行分段计算的，计算时应取区段内的最大剪力为该区段的剪力设计值。

（2）设计计算步骤

一般梁的设计为：首先根据跨高比和高宽比确定截面尺寸，然后进行正截面承载力设计计算，确定纵筋，再进行斜截面受剪承载力的计算确定腹筋。

受弯构件斜截面承载力的计算有两类问题：截面设计和截面复核。

1）截面设计

① 只配置箍筋

a. 确定计算截面位置，计算其剪力设计值 V；

b. 校核截面尺寸：根据式（5-81）验算是否满足截面限制条件，如不满足应加大截面尺寸或提高混凝土强度等级；

c. 确定腹筋用量：若 $V \leqslant V_c$，则按表 5-6 最大箍筋间距和表 5-5 最小箍筋直径的要求配置箍筋；若 $V > V_c$，按下式计算箍筋用量：

$$\frac{nA_{sv1}}{s} \geqslant \frac{V - 0.7f_t bh_0}{f_{yv}h_0} \quad \text{（一般情况）}$$

$$\frac{nA_{sv1}}{s} \geqslant \frac{V - \dfrac{1.75}{\lambda+1}f_t bh_0}{f_{yv}h_0} \quad \text{（集中荷载为主情况）}$$

d. 根据 nA_{sv1}/s 值确定箍筋直径和间距，并满足式（5-82）最小配箍率、表 5-6 箍筋允许最大间距和表 5-5 箍筋最小直径的要求。

② 配置箍筋和弯起钢筋

一般先根据经验和构造要求配置箍筋，确定 V_{cs}，对 $V > V_{cs}$ 区段，按下式计算确定弯起钢筋的截面：

$$A_{sb} = \frac{V - V_{cs}}{0.8f_y \sin\alpha_s} \tag{5-84}$$

式中，剪力设计值应根据弯起钢筋计算斜截面的位置确定，如图 5-88 所示的配置多排弯起钢筋的情况，第一排弯起钢筋的截面面积 $A_{sb1} = \dfrac{V_1 - V_{cs}}{0.8f_y \sin\alpha_s}$；第二排 $A_{sb2} = \dfrac{V_2 - V_{cs}}{0.8f_y \sin\alpha_s}$。

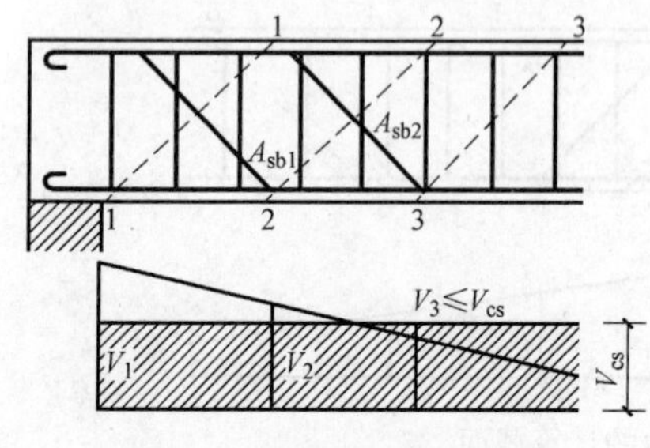

图 5-88　配置多排弯起钢筋

2）截面复核

当已知材料强度、截面尺寸、配筋数量以及弯起钢筋的截面面积，要求校核斜截面所能承受的剪力时，只要将各已知数据代入式（5-78）或式（5-79）或式（5-80）即可求得解答。但应按式（5-81）和式（5-82）复核截面尺寸以及配箍率，并检验已配箍筋直径和间距是否满足构造要求。

6. 箍筋的构造要求

（1）箍筋的设置

当$V \leqslant V_c$、按计算不需设置箍筋时，对于高度大于300mm的梁，仍应按梁的全长设置箍筋；高度为150～300mm的梁，可仅在梁的端部各1/4跨度范周内设置箍筋，但当梁的中部1/2跨度范围内有集中荷载作用时，则应沿梁的全长配置箍筋；高度为150mm以下的梁，可不设箍筋。

梁支座处的箍筋应从梁边（或墙边）50mm处开始放置。

（2）箍筋的直径

箍筋除承受剪力外，尚能固定纵向钢筋的位置，并与纵向钢筋一起构成钢筋骨架，为使钢筋骨架具有一定的刚度，箍筋直径应不小于表5-5的规定。当梁中配有计算需要的纵向受压钢筋时，箍筋直径尚不应小于0.25d（d为纵向受压钢筋的最大直径）。

箍筋的最小直径（mm） **表5-5**

梁高	箍筋直径
$h \leqslant 800$	6
$h > 800$	8

（3）箍筋的间距

1）梁内箍筋的最大允许间距应符合表5-6的要求。

2）当梁中配有按计算需要的纵向受压钢筋时，箍筋应做成封闭式，且弯钩直线段长度不应小于5d（d为箍筋直径），此时，箍筋的间距还不应大于15d（d为纵向受压钢筋的最小直径），同时不应大于400mm。当一层内的纵向受压钢筋多于5根且直径大于18mm时，箍筋间距不应大于10d；当梁的宽度大于400mm，且一层内的纵向受压钢筋多于3根时，或当梁的宽度不大于400mm但一层内的纵向受压钢筋多于4根时，应设置复合箍筋。

箍筋的允许最大间距（mm） **表5-6**

梁高	$V > 0.7f_tbh_0$	$V \leqslant 0.7f_tbh_0$
$150 < h \leqslant 300$	150	200
$300 < h \leqslant 500$	200	300
$500 < h \leqslant 800$	250	350
$h > 800$	300	400

（4）箍筋的形式

箍筋通常有开口式和封闭式两种（图5-89）。

对于T形截面梁，当不承受动荷载和扭矩时，在其跨中承受正弯矩区段内，可采用开口式箍筋。除上述情况外，一般均应采用封闭式箍筋。在实际工程中，大多数情况下都是采用封闭式箍筋。

（5）箍筋的肢数

箍筋按其肢数，分为单肢，双肢及四肢箍（图 5-90）

图 5-89　箍筋形式　　　　图 5-90　箍筋肢数

单肢箍一般在梁宽 $b \leqslant 150$mm 时采用；双肢箍一般在梁宽 $b < 350$mm 时采用。当梁的宽度大于 400mm 且一层内的纵向受压钢筋多于 3 根时，或当梁的宽度不大于 400mm 但一层内的纵向受压钢筋多于 4 根时，应设置复合箍筋（如四肢箍）。

采用图 5-90 所示形式的双肢箍或四肢箍时，钢筋末端应采用 135°的弯钩，且弯钩伸进梁截面内的平直段长度，对于一般结构，应不小于箍筋直径的 5 倍。

【例 5-11】 如图 5-91（*a*）所示一钢筋混凝土简支梁，承受永久荷载标准值 g_k = 25kN/m，可变荷载标准值 q_k = 40kN/m（荷载组合系数为 0.7），环境类别一类，采用混凝土 C25，箍筋 HPB300 级，纵筋 HRB335 级，按正截面受弯承载力计算得，选配 3Φ25

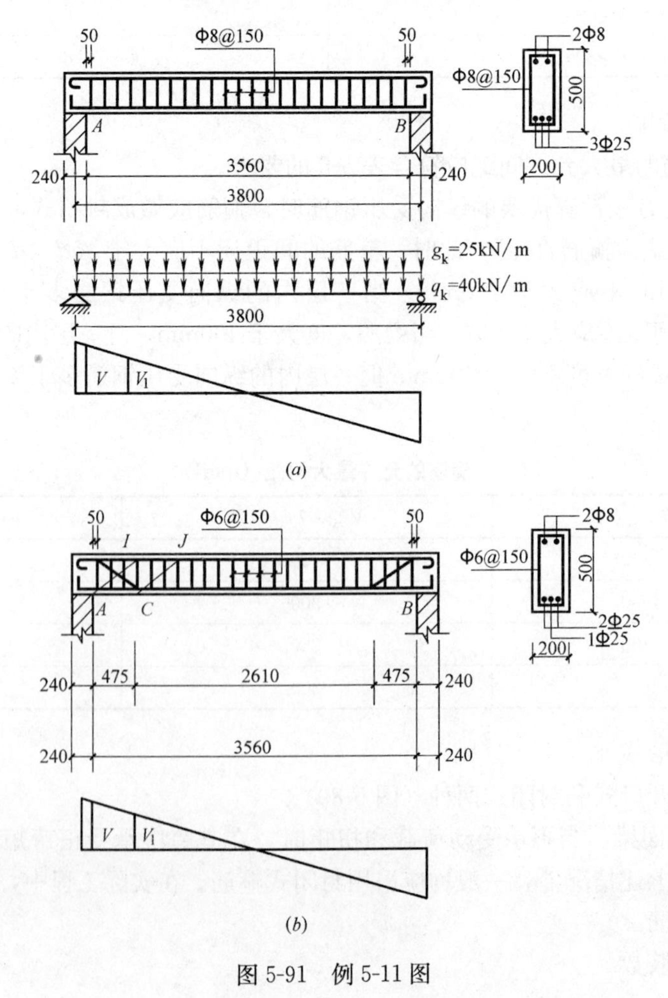

图 5-91　例 5-11 图

纵筋，试根据斜截面受剪承载力要求确定腹筋。

【解】

(1) 设计参数

$l_n = 3.56m$，$h_0 = 500 - 47.5 = 452.5mm$　混凝土 C25，$f_c = 11.9N/mm^2$，$f_t = 1.27N/mm^2$，箍筋 HPB300 级，$f_{yv} = 270\ N/mm^2$，纵筋 HRB335 级，$f_y = 300\ N/mm^2$。

(2) 计算剪力设计值

最危险的截面在支座边缘处，剪力设计值计算如下：

以永久荷载效应组合为主：

$$V = \frac{1}{2}(\gamma_G g_k + \gamma_Q q_k) l_n = \frac{1}{2} \times (1.35 \times 25 + 1.4 \times 0.7 \times 40) \times 3.56 = 129.851kN$$

以可变荷载效应组合为主：

$$V = \frac{1}{2}(\gamma_G g_k + \gamma_Q q_k) l_n = \frac{1}{2} \times (1.2 \times 25 + 1.4 \times 40) \times 3.56 = 153.08kN$$

剪力设计值取两者大值，即 $V = 153.08kN$。

(3) 验算截面尺寸

$$h_w = h_0 = 452.5mm,\ \frac{h_w}{b} = \frac{452.5}{200} = 2.26 < 4$$

$$0.25\beta_c f_c b h_0 = 0.25 \times 1.0 \times 11.9 \times 200 \times 452.5 = 269238N = 269.2kN > V = 153.08kN$$

截面尺寸满足要求。

(4) 判断是否需要按计算配置腹筋

$$0.7 f_t b h_0 = 0.7 \times 1.27 \times 200 \times 452.5 = 80455N = 80.455kN < V = 153.08kN$$

所以需要按计算配置腹筋。

(5) 计算腹筋用量

① 只配置箍筋不配置弯起钢筋

$$V \leqslant V_{cs} = 0.7 f_t b h_0 + f_{yv} \frac{A_{sv}}{s} h_0$$

$$\frac{nA_{sv1}}{s} \geqslant \frac{V - 0.7 f_t b h_0}{f_{yv} h_0} = \frac{153.08 \times 10^3 - 80455}{270 \times 452.5} = 0.594mm^2/mm$$

选Φ8 双肢箍，$A_{sv1} = 50.3mm^2$，$n = 2$，代入上式得：

$$s \leqslant \frac{2 \times 50.3}{0.594} = 169.36mm$$

取 $s = 150mm < s_{max} = 200mm$。

$$\rho_{sv} = \frac{nA_{sv1}}{bs} = \frac{2 \times 50.3}{200 \times 150} = 0.335\% > \rho_{sv,min} = 0.24 f_t / f_{yv} = 0.113\%$$

配箍率满足要求，且所选箍筋直径和间距均符合构造要求，配筋图如图 5-91 (a) 所示。

② 既配置箍筋又配置弯起钢筋

一般可先确定箍筋，箍筋的数量可参考设计经验和构造要求，本题选Φ6@150，弯起钢筋利用梁底纵筋 HRB335 弯起，弯起角 $\alpha_s = 45°$，$h_0 = 500 - 43.5 = 456.5mm$。

$$\rho_{sv} = \frac{nA_{sv1}}{bs} = \frac{2 \times 28.3}{200 \times 150} = 0.1887\% > \rho_{sv,min} = 0.24 f_t / f_{yv} = 0.113\%$$

$$V_{cs}=0.7f_tbh_0+f_{yv}\frac{A_{sv}}{s}h_0=0.7\times1.27\times200\times456.5+270\times\frac{2\times28.3}{150}\times456.5$$
$$=127674\text{N}=127.674\text{kN}$$

$$A_{sb}\geqslant\frac{V-V_{cs}}{0.8f_y\sin\alpha_s}=\frac{153.08\times10^3-127674}{0.8\times300\times0.707}=149.7\text{mm}^2$$

实际从梁底弯起 1Φ25，$A_{sv}=491\text{mm}^2$，满足要求，若不满足，应修改箍筋直径和间距。

上面的计算考虑的是从支座边 A 处向上发展的斜截面 AI（图 5-91b），为了保证沿梁各斜截面的安全，对纵筋弯起点 C 处的斜截面 CJ 也应该验算。根据弯起钢筋的弯终点到支座边缘的距离应符合 $s_1<s_{max}$，本例取 $s_1=50\text{mm}$，根据 $\alpha_s=45°$可求出弯起钢筋的弯起点到支座边缘的距离为 $50+500-43.5-43.5=463\text{mm}$，因此 C 处的剪力设计值为：

$$V_1=\frac{0.5\times3.56-0.463}{0.5\times3.56}\times153.08=113.26\text{kN}$$

$$V_{cs}=0.7f_tbh_0+f_{yv}\frac{A_{sv}}{s}h_0=127.674\text{kN}>V_1=113.26\text{kN}$$

CJ 斜截面受剪承载力满足要求，若不满足，应修改箍筋直径和间距或再弯起一排钢筋，直到满足。既配箍筋又配弯起钢筋的情况见图 5-91（b）。

【例 5-12】 如图所示 5-92，某 T 形截面独立梁，两端简支，承受一集中荷载，其设计值为 $P=400\text{kN}$（忽略梁自重），环境类别一类，采用混凝土 C30，箍筋 HRB335 级，试确定箍筋数量。

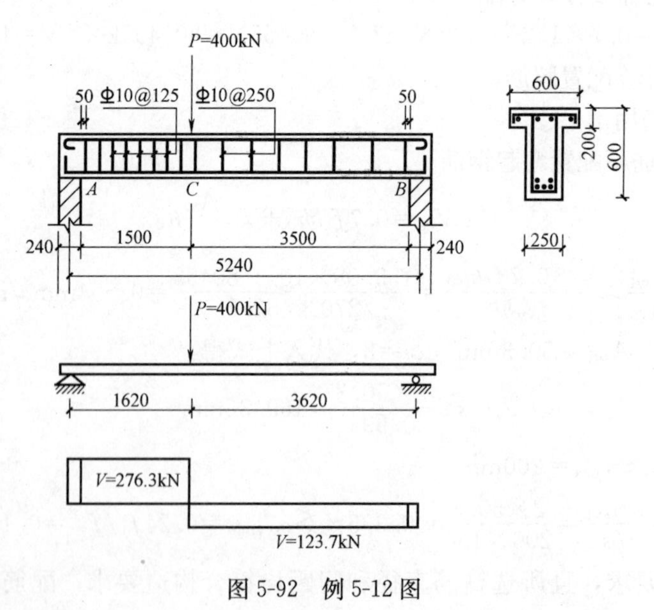

图 5-92 例 5-12 图

【解】

（1）已知条件

$h_0=600-70=530\text{mm}$，混凝土 C30，$f_c=14.3\text{N/mm}^2$，$f_t=1.43\text{N/mm}^2$，箍筋 HRB335 级，$f_{yv}=300\text{N/mm}^2$。

（2）计算剪力设计值

如图 5-92 所示，根据剪力的变化情况，将梁分 AC 和 BC 两段计算。

（3）验算梁截面尺寸

$$h_w = h_0 - h_f' = 530 - 200 = 330\text{mm}, \frac{h_w}{b} = \frac{330}{250} = 1.32 < 4$$

$$0.25\beta_c f_c b h_0 = 0.25 \times 1.0 \times 14.3 \times 250 \times 530 = 473687.5\text{N} = 473.69\text{kN} > V_{max} = 276.3\text{kN}$$

截面尺寸满足要求。

（4）箍筋的直径和间距的计算

AC 段：

① 剪跨比

$\lambda = \frac{a}{h_0} = \frac{1620}{530} = 3.06 > 3$，取 $\lambda = 3$。

② 判断是否需要按计算配置腹筋

$$\frac{1.75}{1+\lambda} f_t b h_0 = \frac{1.75}{1+3} \times 1.43 \times 250 \times 530 = 82895.313\text{N} = 82.90\text{kN} < V = 276.3\text{kN}$$

所以需要按计算配置腹筋

③ 计算配置腹筋

$$\frac{nA_{sv1}}{s} \geqslant \frac{V - \frac{1.75}{1+\lambda} f_t b h_0}{f_{yv} h_0} = \frac{276.3 \times 10^3 - 82895}{300 \times 530} = 1.216\text{mm}^2/\text{mm}$$

选Φ10 双肢箍，$A_{sv1} = 78.5\text{mm}^2$，$n = 2$，代入上式得：

$$s \leqslant \frac{2 \times 78.5}{1.216} = 129\text{mm}，取 s = 125\text{mm} < s_{max} = 250\text{mm}$$

④ 配箍率验算

$$\rho_{sv} = \frac{nA_{sv1}}{bs} = \frac{2 \times 78.5}{250 \times 125} = 0.502\% > \rho_{sv,min} = 0.24 f_t / f_{yv} = 0.114\%$$

且所选箍筋直径和间距均符合表 5-5 和表 5-6 的要求，配筋图如图 5-92 所示。

BC 段：

① 剪跨比

$\lambda = \frac{a}{h_0} = \frac{3620}{530} = 6.83 > 3$，取 $\lambda = 3$。

② 判断是否需要按计算配置腹筋

$$\frac{1.75}{1+\lambda} f_t b h_0 = \frac{1.75}{1+3} \times 1.43 \times 250 \times 530 = 82895.313\text{N} = 82.90\text{kN} < V = 123.7\text{kN}$$

所以，需要按计算配置腹筋。

③ 计算配置腹筋

$$\frac{nA_{sv1}}{s} \geqslant \frac{V - \frac{1.75}{1+\lambda} f_t b h_0}{f_{yv} h_0} = \frac{123.7 \times 10^3 - 82895}{300 \times 530} = 0.257\text{mm}^2/\text{mm}$$

选Φ10 双肢箍，$A_{sv1} = 78.5\text{mm}^2$，$n = 2$，代入上式得：

$s \leqslant \frac{2 \times 78.5}{0.257} = 611\text{mm}$，根据构造 $s \leqslant s_{max}$，取 $s = 250\text{mm}$

④ 配箍率验算

$$\rho_{sv}=\frac{nA_{sv}}{bs}=\frac{2\times78.5}{250\times250}=0.25\%>\rho_{sv,min}=0.24f_t/f_{yv}=0.114\%$$

所选箍筋直径和间距均符合构造要求，配筋图如图 5-92 所示。

【例 5-13】 某承受均布荷载的矩形截面简支梁，截面尺寸 200mm×500mm，采用混凝土 C30，箍筋 HPB300 级，环境类别一类，采用Φ8@200 箍筋，双肢箍，见图 5-93，试求该梁能够承担的最大剪力设计值 V 为多少?

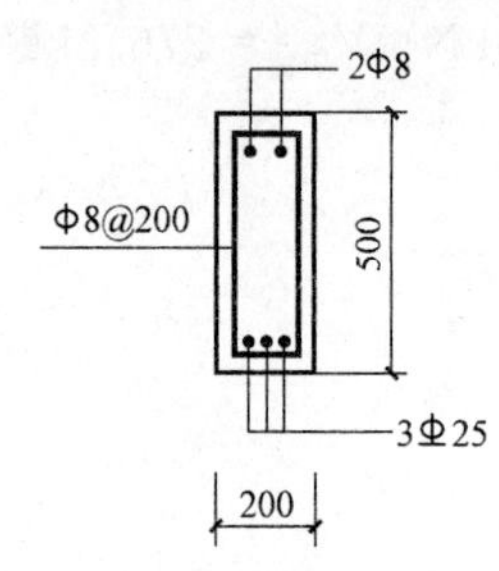

图 5-93 例 5-13 图

【解】

(1) 已知条件

$a=20+8+\frac{25}{2}=40.5\text{mm}$，$h_0=500-40.5=459.5\text{mm}$，混凝土 C30，$f_c=14.3\text{N/mm}^2$，$f_t=1.43\text{N/mm}^2$，箍筋 HPB300 级，$f_{yv}=270\text{N/mm}^2$，Φ8 双肢箍，$A_{sv1}=50.3\text{mm}^2$，$n=2$。

(2) 计算箍筋和混凝土承担的剪力值

$$\begin{aligned}V_u=V_{cs}&=0.7f_tbh_0+f_{yv}\frac{A_{sv}}{s}h_0\\&=0.7\times1.43\times200\times459.5+270\times\frac{2\times50.3}{200}\times459.5\\&=154397\text{N}=154.4\text{kN}\end{aligned}$$

(3) 复核截面尺寸及配箍率

$$h_w=h_0=459.5\text{mm},\ \frac{h_w}{b}=\frac{459.5}{200}=2.3<4$$

$$0.25\beta_cf_cbh_0=0.25\times1.0\times14.3\times200\times459.5=328543\text{N}=328.54\text{kN}>V_u=154.4\text{kN}$$

$$\rho_{sv}=\frac{nA_{sv1}}{bs}=\frac{2\times50.3}{200\times200}=0.2515\%>\rho_{sv,min}=0.24f_t/f_{yv}=0.127\%$$

所选箍筋直径和间距均满足表 5-5 和表 5-6 要求。

所以该梁能承担的最大剪力设计值 为 154.4kN。

5.3.4 混凝土梁的受扭承载力计算

混凝土梁除了承受弯矩和剪力作用外，有些还会承受扭矩作用，如框架的边梁、雨篷梁、曲线梁桥的曲线梁、螺旋形楼梯梁等。扭矩的作用，会使梁的正截面承载力和斜截面承载力都受到影响。

通常把承受扭矩作用的构件称为受扭构件。按照引起构件受扭原因的不同，一般将扭转分为两类。一类是平衡扭转（或静定扭转），它是在荷载直接作用下产生的扭转，平衡扭转产生的扭矩是构件保持静力平衡所必需的，其扭矩值可根据静力平衡条件求得，与构件的抗扭刚度无关。如图 5-94 所示的雨篷梁，截面承受的扭矩可从静力平衡条件求得，如果截面受扭承载力不足，构件就会破坏。另一类扭转称为协调扭转（或超静定扭转），它是由结构相邻部分之间的变形协调引起的扭转，平衡扭转产生的扭矩值要根据静力平衡条件和变形协调条件求得，即扭矩值的大小跟相邻构件刚度有关。如图 5-95 所示超静定结构中的框架边梁，当次梁受弯产生弯曲变形时，由于现浇钢筋混凝土结构的整体性和连续性，边梁对与其整浇在一起的次梁端支座的转动产生弹性约束，约束产生的弯矩就是次梁施加给边梁的扭矩，从而使边梁受扭。边梁的扭矩大小跟次梁的抗弯刚度和边梁的抗扭刚度有关，次梁的抗弯刚度越大，边梁的抗扭刚度越小，边梁的扭矩值越小；当梁开裂后，次梁的抗弯刚度和边梁的抗扭刚度都将发生很大变化，产生塑性内力重分布，次梁支座处负弯矩值减小，边梁扭矩也随次梁支座负弯矩的减小而减小。

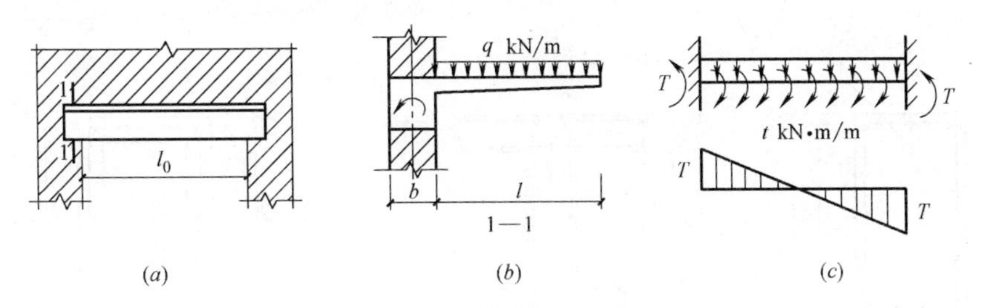

图 5-94　雨篷梁的受扭（平衡扭转）

（a）雨篷梁立面图；（b）雨篷梁剖面图；（c）雨篷梁扭矩图

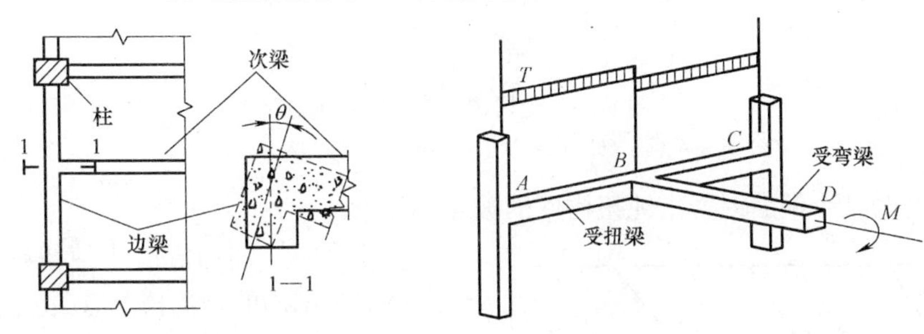

图 5-95　现浇框架边梁的受扭（协调扭转）

因此，平衡扭转是不可忽略的，否则会引起结构的破坏；协调扭转在设计中应根据结构的具体情况考虑。本节介绍的受扭承载力计算公式主要是针对平衡扭转而言的。对协调扭转钢筋混凝土构件设计，可参考《混凝土结构设计规范》的具体要求进行设计。

1. 钢筋混凝土梁的受扭破坏形态

由材料力学公式可知：纯扭时，构件正截面上的剪应力分布如图 5-96 所示。由图 5-96 可见，截面形心处剪应力值等于零，截面边缘处剪应力值较大，其中截面长边中点处剪应力值最大。与最大剪应力 τ_{max} 相应的主拉应力 σ_{tp}、主压应力 σ_{cp} 为：

$$\sigma_{tp}=-\sigma_{cp}=\tau_{max} \tag{5-85}$$

截面上主拉应力 σ_{tp} 与构件纵轴线呈 45°夹角，主拉应力 σ_{cp} 与主压应力 σ_{tp} 互呈 90°。当主拉应力达到混凝土抗拉强度后，构件在垂直于主拉应力 σ_{tp} 作用的平面内产生与纵轴呈 45°角的斜裂缝（图 5-97）。

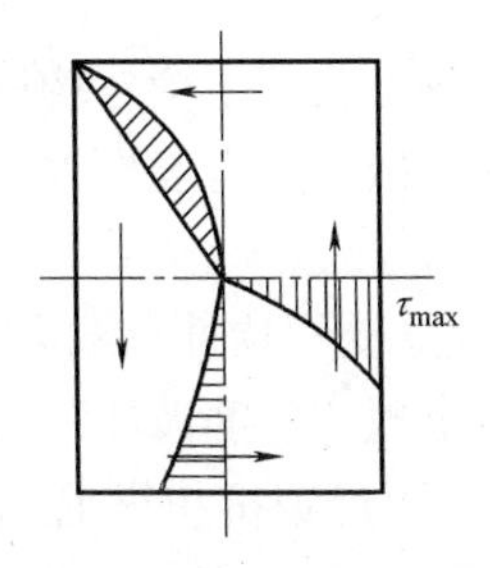

图 5-96　纯扭构件截面应力分布

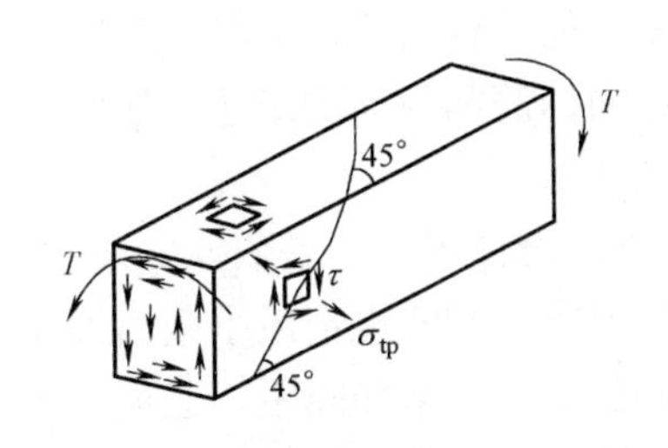

图 5-97　纯扭构件应力状态及斜裂缝

由此可以推断，受扭构件的最佳配筋方式是在构件表面配置与斜裂缝正交的螺旋钢筋。但由于螺旋钢筋施工不便，再加上单向的螺旋钢筋只能抵抗单向的扭矩，当构件承受变号扭矩时还得设置两个方向的螺旋钢筋，增加用钢量，因此，实际工程结构中通常配置沿构件表面的纵向钢筋和箍筋来承受扭矩作用引起的主拉应力，如图 5-98 所示。

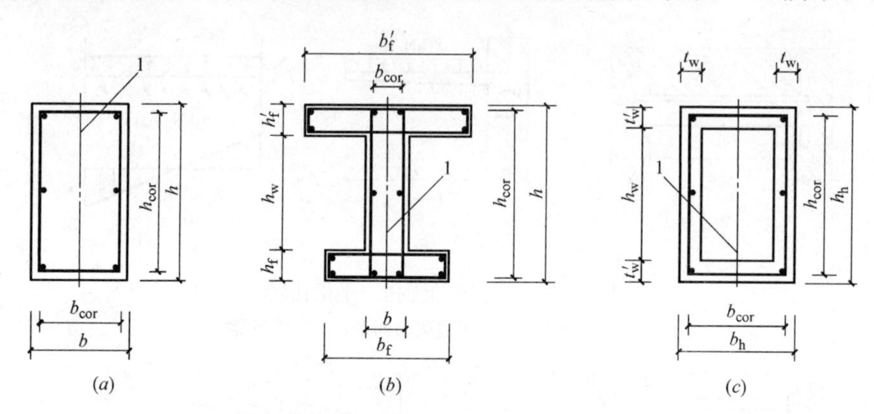

图 5-98　受扭构件典型配筋示意

(a) 矩形截面；(b) T 形、工形截面；(c) 箱形截面（$t_w \leqslant t'_w$）

图 5-99 为某个钢筋混凝土纯扭构件的破坏展开图。

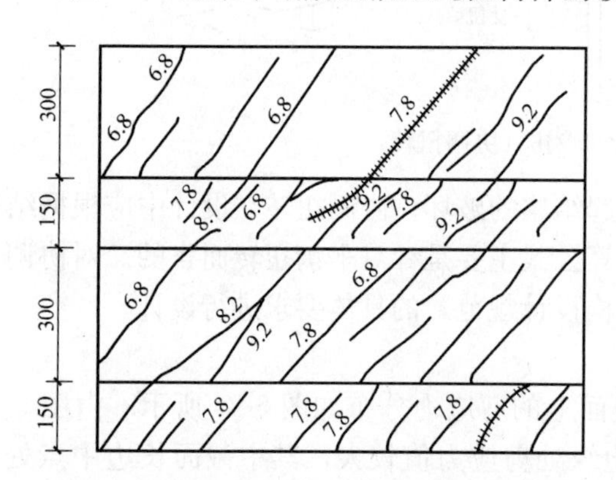

图 5-99　纯扭钢筋混凝土构件的破坏展开图

试验表明，钢筋混凝土纯扭构件的破坏形态与受扭钢筋的配置情况有关。

正常配筋的钢筋混凝土纯扭构件受扭开裂后并不立即破坏，随着扭矩的增加，构件将陆续出现多条大体连续、倾角接近于 45°的螺旋状裂缝，此时裂缝处的拉应力转由钢筋承担，直至穿越某条斜裂缝的纵筋及箍筋（或其中一种钢筋）达到屈服，该裂缝沿两相邻面迅速开展，并在最后一个面上形成受压面而破坏，如图 5-100 所示。当受扭钢筋配置适量时，与受弯构件适筋梁相似，破坏过程表现出塑性特征，属于延性破坏。如果两种钢筋均屈服，称为“适筋破坏”，如果仅有一种钢筋屈服，称为“部分超筋破坏”。如果配筋数量过少或间距过大，在构件受扭开裂后，所配钢筋只能略微延缓构件的破坏，构件几乎一裂即坏，破坏扭矩与开裂扭矩相近，破坏突然，类似于受弯构件的少筋梁，称为“少筋破坏”。

当纵筋及箍筋配置过多或混凝土强度等级过低时，会发生类似于受弯构件超筋梁的破坏现象，即纵向钢筋和箍筋均未达到屈服而混凝土先压坏，破坏具有脆性性质，这种破坏称为“超筋破坏”。

《混凝土结构设计规范》是依据“适筋破坏”形态来建立受扭构件承载力计算公式的；通过规定配筋上限，亦即规定最小截面尺寸来避免设计中出现“超筋破坏”构件；通过控制受扭钢筋的最小配筋率和间距，避免发生“少筋破坏”；用规定抗扭纵筋和抗扭箍筋的配筋强度比 ζ 的合适范围来控制“部分超筋破坏”的发生。

2. 钢筋混凝土梁在纯扭作用下的开裂扭矩计算

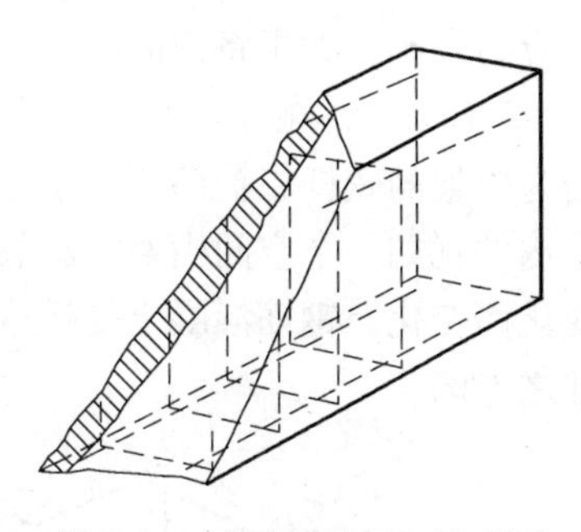
图 5-100 “适筋破坏”示意图

以矩形截面为例。由于混凝土极限拉应变很小，混凝土即将出现裂缝时，钢筋的应力也很小，配筋对提高结构构件开裂荷载的作用不大，因此，在进行开裂扭矩计算时可忽略钢筋的影响。

若将混凝土视为弹性材料，则纯扭构件截面上剪应力的分布如图 5-96 所示。当截面上最大剪应力或最大主拉应力达到混凝土抗拉强度时，混凝土即将出现裂缝。根据材料力学公式，可得构件开裂扭矩为：

$$T_{cr,e}=\beta b^2 h f_t \tag{5-86}$$

式中 β——与截面长边和短边比值 h/b 有关的系数，当比值 $h/b=1\sim10$ 时，$\beta=0.208\sim0.313$。

若将混凝土视为理想的弹塑性材料，当截面上最大剪应力值达到材料强度时，构件材料进入塑性阶段。由于材料的塑性，截面上剪应力重新分布。当截面上剪应力全截面达到混凝土抗拉强度时，混凝土即将出现裂缝，如图 5-101。根据塑性力学理论，构件开裂扭矩值为：

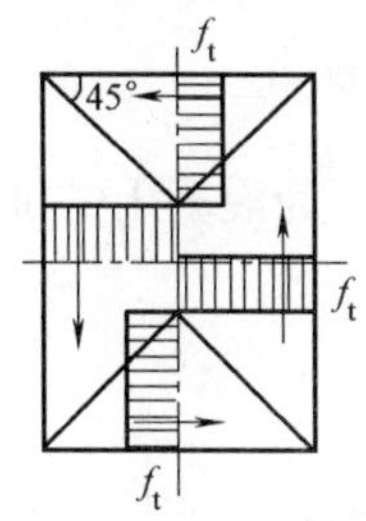

图 5-101 完全塑性材料纯扭构件截面剪应力分布

$$T_{cr,p}=f_t W_t=f_t\frac{b^2}{6}(3h-b) \tag{5-87}$$

实际上，混凝土是介于弹性材料和塑性材料之间的弹塑性材料。对于低强度等级混凝土，具有一定的塑性性质，对于高强度等级混凝土，其脆性显著增大，截面上混凝土剪应力不会像理想塑性材料那样完全应力重分布，混凝土的应力也不会全截面达到抗拉强度 f_t，因此按式（5-86）计算的开裂扭矩值比试验值低，按式（5-87）计算的开裂扭矩值比试验值偏高。

为实用计算方便，纯扭构件开裂扭矩按理想塑性材料模式计算，但开裂扭矩值要适当降低。试验表明，对于低强度等级混凝土降低系数为 0.8，对于高强度等级混凝土降低系数近似为 0.7。为统一开裂扭矩值的计算公式，并满足一定的可靠度要求，其计算公式为

$$T_{cr}=0.7 f_t W_t \tag{5-88}$$

式中 f_t——混凝土抗拉强度设计值；

W_t——受扭构件的截面受扭塑性抵抗矩。

矩形截面的受扭塑性抵抗矩为：

$$W_t=\frac{b^2}{6}(3h-b) \tag{5-89}$$

式中 b——矩形截面的短边边长；

h——矩形截面的长边边长。

3. 钢筋混凝土梁在纯扭作用下的受扭承载力计算

(1) 矩形截面

构件受扭时，截面周边纤维的扭转变形和应力较大，而扭转中心附近纤维的扭转变形

和应力较小。如果将截面中间部分挖去（即忽略该部分截面的抗扭影响），则构件可用图 5-102（c）所示的空心杆件替代。空心杆件每个面上的受力情况相当于一个平面桁架，纵筋为桁架的弦杆，箍筋相当于桁架的竖杆，裂缝间混凝土相当于桁架的斜腹杆。因此，整个构件犹如一个空间桁架。斜裂缝与构件轴线的夹角 α 会随纵筋与箍筋的配筋强度比 ζ 的变化而变化。钢筋混凝土受扭构件的承载力计算，便是建立在这个变角空间桁架模型的基础之上的。

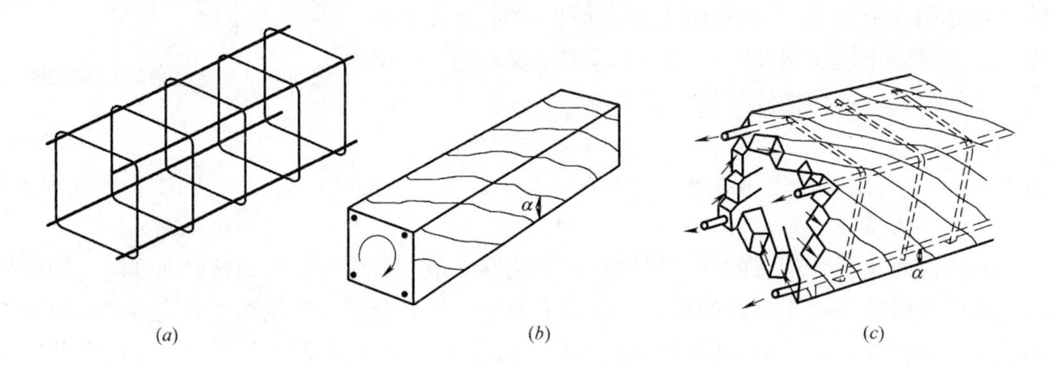

图 5-102　受扭构件的受力性能

（a）抗扭钢筋骨架；（b）受扭构件的裂缝；（c）受扭构件的空间桁架模型

钢筋混凝土纯扭构件的试验结果表明，构件的抗扭承载力可表示为混凝土的抗扭承载力 T_c 和箍筋与纵筋的抗扭承载力 T_s 两部分构成，即：

$$T_u = T_c + T_s \tag{5-90}$$

混凝土的抗扭承载力和箍筋与纵筋的抗扭承载力不是彼此完全独立的变量，而是相互关联的。因此，应将构件的抗扭承载力作为一个整体来考虑。《混凝土结构设计规范》采用的方法是先确定有关的基本变量，然后根据大量的实测数据进行回归分析，从而得到抗扭承载力计算的经验公式。

混凝土的抗扭承载力 T_c，以 $f_t W_t$ 作为基本变量；箍筋与纵筋的抗扭承载力 T_s，根据空间桁架模型以及试验数据的分析，选取箍筋的单肢配筋承载力 $f_{yv} A_{st1}/s$ 与截面核心部分面积 A_{cor} 的乘积作为基本变量，再用 $\sqrt{\zeta}$ 来反映纵筋与箍筋的共同工作，于是式(5-90)可表达为：

$$T_u = \alpha_1 f_t W_t + \alpha_2 \sqrt{\zeta} \frac{f_{yv} A_{st1}}{s} A_{cor} \tag{5-91}$$

α_1、α_2 为两个系数，由实验数据确定。为便于分析，将式（5-91）两边同除以 $f_t W_t$，得：

$$\frac{T_u}{f_t W_t} \leqslant \alpha_1 + \alpha_2 \sqrt{\zeta} \frac{f_{yv} A_{st1}}{f_t W_t s} A_{cor} \tag{5-92}$$

分别以 $\frac{T_u}{f_t W_t}$ 和 $\sqrt{\zeta} \frac{f_{yv} A_{st1}}{f_t W_t s} A_{cor}$ 为纵、横坐标，建立如图 5-103 所示无量纲坐标系，并将纯扭试件的实测抗扭承载力结果在坐标系中标出。由回归分析可求得抗扭承载力的双直线表达式，即图中 AB 和 BC 两段直线。其中，B 点以下的试验点一般具有适筋构件的破坏特征，BC之间的试验点一般具有部分超配筋构件的破坏特征，C点以上的试验点则大都具有完全超配筋构件的破坏特征。

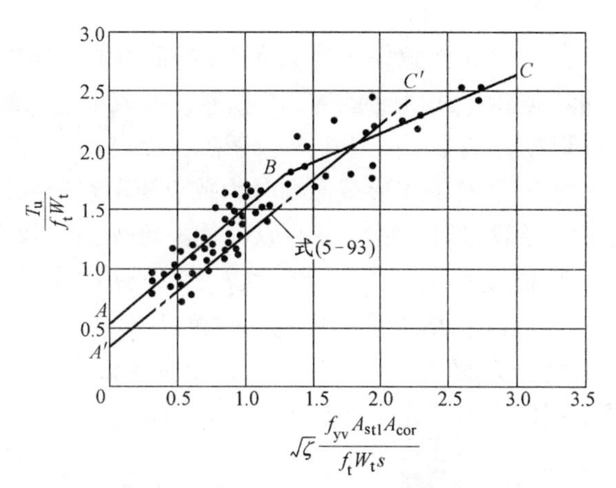

图 5-103　纯扭构件抗扭承载力试验数据图

考虑到工程设计应用上的方便，《混凝土结构设计规范》采用一条略为偏低的直线表达式，如图 5-103 中直线$A'C'$相应的表达式，即在式（5-91）中取$\alpha_1=0.35$，$\alpha_2=1.2$。矩形截面纯扭构件受扭承载力设计表达式为：

$$T\leqslant T_u=0.35f_tW_t+1.2\sqrt{\zeta}\frac{f_{yv}A_{st1}}{s}A_{cor} \tag{5-93}$$

$$\zeta=\frac{f_yA_{stl}\cdot s}{f_{yv}A_{st1}u_{cor}} \tag{5-94}$$

式中　T——扭矩设计值；

f_t——混凝土的抗拉强度设计值；

W_t——截面的抗扭塑性抵抗矩；

ζ——受扭的纵向钢筋与箍筋的配筋强度比值；

A_{stl}——受扭计算中取对称布置的全部纵向普通钢筋截面面积；

A_{st1}——受扭计算中沿截面周边配置的箍筋单肢截面面积；

f_y——受扭纵筋的抗拉强度设计值；

f_{yv}——受扭箍筋的抗拉强度设计值，其数值大于 360N/mm^2 时应取 360N/mm^2；

s——箍筋的间距；

A_{cor}——截面核心部分的面积，$A_{cor}=b_{cor}h_{cor}$；

b_{cor}——箍筋内表面范围内截面核心部分的短边尺寸；

h_{cor}——箍筋内表面范围内截面核心部分的长边尺寸；

u_{cor}——截面核心部分的周长，$u_{cor}=2(b_{cor}+h_{cor})$。

为防止发生“部分超筋破坏”，ζ应满足：$0.6\leqslant\zeta\leqslant1.7$。当$\zeta=1.2$左右时为钢筋达到屈服的最佳值。

为了避免出现“少筋”和“完全超配筋”这两类具有脆性破坏性质的构件，在按式（5-93）进行抗扭承载力计算时还需满足一定的构造要求。

（2）T 形截面和工字形截面

试验表明：T形和工字形截面的钢筋混凝土纯扭构件，当腹板的宽度大于翼缘的高度，即$b>h_f$、$b>h'_f$时，构件的第一条斜裂缝出现在腹板侧面的中部，其破坏形态和规律性与矩形截面纯扭构件相似。

如图5-104所示，当T形截面腹板宽度大于翼缘高度时，如果将其悬挑翼缘部分去掉，则可看出腹板侧面斜裂缝与其顶面裂缝基本相连，形成不连续螺旋形斜裂缝；斜裂缝是随较宽的腹板而独立形成，基本不受悬挑翼缘存在的影响。这说明构件受扭承载力满足腹板的完整性原则，可将T形及工字形截面划分为数个矩形块分别进行计算。

理论上，T形及工字形截面划分矩形块的原则是，首先满足较宽矩形截面的完整性，即当$b>h_f$和$b>h'_f$时，腹板矩形取$b\times h$；当$b\leqslant h_f$和$b\leqslant h'_f$时，翼缘矩形块取$b_f\times h_f$和$b'_f\times h'_f$。为了简化起见，《混凝土结构设计规范》建议T形和工字形截面纯扭构件承受扭矩T作用时，可将截面划分为腹板、受压翼缘及受拉翼缘矩形块（图5-105），并将总的扭矩T按各矩形块的受扭塑性抵抗矩分配给各矩形块承担。

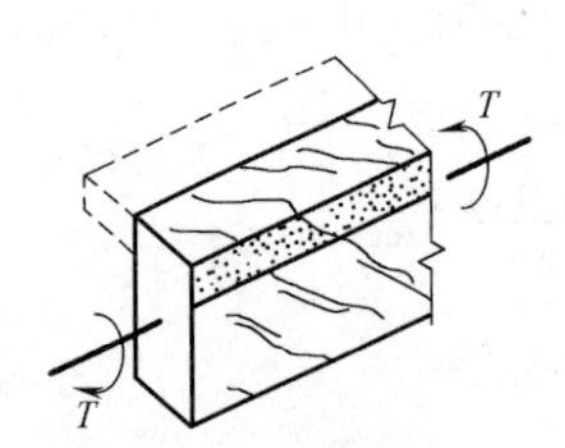

图5-104　$b>h'_f$时T形截面纯扭构件裂缝图

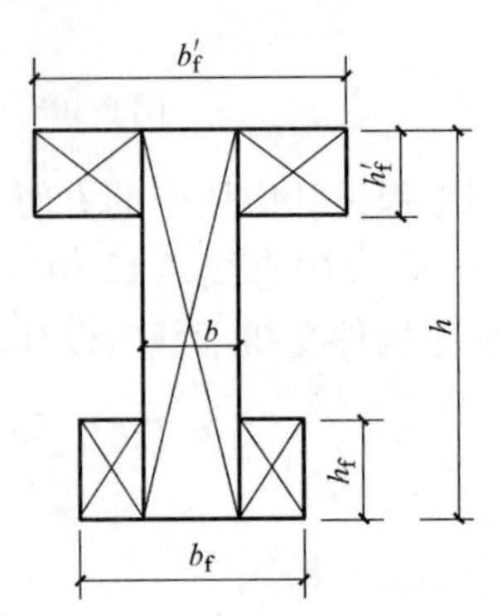

图5-105　工字形截面受扭构件的矩形块划分方法

各矩形块承担的扭矩为：

腹板

$$T_w=\frac{W_{tw}}{W_t}T \tag{5-95}$$

受压翼缘

$$T'_f=\frac{W'_{tf}}{W_t}T \tag{5-96}$$

受拉翼缘

$$T_f=\frac{W_{tf}}{W_t}T \tag{5-97}$$

式中　W_t——工字形截面的受扭塑性抵抗矩，$W_t=W_{tw}+W'_{tf}+W_{tf}$；

W_{tw}——腹板的矩形截面受扭塑性抵抗矩，$W_{tw}=\frac{b^2}{6}(3h-b)$；

W'_{tf}——受压翼缘部分的矩形截面受扭塑性抵抗矩，$W'_{tf}=\frac{h'^2_f}{2}(b'_f-b)$；

W_{tf}——受拉翼缘部分的矩形截面受扭塑性抵抗矩，$W_{tf}=\frac{h_f^2}{2}(b_f-b)$；

b、h——分别为截面的腹板宽度、截面高度；

b_f'、b_f——分别为截面受压区、受拉区的翼缘宽度；

h_f'、h_f——分别为截面受压区、受拉区的翼缘高度。

求得各矩形块承受的扭矩后，按式（5-93）计算，确定各自所需的抗扭纵向钢筋及抗扭箍筋面积，最后再统一配筋。

试验证明，工字形截面整体受扭承载力大于上述分块计算后再总加得出的承载力，故分块计算的办法是偏于安全的。

试验还表明：对于T形及工字形截面配有封闭箍筋的翼缘，结构受扭承载力是随着翼缘的悬挑宽度的增加而提高，当悬挑长度过小时（一般小于翼缘的厚度），其提高效果不显著；当悬挑长度过大时，翼缘与腹板连接处整体刚度相对减弱，翼缘扭曲变形后易于开裂，不能承受扭矩作用。因此，《混凝土结构设计规范》规定，悬挑计算长度不得超过其厚度的3倍。

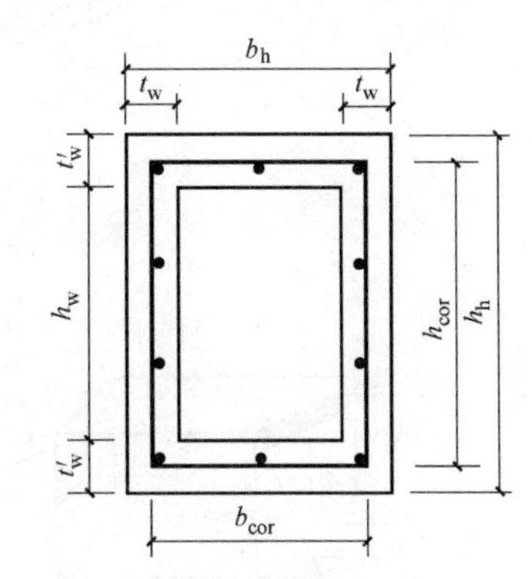

图 5-106　箱形截面（$t_w\leqslant t_w'$）

（3）箱形截面

试验表明，对图5-106所示的具有一定壁厚的箱形截面，其受扭承载力与实心矩形截面 $b_h\times h_h$ 基本相同。因此，《混凝土结构设计规范》规定其受扭承载力计算公式可在矩形截面受扭承载力计算公式（5-93）的基础上，通过对 T_c 项乘以壁厚修正系数 α_h 得出，即：

$$T\leqslant 0.35\alpha_h f_t W_t+1.2\sqrt{\zeta}\frac{f_{yv}A_{st1}}{s}A_{cor} \tag{5-98}$$

式中　α_h——箱形截面壁厚影响系数，$\alpha_h=2.5t_w/b_h$，当 α_h 大于1.0时，取1.0；

W_t——箱形截面受扭构件的截面受扭塑性抵抗矩，$W_t=\frac{b_h^2}{6}(3h_h-b_h)-\frac{(b_h-2t_w)^2}{6}[3h_w-(b_h-2t_w)]$；

t_w——箱形截面壁厚，其值不应小于 $b_h/7$；

b_h——箱形截面的短边尺寸；

h_h——箱形截面的长边尺寸；

h_w——箱形截面腹板高度。

4. 钢筋混凝土梁在弯、剪、扭作用下的承载力计算

（1）弯剪扭构件的破坏形态

在弯矩、剪力和扭矩共同作用下，钢筋混凝土梁的受力状态及破坏形态十分复杂。如图5-107（a）所示，扭矩使纵筋产生拉应力，与受弯时受拉钢筋拉应力叠加，使受拉钢筋拉应力增大，从而会使受弯承载力降低；而扭矩和剪力产生的剪应力总会在构件的一个侧面上叠加（见图5-107b），因此受剪和受扭承载力总是小于剪力和扭矩单独作用时的承

载力。试验表明，梁的破坏形态及其承载力，不但与梁的扭弯比 $\varphi_m\left(\varphi_m=\frac{T}{M}\right)$ 和扭剪比 φ_v $\left(\varphi_v=\frac{T}{Vb}\right)$ 有关，还与构件的截面形状、尺寸、配筋形式、数量和材料强度等因素有关。

钢筋混凝土弯剪扭构件随弯矩、剪力和扭矩三者的比值和配筋不同，有三种破坏类型，如图 5-108 所示。

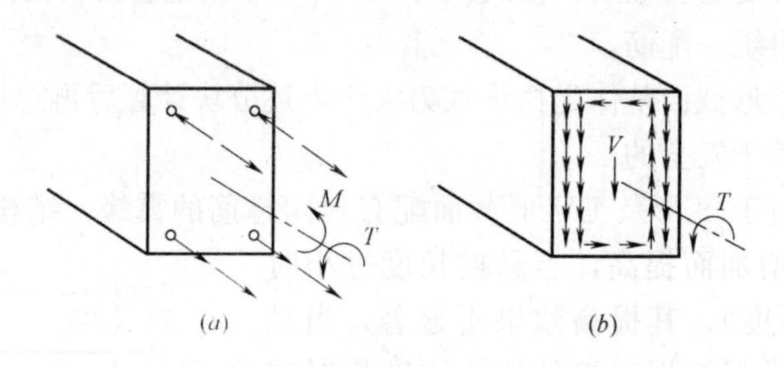

图 5-107　弯剪扭构件受力状态

(*a*) 弯、扭应力叠加；(*b*) 剪、扭应力叠加

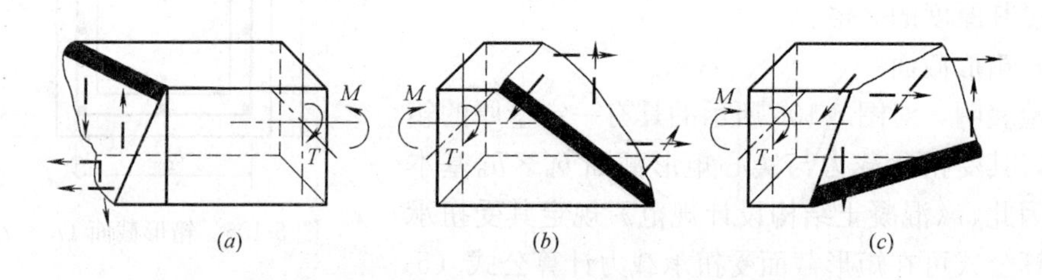

图 5-108　弯剪扭共同作用下构件破坏类型

(*a*) 第Ⅰ类型；(*b*) 第Ⅱ类型；(*c*) 第Ⅲ类型

第Ⅰ类型——当弯矩较大扭矩较小时（即扭弯比较小），扭矩产生的拉应力减小了截面上部的弯压区钢筋压应力，构件破坏自截面下部弯拉区受拉纵筋屈服开始，其后截面上部混凝土压坏，如图 5-108（*a*）所示，通常把这种破坏形态称为“弯型”破坏。

第Ⅱ类型——当纵筋在截面的顶部及底部配置较多，两侧面配置较少，而截面宽高比（b/h）较小，或作用的剪力和扭矩较大时，破坏自剪力和扭矩所产生主拉应力相叠加的一侧面开始，而另一侧面处于受压状态，如图 5-108（*b*），其破坏形态通常称为“剪扭型”破坏。

第Ⅲ类型——当扭矩较大弯矩较小（即扭弯比较大）且截面顶部配筋小于底部配筋时，截面上部弯压区在较大的扭矩作用下，由受压转变为受拉状态，弯曲压应力减少了扭转拉应力，相对地提高结构受扭承载力。构件破坏自纵筋面积较小的顶部一侧开始，受压区在截面底部，如图 5-108（*c*）所示，其破坏形态通常称为“扭型”破坏。

试验表明：无扭矩作用下的弯剪构件会发生剪压破坏，对于弯剪扭共同作用下的构件，若剪力较大扭矩较小时（即扭剪比较小），还可能发生类似于剪压破坏的“剪型”破坏。

(2) 弯剪扭构件的承载力计算

钢筋混凝土梁在弯剪扭共同作用下，属于空间受力问题，按变角空间桁架模型和斜弯理论进行承载力计算时十分烦琐。在国内大量试验研究和按变角空间桁架模型分析的基础上，《混凝土结构设计规范》给出了弯剪扭构件承载力的实用计算方法：不考虑弯矩和扭矩的相关性，即分别计算弯矩和扭矩作用下构件所需的纵向钢筋面积，然后将相应的钢筋面积进行叠加；部分考虑剪力和扭矩的相关性，即在计算受剪和受扭承载力公式中，考虑混凝土部分的相关性而不考虑钢筋部分的相关性，然后分别计算剪力和扭矩作用下构件所需的箍筋面积，再将相应的箍筋面积进行叠加。

1）剪扭相关对混凝土承载力的影响

图 5-109 给出了无腹筋构件和有腹筋构件在不同扭矩与剪力比值下的承载力试验结果。这里，V_{c0}、V_0和 T_{c0}、T_0分别为无腹筋构件和有腹筋构件在单纯受剪力或扭矩作用时的受剪和受扭承载力，V_c、V 和 T_c、T 则为同时受剪力和扭矩作用时的受剪和受扭承载力。从图中可见，无腹筋构件和有腹筋构件的受剪和受扭承载力关系大致按 1/4 圆弧规律变化，即随着同时作用的扭矩增大，构件的受剪承载力逐渐降低，当扭矩达到构件的纯扭受扭承载力时，其受剪承载力下降为零。反之亦然。

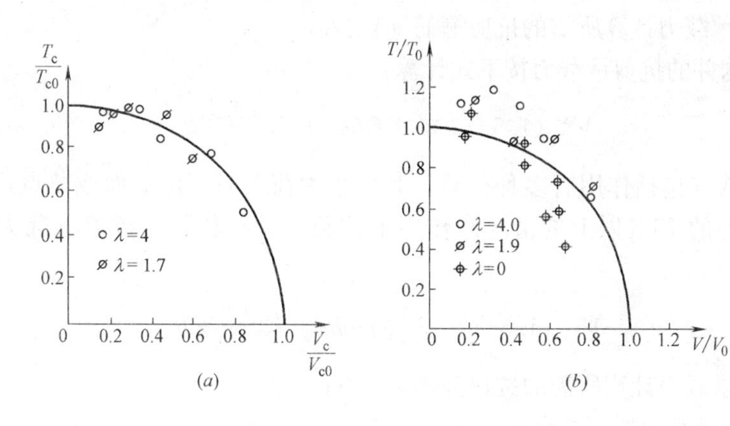

图 5-109　无腹筋构件和有腹筋构件的剪扭相关关系

（*a*）无腹筋构件；（*b*）有腹筋构件

为了简化计算，《混凝土结构设计规范》建议用图 5-110 所示的 $B'BGG'$三段折线关系近似地代替 1/4 圆弧关系。设 $T_c/T_{c0}=\beta_t$，$V_c/V_{c0}=1.5-\beta_t$，则 $T_c=\beta_t T_{c0}$，$V_c=(1.5-\beta_t)V_{c0}$，称 β_t为剪扭构件混凝土受扭承载力降低系数。三段折线表明：

① 水平段 $B'B$：当 $T_c/T_{c0}\leqslant 0.5$，即 $\beta_t\leqslant 0.5$ 时，取 $V_c/V_{c0}=1.0$，此时可忽略扭矩的影响。

② 垂直段 GG'：当 $V_c/V_{c0}\leqslant 0.5$ 时，取 $T_c/T_{c0}=1.0$，即 $\beta_t=1$，此时可忽略剪力的影响。

③ 斜线段 BG：当 $0.5<T_c/T_{c0}<1.0$ 即 $0.5<\beta_t<1.0$ 时，要考虑剪扭相关性，但以线性相关代替圆弧相关。

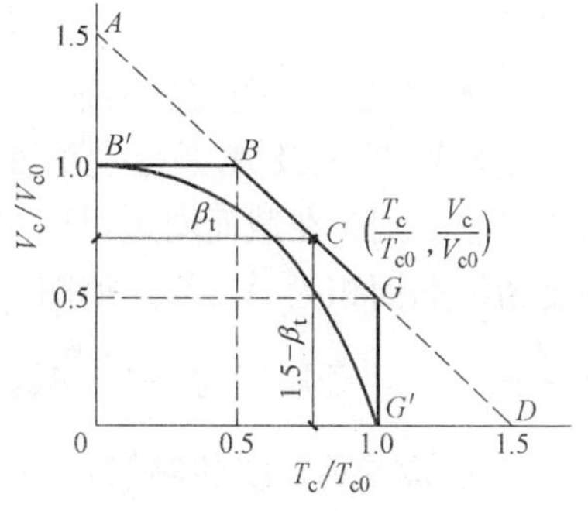

图 5-110　混凝土部分剪扭承载力相关的计算模式

矩形截面一般剪扭构件混凝土受扭承载力降低系数 β_t 按下式计算：

$$\beta_t=\frac{1.5}{1+0.5\dfrac{VW_t}{Tbh_0}} \tag{5-99}$$

矩形截面集中荷载作用下的独立剪扭构件混凝土受扭承载力降低系数 β_t 按下式计算：

$$\beta_t=\frac{1.5}{1+0.2(\lambda+1)\dfrac{VW_t}{Tbh_0}} \tag{5-100}$$

当 $\beta_t>1.0$ 时，应取 $\beta_t=1.0$；当 $\beta_t<0.5$ 时，则取 $\beta_t=0.5$，即 β_t 应符合 $0.5\leqslant\beta_t\leqslant1.0$。

因此，当需要考虑剪力和扭矩的相关性时，对构件的受剪承载力公式中的混凝土作用项乘以（$1.5-\beta_t$），对构件的受纯扭承载力公式中的混凝土作用项乘以 β_t 即可。

2）矩形截面弯剪扭构件承载力计算

矩形截面弯剪扭构件的承载力计算可按以下步骤进行：

① 按受弯构件计算在弯矩作用下所需的受弯纵向钢筋截面面积 A_s 及 A_s'；

② 按受剪承载力计算所需的抗剪箍筋 nA_{sv1}/s；

一般剪扭构件的抗剪承载力按下式计算：

$$V\leqslant(1.5-\beta_t)0.7f_tbh_0+f_{yv}\frac{nA_{sv1}}{s}h_0 \tag{5-101}$$

对集中荷载（包括作用有多种荷载，其中集中荷载对支座截面或节点边缘所产生的剪力值占总剪力的75%以上的情况）作用下的独立剪扭构件，抗剪承载力改为按下式计算：

$$V\leqslant(1.5-\beta_t)\frac{1.75}{\lambda+1}f_tbh_0+f_{yv}\frac{nA_{sv1}}{s}h_0 \tag{5-102}$$

③ 按受扭承载力计算所需的抗扭箍筋 A_{st1}/s；

构件的受扭承载力按下式计算：

$$T\leqslant0.35\beta_tf_tW_t+1.2\sqrt{\zeta}f_{yv}\frac{A_{st1}A_{cor}}{s} \tag{5-103}$$

④ 按抗扭纵筋与抗扭箍筋的配筋强度比关系，确定抗扭纵筋 A_{stl}；

$$\zeta=\frac{f_yA_{stl}s}{f_{yv}A_{st1}u_{cor}} \tag{5-94}$$

⑤ 叠加受弯、受扭纵向钢筋：

受弯纵筋 A_s 及 A_s' 是分别配置在截面受拉区和受压区的，如图5-111（*a*）所示；而受扭纵筋 A_{st1} 则应在截面周边对称均匀布置，如果受扭纵筋 A_{st1} 准备分三层配置，则每一层的受扭纵筋面积为 $A_{st1}/3$，如图5-111（*b*）所示。因此，叠加时，截面受拉区的纵筋面积为 $\dfrac{A_{st1}}{3}+A_s$，受压区为 $\dfrac{A_{st1}}{3}+A_s'$，中间层为 $\dfrac{A_{st1}}{3}$，如图5-111（*c*）所示。

⑥ 叠加受剪、受扭箍筋：

抗剪计算所需的单肢箍筋用量 A_{sv1}/s 布置如图5-112（*a*）所示，抗扭所需的单肢箍筋用量 A_{st1}/s 布置如图5-112（*b*）所示，叠加后得到每侧所需箍筋总量（图5-112*c*）为：

$$A_{sv}/s=A_{sv1}/s+A_{st1}/s \tag{5-104}$$

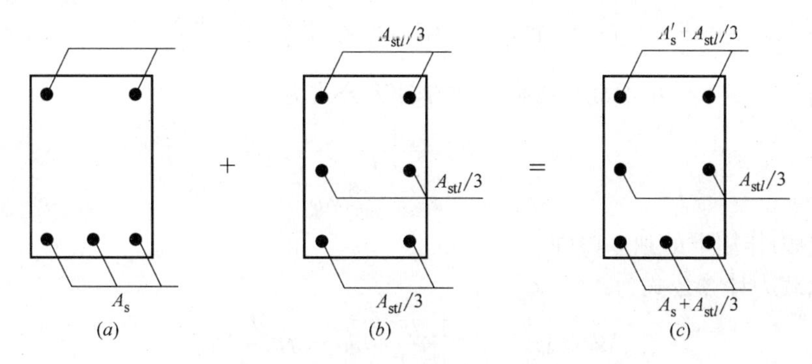

图 5-111　弯剪扭构件的纵向钢筋叠加

(a) 受弯纵筋；(b) 受扭纵筋；(c) 叠加后纵筋

值得注意的是，如果抗剪所需的箍筋为复合箍筋时，位于截面内部的箍筋则只能抗剪而不能抗扭，如图 5-112 (c) 所示。

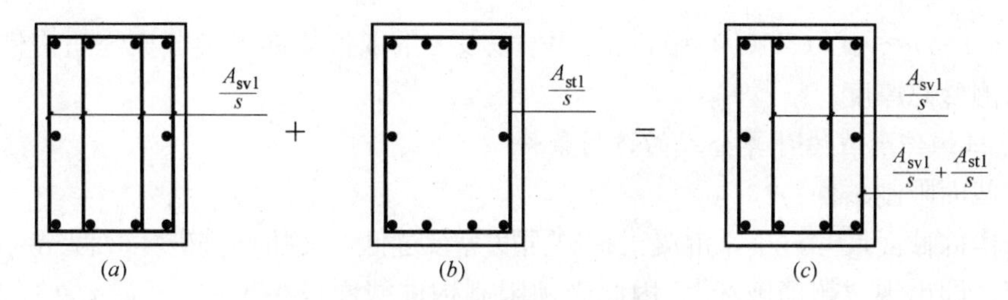

图 5-112　弯剪扭构件的箍筋叠加

(a) 受剪箍筋；(b) 受扭箍筋；(c) 叠加后箍筋

3) T 形和工字形截面弯剪扭构件承载力计算

T 形和工字形截面弯剪扭结构承载力计算可按以下步骤进行：

① 按受弯构件计算在弯矩作用下所需的受弯纵向钢筋截面面积 A_s 及 A'_s；

② 按截面完整性准则，将 T 形和工字形截面按图 5-105 划分为若干矩形块，分别求出腹板、受压翼缘及受拉翼缘所承受的扭矩 T_w、T'_f 和 T_f；

③ 腹板按剪扭构件（V 和 T_w 作用）计算箍筋和纵筋，翼缘按纯扭构件（T'_f 或 T_f）计算箍筋和纵筋；

④ 最后按照矩形截面类似的叠加原理将计算所得的纵筋及箍筋截面面积分别叠加，然后统一配筋。

4) 箱形截面弯剪扭构件承载力计算

箱形截面弯剪扭构件承载力的计算步骤与矩形截面相同，但受剪和受扭承载力的计算公式作了相应的调整。

① 一般构件。

受剪承载力计算公式为：

$$V \leqslant 0.7(1.5-\beta_t) f_t b h_0 + f_{yv} \frac{A_{sv}}{s} h_0 \tag{5-105}$$

受扭承载力计算公式为：

$$T \leqslant 0.35\alpha_h\beta_t f_t W_t + 1.2\sqrt{\zeta} f_{yv} \frac{A_{st1} A_{cor}}{s} \tag{5-106}$$

剪扭构件混凝土受扭承载力降低系数 β_t 计算公式为：

$$\beta_t = \frac{1.5}{1 + 0.5\frac{V \cdot \alpha_h \cdot W_t}{Tbh_0}} \tag{5-107}$$

② 集中力作用下的独立构件。

受剪承载力计算公式为：

$$V \leqslant (1.5 - \beta_t)\frac{1.75}{\lambda + 1} f_t bh_0 + f_{yv}\frac{A_{sv}}{s}h_0 \tag{5-108}$$

受扭承载力仍应按式（5-106）计算。

剪扭构件混凝土受扭承载力降低系数 β_t 计算公式为：

$$\beta_t = \frac{1.5}{1 + 0.2(\lambda + 1)\frac{V \cdot \alpha_h \cdot W_t}{Tbh_0}} \tag{5-109}$$

式（5-105）～式（5-109）中，α_h、W_t 以及 ζ 的取值均同箱形截面纯扭构件，b 为箱形截面的侧壁总厚度。

5. 受扭构件承载力计算公式的适用条件

（1）截面限制条件

如果构件截面尺寸过小，混凝土材料强度等级过低，受扭构件破坏时首先会出现混凝土被压碎，即出现“超筋破坏”，因此必须限制构件截面最小尺寸。《混凝土结构设计规范》规定，在弯矩、剪力和扭矩共同作用下，h_w/b 不大于 6 的矩形、T 形、工形截面和 h_w/t_w 不大于 6 的箱形截面构件，其截面应符合下列条件：

当 $h_w/b \leqslant 4$（或 $h_w/t_w \leqslant 4$）时：

$$\frac{V}{bh_0} + \frac{T}{0.8W_t} \leqslant 0.25\beta_c f_c \tag{5-110}$$

当 $h_w/b = 6$（或 $h_w/t_w = 6$）时：

$$\frac{V}{bh_0} + \frac{T}{0.8W_t} \leqslant 0.2\beta_c f_c \tag{5-111}$$

当 $4 < h_w/b < 6$（或 $4 < h_w/t_w < 6$）时，按线性内插法确定。当 $h_w/b > 6$（或 $h_w/t_w > 6$）时，受扭构件的截面尺寸条件及扭曲截面承载力计算应符合专门规定。

计算时如不满足要求，则需加大构件截面尺寸，或提高混凝土强度等级。

（2）最小配筋率

为避免出现“少筋破坏”，受扭构件必须满足最小配筋率要求。受扭构件的最小配筋率，应包括构件箍筋最小配筋率及纵筋最小配筋率。

1）箍筋最小配筋率

《混凝土结构设计规范》在试验分析的基础上规定：在弯剪扭构件中，受剪及受扭箍筋最小配筋率为：

$$\rho_{sv,min} = 0.28\frac{f_t}{f_{yv}} \tag{5-112}$$

2）纵筋最小配筋率

梁内受扭纵向钢筋的最小配筋率$\rho_{tl,\min}$应符合下列规定：

$$\rho_{tl,\min}=0.6\sqrt{\frac{T}{Vb}}\frac{f_t}{f_y} \tag{5-113}$$

当$T/(Vb)>2.0$时，取$T/(Vb)=2.0$。

式中 $\rho_{tl,\min}$——受扭纵向钢筋的最小配筋率，受扭纵向钢筋配筋率取$A_{stl}/(bh)$；

b——受剪的截面宽度，对箱形截面构件，b取b_h；

A_{stl}——沿截面周边布置的受扭纵向钢筋总截面面积。

梁内受弯纵向钢筋的最小配筋率与受弯构件同。

在弯剪扭构件中，配置在截面弯曲受拉边的纵向受力钢筋，其截面面积不应小于按受弯构件受拉钢筋最小配筋率计算的钢筋截面面积与按式（5-113）计算并分配到弯曲受拉边的受扭纵向钢筋截面面积之和。

6. 弯剪扭构件承载力计算的有关规定

在弯矩、剪力和扭矩共同作用下的矩形、T形、工形和箱形截面的弯剪扭构件，可按下列规定进行承载力计算。

（1）当V不大于$0.35f_tbh_0$或不大于$0.875f_tbh_0/(1+\lambda)$时，可仅计算受弯构件的正截面受弯承载力和纯扭构件的受扭承载力；

（2）当T不大于$0.175f_tW_t$或不大于$0.175f_t\alpha_hW_t$时，可仅验算受弯构件的正截面受弯承载力和斜截面受剪承载力；

（3）当满足$\frac{V}{bh_0}+\frac{T}{W_t}\leqslant 0.7f_t$时，可不进行受剪扭承载力计算，仅按构造配置受剪扭钢筋即可。

7. 弯剪扭构件钢筋的构造要求

受扭所需的箍筋应做成封闭式，且应沿截面周边布置。当采用复合箍筋时，位于截面内部的箍筋不应计入受扭所需的箍筋面积。受扭所需箍筋的末端应做成135°弯钩，弯钩端头平直段长度不应小于$10d$（d为箍筋直径），如图5-113所示。在超静定结构中，考虑协调扭转而配置的箍筋，其间距不宜大于$0.75b$（b为截面宽度，对箱形截面构件，b均应以b_h代替）。

沿截面周边布置受扭纵向钢筋的间距不应大于200mm及梁截面短边长度；除应在梁截面四角设置受扭纵向钢筋外，其余受扭纵向钢筋宜沿截面周边均匀对称布置（图5-113）。受扭纵向钢筋应按受拉钢筋锚固在支座内。

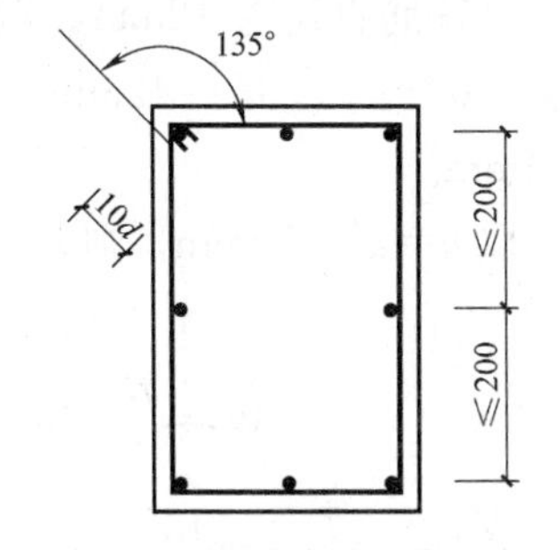

图5-113 抗扭钢筋的构造要求

弯剪扭构件钢筋的其他构造要求同受弯构件。

【例5-14】 已知框架梁如图5-114所示，截面尺寸$b=400$mm，$h=500$mm，净跨6m，跨中有一短挑梁，挑梁上作用有距梁轴线500mm的集中荷载，其设计值$P=200$kN，梁上均布荷载（包括自重）设计值$g=10$kN/m。采用C25强度等级的混凝土，纵筋采用HRB400级钢筋，箍筋采用HRB335级钢筋。环境类别为一类。试计算梁的配筋。

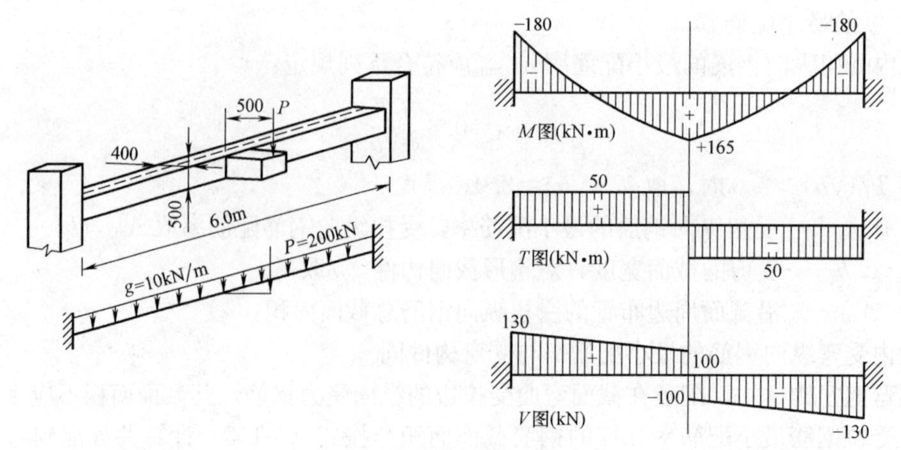

图 5-114　例 5-14 图

【解】

(1) 内力计算

支座按固定端考虑。

支座截面弯矩：$M_{\min}=-\dfrac{Pl}{8}-\dfrac{ql^2}{12}=-\dfrac{200\times6}{8}-\dfrac{10\times6^2}{12}=-180\text{kN}\cdot\text{m}$

跨中截面弯矩：$M_{\max}=\dfrac{Pl}{8}+\dfrac{ql^2}{24}=\dfrac{200\times6}{8}+\dfrac{10\times6^2}{24}=165\text{kN}\cdot\text{m}$

扭矩：$T=\dfrac{Pa}{2}=\dfrac{200\times0.5}{2}=50\text{kN}\cdot\text{m}$

支座截面剪力：$V=\dfrac{P}{2}+\dfrac{ql}{2}=\dfrac{200}{2}+\dfrac{10\times6}{2}=130\text{kN}$

跨中截面剪力：$V=\dfrac{P}{2}=\dfrac{200}{2}=100\text{kN}$

(2) 验算截面尺寸

设箍筋直径为 12mm，钢筋保护层厚度 $c=25\text{mm}$，则 $b_{\text{cor}}=400-2\times37=326\text{mm}$，$h_{\text{cor}}=500-2\times37=426\text{mm}$，$A_{\text{cor}}=326\times426=138876\text{mm}^2$，$u_{\text{cor}}=(326+426)\times2=1504\text{mm}$。

取 $a=a'=50\text{mm}$，则 $h_0=500-50=450\text{mm}$，$h_{\text{w}}=h_0=450\text{mm}$。

$$h_{\text{w}}/b=450/400=1.125<4$$

$$W_{\text{t}}=\frac{b^2}{6}(3h-b)=\frac{400^2}{6}(3\times500-400)=29.33\times10^6\text{mm}^3$$

$\dfrac{V}{bh_0}+\dfrac{T}{0.8W_{\text{t}}}=\dfrac{130\times10^3}{400\times450}+\dfrac{50\times10^6}{0.8\times29.33\times10^6}=2.85\text{N/mm}^2<0.25\beta_{\text{c}}f_{\text{c}}=0.25\times1.0\times11.9=2.975\text{N/mm}^2$，截面尺寸满足要求。

$\dfrac{V}{bh_0}+\dfrac{T}{W_{\text{t}}}=\dfrac{130\times10^3}{400\times450}+\dfrac{50\times10^6}{29.33\times10^6}=2.43\text{N/mm}^2>0.7f_{\text{t}}=0.7\times1.27=0.889\text{N/mm}^2$

需按计算配剪扭钢筋。

(3) 受弯承载力计算

支座截面：

$$\alpha_s=\frac{M}{\alpha_1 f_c b h_0^2}=\frac{180\times10^6}{1.0\times11.9\times400\times450^2}=0.187$$

$$\xi=1-\sqrt{1-2\alpha_s}=1-\sqrt{1-2\times0.187}=0.209<0.518$$

$$A_{s,支座}=\alpha_1 b h_0 \xi\frac{f_c}{f_y}=1.0\times400\times450\times0.209\times\frac{11.9}{360}=1243.6\text{mm}^2$$

跨中截面：

$$\alpha_s=\frac{M}{\alpha_1 f_c b h_0^2}=\frac{165\times10^6}{1.0\times11.9\times400\times450^2}=0.171$$

$$\xi=1-\sqrt{1-2\alpha_s}=1-\sqrt{1-2\times0.171}=0.189<0.518$$

$$A_{s,跨中}=\alpha_1 b h_0 \xi\frac{f_c}{f_y}=1.0\times400\times450\times0.189\times\frac{11.9}{360}=1124.6\text{mm}^2$$

验算抗弯纵筋最小配筋率：

$$\rho_{min}=\left(0.45\frac{f_t}{f_y},0.2\%\right)_{max}=\left(0.45\times\frac{1.27}{360},0.2\%\right)_{max}=0.2\%$$

$A_{s,支座}>\rho_{min}bh=0.002\times400\times500=400\text{mm}^2$，满足要求。

$A_{s,跨中}>\rho_{min}bh=0.002\times400\times500=400\text{mm}^2$，满足要求。

(4) 确定剪扭构件计算方法

集中荷载在支座截面产生的剪力为 100kN，占支座截面总剪力的$\frac{100}{130}=76.9\%>75\%$，需考虑剪跨比。

$\lambda=\frac{a}{h_0}=\frac{3000}{450}=6.67>3$，取$\lambda=3$。

$$V=130\text{kN}>\frac{0.875}{\lambda+1}f_t b h_0=\frac{0.875}{3+1}\times1.27\times400\times450\times10^{-3}=50\text{kN}$$

$T=50\text{kN}\cdot\text{m}>0.175f_tW_t=0.175\times1.27\times29.33\times10^6\times10^{-6}=6.52\text{kN}\cdot\text{m}$

需考虑剪扭相关性，按剪扭共同作用计算。

(5) 受剪计算

$$\beta_t=\frac{1.5}{1+0.2(\lambda+1)\frac{VW_t}{Tbh_0}}=\frac{1.5}{1+0.2\times(3+1)\times\frac{130\times10^3}{50\times10^6}\times\frac{29.33\times10^6}{400\times450}}=1.12>1.0$$

取$\beta_t=1.0$。

计算受剪箍筋，设箍筋肢数$n=4$，则：

$$\frac{A_{sv1}}{s}=\frac{V-\frac{1.75}{\lambda+1}(1.5-\beta_t)f_t b h_0}{n f_{yv} h_0}$$

$$=\frac{130\times10^3-\frac{1.75}{3+1}\times(1.5-1)\times1.27\times400\times450}{4\times300\times450}=0.148\text{mm}^2/\text{mm}$$

(6) 受扭计算

受扭箍筋：设$\zeta=1.2$

$$\frac{A_{st1}}{s}=\frac{T-0.35f_t\beta_t W_t}{1.2\sqrt{\zeta}f_{yv}A_{cor}}$$

$$=\frac{50\times10^6-0.35\times1.27\times1.0\times29.33\times10^6}{1.2\sqrt{1.2}\times300\times138876}=0.675\text{mm}^2/\text{mm}$$

受扭纵筋：

$$A_{stl}=\zeta\frac{f_{yv}}{f_y}u_{cor}\frac{A_{st1}}{s}=1.2\times\frac{300}{360}\times1504\times0.675=1015.2\text{mm}^2$$

验算受扭纵筋最小配筋率：

$$\frac{T}{Vb}=\frac{50\times10^6}{130\times10^3\times400}=0.961<2$$

$$\rho_{tl,\min}=0.6\sqrt{\frac{T}{Vb}}\frac{f_t}{f_y}=0.6\times\sqrt{0.961}\times\frac{1.27}{360}=0.00208$$

$$A_{stl}>\rho_{tl,\min}bh=0.00208\times400\times500=416\text{mm}^2$$

（7）验算最小配箍率及配筋

最小配箍率验算：

$$\rho_{sv,\min}=0.28\frac{f_t}{f_{yv}}=0.28\times\frac{1.27}{300}=0.00119$$

$$\rho_{sv}=\frac{2\left(\frac{A_{sv1}}{s}+\frac{A_{st1}}{s}\right)}{b}=\frac{2\times(0.148+0.675)}{400}=0.00412>\rho_{sv,\min}$$

满足要求。

沿截面周边箍筋选配双肢Φ12，$A_{sv1}=113.1\text{mm}^2$，所需箍筋间距 $s=\frac{113.1}{0.148+0.675}=137.4\text{mm}$，取 $s=100\text{mm}$；截面核心部分箍筋选配双肢Φ8@100，$\frac{A_{svl}}{s}=\frac{50.3}{100}=0.503>0.148$，满足要求。

受扭纵筋分三排，则：

支座截面顶部配筋 $A_s=A_{s,支座}+\frac{A_{stl}}{3}=1243.6+\frac{1015.2}{3}=1582\text{mm}^2$，选 2Φ 25＋2Φ20，$A_s=982+628=1610\text{mm}^2$ 。

跨中截面底部配筋 $A_s=A_{s,跨中}+\frac{A_{stl}}{3}=1124.6+\frac{1015.2}{3}=1463\text{mm}^2$，选 4Φ22，$A_s=1520\text{mm}^2$。

截面中部配筋 $\frac{A_{stl}}{3}=\frac{1015.2}{3}=338.4\text{mm}^2$，选配 2Φ16，$A_s=402\text{mm}^2$。

纵筋间距 202mm，基本满足不大于 200mm 的要求。

梁截面配筋见图 5-115。

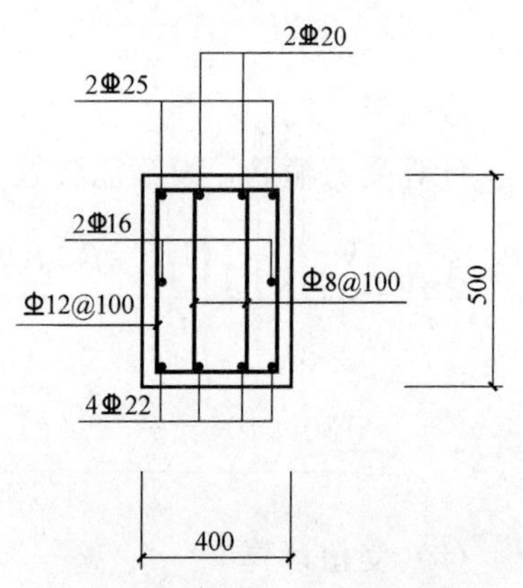

图 5-115　例 5-14 截面配筋图

5.3.5 混凝土梁的裂缝和挠度验算

在正常使用状态下，钢筋混凝土梁是带裂缝工作的，并具有一定的挠度。裂缝宽度过大会影响结构物的观瞻，引起使用者的不安，还可能使钢筋产生锈蚀，影响结构的耐久性。楼盖的梁挠度过大会影响支承在其上面的仪器，尤其是精密仪器的正常使用和引起非结构构件（如粉刷、吊顶和隔墙）的破坏；吊车梁的挠度过大，会妨碍吊车正常运行。所以，为使结构的使用性能满足要求，需要对梁的裂缝宽度和挠度进行控制验算，即进行正常使用极限状态验算。

1. 钢筋混凝土梁的裂缝验算

(1) 最大裂缝宽度计算公式

钢筋混凝土梁裂缝的发生、分布规律特性及影响裂缝宽度的因素都与混凝土轴心受拉构件相同，因此，最大裂缝宽度的计算公式仍然可以采用式（4-80），即：

$$w_{\max}=\alpha_{\mathrm{cr}}\psi\frac{\sigma_{\mathrm{s}}}{E_{\mathrm{s}}}\left(1.9c_{\mathrm{s}}+0.08\frac{d_{\mathrm{eq}}}{\rho_{\mathrm{te}}}\right) \tag{5-114}$$

式中 α_{cr}——构件受力特征系数，对钢筋混凝土梁，$\alpha_{\mathrm{cr}}=1.9$；

σ_{s}——荷载准永久组合或标准组合下裂缝截面处的钢筋应力，对钢筋混凝土梁，$\sigma_{\mathrm{s}}=\sigma_{\mathrm{sq}}=\dfrac{M_{\mathrm{q}}}{0.87h_0A_{\mathrm{s}}}$，$M_{\mathrm{q}}$为裂缝截面按荷载准永久组合计算的弯矩值；

其余符号意义及取值同式（4-80）。

(2) 裂缝宽度验算

对于钢筋混凝土梁，按荷载准永久组合并考虑长期作用影响的效应计算的最大裂缝宽度应符合下列规定：

$$w_{\max}\leqslant w_{\lim} \tag{5-115}$$

式中 $w_{\lim}$——《混凝土结构设计规范》规定的最大裂缝宽度限值，见附表C-22。

2. 钢筋混凝土梁的挠度验算

(1) 钢筋混凝土梁抗弯刚度的特点

首先回顾一下材料力学中弹性匀质材料梁抗弯刚度的概念，以简支梁为例。由材料力学可知，梁跨中挠度计算的一般形式可表示为：

均布荷载

$$f=\frac{5ql^4}{384EI}=\frac{5Ml^2}{48EI} \tag{5-116}$$

集中荷载

$$f=\frac{1}{48}\frac{Pl^3}{EI}=\frac{1}{12}\frac{Ml^2}{EI} \tag{5-117}$$

也可写成统一的表达式

$$f=S\frac{M}{EI}l^2=S\phi l^2 \tag{5-118}$$

式中 S——与荷载形式和支承条件等有关的荷载效应系数；

M——跨中最大弯矩；

EI——截面抗弯刚度；

ϕ——截面曲率。

截面抗弯刚度 EI 与截面曲率 ϕ 的关系为：

$$\phi=M/EI \rightarrow EI=M/\phi \rightarrow M=EI\phi$$

由此可见，截面抗弯刚度 EI 体现了截面抵抗弯曲变形的能力，同时也反映了截面弯矩与曲率之间的物理关系，对于弹性匀质材料截面，EI 为常数，M-ϕ 关系为直线。

由于混凝土的开裂、弹塑性应力-应变关系和钢筋屈服等的影响，钢筋混凝土适筋梁的 M-ϕ 关系不再是直线，而是随弯矩的增大，截面曲率呈曲线变化，如图 5-116 所示。对于任一给定的弯矩 M，截面抗弯刚度为 M-ϕ 关系曲线上对应该弯矩点与原点连线倾角的正切，为区别弹性抗弯刚度，记为 B_s。

钢筋混凝土梁的截面抗弯刚度 B_s 随弯矩的变化而变化，具有以下特点：

① 在开裂前的第Ⅰ阶段，当弯矩很小时，梁基本处于弹性工作阶段，M-ϕ 曲线的斜率接近换算截面抗弯刚度 E_cI_0。达到开裂弯矩 M_{cr} 时，由于受拉区混凝土有一定的塑性变形，截面抗弯刚度略有降低，约为 $0.85E_cI_0$。

② 开裂后进入第Ⅱ阶段，M-ϕ 曲线发生显著转折，曲率 ϕ 增加较快，抗弯刚度明显降低，且随着弯矩的增加，抗弯刚度不断降低。

③ 钢筋屈服后进入第Ⅲ阶段，M-ϕ 曲线出现第二个转折，弯矩 M 增加很少，而曲率 ϕ 激增，抗弯刚度急剧降低。

正常使用阶段，短期弯矩 M 一般处于第Ⅱ阶段，因此抗弯刚度计算需要研究构件带裂缝的工作情况。试验表明，钢筋混凝土梁纯弯段达到开裂弯矩 M_{cr} 后，分为裂缝出现阶段和裂缝稳定开展阶段。短期弯矩 M 通常处于裂缝稳定开展阶段，该阶段裂缝基本等间距分布，钢筋和混凝土的应变分布具有以下特征（图 5-117）：

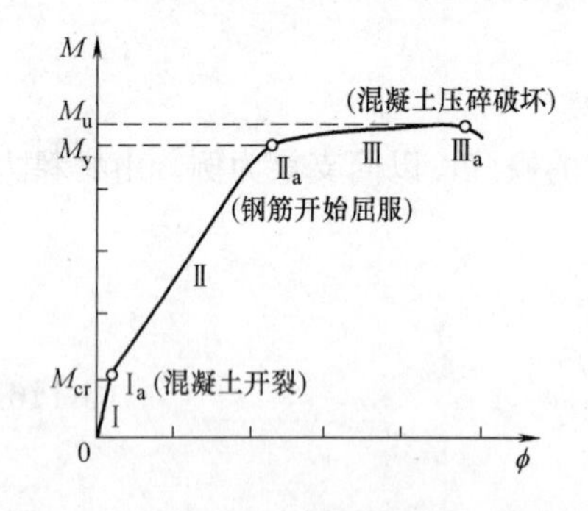

图 5-116 钢筋混凝土梁的 M-ϕ 关系曲线

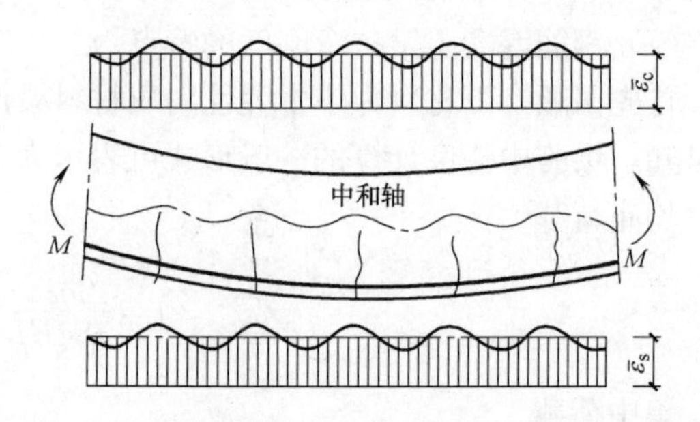

图 5-117 钢筋混凝土梁中钢筋与混凝土的应力分布

① 钢筋应变 ε_s 沿梁轴线方向呈波浪形变化，裂缝截面处的 ε_s 较大，裂缝中间截面 ε_s 较小。设以 $\bar{\varepsilon}_s$ 代表梁纯弯段内钢筋的平均应变，将 $\bar{\varepsilon}_s$ 与裂缝截面钢筋应变 ε_s 的比值 $\psi=\dfrac{\bar{\varepsilon}_s}{\varepsilon_s}$ 称为钢筋应变不均匀系数。

② 受压边缘混凝土的应变 ε_c 沿梁轴线方向的分布与钢筋应变分布类似，也呈波浪形分布，但变化幅度要小得多。同样，将平均应变$\bar{\varepsilon}_c$与裂缝截面处应变 ε_c 的比值 $\psi_c=\bar{\varepsilon}_c/\varepsilon_c$ 称为混凝土应变不均匀系数。

③ 截面的中和轴高度 x_n 和曲率 ϕ 沿梁轴线方向也呈波浪形变化，因此截面抗弯刚度沿梁轴线方向也是变化的。为便于进行挠度验算，采用平均抗弯刚度。由实测可知，平均应变沿截面高度的分布符合平截面假定，因此截面的平均曲率可表示为：

$$\bar{\phi}=\frac{\bar{\varepsilon}_s+\bar{\varepsilon}_c}{h_0} \tag{5-119}$$

在短期弯矩 M_q 下，平均抗弯刚度 B_s 为：

$$B_s=\frac{M_q}{\bar{\phi}} \tag{5-120}$$

（2）刚度公式的建立

在材料力学梁中，截面曲率与弯矩间的关系 $\phi=\dfrac{M}{EI}$ 是根据截面变形的几何关系、材料的物理关系和截面受力的平衡关系推导得到。这一方法同样适用于钢筋混凝土梁截面曲率与弯矩关系的分析，从而推导出抗弯刚度计算公式。但由于混凝土材料物理关系的弹塑性性质、截面应力的非线性分布特征以及裂缝的影响，对于钢筋混凝土梁，上述三个关系的具体内容与材料力学的梁有很大差别。

1）几何关系

如前所述，虽然由于裂缝的影响，钢筋和混凝土应变沿梁轴线方向呈波浪形分布，但平均应变符合平截面假定，平均曲率与平均应变的关系如式（5-119）。

2）物理关系

考虑梁的受力处于第Ⅱ阶段，钢筋未达到屈服，因此钢筋的应力-应变关系仍按线弹性 $\sigma_s=E_s\varepsilon_s$；混凝土受压应力-应变关系应考虑其弹塑性，采用变形模量 $E_c'=\upsilon E_c$，则有 $\sigma_c=\upsilon E_c\varepsilon_c$。因此，物理关系可表示为：

$$\varepsilon_s=\frac{\sigma_s}{E_s},\ \varepsilon_c=\frac{\sigma_c}{\upsilon E_c} \tag{5-121}$$

3）平衡关系

由于裂缝截面受力明确，可根据图 5-118 裂缝截面的应力分布，得到弯矩 M 作用下裂缝截面处钢筋应力 σ_s 和受压边缘混凝土应力 σ_c。如图 5-118 所示，记裂缝截面受压区混凝土应力图的平均应力为 $\omega\sigma_c$，压区高度为 ξh_0，压力合力点到钢筋面积形心的力臂为 ηh_0，则由平衡条件得，$M=C\eta h_0=\omega\sigma_c\xi h_0 b\eta h_0$ 和 $M=T\eta h_0=\sigma_s A_s\eta h_0$。

于是有：

$$\sigma_c=\frac{M}{\omega\xi\eta bh_0^2} \tag{5-122}$$

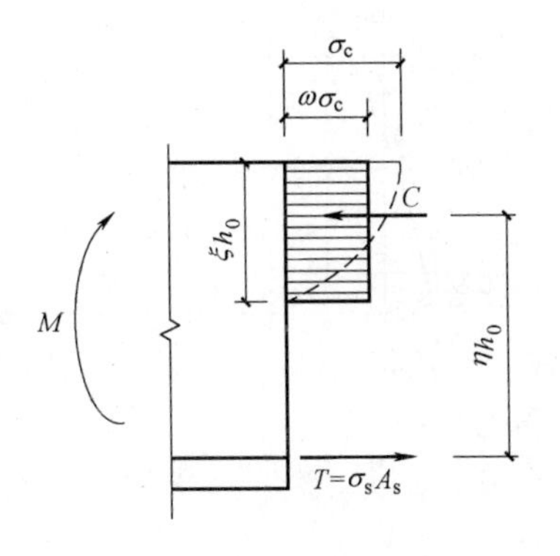

图 5-118　裂缝截面应力分布

$$\sigma_s = \frac{M}{A_s \eta h_0} \quad (5\text{-}123)$$

由式（5-121）的物理关系，并利用平均应变与裂缝截面应变的关系，即$\bar{\varepsilon}_s = \psi\varepsilon_s$ 和 $\bar{\varepsilon}_c = \psi_c\varepsilon_c$，得到钢筋和受压边缘混凝土的平均应变：

$$\bar{\varepsilon}_c = \psi_c\varepsilon_c = \psi_c\frac{\sigma_c}{\nu E_c} = \psi_c\frac{M}{\omega\xi\eta\nu E_c bh_0^2} = \frac{M}{\zeta E_c bh_0^2} \quad (5\text{-}124)$$

$$\bar{\varepsilon}_s = \psi\varepsilon_s = \psi\frac{\sigma_s}{E_s} = \frac{\psi}{\eta}\frac{M}{E_s A_s h_0} \quad (5\text{-}125)$$

式（5-124）中，系数 $\zeta = \omega\xi\eta\nu/\psi_c$，反映了受压区混凝土塑性、应力图形完整性、内力臂系数及裂缝间混凝土应变不均匀性等因素对混凝土受压边缘平均应变的综合影响，故称为受压区边缘混凝土平均应变综合系数。该系数可直接由试验结果反算得到，而不再需要分别研究各个系数，因此直接采用系数 ζ 更为简便。

将式（5-124）和式（5-125）的平均应变代入式（5-119），并利用式（5-120），可得：

$$\bar{\phi} = \frac{M}{B_s} = \frac{\bar{\varepsilon}_s + \bar{\varepsilon}_c}{h_0} = \frac{\frac{M}{\zeta E_c bh_0^2} + \frac{\psi}{\eta}\frac{M}{E_s A_s h_0}}{h_0} \quad (5\text{-}126)$$

上式两边消去 M，并引用 $\alpha_E = E_s/E_c$，$\rho = A_s/bh_0$，经整理后得弯矩 M 作用下截面抗弯刚度 B_s 的表达式：

$$B_s = \frac{E_s A_s h_0^2}{\frac{\psi}{\eta} + \frac{\alpha_E \rho}{\zeta}} \quad (5\text{-}127)$$

（3）参数 η、ζ 和 ψ

1）开裂截面的内力臂系数 η

试验和理论分析表明，在弯矩 $M = (0.5 - 0.7)M_u$ 的范围内，裂缝截面的相对受压区高度 ξ 变化很小，内力臂的变化也不大，η 值在 0.83～0.93 之间波动，其平均值为 0.87。为简化计算，《混凝土结构设计规范》取 $\eta = 0.87$，或 $1/\eta = 1.15$。

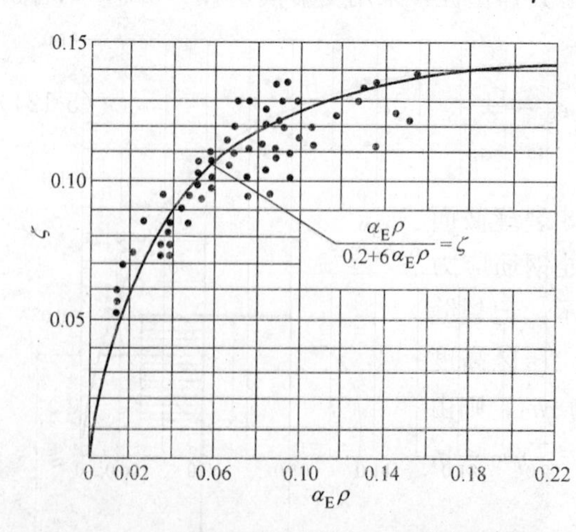

图 5-119　混凝土受压边缘平均应变综合系数

2）受压区边缘混凝土平均应变综合系数 ζ

根据试验实测受压边缘混凝土的压应变 $\bar{\varepsilon}_c$，由式（5-124）可以反算得到系数 ζ 的试验值。试验结果和分析表明，在弯矩 $M = (0.5 \sim 0.7)M_u$ 的范围内，弯矩的变化对系数 ζ 的影响很小，而主要取决于配筋率和受压区截面的形状。《混凝土结构设计规范》根据矩形截面梁的试验结果（见图 5-119）给出 ζ 与 $\alpha_E\rho$ 的关系如下：

$$\frac{\alpha_E\rho}{\zeta} = 0.2 + 6\alpha_E \cdot \rho \quad (5\text{-}128)$$

对于受压区有翼缘加强的 T 形和工形截面，在配筋率、混凝土强度和弯矩相等的条件下，其受压边缘的压应变 ε_c 显然要小于矩形截面，截面刚度增大。为此，《混凝土结构设计规范》根据 T 形截面梁的试验结果分析，给出 ζ 与 $\alpha_E\rho$ 的关系如下：

$$\frac{\alpha_E\rho}{\zeta}=0.2+\frac{6\alpha_E\rho}{1+3.5r_f'} \tag{5-129}$$

式中　r_f'——受压翼缘加强系数，计算公式如下：

$$r_f'=\frac{(b_f'-b)h_f'}{bh_0} \tag{5-130}$$

将式（5-129）和 $1/\eta=1.15$ 代入式（5-127），则短期刚度 B_s 的表达式为：

$$B_s=\frac{E_sA_sh_0^2}{1.15\psi+0.2+\dfrac{6\alpha_E\rho}{1+3.5r_f'}} \tag{5-131}$$

3）钢筋应变不均匀系数 ψ

钢筋应变不均匀系数 ψ 的计算公式同式（4-77），即

$$\psi=1.1-0.65\frac{f_{tk}}{\rho_{te}\sigma_s} \tag{5-132}$$

式中　σ_s的取值同式（5-114）。

在弯矩 $M=(0.5\sim0.7)M_u$的范围内，三个参数 η、ζ 和 ψ 中，η 和 ζ 基本为常数，而 ψ 随着弯矩的增加而增大，该参数反映了裂缝间混凝土参与受拉工作的情况，随着弯矩的增加，由于裂缝间粘结力的逐渐破坏，混凝土参与受拉的程度减小，使钢筋的平均应变 $\bar{\varepsilon}_s$ 增大，ψ 逐渐趋于 1.0，抗弯刚度逐渐降低。

（4）长期荷载作用下的抗弯刚度

在长期荷载作用下，混凝土的徐变会使梁的挠度随时间增长。此外，钢筋与混凝土间粘结滑移徐变、混凝土收缩等也会导致梁的挠度增大，而受压钢筋则有利于减小徐变变形。根据长期试验观测结果，《混凝土结构设计规范》给出长期挠度 f_l与短期挠度 f_s的比值 $\theta=f_l/f_s$按下式计算：

$$\theta=2.0-0.4\frac{\rho'}{\rho} \tag{5-133}$$

式中　ρ'、ρ——分别为受压钢筋和受拉钢筋的配筋率，$\rho'=A_s'/(bh_0)$，$\rho=A_s/bh_0$。对于翼缘位于受拉区的倒 T 形截面，θ 应增大 20%。

考虑荷载长期作用影响后的抗弯刚度为：

$$B=\frac{B_s}{\theta} \tag{5-134}$$

（5）梁的挠度验算

在求得截面刚度后，构件的挠度可按结构力学方法进行计算。但是，必须指出，即使在承受对称集中荷载的简支梁内，除两集中荷载间的纯弯曲区段外，弯剪区段各截面的弯矩是不相等的，越靠近支座，弯矩 M 越小，因而，其刚度越大。在支座附近的截面将不出现裂缝，其刚度较已出现裂缝的区段大很多。由此可见，沿梁长不同区段的平均刚度是变值，这就给挠度计算带来了一定的复杂性。为了简化计算，《混凝土结构设计规范》建议：在等截面构件中，可假定各同号弯矩区段内的刚度相等，并取用该区段内最大弯矩处的刚度；当计算跨度内的支座截面刚度不大于跨中截面刚度的 2 倍或不小于跨中截面刚度

的 1/2 时，该跨也可按等刚度构件进行计算，其构件刚度可取跨中最大弯矩截面的刚度。

对于钢筋混凝土梁，按荷载准永久组合并考虑长期作用影响的效应计算的最大挠度应符合下列规定：

$$f \leqslant f_{\lim} \tag{5-135}$$

式中 $f_{\lim}$——《混凝土结构设计规范》规定的最大挠度限值，见附表 C-20。

当挠度不能满足要求时，减小挠度的最有效措施是增加截面高度。当设计上构件截面尺寸不能加大时，可考虑增加纵向受拉钢筋截面面积或提高混凝土强度等级；对某些构件还可以充分利用纵向受压钢筋对长期刚度的有利影响，在构件受压区配置一定数量的受压钢筋。此外，采用预应力混凝土梁也可有效减小梁的挠度。

【例 5-15】 简支矩形截面梁的截面尺寸 $b\times h=250\text{mm}\times 600\text{mm}$，混凝土强度等级为 C30，配置 4Φ18 纵向受拉钢筋，受拉钢筋外边缘至构件表面混凝土厚度 $c_s=25\text{mm}$，承受均布荷载，按荷载效应的准永久组合计算的跨中弯矩值 $M_q=80\text{kN}\cdot\text{m}$，梁的计算跨度 $l=6.5\text{m}$。最大裂缝宽度限值为 0.3mm，挠度限值为 $l/250$。试验算该梁的裂缝宽度和挠度是否符合要求。

【解】

(1) 设计资料

C30 混凝土，$f_{tk}=2.01\text{N/mm}^2$，$E_c=3.0\times 10^4\text{N/mm}^2$。

4Φ18 的受拉钢筋，$E_s=2.0\times 10^5\text{N/mm}^2$，$\alpha_E=\dfrac{E_s}{E_c}=\dfrac{2.0\times 10^5}{3.0\times 10^4}=6.67$，$A_s=1017\text{mm}^2$。

$h_0=600-(25+18/2)=566\text{mm}$。

(2) 裂缝宽度验算

$$\rho_{te}=\frac{A_s}{0.5bh}=\frac{1017}{0.5\times 250\times 600}=0.0136$$

$$\sigma_s=\sigma_{sq}=\frac{M_q}{0.87h_0A_s}=\frac{80\times 10^6}{0.87\times 566\times 1017}=159.75\text{N/mm}^2$$

$$\psi=1.1-\frac{0.65f_{tk}}{\rho_{te}\sigma_{sq}}=1.1-\frac{0.65\times 2.01}{0.0136\times 159.75}=0.499$$

$$\begin{aligned}w_{\max}&=\alpha_{cr}\psi\frac{\sigma_s}{E_s}\left(1.9c_s+0.08\frac{d_{eq}}{\rho_{te}}\right)\\&=1.9\times 0.499\times\frac{159.75}{2.0\times 10^5}\times\left(1.9\times 25+0.08\times\frac{18}{0.0136}\right)\\&=0.116\text{mm}\end{aligned}$$

$$w_{\max}<w_{\lim}=0.3\text{mm}$$

满足要求。

(3) 挠度验算

$$\rho=A_s/bh_0=1017/250\times 566=0.00719,\ \rho'=0,\theta=2$$

$$\begin{aligned}B_s&=\frac{E_sA_sh_0^2}{1.15\psi+0.2+6\alpha_E\cdot\rho}\\&=\frac{2.0\times 10^5\times 1017\times 566^2}{1.15\times 0.499+0.2+6\times 6.67\times 0.00719}=6.138\times 10^{13}\text{N}\cdot\text{mm}^2\end{aligned}$$

$$B=\frac{B_s}{\theta}=\frac{6.138\times10^{13}}{2}=3.069\times10^{13}\text{N}\cdot\text{mm}^2$$

$$f=\frac{5}{48}\frac{M_q l^2}{B}=\frac{5\times80\times10^6\times6500^2}{48\times3.069\times10^{13}}=11.47\text{mm}<\frac{l}{250}=26\text{mm}$$

满足要求。

5.4 钢-混凝土组合梁

5.4.1 钢-混凝土组合梁的承载力计算

组合梁在弯矩作用下，其截面的弯矩-挠度曲线如图 5-120 所示，可将组合梁从施加荷载到破坏的受力全过程分为四个阶段。

(1) 弹性工作阶段

在加载初始阶段，由于截面的弯矩较小，组合梁的整体工作性能良好，弯矩-挠度曲线呈线性增长，卸载后的残余变形很小。随着荷载的增加，直至极限荷载的 75%（图 5-120 中 A 点）左右，钢梁的下翼缘开始屈服，而钢梁的其他部分还处于弹性工作状态，随着荷载的增加，混凝土翼板板底的应变已接近混凝土抗拉极限值，但尚未开裂，混凝土翼板顶面的应变很小，混凝土翼板处于弹性状态。此时，组合梁处于弹性工作状态，此阶段可作为组合梁弹性分析的依据。

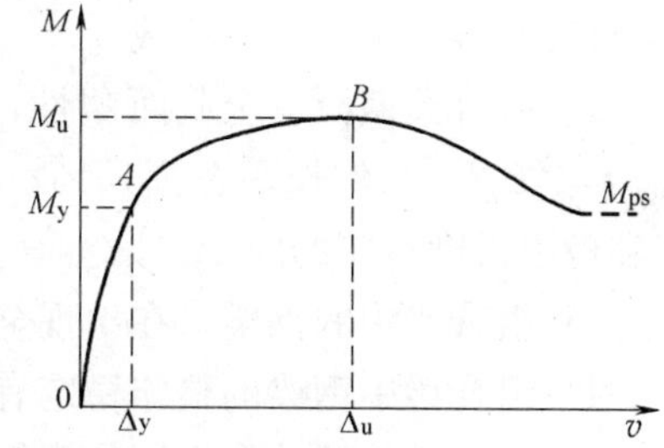

图 5-120 组合梁截面的弯矩-挠度曲线

(2) 弹塑性工作阶段

当荷载超过极限荷载的 75%，组合梁的弯矩进一步增加，混凝土翼板板底开裂，钢梁的应变增长速率加快，组合梁的变形增长速度大于外荷载的增长速度，弯矩-挠度曲线开始偏离原来直线。当钢梁下翼缘的边缘应力达到钢材的屈服强度，组合梁截面中和轴上移，上部混凝土翼板的压应力继续增大，进入非线性阶段，并逐步趋向饱满状态，组合梁的挠度变形显著增大，组合梁进入弹塑性阶段。随着荷载的继续增加，钢梁自下向上逐渐屈服，混凝土翼板板底的裂缝宽度发展加快，受压区高度进一步减小，直至受压区被压碎，组合梁发生破坏。此阶段，组合梁的截面刚度下降，挠度的增长速率明显快于荷载的增加速率，截面内力产生重分布现象，弯矩-挠度曲线呈明显的非线性关系。

(3) 塑性工作阶段

当荷载超过极限荷载的 90%以上，组合梁跨中的挠度变形大幅度增长，弯矩-挠度曲线呈水平趋势发展，此时组合梁已进入塑性工作阶段。随着荷载的增加，受压区的混凝土塑性变形特征越来越明显，抗剪连接件的水平变形增大，但此时组合梁并没有突然破坏。

(4) 下降阶段

当荷载达到极限荷载（图 5-120 中 B 点）后，组合梁的承载力开始平缓下降，而且挠度仍在继续增加，下部钢梁的受拉区可能进入强化阶段，经历了一个较长的发展过程，表明组合梁具有良好的延性。

按钢梁与混凝土翼板接触面上的滑移大小来分类，组合梁可分为：完全抗剪连接组合梁和部分抗剪连接组合梁。组合梁叠合面上抗剪连接件的纵向水平抗剪承载力如能保证最大弯矩截面上抗弯承载力得以充分发挥，这样的连接称为“完全抗剪连接”。在混凝土翼板与钢梁的接触面上，设置一定数量的抗剪连接件。当组合梁剪跨内抗剪连接件的数量小于完全抗剪连接所需的连接件数量时，称为“部分抗剪连接”。本节只介绍完全抗剪连接组合梁的计算。

由于混凝土是弹塑性材料，钢材是理想的弹性-塑性材料，组合梁截面的弹性分析仅用来计算使用阶段的组合截面应力及刚度。除了直接承受动力荷载作用的组合梁外，一般均采用塑性理论方法来计算组合梁的承载力。

组合梁按塑性理论来进行承载力计算，有一定的适用范围。一般情况下，符合下列条件的组合梁，可按塑性理论进行截面设计。

1）不直接承受动力荷载。

2）组合梁截面应全截面塑性，且钢材的力学性能应满足以下三个条件：①强屈比 $f_u/f_y\geq 1.2$；②伸长率 $\delta_5\geq 15\%$；③应变值 $\varepsilon_u\geq 20\varepsilon_y$，其中 ε_y 和 ε_u 分别是钢材的屈服强度和极限强度对应的应变。

3）组合梁中的钢梁，在出现全截面塑性之前，其受压翼缘和腹板不发生局部屈曲。

4）组合梁中钢梁的整体稳定有保证。

5）组合梁的塑性中和轴位于钢梁截面内，且钢梁受压翼缘和腹板的宽厚比应能满足表 5-7 的相关公式。

塑性理论计算时钢梁受压翼缘和腹板的宽厚比 **表 5-7**

截面形式	翼缘	腹　板
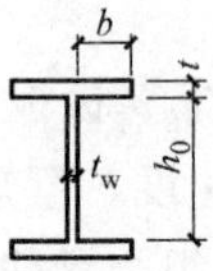 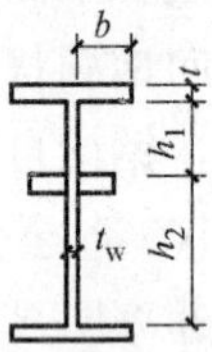	$\frac{b}{t}\leq 9\sqrt{\frac{235}{f_y}}$	当 $N/(Af)<0.37$ 时： $\frac{h_0}{t_w}\left(\frac{h_1}{t_w},\frac{h_2}{t_w}\right)\leq\left(72-100\frac{A_s f_{sy}}{Af}\right)\sqrt{\frac{235}{f_y}}$ 当 $N/(Af)\geq 0.37$ 时： $\frac{h_0}{t_w}\left(\frac{h_1}{t_w},\frac{h_2}{t_w}\right)\leq 35\sqrt{\frac{235}{f_y}}$
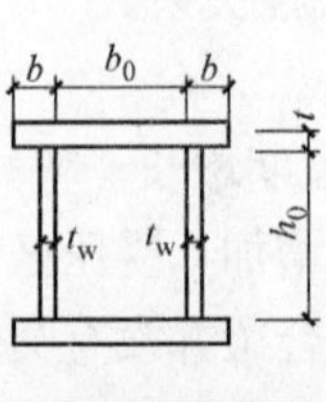	$\frac{b_0}{t}\leq 30\sqrt{\frac{235}{f_y}}$	当 $N/(Af)<0.37$ 时： $\frac{h_0}{t_w}\leq\left(72-100\frac{A_s f_{sy}}{Af}\right)\sqrt{\frac{235}{f_y}}$ 当 $N/(Af)\geq 0.37$ 时： $\frac{h_0}{t_w}\leq 35\sqrt{\frac{235}{f_y}}$

1. 简支组合梁的承载力计算

简支组合梁在施工阶段的计算同普通钢结构设计过程相同，下面仅介绍使用阶段简支组合梁的塑性理论计算方法。塑性分析采用的基本假定为：

① 混凝土翼板与钢梁之间应设置有可靠的抗剪连接件；

② 忽略组合梁中混凝土板托的作用以及混凝土翼板受压区的钢筋作用；

③ 塑性中和轴以上混凝土截面的压应力分布图形为矩形，压应力为混凝土轴心抗压强度设计值 f_c；

④ 塑性中和轴以下的混凝土截面全部开裂，不参与工作；

⑤ 塑性中和轴以上的钢梁截面均匀受压，其压应力全部达到钢材的抗压强度设计值；

⑥ 塑性中和轴以下的钢梁截面均匀受拉，其拉应力全部达到钢材的抗拉强度设计值；

⑦ 全部剪力均由钢梁的腹板承担，且不考虑剪力和弯矩之间的相互影响。

(1) 简支组合梁的抗弯承载力

使用阶段组合梁的截面抗弯承载力可按下列公式计算：

1) 第一类截面

组合梁的塑性中和轴位于混凝土翼板内（即 $A_s f \leqslant b_{ce} h_{c1} f_c$ 时），其截面应力如图 5-121 (*a*) 所示。

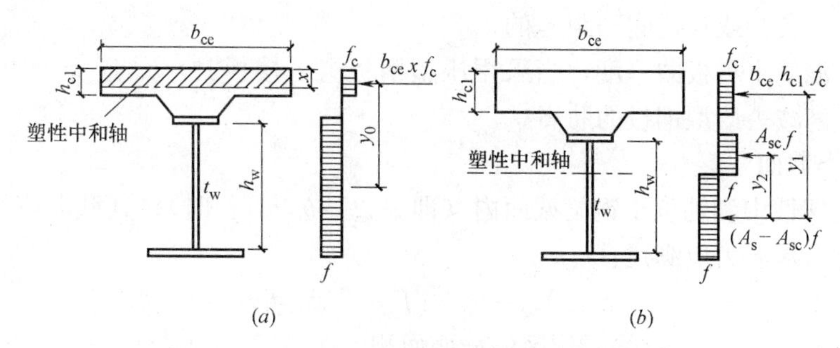

图 5-121 按塑性理论计算的组合梁截面及应力图

(*a*) 第一类截面；(*b*) 第二类截面

抗弯承载力应满足：

$$M \leqslant M_p = b_{ce} x f_c y_0 \tag{5-136}$$

式中 M——组合梁上使用阶段的正弯矩设计值；

M_p——组合梁截面按塑性理论计算出的正弯矩承载力；

x——组合梁混凝土翼板计算受压区高度，$x = A_s f / b_{ce} f_c$；

A_s——组合梁中的钢梁截面面积；

f——钢材的抗拉强度设计值；

f_c——混凝土的轴心抗压强度设计值；

y_0——钢梁截面应力合力至混凝土受压区应力合力间的距离；

b_{ce}——组合梁混凝土翼板的有效宽度（图 5-122），可按下列公式计算：

$$b_{ce} = b_0 + b_{c1} + b_{c2} \tag{5-137}$$

b_0——钢梁的上翼缘或板托顶部的宽度；当有板托且倾角 $\alpha < 45°$ 时，可取 $\alpha = 45°$ 计算板托顶部的宽度；当无托板时，取钢梁上翼缘的宽度；

b_{c1}、b_{c2}——分别为梁外侧和内侧的混凝土翼板计算宽度，各取 $l/6$（l 为梁的跨度）和 $6h_{c1}$（h_{c1} 为混凝土板厚度）两者的较小值；当组合梁为中间梁时，上式中 $b_{c1} = b_{c2}$；b_{c1} 尚不应超过混凝土板的实际外伸长度 s_1，b_{c2} 不应超过相邻梁板

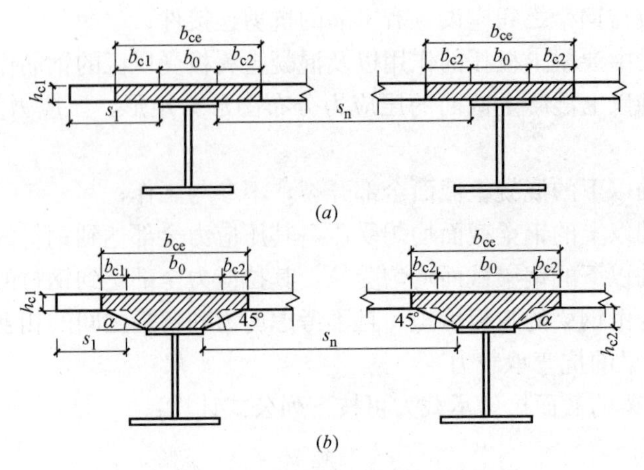

图 5-122 组合梁混凝土翼板的有效宽度

(a) 无板托组合梁；(b) 有板托组合梁

上翼缘或板托间净距 s_n 的 1/2；

h_{c1}——混凝土翼板的厚度，当采用压型钢板组合楼板时，h_{c1} 应等于组合板的总厚度减去压型钢板的肋高。

2）第二类截面

组合梁的塑性中和轴位于钢梁截面内（即 $A_s f > b_{ce} h_{c1} f_c$ 时），其截面应力如图 5-121 (b) 所示。抗弯承载力应满足：

$$M \leqslant M_p = b_{ce} h_{c1} f_c y_1 + A_{sc} f y_2 \tag{5-138}$$

式中 A_{sc}——组合梁中的钢梁受压区的截面面积，$A_{sc} = 0.5(A_s - b_{ce} h_{c1} f_c / f)$；

y_1——组合梁中钢梁受拉区截面形心至混凝土受压区截面形心的距离；

y_2——组合梁中钢梁受拉区截面形心至钢梁受压区截面形心的距离；

其他符号含义同式（5-137）。

(2) 简支组合梁的抗剪承载力

使用阶段组合梁采用塑性理论计算的截面抗剪承载力，不论截面塑性中和轴位于混凝土翼板内还是钢梁内，其截面上剪力均由钢梁的腹板承受，其抗剪承载力可按下式计算：

$$V \leqslant V_p = t_w h_w f_v \tag{5-139}$$

式中 V——组合梁上使用阶段的剪力设计值；

V_p——组合梁截面按塑性理论计算的剪力承载力；

t_w——钢梁的腹板厚度；

h_w——钢梁的腹板高度，可近似取钢梁的全高；

f_v——钢材的抗剪强度设计值。

2. 连续组合梁的承载力计算

连续组合梁按塑性理论进行承载力计算时，除了满足一般组合梁按塑性理论计算的条件外，还应满足下列条件：

① 连续组合梁相邻两跨的跨度差不应超过短跨的 45%；

② 边跨的跨度不得小于邻跨跨度的 70%，也不得大于邻跨跨度的 115%；

③ 在每跨的 1/5 跨度范围内，集中作用的荷载值不得大于此跨度总荷载的 1/2；

④ 连续组合梁中间支座截面的材料总强度比 γ 应满足下式要求：

$$0.15\leqslant\gamma=\frac{A_{st}f_{st}}{A_s f}<0.5 \tag{5-140}$$

式中 A_{st}——混凝土翼板有效宽度内的纵向钢筋截面面积；

A_s——钢梁的截面面积；

f_{st}——钢筋的抗拉强度设计值；

f——钢材的抗拉强度设计值。

采用塑性理论计算连续组合梁承载力时，应遵循下列基本假定

① 不考虑温差作用及混凝土收缩作用对连续组合梁的承载力影响；

② 不考虑施工阶段钢梁下有无设置临时支撑对连续组合梁的承载力影响；

③ 连续组合梁的截面剪力仅由钢梁腹板承受，不考虑混凝土翼板及其板托参与抗剪；

④ 连续组合梁负弯矩区段的受拉混凝土翼板有效宽度 b_{ce}，取等于连续组合梁正弯矩区段的混凝土翼板有效宽度 b_{ce}，可按式（5-137）计算。

⑤ 连续组合梁负弯矩区段混凝土翼板有效宽度 b_{ce}范围内的钢筋参与工作，与下部钢梁共同承受负弯矩，且钢筋端部应有可靠的锚固。

（1）连续组合梁的抗弯承载力

使用阶段连续组合梁跨中正弯矩区段的截面受弯承载力计算与简支组合梁计算完全相同。连续组合梁负弯矩区段的受弯承载力计算简图如图 5-123 所示，其受弯承载力计算公式如下：

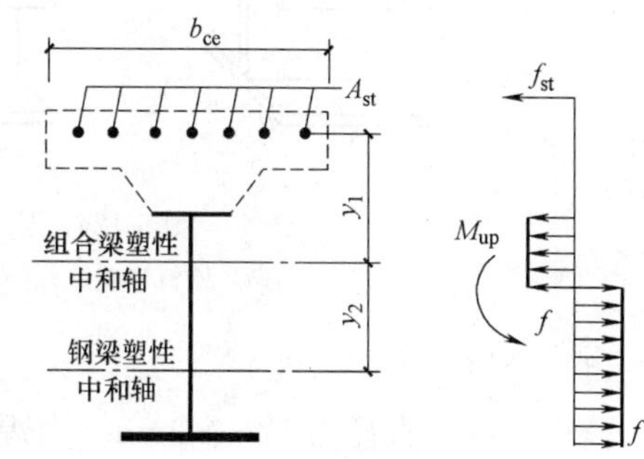

图 5-123 连续组合梁负弯矩区段抗弯承载力计算简图

$$M\leqslant M_{up}=M_{sp}+A_{st}f_{st}(y_1+0.5y_2) \tag{5-141}$$

式中 M——完全抗剪连续组合梁负弯矩区段的负弯矩设计值；

M_{up}——完全抗剪连续组合梁负弯矩区段截面的塑性受弯承载力；

M_{sp}——钢梁绕自身塑性中和轴的塑性受弯承载力，$M_{sp}=(S_1+S_2)f$，其中 S_1、S_2 分别为钢梁塑性中和轴以上和以下截面对塑性中和轴的面积矩；f 是钢材的抗拉强度设计值；

A_{st}——连续组合梁负弯矩区段混凝土翼板有效宽度范围内纵向钢筋截面面积；

f_{st}——钢筋的抗拉强度设计值；

y_1——纵向钢筋截面形心至连续组合梁塑性中和轴的距离；

y_2——钢梁塑性中和轴至连续组合梁塑性中和轴的距离；当塑性中和轴在钢梁腹板内，取 $y_2=A_{st}f_{st}/(2t_w f)$；当塑性中和轴在钢梁翼缘内，$y_2$取钢梁塑性中和轴至腹板上边缘的距离；

t_w——钢梁的腹板厚度。

（2）连续组合梁的抗剪承载力

采用塑性理论计算连续组合梁的承载力时，对中间支座负弯矩区段，当截面的材料总强度比 $\gamma\geqslant0.15$ 时，可不考虑弯矩与剪力的相互影响作用，其截面可分别按纯剪和纯弯进行抗剪承载力和抗弯承载力验算。

连续组合梁中间支座负弯矩区段的剪力，一般仅由钢梁的腹板承受，因此连续组合梁中间支座负弯矩区段的截面抗剪承载力也可按式（5-139）计算。

5.4.2 钢-混凝土组合梁的抗剪连接件设计

抗剪连接件是混凝土翼板与钢梁共同工作的基础，其主要作用是承受混凝土翼板与钢梁接触面之间的纵向剪力，抵抗二者之间的相对滑移，同时还必须能抵抗混凝土板与钢梁之间具有分离趋势的掀起力。

1. 抗剪连接件的形式和构造

常用的抗剪连接件有三种：栓钉、槽钢及弯筋，其外形和设置方向如图 5-124 所示。

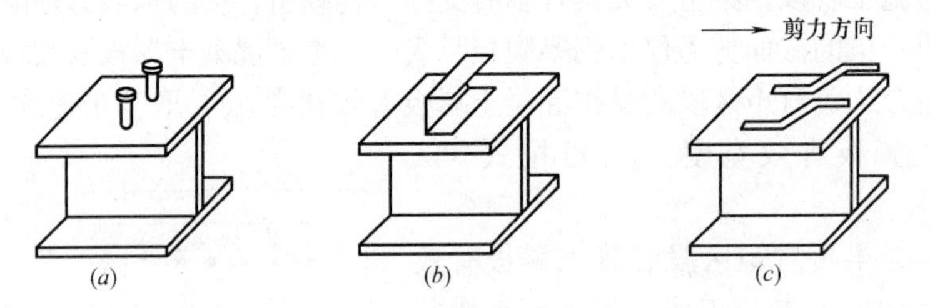

图 5-124　连接件的外形及设置方向

（a）栓钉连接件；（b）槽钢连接件；（c）弯筋连接件

（1）栓钉（图 5-124a）

栓钉的栓杆直径为 12～22mm。当焊接在钢梁翼缘上的栓钉位置不正对钢梁腹板时，如钢梁翼缘承受拉力，则栓钉的栓杆直径不应大于钢梁上翼缘厚度的 1.5 倍；如钢梁上翼缘不承受拉力，则栓杆直径不应大于钢梁上翼缘厚度的 2.5 倍。栓钉高与栓杆直径之比应不小于 4。为了抵抗掀起作用，栓钉上部做成大头或弯钩，大头直径不得小于栓杆直径的 1.5 倍。另外，栓钉沿梁轴线方向的间距不小于栓杆直径的 6 倍，垂直于梁轴线方向的间距不小于栓杆直径的 4 倍。

（2）槽钢（图 5-124b）

槽钢连接件一般采用 Q235 钢，常用的规格为 [8、[10 及 [12，截面不宜大于 [12.6。

（3）弯筋（图 5-124c）

弯筋的直径为 12～20mm，但不小于 12mm。弯筋连接件通过双面角焊缝与钢梁焊接，焊接长度应大于 4 倍（HPB300 钢筋）或 5 倍（HRB335 钢筋）弯筋直径。弯筋连接件宜在钢梁上成对设置，沿梁轴线方向的间距不小于混凝土翼板厚度的 0.7 倍。弯筋连接件的长度不小于其直径的 30 倍，从弯起点算起的长度不小于其直径的 25 倍，其中水平段长度不小于其直径的 10 倍。弯筋连接件弯起角宜为 45°，弯折方向应指向纵向水平剪力方向。

此外，抗剪连接件的设置，无论是栓钉、槽钢或弯筋均应符合下面的一般规定：

① 连接件抗掀起端底面宜高出翼缘板底部钢筋顶面 30mm。

② 连接件的最大间距不大于混凝土翼板（包括板托）厚度的 4 倍，且不大于 400mm。

③ 连接件的外侧边缘与钢梁翼缘边缘之间的距离不小于 20mm。

④ 连接件的外侧边缘至混凝土翼缘板边缘间的距离不小于 100mm。

⑤ 连接件顶面的混凝土保护层厚度不小于 15mm。

2. 抗剪连接件的抗剪承载力

图 5-125 标出了在剪力作用下三种连接件的受力情况。除弯筋连接件在剪力作用下受拉外，栓钉连接件和槽钢连接件在纵向剪力作用下，由于混凝土的弹性反力作用，受力都很复杂。因此，连接件的抗剪承载力都是根据试验结果确定的。

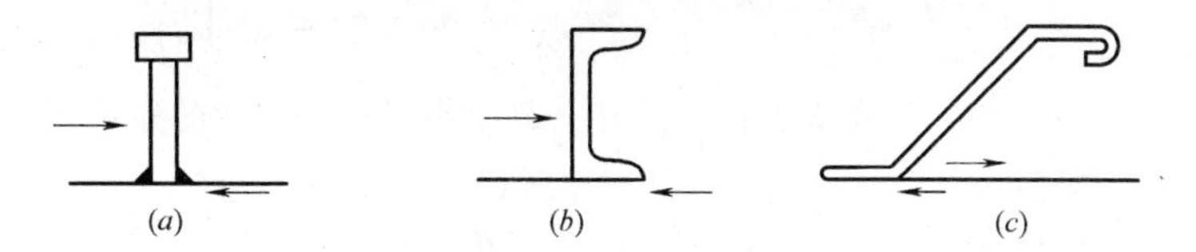

图 5-125 连接件的受力情况

(a) 栓钉连接件；(b) 槽钢连接件；(c) 弯筋连接件

(1) 栓钉连接件

栓钉连接件的抗剪承载力设计值按下式计算：

$$N_v = 0.43A_s\sqrt{E_c f_c} \leqslant 0.7A_s\gamma f \tag{5-142}$$

式中 E_c——混凝土的弹性模量；

A_s——栓钉杆身截面面积；

f_c——混凝土轴心抗压强度设计值；

f——栓钉钢材的抗拉强度设计值；

γ——栓钉钢材抗拉强度最小值与屈服强度之比，当栓钉材料性能等级为 4.6 时，$f_u = 400\text{N/mm}^2$，$f_y = 240\text{N/mm}^2$，则 $\gamma = 1.67$。

(2) 槽钢连接件

$$N_v = 0.26(t + 0.5t_w)l_c\sqrt{E_c f_c} \tag{5-143}$$

式中 t——槽钢翼缘的平均厚度；

t_w——槽钢腹板的厚度；

l_c——槽钢的长度。

(3) 弯筋连接件

$$N_v = A_{st} f_{st} \tag{5-144}$$

式中 A_{st}——弯筋的截面面积；

f_{st}——钢筋的抗拉强度设计值。

3. 抗剪连接件的数量及布置

抗剪连接件的计算，应以支座点、弯矩绝对值最大点及零弯矩点为界限，划分为若干个剪跨区，然后逐段计算。现以单跨简支梁为例，它的零弯矩截面是支座截面，在外荷载作用下，跨中某个截面弯矩最大，因此沿梁跨可分为两个正弯矩段，每个剪跨区内混凝土翼板与钢梁交界面上的纵向剪力 V 取钢梁的合力 $A_s f$ 和混凝土翼板合力 $b_{ce}h_{c1}f_c$ 中的较小者。

按照完全抗剪连接设计时，每个剪跨区内需要的连接件总数 n_f 应按下式计算：

$$n_{\mathrm{f}}=V/N_{\mathrm{v}} \tag{5-145}$$

按上式算得的连接件数量，可在对应的剪跨区内均匀布置。当此剪跨区段内有较大集中荷载作用时，应将连接件个数 n_{f} 按剪力图面积比例分配后再均匀布置，如图 5-126 所示，图中：

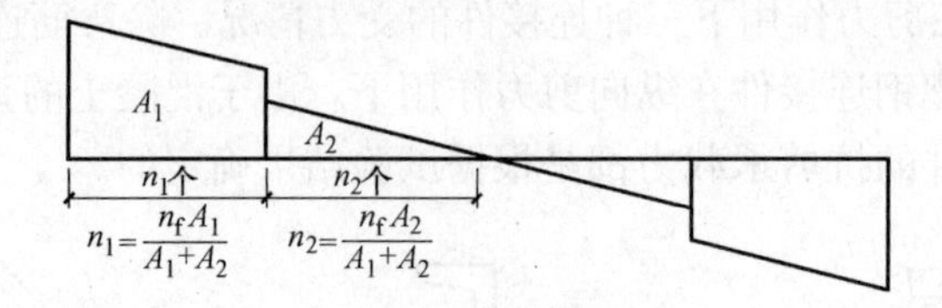

图 5-126　剪跨段内有较大集中荷载作用时抗剪连接件的分配

$$n_1=\frac{A_1}{A_1+A_2}n_{\mathrm{f}} \tag{5-146}$$

$$n_1=\frac{A_2}{A_1+A_2}n_{\mathrm{f}} \tag{5-147}$$

式中　A_1、A_2——剪力图面积；

n_1、n_2——相应剪力图内的连接件数量。

5.4.3　钢-混凝土组合梁的挠度计算

1. 组合截面的刚度

由于组合梁的混凝土翼板与钢梁接触面之间存在相对滑移，这种滑移效应对组合梁的刚度有较大削弱，因此组合梁应采用荷载效应标准组合时的折减刚度 B_{s} 或荷载效应准永久组合时的折减刚度 B_l 来计算其挠度。

(1) 短期刚度 B_{s}

当按荷载效应的标准组合，且考虑混凝土翼板与钢梁之间的滑移效应，计算组合梁的挠度时，组合梁的短期刚度 B_{s} 可按下式计算：

$$B_{\mathrm{s}}=\frac{E_{\mathrm{s}}I_0}{1+\xi} \tag{5-148}$$

式中　I_0——组合梁弹性换算截面（不考虑混凝土徐变）绕组合梁换算截面中和轴的惯性矩；

ξ——组合梁的刚度折减系数，可按下式计算，当 $\xi\leqslant 0$ 时，取 $\xi=0$：

$$\xi=\frac{36E_{\mathrm{s}}d_{\mathrm{c}}d_{\mathrm{s}}A_0}{n_{\mathrm{s}}k_1hl^2}\left[0.4-\frac{3}{(k_2l)^2}\right] \tag{5-149}$$

$$A_0=\frac{A_{\mathrm{cf}}A_{\mathrm{s}}}{\alpha_{\mathrm{E}}A_{\mathrm{s}}+A_{\mathrm{cf}}} \tag{5-150}$$

$$k_2=0.81\sqrt{\frac{n_{\mathrm{s}}k_1A_1}{E_{\mathrm{s}}I_0d_{\mathrm{s}}}} \tag{5-151}$$

$$A_1=\frac{A_0d_{\mathrm{c}}^2+I_{01}}{A_0} \tag{5-152}$$

$$I_{01}=I_{\mathrm{s}}+\frac{I_{\mathrm{cf}}}{\alpha_{\mathrm{E}}} \tag{5-153}$$

E_s——钢材的弹性模量；

d_c——钢梁截面形心至混凝土翼板截面形心的距离；

d_s——抗剪连接件的平均距离；

n_s——抗剪连接件在一根钢梁上的列数；

k_1——抗剪连接件的刚度系数；

h——组合梁的截面高度；

l——组合梁的跨度；

A_{cf}——组合梁混凝土翼板的截面面积，对压型钢板混凝土组合楼板翼缘，取其较弱截面的面积，且不考虑压型钢板的面积；

A_s——组合梁中钢梁的截面面积；

α_E——钢材与混凝土弹性模量的比值；

I_s——钢梁绕自身截面中和轴的惯性矩；

I_{cf}——组合梁混凝土翼板绕自身截面中和轴的惯性矩，对压型钢板混凝土组合楼板翼缘，取其较弱截面的惯性矩，且不考虑压型钢板的惯性矩。

（2）长期刚度 B_l

当按荷载效应准永久组合，且考虑混凝土翼板与钢梁之间的滑移效应，计算组合梁的挠度时，组合梁的长期刚度 B_l 可按下式计算：

$$B_l=\frac{E_s I_0^c}{1+\xi} \tag{5-154}$$

式中 I_0^c——组合梁徐变换算截面（考虑混凝土徐变）绕组合梁换算截面中和轴的惯性矩。

利用式（5-154）计算组合梁的长期刚度 B_l 时，应将式（5-149）～式（5-153）中的所有 α_E 换成 $2\alpha_E$ 计算 ξ 值，然后代入式（5-154）中计算。

2. 组合梁的挠度计算

刚度确定后，组合梁的挠度可按结构力学方法进行，按下式验算：

$$v_c \leqslant [v] \tag{5-155}$$

式中 v_c——组合梁的挠度；

$[v]$——受弯构件的挠度限值。

【例 5-16】 一简支工作平台梁截面各部分尺寸如图 5-127 所示，跨度为 4m。施工阶段活荷载设计值为 2.4kN/m，使用阶段恒荷载设计值（不包括梁板自重）为 8kN/m，活荷载设计值 6kN/m。钢材为 Q235，混凝土强度等级为 C20。验算组合梁截面承载力是否满足要求，并计算栓钉个数。

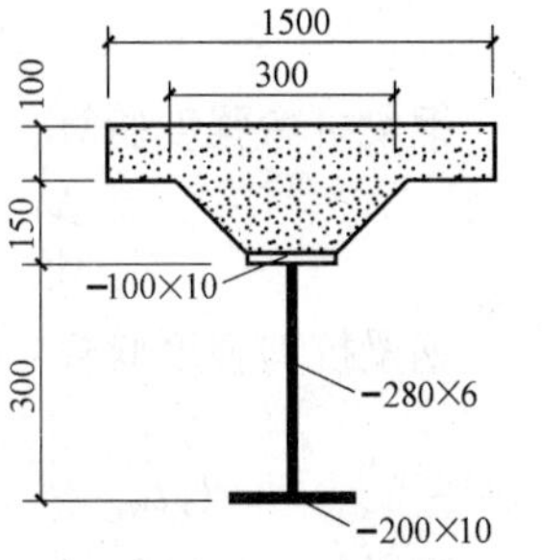

图 5-127　例 5-16 图

【解】

（1）钢梁截面几何特性

钢梁截面面积：

$$A_s=100\times10+280\times6+200\times10=4680\text{mm}^2$$

钢梁中和轴 x-x 至钢梁顶面的距离：

$$y_t=\frac{100\times10\times5+280\times6\times150+200\times10\times295}{4680}=181\text{mm}$$

钢梁中和轴 x-x 至钢梁底面的距离：

$$y_b=300-181=119\text{mm}$$

钢梁中和轴以上截面对中和轴的面积矩：

$$S=100\times10\times(181-5)+\frac{6\times(181-10)^2}{2}=263723\text{mm}^3$$

钢梁截面惯性矩：

$$I_x=100\times10\times(181-5)^2+200\times10\times(119-5)^2+\frac{1}{12}\times6\times280^3+280\times6\times(181-150)^2$$

$$=69558\times10^3\text{mm}^4$$

钢梁上翼缘边缘的截面模量：

$$W_{xt}=\frac{I_x}{y_t}=\frac{69558\times10^3}{181}=384298\text{mm}^3$$

钢梁下翼缘边缘的截面模量：

$$W_{xb}=\frac{I_x}{y_b}=\frac{69558\times10^3}{119}=584521\text{mm}^3$$

（2）施工阶段承载能力验算

钢梁自重：$1.2\times0.00468\times78.5=0.44\text{kN/m}$

板自重：$1.2\times0.1\times1.5\times25=4.5\text{kN/m}$

板托重：$1.2\times(0.1+0.3)\times\frac{0.15}{2}\times25=0.9\text{kN/m}$

施工恒载：$G_1=0.44+4.5+0.9=5.84\text{kN/m}$

施工活载：$Q_1=2.4\text{kN/m}$

支座处最大剪力为：

$$V=\frac{1}{2}\times(5.84+2.4)\times4=16.5\text{kN}$$

跨中最大弯矩为：

$$M=\frac{1}{8}\times(5.84+2.4)\times4^2=16.5\text{kN}\cdot\text{m}$$

钢梁抗弯强度验算：

$$\frac{M}{W_t}=\frac{16.5\times10^6}{384298}=42.9\text{N/mm}^2<f=215\text{N/mm}^2$$

钢梁抗剪强度验算：

$$\frac{VS}{I_xt_w}=\frac{16.5\times10^3\times263723}{69558\times10^3\times6}=10.4\text{N/mm}^2<f_v=125\text{N/mm}^2$$

钢梁整体稳定验算：

$$\frac{l_1}{b_1}=\frac{4000}{100}=40>13\sqrt{\frac{235}{f_y}}=13$$

应进行整体稳定验算。

钢梁上翼缘对弱轴 y-y 的惯性矩：

$$I_1=\frac{10\times100^3}{12}=8.33\times10^5\mathrm{mm}^4$$

钢梁下翼缘对弱轴 y-y 的惯性矩：

$$I_2=\frac{10\times200^3}{12}=6.67\times10^6\mathrm{mm}^4$$

$$\alpha_b=\frac{I_1}{I_1+I_2}=\frac{8.33}{8.33+66.7}=0.111$$

$$I_y=I_1+I_2=7.5\times10^6\mathrm{mm}^4$$

$$i_y=\sqrt{\frac{I_y}{A}}=\sqrt{\frac{7.5\times10^6}{4680}}=40\mathrm{mm}$$

$$\lambda_y=\frac{4000}{40}=100<120\sqrt{\frac{235}{f_y}}=120$$

$$\varphi_b=1.07-\frac{W_x}{(2\alpha_b+0.1)Ah}\cdot\frac{\lambda_y^2}{14000}\cdot\frac{f_y}{235}$$

$$=1.07-\frac{384298}{(2\times0.111+0.1)\times4680\times300}\times\frac{100^2}{14000}\times\frac{235}{235}=0.463$$

$$\frac{M}{\varphi_b W_x}=\frac{16.5\times10^6}{0.463\times384298}=92.7\mathrm{N/mm^2}<f=215\mathrm{N/mm^2}$$

（3）使用阶段承载力验算

弯矩设计值和剪力设计值为：

$$M=\frac{1}{8}\times(5.84+8+6)\times4^2=39.7\mathrm{kN\cdot m}$$

$$V=\frac{1}{2}\times(5.84+8+6)\times4=39.7\mathrm{kN}$$

混凝土翼板的有效宽度为：

$$6h_{c1}=6\times100=600\mathrm{mm},\ l/6=4000/6=677\mathrm{mm}$$

$$b_{ce}=b_0+b_{c1}+b_{c2}=300+600+600=1500\mathrm{mm}$$

判断塑性中和轴的位置：

$$A_s f=4680\times215=1006.2\mathrm{kN}$$

$$b_{ce}h_{c1}f_c=1500\times100\times9.6=1440\mathrm{kN}$$

由于 $A_s f<b_{ce}h_{c1}f_c$，故塑性中和轴位于混凝土翼板内。

$$x=\frac{A_s f}{b_{ce}f_c}=\frac{1006.2\times10^3}{1500\times9.6}=70\mathrm{mm}$$

由于 $x<h_{c1}$，钢梁全部位于受拉区，因此钢梁不会发生局部失稳。

$$y_0=y_t+h_{c1}+h_{c2}-0.5x=181+150+100-0.5\times70=396\mathrm{mm}$$

组合梁的抗弯承载力：

$$M_p=b_{ce}xf_cy_0=1500\times70\times9.6\times396=399.2\mathrm{kN\cdot m}>M=39.7\mathrm{kN\cdot m}$$

组合梁的抗剪承载力：

$$V_p=t_wh_wf_v=6\times280\times125=210\mathrm{kN}>V=39.7\mathrm{kN}$$

（4）抗剪连接件计算

塑性中和轴在板内通过，故在梁半跨长度内的纵向剪力为：

$$V = A_s f = 4680 \times 215 = 1006.2\text{kN}$$

选用 $\phi16$ 带头栓钉，其承载力为：

$$0.43A_s\sqrt{E_c f_c} = 0.43 \times 201.1 \times \sqrt{2.55 \times 10^4 \times 9.6} = 42.8\text{kN}$$

$$0.7\gamma A_s f = 0.7 \times 1.67 \times 201.1 \times 215 = 50.5\text{kN}$$

$$N_v = 42.8\text{kN}$$

组合梁半跨上所需栓钉抗剪件的总数：

$n_f = \dfrac{V}{N_v} = \dfrac{1006.2}{42.8} = 23.5$，取 24 个。

因此，在梁 1/2 跨度范围内布置 $24\phi16$ 带头栓钉即可。

思考题与习题

5-1 实腹钢梁的抗弯强度计算为什么要按截面部分发展塑性变形考虑？截面塑性发展系数是怎样确定的？

5-2 钢梁的整体稳定性受哪些因素的影响？应如何针对这些因素来提高梁的承载能力？

5-3 钢筋混凝土适筋梁正截面受力全过程可划分为几个阶段？各阶段主要特点是什么？与计算有何联系？

5-4 钢筋混凝土适筋梁与匀质弹性材料梁的受力性能有何区别？截面应力分析方法有何异同之处？

5-5 钢筋混凝土梁的正截面破坏形态有几种？破坏特征是什么？钢筋混凝土适筋梁正截面受弯破坏的标志是什么？

5-6 什么叫配筋率，它对钢筋混凝土梁的正截面受弯承载力有何影响？

5-7 在实际工程中为什么应避免采用少筋梁和超筋梁？

5-8 钢筋混凝土受弯构件正截面承载力计算有哪些基本假定？按基本假定如何进行正截面受弯承载力计算？

5-9 相对界限受压区高度 ξ_b 是怎样确定的？写出有明显流幅钢筋的相对界限受压区高度 ξ_b 的计算公式。影响 ξ_b 的因素有哪些？最大配筋率 ρ_{max} 与 ξ_b 是什么关系？

5-10 画出钢筋混凝土单筋矩形截面梁正截面承载力计算时的实际应力图、理论应力图及计算应力图，并说明确定等效矩形应力图形的原则。

5-11 在什么情况下可采用双筋截面梁？为什么双筋梁一定要采用封闭式箍筋？如何保证受压钢筋强度得到充分利用？

5-12 在截面设计时如何判别两类 T 形截面？在截面复核时如何判别两类 T 形截面？

5-13 整浇钢筋混凝土梁板结构中的连续梁，其跨中截面和支座截面应按哪种截面梁计算？

5-14 钢筋混凝土受弯构件的最小配筋率是如何确定的？为什么 T 形截面的受拉钢筋的配筋面积应满足条件 $A_s \geqslant \rho_{min} bh$，而不是 $A_s \geqslant \rho_{min} b_f' h$？有受拉翼缘的工形截面和倒 T 形截面的最小受拉钢筋配筋面积如何确定？

5-15 如图 5-128 所示四种钢筋混凝土梁截面，当材料强度、截面宽度和高度、承受的设计弯矩（忽略自重影响）均相同时，试确定：(1) 各截面开裂弯矩的大小次序？(2) 各截面最小配筋面积的大小次序？(3) 各截面的配筋大小次序？

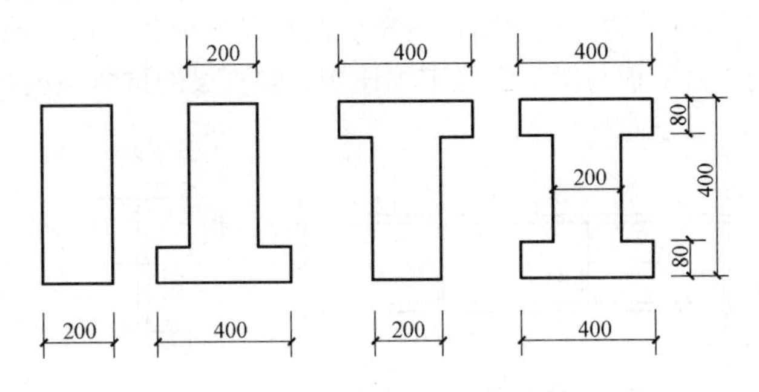

图 5-128　思考题与习题 5-15 图

5-16　钢筋混凝土梁在荷载作用下，斜裂缝产生的原因是什么？一般说来有几种类型的斜裂缝？它们各有什么特点？

5-17　试画出如图 5-129 所示梁斜裂缝的大致位置和方向，如需设置弯起钢筋抗剪时，弯起钢筋应怎样布置？

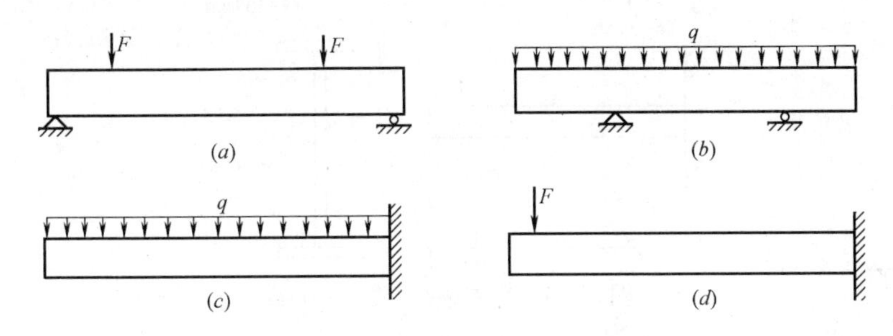

图 5-129　思考题与习题 5-17 图
(a) 简支梁；(b) 双伸臂梁；(c)、(d) 伸臂梁

5-18　剪跨比的定义是什么？为什么说剪跨比是影响无腹筋梁受剪承载力最主要的因素之一？

5-19　有腹筋梁斜裂缝出现后其传力过程和无腹筋梁有什么区别？腹筋对提高受剪承载力的作用有哪些？

5-20　钢筋混凝土梁的斜截面破坏形态有哪几种？设计中如何防止发生梁斜截面破坏？

5-21　钢筋混凝土梁的扭转斜裂缝与受剪斜裂缝有何异同？受扭配筋与受弯配筋要求有何异同？

5-22　《混凝土结构设计规范》是怎样处理在弯、剪、扭联合作用下的结构构件设计的？

5-23　简述钢筋混凝土梁在弯剪扭作用下的箍筋和纵筋用量是怎样分别确定的。

5-24　如何合理配筋能更有效地控制混凝土梁的裂缝宽度？

5-25　试说明建立混凝土受弯构件抗弯刚度计算公式的基本思路。

5-26　何谓“最小刚度原则”？如何确定混凝土梁的挠度？

5-27　如何确定组合梁中混凝土翼板的有效宽度？

5-28　组合梁在何种情况下应采用塑性理论设计？

5-29　如图 5-130 所示的简支钢梁，均布活荷载设计值为 45kN/m，荷载分项系数为 1.3。采用 Q235 钢，密铺板与梁上翼缘牢固连接。验算梁的抗弯强度和刚度。

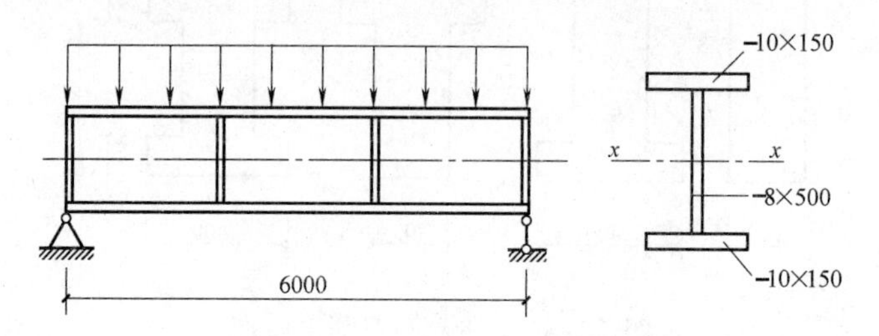

图 5-130　思考题与习题 5-29 图

5-30　一双轴对称工字形截面钢构件，一端固定，一端外挑 5.0m，如图 5-131 所示。沿构件长度无侧向支承，悬挑端下部挂一重载 F，钢材为 Q345 钢。若不计构件自重，F 最大值为多少？

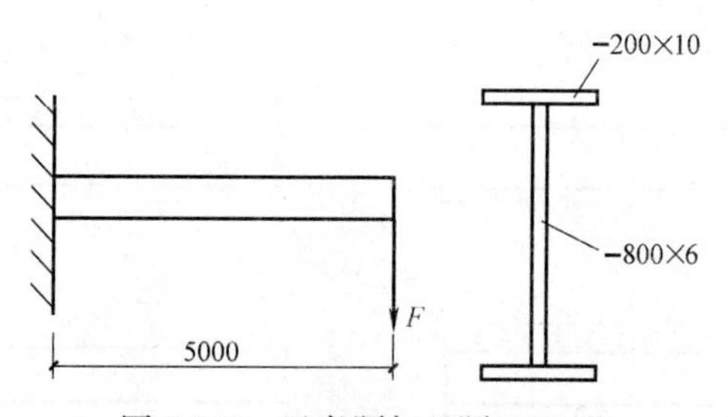

图 5-131　思考题与习题 5-30 图

5-31　如图 5-132 所示的简支钢梁，其截面为不对称工字形，梁的中点和两端均有侧向支承，集中荷载设计值为 $F=160\text{kN}$，钢材为 Q235。试验算梁的整体稳定性。

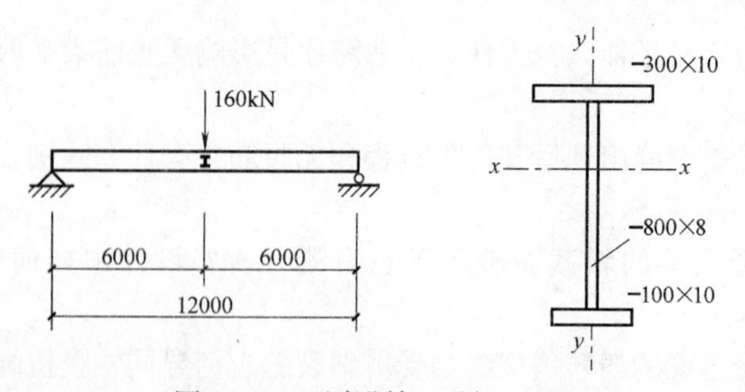

图 5-132　思考题与习题 5-31 图

5-32　一平台梁格布置如图 5-133 所示，平台板为刚性铺板并与次梁牢固连接。平台恒荷载标准值（不包括梁自重）为 2.0kN/m^2，活荷载标准值为 20kN/m^2，钢材为 Q345 钢。试选择次梁截面。

5-33　设计思考题与习题 5-32 的中间主梁（焊接组合梁），包括选择截面、计算翼缘焊缝、确定腹板加劲肋的间距。钢材为 Q345 钢，E50 型焊条。

5-34 钢筋混凝土矩形截面梁尺寸 $b\times h=200\text{mm}\times500\text{mm}$，承受弯矩设计值 $M=90$

kN・m，采用混凝土强度等级 C25，HRB335 级钢筋，环境类别为一类，结构的安全等级为二级。求所需受拉钢筋截面面积，并绘制截面配筋图。

5-35　如图 5-134 所示钢筋混凝土矩形截面梁尺寸 $b \times h = 250\text{mm} \times 500\text{mm}$，纵向受拉钢筋为 4Φ25 的 HRB335 级钢筋，取 $a = 40\text{mm}$，混凝土强度等级为 C30，试确定该梁所能承受的弯矩设计值 M。

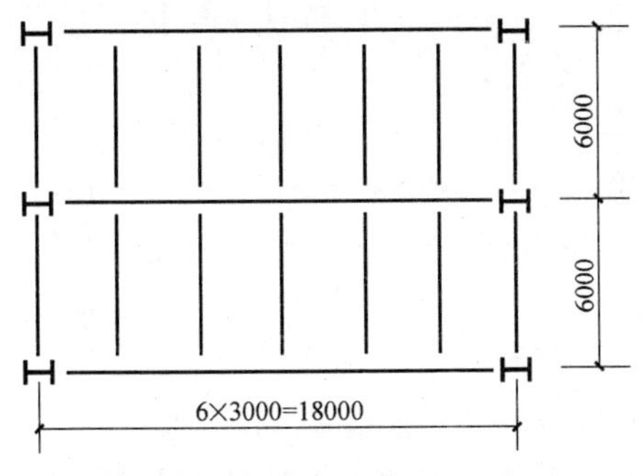

图 5-133　思考题与习题 5-32 图

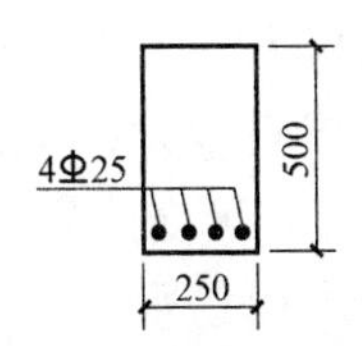

图 5-134　思考题与习题 5-35 图

5-36　某混凝土结构楼面大梁计算跨度为 6.6m，承受均布荷载设计值 30kN/m（包括自重），弯矩设计值 $M = 163\text{kN} \cdot \text{m}$，试计算表 5-8 所示 5 种情况的纵向钢筋截面面积 A_s，并讨论混凝土强度等级、钢筋强度等级、梁截面高度、梁截面宽度变化对钢筋面积的影响。

思考题与习题 5-36 表　　**表 5-8**

项目	梁宽 b(mm)	梁高 h(mm)	混凝土强度等级	钢筋级别	钢筋面积 A_s(mm²)
1	200	550	C25	HRB335	
2	200	550	C30	HRB335	
3	200	550	C25	HRB400	
4	200	650	C25	HRB335	
5	250	550	C25	HRB335	

5-37　计算表 5-9 所示钢筋混凝土矩形截面梁的抗弯承载力设计值，并讨论纵向受力钢筋面积、混凝土强度等级、钢筋强度等级、梁截面高度、梁截面宽度变化对梁抗弯承载力的影响。

思考题与习题 5-37 表　　**表 5-9**

项目	截面尺寸 $b \times h$(mm²)	混凝土强度等级	钢筋级别	钢筋面积 A_s(mm²)	抗弯承载力 M_u(kN・m)
1	200×500	C25	HRB335	3Φ20	
2	200×500	C25	HRB335	6Φ20	
3	200×500	C25	HRB400	3Φ20	
4	200×500	C30	HRB335	3Φ20	
5	200×600	C25	HRB335	3Φ20	
6	300×500	C25	HRB335	3Φ20	

5-38　钢筋混凝土矩形梁截面尺寸 $b\times h=200\text{mm}\times500\text{mm}$，$a=a'=45\text{mm}$。该梁在不同荷载组合下承受变号弯矩作用，其弯矩设计值分别为 $M=-80\text{kN}\cdot\text{m}$、$M=+140\text{kN}\cdot\text{m}$。采用 C25 混凝土，HRB400 级钢筋。试求：

（1）按单筋矩形截面计算在 $M=-80\text{kN}\cdot\text{m}$ 作用下，梁顶面需配置的受拉钢筋；

（2）按单筋矩形截面计算在 $M=+140\text{kN}\cdot\text{m}$ 作用下，梁底面需配置的受拉钢筋；

（3）将第（1）问计算的钢筋作为受压钢筋 A'_s，按双筋矩形截面计算在 $M=+140\text{kN}\cdot\text{m}$作用下梁底部需配置的受拉钢筋面积 A_s；

（4）比较（2）和（3）的总配筋面积。

5-39　钢筋混凝土矩形截面简支梁，计算跨度 5.7m，$b=200\text{mm}$，$h=500\text{mm}$，混凝土强度等级 C25，截面配筋如图 5-135 所示。求该梁所能承受的均布可变荷载标准值（钢筋混凝土梁自重为 25kN/m^3，楼板传给梁的永久荷载标准值为 10kN/m，永久荷载分项系数为 1.2，可变荷载分项系数为 1.4）。

5-40　钢筋混凝土倒 T 形截面梁，$b\times h=200\text{mm}\times500\text{mm}$，$h_f=150\text{mm}$，$b_f=300\text{mm}$，采用 C30 混凝土，截面配筋如图 5-136 所示。求该梁能承受的最大弯矩设计值。

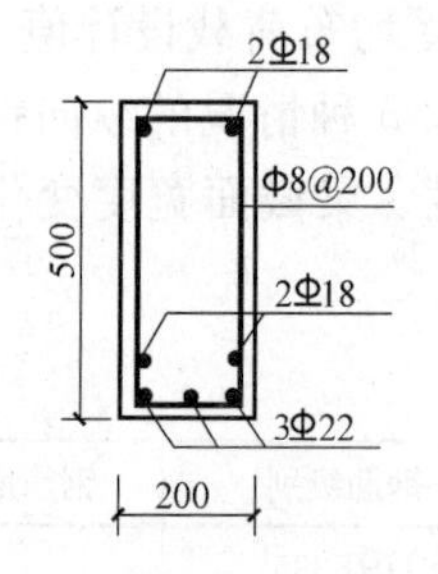

图 5-135　思考题与习题 5-39 图

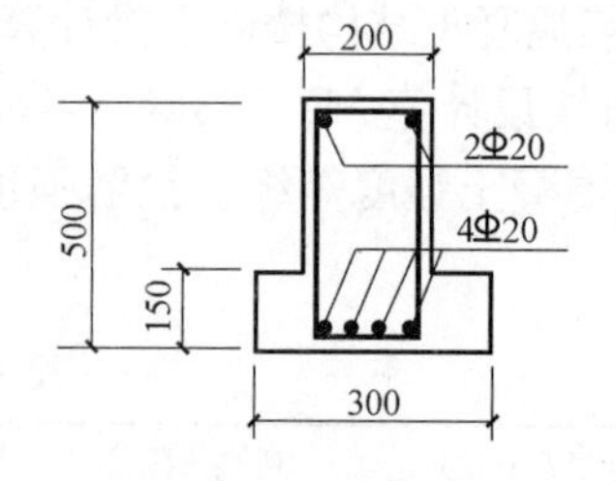

图 5-136　思考题与习题 5-40 图

5-41　现浇混凝土肋梁楼盖的 T 形截面次梁，如图 5-137 所示。跨度 6m，次梁间距 2.4m，现浇板厚 80mm，梁高 500mm，肋宽 200mm。混凝土强度等级为 C25，采用 HRB400 级钢筋，跨中截面承受弯矩设计值 $M=270\text{kN}\cdot\text{m}$。试确定该梁跨中截面受拉钢筋截面面积，选配钢筋，并绘制截面配筋图。

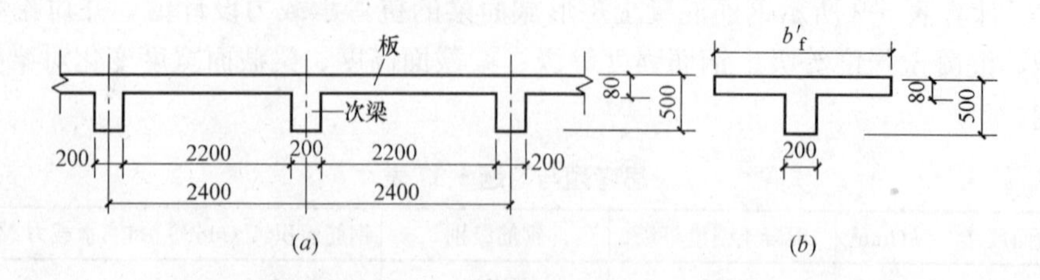

图 5-137　思考题与习题 5-41 图

5-42　钢筋混凝土 T 形截面梁，$b=200\text{mm}$，$h=600\text{mm}$，$b'_f=400\text{mm}$，$h'_f=100\text{mm}$，采用 C25 混凝土，HRB400 级钢筋。试计算以下情况该梁的配筋（取 $a=70\text{mm}$）：

（1）承受弯矩设计值 $M=150\text{kN}\cdot\text{m}$；

（2）承受弯矩设计值 $M=280\text{kN}\cdot\text{m}$；

（3）承受弯矩设计值 $M=360\text{kN}\cdot\text{m}$。

5-43　钢筋混凝土矩形截面的简支梁，截面尺寸 $b\times h=200\text{mm}\times500\text{mm}$，承受均布荷载，箍筋采用 HPB300 级，混凝土采用 C30。问：

（1）当支座处剪力设计值为 $V=165\text{kN}$ 时，试确定箍筋的直径和间距。

（2）当支座处剪力设计值分别为 $V=87\text{kN}$ 以及 $V=525\text{kN}$ 时，又如何设计？

5-44　钢筋混凝土简支独立梁如图 5-138 所示，承受均布荷载设计值为 $q=40\text{kN/m}$，集中荷载设计值 $F=120\text{kN}$，截面为 T 形，腹板宽度 $b=250\text{mm}$。箍筋采用 HPB300 级钢筋，混凝土采用 C30，试确定箍筋的直径和间距，并画出配筋示意图。

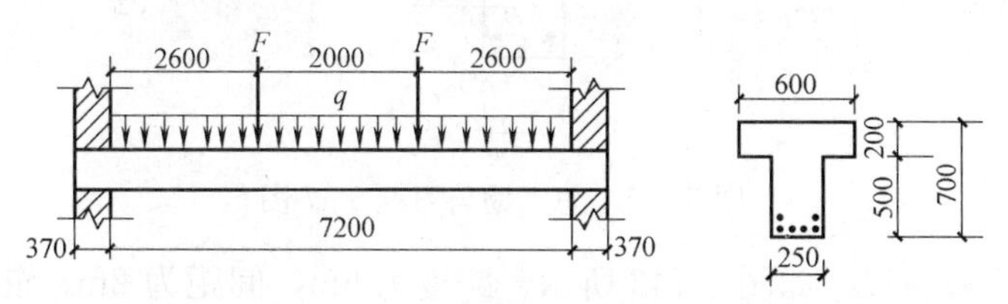

图 5-138　思考题与习题 5-44 图

5-45　钢筋混凝土矩形截面简支独立梁如图 5-139 所示，$b\times h=200\text{mm}\times500\text{mm}$，承受均布荷载设计值 $q=15\text{kN/m}$，集中荷载设计值 $P=120\text{kN}$，箍筋采用 HPB300 级，混凝土采用 C30，试求箍筋数量并画出配筋图。

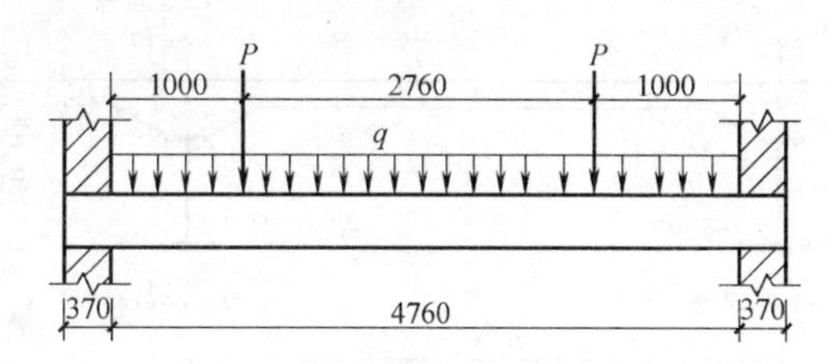

图 5-139　思考题与习题 5-45 图

5-46　混凝土雨篷剖面如图 5-140 所示，雨篷板上承受均布荷载设计值（包括板的自重）$q=3.6\text{kN/m}^2$，在雨篷自由端沿板宽方向每米承受活荷载设计值 $P=1.4\text{kN/m}$。雨篷梁截面尺寸 $240\text{mm}\times240\text{mm}$，计算跨度 2.5m。采用 C25 混凝土，箍筋为 HPB300 级钢筋，纵筋为 HRB335 级钢筋。经计算得：雨篷梁跨中弯矩设计值为 $M=14\text{kN}\cdot\text{m}$，支座弯矩设计值为 $M=-14\text{kN}\cdot\text{m}$，支座剪力设计值为 $V=23\text{kN}$。试确定雨篷梁的配筋数量。（雨篷梁不做倾覆验算）

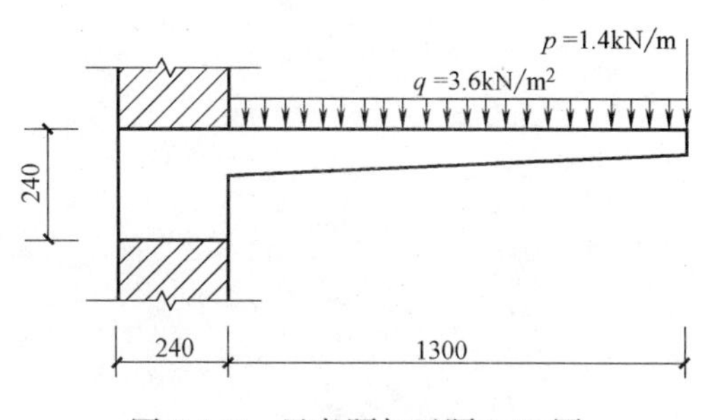

图 5-140　思考题与习题 5-46 图

5-47　承受均布荷载的钢筋混凝土 T 形截面简支梁如图 5-141 所示，计算跨度 $l_0=$

6m，混凝土强度等级 C30。承受按荷载准永久组合计算的弯矩值 $M_q = 301.5\text{kN} \cdot \text{m}$。梁的裂缝宽度和挠度限值分别为 $w_{\lim} = 0.3\text{mm}$、$f_{\lim} = l_0/200$。试验算此梁的裂缝宽度和挠度是否满足要求？

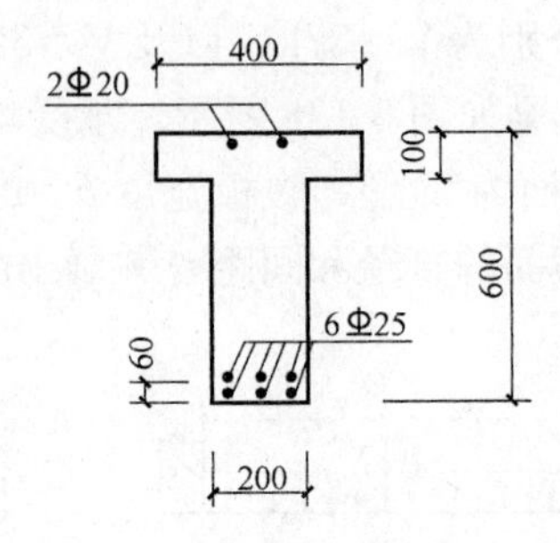

图 5-141　思考题与习题 5-47 图

5-48　组合梁截面尺寸如图 5-142 所示，跨度为 6m，间距为 2m，混凝土翼板厚度为 80mm，钢梁采用三块钢板焊接成不对称 H 形截面。钢材为 Q235 钢，混凝土强度等级为 C25。施工阶段钢梁下设置足够多的临时支撑。试按塑性理论计算方法确定组合梁的抗弯承载力和抗剪承载力。

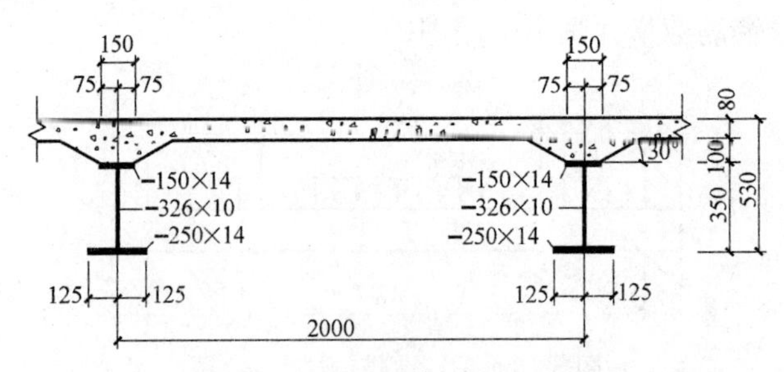

图 5-142　思考题与习题 5-48 图

第6章　拉弯和压弯构件

拉弯构件和压弯构件是在承受轴心拉力或轴心压力的同时还承受弯矩作用的构件。弯矩可能由横向荷载的作用、端弯矩的作用或轴向力的偏心作用所引起，如图6-1、图6-2所示。

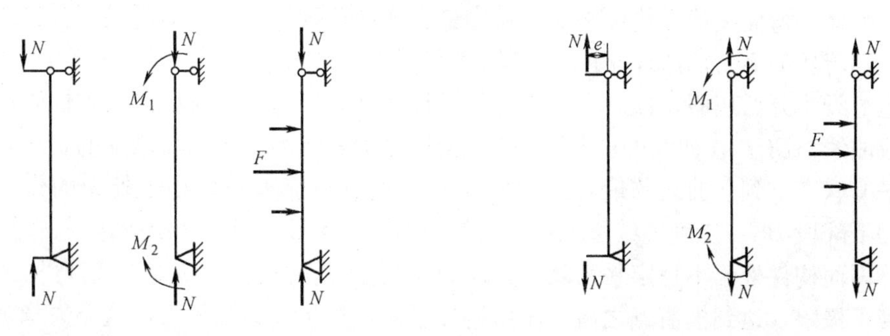

图6-1　压弯构件　　　　图6-2　拉弯构件

拉弯和压弯构件在工程结构中应用广泛，在钢结构中有多高层建筑的框架柱、作用有非节点荷载的屋架上下弦杆、天窗侧柱、墙架柱、厂房的框架柱和海洋平台的立柱等；混凝土结构有房屋结构中的柱、剪力墙，桥梁的桥墩，水池池壁等。

6.1　拉弯和压弯构件的破坏形式

6.1.1　钢压弯构件的破坏形式

拉弯构件的破坏形式是强度破坏。

压弯构件的破坏形式有强度破坏、整体失稳破坏和局部失稳破坏等。

1. 强度破坏

在轴心压力、弯矩作用下，构件截面上应力的发展与受弯构件截面有相似之处。单向压弯构件截面应力发展情况如图6-3所示。强度破坏指截面的一部分或全部应力都达

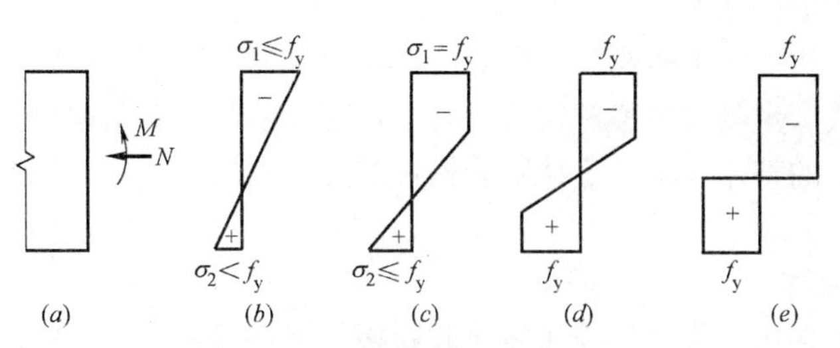

图6-3　单向压弯构件截面的应力发展

到甚至超过钢材屈服点的情况。内力最大的截面、等截面构件中因孔洞等原因局部削弱较多的截面、变截面构件中内力相对大而截面相对小的截面可能首先发生强度破坏。

2. 整体失稳破坏

压弯构件的整体失稳破坏有多种形式。单向压弯构件的整体失稳分为弯矩作用平面内和弯矩作用平面外两种情况。

（1）弯矩作用平面内失稳

对于抵抗弯扭变形能力很强的压弯构件，或者在构件的侧向有足够多的支承以阻止其发生弯扭变形的压弯构件，在轴心压力 N 和弯矩 M 的共同作用下，可能在弯矩作用的平面内发生整体的弯曲失稳。构件平面内跨中最大横向位移与构件压力的关系如图 6-4 中曲线所示。随着压力 N 的增加，构件中点的挠度 v 非线性增加，达到压力-挠度曲线的 A 点时截面边缘纤维开始屈服，此后由于构件的塑性发展，压力增加时挠度比弹性阶段增加得快，形成曲线 ABC。在曲线的上升段 AB，挠度是随着压力的增加而增加的，压弯构件处于稳定平衡状态；到达曲线的最高点 B 时，构件的抵抗能力开始小于外力的作用，出现了曲线的下降段 BC。挠度继续增加，为了维持构件的平衡状态必须不断降低作用于端部的压力，因而构件处于不稳定平衡状态。压力-挠度曲线的极值点 B 表示压弯构件的承载能力达到了极限，达到极值点之后，压弯构件不能负担更大的轴压力，这类失稳被称为极值点失稳。

压弯构件失稳时先在受压最大的一侧发展塑性，有时在另一侧的受拉区也会发展塑性，塑性发展的程度取决于截面的形状和尺寸、构件的约束程度和初始缺陷，其中残余应力的存在会使构件的截面提前屈服，从而降低其稳定承载力。图 6-4 中曲线 ABC 是考虑了构件的初弯曲和残余应力的实际压弯构件的压力挠度曲线 c，曲线上 C 点表示构件的截面出现了塑性铰，而在曲线的极值点 B 点，构件的最大内力截面不一定到达全塑性状态。图 6-4 中的曲线 a 是弹性压弯构件的压力-挠度曲线，曲线 b 是构件的中央截面出现塑性铰的压力-挠度曲线，两根曲线的交点为 D。构件极限承载力的 B 点位于 D 点之下，这是因为经过 A 点之后截面出现部分塑性的缘故。

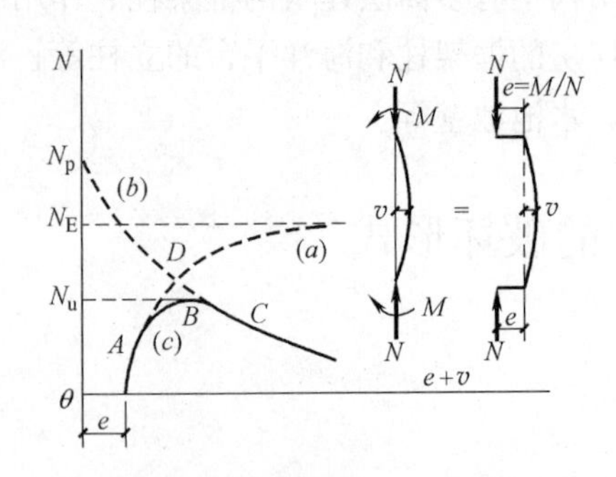

图 6-4　压弯构件的压力-挠度曲线

（2）弯矩作用平面外失稳

开口截面压弯构件的抗扭刚度和弯矩作用平面外的抗弯刚度通常都不大，当侧向没有足够支承以阻止其产生侧向位移和扭转时，构件可能因弯扭屈曲而破坏。

双向压弯构件的整体失稳一定伴随着构件的扭转变形，这是与双向弯曲显著不同的变形特征。

3. 局部失稳破坏

局部失稳发生在压弯构件的受压翼缘和腹板。局部失稳对构件的影响，可以参考有关轴心受力构件和受弯构件的叙述。

6.1.2 混凝土偏心受力构件的破坏形式

轴向偏心力的作用，相当于在构件截面上同时作用有弯矩 M 和轴向力 N，偏心距 $e_0=M/N$。图 6-5 所示为偏心受压构件。

构件处在弹性工作状态时，由材料力学可知，在轴向偏心力的作用下，构件截面的应力可用下式计算：

$$\sigma=\frac{N}{A}\pm\frac{Ne_0}{W} \tag{6-1}$$

式中 N——轴向偏心力，拉力为正，压力为负；

e_0——轴向力的偏心距；

A——构件截面面积；

W——构件截面抵抗矩。

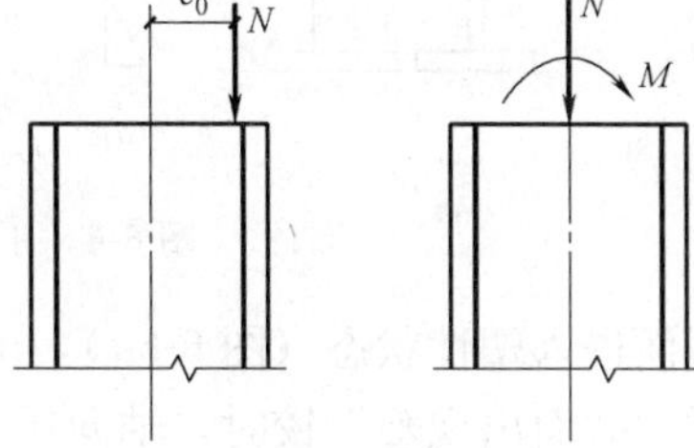

图 6-5 偏心受压构件

由式（6-1）可知，随着偏心距的变化，偏心受力构件可能全截面受拉或全截面受压，也可能截面既有受拉区也有受压区。随着偏心力的增大，受拉的混凝土会开裂，拉应力由钢筋承担；构件破坏一般是钢筋达到受拉屈服或混凝土达到抗压强度而引起，即构件的破坏一般是强度破坏。

与轴心受压构件一样，混凝土偏心受压构件截面尺寸通常也较大，一般不会发生失稳破坏。另外，在正常使用状态下，偏心受拉构件带裂缝工作，而偏心受压构件在偏心距较大的情况下（截面有受拉区时）也会带裂缝工作。

6.2 钢拉弯和压弯构件

和轴心受力构件一样，拉弯构件和压弯构件的截面形式也分为实腹式和格构式两类。截面形式的选择，取决于构件的用途、荷载、制作、施工、用钢量等诸多因素。格构式构件在弯矩作用平面内的截面高度较大，且有外力产生的实际剪力的作用，其缀材一般采用缀条。拉弯构件的计算内容类似于轴心受拉构件，只需计算强度和刚度。

压弯构件的计算内容类似于轴心受压构件，需要计算强度、刚度（长细比）、整体稳定和局部稳定。除杆端弯矩很大或截面有严重削弱的杆有可能产生强度破坏外，压弯构件一般为整体失稳破坏。整体失稳可能为弯矩作用平面内的弯曲失稳，也可能为弯矩作用平面外的弯扭失稳。

拉弯构件的容许长细比与轴心拉杆相同，压弯构件的容许长细比与轴心压杆相同。

6.2.1 钢拉弯和压弯构件的强度

承受静力荷载作用的实腹式拉弯和压弯构件在轴力和弯矩的共同作用下，受力最不利的截面出现塑性铰时即达到构件的强度极限状态。以工字形截面为例，在轴心压力和弯矩的共同作用下，截面上应力的发展过程如图 6-6 所示。

假设轴力不变而弯矩不断增加，首先是截面边缘纤维的最大压应力达到屈服点（图 6-6a)；随着荷载逐渐增加，截面受压区和受拉区先后进入塑性状态（图 6-6b、c）；最后

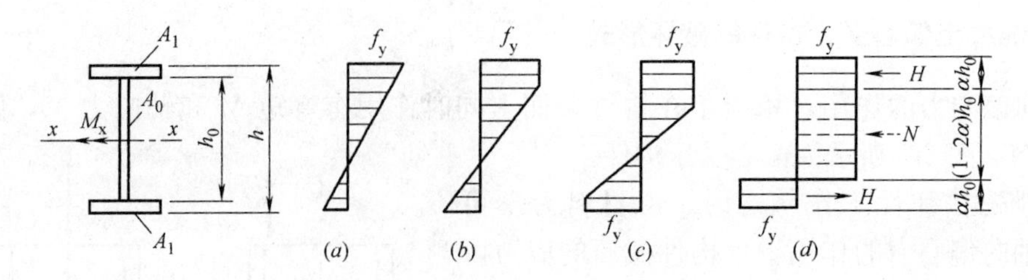

图 6-6　压弯构件截面应力的发展过程

整个截面进入塑性状态（图 6-6*d*），出现塑性铰，达到承载能力的极限状态。

构件截面出现塑性铰时，轴向压力 N 和弯矩 M 的相关关系可以根据力的平衡条件得到。按图 6-6（*d*）所示的应力分布图，内力的计算分为两种情况：

（1）当中和轴在腹板范围内，即 $N \leqslant A_0 f_y$ 时：

$$N=(1-2\alpha)h_0 t_w f_y=(1-2\alpha)A_0 f_y \tag{6-2}$$

近似取 $h=h_0$，则：

$$M=A_1 h_0 f_y+\alpha h_0 t_w f_y(1-\alpha)h_0=A_1 h_0 f_y+\alpha(1-\alpha)A_0 h_0 f_y \tag{6-3}$$

从以上两式中消去 α 可得：

$$M=A_1 h_0 f_y+\frac{1}{4}A_0 h_0\left(1-\frac{N^2}{A_0^2 f_y^2}\right)f_y \tag{6-4}$$

令 $A_1=\gamma A_0$，$\eta=1+2\gamma$，$A=2A_1+A_0=A_0(1+2\gamma)=\eta A_0$，则由式（6-4）可得：

$$M=\gamma A_0 h_0 f_y+\frac{1}{4}A_0 h_0\left(1-\eta^2\frac{N^2}{N_p^2}\right)f_y \tag{6-5}$$

当只有轴向压力而无弯矩作用时，截面所能承受的最大压力为全截面的屈服压力：

$$N_p=Af_y=\eta A_0 f_y \tag{6-6}$$

当只有弯矩而无轴向压力作用时，截面所能承受的最大弯矩为全截面的塑性铰弯矩：

$$M_p=A_1 f_y h_0+\frac{A_0}{2}f_y\cdot\frac{h_0}{2}=\frac{1+4\gamma}{4}A_0 h_0 f_y \tag{6-7}$$

由式（6-1）、式（6-5）、式（6-6）、式（6-7）可得 N 和 M 的相关公式：

$$\frac{(1+2\gamma)^2}{1+4\gamma}\left(\frac{N}{N_P}\right)^2+\frac{M}{M_p}=1 \tag{6-8}$$

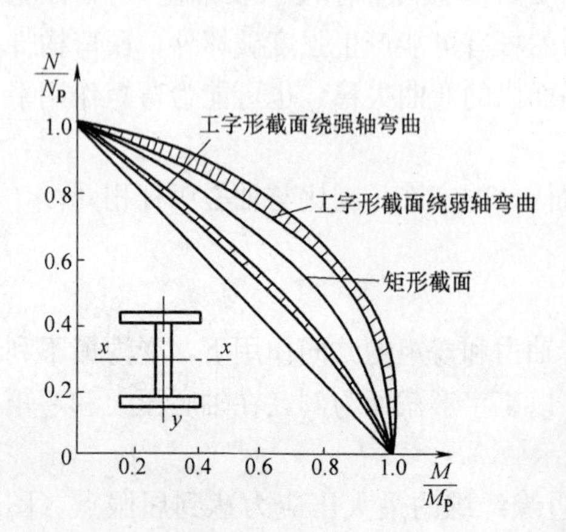

图 6-7　压弯构件强度计算相关曲线

（2）当中和轴在翼缘范围内，即 $N>A_0 f_y$ 时，按上述相同的方法可以导得：

$$\frac{N}{N_P}+\frac{1+4\gamma}{2(1+2\gamma)}\frac{M}{M_p}=1 \tag{6-9}$$

可以把式（6-8）和式（6-9）画成如图 6-7 所示的 N/N_P 和 M/M_p 的无量纲化的相关曲线，此曲线是外凸的。因工字形截面翼缘和腹板尺寸的多样化，相关曲线在一定范围内变动，图 6-9 中的阴影区画出了常用工字形截面绕强轴和弱轴弯曲的相关曲线的变动范围。

为了计算简便并偏于安全，拉弯或压弯构件的强度计算可采用直线式相关关系，即：

$$\frac{N}{N_{\mathrm{P}}}+\frac{M}{M_{\mathrm{p}}}=1 \tag{6-10}$$

令 $N_{\mathrm{p}}=A_{\mathrm{n}}f_{\mathrm{y}}$，并和受弯构件的强度计算一样，考虑截面部分发展塑性，用 $\gamma_{\mathrm{x}}W_{\mathrm{nx}}$ 和 $\gamma_{\mathrm{y}}W_{\mathrm{ny}}$ 分别代替截面对两个主轴的塑性模量，再引入抗力分项系数后，可以得到《钢结构设计规范》规定的拉弯和压弯构件的强度计算公式。

单向拉弯或压弯构件的强度计算公式为：

$$\frac{N}{A_{\mathrm{n}}}\pm\frac{M_{\mathrm{x}}}{\gamma_{\mathrm{x}}W_{\mathrm{nx}}}\leqslant f \tag{6-11}$$

双向拉弯或压弯构件的强度计算公式为：

$$\frac{N}{A_{\mathrm{n}}}\pm\frac{M_{\mathrm{x}}}{\gamma_{\mathrm{x}}W_{\mathrm{nx}}}\pm\frac{M_{\mathrm{y}}}{\gamma_{\mathrm{y}}W_{\mathrm{ny}}}\leqslant f \tag{6-12}$$

式中　A_{n}——净截面面积；

W_{nx}、W_{ny}——分别为对 x 轴和 y 轴的净截面模量；

γ_{x}、γ_{y}——截面塑性发展系数，按附表 A-21 选用。

当压弯构件受压翼缘的自由外伸宽度与其厚度之比大于 $13\sqrt{235/f_{\mathrm{y}}}$ 而不超过 $15\sqrt{235/f_{\mathrm{y}}}$ 时，应取 $\gamma_{\mathrm{x}}=1.0$。

对需要验算疲劳的拉弯和压弯构件，宜取 $\gamma_{\mathrm{x}}=\gamma_{\mathrm{y}}=1.0$，即不考虑塑性发展，按构件始终在弹性阶段工作计算。

【例 6-1】 一承受静力荷载的拉弯构件，已知 $N=1200\mathrm{kN}$，$M=125\mathrm{kN\cdot m}$。截面采用轧制工字钢 I45a，材料为 Q235 钢，截面无削弱。验算该构件的强度。

【解】

（1）构件截面特性：

轧制工字钢 I45a，截面积 $A=102\mathrm{cm}^2$，$W_{\mathrm{n}}=1433\mathrm{cm}^3$，$f=205\mathrm{N/mm}^2$，$\gamma_{\mathrm{x}}=1.05$。

（2）验算强度：

$$\frac{N}{A_{\mathrm{n}}}+\frac{M_{\mathrm{x}}}{\gamma_{\mathrm{x}}W_{\mathrm{nx}}}=\frac{1200\times10^3}{102\times10^2}+\frac{125\times10^6}{1.05\times1433\times10^3}=201\mathrm{N/mm}^2<f=205\mathrm{N/mm}^2$$

构件的强度满足要求。

6.2.2　钢压弯构件的稳定

压弯构件的截面尺寸通常由稳定承载力确定。压弯构件有两种可能的失稳形式，即在弯矩作用平面内的弯曲失稳和在弯矩作用平面外的弯扭失稳。这两种失稳形式需要分别进行计算。

1. 弯矩作用平面内的稳定

压弯构件弯矩作用平面内极限承载力的计算方法可分为两类，一类是边缘屈服准则的计算方法，另一类是最大强度准则的计算方法。

（1）边缘屈服准则

采用边缘屈服准则时，当构件截面受压最大边缘纤维应力达到屈服点时，即认为构件失去承载能力而破坏。

两端铰支的压弯构件，假定构件的变形曲线为正弦曲线，在弹性工作阶段当截面受压最大边缘纤维应力达到屈服点时，其承载能力可按下列相关公式计算：

$$\frac{N}{N_{\mathrm{P}}}+\frac{M_{\mathrm{x}}+Ne_{0}}{M_{\mathrm{e}}(1-N/N_{\mathrm{Ex}})}=1 \tag{6-13}$$

式中　N、M_{x}——轴心压力和沿构件全长均匀分布的弯矩；

e_0——各种初始缺陷的等效偏心距；

N_{P}——无弯矩作用时，全截面屈服的承载力极限值，$N_{\mathrm{p}}=Af_{\mathrm{y}}$；

M_{e}——无轴力作用时，弹性阶段的最大弯矩，$M_{\mathrm{e}}=W_{1\mathrm{x}}f_{\mathrm{y}}$；

N_{Ex}——欧拉临界力；

$1/(1-N/N_{\mathrm{Ex}})$——压力和弯矩联合作用下弯矩的放大系数。

令式（6-13）中的 $M_{\mathrm{x}}=0$，则式中的 N 即为有缺陷的轴心压杆的临界力 N_0，得：

$$\frac{N_0}{N_{\mathrm{P}}}+\frac{N_0 e_0}{M_{\mathrm{e}}(1-N_0/N_{\mathrm{Ex}})}=1 \tag{6-14}$$

则：

$$e_0=\frac{M_{\mathrm{e}}(N_{\mathrm{P}}-N_0)(N_{\mathrm{Ex}}-N_0)}{N_{\mathrm{P}}N_0 N_{\mathrm{Ex}}} \tag{6-15}$$

将此 e_0 值代入式（6-14），并令 $N_0=\varphi_{\mathrm{x}}Af_{\mathrm{y}}$，经整理后可得：

$$\frac{N}{\varphi_{\mathrm{x}}A}+\frac{M_{\mathrm{x}}}{W_{1\mathrm{x}}\left(1-\varphi_{\mathrm{x}}\frac{N}{N_{\mathrm{Ex}}}\right)}=f_{\mathrm{y}} \tag{6-16}$$

式中　φ_{x}——在弯矩作用平面内的轴心受压构件的整体稳定系数。

（2）最大强度准则

实腹式压弯构件当受压最大边缘刚开始屈服时尚有较大的强度储备，即容许截面塑性发展。因此若要反映构件的实际受力情况，宜采用最大强度准则，即以具有各种初始缺陷的构件为计算模型，求解其极限承载能力。

压弯构件的稳定承载力极限值，不仅与构件的长细比和偏心率有关，而且与构件的截面形式和尺寸、构件的初弯曲、截面上残余应力的分布和大小、材料的应力—应变特性以及失稳的方向等因素有关。因此，《钢结构设计规范》采用了数值计算方法（逆算单元长度法），对 11 种常用截面形式，考虑构件存在 $l/1000$ 的初弯曲和实测的残余应力分布，算出了近 200 条压弯构件极限承载力曲线，并将这些理论计算结果作为确定实用计算公式的依据。

《钢结构设计规范》将用数值方法得到的压弯构件的极限承载力与用边缘纤维屈服准则导出的相关公式（6-15）中的轴心压力进行比较，发现实腹式压弯构件仍可借用边缘纤维屈服时计算公式的形式。为了提高其精度，根据理论计算值对它进行修正后，提出相关公式：

$$\frac{N}{\varphi_{\mathrm{x}}A}+\frac{M_{\mathrm{x}}}{W_{\mathrm{px}}\left(1-0.8\frac{N}{N_{\mathrm{Ex}}}\right)}=f_{\mathrm{y}} \tag{6-17}$$

（3）压弯构件整体稳定的实用计算公式

式（6-17）仅适用于弯矩沿杆长为均匀分布的两端铰支压弯构件。当弯矩为非均匀分布时，需引入等效弯矩系数 β_{mx}。另外，考虑截面部分发展塑性，并引入抗力分项系数，即得到《钢结构设计规范》所采用的实腹式压弯构件弯矩作用平面内的稳定计算公式：

$$\frac{N}{\varphi_x A}+\frac{\beta_{mx}M_x}{\gamma_x W_{1x}\left(1-0.8\frac{N}{N'_{Ex}}\right)}\leqslant f \tag{6-18}$$

式中 N——所计算构件段范围内的轴心压力；

M_x——所计算构件段范围内的最大弯矩；

φ_x——弯矩作用平面内的轴心受压构件的整体稳定系数；

W_{1x}——弯矩作用平面内较大受压纤维的毛截面模量；

N'_{Ex}——参数，$N'_{Ex}=\pi^2EA/(1.1\lambda_x^2)$；

β_{mx}——等效弯矩系数，应按下列规定采用：

1）框架柱和两端支承的构件

① 无横向荷载作用时：$\beta_{mx}=0.65+0.35\frac{M_2}{M_1}$，$M_1$和$M_2$为端弯矩，使构件产生同向曲率（无反弯点）时取同号；使构件产生反向曲率（有反弯点）时取异号，$|M_1|\geqslant|M_2|$；

② 有端弯矩和横向荷载同时作用时：使构件产生同向曲率时，$\beta_{mx}=1.0$；使构件产生反向曲率时，$\beta_{mx}=0.85$；

③ 无端弯矩但有横向荷载作用时：$\beta_{mx}=1.0$。

2）悬臂构件和分析内力未考虑二阶效应的无支撑纯框架和弱支撑框架柱，$\beta_{mx}=1.0$。

对于单轴对称截面，如T形和槽形截面压弯构件，当弯矩作用在对称轴平面内且使较大翼缘受压时，受拉区有可能由于拉应力较大而首先屈服，而塑性区的发展也能导致构件失稳。因此，除了按式（6-18）计算外，还应按下式计算：

$$\left|\frac{N}{A}-\frac{\beta_{mx}M_x}{\gamma_x W_{2x}\left(1-1.25\frac{N}{N'_{Ex}}\right)}\right|\leqslant f \tag{6-19}$$

式中 W_{2x}——较小翼缘最外纤维的毛截面模量。

2. 弯矩作用平面外的稳定

压弯构件弯矩作用平面外稳定性计算的相关公式是以屈曲理论为依据推导的。双轴对称截面的压弯构件在弹性阶段工作时，弯扭屈曲临界力N应按下式计算：

$$(N_y-N)(N_\omega-N)-(e^2/i_0^2)N^2=0 \tag{6-20}$$

式中 N_y——构件轴心受压时对弱轴的弯曲屈曲临界力；

N_ω——绕构件纵轴的扭转屈曲临界力；

e——偏心距；

i_0——截面对形心的极回转半径。

构件受均布弯矩作用时的屈曲临界弯矩$M_{cr}=i_0\sqrt{N_yN_\omega}$，且$M=Ne$，代入式（6-20）可得：

$$\left(1-\frac{N}{N_y}\right)\left(1-\frac{N}{N_\omega}\right)-\left(\frac{M}{M_{cr}}\right)^2=0 \tag{6-21}$$

根据N_ω/N_y的不同比值，可画出N/N_y和M/M_{cr}的相关曲线，如图6-8所示。对于钢结构中常用的双轴对称截面，N_ω/N_y均大于1.0，相关曲线是上凸的。

在弹塑性范围内，难以写出N/N_y和M/M_{cr}的相关公式，但可通过对典型截面的数值

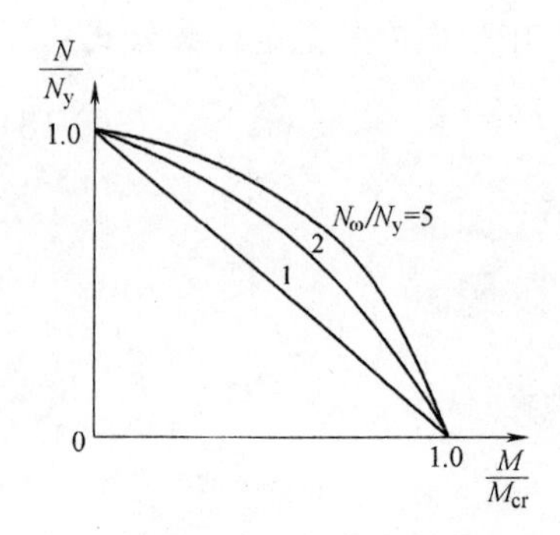

图 6-8　弯扭屈曲的相关曲线

计算求出 N/N_y 和 M/M_{cr} 的相关关系。分析表明，无论在弹性阶段还是在弹塑性阶段，均可偏安全地采用直线相关公式，即：

$$\frac{N}{N_y}+\frac{M}{M_{cr}}=1 \tag{6-22}$$

对于单轴对称截面的压弯构件，相关公式（6-22）也是适用的。

将 $N_y=\varphi_y A f_y$，$M_{cr}=\varphi_b W_{1x} f_y$ 代入式（6-22），并引入非均匀弯矩作用时的等效弯矩系数 β_{tx}、抗力分项系数及截面的影响系数 η 后，可得到《钢结构设计规范》规定的压弯构件在弯矩作用平面外稳定计算的相关公式为：

$$\frac{N}{\varphi_y A}+\eta\frac{\beta_{tx}M_x}{\varphi_b W_{1x}}\leqslant f \tag{6-23}$$

式中　M_x——所计算构件段范围内（构件侧向支承点间）的最大弯矩；

η——截面影响系数，闭口截面 $\eta=0.7$，其他截面 $\eta=1.0$；

φ_y——弯矩作用平面外的轴心受压构件的整体稳定系数；

φ_b——均匀弯曲的受弯构件的整体稳定系数；

β_{tx}——等效弯矩系数，应根据所计算构件段的荷载和内力情况确定，取值方法同 β_{mx}。

当 $\lambda_y\leqslant 120\sqrt{235/f_y}$ 时，φ_b 按下列近似公式计算，这些公式已考虑了构件的弹塑性失稳问题，因此当 φ_b 大于 0.6 时不必再换算。

（1）工字形截面（含 H 型钢）

双轴对称时：

$$\varphi_b=1.07-\frac{\lambda_y^2}{44000}\cdot\frac{f_y}{235}，\text{但不大于}1.0 \tag{6-24}$$

单轴对称时：

$$\varphi_b=1.07-\frac{W_{1x}}{(2\alpha_b+0.1)Ah}\cdot\frac{\lambda_y^2}{14000}\cdot\frac{f_y}{235}，\text{但不大于}1.0 \tag{6-25}$$

式中，$\alpha_b=I_1/(I_1+I_2)$，I_1 和 I_2 分别为受压翼缘和受拉翼缘对 y 轴的惯性矩。

（2）T 截面

① 弯矩使翼缘受压时

双角钢 T 形：

$$\varphi_b=1-0.0017\lambda_y\sqrt{f_y/235} \tag{6-26}$$

两板组合 T 形（含 T 型钢）：

$$\varphi_b=1-0.0022\lambda_y\sqrt{f_y/235} \tag{6-27}$$

② 弯矩使翼缘受拉时

$$\varphi_b=1-0.0005\lambda_y\sqrt{f_y/235} \tag{6-28}$$

（3）箱形截面

$$\varphi_b=1.0 \tag{6-29}$$

3. 双向弯曲实腹式压弯构件的整体稳定

双轴对称的实腹式压弯构件，当弯矩作用在两个主平面内时，可用下列与式（6-18）和式（6-23）相衔接的线性公式计算其稳定性：

$$\frac{N}{\varphi_{x}A}+\frac{\beta_{mx}M_{x}}{\gamma_{x}W_{x}\left(1-0.8\frac{N}{N'_{Ex}}\right)}+\eta\frac{\beta_{ty}M_{y}}{\varphi_{by}W_{y}}\leqslant f \tag{6-30}$$

$$\frac{N}{\varphi_{y}A}+\eta\frac{\beta_{tx}M_{x}}{\varphi_{bx}W_{x}}+\frac{\beta_{my}M_{y}}{\gamma_{y}W_{y}\left(1-0.8\frac{N}{N'_{Ey}}\right)}\leqslant f \tag{6-31}$$

式中 M_x、M_y——对 x 轴和 y 轴的弯矩；

φ_x、φ_y——对 x 轴和 y 轴的轴心受压构件的整体稳定系数；

φ_{bx}、φ_{by}——均匀弯曲的受弯构件的整体稳定系数；对双轴对称工字形截面和 H 型钢，φ_{bx}按式（6-24）计算，而 $\varphi_{by}=1.0$；对箱形截面，$\varphi_{bx}=\varphi_{by}=1.0$。

4. 局部稳定

不允许板件发生局部失稳的准则是令局部屈曲临界应力大于钢材屈服强度或大于构件的整体稳定临界应力。为了保证压弯构件中板件的局部稳定，《钢结构设计规范》采取了限制翼缘和腹板的宽厚比及高厚比的方法，见表 6-1。

压弯构件的板件宽厚比限值 **表 6-1**

项次	截　面	宽厚比限值
1	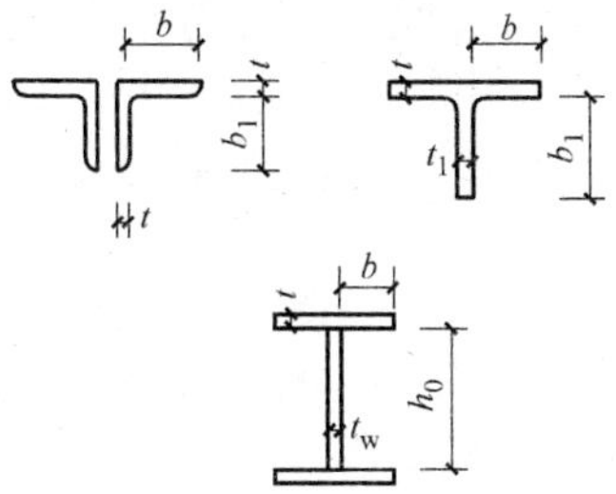	$\frac{b}{t}\leqslant 13\sqrt{235/f_y}$
2		角钢截面和弯矩使腹板自由边受压的 T 形截面： 当 $\alpha_0\leqslant 1.0$ 时，$\frac{b_1}{t_1}\leqslant 15\sqrt{235/f_y}$ 当 $\alpha_0>1.0$ 时，$\frac{b_1}{t_1}\leqslant 18\sqrt{235/f_y}$ 弯矩使腹板自由边受拉的 T 形截面： $\frac{b_1}{t_1}\leqslant(15+0.2\lambda)\sqrt{235/f_y}$（热轧剖分 T 型钢） $\frac{b_1}{t_1}\leqslant(13+0.17\lambda)\sqrt{235/f_y}$（焊接 T 型钢）
3		当 $0\leqslant\alpha_0\leqslant 1.6$ 时， $\frac{h_0}{t_w}\leqslant(16\alpha_0+0.5\lambda+25)\sqrt{235/f_y}$ 当 $1.6<\alpha_0\leqslant 2$ 时， $\frac{h_0}{t_w}\leqslant(48\alpha_0+0.5\lambda-26.2)\sqrt{235/f_y}$
4	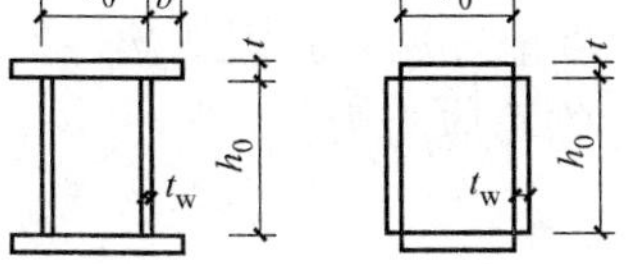	$\frac{b}{t}\leqslant 13\sqrt{235/f_y}$
5		$\frac{b_0}{t}\leqslant 40\sqrt{235/f_y}$
6		当 $0\leqslant\alpha_0\leqslant 1.6$ 时，$\frac{h_0}{t_w}\leqslant 0.8(16\alpha_0+0.5\lambda+25)\sqrt{235/f_y}$（当此值小于 $40\sqrt{235/f_y}$ 时，用 $40\sqrt{235/f_y}$） 当 $1.6<\alpha_0\leqslant 2.0$ 时，$\frac{h_0}{t_w}\leqslant 0.8(48\alpha_0+0.5\lambda-26.2)\sqrt{235/f_y}$（当此值小于 $40\sqrt{235/f_y}$ 时，用 $40\sqrt{235/f_y}$）

续表

项次	截　面	宽厚比限值
7	(圆管截面图，d、t)	$\frac{d}{t} \leqslant 100(235/f_y)$

注：1. 当强度和稳定计算中取 $\gamma_x=1.0$ 时，b/t 可放宽至 $15\sqrt{235/f_y}$；

2. λ 为构件在弯矩作用平面内的长细比，当 $\lambda<30$ 时，取 $\lambda=30$；当 $\lambda>100$ 时，取 $\lambda=100$；

3. $\alpha_0=(\sigma_{max}-\sigma_{min})/\sigma_{max}$，$\sigma_{max}$ 和 σ_{min} 分别为腹板计算高度边缘的最大压应力和另一边缘的应力（压应力取正值，拉应力取负值），按构件的强度公式进行计算，且不考虑塑性发展系数。

现将表 6-1 中规定的宽厚比限值的来源简要说明如下：

（1）翼缘的宽厚比

压弯构件的受压翼缘板，其应力情况与梁受压翼缘基本相同，尤其是由强度控制设计时更是如此，因此其自由外伸宽度与厚度之比（项次 1、4）以及箱形截面翼缘在腹板之间的宽厚比（项次 5）均与梁受压翼缘的宽厚比限值相同。

（2）腹板的高厚比

1）工字形截面的腹板

工字形截面腹板的局部失稳，是在不均匀压应力和剪应力的共同作用下发生的，可以引入两个系数来表述两者的影响。

应力梯度

$$\alpha_0=\frac{\sigma_{max}-\sigma_{min}}{\sigma_{max}} \tag{6-32}$$

式中　σ_{max}——腹板计算高度边缘的最大压应力，计算时不考虑构件的稳定系数和截面塑性发展系数；

σ_{min}——腹板计算高度另一边缘相应的应力，压应力取正值，拉应力取负值。

与剪应力有关的系数

$$\beta_0=\frac{\tau}{\sigma_{max}} \tag{6-33}$$

对压弯构件，腹板中剪应力 τ 的影响不大，经分析，平均剪应力可取腹板弯曲正应力的 0.3 倍，一般可取 $\beta_0=0.3$。腹板弹性屈曲临界应力为：

$$\sigma_{cr}=K_e\frac{\pi^2 E t_w^2}{12(1-\upsilon^2)h_w^2} \tag{6-34}$$

式中　K_e——弹性屈曲系数，其值与应力梯度 α_0 有关，见表 6-2。

压弯构件失稳时，截面的塑性变形将不同程度地发展。腹板的塑性发展深度与构件的长细比 λ 和板的应力梯度 α_0 有关，腹板的弹塑性临界应力为：

$$\sigma_{cr}=K_p\frac{\pi^2 E t_w^2}{12(1-\upsilon^2)h_w^2} \tag{6-35}$$

式中　K_p——塑性屈曲系数，当 $\beta_0=0.3$，截面塑性深度为 $0.25h_w$ 时，其值见表 6-2。

压弯构件中腹板的屈曲系数和高厚比 h_w/t_w 表 6-2

α_0	0.0	0.2	0.4	0.6	0.8	1.0	1.2	1.4	1.6	1.8	2.0
K_e	4.000	4.443	4.992	5.689	6.595	7.812	9.503	11.868	15.183	19.524	23.922
K_p	4.000	3.914	3.874	4.242	4.681	5.214	5.886	6.678	7.576	9.738	11.301
h_w/t_w	56.24	55.64	55.35	57.92	60.84	64.21	68.23	72.67	77.40	87.76	94.54

对于长细比较小的压弯构件，整体失稳时截面的塑性深度实际上已超过 $0.25h_w$，对于长细比较大的压弯构件，截面的塑性深度则不到 $0.25h_w$，甚至腹板受压最大的边缘还没有屈服。因此，腹板高厚比限值宜随长细比的增大而适当放大。同时，当 $\alpha_0=0$ 时，应与轴心受压构件腹板高厚比的要求相一致，而当 $\alpha_0=2$ 时，应与受弯构件中考虑了弯矩和剪力联合作用的腹板高厚比的要求相一致。根据这些因素，得到的腹板高厚比限值是参数 α_0、λ 的复杂函数。用直线方程加以简化，可以得到：

当 $0\leqslant\alpha_0\leqslant1.6$ 时

$$\frac{h_w}{t_w}\leqslant(16\alpha_0+0.5\lambda+25)\sqrt{\frac{235}{f_y}}$$

当 $1.6<\alpha_0\leqslant2$ 时

$$\frac{h_w}{t_w}\leqslant(48\alpha_0+0.5\lambda-26.2)\sqrt{\frac{235}{f_y}}$$

式中 λ——构件在弯矩作用平面内的长细比，当 $\lambda<30$ 时，取 $\lambda=30$；当 $\lambda>100$ 时，取 $\lambda=100$。

2）箱形截面的腹板

考虑箱形截面两腹板受力可能不一致，而且翼缘与腹板常用单侧角焊缝连接，其约束作用也不如工字形截面。因此，箱形截面的宽厚比限值取为工字形截面腹板的 0.8 倍。

3）T 形截面的腹板

当 $\alpha_0\leqslant1.0$（弯矩较小）时，T 形截面腹板中压应力分布不均匀的有利影响不大，其宽厚比限值采用与翼缘板相同；当 $\alpha_0>1.0$（弯矩较大）时，此有利影响较大，故提高 20%（项次 2）。

4）圆管截面

一般圆管截面构件的弯矩不大，故其直径与厚度之比的限值与轴心受压构件的规定相同。

6.2.3 钢压弯构件的设计

1. 框架柱的计算长度

单根压弯构件可以根据端部约束条件，利用计算长度系数 μ 直接得到计算长度。但压弯构件往往不是一根孤立的杆件，而是框架的组成部分。框架柱在框架平面内的计算长度需要通过对框架的整体稳定分析得到，在框架平面外的计算长度则需要根据支承点的布置情况确定。

（1）框架柱在框架平面内的计算长度

单层或多层等截面框架柱，在框架平面内的计算长度应等于该层柱的高度乘以计算长

度系数 μ。框架分为无支撑的纯框架和有支撑框架，其中有支撑框架根据抗侧移刚度的大小，分为强支撑框架和弱支撑框架。框架的失稳形式有两种，一种是无侧移失稳，如图6-9（a）所示，另一种是有侧移失稳，如图6-9（b）所示。框架的有侧移失稳荷载远小于无侧移失稳荷载。

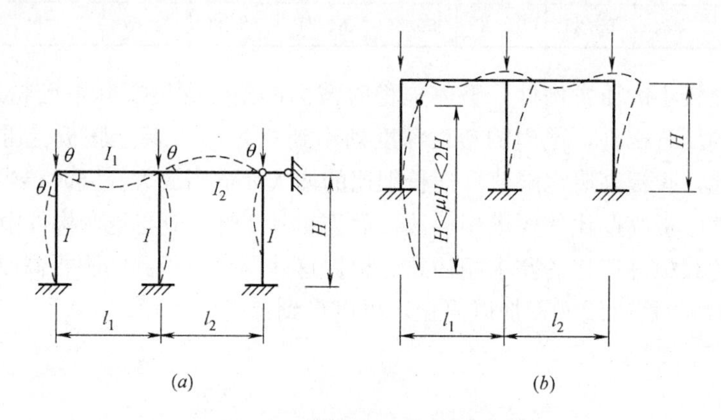

图6-9　单层框架的失稳形式

分析框架柱的计算长度时，所根据的基本假定为：

1）材料是线弹性的；

2）框架只承受作用在节点上的竖向荷载；

3）框架中所有柱子是同时丧失稳定的，即各柱同时达到其临界荷载；

4）当柱子开始失稳时，相交于同一节点的横梁对柱子提供的约束弯矩，按柱子的线刚度之比分配给柱子；

5）在无侧移失稳时，横梁两端的转角大小相等方向相反；在有侧移失稳时，横梁两端的转角大小相等方向相同。

根据以上基本假定，并为简化计算起见，只考虑直接与所研究的柱子相连的横梁约束作用，略去不直接与该柱子连接的横梁约束影响。将框架按其侧向支承情况用位移法进行弹性稳定分析，得出下列公式：

无侧移框架：

$$[\phi^2+2(K_1+K_2)-4K_1K_2]\phi\sin\phi-2[(K_1+K_2)\phi^2+4K_1K_2]\cos\phi+8K_1K_2=0 \tag{6-36}$$

有侧移框架：

$$[36K_1K_2-\phi^2]\sin\phi+6(K_1+K_2)\phi\cos\phi=0 \tag{6-37}$$

式中　ϕ——临界参数，$\phi=H\sqrt{F/EI}$；其中 H 为柱的几何高度，F 为柱顶荷载，I 为柱截面对垂直于框架平面轴线的惯性矩；

K_1、K_2——分别为相交于柱上端、柱下端的横梁线刚度之和与柱线刚度之和的比值。

附表A-23、附表A-24的计算长度系数 μ 值（$\mu=\pi/\phi$），就是根据上列公式求得的。

无支撑纯框架柱的计算长度系数 μ 按附表A-24有侧移框架柱的计算长度系数确定。

当支撑结构（支撑桁架、剪力墙、电梯井等）的侧移刚度（产生单位侧倾角的水平力）S_b满足式（6-38）的要求时，为强支撑框架，框架柱的计算长度系数 μ 按附表A-23

无侧移框架柱的计算长度系数确定。

$$S_b \geqslant 3(1.2\sum N_{bi} - \sum N_{0i}) \tag{6-38}$$

式中 $\sum N_{bi}$、$\sum N_{0i}$——第 i 层层间所有框架柱用无侧移框架和有侧移框架柱计算长度系数算得的轴压杆稳定承载力之和。

当支撑结构的侧移刚度 S_b 不满足公式（6-38）的要求时，为弱支撑框架，框架柱的轴压杆稳定系数 φ 按下式计算：

$$\varphi = \varphi_0 + (\varphi_1 - \varphi_0)\frac{S_b}{3(1.2\sum N_{bi} - \sum N_{0i})} \tag{6-39}$$

式中 φ_1、φ_0——分别是框架柱用附表 A-23、附表 A-24 中无侧移框架柱和有侧移框架柱计算长度系数算得的轴心压杆稳定系数。

（2）框架柱在框架平面外的计算长度

框架柱在框架平面外的计算长度一般由支撑构件的布置情况确定。支撑体系提供柱在平面外的支承点，柱在平面外的计算长度即取决于支承点间的距离。

【例 6-2】 如图 6-10 所示为一无侧移双层框架，图中圆圈内数字为横梁或柱的相对线刚度。求各柱在框架平面内的计算长度系数。

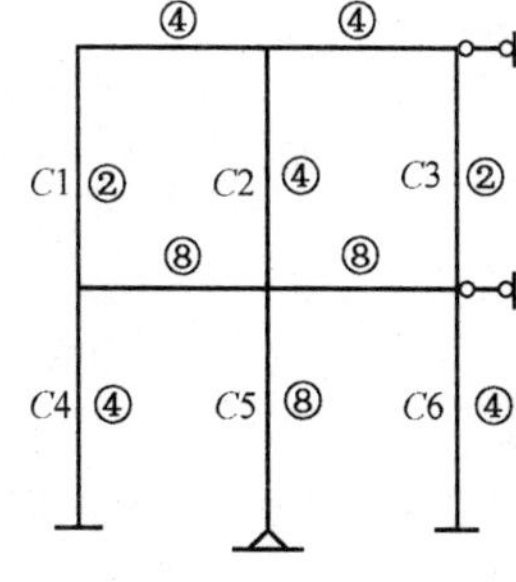

图 6-10 例 6-2 图

【解】

柱 $C1$、$C3$：$K_1 = \frac{4}{2} = 2$，$K_2 = \frac{8}{2+4} = 1.33$，查得：$\mu = 0.715$。

柱 $C2$：$K_1 = \frac{4+4}{4} = 2$，$K_2 = \frac{8+8}{4+8} = 1.33$，查得：$\mu = 0.715$。

柱 $C4$、$C6$：$K_1 = \frac{8}{2+4} = 1.33$，$K_2 = 10$，查得：$\mu = 0.641$。

柱 $C5$：$K_1 = \frac{8+8}{8+4} = 1.33$，$K_2 = 0$，查得：$\mu = 0.857$。

2. 实腹式压弯构件的设计

（1）截面形式

对于压弯构件，当承受的弯矩较小时其截面形式与一般的轴心受压构件相同。当弯矩较大时，宜采用在弯矩作用平面内截面高度较大的双轴对称截面或单轴对称截面（图 6-11），图中的双箭头为用矢量表示的绕 x 轴的弯矩 M_x（右手法则）。

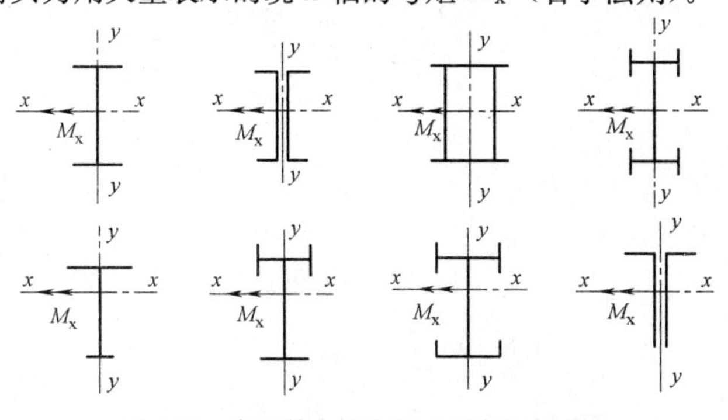

图 6-11 弯矩较大的实腹式压弯构件截面

（2）截面选择及验算

设计时需首先选定截面的形式，再根据构件所承受的轴力 N、弯矩 M 和构件的计算长度 l_{0x}、l_{0y} 初步确定截面的尺寸，然后进行强度、整体稳定、局部稳定和刚度的验算。由于压弯构件的验算式中所牵涉的未知量较多，根据估计所初选出来的截面尺寸不一定合适，因而初选的截面尺寸往往需要进行多次调整。

【例 6-3】 图 6-12 所示为 Q345 钢焊接工字形压弯构件，两端铰支，跨中有侧向支承，截面无削弱。翼缘为焰切边，轴心压力设计值 $N=800\text{kN}$，两端弯矩设计值 $M=600\text{kN}\cdot\text{m}$，绕截面强轴作用，方向如图所示。不计构件自重，验算此压弯构件的承载力。

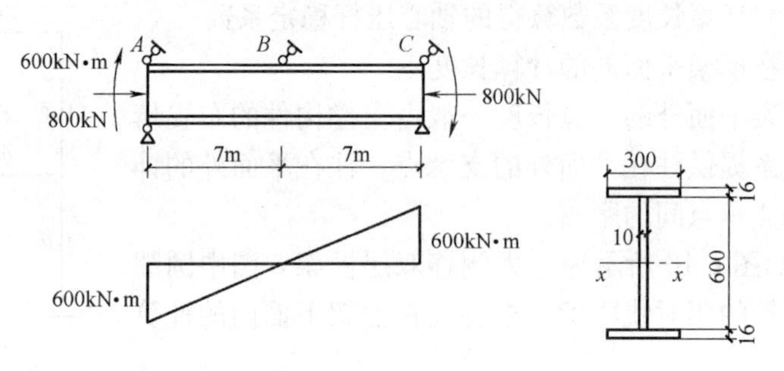

图 6-12　例 6-3 图

【解】

（1）计算截面几何特性

$$A=2\times30\times1.6+60\times1=156\text{cm}^2$$

$$I_x=2\times30\times1.6\times30.8^2+\frac{1}{12}\times1\times60^3=109069\text{cm}^4$$

$$I_y=2\times\frac{1}{12}\times1.6\times30^3=7200\text{cm}^4$$

$$W_x=\frac{I_x}{h/2}=\frac{109069}{31.6}=3452\text{cm}^3$$

$$i_y=\sqrt{I_y/A}=\sqrt{7200/156}=6.79\text{cm}$$

$$i_x=\sqrt{I_x/A}=\sqrt{109069/156}=26.4\text{cm}$$

（2）验算强度

$$\frac{b}{t}=\frac{150-5}{16}=9.1<13\sqrt{235/345}=10.7$$

$$\gamma_x=1.05$$

$$\frac{N}{A_n}+\frac{M_x}{\gamma_x W_{nx}}=\frac{800\times10^3}{15600}+\frac{600\times10^6}{1.05\times3452000}=216.8\text{N/mm}^2<310\text{N/mm}^2$$

（3）验算弯矩作用平面内的稳定

$$\lambda_x=l/i_x=1400/26.4=53$$

按 $\lambda_x\sqrt{345/235}=64.2$，b 类截面查得：$\varphi_x=0.784$。

$$\beta_{mx}=0.65-0.35\frac{M_2}{M_1}=0.65-0.35\times\frac{600}{600}=0.3$$

$$N'_{Ex}=\pi^2 EA/(1.1\lambda_x^2)=3.14^2\times206000\times15600/(1.1\times53^2)=10254\text{kN}$$

$$\frac{N}{\varphi_x A}+\frac{\beta_{mx}M_x}{\gamma_x W_{1x}\left(1-0.8\dfrac{N}{N'_{Ex}}\right)}$$

$$=\frac{800\times10^3}{0.784\times15600}+\frac{0.3\times600\times10^6}{1.05\times3452000\times\left(1-0.8\times\dfrac{800}{10254}\right)}=118.4\text{N/mm}^2\leqslant310\text{N/mm}^2$$

(4) 验算弯矩作用平面外的稳定

所计算构件段为 AB 段（或 BC 段）。

$$\lambda_y=l_1/i_y=700/6.79=103$$

按 $\lambda_y\sqrt{345/235}=125$，b 类截面查得：$\varphi_y=0.411$。

$$\varphi_b=1.07-\frac{\lambda_y^2}{44000}\cdot\frac{f_y}{235}=1.07-\frac{103^2}{44000}\times\frac{345}{235}=0.716$$

$$\eta=1.0$$

$$\beta_{tx}=0.65-0.35\frac{M_2}{M_1}=0.65-0.35\times\frac{0}{600}=0.65$$

$$\frac{N}{\varphi_y A}+\eta\frac{\beta_{tx}M_x}{\varphi_b W_x}$$

$$=\frac{800\times10^3}{0.411\times15600}+1\times\frac{0.65\times600\times10^6}{0.716\times3452\times10^3}=283\text{N/mm}^2<f=310\text{N/mm}^2$$

由以上计算可知，此压弯构件是由弯矩作用平面外的稳定控制设计的。

(5) 验算局部稳定：

翼缘：

$$b/t=\frac{150-5}{16}=9.1<13\sqrt{235/345}=10.7$$

腹板：

$$\sigma_{max}=\frac{N}{A}+\frac{M_x y_1}{I_x}=\frac{800\times10^3}{15600}+\frac{600\times10^6\times300}{109069\times10^4}=216.3\text{N/mm}^2$$

$$\sigma_{min}=\frac{N}{A}-\frac{M_x y_1}{I_x}=\frac{800\times10^3}{15600}-\frac{600\times10^6\times300}{109069\times10^4}=-113.7\text{N/mm}^2$$

$$\alpha_0=\frac{\sigma_{max}-\sigma_{min}}{\sigma_{max}}=\frac{216.3-(-113.7)}{216.3}=1.53<1.6$$

$$\lambda=\lambda_x=53$$

$$\frac{h_w}{t_w}=\frac{600}{10}=60\leqslant(16\alpha_0+0.5\lambda+25)\sqrt{\frac{235}{f_y}}=(16\times1.53+0.5\times53+25)\sqrt{\frac{235}{345}}=62.7$$

此压弯构件的承载力满足要求。

【例 6-4】 图 6-13 所示为一焊接工字形压弯构件，翼缘为焰切边。承受的荷载设计值为：轴心压力 $N=900\text{kN}$，端弯矩 $M=490\text{kN}\cdot\text{m}$，绕截面强轴作用，方向如图 6-13 所示，不计构件自重。钢材为 Q235 钢，构件两端铰接，并在三分点处各有一侧向支承，验算此压弯构件在弯矩作用平面外的整体稳定和局部稳定。

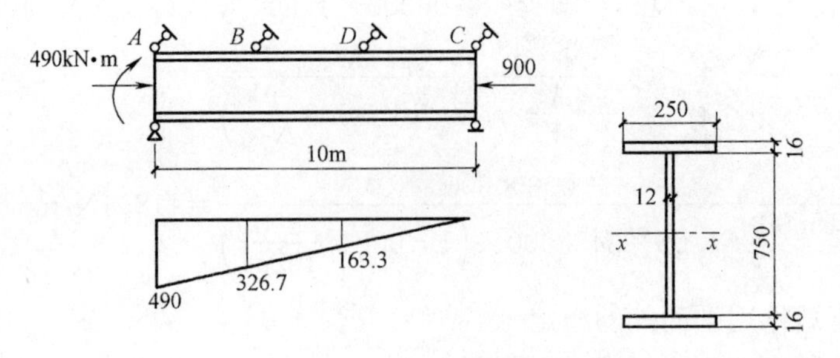

图 6-13　例 6-4 图

【解】

(1) 计算截面几何特性

$$A=2\times25\times1.6+75\times1.2=170\text{cm}^2$$

$$I_x=2\times25\times1.6\times38.3^2+\frac{1}{12}\times1.2\times75^3=159539\text{cm}^4$$

$$I_y=2\times\frac{1}{12}\times1.6\times25^3=4167\text{cm}^4$$

$$W_x=\frac{I_x}{h/2}=\frac{159539}{39.1}=4080\text{cm}^3$$

$$i_x=\sqrt{I_x/A}=\sqrt{159539/170}=30.6\text{cm}$$

$$i_y=\sqrt{I_y/A}=\sqrt{4167/170}=4.9\text{cm}$$

(2) 验算弯矩作用平面外的整体稳定

所计算构件段为 AB 段：

$$\lambda_y=l_1/i_y=333.3/4.9=68$$

按 b 类截面查得：$\varphi_y=0.763$。

$$\varphi_b=1.07-\frac{\lambda_y^2}{44000}\cdot\frac{f_y}{235}=1.07-\frac{68^2}{44000}\times\frac{235}{235}=0.965$$

$$\eta=1.0$$

$$\beta_{tx}=0.65+0.35\frac{M_2}{M_1}=0.65+0.35\times\frac{326.7}{490}=0.88$$

$$\frac{N}{\varphi_y A}+\eta\frac{\beta_{tx}M_x}{\varphi_b W_x}$$

$$\frac{900\times10^3}{0.763\times17000}+1\times\frac{0.88\times490\times10^6}{0.965\times4080\times10^3}=179\text{N/mm}^2<f=215\text{N/mm}^2$$

(3) 验算局部稳定

翼缘：

$$b/t=\frac{125-6}{16}=7.44<13\sqrt{235/235}=13$$

腹板：

$$\sigma_{max}=\frac{N}{A}+\frac{M_x y_1}{I_x}=\frac{900\times10^3}{17000}+\frac{490\times10^6\times375}{159539\times10^4}=168\text{N/mm}^2$$

$$\sigma_{\min}=\frac{N}{A}-\frac{M_x y_1}{I_x}=\frac{900\times10^3}{17000}-\frac{490\times10^6\times375}{159539\times10^4}=-62.2\text{N/mm}^2$$

$$\alpha_0=\frac{\sigma_{\max}-\sigma_{\min}}{\sigma_{\max}}=\frac{168-(-62.2)}{168}=1.37<1.6$$

$$\lambda=\lambda_x=1000/30.6=32.7$$

$$\frac{h_w}{t_w}=\frac{750}{12}=62.5\leqslant(16\alpha_0+0.5\lambda+25)\sqrt{\frac{235}{f_y}}$$

$$=(16\times1.37+0.5\times32.7+25)\sqrt{\frac{235}{235}}=63.3$$

此压弯构件在弯矩作用平面外的整体稳定和局部稳定满足要求。

3. 格构式压弯构件的设计

格构式压弯构件广泛用于厂房的框架柱和巨大的独立支柱。格构式构件在弯矩作用平面内的截面高度较大，且有外力产生的实际剪力的作用，其缀材一般采用缀条，很少采用缀板。

常用的格构式压弯构件截面如图 6-14 所示。当柱中弯矩不大或正负弯矩的绝对值相差不大时，可采用对称的截面形式，如图 6-14（*a*）、（*b*）、（*d*）所示；当正负弯矩的绝对值相差较大时，常采用不对称截面，并将较大肢放在受压较大的一侧，如图 6-14（*c*）所示。

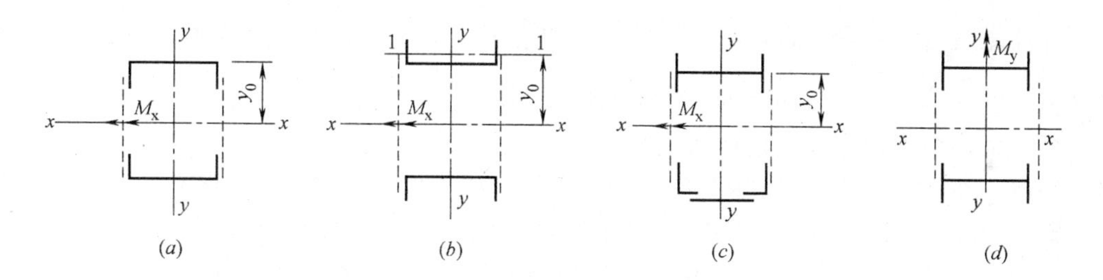

图 6-14　格构式压弯构件常用截面

（1）弯矩绕虚轴作用的格构式压弯构件

格构式压弯构件通常使弯矩绕虚轴作用，如图 6-14（*a*）、（*b*）、（*c*）所示，应进行下列计算。

1）弯矩作用平面内的整体稳定计算

弯矩绕虚轴作用的格构式压弯构件，由于截面中部空心，不能考虑塑性的深入发展，弯矩作用平面内的整体稳定计算宜采用边缘屈服准则。在根据此准则导出的相关公式中，引入等效弯矩系数 β_{mx}，并考虑抗力分项系数后，可得：

$$\frac{N}{\varphi_x A}+\frac{\beta_{mx}M_x}{W_{1x}\left(1-\varphi_x\frac{N}{N'_{Ex}}\right)}\leqslant f \tag{6-40}$$

式中，$W_{1x}=I_x/y_0$，I_x为对 x 轴（虚轴）的毛截面惯性矩。y_0 为由 x 轴到压力较大分肢轴线的距离或压力较大分肢腹板边缘的距离，二者取较大值。

φ_x和 N'_{Ex}分别为轴心压杆的整体稳定系数和考虑抗力分项系数的欧拉临界力，均由对 x 轴（虚轴）的换算长细比 λ_{0x}确定。

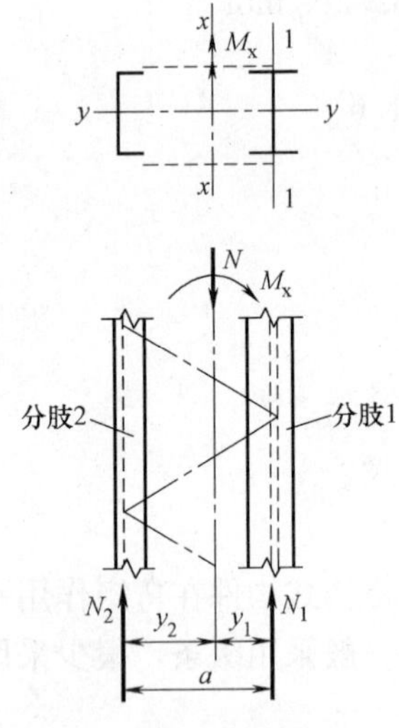

图 6-15　分肢的内力计算

2）分肢的稳定计算

弯矩绕虚轴作用的格构式压弯构件，在弯矩作用平面外的整体稳定一般由分肢的稳定计算得到保证，不必再计算整个构件在平面外的整体稳定性。

将格构式压弯构件视作一平行弦桁架，构件的两个分肢为桁架体系的弦杆，如图 6-15 所示。两分肢的轴心力应按下列公式计算：

分肢 1：$$N_1=N\frac{y_2}{a}+\frac{M}{a} \tag{6-41}$$

分肢 2：$$N_2=N-N_1 \tag{6-42}$$

对缀条式压弯构件的分肢，可以按轴心压杆计算分肢在上述轴力作用下的稳定性。分肢的计算长度，在缀材平面内取缀条体系的节间长度；在缀条平面外，取整个构件侧向支承点间的距离。

对缀板式压弯构件的分肢，除轴心力外，还应考虑由剪力引起的局部弯矩，可以按实腹式压弯构件计算分肢的稳定性。

3）缀材的计算

计算压弯构件的缀材时，应取构件实际剪力和按 $V=\frac{Af}{85}\sqrt{\frac{f_y}{235}}$ 计算所得剪力两者中的较大值。其计算方法与格构式轴心受压构件相同。

（2）弯矩绕虚轴作用的格构式压弯构件

当弯矩绕实轴作用时，如图 6-14（d）所示，构件发生弯曲失稳，其受力性能与实腹式压弯构件完全相同。因此，弯矩绕实轴作用的格构式压弯构件，弯矩作用平面内和平面外的整体稳定计算与实腹式构件相同。在计算弯矩作用平面外的整体稳定时，长细比应取换算长细比，整体稳定系数取 $\varphi_b=1$。

4. 双向受弯的格构式压弯构件

弯矩作用在两个主平面内的双肢格构式压弯构件（图 6-16），其稳定性按下列规定计算。

（1）整体稳定计算

采用与边缘屈服准则导出的弯矩绕虚轴作用的格构式压弯构件平面内整体稳定计算公式相衔接的直线式进行计算：

$$\frac{N}{\varphi_x A}+\frac{\beta_{mx}M_x}{W_{1x}\left(1-\varphi_x\frac{N}{N'_{Ex}}\right)}+\frac{\beta_{ty}M_y}{W_{1y}}\leqslant f \tag{6-43}$$

式中　φ_x、N'_{Ex}——由换算长细比确定；

W_{1y}——在 M_y 作用下，对较大受压纤维的毛截面模量。

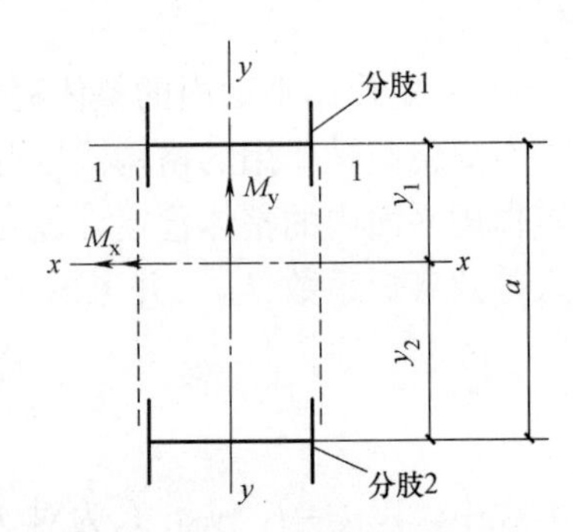

图 6-16　双向受弯构件

（2）分肢的稳定计算

分肢按实腹式压弯构件计算，将分肢作为桁架弦杆计算其在轴力和弯矩作用下产生的内力（图 6-16）。

分肢 1：

$$N_1 = N\frac{y_2}{a} + \frac{M_x}{a} \tag{6-44}$$

$$M_{y1} = \frac{I_1/y_1}{I_1/y_1 + I_2/y_2} \cdot M_y \tag{6-45}$$

分肢 2：

$$N_2 = N - N_1 \tag{6-46}$$

$$M_{y2} = M_y - M_{y1} \tag{6-47}$$

式中　I_1、I_2——分肢 1 和分肢 2 对 y 轴的惯性矩；

y_1、y_2——M_y作用的主轴平面至分肢 1 和分肢 2 轴线的距离。

式（6-44）～式（6-47）适用于当 M_y作用在构件的主平面时的情形，当 M_y不是作用在构件的主轴平面而是作用在一个分肢的轴线平面（如图 6-16 中分肢 1 的 1-1 轴线平面）时，则 M_y视为全部由该分肢承受。

【例 6-5】 图 6-17 所示为一悬臂柱，柱高 $H=5$m，承受轴心压力设计值 $N=500$kN，采用缀条式格构柱，分肢采用 2I25a，缀条采用∟50×5，Q235 钢。求柱子所能承受的最大弯矩设计值 M_x。

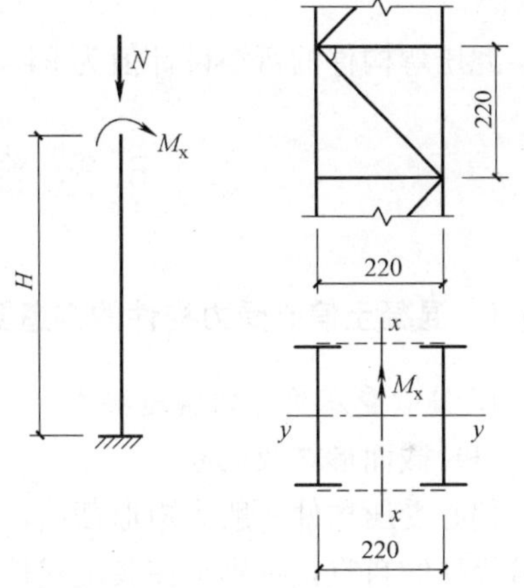

图 6-17　例 6-5 图

【解】

（1）计算截面几何特性

分肢 I25a：$A_1 = 48.5\text{cm}^2$，$i_{x1} = 2.4$cm，$i_{y1} = 10.2$cm。

整个截面：

$$A = 2\times48.5 = 97\text{cm}^2$$

$$I_x = 2\times(280 + 48.5\times11^2) = 12297\text{cm}^4$$

$$I_y = 2\times5017 = 10034\text{cm}^4$$

$$W_{1x} = \frac{12297}{11} = 1118\text{cm}^3$$

$$i_x = \sqrt{I_x/A} = \sqrt{12297/97} = 11.3\text{cm}$$

$$i_y = \sqrt{I_y/A} = \sqrt{10034/97} = 10.2\text{cm}$$

（2）根据弯矩作用平面内的整体稳定确定 M_x

$$\lambda_x = \frac{l_{0x}}{i_x} = \frac{2\times500}{11.3} = 88.5$$

$$\lambda_{0x} = \sqrt{\lambda_x^2 + 27\frac{A}{A_1}} = \sqrt{88.5^2 + 27\times\frac{97}{2\times4.8}} = 90$$

属 b 类截面，查得 $\varphi_x = 0.621$。

悬臂构件，$\beta_{mx} = 1.0$。

$$N'_{Ex} = \frac{\pi^2 EA}{1.1\lambda_{0x}^2} = \frac{3.14^2\times2.06\times10^5\times97\times10^2}{1.1\times90^2} = 2211\text{kN}$$

$$\frac{N}{\varphi_x A}+\frac{\beta_{mx}M_x}{W_{1x}\left(1-\varphi_x\frac{N}{N'_{Ex}}\right)}=\frac{500\times10^3}{0.621\times9700}+\frac{1.0\times M_x}{1118\times10^3\times\left(1-0.621\times\frac{500}{2211}\right)}\leqslant215$$

$$M_x\leqslant126.9\text{kN}\cdot\text{m}$$

(3) 根据分肢的稳定确定 M_x

$$N_1=\frac{N}{2}+\frac{M_x}{a}=250\times10^3+\frac{M_x}{220}$$

$$\lambda_{x1}=\frac{l_{x1}}{i_{x1}}=\frac{22}{2.4}=9.2$$

$$\lambda_{y1}=\frac{l_{y1}}{i_{y1}}=\frac{2\times500}{10.2}=98$$

属 a 类截面，查得 $\varphi=0.653$。

$$\frac{N_1}{\varphi A_1}=\frac{250\times10^3+M_x/220}{0.653\times4850}\leqslant215$$

$$M_x\leqslant94.8\text{kN}\cdot\text{m}$$

此压弯构件的弯矩设计值为 94.8kN·m。

6.3 混凝土偏心受力构件

6.3.1 混凝土偏心受力构件的构造要求

1. 偏心受压构件的构造要求

(1) 截面形式及尺寸

偏心受压构件一般为矩形截面，矩形截面长边与弯矩作用方向平行。为了节约混凝土和减轻柱的自重，特别是在装配式柱中，较大尺寸的柱常常采用工字形截面。采用离心法制造的柱、桩、电杆以及烟囱、水塔支筒等常用环形截面。方形柱的截面尺寸不宜小于 250mm×250mm。为了使受压构件不致因长细比过大而使承载力降低过多，常取 $l_0/b\leqslant30$，$l_0/h\leqslant25$，此处 l_0 为柱的计算长度，b 为矩形截面短边边长，h 为矩形截面长边边长。对于工字形截面，翼缘厚度不宜小于 120mm，因为翼缘太薄，会使构件过早出现裂缝，同时在靠近柱底处的混凝土容易在生产过程中碰坏，影响柱的承载力和使用年限。腹板厚度不宜小于 100mm，抗震区使用工字形截面柱时，其腹板宜再加厚些。此外，柱截面尺寸宜符合模数，800mm 及以下的，取 50mm 的倍数，800mm 以上的，可取 100mm 的倍数。

(2) 纵向受力钢筋

偏心受压构件的纵向受力钢筋应布置在偏心方向截面的两边，如图 (6-18)。钢筋根数、直径、配筋率要求等均同轴心受压构件。偏心受压构件当截面高度 $h\geqslant600$mm 时，在侧面应设置直径不小于 10mm 的纵向构造钢筋，并相应地设置附加箍筋或拉筋，见图 (6-18)。

(3) 箍筋

偏心受压构件应根据抗剪承载力计算要求配置箍筋，箍筋的构造要求同轴心受压构件。

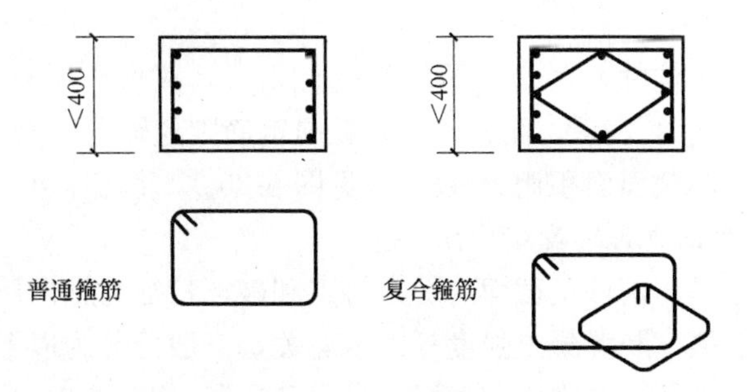

图 6-18　偏心受压构件的配筋形式

截面形状复杂的构件，不可采用具有内折角的箍筋，避免产生向外的拉力，致使折角处的混凝土破损，见图 6-19。

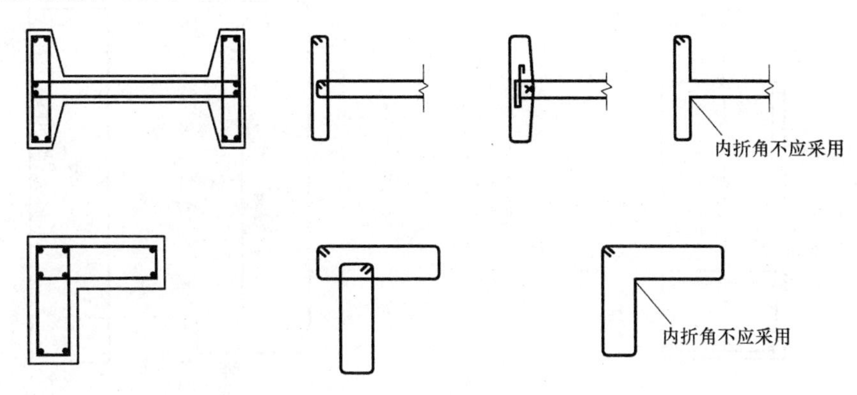

图 6-19　工形及 L 形截面柱的箍筋形式

2. 偏心受拉构件的构造要求

（1）截面形式

偏心受拉构件的截面形式多为矩形，且矩形截面的长边宜和弯矩作用平面平行；也可采用 T 或工形截面。

（2）纵向受力钢筋

偏心受拉构件的纵向受力钢筋应布置在偏心方向截面的两边；纵向钢筋的配筋率应满足最小配筋率的要求，最小配筋率取值如下：受拉纵向钢筋一侧的最小配筋率 $\rho_{min}=\max\left(0.2\%,\ 0.45\dfrac{f_t}{f_y}\right)$，受压纵向钢筋一侧的最小配筋率 $\rho'_{min}=0.2\%$；大偏心受拉构件一侧受拉钢筋的配筋率应按全截面面积扣除受压翼缘面积 $(b'_f-b)h'_f$后的截面面积计算；小偏心受拉构件的受力钢筋不得采用绑扎搭接。

（3）箍筋

偏心受拉构件应根据抗剪承载力计算确定配置的箍筋。箍筋一般宜满足受弯构件箍筋的各项构造要求；水池等薄壁构件中一般要双向布置钢筋，形成钢筋网。

6.3.2　混凝土偏心受压构件的正截面承载力计算

偏心受压构件包括单向偏心受压构件和双向偏心受压构件，本节以介绍单向偏心受压构件为主。

对于单向偏心受压构件，在偏心压力 N 的作用下，离偏心压力 N 较近一侧的纵向钢筋受压，其截面面积用 A_s'表示，而另一侧的纵向钢筋则随轴向压力 N 偏心距 e_0 的大小可能受拉也可能受压，其截面面积用 A_s表示，见图 6-20。

1. *偏心受压构件正截面的破坏特征*

钢筋混凝土偏心受压构件正截面的受力特点和破坏特征与轴向压力偏心距的大小、纵向钢筋的数量、钢筋强度和混凝土强度等因素有关，一般可分为以下两类：

第一类——受拉破坏，亦称为“大偏心受压破坏”，如图 6-21（a）所示；

第二类——受压破坏，亦称为“小偏心受压破坏”，如图 6-21（b）所示。

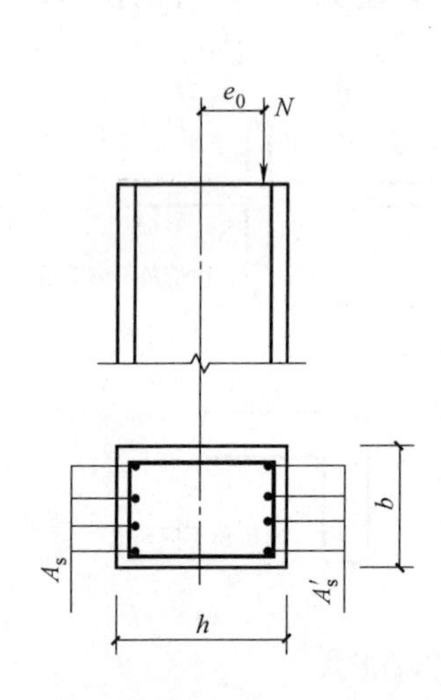

图 6-20　偏心受压构件纵向钢筋的表示方法

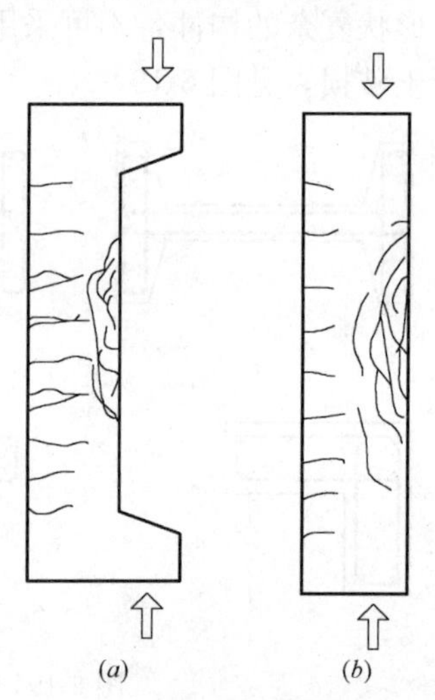

图 6-21　偏心受压构件的破坏
（a）大偏心受压；（b）小偏心受压

（1）受拉破坏

当构件截面中轴向压力的偏心距较大，而且没有配置过多的受拉钢筋时，就将发生这种类型的破坏。

这类构件由于 e_0 较大，即弯矩 M 的影响较为显著，它具有与适筋受弯构件类似的受力特点。在偏心距较大的轴向压力 N 作用下，远离纵向偏心力一侧截面受拉。当 N 增大到一定程度时，受拉边缘混凝土将达到极限拉应变，出现垂直于构件轴线的裂缝。这些裂缝将随着荷载的增大而不断加宽并向受压一侧发展，裂缝截面中的拉力将全部转由受拉钢筋承担。随着荷载的继续增大，受拉钢筋将首先屈服。由于钢筋屈服后的塑性伸长，裂缝将明显加宽并进一步向受压一侧延伸，从而使受压区面积减小，受压边缘的压应变逐步增大。最后当受压边缘混凝土达到其极限压应变 ε_{cu} 时，受压区混凝土被压碎而导致构件的最终破坏。这类构件的混凝土压碎区一般都不太长，破坏时受拉区形成一条较宽的主裂缝。试验所得的典型破坏状况示于图 6-21（a）。只要受压区相对高度不致过小，混凝土保护层不是太厚，即受压钢筋不是过分靠近中和轴，而且受压钢筋的强度等级也不是太高（如采用热轧钢筋），则在混凝土开始压碎时，受压钢筋应力一般都能达到受压屈服强度。

受拉破坏关键的破坏特征是受拉钢筋首先受拉屈服，然后受压钢筋一般也能达到受压屈服，最后由于受压区混凝土压碎而导致构件破坏。这种破坏形态在破坏前有明显的预兆，属于塑性破坏，所以这类破坏称为受拉破坏。

由于发生受拉破坏的构件轴向压力的偏心距较大，因此也把这类破坏称为大偏心受压破坏。大偏心受压破坏时截面中的应变及应力分布如图 6-22（a）所示。

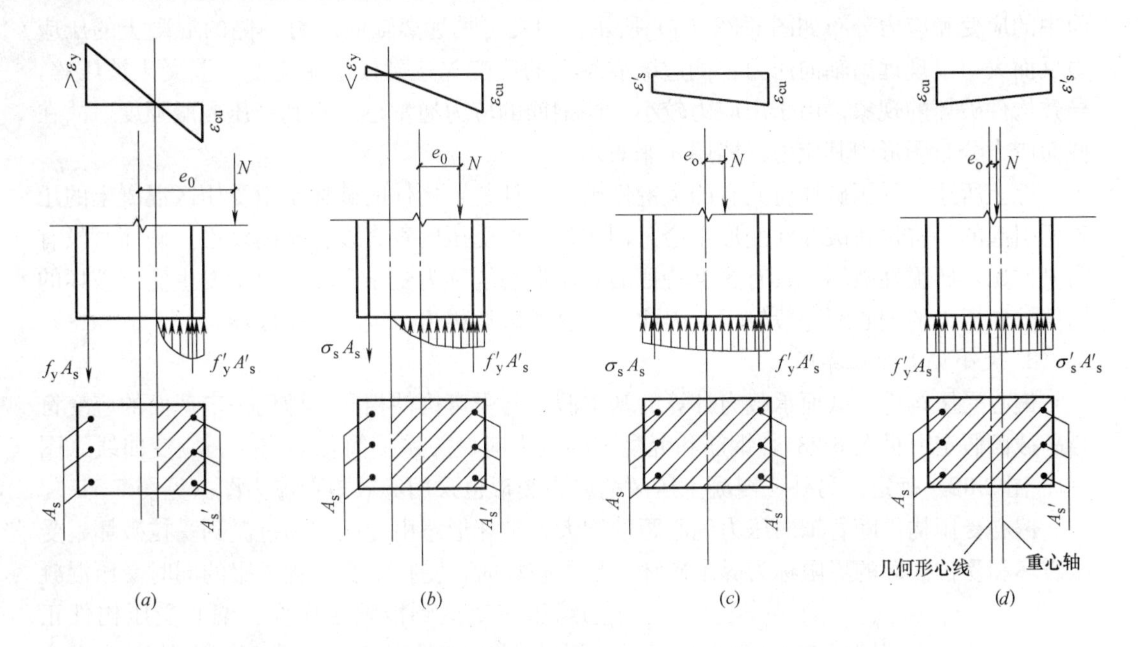

图 6-22　偏心受压构件破坏时截面中的应变及应力分布图

（a）大偏心受压；（b）、（c）、（d）小偏心受压

（2）受压破坏

若构件截面中轴向压力的偏心距较小或虽然偏心距较大，但配置过多的受拉钢筋时，构件就会发生这种类型的破坏。此时，截面可能处于大部分受压而小部分受拉状态。当荷载增加到一定程度时，受拉边缘混凝土将达到其极限拉应变，从而沿构件受拉边将出现一些垂直于构件轴线的裂缝。在构件破坏时，中和轴距受拉钢筋较近，钢筋中的拉应力较小，受拉钢筋应力达不到屈服强度，因此也不可能形成明显的主拉裂缝。构件的破坏是由受压区混凝土的压碎所引起的，而且压碎区的长度往往较大。当柱内配置的箍筋较少时，还可能于混凝土压碎前在受压区内出现较长的纵向裂缝。在混凝土压碎时，受压一侧的纵向钢筋只要强度等级不是过高（如采用热轧钢筋），其压应力一般都能达到受压屈服强度。这种情况下的构件典型破坏状况示于图 6-21（b），破坏阶段截面中的应变及应力分布则如图 6-22（b）所示。这里需要注意的是，由于受拉钢筋中的应力没有达到屈服强度，因此在截面应力分布图形中其拉应力只能用σ_s来表示。

当轴向压力的偏心距很小时，也发生小偏心受压破坏。此时，构件截面将全部受压，只不过一侧压应变较大，另一侧压应变较小。这类构件的压应变较小一侧在整个受力过程中自然也就不会出现与构件轴线垂直的裂缝。构件的破坏是由压应变较大一侧的混凝土压碎所引起的。在混凝土压碎时，接近纵向偏心力一侧的纵向钢筋只要强度等级不是过高，其压应力一般均能达到屈服强度。这种受压情况破坏阶段截面中的应变及应力分布如图 6-22（c）所示。由于受压较小一侧的钢筋压应力通常也达不到受压屈服强度，故在应力分布图形中它的应力也用σ_s表示。

此外，小偏心受压的一种特殊情况是：当轴向压力的偏心距很小，而远离轴向压力一侧的钢筋配置得过少，靠近轴向压力一侧的钢筋配置较多时，截面的实际重心和构件的几何形心不重合，重心轴向轴向压力方向偏移，且越过轴向压力作用线。此时，破坏阶段截面中的应变和应力分布如图 6-22（d）所示。由图可见远离轴向压力一侧的混凝土的压应力反而大，出现远离轴向压力一侧边缘混凝土的应变先达到极限压应变，混凝土被压碎，导致构件破坏的现象。由于压应力较小一侧钢筋的应力通常也达不到受压屈服强度，故在截面应力分布图形中其应力只能用σ_s'来表示。

综上所述，受压破坏所共有的关键性破坏特征是：构件的破坏是由受压区混凝土的压碎所引起的，构件在破坏前变形不会急剧增长，但受压区垂直裂缝不断发展，破坏时没有明显预兆，属脆性破坏。具有这类特征的破坏形态统称为受压破坏。由于发生受压破坏的构件轴向压力的偏心距一般较小，因此也把这类破坏称为小偏心受压破坏。

2. 大小偏心受压界限

偏心受压构件正截面承载力计算的基本假定与受弯构件相同，即仍假定截面的应变符合平截面假定（见图 6-23），钢筋和混凝土的应力应变关系按简化的应力—应变曲线（图 2-3、图 2-32）确定。另外，混凝土压区的应力图形也采用等效矩形应力图（见图 5-51e）。

偏心受压构件随着轴向压力偏心距的增大，破坏形态由受压破坏过渡到受拉破坏，受压破坏和受拉破坏的界限称为界限破坏。界限破坏时，受拉钢筋达到屈服的同时受压混凝土边缘压应变达到极限压应变。偏心受压构件正截面在各种破坏情况下，沿截面高度的平均应变分布见图 6-23。在图 6-23 中，ε_{cu}表示受压区边缘混凝土极限应变值；ε_y表示受拉纵筋在受拉屈服点时的应变值；ε_y'表示受压纵筋在受压屈服点时的应变值；x_{cb}表示界限状态时截面受压区的实际高度。从图 6-23 可看出，当受压区太小，混凝土达到极限应变值时，受压纵筋的应变很小以至达不到受压屈服强度。

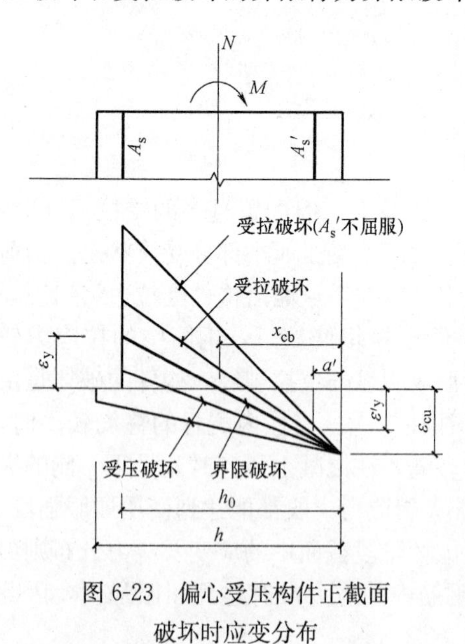

图 6-23　偏心受压构件正截面破坏时应变分布

与受弯构件相同，界限破坏时相对受压区高度用ξ_b表示。由于受压的界限破坏和受弯的界限破坏的破坏特征相同，而且受压构件采用了与受弯构件相同的计算假定，因此，ξ_b的大小与受弯构件相同，见表 5-3。

显然，当$\xi \leqslant \xi_b$时为大偏心受压破坏，$\xi > \xi_b$时为小偏心受压破坏。

3. 附加偏心距和初始偏心距

考虑到因荷载的作用位置和大小的不定性、施工误差以及混凝土质量的不均匀性等原因，有可能使轴向压力的偏心距大于e_0。为了考虑这一不利影响，在原有偏心距e_0的情况下增加一附加偏心距e_a，作为轴向压力的初始偏心距e_i。《混凝土结构设计规范》规定，e_a取 20mm 和偏心方向截面尺寸的 1/30 两者中的较大值，初始偏心距e_i按下式计算：

$$e_i = e_0 + e_a \tag{6-48}$$

4. 二阶效应（P-δ 效应）

偏压构件中由轴向压力在产生了挠曲变形的杆件内引起的曲率和弯矩增量称为二阶效应，也称 P-δ 效应。弯矩作用平面内截面对称的偏心受压构件，当同一主轴方向的杆端弯矩比$\frac{M_1}{M_2}$不大于 0.9 且设计轴压比不大于 0.9 时，若构件的长细比满足式（6-49）的要求，可不考虑轴向压力在该方向挠曲杆件中产生的附加弯矩影响；否则应按截面的两个主轴方向分别考虑轴向压力在挠曲杆件中产生的附加弯矩影响。

$$l_c/i \leqslant 34 - 12(M_1/M_2) \tag{6-49}$$

式中 M_1、M_2——分别为偏心受压构件两端截面按结构分析确定的对同一主轴的组合弯矩设计值，绝对值较大端为 M_2，绝对值较小端为 M_1，当构件按单曲率弯曲时，M_1/M_2 取正值，否则取负值；

l_c——构件的计算长度，可近似取偏心受压构件相应主轴方向上下支撑点之间的距离；

i——偏心方向的截面回转半径。

除排架结构柱外的其他偏心受压构件，考虑轴向压力在挠曲杆件中产生的二阶效应后控制截面弯矩设计值应按下列公式计算：

$$M = C_m \eta_{ns} M_2 \tag{6-50}$$

$$C_m = 0.7 + 0.3\frac{M_1}{M_2} \tag{6-51}$$

$$\eta_{ns} = 1 + \frac{1}{1300(M_2/N + e_a)/h_0}\left(\frac{l_c}{h}\right)^2 \zeta_c \tag{6-52}$$

$$\zeta_c = \frac{0.5 f_c A}{N} \tag{6-53}$$

当 $C_m \eta_{ns}$ 小于 1.0 时取 1.0；对剪力墙墙肢类及核心筒墙肢类构件，可取 $C_m \eta_{ns}$ 等于 1.0。

式（6-50）～式（6-53）中 C_m——构件端截面偏心距调节系数，当小于 0.7 时取 0.7；

η_{ns}——弯矩增大系数；

N——与弯矩设计值 M_2 相应的轴向压力设计值；

e_a——附加偏心距；

ζ_c——截面曲率修正系数，当计算值大于 1.0 时取 1.0；

h——截面高度；对环形截面，取外直径；对圆形截面，取直径；

h_0——截面有效高度；对环形截面，取 $h_0 = r_2 + r_s$；对圆形截面，取 $h_0 = r + r_s$；此处，r、r_2 和 r_s 按《混凝土结构设计规范》附录 E 第 E.0.3 条和第 E.0.4 条计算；

A——构件截面面积。

排架结构柱的二阶效应应按《混凝土结构设计规范》第 5.3.4 条的规定计算。

5. 矩形截面偏心受压构件正截面受压承载力基本计算公式

(1) 大偏心受压

大偏心受压破坏时，承载能力极限状态下截面的实际应力和应变如图 6-24（a）所

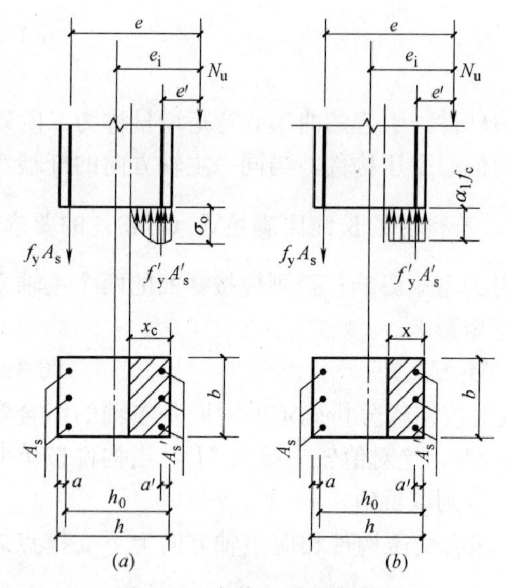

图 6-24　大偏心受压应力图
(*a*) 截面应力分布图；(*b*) 等效应力图

示。与受弯构件的处理方法相同，将受压区混凝土曲线应力图用等效矩形应力分布图来代替，应力值为 $\alpha_1 f_c$，受压区高度为 x，则大偏心受压破坏的截面计算图如图 6-24（*b*）所示。

由平衡条件得：

$$N_u = \alpha_1 f_c bx + f'_y A'_s - f_y A_s \tag{6-54}$$

$$N_u e = \alpha_1 f_c bx\left(h_0 - \frac{x}{2}\right) + f'_y A'_s (h_0 - a') \tag{6-55}$$

设计表达式为：

$$N \leqslant N_u = \alpha_1 f_c bx + f'_y A'_s - f_y A_s \tag{6-56}$$

$$Ne \leqslant N_u e = \alpha_1 f_c bx\left(h_0 - \frac{x}{2}\right) + f'_y A'_s (h_0 - a') \tag{6-57}$$

式中　N——偏心压力设计值；

N_u——偏心受压承载力设计值；

α_1——系数，同受弯构件，见表 5-2；

x——受压区计算高度；

e——轴向力作用点到受拉钢筋 A_s 合力点之间的距离；

$$e = e_i + \frac{h}{2} - a \tag{6-58}$$

$$e_i = e_0 + e_a \tag{6-59}$$

e_0——轴向压力对截面重心的偏心距，取为 M/N，当需要考虑二阶效应时，M 按式（6-50）确定。

适用条件：

1）为保证为大偏心受压破坏，亦即破坏时受拉钢筋应力先达到屈服强度，必须满足 $x \leqslant \xi_b h_0$（或 $\xi \leqslant \xi_b$）；

2）为了保证构件破坏时，受压钢筋应力能达到抗压强度设计值 f'_y，应满足 $x \geqslant 2a'$。

（2）小偏心受压

小偏心受压破坏时，远离压力作用一侧的钢筋无论是受拉还是受压，其应力都达不到屈服强度，承载能力极限状态下截面的应力如图 6-25（*a*）、（*b*）所示。建立计算公式时，假设截面有受拉区，受压区的混凝土曲线应力图仍然用等效矩形应力图来代替，小偏心受压破坏的截面计算图如图 6-25（*c*）所示，如果算得的 σ_s 为负值，则为全截面受压的情况。

根据力的平衡条件及力矩平衡条件得：

$$N_u = \alpha_1 f_c bx + f'_y A'_s - \sigma_s A_s \tag{6-60}$$

$$N_u e = \alpha_1 f_c bx\left(h_0 - \frac{x}{2}\right) + f'_y A'_s (h_0 - a') \tag{6-61}$$

设计表达式为：

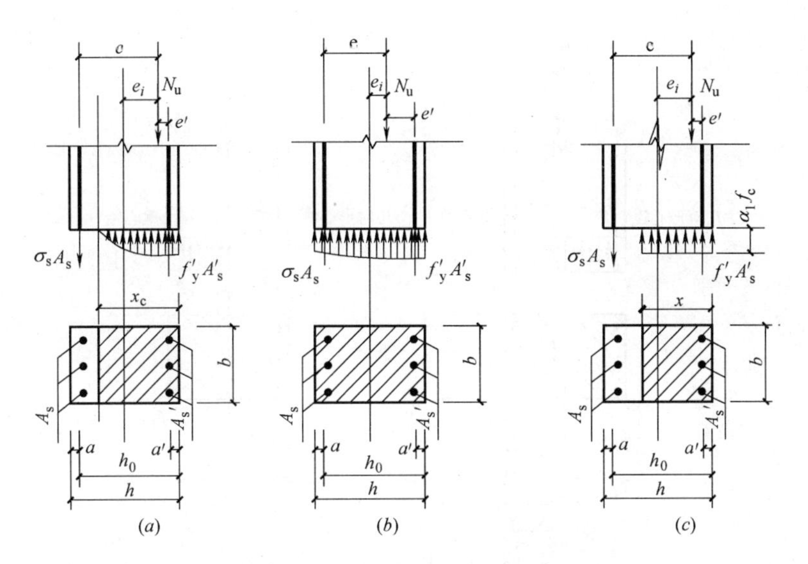

图 6-25　小偏心受压应力图

(*a*) A_s 受拉不屈服；(*b*) A_s 受压不屈服；(*c*) 等效应力图

$$N \leqslant N_u = \alpha_1 f_c bx + f'_y A'_s - \sigma_s A_s \tag{6-62}$$

$$Ne \leqslant N_u e = \alpha_1 f_c bx\left(h_0 - \frac{x}{2}\right) + f'_y A'_s (h_0 - a') \tag{6-63}$$

式中　σ_s——钢筋 A_s 的应力值。

σ_s 可根据应变的平截面假定条件（参考图 6-23）得到：

$$\frac{\varepsilon_s}{h_0 - x_c} = \frac{\varepsilon_{cu}}{x_c}$$

由 $x_c = x/\beta_1$ 及 $\sigma_s = E_s \varepsilon_s$ 得：

$$\sigma_s = \varepsilon_{cu} E_s \left(\frac{\beta_1}{\xi} - 1\right) \tag{6-64}$$

σ_s 也可根据截面应力的边界条件（$\xi = \xi_b$ 时，$\sigma_s = f_y$；$\xi = \beta_1$ 时，$\sigma_s = 0$），近似取为：

$$\sigma_s = \frac{\xi - \beta_1}{\xi_b - \beta_1} f_y \tag{6-65}$$

σ_s 应满足 $-f'_y \leqslant \sigma_s < f_y$。

由前面讨论可知，当偏心距很小时，若 A_s 配置不足，有可能出现远离轴向压力的一侧混凝土首先达到受压破坏的情况（见图 6-22*d*）。为避免发生这种破坏，《混凝土结构设计规范》规定：当 $N > f_c bh$ 时（图 6-26），尚应按下列公式进行验算：

$$Ne' \leqslant f_c bh\left(h'_0 - \frac{h}{2}\right) + f'_y A_s (h'_0 - a) \tag{6-66}$$

$$e' = \frac{h}{2} - a' - (e_0 - e_a) \tag{6-67}$$

式中　h'_0——钢筋 A'_s 合力点至离轴向压力较远一侧边缘的距离，即 $h'_0 = h - a'$。

小偏心受压构件计算公式的适用条件为：$\xi > \xi_b$。

6. 非对称配筋矩形截面偏心受压构件正截面受压承载力计算方法

(1) 大小偏心受压构件的判别

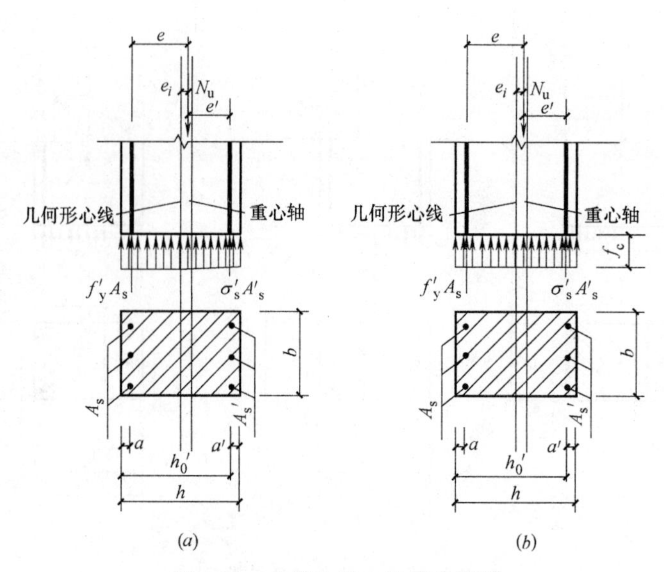

图 6-26 小偏心的一种特殊情况

(a) 截面应力分布图；(b) 等效应力图

无论是截面设计还是截面复核，都必须先对构件进行大小偏心的判别。在截面设计时，由于 A_s 和 A'_s 未知，因而无法利用相对受压区高度 ξ 来进行判别。计算时，一般可以先用偏心距来进行判别。

取界限情况 $x=\xi_b h_0$ 代入大偏心受压的计算公式（6-54），并取 $a=a'$，可得界限破坏时的抗压承载力 N_b 为：

$$N_b=\alpha_1 f_c b\xi_b h_0+f'_y A'_s-f_y A_s$$

再根据力矩平衡条件（对截面中心轴取矩），得界限破坏时的抗弯承载力 M_b 为：

$$M_b=0.5\alpha_1 f_c b\xi_b h_0(h-\xi_b h_0)+0.5(f'_y A'_s+f_y A_s)(h_0-a)$$

从而可得相对界限偏心距为：

$$\frac{e_{0b}}{h_0}=\frac{M_b}{N_b h_0}=\frac{0.5\alpha_1 f_c b\xi_b h_0(h-\xi_b h_0)+0.5(f'_y A'_s+f_y A_s)(h_0-a)}{(\alpha_1 f_c b\xi_b h_0+f'_y A'_s-f_y A_s)h_0} \tag{6-68}$$

分析式（6-68）知，当截面尺寸和材料强度给定时，界限相对偏心距 e_{0b}/h_0 就取决于截面配筋面积 A_s 和 A'_s。随着 A_s 和 A'_s 的减小，e_{0b}/h_0 也减小。故当 A_s 和 A'_s 分别取最小配筋率时，可得 e_{0b}/h_0 的最小值 $e_{0b,\min}/h_0$。将 A_s 和 A'_s 按最小配筋率 0.002 代入，并近似取 $h=1.05h_0$，$a'=0.05h_0$，则可得到常用的各种混凝土强度等级和常用钢筋强度等级的相对界限偏心距的最小值 $e_{0b,\min}/h_0$，如表 6-3 所示。截面设计时可根据实际材料强度，按表 6-3 来判别大小偏心，也可近似取表 6-3 中的偏小值 $e_{0b,\min}/h_0=0.3$ 作为最小相对界限偏心矩，当 $e_i<0.3h_0$ 时，按小偏心受压计算；当 $e_i\geqslant 0.3h_0$ 时，可能属于大偏心受压，也可能属于小偏心受压，可先按大偏心受压计算，然后再判断其是否满足适用条件，如不满足，则应按小偏心受压重新设计。

最小相对界限偏心距 $e_{0b,min}/h_0$ **表 6-3**

钢筋＼混凝土	C20	C30	C40	C50	C60	C70	C80
HRB335、HRBF335	0.363	0.326	0.307	0.297	0.301	0.307	0.314
HRB400、HRBF400	0.410	0.363	0.339	0.326	0.329	0.333	0.340
HRB500、HRBF500	0.472	0.409	0.378	0.362	0.362	0.365	0.370

（2）截面设计

截面设计时，截面尺寸（$b\times h$）、材料强度（f_c，f_y，f'_y）、构件计算长度 l_c 以及内力设计值 N 和 M 均已知，要求纵向钢筋截面面积 A_s 和 A'_s。求解时可先初步判断构件的偏心类型：当 $e_i\geqslant 0.3h_0$ 时，先按大偏心受压计算，求出钢筋截面面积和 x 后，若 $x\leqslant x_b$，说明原假定大偏心受压是正确的，否则需按小偏心受压重新计算；若 $e_i<0.3h_0$，则按小偏心受压设计。在所有情况下，A_s 和 A'_s 均需满足最小配筋率要求，同时，（$A_s+A'_s$）不宜大于 $0.05bh$。

1）大偏心受压

① 第一种情况：A_s 和 A'_s 均未知。

此时，有 A_s、A'_s 和 x 三个未知数而只有式（6-56）和式（6-57）两个基本公式，因而无唯一解。与双筋受弯构件类似，为使总钢筋面积（$A_s+A'_s$）最小，可取 $x=\xi_b h_0$，并将其代入式（6-57），则得计算 A'_s 的公式：

$$A'_s=\frac{Ne-\alpha_1 f_c bh_0^2\xi_b(1-0.5\xi_b)}{f'_y(h_0-a')} \tag{6-69}$$

若算得的 $A'_s\geqslant\rho_{min}bh=0.002bh$，则将 A'_s 值和 $x=\xi_b h_0$ 代入式（6-56），便可由下式求出 A_s：

$$A_s=\frac{\alpha_1 f_c b\xi_b h_0+f'_y A'_s-N}{f_y} \tag{6-70}$$

若算得的 $A'_s<\rho_{min}bh=0.002bh$，应取 $A'_s=\rho_{min}bh=0.002bh$，按 A'_s 已知的第二种情况计算。

② 第二种情况：已知 A'_s，求 A_s。

此类问题往往是因为承受变号弯矩或如上所述需要满足 A'_s 最小配筋率等构造要求，必须配置截面面积为 A'_s 的钢筋，然后求 A_s 的截面面积。这时，两个基本公式求 A_s 与 x 两个未知数，有唯一解。先由式（6-57）解二次方程求 x，x 有两个根，找出其中一个根是真实的 x 值。

若 $2a'\leqslant x\leqslant\xi_b h_0$，则将 x 代入式（6-56）得：

$$A_s=\frac{\alpha_1 f_c bx+f'_y A'_s-N}{f_y} \tag{6-71}$$

若 $x>\xi_b h_0$，说明原有的 A'_s 过少，应按 A_s 和 A'_s 均未知的第一种情况重算或按小偏心受压计算。

若 $x<2a'$，则可偏于安全地近似取 $x=2a'$，对 A'_s 合力重心取矩后，得 A_s 的计算公式如下：

$$A_s=\frac{Ne'}{f_y(h_0-a')} \tag{6-72}$$

式中，$e'=e_i-\frac{h}{2}+a'$。

【例 6-6】 某钢筋混凝土偏心受压柱，截面尺寸 $b=400\text{mm}$，$h=500\text{mm}$，计算长度 $l_c=4\text{m}$，两端截面的组合弯矩设计值分别为 $M_1=200\text{kN}\cdot\text{m}$，$M_2=250\text{kN}\cdot\text{m}$，构件单曲率弯曲，与 M_2 相应的轴力设计值 $N=1250\text{kN}$。混凝土采用 C30，纵筋采用 HRB400 级钢筋。求钢筋截面面积 A_s 和 A_s'。

【解】

(1) 判别是否要考虑二阶效应

$$M_1/M_2=200/250=0.8<0.9$$

$$\frac{N}{f_cA}=\frac{1250\times10^3}{14.3\times400\times500}=0.437<0.9$$

$$\frac{l_c}{i}=l_c/\sqrt{\frac{I}{A}}=l_c/\frac{h}{\sqrt{12}}=\sqrt{12}\frac{l_c}{h}=\sqrt{12}\times\frac{4000}{500}=27.71$$

$$34-12\left(\frac{M_1}{M_2}\right)=34-12\times0.8=24.4$$

$$l_c/i>34-12(M_1/M_2)$$

故要考虑二阶效应影响。

(2) 判断大小偏心

取
$$a=a'=40\text{mm},\ h_0=500-40=460\text{mm}$$

$$e_a=20\text{mm}>h/30=500/30=16.67\text{mm}$$

$$C_m=0.7+0.3\frac{M_1}{M_2}=0.7+0.3\times0.8=0.94$$

$$\zeta_c=\frac{0.5f_cA}{N}=\frac{0.5\times14.3\times400\times500}{1250\times10^3}=1.144>1\text{，取 }\zeta_c=1.0\text{。}$$

$$\begin{aligned}\eta_{ns}&=1+\frac{1}{1300(M_2/N+e_a)/h_0}\left(\frac{l_c}{h}\right)^2\zeta_c\\&=1+\frac{1}{1300\times(250\times10^6/1250\times10^3+20)/460}\times\left(\frac{4000}{500}\right)^2\times1.0\\&=1.103\end{aligned}$$

$$C_m\eta_{ns}=0.94\times1.103=1.037$$

$$M=C_m\eta_{ns}M_2=1.037\times250=259.25\text{kN}\cdot\text{m}$$

$$e_0=\frac{M}{N}=\frac{259.25\times10^6}{1250\times10^3}=207.4\text{mm}$$

$$e_i=e_0+e_a=207.4+20=227.4\text{mm}$$

$$e_i>0.3h_0=0.3\times460=138\text{mm}$$

先按大偏心受压计算。

(3) 配筋计算

$$e=e_i+h/2-a=227.4+250-40=437.4\text{mm}$$

$$A'_s=\frac{Ne-\alpha_1 f_c b h_0^2 \xi_b(1-0.5\xi_b)}{f'_y(h_0-a')}$$

$$=\frac{1250\times10^3\times437.4-1.0\times14.3\times400\times460^2\times0.518\times(1-0.5\times0.518)}{360\times(460-40)}$$

$$=543.46\text{mm}^2$$

$$A'_s>0.002bh=0.002\times400\times500=400\text{mm}^2$$

$$A_s=\frac{\alpha_1 f_c b h_0 \xi_b+f'_y A'_s-N}{f_y}$$

$$=\frac{1.0\times14.3\times400\times460\times0.518+360\times543.46-1250\times10^3}{360}$$

$$=857.24\text{mm}^2$$

$$A_s>0.002bh=0.002\times400\times500=400\text{mm}^2$$

选配 3 Φ 16 受压钢筋（$A'_s=603\text{mm}^2$）。

选配 2 Φ 20＋1 Φ 18 受拉钢筋（$A_s=883\text{mm}^2$）。

$$0.55\%<(A_s+A'_s)/A=(883+603)/400\times500=0.74\%<5\%$$

满足要求。

（4）截面配筋图

截面配筋图见图 6-27。

【例 6-7】 基本数据同例 6-6，但在受压区配置了 3 Φ 22 钢筋（$A'_s=1140\text{mm}^2$）。求所需的受拉钢筋 A_s。

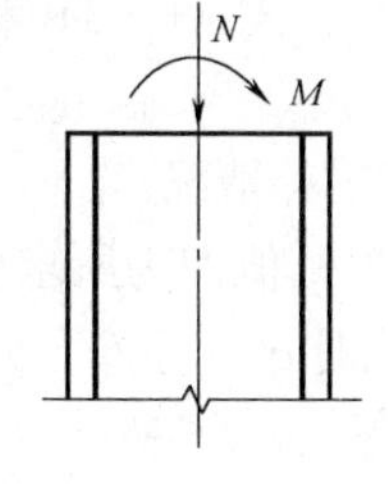

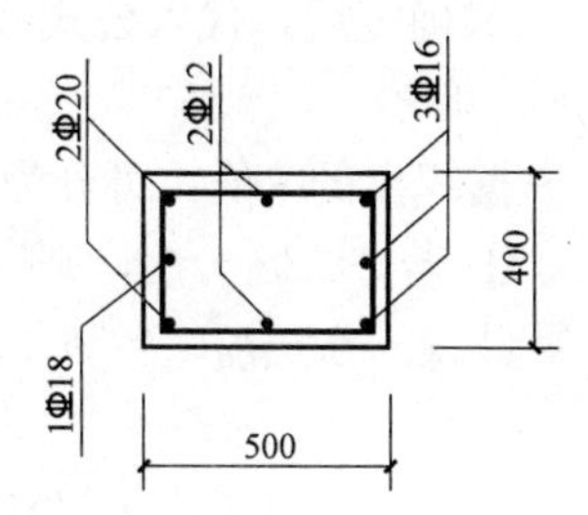

图 6-27 例 6-6 截面配筋图

【解】

（1）、（2）同例 6-6，先按大偏心受压进行计算。

（3）配筋计算

由例 6-6 知，$e=437.4\text{mm}$。

将 $A'_s=1140\text{mm}^2$ 代入下式：

$$Ne=\alpha_1 f_c bx(h_0-0.5x)+f'_y A'_s(h_0-a')$$

得

$$1250\times10^3\times437.4=1.0\times14.3\times400x\times(460-0.5x)+360\times1140\times(460-40)$$

解方程得：$x=175.9\text{mm}<\xi_b h_0=238.28\text{mm}$，说明确属大偏心受压。

又 $x>2a'=80\text{mm}$，故

$$A_s=\frac{\alpha_1 f_c bx+f'_y A'_s-N}{f_y}=\frac{1.0\times14.3\times400\times175.9+360\times1140-1250\times10^3}{360}$$

$$=462.63\text{mm}^2$$

$$A_s>0.002bh=0.002\times400\times500=400\text{mm}^2$$

选配 3 Φ 14 受拉钢筋（$A_s=461\text{mm}^2$）

$$0.55\%<(A_s+A'_s)/A=(461+1140)/400\times500=0.8\%<5\%$$

满足要求。

（4）截面配筋图

截面配筋图见图 6-28。

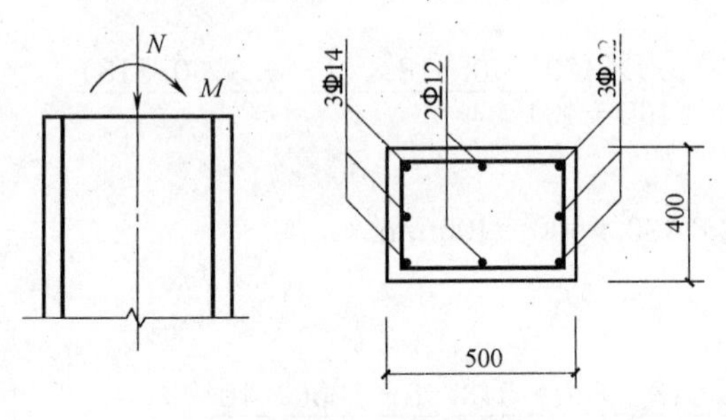

图 6-28 例 6-7 截面配筋图

2）小偏心受压

小偏心有两个基本公式加一个应力表达式，但有 A_s、A'_s、ξ（或 x）及 σ_s 四个未知数，故无唯一解。对于小偏心受压，$\xi > \xi_b$，$\sigma_s < f_y$，A_s未达到受拉屈服；而由式（6-65）知，若 A_s的应力 σ_s 达到 $-f'_y$，且 $f'_y = f_y$ 时，其相对受压区高度为 $2\beta_1 - \xi_b$，若 $\xi < 2\beta_1 - \xi_b$，则 $\sigma_s > -f'_y$，即 A_s未达到受压屈服。由此可见，当 $\xi_b < \xi < 2\beta_1 - \xi_b$ 时，A_s无论是受拉还是受压，无论配筋多少，都不能达到屈服，因而可取 $A_s = 0.002bh$，这样算得的总用钢量（$A_s + A'_s$）一般为最少。

此外，当 $N > f_c bh$ 时，为使 A_s配置不致过少，据式（6-66）知，A_s应满足：

$$A_s \geqslant \frac{Ne' - f_c bh\left(h'_0 - \dfrac{h}{2}\right)}{f'_y(h'_0 - a)} \tag{6-73}$$

式中，e' 由式（6-67）算得。

综上所述，当 $N > f_c bh$ 时，A_s应取 $0.002bh$ 和按式（6-73）算得的两数值中之大者。

A_s确定后，代入公式（6-62）、式（6-63）和式（6-65），解方程组，就可求出 ξ 和 A'_s 的唯一解。

据算出的 ξ 值，可分为以下三种情况：

① 若 $\xi < 2\beta_1 - \xi_b$，则所得的 A'_s值即为所求受压钢筋面积；

② 若 $2\beta_1 - \xi_b \leqslant \xi \leqslant h/h_0$，此时 $\sigma_s = -f'_y$，式（6-62）和式（6-63）转化为：

$$N \leqslant \alpha_1 f_c b\xi h_0 + f'_y A'_s + f'_y A_s \tag{6-74}$$

$$Ne \leqslant \alpha_1 f_c bh_0^2 \xi(1 - 0.5\xi) + f'_y A'_s(h_0 - a') \tag{6-75}$$

将 A_s值代入以上两式，重新求解 ξ 和 A'_s；

③ 若 $\xi > h/h_0$，此时为全截面受压，应取 $x = h$，同时取混凝土应力图形系数 $\alpha_1 = 1$，代入式（6-63）直接解得：

$$A'_s = \frac{Ne - f_c bh(h_0 - 0.5h)}{f'_y(h_0 - a')} \tag{6-76}$$

设计小偏心受压构件时，还应注意须满足 $A'_s \geqslant 0.002bh$ 的要求。

【例 6-8】 某钢筋混凝土偏心受压柱，截面尺寸 $b = 400$mm，$h = 500$mm，计算长度 $l_c = 3$m，两端截面的组合弯矩设计值分别为 $M_1 = -135$kN·m，$M_2 = 150$kN·m，构件双曲率弯曲，与 M_2相应的轴力设计值 $N = 2500$kN。混凝土采用 C30，纵筋采用 HRB400 级钢筋。求钢筋截面面积 A_s 和 A'_s。

【解】

（1）判别是否要考虑二阶效应

$$M_1/M_2 = -135/150 = -0.9 < 0.9$$

$$\frac{N}{f_c A} = \frac{2500 \times 10^3}{14.3 \times 400 \times 500} = 0.874 < 0.9$$

$$\frac{l_c}{i}-l_c/\sqrt{\frac{I}{A}}=l_c/\frac{h}{\sqrt{12}}-\sqrt{12}\frac{l_c}{h}=\sqrt{12}\times\frac{3000}{500}=20.784$$

$$34-12\left(\frac{M_1}{M_2}\right)=34+12\times0.9=44.8$$

$$l_c/i<34-12(M_1/M_2)$$

故不需考虑二阶效应影响。

（2）判别大小偏心

取 $a=a'=40\text{mm}$，$h_0=500-40=460\text{mm}$

$$e_0=\frac{M}{N}=\frac{150\times10^6}{2500\times10^3}=60\text{mm}$$

$$e_a=20\text{mm}>h/30=500/30=16.67\text{mm}$$

$$e_i=e_0+e_a=60+20=80\text{mm}<0.3h_0=138\text{mm}$$

属小偏心受压。

（3）配筋计算

根据已知条件，有 $\xi_b=0.518$，$\alpha_1=1.0$，$\beta_1=0.8$，$2\beta_1-\xi_b=1.082$

由于 $N=2500\text{kN}<f_cbh=14.3\times400\times500=2860000\text{N}=2860\text{kN}$

所以，取 $A_s=\rho_{min}bh=0.002\times400\times500=400\text{mm}^2$

$$e=e_i+h/2-a=80+250-40=290\text{mm}$$

将 A_s 代入下式：

$$N=\alpha_1f_cbx+f'_yA'_s-\sigma_sA_s$$

$$Ne=\alpha_1f_cbx(h_0-0.5x)+f'_yA'_s(h_0-a')$$

$$\sigma_s=\frac{\xi-\beta_1}{\xi_b-\beta_1}f_y$$

得

$$2500\times10^3=1.0\times14.3\times400x+360A'_s-\sigma_s\times400$$

$$2500\times10^3\times290=1.0\times14.3\times400x\times(460-0.5x)+360A'_s\times(460-40)$$

$$\sigma_s=\frac{x/460-0.8}{0.518-0.8}\times360$$

解得 $x=379.25\text{mm}$，$\xi=0.824$。

因 $\xi_b<\xi<2\beta_1-\xi_b$，故

$$A'_s=\frac{2500\times10^3\times290-1.0\times14.3\times400\times379.25\times(460-0.5\times379.25)}{360\times(460-40)}=915.83\text{mm}^2$$

$$A'_s>\rho_{min}bh=0.002\times400\times500=400\text{mm}^2$$

选配 3 Φ 14 的受拉钢筋（$A_s=461\text{mm}^2$）。

选配 3 Φ 20 受压钢筋（$A'_s=942\text{mm}^2$）。

$$0.55\%<(A_s+A'_s)/A=(461+942)/400\times500=0.7\%<5\%$$

满足要求。

（4）截面配筋图

截面配筋图见图 6-29。

（5）截面复核

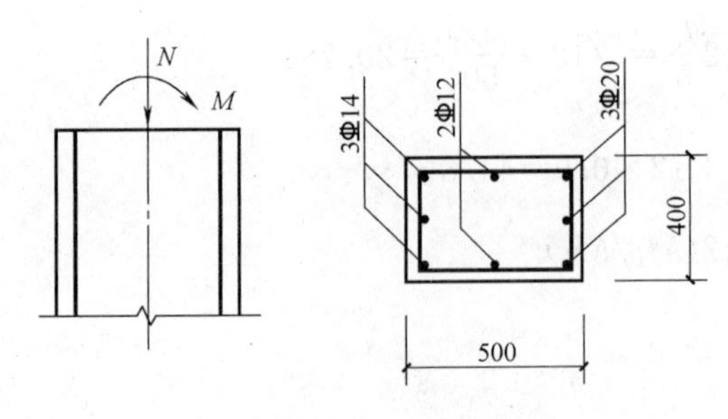

图 6-29　例 6-8 截面配筋图

截面复核问题一般是已知截面尺寸 $b\times h$，配筋面积 A_s 和 A'_s，混凝土强度等级与钢筋强度等级，构件计算长度 l_c，轴向力设计值 N 及偏心距 e_0，要求验算截面是否能承受此轴向力设计值 N；或已知轴向力设计值 N，求截面所能承受的弯矩设计值 M。

1）已知轴力设计值 N，求弯矩设计值 M

可先假设为大偏心受压，则由式（6-56）算得 x，即：

$$x=\frac{N-f'_yA'_s+f_yA_s}{\alpha_1 f_c b} \tag{6-77}$$

若 $x\leqslant\xi_b h_0$，即为大偏心受压，此时的截面复核方法为：将 x 代入式（6-57）求出 e，由式（6-58）算 e_i，从而易得 e_0，则所求的弯矩设计值 $M=Ne_0$。

若 $x>\xi_b h_0$，按小偏心受压进行截面复核：由式（6-62）和式（6-65）求 x，将 x 代入式（6-63）算得 e，亦按式（6-58）算 e_i，然后求出 e_0，则所求的弯矩设计值 $M=Ne_0$。

2）已知轴向力作用的偏心距 e_0，求轴力设计值 N

先假定为大偏心受压，但由于此时 N 未知，而式（6-56）、式（6-57）中均含 N 值，故必须重新建立一个不含 N 的平衡方程。据图 6-24（b），对 N_u 作用点取矩得：

$$\alpha_1 f_c bx(e_i-0.5h+0.5x)=f_yA_s(e_i+0.5h-a)-f'_yA'_s(e_i-0.5h+a') \tag{6-78}$$

按式（6-78）求出 x。若 $x\leqslant\xi_b h_0$，为大偏心受压，将 x 等数据代入式（6-56）便可算得 N。若 $x>\xi_b h_0$，则为小偏心受压，将式（6-78）的 f_y 改为 σ_s 得：

$$\alpha_1 f_c bx(e_i-0.5h+0.5x)=\sigma_sA_s(e_i+0.5h-a)-f'_yA'_s(e_i-0.5h+a') \tag{6-79}$$

将式（6-65）代入式（6-79）即可求出 x，将 x 等数据代入式（6-63）便可算得 N。

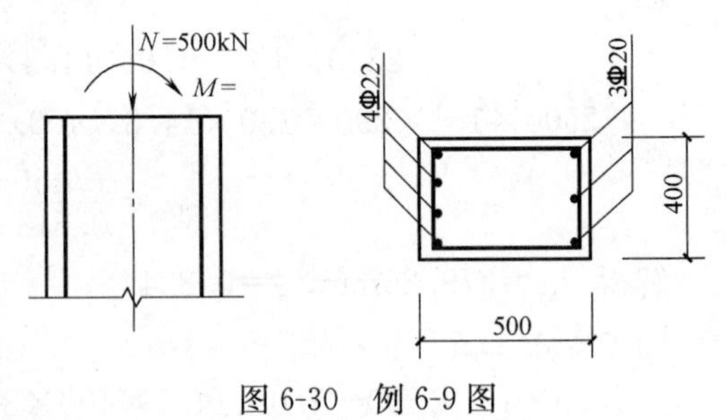

图 6-30　例 6-9 图

【例 6-9】 某钢筋混凝土矩形截面偏心受压柱如图 6-30 所示。截面尺寸 $b=400$mm，$h=500$mm，取 $a=a'=45$mm，柱的计算长度 $l_c=3.75$m，轴向力设计值 $N=500$kN。配有 4 ⏀ 22（$A_s=1520\text{mm}^2$）的受拉钢筋及 3 ⏀ 20（$A'_s=942\text{mm}^2$）的受压钢筋。混凝土采用 C25，求截面在 h 方向能承受的弯矩设计值 M。

【解】

（1）判别大小偏心

先假设为大偏心受压，将已知数据代入下式：

$$N=\alpha_1 f_c bx+f'_yA'_s-f_yA_s$$

得

$$x=\frac{N-f'_yA'_s+f_yA_s}{\alpha_1 f_c b}=\frac{500\times10^3-360\times942+360\times1520}{1.0\times11.9\times400}=148.76\text{mm}$$

$$x<\xi_b h_0=0.518\times455=235.69\text{mm}$$

为大偏心受压。

(2) 求偏心距 e_0

因为 $x>2a'=90\text{mm}$，故由

$Ne=\alpha_1 f_c bx\left(h_0-\frac{x}{2}\right)+f'_y A'_s(h_0-a')$ 得

$$\begin{aligned}e&=\frac{\alpha_1 f_c bx\left(h_0-\frac{x}{2}\right)+f'_y A'_s(h_0-a')}{N}\\&=\frac{1.0\times11.9\times400\times148.76\times(455-148.76/2)+360\times942\times(455-45)}{500\times10^3}\\&=817.11\text{mm}\end{aligned}$$

$\frac{h}{30}=\frac{500}{30}=16.67\text{mm}<20\text{mm}$，取 $e_a=20\text{mm}$。

由
$$e=e_i+\frac{h}{2}-a$$

得
$$e_i=817.11-250+45=612.11\text{mm}$$
$$e_0=e_i-e_a=612.11-20=592.11\text{mm}$$

(3) 求弯矩设计值 M

$$M=Ne_0=500\times10^3\times592.11=296.055\times10^6\text{N}\cdot\text{mm}=296.055\text{kN}\cdot\text{m}$$

故截面在 h 方向能承受的弯矩设计值 M 为 296.055kN·m。

【例 6-10】 某钢筋混凝土矩形截面偏心受压柱如图 6-31 所示，截面尺寸 $b=400\text{mm}$，$h=500\text{mm}$，取 $a=a'=40\text{mm}$，柱的计算长度 $l_c=3.75\text{m}$，混凝土强度等级为 C30。配有 3Φ20（$A_s=942\text{mm}^2$）的受拉钢筋及 5Φ25（$A'_s=2454\text{mm}^2$）的受压钢筋。轴向力的偏心距 $e_0=80\text{mm}$，求截面能承受的轴向力设计值 N。

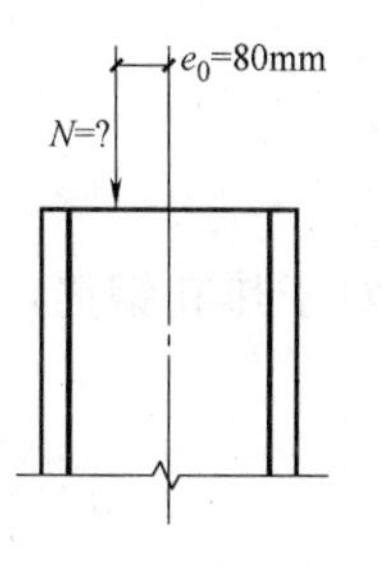

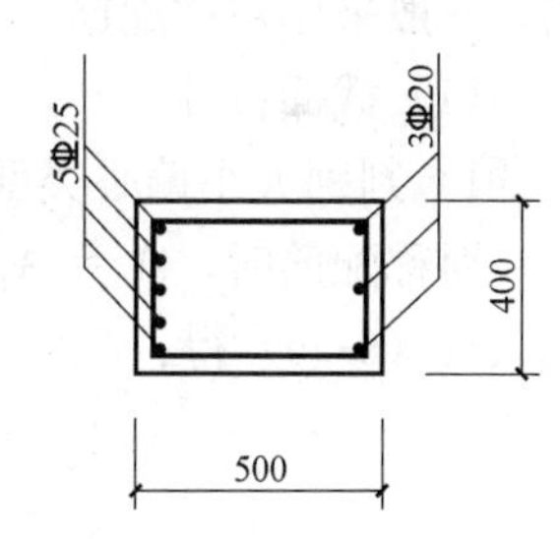

图 6-31 例 6-10 图

【解】

(1) 判别大小偏心

$e_0=80\text{mm}$，$\frac{h}{30}=\frac{500}{30}=16.67\text{mm}<20\text{mm}$，取 $e_a=20\text{mm}$，则

$$e_i=e_0+e_a=80+20=100\text{mm}$$

把已知数据代入

$\alpha_1 f_c bx(e_i-0.5h+0.5x)=f_y A_s(e_i+0.5h-a)-f'_y A'_s(e_i-0.5h+a')$ 得

$$1.0\times14.3\times400x\times(100-250+0.5x)=360\times942\times(100+250-40)-360\times2454\times(100-250+40)$$

解得 $x=455.35\text{mm}$

$$x>\xi_b h_0=0.518\times460=238.23\text{mm}$$

故为小偏心受压。

(2) 求轴向力设计值 N

把已知数据及 σ_s 表达式代入下式：

$$\alpha_1 f_c bx(e_i-0.5h+0.5x)=\sigma_s A_s(e_i+0.5h-a)-f'_y A'_s(e_i-0.5h+a')$$

得

$$1.0\times14.3\times400x\times(100-250+0.5x)=\frac{x/460-0.8}{0.518-0.8}\times360\times942\times(100+250-40)-360\times2454\times(100-250+40)$$

解得　$x=380.24\text{mm}$，$\xi=0.827$

因 $\xi_b=0.518<\xi<2\beta_1-\xi_b=1.082$，故将 x 代入下式：

$$N=\frac{\alpha_1 f_c bx(h_0-0.5x)+f'_y A'_s(h_0-a')}{e}$$

得

$$N=\frac{1.0\times14.3\times400\times380.24\times(460-0.5\times380.24)+2454\times360\times(460-40)}{100+250-40}$$

$$=3090407.9\text{N}=3090.4\text{kN}$$

故该柱所能承受的轴向力设计值为 3090.4kN。

7. *对称配筋矩形截面偏心受压构件正截面受压承载力计算方法*

实际工程中，偏心受压构件截面在各种不同内力组合下，可能承受方向相反的弯矩，当两个方向的弯矩相差不大，或即使相差较大，但按对称配筋设计算得的纵向钢筋总用量比按不对称配筋设计增加不多时，均宜采用对称配筋（$A_s=A'_s$）。装配式柱为避免吊装出错，一般采用对称配筋。

(1) 截面设计

1) 判别大小偏心类型

对称配筋时，$A_s=A'_s$，对于热轧钢筋，$f_y=f'_y$(除强度等级为 500MPa 外，下同)，代入式（6-56）得：

$$x=\frac{N}{\alpha_1 f_c b} \tag{6-80}$$

当 $x\leqslant\xi_b h_0$ 时，按大偏心受压构件计算；当 $x>\xi_b h_0$ 时，按小偏心受压构件计算。

值得注意的是，利用式（6-80）判断大小偏心类型时，有时会出现矛盾的情况。如当轴向压力的偏心距很小甚至接近轴心受压时，应该说是属于小偏心受压，然而当截面尺寸较大而 N 又较小时，用式（6-80）进行计算，有可能出现 $x\leqslant\xi_b h_0$ 的大偏心情况，也就是说会出现 $e_i<0.3h_0$ 而 $x\leqslant\xi_b h_0$ 的情况。究其原因，是由于截面尺寸过大，截面并未达到承载能力极限状态所致。此时，无论用大偏心受压或小偏心受压公式计算，所得配筋均由最小配筋率控制。

2) 大偏心受压

若 $2a'\leqslant x\leqslant\xi_b h_0$，则将 x 代入式（6-57）得：

$$A_s=A'_s=\frac{Ne-\alpha_1 f_c bx(h_0-0.5x)}{f'_y(h_0-a')} \tag{6-81}$$

式中，$e=e_i+\frac{h}{2}-a$。

若 $x<2a'$，亦可按不对称配筋大偏心受压计算方法一样处理，由式（6-72）得：

$$A_s=A_s'=\frac{Ne'}{f_y(h_0-a')} \tag{6-82}$$

式中，$e'=e_i-\frac{h}{2}+a'$。

3）小偏心受压

对于小偏心受压破坏，将 $A_s=A_s'$、$f_y=f_y'$代入式（6-62）、式（6-63）和式（6-65）并整理得：

$$N=\alpha_1 f_c bx+f_y A_s-\frac{x/h_0-\beta_1}{\xi_b-\beta_1}f_y A_s \tag{6-83}$$

$$Ne=\alpha_1 f_c bx\left(h_0-\frac{x}{2}\right)+f_y A_s(h_0-a') \tag{6-84}$$

由式（6-83）和式（6-84）知，求 x 需求解三次方程，计算复杂，可用近似公式计算。近似公式推导如下：

由式（6-83）和 $\xi=\frac{x}{h_0}$得：

$$f_y'A_s'=f_y A_s=(N-\alpha_1 f_c b\xi h_0)\frac{\xi_b-\beta_1}{\xi_b-\xi}$$

代入式（6-84）得：

$$Ne\frac{\xi_b-\xi}{\xi_b-\beta_1}=\alpha_1 f_c bh_0^2\xi(1-0.5\xi)\frac{\xi_b-\xi}{\xi_b-\beta_1}+(N-\alpha_1 f_c b\xi h_0)(h_0-a') \tag{6-85}$$

这是 ξ 的三次方程，求解较麻烦。

令

$$\bar{y}=\xi(1-0.5\xi)\frac{\xi_b-\xi}{\xi_b-\beta_1} \tag{6-86}$$

对于选定的钢筋和混凝土，ξ_b 及 β_1 为已知，则根据式（6-86）可画出 $\bar{y}\sim\xi$ 关系曲线，如图 6-32 所示。由图 6-32 可知，在小偏心受压（$\xi_b<\xi\leqslant 2\beta_1-\xi_b$）的区段内，$\bar{y}\sim\xi$ 逼近于直线。对于热轧钢筋，$\bar{y}$与 ξ 的线性方程可近似取为：

$$\bar{y}=0.43\frac{\xi_b-\xi}{\xi_b-\beta_1} \tag{6-87}$$

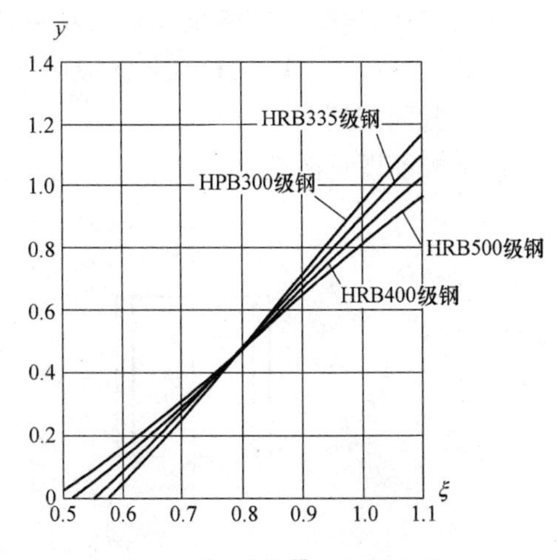

图 6-32　参数$\bar{y}$-ξ 关系曲线

将式（6-87）代入式（6-85），整理后即可得求 ξ 的近似公式：

$$\xi=\frac{N-\xi_b\alpha_1 f_c bh_0}{\dfrac{Ne-0.43\alpha_1 f_c bh_0^2}{(\beta_1-\xi_b)(h_0-a')}+\alpha_1 f_c bh_0}+\xi_b \tag{6-88}$$

将 ξ 代入式（6-63）即可得：

$$A_s=A'_s=\frac{Ne-\alpha_1 f_c b h_0^2\xi(1-0.5\xi)}{f'_y(h_0-a')} \tag{6-89}$$

不论是大偏心还是小偏心受压构件，A_s和A'_s都必须满足最小配筋率的要求。

（2）截面复核

对称配筋与非对称配筋截面复核方法基本相同。此外，在复核小偏心受压构件时，因采用了对称配筋，故仅须考虑靠近轴向压力一侧的混凝土先破坏的情况。

【例 6-11】 已知条件同例 6-6，采用对称配筋，求钢筋截面面积 A_s和 A'_s。

【解】

（1）判别大小偏心

由式 $x=\frac{N}{\alpha_1 f_c b}$，得

$$x=\frac{N}{\alpha_1 f_c b}=\frac{1250\times10^3}{1.0\times14.3\times400}=218.53\text{mm}$$

$x<\xi_b h_0=0.518\times460=238.28\text{mm}$，故为大偏心受压。

（2）配筋计算

由例 6-6 求得：

$$e=437.4\text{mm}$$

因 $x>2a'=80\text{mm}$，故将 x 代入下式：

$$A_s=A'_s=\frac{Ne-\alpha_1 f_c bx(h_0-0.5x)}{f'_y(h_0-a')}$$

得

$$A_s=A'_s=\frac{1250\times10^3\times437.4-1.0\times14.3\times400\times218.53\times(460-0.5\times218.53)}{360\times(460-40)}$$

$=716.5\text{mm}^2$

$$A_s=A'_s>0.002bh=0.002\times400\times500=400\text{mm}^2$$

A_s和 A'_s均选配 3 ⌀ 18 的钢筋（$A_s=A'_s=763\text{mm}^2$）。

$0.55\%<(A_s+A'_s)/A=2\times763/(400\times500)=0.763\%<5\%$，满足要求。

（3）截面配筋图

截面配筋图见图 6-33。

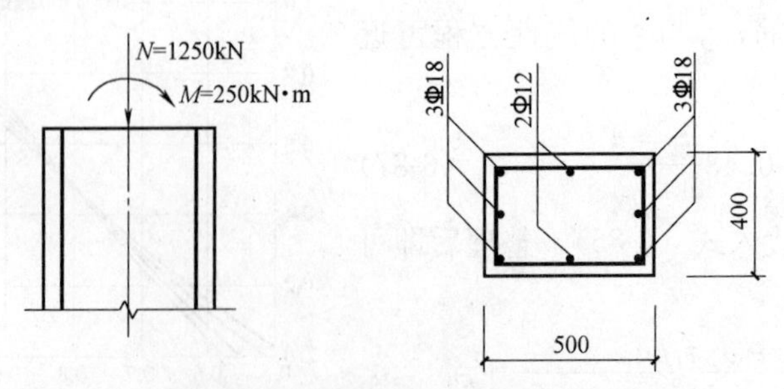

图 6-33　例 6-11 截面配筋图

（4）比较讨论

例 6-6、例 6-7、例 6-11 是同一根柱子分别按 A_s和 A'_s均未知的非对称配筋、A'_s已知的非对称配筋及 A_s和 A'_s均未知的对称配筋的三种情况设计。比较三者的总配筋面积

$[(A_s+A_s')_6=543.46+857.24=1400.7\text{mm}^2$，$(A_s+A_s')_7=462.63+1140=1602.63\text{mm}^2$，$(A_s+A_s')_{11}=716.5+716.5=1433\text{mm}^2]$ 可知，对于大偏心受压构件，按 A_s 和 A_s' 均未知的非对称配筋设计总用钢量最小，这是因为在设计时，充分利用了混凝土的受压能力，即取了 $x=\xi_b h_0$。

【例 6-12】 已知条件同例 6-8，采用对称配筋，试用近似公式法求纵向钢筋截面面积 A_s 和 A_s'。

【解】

（1）判别大小偏心

由式 $x=\dfrac{N}{\alpha_1 f_c b}$，得

$$x=\frac{N}{\alpha_1 f_c b}=\frac{2500\times10^3}{1.0\times14.3\times400}=437.06\text{mm}$$

$x>\xi_b h_0=0.518\times460=238.28\text{mm}$，故为小偏心受压。

（2）配筋计算

由例 6-8 求得：

$$e=290\text{mm}$$

将已知数据代入近似式：

$$\xi=\frac{N-\xi_b\alpha_1 f_c bh_0}{\dfrac{Ne-0.43\alpha_1 f_c bh_0^2}{(\beta_1-\xi_b)(h_0-a')}+\alpha_1 f_c bh_0}+\xi_b$$

得

$$\xi=\frac{2500\times10^3-0.518\times1.0\times14.3\times400\times460}{\dfrac{2500\times10^3\times290-0.43\times1.0\times14.3\times400\times460^2}{(0.8-0.518)\times(460-40)}+1.0\times14.3\times400\times460}+0.518$$

$$=0.779$$

因 $\xi_b<\xi<2\beta_1-\xi_b$，故将 ξ 值代入下式：

$$A_s=A_s'=\frac{Ne-\alpha_1 f_c bh_0^2\xi(1-0.5\xi)}{f_y'(h_0-a')}$$

得

$$A_s=A_s'=\frac{2500\times10^3\times290-1.0\times14.3\times400\times460^2\times0.779\times(1-0.5\times0.779)}{360\times(460-40)}$$

$$=987.97\text{mm}^2$$

$$A_s=A_s'>0.002bh=0.002\times400\times500=400\text{mm}^2$$

根据以上计算结果，A_s 和 A_s' 均选配 3⌀22 的钢筋（$A_s=A_s'=1140\text{mm}^2$）。

$0.55\%<(A_s+A_s')/A=2\times1140/400\times500=1.14\%<5\%$，满足要求。

（3）截面配筋图

截面配筋图见图 6-34。

（4）比较讨论

例 6-8、例 6-12 是同一根柱子分别按非对称配筋和对称配筋的两种情况设计。比较二者的总配筋面积 $[(A_s+A_s')_8=400+915.83=1315.83\text{mm}^2$，$(A_s+A_s')_{12}=987.97\times2=$

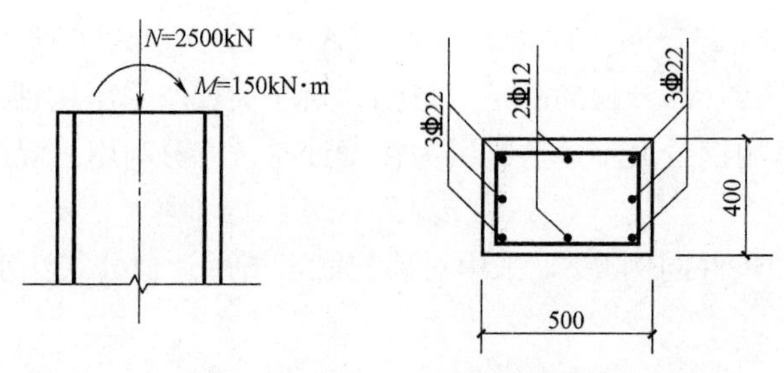

图 6-34 例 6-12 截面配筋图

1975.94mm²] 可知，对于小偏心受压构件，非对称配筋设计的用钢量较小，这是因为小偏心受压构件远离压力作用一侧的钢筋，一般情况下无论拉压都达不到屈服，所以采取对称配筋设计（$A_s=A'_s$），必然会造成 A_s 过大的情况。

8. 对称配筋工字形截面偏心受压构件正截面受压承载力计算

尺寸较大的装配式柱往往采用工字形截面柱，这样可以节省混凝土和减轻柱的自重。工字形截面柱的正截面破坏形态和矩形截面相同。为保证吊装不会出错，工字形截面装配式柱一般都采用对称配筋。

（1）大偏心受压

1）计算公式

① $x \leqslant h'_f$

按宽度为 b'_f 的矩形截面计算，见图 6-35（a），公式为：

$$N \leqslant N_u = \alpha_1 f_c b'_f x + f'_y A'_s - f_y A_s \tag{6-90}$$

$$Ne \leqslant N_u e = \alpha_1 f_c b'_f x \left(h_0 - \frac{x}{2}\right) + f'_y A'_s (h_0 - a') \tag{6-91}$$

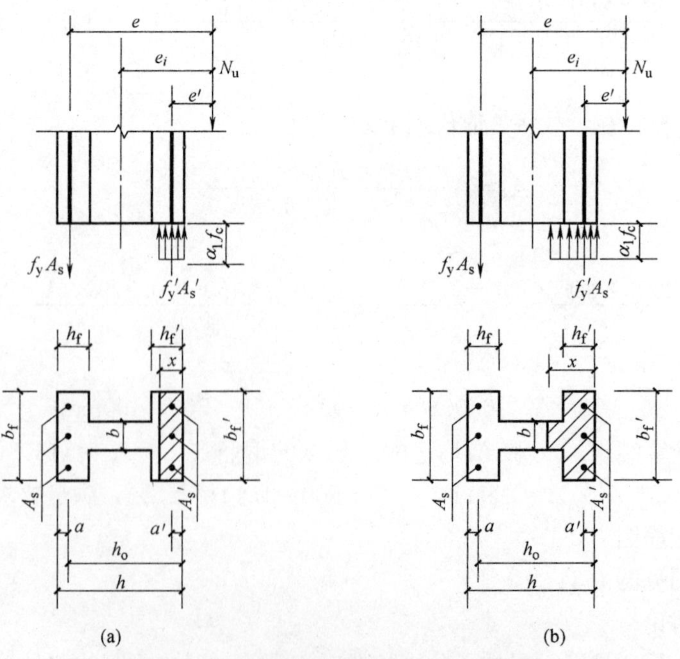

图 6-35 工字形截面大偏心受压计算简图

（a）受压区为矩形；（b）受压区为 T 形

② $x>h'_f$

受压区为T形截面，见图6-35（b），按下面公式计算：

$$N \leqslant N_u = \alpha_1 f_c [bx + (b'_f - b)h'_f] + f'_y A'_s - f_y A_s \tag{6-92}$$

$$Ne \leqslant N_u e = \alpha_1 f_c \left[bx\left(h_0 - \frac{x}{2}\right) + (b'_f - b)h'_f\left(h_0 - \frac{h'_f}{2}\right) \right] + f'_y A'_s (h_0 - a') \tag{6-93}$$

式中 b'_f——工字形截面受压翼缘宽度；

h'_f——工字形截面受压翼缘高度。

2）适用条件

为了保证上述计算公式中的受拉钢筋A_s和受压钢筋A'_s均能达到屈服强度，要满足下列条件：

$$x \leqslant \xi_b h_0 \text{ 及 } x \geqslant 2a'$$

3）计算方法

先将工字形截面假想为宽度是b'_f的矩形截面。因$A'_s f'_y = A_s f_y$，由式（6-90）得：

$$x = \frac{N}{\alpha_1 f_c b'_f}$$

按x值的不同，分成三种情况：

① 当$x>h'_f$时

用式（6-92）和式（6-93）加上$A'_s f'_y = A_s f_y$条件，可求得钢筋截面面积。此时必须满足$x \leqslant \xi_b h_0$的条件。

② 当$2a' \leqslant x \leqslant h'_f$时

用式（6-90）及式（6-91）加上$A'_s f'_y = A_s f_y$条件，可求得钢筋截面面积。

③ 当$x<2a'$时

与双筋受弯构件一样，取$x=2a'$，用下式求配筋：

$$A_s = A'_s = \frac{N(e_i - 0.5h + a')}{f_y(h_0 - a')} \tag{6-94}$$

（2）小偏心受压

1）计算公式

小偏心受压工字形截面，一般不会出现$x \leqslant h'_f$的情况。这里仅讨论$x>h'_f$的情况。

① $h'_f < x \leqslant h - h_f$

受压区为T形截面，见图6-36（a），按下列公式计算：

$$N \leqslant N_u = \alpha_1 f_c [bx + (b'_f - b)h'_f] + f'_y A'_s - \sigma_s A_s \tag{6-95}$$

$$Ne \leqslant N_u e = \alpha_1 f_c \left[bx\left(h_0 - \frac{x}{2}\right) + (b'_f - b)h'_f\left(h_0 - \frac{h'_f}{2}\right) \right] + f'_y A'_s (h_0 - a') \tag{6-96}$$

② $x>h-h_f$

受压区为工字形截面，见图6-36（b），按下列公式计算：

$$N \leqslant N_u = \alpha_1 f_c [bx + (b'_f - b)h'_f + (b_f - b)(h_f + x - h)] + f'_y A'_s - \sigma_s A_s \tag{6-97}$$

$$Ne \leqslant N_u e = \alpha_1 f_c \left[bx\left(h_0 - \frac{x}{2}\right) + (b'_f - b)h'_f\left(h_0 - \frac{h'_f}{2}\right) + (b_f - b)(h_f + x - h)\left(h_f - \frac{h_f + x - h}{2} - a\right) \right] + f'_y A'_s (h_0 - a') \tag{6-98}$$

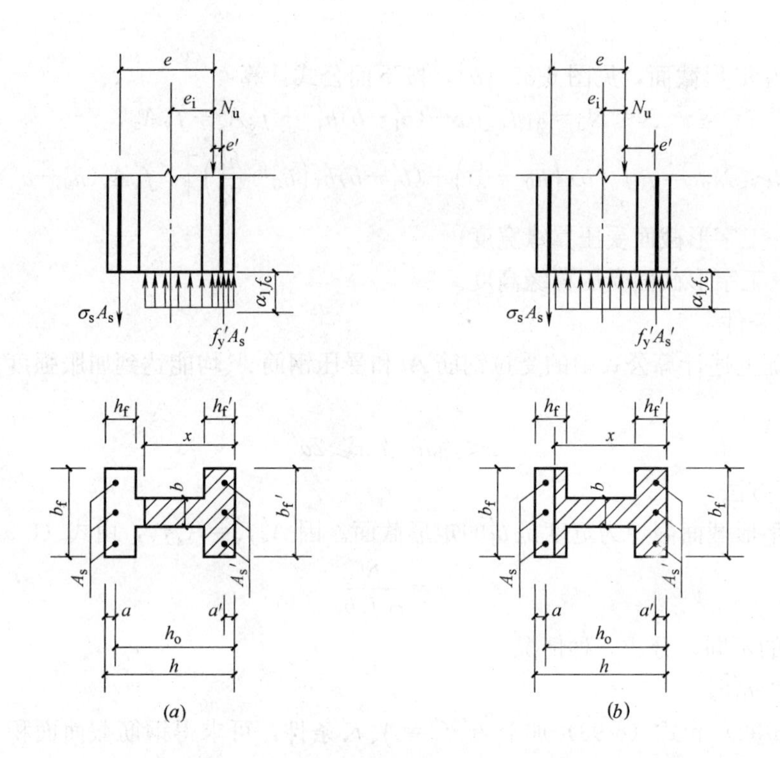

图 6-36 工字形截面小偏心受压计算简图

(a) 受压区为 T 形；(b) 受压区为工字形

小偏心受压时，σ_s仍可近似按式（6-65）计算。

2）适用条件

$$x > \xi_b h_0$$

3）计算方法

对称配筋工字形截面计算方法与对称配筋矩形截面计算方法基本相同，也可采用近似公式计算法进行计算，ξ 的近似计算公式如下（此处仅给出受压区为 T 形的情况，受压区为工字形的计算公式请读者自行推导。）：

$$\xi = \frac{N - \alpha_1 f_c (b_f' - b) h_f' - \alpha_1 f_c b h_0 \xi_b}{\dfrac{Ne - \alpha_1 f_c (b_f' - b) h_f' \left(h_0 - \dfrac{h_f'}{2}\right) - 0.43 \alpha_1 f_c b h_0^2}{(\beta_1 - \xi_b)(h_0 - a')} + \alpha_1 f_c b h_0} + \xi_b \tag{6-99}$$

求得 ξ 后，可算出 $x = \xi h_0$。当 x 的值不同时，分别按以下情况求 A_s'和 A_s：

① 当 $\xi_b h_0 < x \leqslant (h - h_f)$ 时，把 x 代入式（6-96）即可求得 A_s'和 A_s；

② 当 $(h - h_f) < x < (2\beta_1 - \xi_b) h_0$ 时，把 x 代入式（6-98）即可求得 A_s'和 A_s；

③ 当 $(2\beta_1 - \xi_b) h_0 \leqslant x < h$ 时，A_s已达到受压屈服，取 $\sigma_s = -f_y'$代入式（6-97），联立式（6-98）可求得 A_s'和 A_s；

④ 当 $h \leqslant x < (2\beta_1 - \xi_b) h_0$ 时，取 $x = h$ 代入式（6-98）即可求得 A_s'和 A_s；

⑤ 当 $x \geqslant h$ 且 $x \geqslant (2\beta_1 - \xi_b) h_0$ 时，此时全截面受压，且 A_s已达到受压屈服，取$\sigma_s = -f_y'$及 $x = h$ 代入式（6-97）和式（6-98），分别求出 A_s'，然后取大值作为所求的A_s'和 A_s。

非对称配筋工字形截面偏心受压构件正截面承载力的计算方法与前述矩形截面的计算

方法类似，仅需注意翼缘的作用，在此从略。

工字形截面偏心受压构件的配筋率应满足最小配筋率要求，最小配筋百分率见附表C-25。

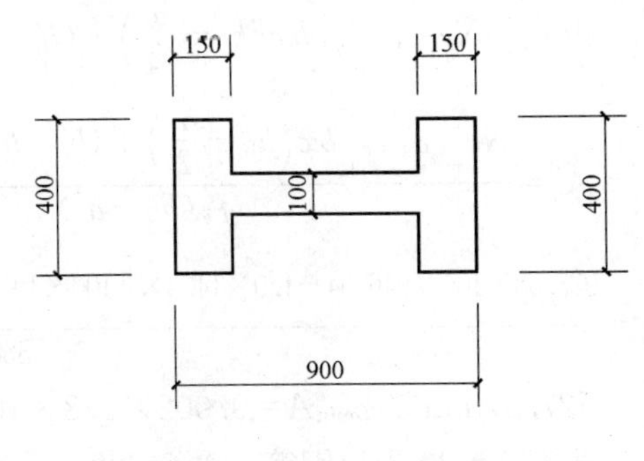

图6-37　例6-13图

【例6-13】 某钢筋混凝土工字形截面柱，截面尺寸如图6-37所示。采用C30混凝土，HRB400钢筋，$a=a'=40\text{mm}$，$l_c=8.9\text{m}$，对称配筋。承受轴向力设计值$N=923.68\text{kN}$，上、下截面的弯矩设计值为$M_1=391.27\text{kN}\cdot\text{m}$、$M_2=422.36\text{kN}\cdot\text{m}$，构件单曲率弯曲。求纵向钢筋截面面积。

【解】

(1) 判别大小偏心受压

由 $x=\dfrac{N}{\alpha_1 f_c b_f'}=\dfrac{923.68\times10^3}{1.0\times14.3\times400}=161.48\text{mm}>h_f'=150\text{mm}$ 知，受压区进入腹板。

由式 $x=\dfrac{N-(b_f'-b)h_f'\alpha_1 f_c}{\alpha_1 f_c b}$，得

$$x=\frac{923.68\times10^3-(400-100)\times150\times1.0\times14.3}{1.0\times14.3\times100}=195.93\text{mm}$$

$$h_f'=150\text{mm}<x<\xi_b h_0=0.518\times860=445.48\text{mm}$$

构件为大偏心受压，且x即为所求之受压区高度。

(2) 配筋计算

$M_1/M_2=391.27/422.36=0.926>0.9$，要考虑二阶效应影响。

$$e_a=\frac{h}{30}=\frac{900}{30}=30\text{mm}>20\text{mm}$$

$$C_m=0.7+0.3\frac{M_1}{M_2}=0.7+0.3\times0.926=0.978$$

$$A=600\times100+2\times150\times400=1.8\times10^5\text{mm}^2$$

$\zeta_c=\dfrac{0.5f_cA}{N}=\dfrac{0.5\times14.3\times1.8\times10^5}{923.68\times10^3}=1.393>1$，取$\zeta_c=1.0$。

$$\eta_{ns}=1+\frac{1}{1300(M_2/N+e_a)/h_0}\left(\frac{l_c}{h}\right)^2\zeta_c$$

$$=1+\frac{1}{1300\times(422.36\times10^6/923.68\times10^3+30)/860}\times\left(\frac{8900}{900}\right)^2\times1.0$$

$$=1.133$$

$$C_m\eta_{ns}=0.978\times1.133=1.108$$

$$M=C_m\eta_{ns}M_2=1.108\times422.36=467.97\text{kN}\cdot\text{m}$$

$$e_0=\frac{M}{N}=\frac{467.97\times10^6}{923.68\times10^3}=506.64\text{mm}$$

$$e_i=e_0+e_a=506.64+30=536.64\text{mm}$$

$$e=e_i+\frac{h}{2}-a'=536.64+450-40=946.64\text{mm}$$

由式 $Ne=\alpha_1 f_c\left[bx\left(h_0-\frac{x}{2}\right)+(b'_f-b)h'_f\left(h_0-\frac{h'_f}{2}\right)\right]+f'_yA'_s(h_0-a')$，得

$$A_s=A'_s=\frac{Ne-\alpha_1 f_c\left[bx\left(h_0-\frac{x}{2}\right)+(b'_f-b)h'_f\left(h_0-\frac{h'_f}{2}\right)\right]}{f'_y(h_0-a')}$$

$$=\frac{923.68\times10^3\times946.64-1.0\times14.3\times\left[100\times195.93\times\left(860-\frac{195.93}{2}\right)+(400-100)\times150\times\left(860-\frac{150}{2}\right)\right]}{360\times(860-40)}$$

$=527.57\text{mm}^2>\rho_{min}A=0.002\times1.8\times10^5=360\text{mm}^2$

选配 2⌀20 受拉钢筋（$A_s=628\text{mm}^2$）和 2⌀20 受压钢筋（$A'_s=628\text{mm}^2$）。

$0.55\%<(A_s+A'_s)/A=2\times628/1.8\times10^5=0.7\%<5\%$，满足要求。

（3）截面配筋图

截面配筋图如图 6-38 所示。

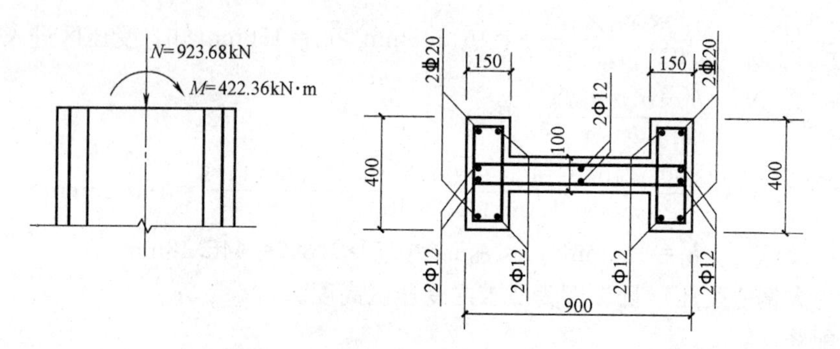

图 6-38　例 6-13 截面配筋图

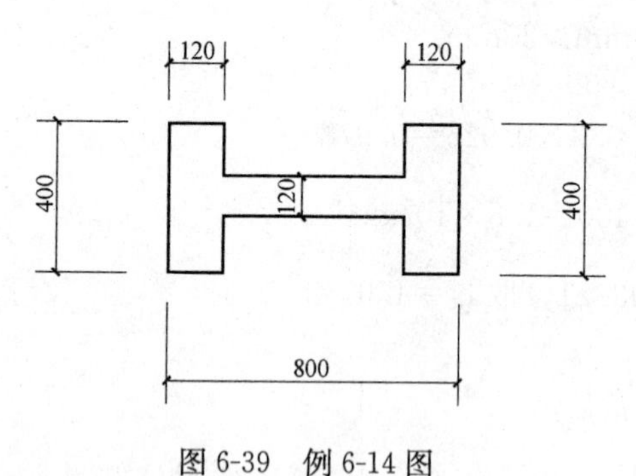

图 6-39　例 6-14 图

【例 6-14】 某钢筋混凝土工字形截面柱，截面尺寸如图 6-39 所示。采用 C30 混凝土，HRB400 钢筋，$a=a'=40\text{mm}$，$l_c=7.2\text{m}$，对称配筋。承受轴向力设计值 $N=1620\text{kN}$，上下端弯矩设计值 $M_1=M_2=350\text{kN}\cdot\text{m}$，构件单曲率弯曲。求纵向钢筋截面面积。

【解】

（1）判别大小偏心受压

由式 $N=\alpha_1 f_c[bx+(b'_f-b)h'_f]+f'_yA'_s-f_yA_s$，得

$$x=\frac{N-(b'_f-b)h'_f\alpha_1 f_c}{\alpha_1 f_c b}=\frac{1620\times10^3-(400-120)\times120\times1.0\times14.3}{1.0\times14.3\times120}=664\text{mm}$$

$$\xi_b h_0=0.518\times760=393.68\text{mm}<x<(h-h_f)=800-120=680\text{mm}$$

构件为小偏心受压。

（2）配筋计算

$M_1/M_2=1$，要考虑二阶效应影响。

$$e_a=\frac{h}{30}=\frac{800}{30}=26.67\text{mm}>20\text{mm}$$

$$C_m=0.7+0.3\frac{M_1}{M_2}=0.7+0.3\times1.0=1.0$$

$$A=560\times120+2\times120\times400=1.632\times10^5\text{mm}^2$$

$$\zeta_c=\frac{0.5f_cA}{N}=\frac{0.5\times14.3\times1.632\times10^5}{1620\times10^3}=0.72$$

$$\eta_{ns}=1+\frac{1}{1300(M_2/N+e_a)/h_0}\left(\frac{l_c}{h}\right)^2\zeta_c$$

$$=1+\frac{1}{1300\times(350\times10^6/1620\times10^3+26.67)/760}\times\left(\frac{7200}{800}\right)^2\times0.72$$

$$=1.14$$

$$M=C_m\eta_{ns}M_2=1.0\times1.14\times350=399\text{kN}\cdot\text{m}$$

$$e_0=\frac{M}{N}=\frac{399\times10^6}{1620\times10^3}=246.3\text{mm}$$

$$e_i=e_0+e_a=246.3+26.67=272.97\text{mm}$$

$$e=e_i+\frac{h}{2}-a'=272.97+400-40=632.97\text{mm}$$

由式 $\xi=\dfrac{N-\alpha_1f_c[\xi_bbh_0+(b_f'-b)h_f']}{\dfrac{Ne-\alpha_1f_c[0.43bh_0^2+(b_f'-b)h_f'(h_0-0.5h_f')]}{(\beta_1-\xi_b)(h_0-a')}+\alpha_1f_cbh_0}+\xi_b$，得

$$\xi=\frac{1620\times10^3-1.0\times14.3\times[0.518\times120\times760+(400-120)\times120]}{\dfrac{1620\times10^3\times632.97-1.0\times14.3\times[0.43\times120\times760^2+(400-120)\times120\times(760-0.5\times120)]}{(0.8-0.518)(760-40)}+1.0\times14.3\times120\times760}+0.518$$

$$=0.697$$

$$x=0.697\times760=529.72\text{mm}$$

$$\xi_bh_0=393.68\text{mm}<x<(h-h_f)=680\text{mm}$$

$$A_s=A_s'=\frac{Ne-\alpha_1f_c\left[bh_0^2\xi(1-0.5\xi)+(b_f'-b)h_f'\left(h_0-\dfrac{h_f'}{2}\right)\right]}{f_y'(h_0-a')}$$

$$=\frac{1620\times10^3\times632.97-1.0\times14.3\times\left[120\times760^2\times0.697\times(1-0.5\times0.697)+(400-120)\times120\times\left(760-\dfrac{120}{2}\right)\right]}{360\times(760-40)}$$

$$=922\text{mm}^2>\rho_{min}A=0.002\times1.632\times10^5=326.4\text{mm}^2$$

选配 4 Φ 18 受拉钢筋（$A_s=1017\text{mm}^2$）和 4 Φ 18 受压钢筋（$A_s'=1017\text{mm}^2$）。

$0.55\%<(A_s+A_s')/A=2\times1017/1.632\times10^5=1.25\%<5\%$，满足要求。

（3）截面配筋图

截面配筋图如图 6-40 所示。

9. 沿截面腹部均匀配置纵向钢筋的矩形、T 形或工字形截面钢筋混凝土偏心受压构件正截面受压承载力计算

剪力墙通常也是偏心受压构件。由于剪力墙的截面高度较大，除了在弯矩作用方向截面的两端集中布置纵向钢筋 A_s和 A_s'外，还会沿着截面腹部均匀布置纵向分布钢筋，如图 6-41 所示。对于这种配筋方式的受压构件，腹部的纵向钢筋应力可根据应变平截面假定和钢筋的应力—应变关系求得，然后通过平衡方程求得正截面承载力。但这样的计算比较

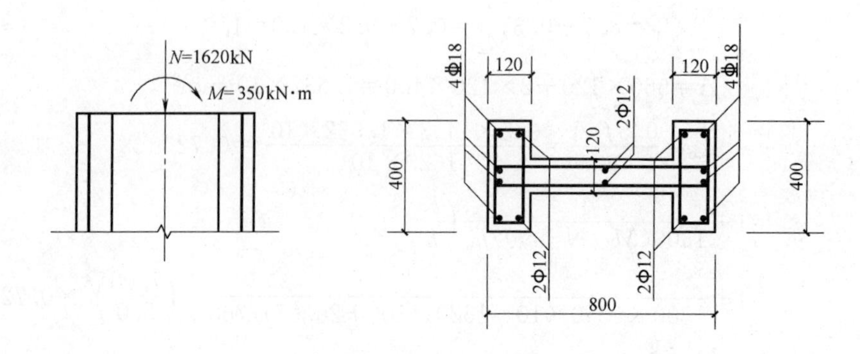

图 6-40　例 6-14 截面配筋图

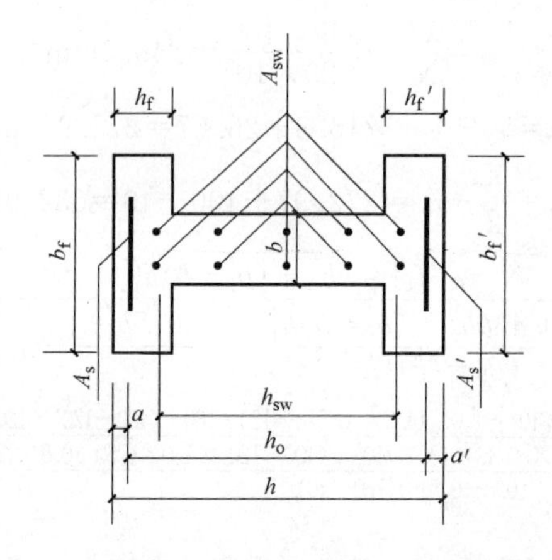

图 6-41　沿截面腹部均匀配筋的工字形截面

烦琐，不便于设计应用。对沿截面腹部均匀配置每侧不少于 4 根纵向钢筋的矩形、T 形或工字形截面钢筋混凝土偏心受压构件，《混凝土结构设计规范》给出了经过简化后的正截面受压承载力计算公式如下：

$$N \leqslant N_u = \alpha_1 f_c [\xi b h_0 + (b_f' - b) h_f'] + f_y' A_s' - \sigma_s A_s + N_{sw} \tag{6-100}$$

$$Ne \leqslant N_u e = \alpha_1 f_c \left[\xi (1 - 0.5\xi) b h_0^2 + (b_f' - b) h_f' \left(h_0 - \frac{h_f'}{2} \right) \right] + f_y' A_s' (h_0 - a') + M_{sw} \tag{6-101}$$

$$N_{sw} = \left(1 + \frac{\xi - \beta_1}{0.5 \beta_1 \omega} \right) f_{yw} A_{sw} \tag{6-102}$$

$$M_{sw} = \left[0.5 - \left(\frac{\xi - \beta_1}{\beta_1 \omega} \right)^2 \right] f_{yw} A_{sw} h_{sw} \tag{6-103}$$

式中　A_{sw}——沿截面腹部均匀配置的全部纵向钢筋截面面积；

f_{yw}——沿截面腹部均匀配置的纵向钢筋抗拉强度设计值；

N_{sw}——沿截面腹部均匀配置的纵向钢筋所承担的轴向压力，当 ξ 大于 β_1 时，取为 β_1 进行计算；

M_{sw}——沿截面腹部均匀配置的纵向钢筋的内力对 A_s 重心的力矩，当 ξ 大于 β_1 时，取为 β_1 进行计算；

ω——均匀配置纵向钢筋区段的高度 h_{sw} 与截面有效高度 h_0 的比值（h_{sw}/h_0），宜取 h_{sw} 为（h_0-a'）；

其他符号的意义同前。

受拉边或受压较小边钢筋 A_s 中的应力 σ_s 按式（6-65）计算，当为大偏心受压时，取 $\sigma_s=f_y$；计算中若 $x>(h-h_f)$，应考虑受压较小边翼缘受压部分的作用，即此时压区为工字形截面。

10. N_u-M_u 相关曲线

对于给定截面尺寸、材料强度等级和配筋的偏心受压构件，达到正截面承载力极限状态时，其抗压承载力 N_u 和抗弯承载力 M_u 是相互关联的，可用一条 N_u-M_u 相关曲线表示。由大小偏心受压构件正截面承载力计算公式可分别推导出 N_u 与 M_u 之间的关系式均为二次函数（读者可自行推导）。如图 6-42 所示为对称配筋的矩形截面偏心受压构件 N_u-M_u 相关曲线。图中 B 点近似为界限破坏，CB 段为受拉破坏（大偏心受压破坏），AB 段为受压破坏（小偏心受压破坏）。

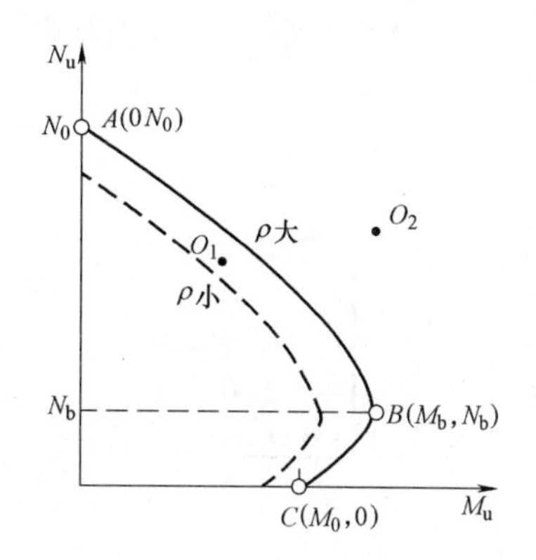

图 6-42　N_u-M_u 相关曲线

N_u-M_u 相关曲线反映了钢筋混凝土偏心受压构件在压力和弯矩共同作用下正截面压弯承载力的规律，由此曲线可看出以下特点：

（1）N_u-M_u 相关曲线上的任一点代表截面处于正截面承载能力极限状态时的一种抗力组合。若一组内力（M，N）在曲线内侧（图 6-42 中 O_1 点），说明截面尚未达到承载力极限状态，是安全的；若（M，N）在曲线外侧（图 6-42 中 O_2 点），则表明截面承载力不足。

（2）当弯矩 M 为零时，轴向承载力 N_u 达到最大，即为轴心受压承载力 N_0，对应图 6-42 中的 A 点；当轴力 N 为零时，为纯受弯承载力 M_0，对应图 6-42 中的 C 点。

（3）截面受弯承载力 M_u 与作用的轴向压力 N 的大小有关。当 N 小于界限破坏时的轴力 N_b 时，M_u 随 N 的增加而增加（图 6-42 中 CB 段）；当 N 大于界限破坏时的轴力 N_b 时，M_u 随 N 的增加而减小（图 6-42 中 AB 段）。

（4）截面受弯承载力 M_u 在 B 点（M_b，N_b）近似达到最大值。

（5）如果截面尺寸和材料强度保持不变，N_u-M_u 相关曲线随着配筋率的增加而向外侧扩大。

（6）对于对称配筋截面，界限破坏时的轴力 N_b 与配筋率无关，而 M_b 则随着配筋率的增加而增大。

应用 N_u-M_u 相关方程，可以对特定的截面尺寸、特定的混凝土强度等级和特定的钢筋类别的偏心受压构件，预先绘制出一系列图表，设计时可直接查用。

11. 双向偏心受压构件的正截面承载力计算

前面所介绍的偏心受压构件是指在截面的一个主轴方向作用有偏心压力的情况。而实际工程中，也常常会遇到双向偏心受压构件，如需进行抗震设计的框架柱、水塔的支柱等等。双向偏心受压构件是指轴力 N 在截面的两个主轴方向都有偏心距，或构件同时承受轴心压力及两个方向的弯矩作用。

双向偏心受压构件正截面承载力计算时，基本假定与单向偏心受压构件同，另外，同样采用等效矩形应力分布图形代替压区混凝土的曲线应力分布图形，并根据平截面假定得到钢筋应力的计算公式，根据平衡条件$\sum N=0$、$\sum M_x=0$及$\sum M_y=0$就可得到双向偏心受压的正截面承载力计算公式。但是，由于双向偏心受压构件受双向弯矩M_x、M_y作用，致使构件截面的中和轴一般不与截面主轴相垂直，是倾斜的，与主轴有一个θ值的夹角，如图6-43所示，截面的混凝土受压区形状较为复杂，可能是三角形、梯形或多边形，同时，钢筋的应力也不均匀，有的应力可达到其屈服强度，有的应力则较小，距中和轴愈近，其应力愈小。因此，双向偏心受压构件正截面承载力的精确计算过程颇为烦琐，须借助计算机才能求解，计算方法可参看《混凝土结构设计规范》附录E。

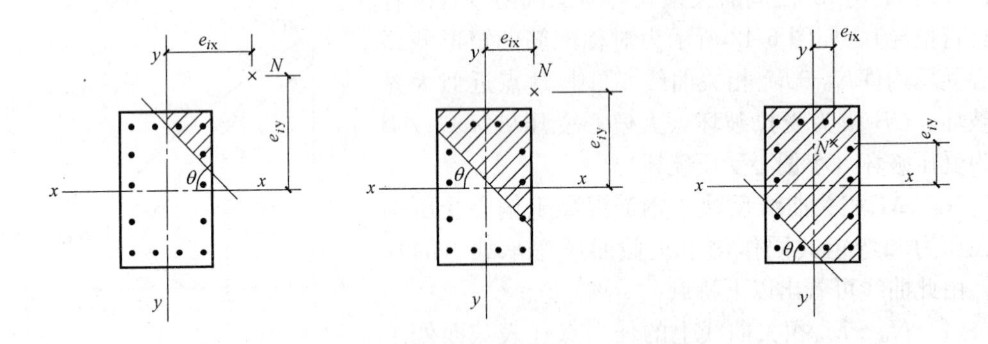

图6-43 双向偏心受压构件的受压区形状

在工程设计中，对截面具有两个相互垂直的对称轴的钢筋混凝土双向偏心受压构件(如图6-43)，《混凝土结构设计规范》允许采用下列近似公式对正截面承载力进行计算：

$$N\leqslant\frac{1}{\frac{1}{N_{ux}}+\frac{1}{N_{uy}}-\frac{1}{N_{u0}}} \tag{6-104}$$

式中 N_{u0}——构件的截面轴心受压承载力设计值，可按式（4-56）计算，但不考虑稳定系数φ及系数0.9；

N_{ux}——轴向力作用于x轴并考虑相应的计算偏心距e_{ix}后，按全部纵向钢筋计算的构件偏心受压承载力设计值；

N_{uy}——轴向力作用于y轴并考虑相应的计算偏心距e_{iy}后，按全部纵向钢筋计算的构件偏心受压承载力设计值。

构件的偏心受压承载力设计值N_{ux}，可按下列情况计算：

(1) 当纵向钢筋沿截面两对边配置时，N_{ux}可按一般配筋的单向偏心受压构件计算，即大偏心时用式（6-54）计算，小偏心时用式（6-60）计算；

(2) 当纵向钢筋沿截面腹部均匀配置时，N_{ux}可按式（6-100）计算。

构件的偏心受压承载力设计值N_{uy}可采用与N_{ux}相同的方法计算。

式（6-104）一般用于截面复核。如要进行截面设计，则需在假定了配筋的情况下，通过截面复核，经多次试算才能确定截面的配筋。另外，由于不同的钢筋配置情况（如沿x方向配筋多而沿y方向配筋少或沿x方向配筋少而沿y方向配筋多等）都可能满足式

(6-104) 要求，因此，在同一内力组合作用下，用式 (6-104) 进行截面设计，将会有多种配筋结果。

6.3.3 混凝土偏心受压构件的斜截面承载力计算

偏心受压构件除了要承受弯矩和轴力作用外，往往还要承受剪力的作用，因此，对偏心受压构件还必须进行斜截面受剪承载力计算。

试验表明，轴向压力对构件抗剪起有利作用，主要是因为轴向压力的存在不仅能阻滞斜裂缝的出现和开展，而且能增加混凝土剪压区的高度，使剪压区的面积相对增大，从而提高了剪压区混凝土的抗剪能力。但是，轴向压力对构件抗剪承载力的有利作用是有限度的，图 6-44 为一组构件的试验结果。在轴压比 $N/f_c bh$ 较小时，构件的抗剪承载力随轴压比的增大而提高，当轴压比 $N/f_c bh = 0.3 \sim 0.5$ 时，抗剪承载力达到最大值。若再增大轴压比，则构件抗剪承载力反而会随着轴压比的增大而降低，并转变为带有斜裂缝的小偏心受压正截面破坏。

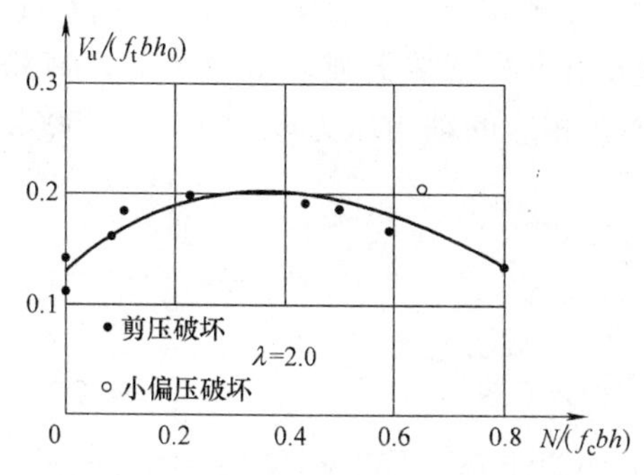

图 6-44 抗剪承载力与轴向压力的关系

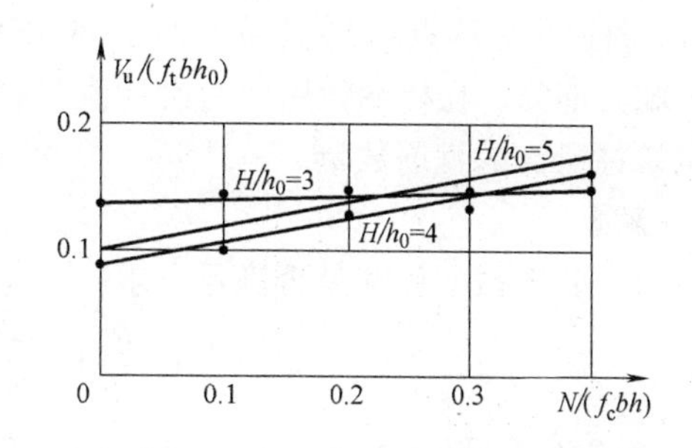

图 6-45 不同剪跨比的 V_u-N 关系

据图 6-44 和图 6-45 所示的试验结果，并考虑一般偏心受压框架柱两端在节点处是有约束的，故在轴向压力作用下的偏心受压构件受剪承载力，采用在无轴力受弯构件连续梁受剪承载力公式的基础上增加一项附加受剪承载力的办法，来考虑轴向压力对构件受剪承载力的有利影响。矩形、T 形和工字形截面偏心受压构件的受剪承载力计算公式为：

$$V \leqslant \frac{1.75}{\lambda+1} f_t bh_0 + f_{yv} \frac{A_{sv}}{s} h_0 + 0.07N \tag{6-105}$$

式中 λ——偏心受压构件计算截面的剪跨比，取为 $M/(Vh_0)$；

N——与剪力设计值 V 相应的轴向压力设计值，当 $N > 0.3 f_c A$ 时，取 $N = 0.3 f_c A$，A 为构件截面面积。

计算截面的剪跨比应按下列规定取用：

(1) 对框架结构中的框架柱，当其反弯点在层高范围内时，可取为 $H_n/(2h_0)$。当 λ 小于 1 时，取 1；当 λ 大于 3 时，取 3。此处，M 为计算截面上与剪力设计值 V 相应的弯矩设计值，H_n 为柱净高。

(2) 其他偏心受压构件，当承受均布荷载时，取 1.5；当承受集中荷载时（包括作用有多种荷载，其集中荷载对支座截面或节点边缘所产生的剪力值占总剪力值的 75%以上的情况），取为 a/h_0，且当 λ 小于 1.5 时取 1.5，当 λ 大于 3 时取 3。此处，a 取集中荷载作用点至支座截面或节点边缘的距离。

与受弯构件类似，为防止斜压破坏，矩形、T形和工字形截面偏心受压构件的截面必须满足下列条件：

当 $h_w/b \leqslant 4$ 时

$$V \leqslant 0.25\beta_c f_c b h_0 \tag{6-106}$$

当 $h_w/b \geqslant 6$ 时

$$V \leqslant 0.2\beta_c f_c b h_0 \tag{6-107}$$

当 $4 < h_w/b < 6$ 时，按线性内插法确定。

式中 β_c——混凝土强度影响系数，取值同受弯构件；

h_w——截面的腹板高度，取值同受弯构件。

此外，当符合下面公式要求时，则可不进行斜截面受剪承载力计算，而仅需按构造要求配置箍筋。

$$V \leqslant \frac{1.75}{\lambda+1} f_t b h_0 + 0.07N \tag{6-108}$$

【例 6-15】 某偏心受压的框架柱，截面尺寸 $b=400$mm，$h=500$mm，柱净高 $H_n=2.5$m，柱的反弯点在层高范围内。取 $a=a'=40$mm，混凝土强度等级 C30，箍筋用 HRB335 钢筋。在柱端作用剪力设计值 $V=300$kN，相应的轴向压力设计值 $N=2500$kN。确定该柱所需的箍筋数量。

【解】

（1）验算截面尺寸是否满足要求

$$\frac{h_w}{b} = \frac{460}{400} = 1.15 < 4$$

$$0.25\beta_c f_c b h_0 = 0.25 \times 1.0 \times 14.3 \times 400 \times 460 = 657800\text{N} = 657.8\text{kN} > V = 300\text{kN}$$

截面尺寸满足要求。

（2）验算截面是否需按计算配置箍筋

$$\lambda = \frac{H_n}{2h_0} = \frac{2500}{2 \times 460} = 2.717, 1 < \lambda < 3$$

$$0.3 f_c A = 0.3 \times 14.3 \times 400 \times 500 = 858000\text{N} = 858\text{kN} < N = 2500\text{kN}$$

$$\frac{1.75}{\lambda+1} f_t b h_0 + 0.07N = \frac{1.75}{2.717+1} \times 1.43 \times 400 \times 460 + 0.07 \times 858000 = 183939.47\text{N}$$

$$= 183.9\text{kN} < V = 300\text{kN}$$

应按计算配箍筋。

（3）计算箍筋用量

由 $V \leqslant \frac{1.75}{\lambda+1} f_t b h_0 + f_{yv} \frac{A_{sv}}{s} h_0 + 0.07N$，得：

$$\frac{nA_{sv1}}{s} \geqslant \frac{V - \left(\frac{1.75}{\lambda+1} f_t b h_0 + 0.07N\right)}{f_{yv} h_0} = \frac{300000 - 183939.47}{300 \times 460} = 0.841\text{mm}^2/\text{mm}$$

采用Φ10@150 双肢箍筋，则

$$\frac{nA_{sv1}}{s} = \frac{2 \times 78.5}{150} = 1.05 > 0.841$$

满足要求。

6.3.4 混凝土偏心受拉构件的正截面承载力计算

与偏心受压构件一样，偏心受拉构件也因轴向拉力的作用位置不同而分为单向偏心受拉和双向偏心受拉两种，在此仅讨论单向偏心受拉的情况。

对于矩形截面偏心受拉构件，取距轴向力 N 较近一侧的纵向钢筋面积为 A_s，较远一侧纵向钢筋面积为 A_s'，如图 6-46 所示。

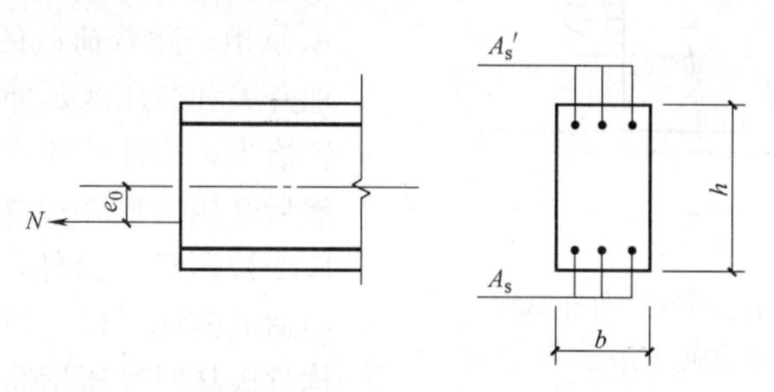

图 6-46 偏心受拉构件纵向钢筋的表示方法

1. 偏心受拉构件正截面的破坏特征

偏心受拉构件正截面的受力特点和破坏特征与轴向拉力偏心距 e_0 的大小有关。如图 6-47所示，若轴向拉力的偏心距较小，N 作用于 A_s 和 A_s'之间，即 $e_0=\dfrac{M}{N}\leqslant\dfrac{h}{2}-a$ 时，称为小偏心受拉构件；若轴向拉力 N 的偏心距较大，N 作用于钢筋 A_s 与 A_s'以外，即 $e_0=\dfrac{M}{N}>\dfrac{h}{2}-a$ 时，称为大偏心受拉构件。

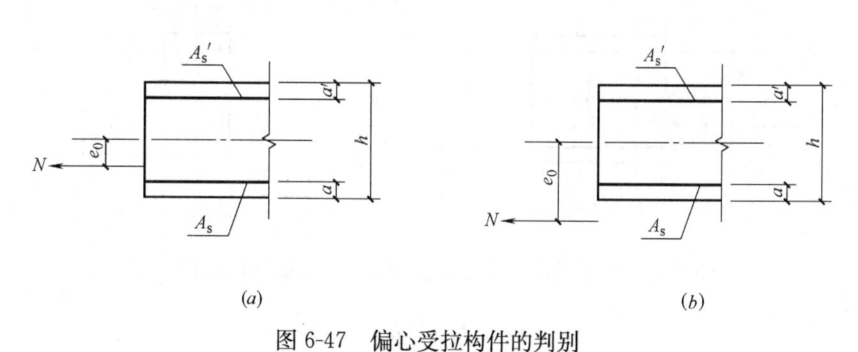

图 6-47 偏心受拉构件的判别

(a) 小偏心受拉构件 (b) 大偏心受拉构件

(1) 小偏心受拉的破坏特征

在混凝土开裂之前，偏心距 e_0 较小时，全截面均受拉应力，但 A_s一侧拉应力较大，A_s'一侧拉应力较小；偏心距 e_0 较大时，截面有可能出现受压区。随着荷载的增加，A_s一侧混凝土首先开裂，无论混凝土开裂前是否有受压区，裂缝都会很快贯通整个截面，导致全部纵向钢筋 A_s 和 A_s'受拉，混凝土退出工作。当钢筋 A_s 及 A_s'的应力都达到屈服强

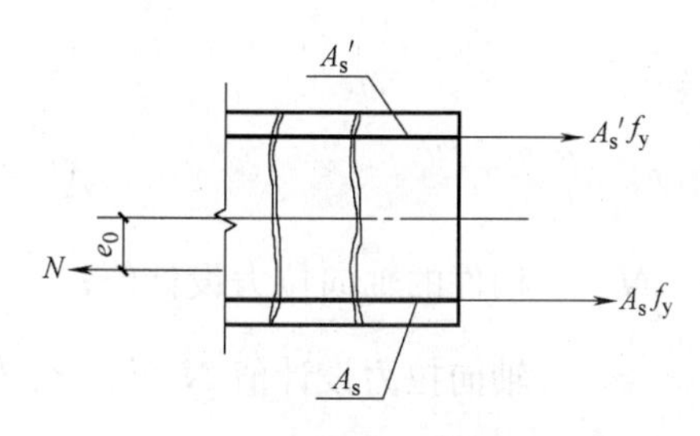

图 6-48 小偏心受拉构件正截面破坏时的应力情况

度时，构件破坏。构件破坏时的应力情况如图 6-48 所示。

(2) 大偏心受拉的破坏特征

大偏心受拉时，由于偏心距 e_0 较大，截面同时存在拉区和压区，A_s一侧受拉，A_s'一侧受压。随着荷载的增加，A_s一侧混凝土首先开裂，混凝土退出受拉工作，拉力由钢筋 A_s承担，压区的应力由混凝土和钢筋 A_s'承担；随着荷载的不断增加，裂缝不断地开展和往压区延伸。如果受拉钢筋 A_s配置恰当，构件破坏将始自于受拉钢筋屈服，然后受压区最外边缘的混凝土达到极限压应变被压坏。另外，与受弯构件的双筋截面适筋破坏一样，当压区高度不是太小时，构件破坏时受压钢筋 A_s'的应力也能达到抗压强度设计值 f_y'。大偏心受拉构件正截面破坏时的应力情况如图 6-49 所示。

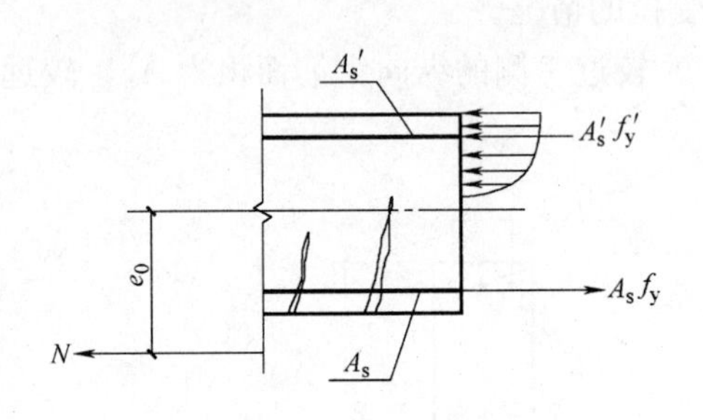

图 6-49 大偏心受拉构件正截面破坏时的应力情况

2. 矩形截面偏心受拉构件正截面承载力基本计算公式

(1) 小偏心受拉

据前面分析可知，小偏心受拉构件达到正截面承载力极限状态时的应力如图 6-50 所示。根据平衡条件，可写出小偏心受拉构件的承载力计算公式如下：

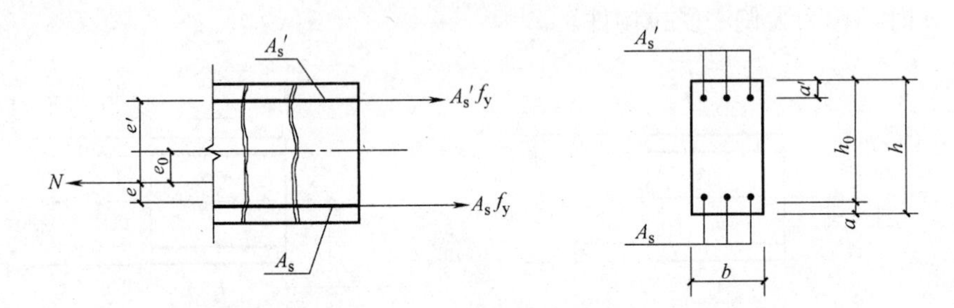

图 6-50 矩形截面小偏心受拉构件正截面破坏时的应力图

$$Ne \leqslant f_y A_s'(h_0 - a') \tag{6-109}$$

$$Ne' \leqslant f_y A_s(h_0 - a') \tag{6-110}$$

由式 (6-109)、式 (6-110) 得 A_s和 A_s'分别为：

$$A_s = \frac{Ne'}{f_y(h_0 - a')} \tag{6-111}$$

$$A_s' = \frac{Ne}{f_y(h_0 - a')} \tag{6-112}$$

式中 N——构件的轴向拉力设计值；

e——轴向拉力设计值 N 至 A_s合力点的距离，$e = \frac{h}{2} - e_0 - a$；

e'——轴向拉力设计值 N 至 A_s'合力点的距离，$e' = \frac{h}{2} + e_0 - a'$；

e_0——轴向拉力作用点至截面重心的距离。

若小偏心受拉选用对称配筋截面，即 $A_s = A'_s$，$a = a'$ 且 $f_y = f'_y$，此时远离轴向力 N 一侧的钢筋 A'_s 并未屈服，但为了保持截面内外力的平衡，设计时可按式（6-111）计算钢筋截面面积，即取：

$$A'_s = A_s = \frac{Ne'}{f_y(h_0 - a')} \tag{6-113}$$

（2）大偏心受拉

1）基本计算公式

大偏心受拉构件达到正截面承载力极限状态时的应力如图 6-49 所示。参照受弯构件的做法，将压区曲线分布的混凝土应力图用等效的矩形应力分布图来代替，得到大偏心受拉构件正截面承载力计算时的应力图如图 6-51 所示。根据平衡条件，可写出大偏心受拉构件的承载力计算公式如下：

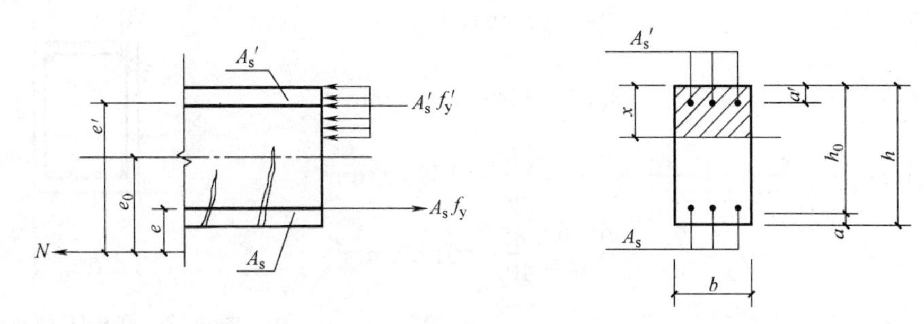

图 6-51　矩形截面大偏心受拉构件正截面承载力计算时的应力图

$$N \leqslant f_y A_s - f'_y A'_s - \alpha_1 f_c b x \tag{6-114}$$

$$Ne \leqslant \alpha_1 f_c b x \left(h_0 - \frac{x}{2}\right) + f'_y A'_s (h_0 - a') \tag{6-115}$$

式中　N——构件的轴向拉力设计值；

e——轴向拉力设计值 N 至 A_s 合力点的距离，$e = e_0 - \frac{h}{2} + a$；

e_0——轴向拉力作用点至截面重心的距离；

其余符号意义同受弯构件。

2）适用条件

为了保证构件不致发生超筋和少筋破坏，并在破坏时纵向受压钢筋 A'_s 也达到抗压强度设计值 f'_y，公式应满足下列适用条件：

$$2a' \leqslant x \leqslant \xi_b h_0 \tag{6-116}$$

且 A_s 和 A'_s 均应满足最小配筋率要求。

若 $x > \xi_b h_0$，则受压区混凝土可能先于受拉钢筋屈服而被压碎，受拉钢筋不屈服，这与超筋受弯构件的破坏形式类似。由于这种破坏是一种无预兆的脆性破坏，而且受拉钢筋的强度也没有得到充分利用，在设计中应当避免这种情况出现。

若 $x < 2a'$，截面破坏时受压钢筋达不到抗压强度设计值，此时可取 $x = 2a'$，即假定受压区混凝土的压应力的合力与受压钢筋承担的压力的合力作用点相重合，并对 A'_s 合力作用点取矩，则得计算 A_s 的公式为：

$$A_s=\frac{Ne'}{f_y(h_0-a')} \tag{6-117}$$

当为对称配筋时，由式（6-114）可知，x 必为负值，可按 $x<2a'$ 的情况，即按式（6-117）计算 A_s值。

【例 6-16】 偏心受拉构件的截面尺寸为 $b=300$mm，$h=450$mm，$a=a'=40$mm；构件承受轴向拉力设计值 $N=750$kN，弯矩设计值 M=70kN·m，混凝土强度等级为 C25，钢筋为 HRB335，试计算钢筋截面面积 A_s和 A_s'。

【解】

（1）判别偏心类型

$e_0=\frac{M}{N}=\frac{70000}{750}=93.33\text{mm}<\frac{h}{2}-a=\frac{450}{2}-40=185\text{mm}$，为小偏心受拉。

（2）求 A_s和 A_s'

$$e=\frac{h}{2}-e_0-a=\frac{450}{2}-93.33-40=91.67\text{mm}$$

$$e'=\frac{h}{2}+e_0-a'=\frac{450}{2}+93.33-40=278.33\text{mm}$$

$$A_s=\frac{Ne'}{f_y(h_0-a')}=\frac{750000\times278.33}{300\times(410-40)}=1880.6\text{mm}^2$$

$$A_s'=\frac{Ne}{f_y(h_0-a')}=\frac{750000\times91.67}{300\times(410-40)}=619.4\text{mm}^2$$

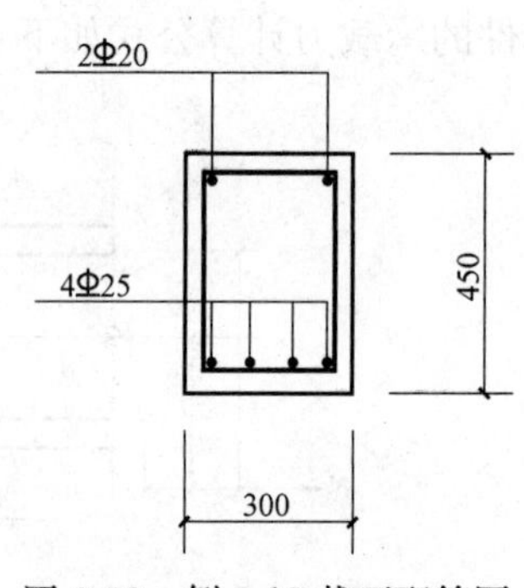

图 6-52 例 6-16 截面配筋图

（3）验算最小配筋率

$$\rho_{\min}=\max\left(0.2\%,0.45\frac{f_t}{f_y}\right)=\max\left(0.2\%,0.45\times\frac{1.27}{300}\right)=\max(0.2\%,0.191\%)=0.2\%$$

$$A_s>A_s'>\rho_{\min}bh=0.2\%\times300\times450=270\text{mm}^2$$

满足要求。

（4）选择钢筋

选离轴向拉力较远侧钢筋 2Φ20（$A_s'=628\text{mm}^2$）；离轴向拉力较近侧钢筋为 4Φ25（$A_s=1964\text{mm}^2$）。配筋图如图 6-52 所示。

【例 6-17】 某矩形截面水池如图 6-53 所示，池壁厚 $h=300$mm，$a=a'=35$mm，每米长度承受的轴向拉力设计值 $N=240$kN，$M=120$kN·m，混凝土强度等级 C25，钢筋采用 HRB335，求截面所需配置的纵筋 A_s和 A_s'。

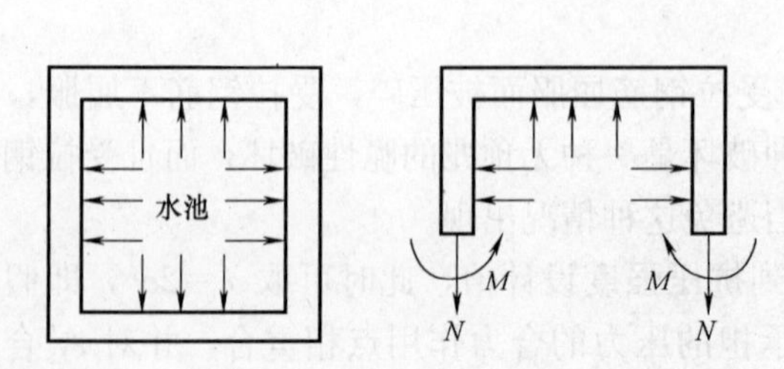

图 6-53 例 6-17 水池平面图

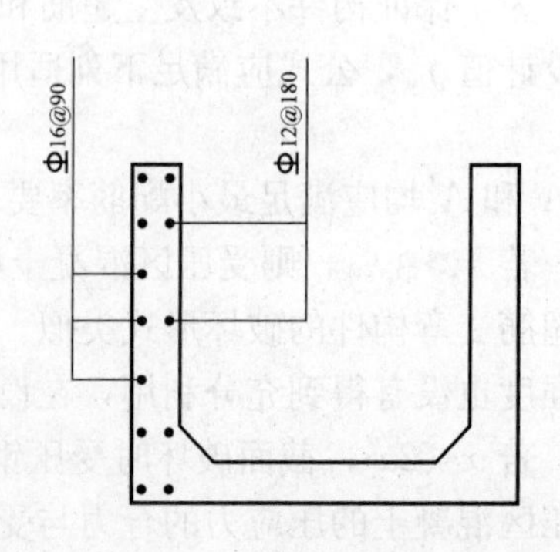

图 6-54 例 6-17 水池池壁配筋图

【解】

(1) 判别偏心类型

$$e_0=\frac{M}{N}=\frac{120000}{240}=500\text{mm}>\frac{h}{2}-a=\frac{300}{2}-35=115\text{mm}$$

故为大偏心受拉构件。

(2) 求 A_s 和 A_s'

$$e=e_0-\frac{h}{2}+a=500-150+35=385\text{mm}$$

$$e'=e_0+\frac{h}{2}-a'=500+150-35=615\text{mm}$$

取 $x=x_b=\xi_b h_0$，使总钢筋用量最小，代入公式 $Ne\leqslant\alpha_1 f_c bx\left(h_0-\frac{x}{2}\right)+f_y'A_s'(h_0-a')$，得

$$A_s'=\frac{Ne-\xi_b(1-0.5\xi_b)\alpha' f_c bh_0^2}{f_y'(h_0-a')}$$

$$=\frac{240000\times385-0.55\times(1-0.55/2)\times1.0\times11.9\times1000\times265^2}{300\times(265-35)}<0$$

所以，取 $A_s'=\rho_{\min}'bh=0.002\times1000\times300=600\text{mm}^2$，选配Φ12@180＝628mm²，按 A_s' 为已知的情况计算 A_s。

$$\alpha_s=\frac{Ne-f_y'A_s'(h_0-a')}{\alpha_1 f_c bh_0^2}=\frac{240000\times385-300\times628\times(265-35)}{1.0\times11.9\times1000\times265^2}=0.059$$

$$\xi=1-\sqrt{1-2\alpha_s}=1-\sqrt{1-2\times0.059}=0.061$$

$$x=\xi h_0=0.061\times265=16.17\text{mm}<2a'=70\text{mm}$$

取 $x=2a'=70\text{mm}$

$$A_s=\frac{Ne'}{f_y(h_0-a')}=\frac{240000\times615}{300\times(265-35)}=2139\text{mm}^2$$

选配Φ16@90＝2234mm² 的受拉钢筋。

(3) 验算最小配筋率

$$\rho_{\min}=\max\left(0.2\%,0.45\frac{f_t}{f_y}\right)=\max\left(0.2\%,0.45\times\frac{1.27}{300}\right)=\max(0.2\%,0.191\%)=0.2\%$$

$$\rho=\frac{A_s}{b\times h}=\frac{2234}{1000\times300}=0.0074=0.74\%>\rho_{\min}=0.2\%$$

满足要求。

配筋图如图 6-54 所示。

6.3.5 混凝土偏心受拉构件的斜截面承载力计算

一般偏心受拉构件，在承受弯矩和拉力的同时，也存在着剪力的作用，当剪力较大时，需进行斜截面承载力的计算。

试验表明，对一个作用有轴向拉力、产生若干贯穿全截面裂缝的构件（图 6-55）施加竖向荷载，在弯矩作用下，受压区范围内的裂缝将重新闭合，受拉区的裂缝则有所增大，而在弯剪区则出现斜裂缝。偏心受拉构件斜裂缝的坡度比受弯构件陡，且剪压区高度缩小，甚至在斜裂缝末端不出现剪压区。所以，轴向拉力的存在将使构件的抗剪能力明显降低，而且抗剪能力降低的幅度随轴向拉力的增加而增大，但构件内箍筋的抗剪能力基本上不受轴向拉力的影响。

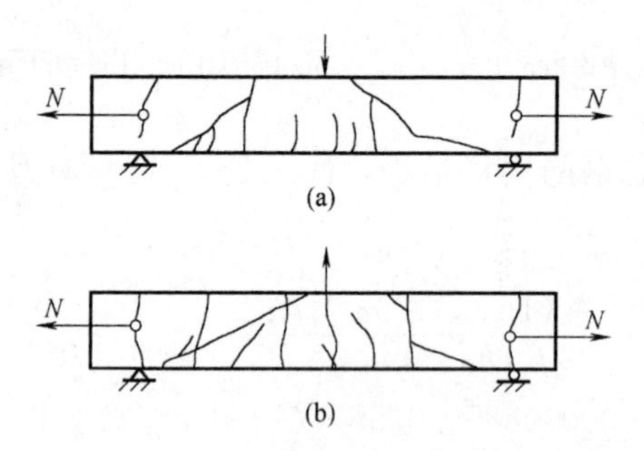

图 6-55　偏心受拉试件的裂缝和破坏形态

《混凝土结构设计规范》考虑偏心受拉构件的上述特点，规定矩形、T 形和工字形截面偏心受拉构件斜截面受剪承载力应符合下式要求：

$$V \leqslant \frac{1.75}{\lambda+1} f_t b h_0 + f_{yv} \frac{A_{sv}}{s} h_0 - 0.2N \tag{6-118}$$

式中　N——与剪力设计值 V 相应的轴向拉力设计值；

λ——计算截面的剪跨比，取值同偏心受压构件。

式（6-118）中，不等式右侧的一、二两项采用了与受集中荷载的受弯构件相同的形式，第三项则考虑了轴向拉力对构件抗剪强度的降低作用。考虑到构件内箍筋抗剪能力基本不变的特点，《混凝土结构设计规范》要求式（6-118）右边的计算值小于 $f_{yv}\frac{A_{sv}}{s}h_0$ 时，应取等于 $f_{yv}\frac{A_{sv}}{s}h_0$，即：当 $\frac{1.75}{\lambda+1.0} f_t b h_0 \leqslant 0.2N$ 时，取 $\frac{1.75}{\lambda+1.0} f_t b h_0 = 0.2N$。

偏心受拉构件的截面尺寸要求同偏心受压构件。

偏心受拉构件的配箍率应符合下式要求：

$$\rho_{sv} = \frac{nA_{sv1}}{bs} \geqslant \rho_{sv,\min} = 0.36 \frac{f_t}{f_{yv}}$$

【例 6-18】 某钢筋混凝土偏心受拉构件，截面尺寸 $b=200$mm，$h=200$mm。在距构件节点边缘 $a=330$mm 处作用有集中荷载，构件节点边缘处剪力设计值 $V=20$kN，轴力设计值 $N=600$kN，弯矩设计值 $M=50$kN·m，取 $a=a'=35$mm。混凝土强度等级为 C25，箍筋采用 HPB300，试计算该构件所需配置的箍筋。

【解】

（1）验算截面尺寸

$$h_0 = h_w = h - a = 200 - 35 = 165\text{mm}$$

$$h_w/b=165/200=0.825\leqslant 4$$

$$0.25\beta_c f_c bh_0=0.25\times 1\times 11.9\times 200\times 165=98175\text{N}=98.175\text{kN}>V=20\text{kN}$$

截面尺寸符合要求。

（2）确定配箍量并选配箍筋

$$\lambda=\frac{a}{h_0}=\frac{330}{165}=2$$

$$\frac{1.75}{\lambda+1}f_t bh_0=\frac{1.75}{2+1}\times 1.27\times 200\times 165=24447.5\text{N}=24.4475\text{kN}<0.2N=0.2\times 600=120\text{kN}$$

取$\frac{1.75}{\lambda+1.0}f_t bh_0=0.2N$，则

$$V\leqslant f_{yv}\frac{A_{sv}}{s}h_0$$

$$\frac{A_{sv}}{s}\geqslant\frac{V}{f_{yv}h_0}=\frac{20000}{270\times 165}=0.4489\text{mm}^2/\text{mm}$$

选用 $\phi 8$ 双肢箍筋，$A_{sv}=nA_{sv1}=2\times 50.3=100.6\text{mm}^2$，则：

$$s\leqslant\frac{A_{sv}}{0.4489}=\frac{100.6}{0.4489}=224.1\text{mm},\text{且 } s\leqslant s_{max}=200\text{mm}$$

故取双肢 $\phi 8$@200。

（3）验算最小配箍率

$$\rho_{sv}=\frac{nA_{sv1}}{bs}=\frac{2\times 50.3}{200\times 200}=0.251\%\geqslant\rho_{sv,min}=0.36\frac{f_t}{f_{yv}}=0.36\times\frac{1.27}{270}=0.17\%$$

满足要求。

6.3.6 混凝土偏心受力构件的裂缝宽度验算

除了全截面受压或拉区应力很小的偏心受压构件外，混凝土偏心受力构件由于有弯矩作用，在正常使用状态下都是带裂缝工作的。裂缝宽度过大会影响结构的耐久性，因此，《混凝土结构设计规范》规定，除了满足 $e_0/h_0\leqslant 0.55$ 的偏心受压构件外，其余偏心受力构件均需进行裂缝宽度验算，即进行正常使用极限状态验算。

1. 最大裂缝宽度计算公式

偏心受力构件的最大裂缝宽度计算公式仍然采用式（4-80），即：

$$w_{max}=\alpha_{cr}\psi\frac{\sigma_s}{E_s}\left(1.9c_s+0.08\frac{d_{eq}}{\rho_{te}}\right)\tag{6-119}$$

式中 α_{cr}——构件受力特征系数，对偏心受压构件，$\alpha_{cr}=1.9$；对偏心受拉构件，$\alpha_{cr}=2.4$；

σ_s——荷载准永久组合或标准组合下裂缝截面处的钢筋应力，对钢筋混凝土偏心受力构件，$\sigma_s=\sigma_{sq}$，σ_{sq}分别按式（6-120）和式（6-125）计算；

其余符号意义及取值同式（4-80）。

偏心受压构件，σ_{sq}按式（6-120）计算：

$$\sigma_{sq}=\frac{N_q(e-z)}{A_s z}\tag{6-120}$$

$$z=\left[0.87-0.12(1-\gamma_f')\left(\frac{h_0}{e}\right)^2\right]h_0 \tag{6-121}$$

$$e=\eta_s e_0+y_s \tag{6-122}$$

$$\gamma_f'=\frac{(b_f'-b)h_f'}{bh_0} \tag{6-123}$$

$$\eta_s=1+\frac{1}{4000e_0/h_0}\left(\frac{l_0}{h}\right)^2 \tag{6-124}$$

偏心受拉构件，σ_{sq}按式（6-125）计算：

$$\sigma_{sq}=\frac{N_q e'}{A_s(h_0-a_s')} \tag{6-125}$$

式（6-120）～式（6-125）中

A_s——受拉区纵向钢筋截面面积，对偏心受压构件，A_s 取受拉区纵向钢筋截面面积；对偏心受拉构件，A_s 取受拉较大边的纵向钢筋截面面积；

N_q、M_q——按荷载准永久组合计算的轴向力值、弯矩值，对偏心受压构件不考虑二阶效应的影响；

e'——轴向拉力作用点至受压区或受拉较小边纵向钢筋合力点的距离；

e——轴向压力作用点至纵向受拉钢筋合力点的距离；

e_0——荷载准永久组合下的初始偏心距，取为 M_q/N_q；

z——纵向受拉钢筋合力点至受压区合力点之间的距离，且 $z \leqslant 0.87h_0$；

η_s——使用阶段的偏心距增大系数，当 l_0/h 不大于 14 时，取 1.0；

y_s——截面重心至纵向受拉钢筋合力点的距离；

γ_f'——受压翼缘面积与腹板有效面积之比值；

b_f'、h_f'——为受压翼缘的宽度、高度，当 $h_f'>0.2h_0$ 时，取 $h_f'=0.2h_0$。

2. 裂缝宽度验算

对于钢筋混凝土偏心受力构件，按荷载准永久组合并考虑长期作用影响的效应计算的最大裂缝宽度应符合下列规定：

$$w_{max} \leqslant w_{lim} \tag{6-126}$$

式中　w_{lim}——《混凝土结构设计规范》规定的最大裂缝宽度限值，见附表 C-22。

思考题与习题

6-1　钢压弯构件的整体失稳有哪几种形式？

6-2　为什么要采用等效弯矩系数？

6-3　混凝土偏心受压构件有哪两种破坏形态？形成这两种破坏形态的条件是什么？

6-4　大偏心受压和小偏心受压的破坏特征如何？有何本质不同？

6-5　试比较混凝土矩形截面大偏心受压构件和双筋受弯构件的应力分布和计算公式有何异同？

6-6　什么情况下可以不考虑 P-δ 效应？

6-7　为什么要考虑附加偏心距？如何确定附加偏心距？

6-8　如何判别大小偏心受压？什么情况下采用偏心距来判别大小偏压？为什么说这

只是个近似的判别条件？

6-9　在大偏心和小偏心受压构件截面设计时为什么要补充一个条件？这补充条件是根据什么建立的？

6-10　对称配筋矩形截面偏心受压构件如何区分大小偏心受压？

6-11　混凝土偏心受压构件的 N_u-M_u 相关曲线有何特点？N_u-M_u 相关曲线在设计中如何应用？

6-12　轴向压力对混凝土偏心受压构件的受剪承载力有何影响？

6-13　矩形截面大偏心受压构件在使用时如果纵向力偏心方向加反了，破坏时是否会发生大偏心受压破坏？矩形截面小偏心受压构件在使用时如果纵向力偏心方向加反了，破坏时是否会发生大偏心受压破坏？

6-14　减小偏心受压构件的弯矩是否能提高其抗压承载力？为什么？

6-15　减小偏心受压构件的轴力是否能提高其抗弯承载力？为什么？

6-16　按（M_0，N_0）设计的大偏心受压构件，如果实际轴力小于 N_0，试分析其安全性。

6-17　如何区分钢筋混凝土大、小偏心受拉构件，条件是什么？大、小偏心受拉构件破坏的受力特点和破坏特征各有何不同？

6-18　偏心受拉构件的破坏形态是否只与力的作用位置有关，而与 A_s 用量无关？

6-19　轴向拉力的存在对钢筋混凝土偏心受拉构件的抗剪承载力有何影响？在偏心受拉构件斜截面承载力计算中是如何反映的？

6-20　比较混凝土受弯构件双筋梁、非对称配筋大偏心受压构件及大偏心受拉构件三者正截面承载力计算的异同。

6-21　有一两端铰接长度为 4m 的偏心受压柱，截面为 HN400×200×8×13，材料为 Q235 钢，压力设计值为 500kN，两端偏心距相同，为 20cm。试验算该柱的强度和整体稳定。

6-22　如图 6-56 所示为一两端铰接焊接工字形截面压弯构件，材料为 Q235 钢，承受轴心压力设计值 $N=800\text{kN}$，已知截面 $I_x=32997\text{cm}^4$，$A=84.8\text{cm}^2$，b 类截面。试由弯矩作用平面内的稳定性确定该构件能承受多大的弯矩 M？

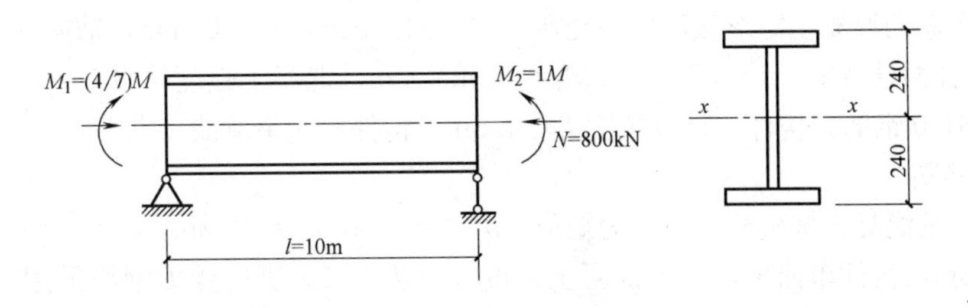

图 6-56　思考题与习题 6-22 图

6-23　如图 6-57 所示为 Q235 钢焰切边工字形截面柱，两端铰接，截面无削弱，承受轴心压力设计值 $N=900\text{kN}$，跨中集中力设计值 $F=100\text{kN}$。

（1）验算平面内稳定性；

（2）根据平面外稳定性不低于平面内稳定性的原则确定此柱需要设置几道侧向支撑。

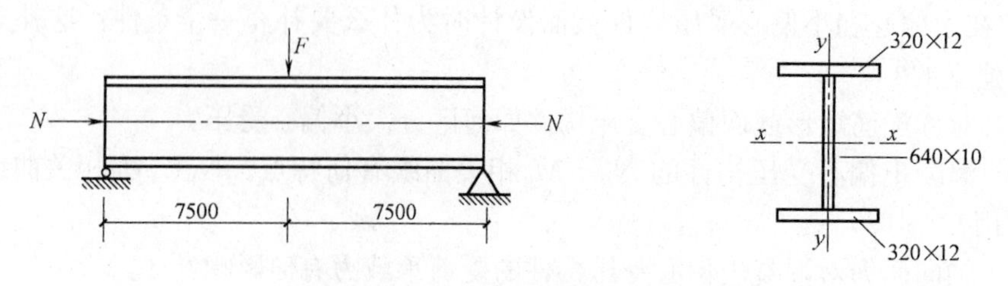

图 6-57　思考题与习题 6-23 图

6-24　如图 6-58 所示为一压弯缀条式格构构件，构件平面内计算长度 $l_{0x}=29.3m$，$l_{0y}=18.2m$，材料为 Q235 钢，已知轴心压力设计值 $N=2500kN$，求构件所能承受的最大弯矩设计值 M_x。

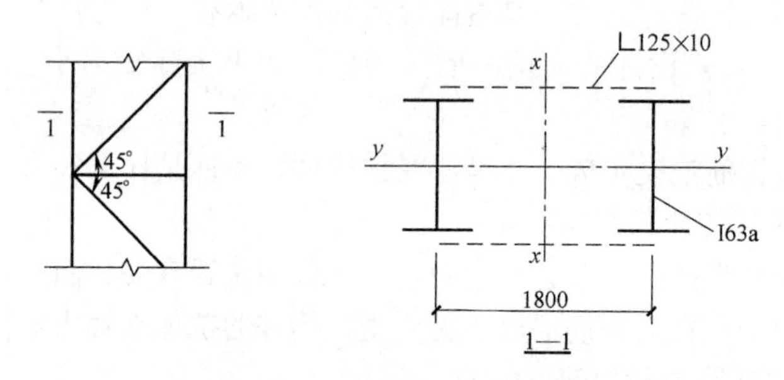

图 6-58　思考题与习题 6-24 图

6-25　某矩形截面钢筋混凝土偏心受压柱，其截面尺寸为 $b=400mm$，$h=500mm$，$a=a'=45mm$，计算长度 $l_c=3.9m$，构件双曲率弯曲。混凝土强度等级为 C25，纵向受力钢筋采用 HRB400 级钢筋。承受的轴向压力设计值 $N=800kN$，柱两端弯矩设计值分别为 $M_1=-240kN\cdot m$ 和 $M_2=250kN\cdot m$。

（1）计算当采用非对称配筋时的 A_s 和 A_s'；

（2）如果受压钢筋已配置了 3Φ20 钢筋，计算 A_s；

（3）计算当采用对称配筋时的 A_s 和 A_s'；

（4）比较上述三种情况的钢筋用量。

6-26　钢筋混凝土矩形截面偏心受压柱，$b=400mm$，$h=600mm$，轴向力设计值 $N=3000kN$，柱两端弯矩设计值 $M_1=-M_2=180kN\cdot m$，混凝土强度等级 C30，纵向受力钢筋用 HRB400 钢筋，构件的计算长度 $l_c=4.8m$，构件双曲率弯曲。求纵向受力钢筋数量，并绘制配筋图。

6-27　某混凝土框架柱，截面为矩形，$b=400mm$，$h=500mm$，$a=a'=40mm$，计算长度 $l_c=5m$，构件单曲率弯曲。混凝土强度等级为 C30，纵向受力钢筋采用 HRB500 级钢筋。轴向压力设计值 $N=3000kN$，柱两端弯矩设计值 $M_1=M_2=98.3kN\cdot m$，计算所需的 A_s 和 A_s'。

6-28　已知数据同题 6-26，采用对称配筋，求所需的 A_s 和 A_s'，并比较钢筋用量。

6-29　某混凝土矩形截面偏心受压柱，截面尺寸 $b=400mm$，$h=500mm$，$a=a'=40mm$。混凝土强度等级为 C30，纵向受力钢筋采用 HRB335 级钢筋，A_s' 为 3Φ20，A_s 为 4

⌀20，计算长度 $l_c=4$m。若作用的轴向力设计值 $N=1500$kN，求截面在 h 方向所能承受的弯矩设计值 M。

6-30　钢筋混凝土矩形截面偏心受压柱的截面尺寸为 $b=400$mm，$h=500$mm，柱的计算长度 $l_c=3.2$m，取 $a=a'=40$mm。混凝土强度等级为 C30，用 HRB400 级钢筋配筋，A'_s 为 3⌀20，A_s 为 3⌀22。轴向力的偏心距 $e_0=120$mm。求截面所能承受的轴向力设计值 N。

6-31　钢筋混凝土工字形截面柱，尺寸如图 6-59 所示。计算长度 $l_c=7.6$m，构件单曲率弯曲。轴向力设计值 $N=800$kN，柱上下端弯矩设计值 $M_1=M_2=300$kN·m，混凝土强度等级为 C30，钢筋为 HRB335 级钢，对称配筋。求纵向受力钢筋，并绘制配筋图。

6-32　混凝土工字形截面柱，尺寸如图 6-60 所示。计算长度 $l_c=5.0$m，构件单曲率弯曲。轴向力设计值 $N=2000$kN，柱上下端弯矩设计值 $M_1=M_2=119$kN·m，混凝土强度等级为 C25，钢筋为 HRB400 级钢，对称配筋。求纵向受力钢筋数量。

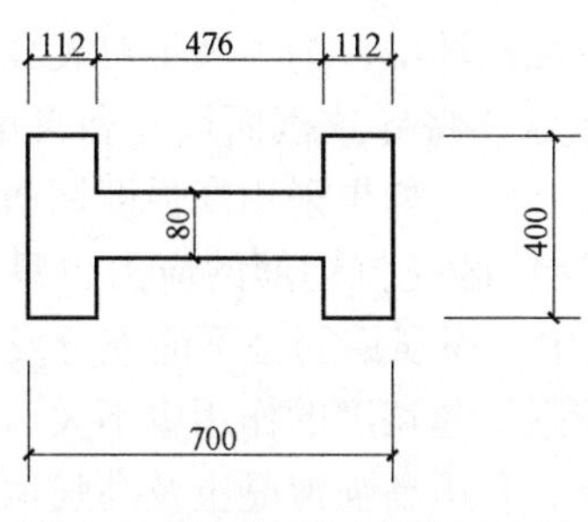

图 6-59　思考题与习题 6-31 图

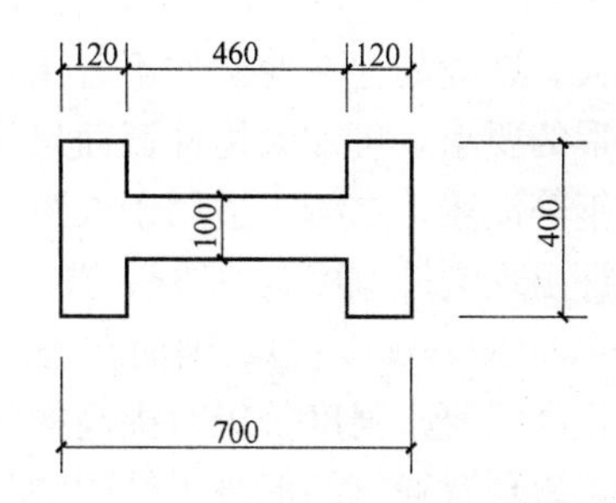

图 6-60　思考题与习题 6-32 图

6-33　某混凝土框架结构柱，截面尺寸 $b=400$mm，$h=400$mm，柱净高 $H_n=2.9$m，构件双曲率弯曲。取 $a=a'=45$mm，混凝土强度等级 C25，箍筋用 HRB335 钢筋。在柱端作用剪力设计值 $V=250$kN，相应的轴向压力设计值 $N=680$kN。确定该柱所需的箍筋数量。

6-34　某钢筋混凝土矩形截面偏心受拉杆件，$b=250$mm，$h=400$mm，$a=a'=40$mm。截面承受的纵向拉力设计值产生的轴力 $N=500$kN，弯矩 $M=62$kN·m，混凝土强度等级采用 C25，钢筋为 HRB335 级，试确定截面中所需配置的纵向钢筋。

6-35　如图 6-61 所示，某混凝土矩形水池，池壁厚 $h=200$mm，$a=a'=30$mm，每米长度上的内力设计值 $N=315$kN，$M=82$kN·m，混凝土强度等级 C25，钢筋采用 HRB335，求每米长度上的 A_s 和 A'_s。

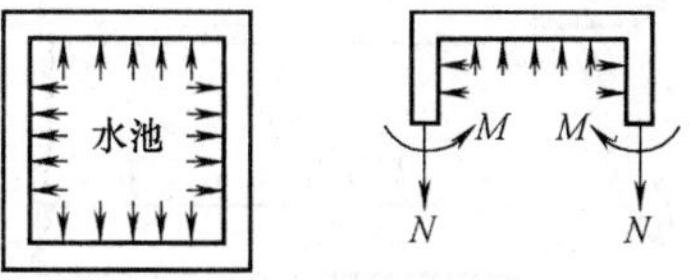

图 6-61　思考题与习题 6-35 图

第7章　预应力混凝土构件

7.1 概　述

7.1.1 预应力混凝土的基本概念

对于普通钢筋混凝土构件，由于混凝土的抗拉强度及其极限拉应变很小（极限拉应变约为 $0.1\times10^{-3}\sim0.15\times10^{-3}$），在使用荷载作用下受拉区均已开裂，使构件刚度降低，变形增大。裂缝的存在使构件不宜用于处于高湿度或侵蚀性环境。为了满足对裂缝宽度控制和变形的要求，可加大构件截面尺寸和钢筋用量，但这样将导致截面尺寸和自重过大，使普通钢筋混凝土结构不适用于大跨结构或承受重荷载结构；如果采用高强度钢筋，对使用时允许出现裂缝宽度为 0.2～0.3mm 的构件，此时受拉区受拉钢筋的应力也只能达到为 150～250N/mm^2 左右，因而在普通钢筋混凝土结构中，高强钢筋是不能充分发挥作用的。而提高混凝土强度等级对提高构件的抗裂性能和控制裂缝宽度的作用也不大。

为了避免普通钢筋混凝土结构的裂缝过早出现，充分利用高强混凝土及高强钢材，可以设法在混凝土构件承受外荷载作用之前，对由外荷载引起的混凝土受拉区预先施加压力，以此产生的预压应力可以抵消外荷载所引起的部分拉应力，使构件截面上的拉应力较小，甚至处于受压状态，构件可以做到不出现裂缝或裂缝宽度减小。这种在构件受荷载之前预先对混凝土受拉区施加压应力的结构称为“预应力混凝土结构”。

现以图 7-1 所示预应力简支梁为例，说明预应力混凝土的基本概念。

在外荷载作用之前，预先在梁的受拉区施加一对大小相等、方向相反的偏心预加力 F，使梁截面下边缘混凝土产生预压应力 σ_c，见图 7-1（a），当外荷载 q（包括梁自重）作用时，如果梁跨中截面下边缘产生拉应力 σ_t，见图 7-1（b）（图中 $\sigma_t>\sigma_c$），这样，在预加力 F 和荷载 q 的共同作用下，梁的下边缘应力将减至 $\sigma_t-\sigma_c$，梁上边缘应力一般为压应力，但也可能为拉应力，见图 7-1（c）。如果增大预加力 F，则在外荷载作用下梁的下边缘应力还可以减小，甚至变成压应力。由此可见，预应力混凝土构件可以延缓混凝土开裂，提高构件的抗裂度和刚度，并取得节约钢材、减轻自重的效果，克服了普通钢筋混凝土的主要缺点，也为采用高强混

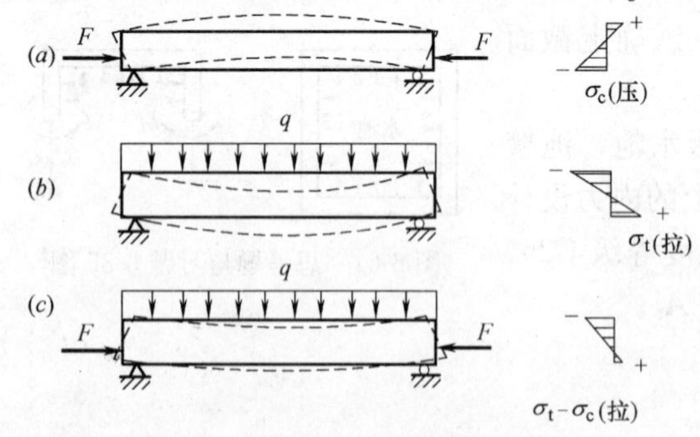

图 7-1　预应力简支梁的受力情况
（图中叠加的应力分布未考虑钢筋应力）
（a）预加力作用下；（b）外荷载作用下；
（c）预加力与外荷载共同作用下

凝土和高强钢筋创造了条件。

预应力混凝土具有以下主要优点：

(1) 改善结构的使用性能：受拉和受弯构件中采用预应力，可延缓裂缝的出现，减少使用荷载下的裂缝宽度；截面刚度显著提高，挠度减少，可建造大跨度结构。

(2) 受剪承载力提高：施加纵向预应力可延缓斜裂缝的形成，使受剪承载力得到提高。

(3) 提高构件的疲劳承载力：预应力可降低钢筋的疲劳应力比，增加钢筋的疲劳强度。

(4) 可充分利用高强度材料：预应力混凝土构件中，预应力钢筋先被预拉，而后在外荷载作用下钢筋拉应力进一步增大，因而合理设计时可确保预应力钢筋始终处于高拉应力状态，再配合高强度的混凝土，可获得较经济的构件截面尺寸。由于充分利用高强钢材和高强混凝土的特性，与普通混凝土构件相比，可节约钢材30%～50%，减轻结构自重达30%左右，且跨度越大越经济。

(5) 扩大了混凝土结构的应用范围：由于预应力混凝土改善了构件的抗裂性能，因而可以用于有防水、防辐射、抗渗透及抗腐蚀等环境要求的结构。

预应力混凝土由于具有结构使用性能好、不开裂或裂缝宽度小、刚度大、耐久性好，以及较好的综合经济指标，目前已广泛应用于建筑结构、交通水利、核电站等工程之中。如广东国际大厦工程采用无粘结预应力楼盖体系，实现63层的建筑高度仅200.18m（图7-2)；上海东方明珠电视塔（图7-3)，实现了307m超长竖向预应力张拉；广州中泰国际广场（图7-4）采用预应力宽扁梁体系，实现跨度20m、宽度1.5m的梁高度仅0.8m；建筑面积35万m^2的首都国际机场新航站楼工程（图7-5）是面积最大的单体预应力混凝土工程。日新月异的众多公路大桥，核电站的反应堆保护壳，遍及国内外的众多高层建筑、大跨建筑以及量大面广的工业建筑的吊车梁、屋面梁等都应用了现代预应力混凝土技术。

图7-2 广东国际大厦

图7-3 上海东方明珠广播电视塔

7.1.2 预应力混凝土的分类

根据制作、设计和施工的特点，预应力混凝土分为不同的类型。

1. 先张法和后张法

先张法是指制作预应力混凝土构件时，先张拉预应力钢筋后浇灌混凝土的一种方法；

图 7-4　中泰国际广场

图 7-5　首都国际机场新航站楼

后张法是指先浇灌混凝土，待混凝土达到规定的强度后再张拉预应力钢筋的一种预加应力方法。

2. 全预应力和部分预应力

在使用荷载作用下，构件截面混凝土不出现拉应力，为全截面受压，称为全预应力；在使用荷载作用下，构件截面混凝土出现拉应力或开裂，只有部分截面受压，即为部分预应力。部分预应力又分为 A、B 两类，A 类指在使用荷载作用下，构件预压区混凝土正截面的拉应力不超过规定的容许值；B 类指在使用荷载作用下，构件预压区混凝土正截面的拉应力允许超过规定的限值，但当裂缝出现时，其宽度不超过容许值。

3. 有粘结预应力与无粘结预应力

有粘结预应力是指沿预应力钢筋全长其周围均与混凝土粘结、握裹在一起的预应力混凝土结构。先张法预应力结构及预留孔道穿筋压浆的后张法预应力结构均属此类。

无粘结预应力是指预应力钢筋伸缩、滑动自由，不与周围混凝土粘结的预应力混凝土结构。这种结构的预应力钢筋表面涂有防锈材料，外套防老化的塑料管，防止与混凝土粘结（图 7-6 所示）。无粘结预应力混凝土结构通常与后张法预应力工艺结合应用。

图 7-6　无粘结预应力混凝土楼板

4. 环预加应力或线预加应力

环预加应力是将预应力用于环形结构，如圆形的池灌、储仓及管等，这里的预应力钢筋环绕成圆形。线预加应力常用来包括所有其他结构如梁和板。在线预加应力结构中，预应力钢筋并不总是直线的，可以是折线或曲线的，但是它们不并像环预加应力那样绕成圆环。

7.1.3 施加预应力的方法

通常通过机械张拉钢筋对混凝土施加预应力。按照施工工艺不同，可分为先张法和后张法两种。

1. 先张法

在浇筑混凝土前先张拉预应力钢筋，故称为先张法。其基本工序如下：

（1）在台座（或钢模）上张拉预应力钢筋至预定控制应力或伸长值后，将预应力钢筋用夹具固定于台座或钢模上，如图 7-7（*a*）、（*b*）所示；

（2）支模板、绑扎非预应力钢筋并浇灌混凝土，如图 7-7（*c*）所示；

（3）养护混凝土（一般为蒸汽养护）至其强度不低于设计值的 75%时，切断预应力钢筋，如图 7-7（*d*）所示。

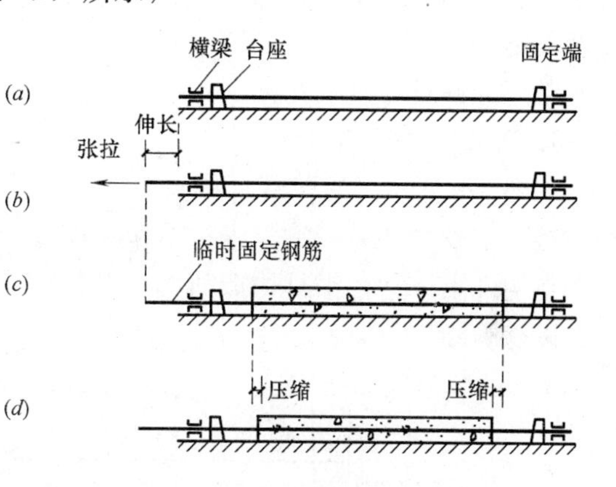

图 7-7 先张法主要工序示意图

（*a*）钢筋就位；（*b*）张拉钢筋；（*c*）临时固定钢筋，浇灌混凝土并养护；（*d*）放松钢筋，钢筋回缩，混凝土受预压

先张法构件是通过钢筋与混凝土之间的粘结力传递预应力的。此方法适用于在预制厂大批制作中、小型构件，如预应力楼板、屋面板、梁等。

2. 后张法

在浇灌混凝土并结硬之后张拉预应力钢筋，故称为后张法。其基本工序如下：

（1）浇筑混凝土制作构件，并预留孔道，如图 7-8（*a*）所示；

（2）养护混凝土到规定强度后，将预应力钢筋穿入预留孔道，并在构件上张拉预应力钢筋，如图 7-8（*b*）所示；

（3）张拉预应力钢筋至控制应力值后，在张拉端用锚具将预应力钢筋锚住，使构件保持预压状态，如图 7-8（*c*）所示；

（4）用压力泵将高压水泥浆灌入预留孔道，使预应力钢筋与混凝土成为整体，如图 7-8（*d*）所示。也可以不灌浆，完全通过锚具施加预压力，形成无粘结预应力结构。

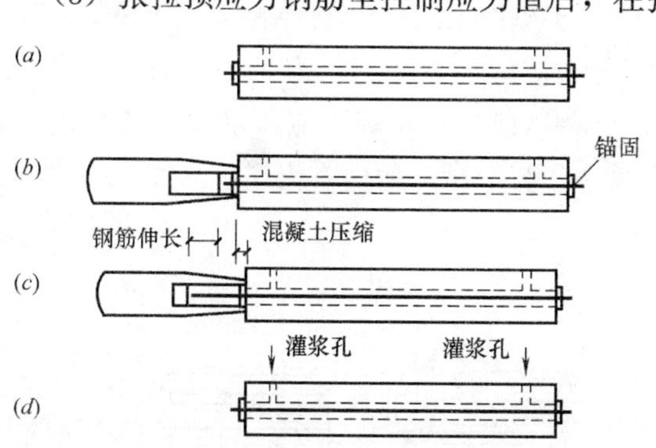

图 7-8 后张法主要工序示意图

（*a*）制作构件，预留孔道，穿束；（*b*）安装锚具及千斤顶；（*c*）张拉钢筋；（*d*）锚住钢筋，拆除千斤顶，孔道压力灌浆

后张法构件是依靠其两端的锚具锚住预应力钢筋并传递预应力的。因此，这样的锚具是构件的一部分，是永久性的，不能重复使用。此方法适用于在施工现场制作大型构件，如预应力屋架、吊车梁、大

跨度桥梁等。

后张法也可采用电热法。电热法是将钢筋两端接上电源，通以电流。由于钢筋电阻较大，使得钢筋受热而伸长，当钢筋达到预定长度时，将钢筋锚在混凝土构件上，然后切断电源，利用钢筋冷却回缩，对混凝土建立预加应力。

7.1.4 锚具

锚具是锚固预应力钢筋的装置，它对在构件中建立有效预应力起着至关重要的作用。先张法构件中的锚具可重复使用，也称为夹具或工作锚；后张法构件依靠锚具传递预应力，锚具也是构件的组成部分，不能重复使用。锚具及夹具应该安全可靠、滑移小、构造简单、加工制作方便、施工方便、节约钢材。按锚固原理，锚固体系可分为支承式和楔紧式两大类。

常用的锚具有以下几种：

1. 螺丝端杆锚具

如图 7-9 所示，螺丝端杆锚具主要用于预应力钢筋张拉端。预应力钢筋与螺丝端杆对焊连接，螺丝端杆另一端与张拉千斤顶连接。张拉终止时，通过螺帽和垫板将预应力钢筋锚固在构件上。这种锚具构造简单、滑移小，也便于再次张拉，但需要特别注意焊头的质量，以防脆断。

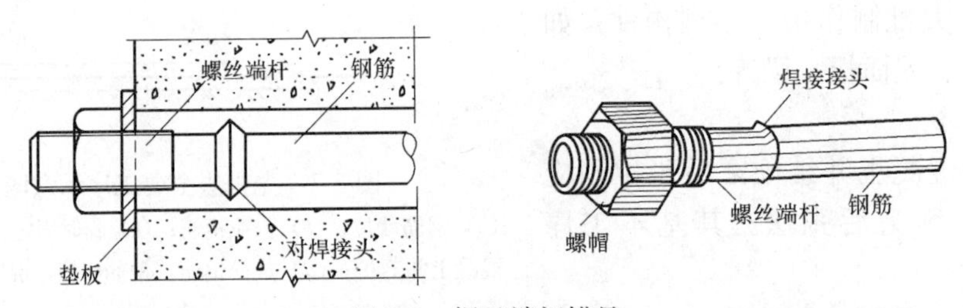

图 7-9　螺丝端杆锚具

2. 夹片式锚具

这是一种采用楔形夹片将预应力钢筋束或钢绞线楔紧锚固于锚环的锚具。它由锚环和若干块夹片组成，夹片的块数与钢筋或钢绞线的根数相同，每根钢绞线均可分开锚固，是目前应用较多的锚具。其主要产品有 JM12 型、OVM 型、QM 型、XM 型、VSL 型等。

JM12 型锚具如图 7-10 所示。这种锚具用于锚固 3～6 根直径为 12mm 的钢筋束，或 5～6 根 $7\phi^{S}4$ 的钢绞线。锚具由锚环和 3～6 个夹片组成，锚环可嵌入混凝土构件内，也可凸出构件外。夹片为楔形，每一块夹片有两个圆弧形槽，槽内有齿纹，靠摩擦力锚固钢

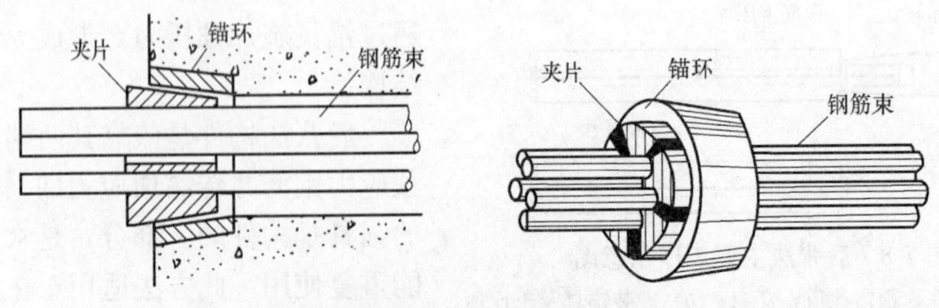

图 7-10　JM12 锚具

筋。JM12 型锚具需采用双作用千斤顶张拉。双作用的含义为：千斤顶可产生两个动作，一个夹住钢筋进行张拉，另一是将夹片顶入锚环，将预应力钢筋挤紧并牢牢锚住。

3. 镦头锚具

如图 7-11 所示，这种锚具用于锚固钢丝束。张拉端采用锚杯，固定端采用锚板。先将钢丝端头镦粗成球形，穿入锚杯孔内，边张拉边拧紧锚杯的螺帽。每个锚具可同时锚固几根到一百多根 $\phi5\sim\phi7$mm 的高强钢丝，也可用于单根粗钢筋。采用这样锚具时，要求钢丝的下料长度精度较高，否则会造成钢丝受力不均。

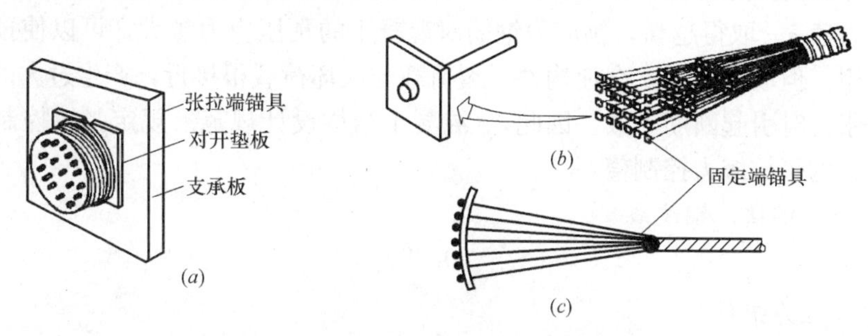

图 7-11 墩头锚具

(a) 张拉端；(b) 分散式固定端；(c) 集中式固定端

4. 后张自锚锚具

如图 7-12 所示，把混凝土构件端部的预留孔道扩大为锥形孔，张拉钢筋到规定值后，维持预拉力不变，在锥形孔内浇灌高强度混凝土，即形成自锚头。待自锚头混凝土达到设计强度后放松钢筋，钢筋回缩，依靠粘结力将预拉力传给自锚头，锚头再传给混凝土构件。

7.1.5 预应力混凝土的材料

1. 钢筋

预应力混凝土结构中的钢筋包括预应力钢筋和非预应力钢筋。非预应力钢筋的选用与普通钢筋混凝土结构中的钢筋相同。由于是通过张拉预应力钢筋对混凝土施加预应力，因此预应力钢筋首先必须具备很高的强度，才能有效提高构件的抗裂度。预应力钢筋宜采用中高强钢丝、钢绞线及螺纹钢筋。

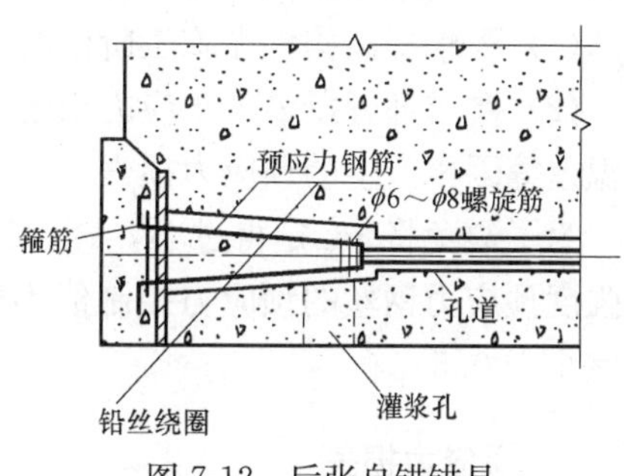

图 7-12 后张自锚锚具

2. 混凝土

预应力混凝土结构中，混凝土强度等级越高，能够承受的预压应力也越高，在同样的应力条件下，高强度混凝土的弹性变形和徐变变形要小些，有利于减少预应力损失。同时，采用高强度等级混凝土与高强钢筋相配合，可以获得较经济的构件截面尺寸并减轻结构自重。另外，高强度等级混凝土与钢筋的粘结力也高，这对依靠粘结传递预应力的先张法构件尤为重要。因而《混凝土结构设计规范》规定，预应力混凝土结构的混凝土强度等级不宜低于 C40，且不应低于 C30。

7.2 预应力混凝土构件设计的一般规定

7.2.1 张拉控制应力

张拉控制应力是指张拉钢筋时，张拉设备的测力仪表所指示的总张拉力除以预应力钢筋截面面积得出的拉应力值，以 σ_{con} 表示。它是预应力钢筋受荷之前所经受的最大应力。张拉控制应力值 σ_{con} 取得越高，预应力钢筋对混凝土的预压应力越大，可以使预应力钢筋充分发挥作用。但取值过高，会使构件开裂荷载与破坏荷载很接近，产生过大的应力松弛并可能导致张拉时引起断筋事故。因此，《混凝土结构设计规范》规定张拉控制应力不宜超过以下规定的张拉应力控制值：

1. 消除应力钢丝、钢绞线

$$\sigma_{con} \leqslant 0.75 f_{ptk} \tag{7-1}$$

2. 中等预应力钢丝

$$\sigma_{con} \leqslant 0.7 f_{ptk} \tag{7-2}$$

3. 预应力螺纹钢筋

$$\sigma_{con} \leqslant 0.85 f_{pyk} \tag{7-3}$$

式中 f_{ptk}——预应力钢筋抗拉极限强度标准值；

f_{pyk}——预应力钢筋抗拉屈服强度标准值。

设计预应力构件时，张拉控制应力可根据具体情况和施工经验作适当的调整。在下列情况下，上述张拉控制应力限值可相应提高 $0.05f_{ptk}$ 或 $0.05f_{pyk}$：

（1）要求提高构件在施工阶段的抗裂性能而在使用阶段受压区内设置的预应力筋；

（2）要求部分抵消由于应力松弛、摩擦、钢筋分批张拉以及预应力筋与张拉台座之间的温差等因素产生的预应力损失。

为了避免将 σ_{con} 定得过小，《混凝土结构设计规范》规定消除应力钢丝、钢绞线、中等强度预应力钢丝的预应力控制值不应小于 $0.4f_{ptk}$；预应力螺纹钢筋的张拉控制应力值不宜小于 $0.5f_{pyk}$。

7.2.2 预应力损失

将预应力钢筋张拉到控制应力值 σ_{con} 以后，由于种种原因，其拉应力值会逐渐下降到一定程度，即存在预应力损失。经损失后预应力钢筋的应力才会在混凝土构件中建立相应的有效预应力。因此，只有正确认识和计算预应力钢筋的预应力损失值，才能比较准确地估计混凝土中的预应力水平。下面分项讨论引起预应力损失的原因、损失值的计算以及减少预应力损失的措施。

1. 张拉端锚具变形和钢筋内缩引起的预应力损失 σ_{l1}

无论先张法临时固定预应力钢筋还是后张法张拉完毕锚固预应力钢筋时，在张拉端由于锚具的压缩变形，锚具与垫板之间、垫板与垫板之间、垫板与构件之间的所有缝隙被挤紧，或由于钢筋、钢丝、钢绞线在锚具内滑移，都会使得被拉紧的钢筋松动缩短从而引起预应力损失。

（1）预应力直线钢筋由于锚具变形和预应力钢筋内缩引起的 σ_{l1}，可按下列公式计算：

$$\sigma_{l1}=\frac{a}{l}E_{\mathrm{s}} \tag{7-4}$$

式中　a——张拉端锚具变形和预应力筋内缩值（mm），可按表 7-1 取用；

l——张拉端至锚固端之间距离（mm）；

E_{s}——预应力钢筋的弹性模量（$\mathrm{N/mm^2}$）。

锚具变形和预应力筋内缩值 a（mm）　　**表 7-1**

锚具类别		a
支承式锚具(钢丝束镦头锚具等)	螺帽缝隙	1
	每块后加垫板的缝隙	1
夹片式锚具	有顶压时	5
	无顶压时	6～8

表 7-1 中的锚具变形和预应力筋内缩值也可根据实测数据确定，其他类型的锚具变形和预应力筋内缩值应根据实测数据确定。块体拼成的结构，其预应力损失尚应计及块体间填缝的预压变形。当采用混凝土或砂浆为填缝材料时，每条填缝的预压变形值可取为 1mm。

锚具损失中只须考虑张拉端，因为固定端的锚具在张拉钢筋的过程中已被挤紧，不会引起预应力损失。为了减少锚具变形所造成的预应力损失，应尽量少用垫板，因为每增加一块垫板，a 值就增加 1mm；选择锚具变形小或使预应力钢筋内缩小的锚具、夹具，增加台座长度。

（2）后张法构件预应力曲线钢筋或折线钢筋由于锚具和预应力钢筋内缩引起的预应力损失值 σ_{l1}，应根据预应力曲线钢筋或折线钢筋与孔道壁之间反向摩擦影响长度 l_{f}范围内的预应力钢筋变形值等于锚具变形和钢筋内缩值的条件确定。抛物线形预应力筋可近似按圆弧形曲线预应力筋考虑，当其对应的圆心角 $\theta\leqslant45^{\circ}$（无粘结预应力筋时 $\theta\leqslant90^{\circ}$）时（图 7-13），可按下式近似计算：

$$\sigma_{l1}=2\sigma_{\mathrm{con}}l_{\mathrm{f}}\left(\frac{\mu}{\gamma_{\mathrm{c}}}+K\right)\left(1-\frac{x}{l_{\mathrm{f}}}\right) \tag{7-5}$$

反向摩擦影响长度 l_{f}（m）可按下列公式计算：

$$l_{\mathrm{f}}=\sqrt{\frac{aE_{\mathrm{s}}}{1000\sigma_{\mathrm{con}}(\mu/r_{\mathrm{c}}+K)}} \tag{7-6}$$

式中　r_{c}——圆弧形曲线预应力钢筋的曲率半径（m）；

μ——预应力钢筋与孔道壁之间的摩擦系数，按表 7-2 采用；

K——考虑管道每米长度局部偏差的摩擦系数，按表 7-2 采用；

x——张拉端至计算截面的距离（m），这里 $0\leqslant x<0\leqslant l_{\mathrm{f}}$；

α——锚具变形和钢筋内缩值（mm），按表 7-1 采用；

E_s——预应力钢筋的弹性模量（N/mm^2）。

摩擦系数 **表 7-2**

孔道成型方式	K	μ	
		钢绞线、钢丝束	预应力螺纹钢筋
预埋金属波纹管	0.0015	0.25	0.50
预埋塑料波纹管	0.0015	0.15	—
预埋钢管	0.0010	0.30	—
抽芯成型	0.0014	0.55	0.60
无粘结预应力筋	0.0040	0.09	—

注：摩擦系数也可根据实测数据确定。

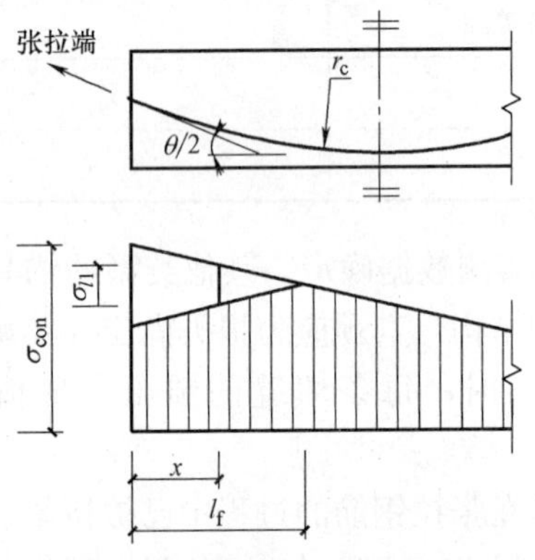

图 7-13　圆弧形曲线预应力筋的预应力损失 σ_{l1}

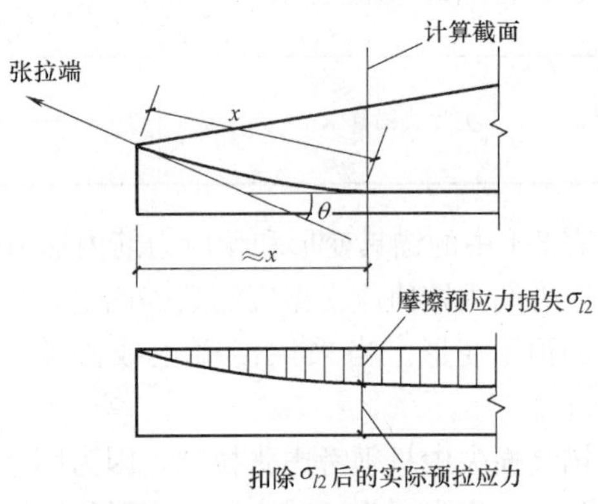

图 7-14　摩擦引起的预应力损失

2. 预应力钢筋与孔道壁之间摩擦引起的预应力损失 σ_{l2}

后张法预应力钢筋的预留孔道有直线形和曲线形。由于孔道的制作偏差、孔道壁粗糙以及钢筋与孔道壁的挤压等原因，张拉钢筋时，钢筋将与混凝土孔壁发生摩擦。距离张拉端越远，摩擦阻力的累积值越大，从而使构件每一截面上的预应力钢筋的拉应力逐渐减少，这种预应力值差额称为摩擦损失，记为 σ_{l2}。直线孔道的摩擦损失是由于孔道尺寸偏差、孔道粗糙以及钢筋的自重下垂等原因，使钢筋某些部位紧贴孔壁引起的；曲线孔道的摩擦损失除由于钢筋紧贴孔壁引起外，还有由于钢筋张拉时产生了对孔壁的垂直压力而引起的。因此 σ_{l2} 的大小与孔道形状和成型方式有关，曲线孔道部位的摩擦损失比直线孔道部位为大。σ_{l2} 宜按下式计算：

$$\sigma_{l2}=\sigma_{con}\left(1-\frac{1}{e^{\kappa x+\mu\theta}}\right) \tag{7-7a}$$

式中　x——从张拉端至计算截面的孔道长度（弧长），可近似取该段孔道在纵轴上的投影长度（m）；

θ——从张拉端至计算截面曲线孔道各部分切线的夹角之和（rad）；

κ——考虑管道每米长度局部偏差的摩擦系数，按表 7-2 采用；

μ——预应力钢筋与孔道壁之间的摩擦系数，按表 7-2 采用。

当 $\kappa x+\mu\theta$ 不大于 0.3 时，σ_{l2} 可按下式近似计算：

$$\sigma_{l2}=(\kappa x+\mu\theta)\sigma_{con} \tag{7-7b}$$

为了减少摩擦损失 σ_{l2}，可采用以下措施：

(1) 对于较长的构件可在两端进行张拉，如图 7-15 所示。比较图 7-15 (a) 与图 7-15 (b) 的最人摩擦损失值可以看出，两端张拉可减少一半摩擦损失。

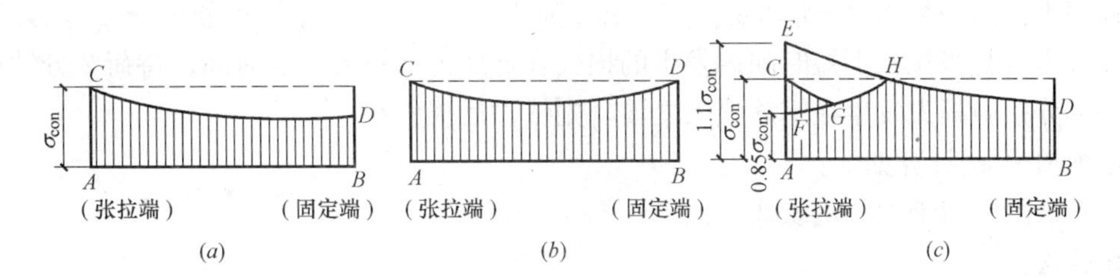

图 7-15　张拉钢筋时的摩擦损失

(a) 一端张拉；(b) 两端张拉；(c) 超张拉

(2) 采用超张拉工艺，如图 7-15 (c) 所示，若张拉工艺为：$0 \to 1.1\sigma_{con}$，持荷两分钟$\to 0.85\sigma_{con} \to \sigma_{con}$。当第一次张拉至 $1.1\sigma_{con}$时，预应力钢筋应力沿 EHD 分布。退至 $0.85\sigma_{con}$后，由于钢筋与孔道的反向摩擦，预应力将沿 $DHGF$ 分布。当再张拉至 σ_{con}时，预应力沿 $CGHD$ 分布。显然比图 7-15 (a) 所建立的预应力要均匀些，预应力损失也小一些。

3. 混凝土加热养护时，受张拉的钢筋与承受拉力的设备之间温差引起的预应力损失 $\sigma_{\sigma l3}$

制作先张法构件时，为了缩短生产周期，常采用蒸汽养护，促使混凝土快硬。当新浇筑的混凝土尚未结硬时，加热升温，预应力钢筋伸长，但两端台座因与大地相连，基本上不升高，台座间距离保持不变，即由于预应力钢筋与台座间形成温差，使预应力钢筋内部紧张程度降低，预应力下降。降温时，混凝土已结硬并与预应力钢筋结成整体，钢筋应力不能恢复原值，于是就产生了预应力损失 σ_{l3}。

设混凝土加热养护时，受张拉的钢筋与承受拉力的设备（台座）之间的温差为 Δt (℃)，钢筋的线膨胀系数为 α_s (1×10^{-5}/℃)，则 σ_{l3}可按下式计算：

$$\sigma_{l3}=\varepsilon E_s=\frac{\Delta l}{l}E_s=\frac{\alpha_s l\Delta t}{l}E_s=\alpha_s\Delta tE_s$$
$$=1\times10^{-5}\times2\times10^5\Delta t=2\Delta t\ (\mathrm{N/mm^2}) \tag{7-8}$$

减少此项损失的措施有：

(1) 采用两次升温养护，先在常温下养护，待混凝土强度等级达到 C7～C10 时，再逐渐升温。此时可以认为钢筋与混凝土已结成整体，能一起胀缩而无应力损失。

(2) 在钢模上生产预应力构件。因钢模和构件一起加热养护，不存在温差，可不考虑此项损失。

4. 预应力钢筋的应力松弛引起的预应力损失 σ_{l4}

应力松弛是指钢筋受力后，在长度不变的条件下，钢筋应力随时间的增长而降低的现象。其本质是钢筋沿应力方向的徐变受到约束而产生松弛，导致应力下降。先张法当预应力钢筋固定于台座上或后张法当预应力钢筋锚固于构件上时，都可看做钢筋长度基本不变，因而将发生预应力钢筋松弛损失。

试验证明，应力松弛损失值与钢种有关，钢种不同，则损失大小不同；另外，张拉控

制应力 σ_{con} 越大，则 σ_{l4} 越大；应力松弛的发生是先快后慢，第一小时可完成50%左右（前2分钟内可完成其中的大部分），24小时内可完成80%左右，此后发展较慢而趋于稳定。

根据应力松弛的上述性质，可采用超张拉的方法减小松弛损失。超张拉时可采用以下两种程序为：第一种为 $0\rightarrow1.03\sigma_{con}$；第二种为 $0\sim1.05\sigma_{con}\rightarrow$ 持荷2分钟 $\rightarrow\sigma_{con}$。其原理是：高应力（超张拉）下短时间内发生的损失在低应力下需要较长时间；持荷2分钟可使相当一部分松弛损失发生在钢筋锚固之前，则锚固后损失小。

松弛损失 σ_{l4} 计算如下：

（1）消除应力钢丝、钢绞线、

普通松弛：

$$\sigma_{l4}=0.4\left(\frac{\sigma_{con}}{f_{ptk}}-0.5\right)\sigma_{con} \tag{7-9}$$

低松弛：

当 $\sigma_{con}\leqslant0.7f_{ptk}$ 时

$$\sigma_{l4}=0.125\left(\frac{\sigma_{con}}{f_{ptk}}-0.5\right)\sigma_{con} \tag{7-10}$$

当 $0.7f_{ptk}<\sigma_{con}\leqslant0.8f_{ptk}$ 时

$$\sigma_{l4}=0.2\left(\frac{\sigma_{con}}{f_{ptk}}-0.575\right)\sigma_{con} \tag{7-11}$$

（2）中强度预应力钢丝：

$$\sigma_{l4}=0.08\sigma_{con} \tag{7-12}$$

（3）预应力螺纹钢筋：

$$\sigma_{l4}=0.03\sigma_{con} \tag{7-13}$$

当 $\sigma_{con}/f_{ptk}\leqslant0.5$ 时，预应力钢筋的应力松弛损失值可取为零。

预应力混凝土中所用的消除应力钢丝的松弛损失虽比消除应力前低一些，但仍然较高。于是，又发展了一种称作"稳定化"的特殊工艺，即在一定的温度（如350℃）和拉应力下进行应力消除回火处理，然后冷却至常温。经"稳定化"处理后，钢丝的松弛值仅为普通钢丝的1/4～1/3，从而大大减少了钢丝的松弛。这种钢丝称为低松弛钢丝。至此，消除应力钢丝分为普通松弛（Ⅰ级松弛）和低松弛（Ⅱ级松弛）两种。

5. 混凝土的收缩和徐变引起的预应力损失 σ_{l5}

混凝土在空气中结硬时体积收缩，而在预压力作用下，混凝土沿压力方向又发生徐变。徐变、收缩都使预应力混凝土构件的长度缩短，预应力钢筋也随之回缩，产生预应力损失 σ_{l5}。由于收缩和徐变均使预应力钢筋回缩，两者难以分开，所以通常合在一起考虑。混凝土收缩徐变引起的预应力损失很大，在曲线配筋的构件中，约占总损失的30%，在直线配筋的构件中可达60%。

试验表明，混凝土收缩徐变所引起的预应力损失值与构件配筋率、张拉预应力钢筋时混凝土的预压应力值、混凝土强度等级、预应力的偏心距、受荷时的龄期、构件尺寸以及环境的温湿度等因素有关，而以前三者为主。构件内的纵向钢筋配筋率将阻碍收缩和徐变变形的发展，随着配筋率加大，收缩徐变产生的预应力损失值将减少，由于非预应力钢筋也起阻碍作用，故配筋率的计算也包括非预应力钢筋。混凝土承受压应力的大小是影响徐变的主要因素，当预压应力 σ_{pc} 和施加预应力时混凝土立方体抗压强度 f'_{cu} 的比值 $\sigma_{pc}/f'_{cu}\leqslant0.5$ 时，徐变和压应力大致呈线性关系，由此引起的预应力损失值也呈线性变化；

当 $\sigma_{pc}/f'_{cu}>0.5$ 时，徐变的增长速度大于应力增长速度，这时预应力损失也大。

一般情况下，对先张法、后张法构件的预应力损失 σ_{l5}、σ'_{l6} 可按下列公式计算：

（1）先张法构件

$$\sigma_{l5}=\frac{60+340\frac{\sigma_{pc}}{f'_{cu}}}{1+15\rho} \tag{7-14}$$

$$\sigma'_{15}=\frac{60+340\frac{\sigma'_{pc}}{f'_{cu}}}{1+15\rho'} \tag{7-15}$$

（2）后张法构件

$$\sigma_{l5}=\frac{55+300\frac{\sigma_{pc}}{f'_{cu}}}{1+15\rho} \tag{7-16}$$

$$\sigma'_{l5}=\frac{55+300\frac{\sigma'_{cu}}{f'_{cu}}}{1+15\rho'} \tag{7-17}$$

式中 σ_{pc}、σ'_{pc}——受拉区、受压区预应力钢筋合力点处的混凝土法向压应力；

f'_{cu}——施加预应力时的混凝土立方体抗压强度；

ρ、ρ'——受拉区、受压区预应力筋和非预应力钢筋的配筋率：对先张法构件，$\rho=(A_p+A_s)/A_0$，$\rho'=(A'_p+A'_s)/A_0$；对后张法构件，$\rho=(A_p+A_s)/A_n$，$\rho'=(A'_p+A'_s)/A_n$；其中 A_0 为构件的换算截面面积，A_n 为构件的净截面面积；对于对称配置预应力钢筋和非预应力钢筋的构件（如轴心受拉构件），配筋率 ρ、α 分别按钢筋总截面面积的一半计算。

计算受拉区、受压区的预应力钢筋在各自合力点处混凝土法向压应力 σ_{pc}、σ'_{pc}时，预应力损失值仅考虑混凝土预压前（第一批）的损失，其非预应力钢筋中的应力 σ_{l5}、σ'_{l5}的值应取为零；σ_{pc}、σ'_{pc}不得大于 $0.5f'_{cu}$；当 σ'_{pc}为拉应力时，则式（7-15）、式（7-17）中的 σ'_{pc}应取为零。计算 σ_{pc}、σ'_{pc}时，可根据构件制作情况考虑自重的影响。

对处于干燥环境（年平均相对湿度低于 40%）的结构，σ_{l5} 及 σ'_{l5} 值应增加 30%。

对重要的结构构件，当需要考虑与时间相关的混凝土收缩、徐变及预应力钢筋应力松弛预应力损失值时，可按《混凝土结构设计规范》附录 K 进行计算。

6. 螺旋式预应力钢筋作配筋时的环形构件由于局部挤压引起的预应力损失 σ_{l6}

当环形构件采用缠绕螺旋式预应力钢筋时，混凝土在环向预应力的挤压下产生局部压陷，预应力钢筋环的直径减小，造成预应力损失。其值与构件的直径成反比。当环形构件直径 $d\leqslant 3\text{m}$ 时，取 $\sigma_{l6}=30\text{N/mm}^2$，$d>3\text{m}$，此项损失可忽略不计。

7. 预应力损失的组合

以上分项介绍了各项预应力损失。不同的施加预应力方法，产生的预应力损失也不相同。一般地，先张法构件的预应力损失有 σ_{l1}、σ_{l3}、σ_{l4}、σ_{l5}；后张法构件的预应力损失有 σ_{l1}、σ_{l2}、σ_{l4}、σ_{l5}（当为环形构件时还有 σ_{l6}）。

各种预应力损失值是按不同的张拉方法分两批产生的，预应力混凝土构件在各阶段的预应力损失值宜按表 7-3 的规定进行组合。

各阶段预应力损失值的组合　　表 7-3

预应力损失值的组合	先张法构件	后张法构件
混凝土预压前(第一批)的损失($\sigma_{l\text{I}}$)	$\sigma_{l1}+\sigma_{l2}+\sigma_{l3}+\sigma_{l4}$	$\sigma_{l1}+\sigma_{l2}$
混凝土预压后(第二批)的损失($\sigma_{l\text{II}}$)	σ_{l5}	$\sigma_{l4}+\sigma_{l5}+\sigma_{l6}$

注：1. 先张法构件当采用折线形预应力钢筋时，由于转向装置的摩擦，故在混凝土预压前（第一批）的损失中计入 σ_{l2}，其值按实际情况考虑；

2. 先张法构件由于预应力筋应力松弛引起的损失值 σ_{l4} 在第一批和第二批损失中所占的比例，如需区分，可根据实际情况确定。

考虑到预应力损失计算值与实际值的差异，并为了保证预应力混凝土构件具有足够的抗裂度，应对预应力总损失值作最低值的规定。《混凝土结构设计规范》规定：当计算求得的预应力总损失值小于下列数值时，应按下列数值取用：先张法构件 100N/mm^2；后张法构件 80N/mm^2。

7.2.3 先张法构件预应力钢筋的预应力传递长度

在先张法构件中，预应力是靠钢筋与混凝土之间的粘结力来传递的。当切断（或放松）预应力钢筋时，在构件端部钢筋的应力为零，由端部向中间逐渐增大，到一定长度后到达有效预应力 σ_{pe}（图 7-16）。由预应力值为零到有效预应力 σ_{pe} 区段的长度称为传递长度 l_{tr}。

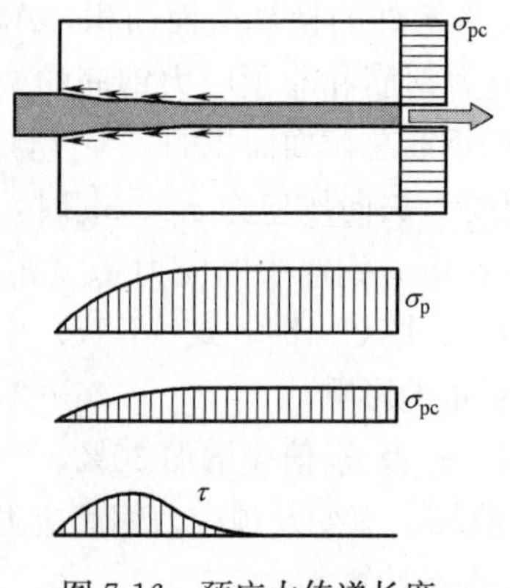

图 7-16　预应力传递长度

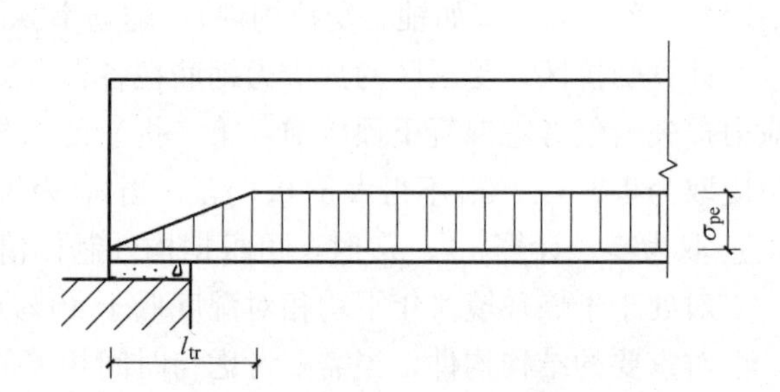

图 7-17　预应力传递长度范围内有效预应力值的变化

在此长度内，应力差由钢筋与混凝土之间的粘结力来平衡。应力值实际是按曲线规律变化的，为了简化计算，可近似按直线考虑（图 7-17）。预应力筋的预应力传递长度 l_{tr} 应按下式计算：

$$l_{tr}=\alpha\frac{\sigma_{pe}}{f'_{tk}}d \tag{7-18}$$

式中 σ_{pe}——放张时预应力钢筋的有效预应力；

d——预应力钢筋的公称直径；

α——预应力钢筋的外形系数，按表 7-4 采用；

f'_{tk}——与放张时混凝土立方体抗压强度 f'_{cu} 相应的轴心抗拉强度标准值。

锚固钢筋的外形系数 α　　表 7-4

钢筋类型	光面钢筋	带肋钢筋	螺旋肋钢丝	三股钢绞线	七股钢绞线
α	0.16	0.14	0.13	0.16	0.17

注：光面钢筋末端应做 180°弯钩，弯后平直段长度不应小于 $3d$，但作受压钢筋时可不做弯钩。

当采用骤然放松预应力钢筋的施工工艺时，l_{tr}的起点应从距构件末端 $0.25l_{tr}$处开始计算。

7.2.4　无粘结预应力混凝土结构

无粘结预应力混凝土结构，一般是指在预应力钢筋外面涂防腐油脂外包塑料套管防止钢筋与混凝土粘结、按后张法制作的预应力混凝土结构。施工时，无粘结预应力钢筋可如同非预应力钢筋一样，按设计要求铺放在模板内，然后浇灌混凝土，待混凝土达到设计要求强度后，再张拉、锚固。此时，无粘结预应力钢筋与混凝土不直接接触，而成为无粘结状态。在外荷载作用下，结构中预应力钢筋束与混凝土在横截面内存在线变形协调关系，在纵向可以相对周围混凝土发生纵向滑移。无粘结预应力混凝土的设计理论与有粘结预应力混凝土相似，一般需要增设普通受力钢筋以改善结构的性能，避免构件在极限状态下发生集中裂缝。无粘结部分预应力混凝土结构是继有粘结预应力混凝土结构和部分预应力混凝土结构之后的又一种新的预应力形式。由于无粘结预应力混凝土结构在施工中不需要事先预留孔道、穿钢筋和张拉后灌浆等，极大地简化了常规后张拉预应力混凝土结构的施工工艺，尤其适用于多跨、连续的整体现浇结构中。

7.2.5　后张法构件端部锚固区局部受压验算

后张法构件的预应力是通过锚具经垫板传递给混凝土的。由于预压力很大，而锚具下的垫板与混凝土的传力面积往往很小，因此锚具下的混凝土将承受较大的局部压力。在局部压力的作用下，构件端部会产生裂缝，甚至会发生局部受压不足而破坏。

构件端部锚具下的应力状态是很复杂的，锚具下的局部压应力要经过一段距离才能扩展到整个截面上，如图 7-18 所示。锚固区混凝土处于三向受力状态，除沿构件纵向的压应力 σ_x外，还有横向应力 σ_y。后者在距端部较近处为压应力而较远处为侧向拉应力。当侧向拉应力超过混凝土抗拉强度时，构件端部将发生纵向裂缝，导致局部受压破坏。因此需要进行锚具下混凝土截面尺寸和承载能力的验算。通常在端部锚固区内配置方格网式或螺旋式间接钢筋，以提高局部受压承载力并控制裂缝宽度，但不能防止混凝土开裂。

1. 构件端部受压截面尺寸验算

为防止构件发生因局部受压承载力不足而导致破坏，可配置间接钢筋，但这并不能防止混凝土开裂。锚固区的抗裂性能，主要取决于垫板及构件的端部尺寸。配置间接钢筋的混凝土结构构件，其局部受压区的截面尺寸应符合下列要求：

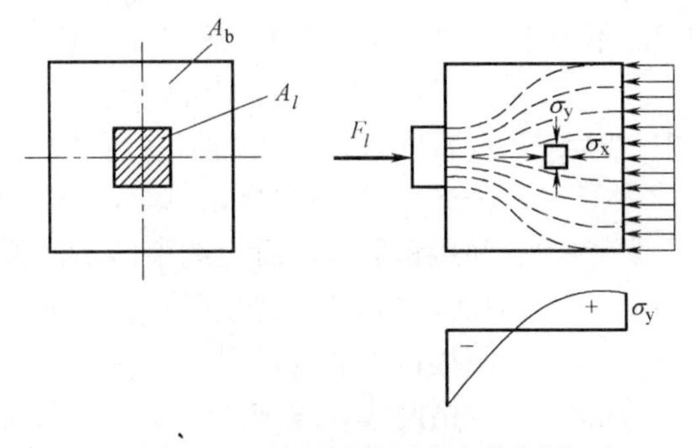

图 7-18　端部局部压应力分布图

$$F_l \leqslant 1.35\beta_c\beta_l f_c A_{ln} \tag{7-19}$$

$$\beta_l = \sqrt{\frac{A_b}{A_l}} \tag{7-20}$$

式中　F_l——局部受压面上作用的局部荷载或局部压力设计值：对有粘结预应力混凝土构件取 1.2 倍张拉控制力；对无粘结预应力混凝土取 1.2 倍张拉控制应力和 f_{ptk}中的较大值，f_{ptk}为无粘结预应力筋的抗拉强度标准值；

f_c——混凝土轴心抗压强度设计值，在后张法预应力混凝土构件的张拉阶段验算中，可根据相应阶段的混凝土立方体抗压强度 f'_{cu}值以线性内插法确定；

β_c——混凝土强度影响系数：当混凝土强度等级不超过 C50 时，取 $\beta_c=1.0$；当混凝土强度等级为 C80 时，取 $\beta_c=0.8$；其间按线性内插法确定；

β_l——混凝土局部受压时的强度提高系数；

A_l——混凝土局部受压区面积；

A_{ln}——混凝土局部受压净面积，对后张法构件，应在混凝土局部受压面积中扣除孔道、凹槽部分的面积；

A_b——局部受压的计算底面积，可由局部受压面积与计算底面积按同心、对称的原则确定，常用情况可按图 7-19 取用。

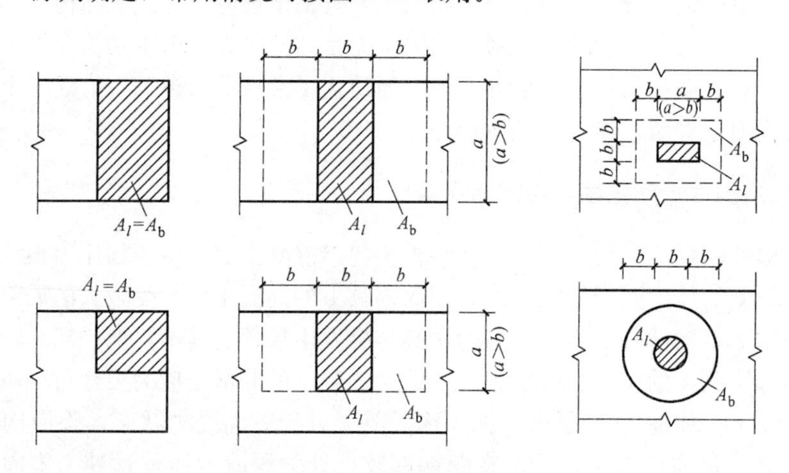

图 7-19　局部受压的计算底面积

2. 构件端部局部受压承载力计算

为了保证端部截面局部受压承载能力，当配置方格网式或螺旋式间接钢筋且其核心面积 A_{cor}不小于 A_l时（图 7-20），局部受压承载力应按下列公式计算：

$$F_l \leqslant 0.9(\beta_c\beta_l f_c + 2\alpha\rho_v\beta_{cor} f_{yv})A_{ln} \tag{7-21}$$

式中　β_{cor}——配置间接钢筋的局部受压承载力提高系数，可按式（7-20）进行计算，但公式中 A_b应代之以 A_{cor}，当 $A_{cor}>A_b$时，应取 $A_{cor}=A_b$；

α——间接钢筋对混凝土约束的折减系数，当混凝土强度等级不超过 C50 时，取 1.0，当混凝土强度等级为 C80 时，取 0.85，其间按线性内插法确定；

f_{yv}——间接钢筋的抗拉强度设计值；

A_{cor}——方格网式或螺旋式间接钢筋内表面范围内的混凝土核心面积，其重心应与 A_l的重心重合，计算中仍按同心、对称的原则取值；

ρ_v——间接钢筋的体积配筋率。

当为方格网式配筋时（图 7-20*a*），钢筋网两个方向上单位长度内钢筋截面面积的比值不宜大于 1.5，其体积配筋率 ρ_v 应按下列公式计算：

$$\rho_v=\frac{n_1 A_{s1} l_1+n_2 A_{s2} l_2}{A_{cor} s} \tag{7-22}$$

当为螺旋式配筋时（图 7-20*b*），其体积配筋率 ρ_v 应按下列公式计算：

$$\rho_v=\frac{4A_{ss1}}{d_{cor} s} \tag{7-23}$$

式中 n_1、A_{s1}——分别为方格网沿 l_1 方向的钢筋根数、单根钢筋的截面面积；

n_2、A_{s2}——分别为方格网沿 l_2 方向的钢筋根数、单根钢筋的截面面积；

A_{ss1}——单根螺旋式间接钢筋的截面面积；

d_{cor}——螺旋式间接钢筋内表面范围内的混凝土截面直径；

s——方格网或螺旋式间接钢筋的间距，宜取 30～80mm。

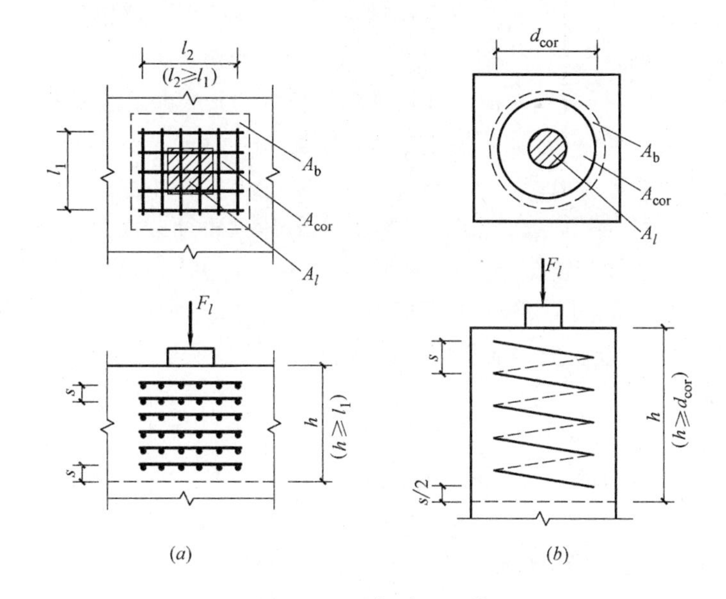

图 7-20　局部受压配筋

（*a*）方格网配筋；（*b*）螺旋式配筋

间接钢筋应配置在图 7-20 所规定的 h 范围内，方格网式钢筋不应少于 4 片，螺旋式钢筋不应少于 4 圈。柱接头，h 尚不应小于 15 倍纵向钢筋直径。

如计算结果不能满足式（7-21）时，则对于方格网钢筋，应增加钢筋的根数，加大钢筋的直径，减少钢筋的间距，对螺旋式钢筋，应加大直径，减少螺距。

7.3　预应力混凝土轴心受拉构件

7.3.1　轴心受拉构件各阶段应力分析

预应力轴心受拉构件从张拉钢筋开始到构件破坏为止，可分为两阶段：施工阶段和使用阶段，每个阶段又包括若干个受力过程。下面分先张法和后张法两种情况来讨论。

预应力混凝土轴心受拉构件截面图如图 7-21 所示，图中 A_p、A_s分别为纵向预应力钢筋及非预应力钢筋截面面积，$A=b\times h$ 为构件的毛截面面积，A_c为混凝土的截面面积（对先张法构件 $A_c=A-A_p-A_s$，后张法构件 $A_c=A-A_s-A_{孔}$）。

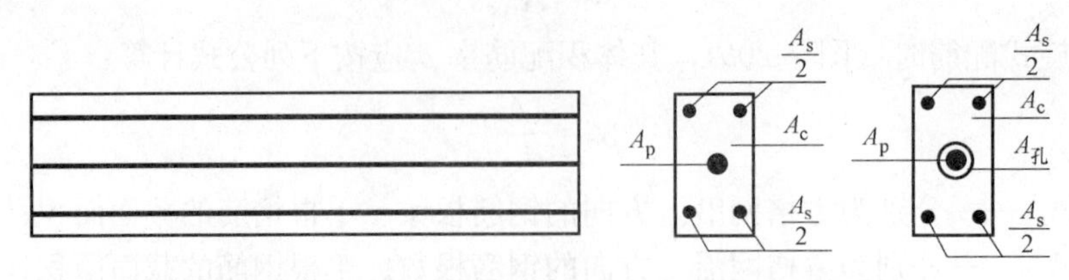

图 7-21 预应力混凝土轴心受拉构件配筋示意图

1. 先张法轴心受拉构件

(1) 预加应力阶段（施工阶段）

1）张拉钢筋，使预应力钢筋拉应力达到 σ_{con}张拉完毕后，将钢筋锚固在台座上，由于锚具变形和钢筋内缩，产生预应力损失 σ_{l1}，此时的钢筋应力为 $\sigma_{con}-\sigma_{l1}$。

2）浇灌混凝土并进行蒸汽养护，直到放松钢筋前，又产生温差损失 σ_{l3}和部分钢筋松弛损失 σ_{l4}，至此完成了第一批预应力损失 σ_{lI}，钢筋应力为 $\sigma_{con}-\sigma_{lI}$，其中 $\sigma_{lI}=\sigma_{l1}+\sigma_{l3}+\sigma_{l4}$，混凝土尚未受力，$\sigma_{pc}=0$。

3）待混凝土强度达到 75%$f_{cu,k}$以上时，放松预应力钢筋，使混凝土受预压力作用而产生弹性压缩，由于钢筋与混凝土间的粘结协调变形（即共同缩短），则两者的应变变化量相等，即 $\Delta\varepsilon_s=\Delta\varepsilon_c$（如图 7-22）。截面应力分布如图 7-23 所示，设此时混凝土的预压应力为 σ_{pcI}，$\alpha_E=E_s/E_c$（预应力钢筋弹性模量与混凝土弹性模量之比），则预应力钢筋的拉应力相应减少 $\alpha_E\sigma_{pcI}$，即：

$$\sigma_{peI}=(\sigma_{con}-\sigma_{lI})-\alpha_E\sigma_{pcI} \tag{7-24}$$

同理，纵向非预应力钢筋产生的压应力为：

$$\sigma_{sI}=\alpha_{Es}\sigma_{pcI} \tag{7-25}$$

式中 α_{Es}——非预应力钢筋弹性模量与混凝土弹性模量之比。

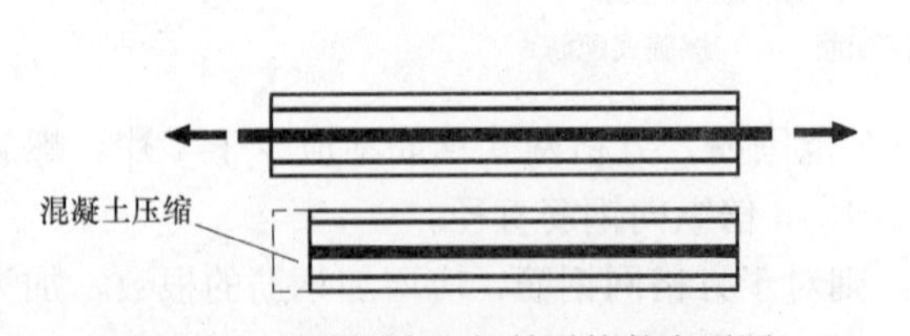

图 7-22 放张预应力钢筋时构件变形图

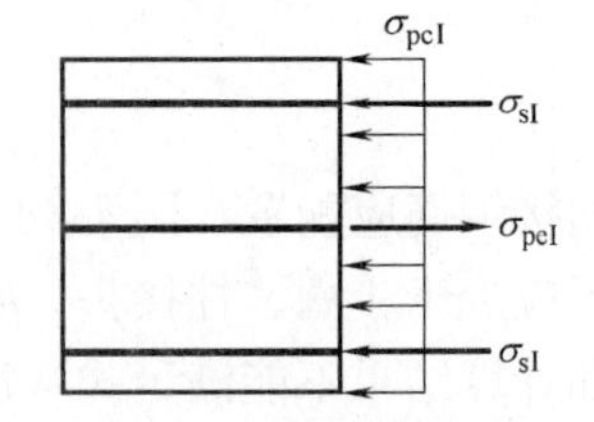

图 7-23 放张预应力钢筋时截面应力分布图

由图 7-23，根据平衡条件有：

$$\sigma_{sI}A_s+\sigma_{pcI}A_c=\sigma_{peI}A_p \tag{7-26}$$

式中 A_c——混凝土的截面面积；

A_p——纵向预应力钢筋的截面面积；

A_s——纵向非预应力钢筋的截面面积。

将式（7-24）、式（7-25）代入式（7-26）得混凝土的预压应力 σ_{pcI} 为：

$$\sigma_{pcI}=\frac{(\sigma_{con}-\sigma_{lI})A_p}{A_c+\alpha_E A_p+\alpha_{Es}A_s}=\frac{(\sigma_{con}-\sigma_{lI})A_p}{A_0} \tag{7-27}$$

式中　A_0——换算截面面积，包括混凝土截面面积以及全部纵向预应力和非预应力钢筋截面面积换算成混凝土的截面面积：

$$A_0=A_c+\alpha_E A_p+\alpha_{Es}A_s \tag{7-28}$$

设

$$N_{pcI}=(\sigma_{con}-\sigma_{lI})A_p \tag{7-29}$$

即有：

$$\sigma_{pcI}=\frac{N_{pcI}}{A_0} \tag{7-30}$$

式（7-30）可理解为放松预应力钢筋时，预应力钢筋的总合力 N_{pcI} 作用在混凝土换算截面 A_0 上所产生的预应力 σ_{pcI}。

4）随着预应力钢筋应力松弛的完成、收缩和徐变的发展，预应力钢筋完成第二批预应力损失（$\sigma_{lII}=\sigma_{l5}$），此时，预应力钢筋的总应力损失值为：$\sigma_l=\sigma_{lI}+\sigma_{lII}$；混凝土和钢筋进一步缩短，混凝土压应力由 σ_{pcI} 降低至 σ_{pcII}，预应力钢筋拉应力由 σ_{peI} 降低至 σ_{peII}（如图 7-24）：

$$\sigma_{peII}=(\sigma_{con}-\sigma_{lI})-\alpha_E\sigma_{pcI}-\sigma_{lII}+\alpha_E(\sigma_{pcI}-\sigma_{pcII})=(\sigma_{con}-\sigma_l)-\alpha_E\sigma_{pcII} \tag{7-31}$$

同理，由于混凝土的收缩、徐变及弹性压缩，构件内的非预应力钢筋随混凝土构件的缩短而缩短，使非预应力钢筋中压应力增加。为简化计算，假定非预应力钢筋压应力增量与预应力钢筋由于收缩和徐变产生的预应力损失值相同，即近似认为增加 σ_{l5}，则纵向非预应力钢筋总的压应力为：

$$\sigma_{sII}=\alpha_{Es}\sigma_{pcII}+\sigma_{l5} \tag{7-32}$$

由图 7-24，根据平衡条件有：

$$\sigma_{sII}A_s+\sigma_{pcII}A_c=\sigma_{peII}A_p \tag{7-33}$$

将式（7-31）、式（7-32）代入式（7-33）可得：

$$\sigma_{pcII}=\frac{(\sigma_{con}-\sigma_l)A_p-\sigma_{l5}A_s}{A_c+\alpha_E A_p+\alpha_{Es}A_s}=\frac{(\sigma_{con}-\sigma_l)A_p-\sigma_{l5}A_s}{A_0} \tag{7-34}$$

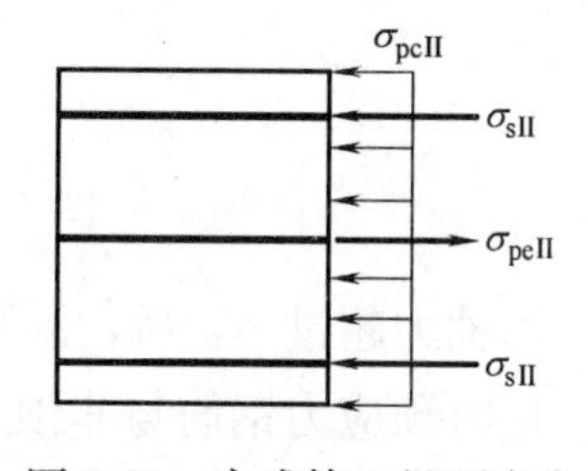

图 7-24　完成第二批预应力损失时截面应力分布图

设

$$N_{pII}=(\sigma_{con}-\sigma_l)A_p-\sigma_{l5}A_s \tag{7-35}$$

则式（7-35）可表示为：

$$\sigma_{pcII}=\frac{N_{pII}}{A_0} \tag{7-36}$$

式中　σ_{pcII}——预应力混凝土中所建立的有效预应力，即完成全部预应力损失后混凝土所受的预压应力；

N_{pII}——先张法构件的预加力。

为了方便计算，《混凝土结构设计规范》规定：当 $A_s\leqslant 0.4A_p$ 时，N_{pII} 中 $\sigma_{l5}A_s$ 项可忽略不计。值得注意的是：这样简化以后式（7-35）、式（7-36）分别与式（7-29）、式（7-30）

相似，仅所考虑的预应力损失不同。

(2) 使用阶段

1) 加荷到混凝土应力为零

构件承受外荷载后混凝土有效预应力在逐步减小，钢筋拉应力相应增大。当达到某个特定状态时，可使预应力混凝土轴心受拉构件中已建立的有效预应力变为零，$\sigma_{pc}=0$，此时的外加轴力称为“消压轴力 N_{p0}”。当构件处于消压状态时，预应力钢筋与非预应力钢筋应力分别增加了 $\alpha_E\sigma_{pcII}$ 和 $\alpha_{Es}\sigma_{pcII}$，即：

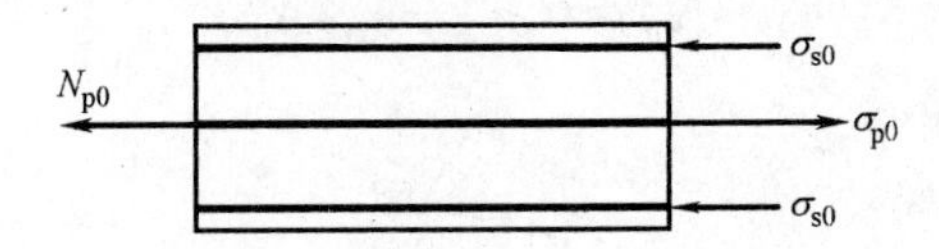

图 7-25　加荷至混凝土应力为零时截面应力分布图

预应力钢筋应力：

$$\sigma_{p0}=\sigma_{peII}+\alpha_E\sigma_{pcII}=(\sigma_{con}-\sigma_l)-\alpha_E\sigma_{pcII}+\alpha_E\sigma_{pcII}=\sigma_{con}-\sigma_l$$

非预应力钢筋应力：

$$\sigma_{s0}=\sigma_{sII}-\alpha_{Es}\sigma_{pcII}=\alpha_{Es}\sigma_{pcII}+\sigma_{l5}-\alpha_{Es}\sigma_{pcII}=\sigma_{l5}$$

由（图 7-25），根据平衡条件求得纵向消压轴力 N_{p0}：

$$N_{p0}=\sigma_{p0}A_p+\sigma_{s0}A_s=(\sigma_{con}-\sigma_l)A_p-\sigma_{l5}A_s$$

若忽略 $\sigma_{l5}A_s$ 项，则可将上式改写为：

$$N_{p0}=\sigma_{pcII}A_0 \tag{7-37}$$

2) 加荷至裂缝即将出现

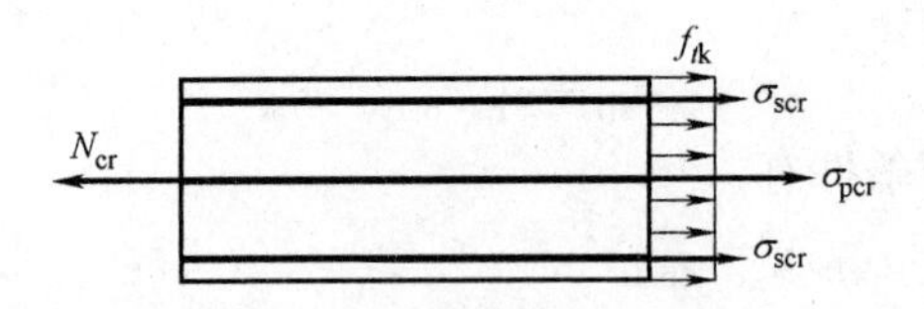

图 7-26　加荷至裂缝即将出现时截面应力分布图

当轴力超过 N_{p0} 后，混凝土开始受拉；当混凝土拉应力达到 f_{tk} 时，混凝土将出现裂缝。这时预应力钢筋与非预应力钢筋应力分别增加了 $\alpha_E f_{tk}$ 和 $\alpha_{Es}f_{tk}$，即：

预应力钢筋应力：

$$\sigma_{pcr}=\sigma_{con}-\sigma_l+\alpha_E f_{tk}$$

非预应力钢筋应力：

$$\sigma_{scr}=\alpha_E f_{tk}-\sigma_{l5}$$

由图（7-26）根据平衡条件可求出纵向开裂轴力 N_{cr}：

$$\begin{aligned}N_{cr}&=f_{tk}A_c+\sigma_{pcr}A_p+\sigma_{scr}A_s\\&=f_{tk}(A_c+\alpha_E A_p+\alpha_{Es}A_s)+(\sigma_{con}-\sigma_l)A_p-\sigma_{l5}A_s=f_{tk}A_0+\sigma_{pcII}A_0\end{aligned}$$

故

$$N_{cr}=(\sigma_{pcII}+f_{tk})A_0 \tag{7-38}$$

上式表明，由于有效预压应力 σ_{pcII} 的作用（σ_{pcII} 比 f_{tk} 大得多），使预应力混凝土轴心受拉构件要比普通钢筋混凝土轴心受拉构件的开裂轴力 N_{cr} 大许多，这就是预应力混凝土构件抗裂性能好的根本原因。

3）加荷至构件破坏

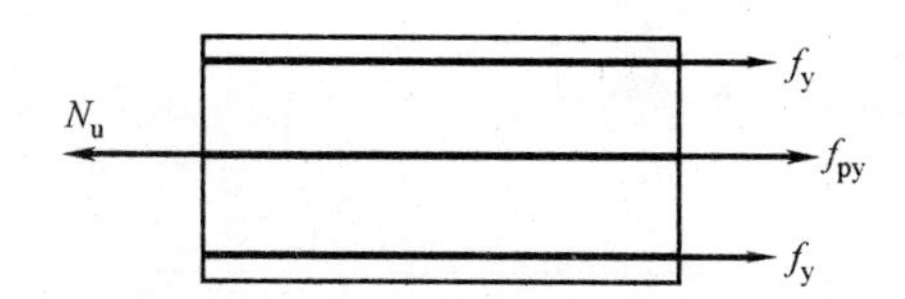

图 7-27　加荷至裂缝即将出现时截面应力分布图

当轴力超过 N_{cr} 后，混凝土开裂，在开裂截面处，轴力全部由预应力和非预应力钢筋承担。当钢筋应力达到抗拉强度设计值时，构件发生破坏（如图-27）。

$$N_u = f_{py}A_p + f_yA_s \tag{7-39}$$

上式表明，预应力混凝土不能提高构件的承载力。

图 7-28 表示先张法预应力混凝土轴心受拉构件各阶段的预应力钢筋应力与混凝土应力的变化示意图。图中虚线表示相同截面、配筋和相同材料的普通钢筋混凝土的应力变化。

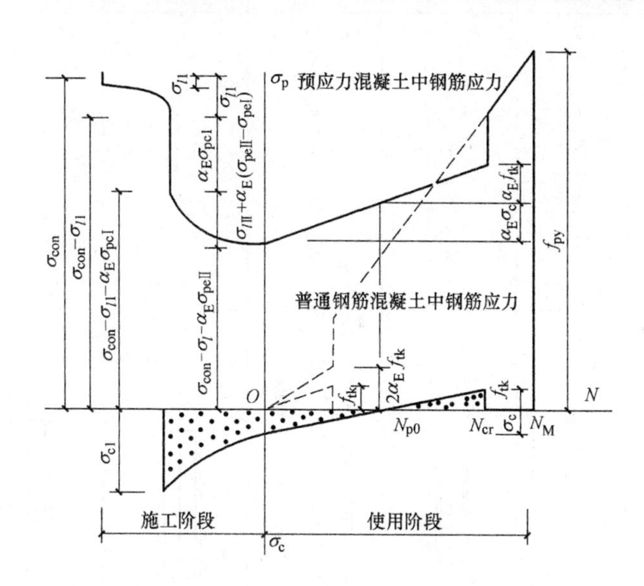

图 7-28　先张法预应力混凝土轴心受拉构件的应力变化图

表 7-5 为先张法预应力轴心受拉构件各阶段的应力状态。

2. 后张法

（1）预加应力阶段（施工阶段）

1）张拉钢筋，使预应力钢筋拉应力达到 σ_{con}。

张拉钢筋的同时，混凝土已受压缩，张拉完毕后，将钢筋锚固在构件上，由于锚具变形和钢筋回缩、孔道摩擦引起预应力损失，即完成第一批应力损失 $\sigma_{lI}=\sigma_{l1}+\sigma_{l2}$。此时，预应力钢筋和非预应力钢筋应力分别为：

$$\sigma_{peI}=\sigma_{con}-\sigma_{lI} \tag{7-40}$$

$$\sigma_{sI}=\alpha_{Es}\sigma_{pcI} \tag{7-41}$$

先张法轴心受拉构件各阶段应力状态 **表 7-5**

受力阶段		简图	预应力钢筋应力 σ_p	混凝土应力 σ_{pe}	非预应力钢筋应力 σ_s
预加应力阶段（施工阶段）	1. 张拉预应力钢筋		$\sigma_p=\sigma_{con}$	—	—
	2. 锚固预应力钢筋，完成第一批预应力损失		$\sigma_{con}-\sigma_{lI}$	0	—
	3. 放张预应力钢筋	σ_{pcI}（压） $\sigma_{peI}A_p$	$\sigma_{peI}=\sigma_{con}-\sigma_{lI}-\alpha_E\sigma_{pcI}$	$\sigma_{pcI}=\dfrac{(\sigma_{con}-\sigma_{lI})A_p}{A_0}$（压力）	$\sigma_{sI}=\alpha_E\sigma_{pcI}$（压）
	4. 施工阶段预应力的全部损失	σ_{pcII}（压） $\sigma_{peII}A_p$	$\sigma_{peII}=\sigma_{con}-\sigma_l-\alpha_E\sigma_{pcII}$	$\sigma_{pcII}=\dfrac{(\sigma_{con}-\sigma_l)A_p-\sigma_{Is}-A_s}{A_0}$（压）	$\sigma_{sII}=\alpha_E\sigma_{pcII}+\sigma_{l5}$（压）
使用阶段	1. 荷载作用消压状态	N_0 0 N_0	$\sigma_{p0}=\sigma_{con}-\sigma_l$	0	σ_{l5}（压）
	2. 裂缝即将出现	N_{cr} f_{tk}（拉） N_{cr}	$\sigma_{pcr}=\sigma_{con}-\sigma_l+\alpha_E f_{tk}$	f_{tk}（压）	$\alpha_E f_{tk}-\sigma_{l5}$（拉）
	3. 开裂后	N_u N_u	f_{py}	0	f_y（拉）

由图 7-29 根据平衡条件有：

$$\sigma_{sI}A_s+\sigma_{pcI}A_c=\sigma_{peI}A_p \quad (7\text{-}42)$$

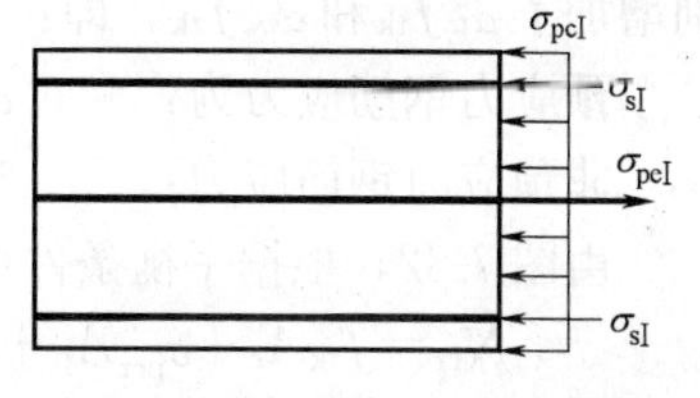

图 7-29 张拉锚固完成第一批预应力损失时截面应力分布图

将式（7-40）、式（7-41）代入式（7-42）可得：

$$\alpha_{Es}\sigma_{pcI}A_s+\sigma_{pcI}A_c=(\sigma_{con}-\sigma_{lI})A_p \quad (7\text{-}43)$$

故求出混凝土的预压应力：

$$\sigma_{pcI}=\frac{(\sigma_{con}-\sigma_{lI})A_p}{(A_c+\alpha_{Es}A_s)}=\frac{(\sigma_{con}-\sigma_{lI})A_p}{A_n} \quad (7\text{-}44)$$

式中 A_n——净截面面积，即扣除孔道、凹槽等削弱部分以外的混凝土全部截面面积及纵向非预应力筋截面面积换算成混凝土的截面面积之和，$A_n=A_c+\alpha_E A_s$。

将式（7-29）代入式（7-44），有：

$$\sigma_{pcI}=\frac{N_{pcI}}{A_n} \quad (7\text{-}45)$$

2）在出现钢筋松弛、混凝土收缩和徐变引起的预应力损失后，构件截面应力分布如图 7-30 所示。由于完成了第二批损失 $\sigma_{lII}=\sigma_{l4}+\sigma_{l5}+\sigma_{l6}$，此时预应力钢筋和非预应力钢筋的应力分别为：

$$\sigma_{peII}=\sigma_{con}-\sigma_l \quad (7\text{-}46)$$

$$\sigma_{sII}=\alpha_{Es}\sigma_{pcII}+\sigma_{l5} \quad (7\text{-}47)$$

由图 7-30 根据平衡条件，求出混凝土的预应力为：

$$\sigma_{pcII}=\frac{N_{pcII}}{A_n}=\frac{(\sigma_{con}-\sigma_l)A_p-\sigma_{l5}A_s}{A_n} \quad (7\text{-}48)$$

（2）使用阶段

1）加荷至消压轴力 N_{p0}

加荷至消压轴力 N_{p0}时，混凝土应力为零，预应力钢筋与非预应力钢筋应力分别增加了 $\alpha_E\sigma_{pcII}$和 $\alpha_{Es}\sigma_{pcII}$，即：

预应力钢筋应力为： $\sigma_{p0}=\sigma_{con}-\sigma_l+\alpha_E\sigma_{pcII}$

非预应力钢筋应力为： $\sigma_{s0}=\sigma_{l5}$

由图 7-31 根据平衡条件，可求得纵向消压轴力 N_{p0}：

$$\begin{aligned}N_{p0}&=\sigma_{p0}A_p-\sigma_{l5}A_s=(\sigma_{con}-\sigma_l+\alpha_E\sigma_{pcII})A_p-\sigma_{l5}A_s=\sigma_{pcII}A_n+\alpha_E\sigma_{pcII}A_p\\&=(A_n+\alpha_E A_p)\sigma_{pcII}=\sigma_{pcII}A_0\end{aligned} \quad (7\text{-}49)$$

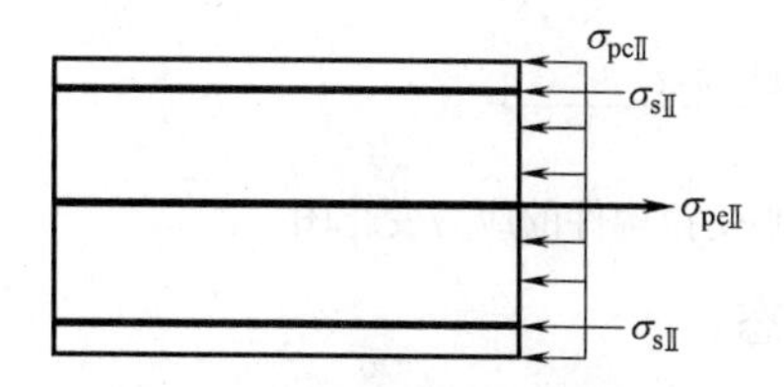

图 7-30 完成第二批预应力损失时截面应力分布图

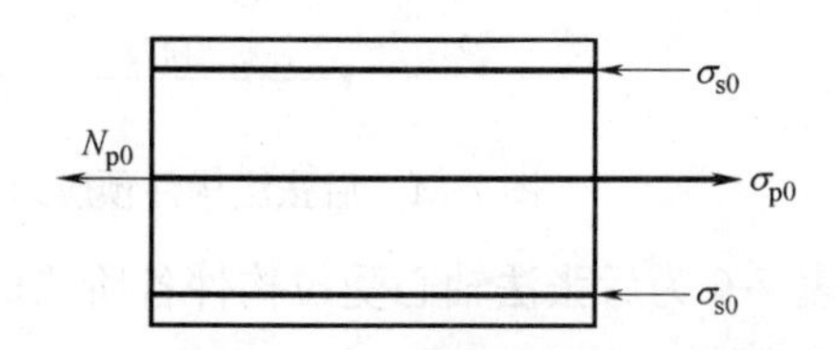

图 7-31 消压时截面应力分布图

2）加荷至裂缝即将出现

同先张法构件一样，此时混凝土拉应力达到 f_{tk}，预应力钢筋与非预应力钢筋应力分

别增加了 $\alpha_E f_{tk}$ 和 $\alpha_{Es} f_{tk}$，即：

预应力钢筋应力为：　　$\sigma_{pcr}=\sigma_{con}-\sigma_l+\alpha_E\sigma_{pcII}+\alpha_E f_{tk}$

非预应力钢筋应力：　　$\sigma_{scr}=\alpha_{Es} f_{tk}-\sigma_{l5}$

由图 7-32，根据平衡条件可求出纵向开裂轴力 N_{cr}：

$$\begin{aligned}N_{cr}&=f_{tk}A_c+\sigma_{pcr}A_p+\sigma_{scr}A_s\\&=(\sigma_{con}-\sigma_l+\alpha_E\sigma_{pcII}+\alpha_E f_{tk})A_p+(\alpha_E f_{tk}-\sigma_{l5})A_s+f_{tk}A_c\\&=f_{tk}(A_c+\alpha_E A_s+\alpha_E A_p)+\sigma_{pcII}A_0\\&=f_{tk}A_0+\sigma_{pcII}A_0\end{aligned}$$

即：

$$N_{cr}=(f_{tk}+\sigma_{pcII})A_0 \tag{7-50}$$

3）加荷至破坏（图 7-33）

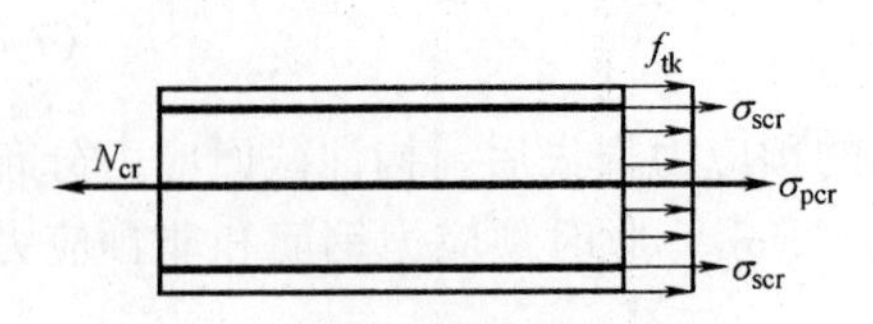

图 7-32　加荷至裂缝即将出现时截面应力分布图

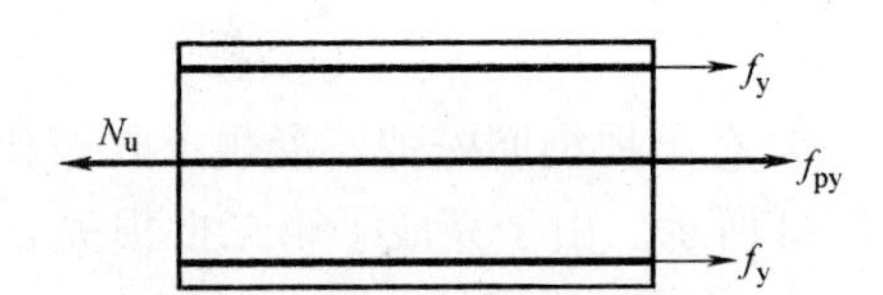

图 7-33　加荷至裂缝即将出现时截面应力分布图

同先张法构件一样，破坏时 A_p 与 A_s 已分别达到 f_{py} 与 f_y，故拉力 N_u 为：

$$N_u=f_{py}A_p+f_yA_s \tag{7-51}$$

图 7-34 表示后张法预应力混凝土轴心受拉构件各阶段的预应力钢筋应力与混凝土应力变化的示意图。

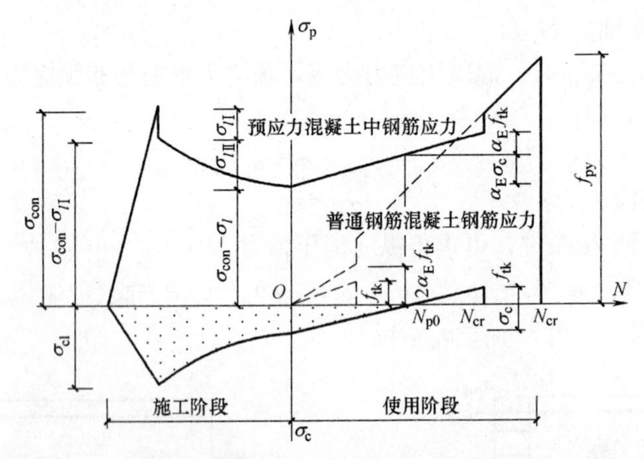

图 7-34　后张法构件预应力混凝土轴心受拉构件的应力变化图

表 7-6 为后张法轴心受拉构件各阶段的应力状态。

7.3.2　预应力混凝土轴心受拉构件的计算

为了保证预应力混凝土轴心受拉构件的可靠性，除了进行构件使用阶段承载力计算和裂缝控制验算外，还应进行施工阶段的承载力计算，以及后张法构件端部混凝土的局部受压验算。

后张法轴心受拉构件各阶段应力状态 **表 7-6**

受力阶段		简　　图	预应力钢筋应力 σ_p	混凝土应力 σ_{pc}	非预应力钢筋应力 σ_s
预加应力阶段（施工阶段）	1. 张拉并锚固（在构件上）完成第一批损失	$\sigma_{pc}A_p$；σ_{pc}(压)；$\sigma_{peI}A_p$；σ_{pcI}(压)	$\sigma_{peI}=\sigma_{con}-\sigma_{lI}$	$\sigma_{pc}=\frac{(\sigma_{con}-\sigma_{lI})A_p}{A_n}$（压）	$\sigma_{sI}=\alpha_E\sigma_{pcI}$（压）
	2. 完成第二批损失	$\sigma_{pcII}A_p$；σ_{pcII}(压)	$\sigma_{peII}=\sigma_{con}-\sigma_l$	$\sigma_{peII}=\frac{(\sigma_{con}-\sigma_l)A_p-\sigma_{l5}-A_s}{A_n}$（压）	$\sigma_s=\alpha_E\sigma_{pcII}+\sigma_{l5}$（压）
使用阶段	1. 加载至 $\sigma_{pe}=0$	N_0；N_0；0	$\sigma_{p0}=\sigma_{con}-\sigma_l+\alpha_E\sigma_{pcII}$	0	σ_{l5}（压）
	2. 加载至裂缝即将出现	N_{cr}；N_{cr}；f_{tk}(拉)	$\sigma_{pcr}=\sigma_{con}-\sigma_l+\alpha_E\sigma_{pcII}+\alpha_E f_{tk}$	f_{tk}（拉）	$\alpha_E f_{tk}-\sigma_{l5}$
	3. 加载至破坏	N_u；N_u	f_{py}	0	f_y（拉）

1. 使用阶段正截面承载力计算

根据各阶段应力分析，当构件加荷至破坏时，全部外加荷载均由预应力钢筋和非预应力钢筋承受，其正截面的承载力可按下式计算：

$$N \leqslant f_{py}A_p + f_yA_s \tag{7-52}$$

式中 N——轴向拉力设计值；

f_{py}——预应力筋抗拉强度设计值；

f_y——非预应力筋抗拉强度设计值；

A_p——纵向预应力筋的截面面积；

A_s——纵向非预应力筋的截面面积。

应用公式（7-52）解题时，一个方程只能求解一个未知量。一般先按构造要求或经验定出非预应力钢筋的数量，然后再由公式求解预应力钢筋的数量。

2. 使用阶段正截面裂缝控制验算

预应力混凝土轴心受拉构件，应按所处环境类别和结构类别选用相应的裂缝控制等级，并按下列规定进行混凝土拉应力或正截面裂缝宽度验算。

（1）一级裂缝控制等级构件：严格要求不出现裂缝的构件。在荷载效应的标准组合下应符合下列规定：

$$\sigma_{ck} - \sigma_{pc} \leqslant 0 \tag{7-53}$$

（2）二级裂缝控制等级构件：一般要求不出现裂缝的构件。在荷载效应标准组合下应符合下列规定：

$$\sigma_{ck} - \sigma_{pcII} \leqslant f_{tk} \tag{7-54}$$

式中 σ_{ck}——荷载效应标准组合计算的混凝土法向应力，无论先张法或后张法轴心受拉构件均有 $\sigma_{ck} = \dfrac{N_k}{A_0}$；

N_k——按荷载效应标准组合计算的轴向力值；

A_0——混凝土的换算截面面积，$A_0 = A_n + \alpha_E A_p + \alpha_{Es} A_s$；

σ_{pcII}——扣除全部预应力损失后混凝土的预压应力，按式（7-34）和式（7-48）计算；

f_{tk}——混凝土轴心抗拉强度标准值。

（3）三级裂缝控制等级构件——允许出现裂缝的构件，进行裂缝宽度验算。

最大裂缝宽度计算公式仍然采用式（4-80）形式，即：

$$w_{max} = \alpha_{cr}\psi \frac{\sigma_s}{E_s}\left[1.9c_s + 0.08\frac{d_{eq}}{\rho_{te}}\right] \tag{7-55}$$

式中 α_{cr}——构件受力特征系数。对预应力混凝土轴心受拉构件，$\alpha_{cr} = 2.2$；

σ_s——为荷载标准组合下裂缝截面处的钢筋应力；

其余符号的意义和取值同式（4-80）。

由于预应力混凝土构件中消压轴力 N_{p0} 的作用，使得式（4-76）中钢筋的应力 σ_s 和式（4-72）中有效配筋率 ρ_{te} 值有所变化，可按下式计算：

$$\sigma_s = \frac{N_k - N_{p0}}{A_p + A_s} \tag{7-56}$$

$$\rho_{te}=(A_s+A_p)/A_{te} \tag{7-57}$$

最大裂缝宽度应符合下列规定：

$$w_{max}\leqslant w_{lim}$$

式中 w_{max}——按荷载效应的标准组合并考虑长期作用影响计算的最大裂缝宽度；

w_{lim}——最大裂缝宽度限值，见附表 C-22。

对环境类别为二 a 类环境的预应力混凝土构件，尚应按荷载效应准永久组合计算，应符合下列规定：

$$\sigma_{cq}-\sigma_{pcII}\leqslant 0 \tag{7-58}$$

式中 σ_{cq}——荷载效应准永久组合下混凝土法向应力，$\sigma_{cq}=\dfrac{N_q}{A_0}$；

N_q——按荷载效应准永久组合计算的轴向力值；

A_0——混凝土的换算截面面积，$A_0=A_n+\alpha_E A_p+\alpha_{Es}A_s$；

σ_{pcII}——扣除全部预应力损失后混凝土的预压应力，按式（7-34）和式（7-48）计算。

3. 施工阶段验算

为了保证预应力混凝土轴心受拉构件在施工阶段（主要是制作时）的安全性，应限制施加预应力过程的混凝土法向压应力值，以避免混凝土被压坏。《混凝土结构设计规范》规定混凝土法向压应力值应符合下列规定：

$$\sigma_{cc}\leqslant 0.8f'_{ck} \tag{7-59}$$

式中 σ_{cc}——施工阶段构件计算截面混凝土的最大法向压应力；

对先张法构件：$\sigma_{cc}=\sigma_{pcI}=\dfrac{A_p(\sigma_{con}-\sigma_I)}{A_0}$

对后张法构件：$\sigma_{cc}=\dfrac{A_p\sigma_{con}}{A_n}$

f'_{ck}——与各施工阶段混凝土立方体抗压强度 f'_{cu} 相应的抗压强度标准值，按线性内插法查表确定。

4. 端部锚固区局部受压承载力验算

按 7.2.5 小节内容进行验算，即按式（7-19）和式（7-21）进行验算。

【例 7-1】 某 24m 跨度预应力混凝土拱形屋架下弦杆如图 7-35 所示，设计条件见表 7-7，局压区配 4 片 $\phi 8$ 的方格网片，尺寸如图 7-35（c）所示。试对该下弦杆进行使用阶段正截面承载力计算、正截面裂缝控制验算、施工阶段验算及端部受压验算。

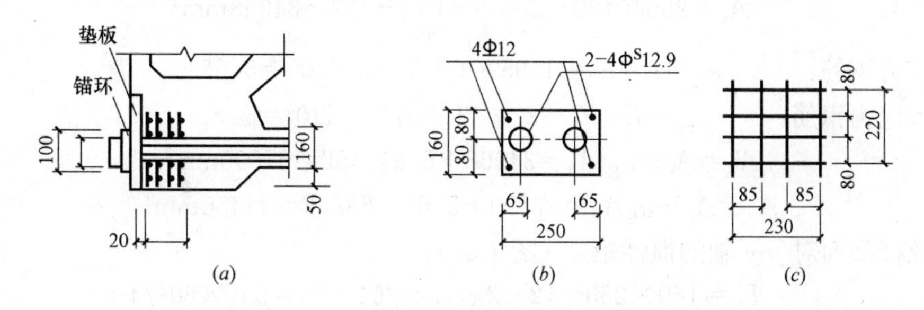

图 7-35　例 7-1 的预应力混凝土拱形屋架端部构造图

例 7-1 设计条件 **表 7-7**

材　　料	混凝土	预应力钢筋	非预应力钢筋
品种和强度等级	C50	1×3(三股)钢绞线	HRB400
截面(mm^2)	250×160,孔道 2Φ54		4Φ12,A_s=452
材料强度(N/mm^2)	f_{ck}=32.4 f_c=23.1 f_{tk}=2.64 f_t=1.89	f_{py}=1320 f_{ptk}=1860	f_y=360
弹性模量(N/mm^2)	3.45×10^4	1.95×10^5	2.0×10^5
张拉工艺	后张法,一端超张拉 5%;JM-12 型锚具,孔道为充压橡皮管抽芯成型;分批张拉,每次张拉一束钢筋		
张拉控制应力(N/mm^2)	$\sigma_{con}=0.75\times f_{ptk}=0.75\times1860=1395$		
张拉时混凝土立方体强度和抗压强度设计值(N/mm^2)	$f'_{cu}=50$　$f'_c=23.1$　$f'_{tk}=2.64$		
下弦拉力(kN)	永久荷载标准值产生的轴力 N_{Gk}=400kN,可变荷载标准值产生的轴力 N_{Qk}=170kN,可变荷载准永久值系数 $\psi_q=0.5$,组合值系数 $\psi_c=0.7$		
裂缝控制等级	二级		
结构重要性系数	使用阶段 $\gamma_0=1.1$,施工阶段 $\gamma_0=1.0$		

【解】

(1) 使用阶段正截面承载力计算

$$N=\gamma_0(1.2N_{GK}+1.4N_{QK})=1.1\times(1.2\times400+1.4\times170)=789.8\text{kN}$$

$$N=\gamma_0(1.35N_{GK}+0.7\times1.4N_{QK})=1.1\times(1.35\times400+0.7\times1.4\times170)=777.3\text{kN}$$

取 $N=789.9\text{kN}$

由 $N\leqslant N_u=f_{py}A_p+f_yA_s$，得

$$A_p\geqslant\frac{N-f_y.A_s}{f_{py}}=\frac{789.8\times10^3-360\times452}{1320}=475\text{mm}^2$$

选 2 束 $4\phi^S12.9$ 钢绞线，$A_p=2\times4\times85.4=683.2\text{mm}^2$

(2) 预应力钢筋张拉力的计算

① 截面几何特征

$$A_c=250\times160-2\times\frac{\pi}{4}\times54^2-452=34968\text{mm}^2$$

预应力钢筋：　$\alpha_E=E_s/E_c=1.95\times10^5/3.45\times10^4=5.65$

非预应力钢筋：　$\alpha_{Es}=E_s/E_c=2.0\times10^5/3.45\times10^4=5.8$

$$A_n=A_c+\alpha_{Es}A_s=34968+5.8\times452=37590\text{mm}^2$$

$$A_0=A_n+\alpha_EA_p=37590+5.65\times683.2=41450\text{mm}^2$$

下弦杆截面对 y-y 轴的惯性矩为（图 7-36）：

$$I_n=160\times250^3/12-2\pi\times54^2/64-2\pi\times54^2\times60^2/4+(5.8-1)\times452\times(250/2-30)^2=2.114\times10^8\text{mm}^4$$

② 预应力钢筋的张拉力

屋架下弦预应力钢筋多于 2 根（束）时，应分批张拉，每批不宜多于 2 根（束），并对称布置，不多于 2 根（束）时，宜一次张拉。本例题为 2 束预应力钢筋，本可一次张拉，但为说明分批张拉时的计算，故例题采用分批张拉。

2 束 $4\phi^{S}12.9$ 预应力钢筋分 2 批张拉，每一批张拉一束，每束预应力钢筋截面积为：

$$A_{pl}=4\times86.4=341.4\mathrm{mm}^2$$

则后批张拉钢筋引起先批张拉钢筋应力减少值为：

$$\Delta\sigma_p=\alpha_E(\sigma_{con}A_{pl}/A_n-\sigma_{con}A_{pl}e^2/I_n)$$
$$=5.65\times(1395\times341.6/37590-1395\times341.6\times60^2/2.114\times10^8)$$
$$=5.65\times(12.68-8.12)=25.76\mathrm{N/mm}^2$$

所以，先批张拉预应力钢筋的应力须增加 $\Delta\sigma_p$。考虑一端超张拉 $5\%\sigma_{con}$，每根预应力钢筋的张拉应力及每束钢筋的张拉力如表 7-8 所示。

例 7-1 的预应力钢筋张拉应力及张拉力 **表 7-8**

张拉顺序	第一束 $4\phi^{S}12.9$	第二束 $4\phi^{S}12.9$
σ_{con}（N/mm²）	1395	1395
$\Delta\sigma_p$（N/mm²）	25.76	0
$5\%\sigma_{con}$（一端超张拉）	69.75	69.75
实际张拉应力（N/mm²）	1490.51	1464.75
每束钢筋张拉力（kN）	1490.51×341.6=509.16	1464.75×341.6=500.36

（3）使用正截面裂缝控制验算

1）预应力损失

第一批预应力损失：

① 锚具变形损失

JM-12 锚具：$a=5\mathrm{mm}$，由式（7-4）得

$$\sigma_{l1}=E_s a/l=1.95\times10^5\times5/(24\times10^3)=40.63\mathrm{N/mm}^2$$

② 孔道摩擦损失

抽芯成型，$\kappa=0.0014$，$\mu=0.55$，直线钢筋 $\theta=0$，一端张拉，$x=24\mathrm{m}$。$\kappa x+\mu\theta=0.0014\times24=0.0336<0.3$

$$\sigma_{l2}=\sigma_{con}(\kappa x+\mu\theta)=1395\times0.0014\times24=46.87\mathrm{N/mm}^2$$

③ 进行预应力损失组合

第一批预应力损失： $\sigma_{lI}=\sigma_{l1}+\sigma_{l2}=87.5\mathrm{N/mm}^2$

$$\sigma_{pcI}=(\sigma_{con}-\sigma_{lI})A_p/A_n=(1395-87.5)\times683.2/37590=23.76\mathrm{N/mm}^2$$

第二批预应力损失：

① 钢筋应力损失（5%超张拉）：

$$\sigma_{l4}=0.4(\sigma_{con}/f_{ptk}-0.5)\sigma_{con}=0.4\times(1395/1860-0.5)\times1395=139.5\mathrm{N/mm}^2$$

② 混凝土的收缩徐变损失：

$$\sigma_{pcI}/f'_{cu}=23.76/50=0.475<0.5$$

$$\rho=0.5(A_p+A_s)/A_n=0.5(683.2+452)/37590=0.015$$

$$\sigma_{l5}=(55+300\sigma_{pcI}/f'_{cu})/(1+15\rho)=\frac{55+300\times0.475}{1+15\times0.015}=161.22\text{N/mm}^2$$

第二批预应力损失： $\sigma_{lII}=\sigma_{l4}+\sigma_{l5}=139.5+161.22=300.72\text{N/mm}^2$

③ 总损失：

$$\sigma_l=\sigma_{lI}+\sigma_{lII}=87.5+300.72=388.22\text{N/mm}^2>80\text{N/mm}^2$$

2）抗裂验算

裂缝控制等级为二级。

混凝土有效预应力为：

$$\sigma_{pcII}=[(\sigma_{con}-\sigma_l)A_p-\sigma_{l5}A_s]/A_n$$
$$=[(1395-388.22)\times683.2-161.22\times452]/37590$$
$$=16.36\text{N/mm}^2$$

在荷载标准组合下：

$$N_k=N_{Gk}+N_{Qk}=400+170=570\text{kN}$$

$$\sigma_{ck}=N_k/A_0=570\times10^3/41450=13.75\text{N/mm}^2$$

$$\sigma_{ck}-\sigma_{pcII}=13.75-16.36=-2.61\text{N/mm}^2<f_{tk}=2.64\text{N/mm}^2$$

满足要求。

（4）施工验算

① 第一束钢筋张拉时截面边缘法向应力（按偏压计算，见图 7-36）：

$$\sigma_{cc}=509.16\times10^3/A_n+509.16\times10^3\times60\times125/I_n=31.6\text{N/mm}^2$$

$$\sigma_{cc}>0.8f'_{ck}=0.8\times32.4=25.92\text{N/mm}^2$$

不满足要求。

② 第二束钢筋张拉时截面边缘法向应力（按轴压计算）：

$$\sigma_{cc}=\frac{N_p}{A_n}=\frac{\sigma_{con}A_p}{A_n}=\frac{2\times500.36\times10^3}{37590}=26.62\text{N/mm}^2>0.8f'_{ck}=0.8\times32.4=25.92\text{N/mm}^2$$

不满足要求。

③ 张拉时锚具下局部受压承载力计算：

JM-12 锚具直径为 100mm，锚具下垫板厚 20mm，局部受压面积 A_l 可按压力在垫板中以 45°扩散后的面积计算（如图 7-37 所示），图中两边阴影面积应扣除。

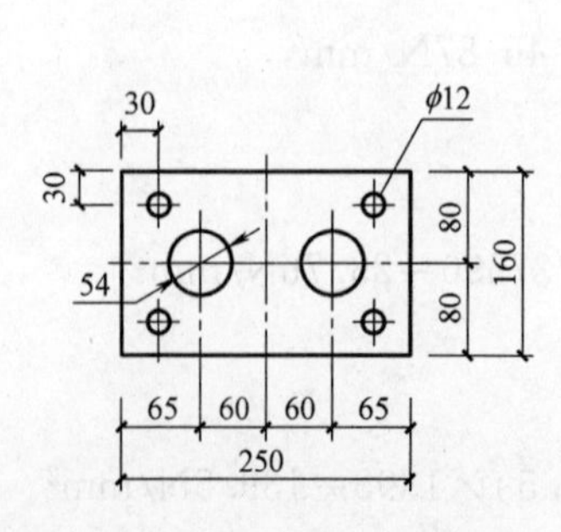

图 7-36 例7-1 的弦杆截面

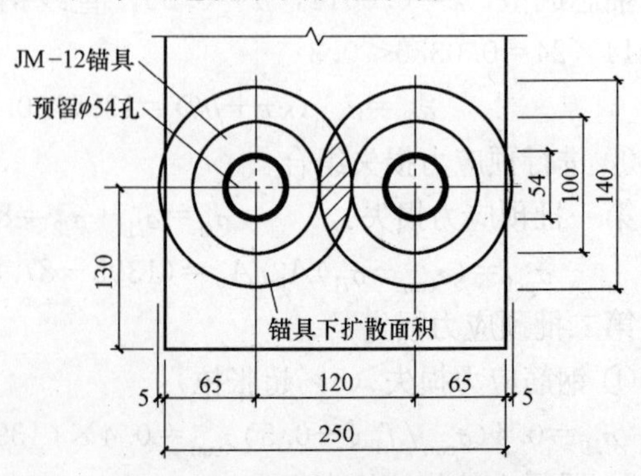

图 7-37 例 7-1 局部受压面积

$$A_l = 2\times\frac{\pi}{4}\times(100+2\times20)^2-976-350.4=29461.2\text{mm}^2$$

$$A_{ln} = 2\times\frac{\pi}{4}\times\ (100+2\times20)^2-2\times\frac{\pi}{4}\times54^2-976-350.4$$
$$=30772-4578.12-976-350.4=24867.5\text{mm}^2$$

可将 A_l 化为长 250mm，宽 117.8mm 的矩形，如图 7-38 所示。

由“同心、对称”的原则求得：

$$A_b = 250\times260=65000\text{mm}^2$$

$$\beta_l=\frac{A_b}{A_l}=\sqrt{65000/29461.2}=1.485$$

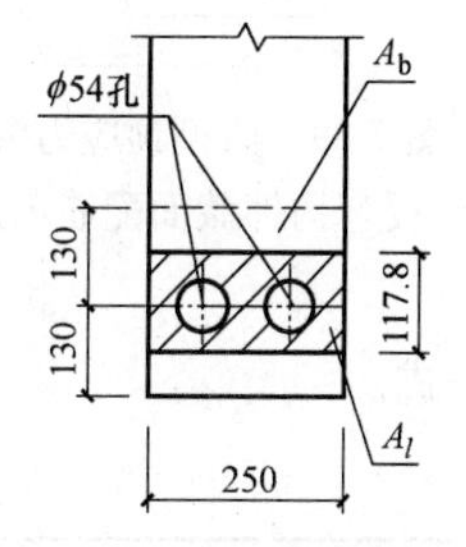

图 7-38 例 7-1 换算局部受压面积示意图

① 局压区尺寸验算

$$F_l=1.2\sigma_{con}A_p=1.2\times1395\times683.2=1143.68\times10^3\text{N}$$

$$1.35\beta_l\beta_c f_c A_{ln}=1.35\times1.0\times1.485\times23.1\times24867.5$$
$$=1151.6\times10^3\text{N}$$

$$F_l<1.35\beta_l\beta_c f_c A_{ln}$$

满足要求。

② 局压承载力验算

采用 HPB300、直径为 $\phi8$ 的钢筋网片

$$A_{cor}=220\times230=50600\text{mm}^2, A_l<A_{cor}<A_b$$

$$\beta_{cor}=\sqrt{A_{cor}/A_l}=\sqrt{50600/29461.2}=1.31$$

$$\rho_v=(n_1A_{s l}l_1+n_2A_{s2}l_2)/A_{cor}s$$
$$=(4\times50.3\times220+4\times50.3\times230)/(50600\times50)=0.036$$

$$0.9\times(\beta_c\beta_l f_c+2\rho_v\alpha\beta_{cor}f_{yv})A_{ln}$$
$$=0.9\times(1.0\times1.485\times23.1+2\times0.036\times1.0\times1.31\times270)\times24867.5$$
$$=1337.7\times10^3\text{N}>F_l$$

满足要求。

对该屋架下弦杆的验算发现部分项目不满足要求，需重新进行设计调整。

7.4 预应力混凝土受弯构件

7.4.1 受弯构件各阶段应力分析

如前所述，预应力混凝土轴心受拉构件中，预应力钢筋 A_p 和非预应力钢筋 A_s 均在截面内对称布置，因而在混凝土内建立了均匀的预压应力。

与轴心受拉构件不同，预应力受弯构件的预应力钢筋和非预应力钢筋布置是不对称的，预应力钢筋的预压力是偏向使用阶段受拉一边的偏心压力，截面混凝土的应力始终呈不均匀的分布状态。因此预应力受弯构件的截面应力图形和计算公式与轴心受拉构件不同。与轴心受拉构件相类似的是：预应力混凝土受弯构件从张拉钢筋开始，直到构件破坏为止，也可分为施工阶段和使用阶段，每个阶段又包括若干受力过程。

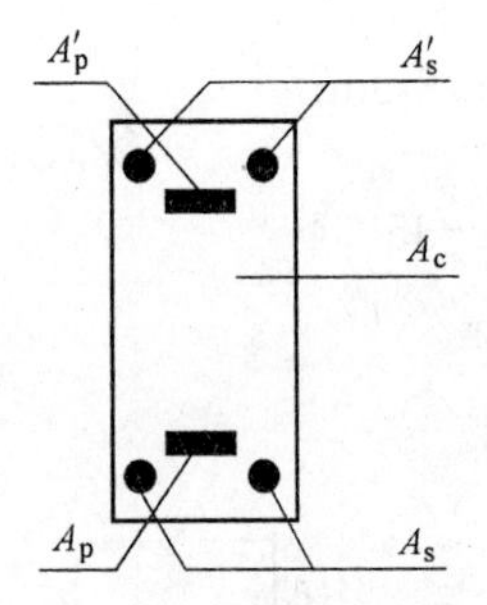

图 7-39　典型预应力混凝土受弯构件截面配筋示意图

表 7-9 与表 7-10 分别表示先张法和后张法受弯构件各阶段的应力状态。需要说明的是，为了突出主要受力特点，在表 7-9 与表 7-10 中，构件截面只在使用阶段受拉区配置了受拉预应力钢筋 A_p。在工程结构应用中，为了防止在制作、运输和吊装等施工阶段，构件的使用受压区出现裂缝或裂缝过宽，有时也在受压区设置预应力钢筋 A_p'，同时在构件的受拉区和受压区往往也设置非预应力钢筋 A_s 与 A_s'(图 7-39)。

下面结合表 7-9 与表 7-10，对配置了预应力钢筋 A_p、A_p' 及非预应力钢筋 A_s、A_s'的预应力混凝土受弯构件在施工阶段和使用阶段的几个受力状态进行分析，并给出相应的计算公式。

先张法预应力混凝土受弯构件各阶段的应力分析　　　表 7-9

受力阶段		简图	钢筋应力 σ_p	混凝土应力 σ_{pc}(截面下边缘)
施工阶段	1. 张拉钢筋		σ_{con}	—
	2. 完成第一批损失		$\sigma_{con}-\sigma_{lI}$	0
	3. 放松钢筋	σ_{pcI}' σ_{pcI}(压)	$\sigma_{peI}=\sigma_{con}-\sigma_{lI}-\alpha_E\sigma_{pcI}$	$\sigma_{pcI}=\dfrac{N_{p0I}}{A_0}+\dfrac{N_{p0I}e_{p0I}}{I_0}y_0$ $N_{p0I}=(\sigma_{con}-\sigma_{lI})A_p$
	4. 完成第二批损失	σ_{pcII}' σ_{pcII}(压)	$\sigma_{peII}=\sigma_{con}-\sigma_l-\alpha_E\sigma_{pcII}$	$\sigma_{pcII}=\dfrac{N_{p0II}}{A_0}+\dfrac{N_{p0II}e_{p0II}}{I_0}y_0$ $N_{p0II}=(\sigma_{con}-\sigma_l)A_p$
使用阶段	1. 加载至 $\sigma_{pc}=0$	P_0　P_0 0	$\sigma_{con}-\sigma_l$	0
	2. 加载至裂缝即将出现	P_{cr}　P_{cr} f_{tk}(拉)	$\sigma_{con}-\sigma_l+\gamma f_{tk}$	f_{tk}
	3. 加载至破坏	P_u　P_u	f_{py}	0

后张法预应力混凝土受弯构各阶段的应力分析　　表 7-10

	受力阶段	简　图	钢筋应力 σ_p	混凝土应力 σ_{pc}（截面下边缘）
施工阶段	1. 穿钢筋		0	0
	2. 张拉钢筋	σ'_{pc}；σ_p（压）	$\sigma_{con}-\sigma_{l2}$	$\sigma_{pc}=\dfrac{N_p}{A_n}+\dfrac{N_p e_{pn}}{I_n}y_n$ $N_p=(\sigma_{con}-\sigma_{l2})A_p$
	3. 完成第一批损失	σ'_{pcI}；σ_{pcI}（压）	$\sigma_{peI}=\sigma_{con}-\sigma_{lI}$	$\sigma_{pcI}=\dfrac{N_{pI}}{A_n}+\dfrac{N_{pI}e_{pnI}}{I_n}y_n$ $N_{pI}=(\sigma_{con}-\sigma_{lI})A_p$
	4. 完成第二批损失	σ'_{pcII}；σ_{pcII}（压）	$\sigma_{peII}=\sigma_{con}-\sigma_l$	$\sigma_{pcII}=\dfrac{N_{pII}}{A_n}+\dfrac{N_{pII}e_{pnII}}{I_n}y_n$ $N_{pII}=(\sigma_{con}-\sigma_l)A_p$
使用阶段	1. 加载至 $\sigma_{pc}=0$	P_0　P_0；0	$(\sigma_{con}-\sigma_l)+\alpha_E\sigma_{pcII}$	0
	2. 加载至裂缝即将出现	P_{cr}　P_{cr}；f_{tk}（拉）	$(\sigma_{con}-\sigma_l)+\alpha_E\sigma_{pcII}+\gamma f_{tk}$	f_{tk}
	3. 加载至破坏	P_u　P_u	f_{py}	0

1. 施工阶段

(1) 先张法构件

计算截面应力时，同轴心受拉构件一样，将全部预应力钢筋的合力视为作用在换算截面上的外力，按弹性均质材料计算。如图 7-40 所示，放松钢筋前，已产生第一批损失，此时预应力钢筋的合力为 N_{p0I}，钢筋合力 N_{p0I} 对换算截面重心距的偏心距为 e_{p0I}，截面上

图 7-40　预应力钢筋的合力 N_{p0I} 位置图

混凝土产生的预压应力 σ_{pc1}，均可根据图 7-40 按下列公式计算：

$$N_{p0I}=(\sigma_{con}-\sigma_{lI})A_p+(\sigma'_{con}-\sigma'_{lI})A'_p \tag{7-60}$$

$$e_{p0I}=\frac{(\sigma_{con}-\sigma_{lI})A_p y_p-(\sigma'_{con}-\sigma'_{lI})A'_p y'_p}{N_p} \tag{7-61}$$

$$\sigma_{pcI}=\frac{N_{p0I}}{A_0}\pm\frac{N_{p0I}e_{p0I}}{I_0}y_0 \tag{7-62}$$

在出现第一批损失后，预应力钢筋的有效预应力为：

$$\sigma_{peI}=\sigma_{con}-\sigma_{lI}-\alpha_E\sigma_{pcI} \tag{7-63}$$

$$\sigma'_{peI}=\sigma'_{con}-\sigma'_{lI}-\alpha_E\sigma'_{pcI} \tag{7-64}$$

当出现第二批预应力损失后，上述公式完全适用，只要将 σ_l 代替 σ_{lI}，并考虑非预应力钢筋受到 σ_{l5} 的影响（图 7-41），即：

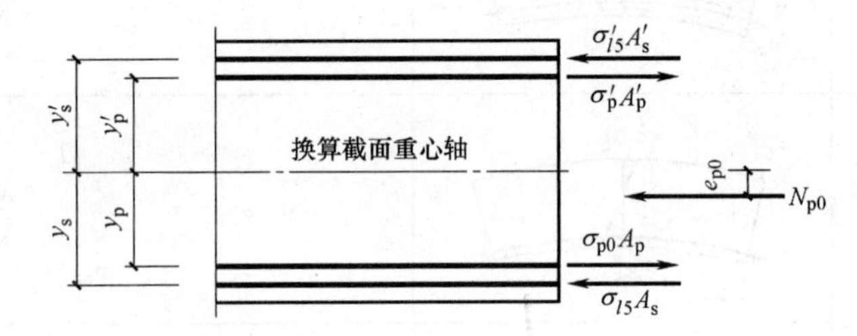

图 7-41　预应力钢筋合力 N_{p0} 位置图

$$N_{p0}=(\sigma_{con}-\sigma_l)A_p+(\sigma'_{con}-\sigma'_l)A'_p-\sigma_{l5}A_s-\sigma'_{l5}A'_s \tag{7-65}$$

$$e_{p0}=\frac{(\sigma_{con}-\sigma_l)A_p y_p-(\sigma'_{con}-\sigma'_l)A'_p y'_p-\sigma_{l5}A_s y_s+\sigma'_{l5}A'_s y'_s}{N_{p0}} \tag{7-66}$$

$$\sigma_{pc}=\frac{N_{p0}}{A_0}\pm\frac{N_{p0}e_{p0}}{I_0}y_0 \tag{7-67}$$

相应的预应力钢筋的有效预应力和非预应力钢筋的应力为：

$$\sigma_{pe}=\sigma_{con}-\sigma_l-\sigma_E\sigma_{pc}$$

$$\sigma'_{pe}=\sigma'_{con}-\sigma'_l-\alpha_E\sigma'_{pc}$$

$$\sigma_s=\alpha_E\sigma_{pc}+\sigma_{l5}$$

$$\sigma'_s=\alpha_E\sigma'_{pc}+\sigma'_{l5}$$

《混凝土结构设计规范》规定，当 $A'_p=0$ 时，σ'_{l5} 可忽略不计，即 $\sigma'_{l5}=0$。

（2）后张法构件

同轴心受拉构件相类似，后张法构件在施工阶段计算混凝土应力时，应用 A_n 代替先张法构件的 A_0，I_n 代替 I_0，y_n 代替 y_0，N_p 代替 N_{p0}；参考图 7-42，可得出相应的计算公式如下：

$$N_p=(\sigma_{con}-\sigma_l)A_p+(\sigma_{con}-\sigma'_l)A'_p-A_s\sigma_{l5}-A'_s\sigma'_{l5} \tag{7-68}$$

$$e_{pn}=\frac{(\sigma_{con}-\sigma_l)A_p y_{pn}-(\sigma'_{con}-\sigma'_l)A'_p y'_{pn}-\sigma_{l5}A_s y_{sn}+\sigma'_{l5}A'_s y'_{sn}}{N_p} \tag{7-69}$$

$$\sigma_{pc}=\frac{N_P}{A_n}\pm\frac{N_p e_{pn}}{I_n}y_n \tag{7-70}$$

相应的预应力钢筋的有效预应力和非预应力钢筋的应力为：

$$\sigma_{pe}=\sigma_{con}-\sigma_l$$
$$\sigma'_{pe}=\sigma'_{con}-\sigma'_l$$
$$\sigma_s=\alpha_E\sigma_{pc}+\sigma_{l5}$$
$$\sigma'_s=\alpha_E\sigma'_{pc}+\sigma'_{l5}$$

上述公式为通用公式，表示完成全部预应力损失后的情况：若要求完成第一批损失后的应力，则可将公式中 σ_{l5} 与 σ'_{l5} 去掉，并将各符号改为第一阶段即可。

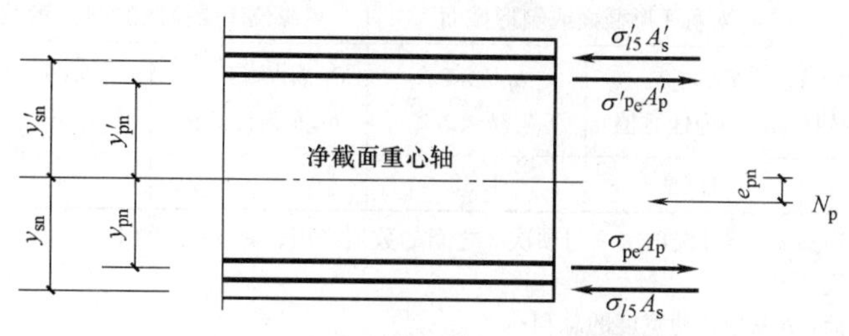

图 7-42 预应力钢筋合力 N_p 位置图

2. 使用阶段

使用阶段内，先张法与后张法应力变化情况基本相同，与轴心受拉构件一样，可分三个阶段考虑。

(1) 加荷至受拉边缘混凝土预压应力为零

如图 7-43 所示，受弯构件随着外加弯矩的增加，混凝土有效预压应力在逐步减小，钢筋应力随之变化。当达到某个特定状态时，可使受拉边缘混凝土的预压应力变为零，此时的外加弯矩称为“消压弯矩 M_0”。消压弯矩 M_0 可由截面上的平衡条件求得（图 7-43c）。

$$\sigma_{pc}=\frac{M_0}{W_0}$$
$$M_0=\sigma_{pc}W_0 \tag{7-71}$$

式中 M_0——由外荷载引起的，恰好使受拉区下边缘混凝土预压应力为零时的弯矩；

W_0——换算截面受拉边缘的弹性抵抗矩。

应该注意的是：轴心受拉构件在消压轴力 N_0 作用下，整个截面的混凝土应力全部为零；而受弯构件在消压弯矩 M_0 作用下，仅截面下边缘一点的应力为零，截面上其他点的预应力都不等于零。

(2) 加荷至受拉区裂缝即将出现

当弯矩超过 M_0 后，下边缘混凝土开始受拉；当混凝土拉应力达到 f_{tk} 时，混凝土将出现裂缝，这相当于构件在承受弯矩 $M_0=\sigma_{pc}W_0$ 后，再增加一个相当于普通钢筋混凝土构件的抗裂弯矩 $\gamma f_{tk}W_0$，如图 7-43 (d) 所示。因此，预应力受弯构件的抗裂弯矩 M_{cr} 为：

$$M_{cr}=\sigma_{pc}W_0+\gamma f_{tk}W_0=(\sigma_{pc}+\gamma f_{tk})W_0$$

即截面下边缘的总应力为：

$$\sigma=M_{cr}/W_0=\sigma_{pc}+\gamma f_{tk} \tag{7-72}$$

式中 γ——截面抵抗矩的塑性影响系数，即 $\gamma=\left(0.7+\frac{120}{h}\right)\gamma_m$；

γ_m——混凝土构件的截面抵抗矩塑性影响系数基本值，可按正截面应变保持平面的假定，并取受拉区混凝土应力图形为梯形、受拉边缘混凝土极限拉应变为

$2f_{tk}/E_c$确定；对常用的截面形状，γ_m值可按表 7-11 取用；

h——截面高度（mm），当 $h<400$ 时，取 $h=400$；当 $h>1600$ 时，取 $h=1600$；对圆形、环形截面，取 $h=2r$，此处，r 为圆形截面半径或环形截面的外环半径。

截面抵抗矩塑性影响系数基本值 γ_m 　　　　**表 7-11**

项次	1	2	3		4		5
截面形状	矩形截面	翼缘位于受压区的T形截面	对称I形截面或箱形截面		翼缘位于受拉区的倒T形截面		圆形和环形截面
			$b_f/b\leqslant2$、h_f/h 为任意值	$b_f/b>2$、$h_f/h<0.2$	$b_f/b\leqslant2$、h_f/h 为任意值	$b_f/b>2$、$h_f/h<0.2$	
γ_m	1.55	1.50	1.45	1.35	1.50	1.40	$1.6-0.24r_1/r$

注：1. 对 $b_f'>b_f$的I形截面，可按项次 2 与项次 3 之间的数值采用；对 $b_f'<b_f$的I形截面，可按项次 3 与项次 4 之间的数值采用；

2. 对于箱形截面，b 系指各肋宽度的总和；

3. r_1为环形截面的内环半径，对圆形截面取 r_1为零。

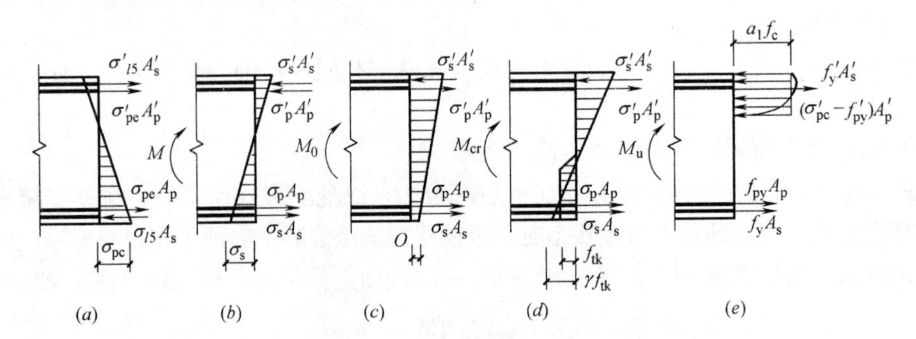

图 7-43　使用阶段应力状态

（a）M 为 0 时截面上已建立的预应力；（b）M 产生的截面应力；（c）M_0 作用下的截面应力；

（d）M_{cr}作用下的截面应力；（e）破坏时的截面应力

（3）加荷至构件破坏

如图 7-43（e）所示，这时截面应力状态与普通混凝土类似，故若仅在受拉区配置预应力钢筋，则其承载能力应与普通混凝土构件相同。

对在受拉区和受压区同时配置预应力钢筋的受弯构件，其 A_p'的应力变化情况为：未受荷载时，A_p'中为拉应力；受荷后随 M 增加，拉应力逐渐减小。当构件破坏时，A_p'的应力 σ_p'可能为拉应力，也可能为压应力，但达不到抗压强度设计值 f_{py}'。若受压区预应力钢筋处混凝土预应力 σ_p'为零时，相应的 A_p'的应力为 σ_{p0}'，那么构件破坏时，考虑受压区预应力钢筋 A_p'对截面承载力影响不大，近似地取 σ_p'为：

$$\sigma_p'=\sigma_{p0}'-f_{py}' \tag{7-73}$$

式中

$$\sigma_{p0}'=\sigma_{con}'-\sigma_l' \quad （先张法）$$

$$\sigma_{p0}'=\sigma_{con}'-\sigma_l'+\alpha_E\sigma_{pc}' \quad （后张法）$$

上式中 σ_p'为正值时表示拉应力，负值表示压应力。显然，当为拉应力时，将降低正截面承载能力，故在受压区配置预应力钢筋，将略降低构件的承载能力，同时还将引起受拉边缘预压应力的减小，降低抗裂性能。所以受压区配置预应力钢筋，只宜用于受压区

（预拉区）在施工阶段可能出现裂缝的构件。

7.4.2 受弯构件计算

对于预应力混凝土受弯构件计算，包括使用阶段的正截面受弯承载力及斜截面承载力计算；使用阶段的正截面抗裂验算、斜截面抗裂验算以及挠度验算；施工阶段的制作、运输和吊装验算。

1. 正截面受弯承载力计算

（1）矩形截面

矩形截面或翼缘位于受拉边的倒T形截面的受弯构件（如图7-44所示），其正截面受弯承载力应符合下列规定：

$$M \leqslant \alpha_1 f_c bx\left(h_0-\frac{x}{2}\right)+f'_y A'_s(h_0-a'_s)-(\sigma'_{p0}-f'_{py})A'_p(h_0-a'_p) \tag{7-74}$$

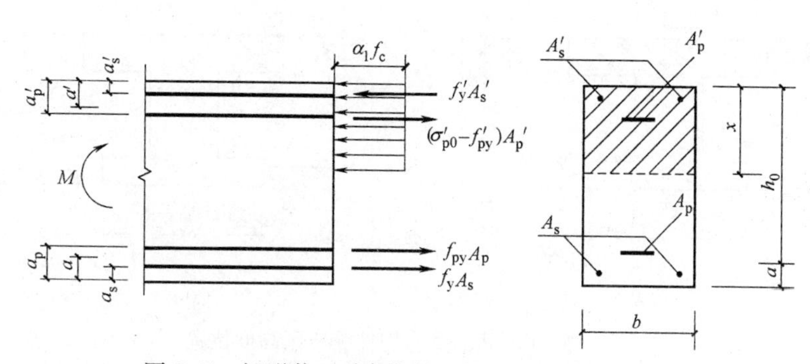

图7-44 矩形截面受弯构件正截面承载力计算简图

混凝土受压区高度 x 应符合下列要求：

$$\alpha_1 f_c bx=f_y A_s-f'_y A'_s+f_{py}A_p+(\sigma'_{p0}-f'_{py})A'_p \tag{7-75}$$

混凝土受压区高度尚应符合下列条件：

$$x \leqslant \xi_b h_0 \tag{7-76}$$

$$x \geqslant 2a' \tag{7-77}$$

式中 M——弯矩设计值；

α_1——混凝土强度系数；

A_s、A'_s——受拉区、受压区纵向普通钢筋的截面面积；

A_p、A'_p——受拉区、受压区纵向预应力筋的截面面积；

σ'_{p0}——受压区纵向预应力筋合力点处混凝土法向应力等于零时的预应力筋应力，按式（7-73）计算；

b——矩形截面的宽度；

h_0——截面有效高度；

a'_s、a'_p——受压区纵向普通钢筋合力点、预应力筋合力点至截面受压边缘的距离；

a'——受压区全部纵向钢筋合力点至截面受压边缘的距离，当受压区未配置纵向预应力筋或受压区纵向预应力筋应力（$\sigma'_{p0}-f'_{py}$）为拉应力时，公式（7-77）中的 a' 用 a'_s 代替；

ξ_b——预应力混凝土受弯构件相对界限受压区高度。

对有屈服点的钢筋：

$$\xi_b = \frac{\beta_1}{1+\dfrac{f_{py}-\sigma_{p0}}{E_s\varepsilon_{cu}}} \tag{7-78a}$$

对无屈服点的钢筋：

$$\xi_b = \frac{\beta_1}{1+\dfrac{0.002}{\varepsilon_{cu}}+\dfrac{f_{py}-\sigma_{p0}}{E_s\varepsilon_{cu}}} \tag{7-78b}$$

σ_{p0}——受拉区预应力钢筋合力点处混凝土法向应力为零时的预应力钢筋应力。

（2）T形、I形截面

翼缘位于受压区的 T 形、I 形截面（如图 7-45 所示）的受弯承载力可分两种情况考虑。

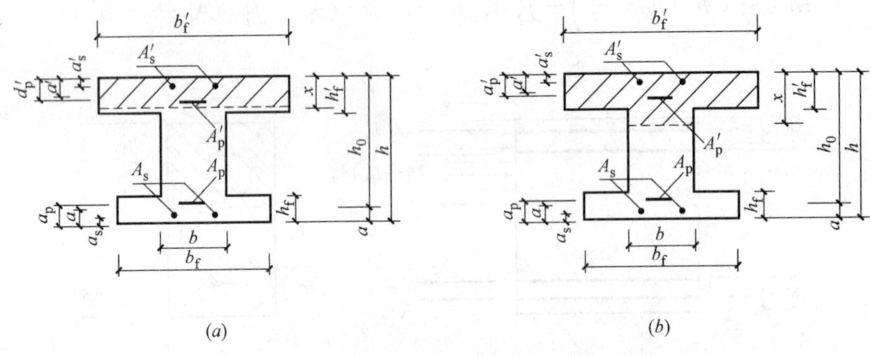

图 7-45　I形截面受弯构件受压区高度位置

(a) $x \leqslant h'_f$；(b) $x > h'_f$

① 当满足下列条件时：

$$f_yA_s + f_{py}A_p \leqslant \alpha_1 f_c b'_f h'_f + f'_yA'_s - (\sigma'_{p0} - f'_{py})A'_p \tag{7-79}$$

则按图 7-45（a）所示受压区位于翼缘内的受弯构件计算，即取宽度为 b'_f 的矩形截面计算。

② 当不符合式（7-79）时，计算时应考虑截面腹板受压区混凝土的工作，其正截面受弯承载力可按下列公式计算（参考图 7-45b）：

$$M \leqslant \alpha_1 f_c bx\left(h_0 - \frac{x}{2}\right) + \alpha_1 f_c (b'_f - b)h'_f\left(h_0 - \frac{h'_f}{2}\right) + f'_yA'_s(h_0 - a'_s) - (\sigma'_{p0} - f'_{py})A'_p(h_0 - a'_p) \tag{7-80}$$

式中　b'_f——T 形、I 形截面受压区的翼缘计算宽度；

h'_f——T 形、I 形截面受压区的翼缘高度。

此时，受压区高度 x 按下式确定：

$$\alpha_1 f_c[bx + (b'_f - b)h'_f] = f_yA_s - f'_yA'_s + f_{py}A_p + (\sigma'_{p0} - f'_{py})A'_p \tag{7-81}$$

按上述公式计算 T 形、I 形截面受弯构件时，混凝土受压区高度仍应符合式（7-76）和式（7-78）的要求。

当计算中计入纵向普通受压钢筋时，必须符合 $x \geqslant 2a'$ 的条件，当不满足此条件时，正截面受弯承载力应符合下列规定：

$$M \leqslant f_{py}A_p(h - a_p - a'_s) + f_yA_s(h - a_s - a'_s) + (\sigma'_{p0} - f'_{py})A'_p(a'_p - a'_s) \tag{7-82}$$

式中 a_s、a_p——受拉区纵向普通钢筋、预应力筋至受拉边缘的距离。

2. 使用阶段斜截面承载力计算

对预应力混凝土受弯构件，预应力的存在提高了它的抗剪能力。其原因主要是预压应力的作用阻滞了斜裂缝的出现和发展，增加了混凝土剪压区的高度，从而提高混凝土剪压区的抗剪承载力。抗剪承载力的提高程度主要与预压应力有关，其次是预压应力合力作用点的位置。因 N_{p0} 的作用点至换算截面重心距离 e_{p0} 变化不大，为了简化计算，可忽略这一因素，只考虑 N_{p0} 这一主要因素。因此计算中除了考虑由于预应力所提高的构件受剪承载力设计值 V_p 外，其余均与普通混凝土受弯构件相同。如仅配有箍筋时，矩形、T 形和 I 形截面受弯构件的斜截面受剪承载力应符合下列规定：

$$V \leqslant V_{cs} + V_p \tag{7-83}$$

$$V_{cs} \leqslant \alpha_{cv} f_t b h_0 + f_{yv} \frac{A_{sv}}{s} h_0 \tag{7-84}$$

$$V_p = 0.05 N_{p0} \tag{7-85a}$$

式中 V_{cs}——构件斜截面上混凝土和箍筋的受剪承载力设计值；

V_p——由预加力所提高的构件受剪承载力设计值；

α_{cv}——截面混凝土受剪承载力系数，对于一般受弯构件取 0.7；对集中荷载作用下（包括作用有多种荷载，其中集中荷载对支座截面或节点边缘所产生的剪力值占总剪力的 75%以上的情况）的独立梁，取 α_{cv} 为 $\frac{1.75}{\lambda+1}$，λ 为计算截面的剪跨比，可取 λ 等于 a/h_0，当 λ 小于 1.5 时，取 1.5，当 λ 大于 3 时，取 3，a 取集中荷载作用点至支座截面或节点边缘的距离；

A_{sv}——配置在同一截面内箍筋各肢的全部截面面积，即 nA_{sv1}，此处，n 为在同一个截面内箍筋的肢数，A_{sv1} 为单肢箍筋的截面面积；

s——沿构件长度方向的箍筋间距；

f_{yv}——箍筋的抗拉强度设计值，其数值大于 360N/mm^2 时应取 360N/mm^2；

N_{p0}——计算截面上混凝土法向预应力等于零时的纵向预应力筋及普通钢筋的合力，按下计算：

$$N_{p0} = \sigma_{p0} A_p + \sigma'_{p0} A'_p - A_s \sigma_{l5} - A'_s \sigma'_{l5} \tag{7-85b}$$

其中，$\sigma'_{p0} = \sigma'_{con} - \sigma'_l$（先张法），$\sigma'_{p0} = \sigma'_{con} - \sigma'_l + \alpha_E \sigma'_{pc}$（后张法），$\sigma_{p0}$ 可由类似计算得到。当 $N_{p0} > 0.3 f_c A_0$ 时，取 $N_{pc} = 0.3 f_c A_0$；A_0 为构件的换算截面面积。

应注意，对合力 N_{p0} 引起的截面弯矩与外弯矩方向相同的情况，以及预应力混凝土连续梁和允许出现裂缝的预应力混凝土简支梁，均应取 V_p 为 0；先张法预应力混凝土构件，在计算合力 N_{p0} 时，应考虑预应力筋传递长度的影响，即计算 N_{p0} 时采用的 σ_{p0} 应由 $\sigma_{p0}\frac{l_a}{l_{tr}}$ 代替，l_a 为斜裂缝至构件端部的距离，l_{tr} 见式（7-18）。

当配置箍筋和弯起钢筋时，矩形、T 形和 I 形截面受弯构件的斜截面受剪承载力应符合下列规定：

$$V \leqslant V_{cs} + V_p + 0.8 f_y A_{sb} \sin\alpha_s + 0.8 f_{py} A_{pb} \sin\alpha_p \tag{7-86}$$

式中 V——配置弯起钢筋处的剪力设计值；

V_p——由预加力所提高的构件受剪承载力设计值，按式（7-85a）计算，但计算合力 N_{p0}时不考虑预应力弯起钢筋的作用；

A_{sb}、A_{pb}——分别为同一平面内的非预应力弯起钢筋、预应力弯起钢筋的截面面积；

α_s、α_p——分别为斜截面上非预应力弯起钢筋、预应力弯起钢筋的切线与构件纵轴线的夹角。

截面尺寸限制条件，按 5.3.3 有关公式进行验算。

3. 使用阶段正截面抗裂验算

可按照式（7-53）和式（7-54）进行验算，但式中混凝土的有效预应力应按下列公式计算：

先张法

$$\sigma_{pc}=\frac{N_{p0}}{A_0}\pm\frac{N_{p0}e_{p0}}{I_0}y_0 \tag{7-87}$$

后张法

$$\sigma_{pc}=\frac{N_p}{A_n}\pm\frac{N_p e_{pn}}{I_n}y_n+\sigma_{p2} \tag{7-88a}$$

式中 A_n——净截面面积；

A_0——换算截面面积；

I_0、I_n——换算截面惯性矩、净截面惯性矩；

e_{p0}、e_{pn}——换算截面重心、净截面重心至预加力作用点的距离；

y_0、y_n——换算截面重心、净截面重心至所计算纤维处的距离；

N_{p0}、N_p——先张法构件、后张法构件中预加力钢筋和非预应力钢筋合力；

σ_{p2}——由预应力次内力引起的混凝土截面法向应力。

后张法预应力混凝土超静定结构，由预应力引起的内力和变形可采用弹性理论分析，并宜符合下列规定：

（1）按弹性分析计算时，次弯矩 M_2宜按下列公式计算：

$$M_2=M_r-M_1 \tag{7-88b}$$

$$M_1=N_p e_{pn} \tag{7-88c}$$

式中 N_p——后张法预应力混凝土构件的预加力；

e_{pn}——净截面重心至预加力作用点的距离；

M_1——预加力 N_p对净截面重心偏心引起的弯矩值；

M_r——由预加力 N_p的等效荷载在结构构件截面上产生的弯矩值。

次剪力宜根据构件各截面次弯矩的分布按结构力学方法计算。

（2）在设计中宜采取措施避免或减少柱和墙等约束构件对梁、板预应力效果的不利影响。

4. 使用阶段正截面裂缝宽度验算

在使用阶段允许出现裂缝的预应力混凝土构件称为部分预应力混凝土构件，这种构件的应用日趋广泛，其裂缝宽度验算的方法简介如下：

在裂缝宽度计算中，必须确定受弯构件在弯矩 M_s作用下受拉区预应力钢筋的应力相对于全截面消压状态时的应力增量 $\Delta\sigma_p$。由图 7-46 分析可知（假设无非预应力钢筋），开裂后截面的应力状态（图 7-46*a*），可通过对截面先施加一偏心距为 e_0 的偏心拉力 N_0，使截面处于（图 7-46*b*）所示假想全截面消压状态，再施加偏心距为 e_0 的偏心拉力 N_0（图 7-46*c*）和弯矩 M_s（图 7-46*d*）而达到。其中 N_0（偏心拉力）为：

$$N_0=\sigma_{p0}A_p+\sigma'_{p0}A'_p \tag{7-89}$$

N_0 合力点至换算截面重心轴的距离 e_0 为：

$$e_0=\frac{\sigma_{p0}A_p y_p-\sigma'_{p0}A'_p y'_p}{\sigma_{p0}A_p+\sigma'_{p0}A'_p} \tag{7-90}$$

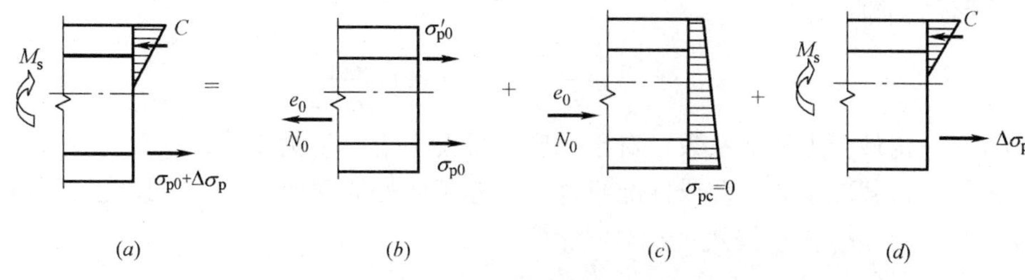

图 7-46　开裂截面应力分析

（*a*）开裂后截面应力；（*b*）全截面消压状态；（*c*）施加预压；（*d*）施加弯矩

将图 7-46（*c*）和图 7-46（*d*）应力状态合并后，即可得应力增量 $\Delta\sigma_p$ 的计算简图如下：

图 7-47 中，$e=\frac{M_s}{N_0}+e_p$，e_p 为消压轴力 N_0 的作用点至预应力钢筋 A_p 形心的距离。将各作用力对截面受压区合力中心取力矩，由平衡条件可得：

$$\Delta\sigma_p=\frac{M_s-N_0(z-e_p)}{A_p z} \tag{7-91}$$

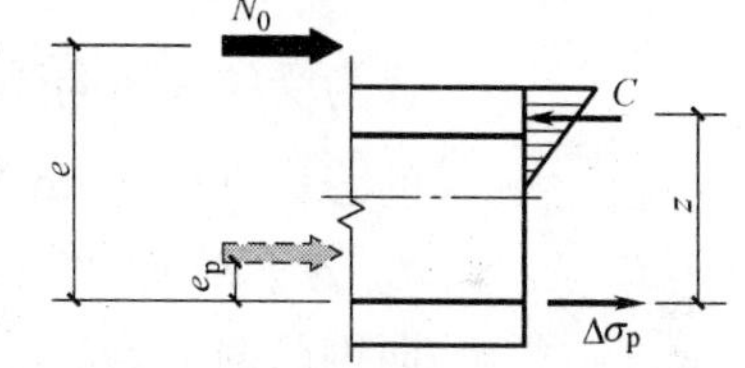

图 7-47　应力增量 $\Delta\sigma_p$ 的计算图

z 为受拉区预应力筋合力点至截面受压区合力点的距离，根据实验研究和理论分析，

$$z=\left[0.87-0.12(1-\gamma'_f)\left(\frac{h_0}{e}\right)^2\right]h_0 \tag{7-92}$$

《混凝土结构设计规范》规定的预应力混凝土受弯构件计算裂缝宽度时受拉区纵向钢筋的等效应力计算公式如下：

$$\sigma_{sk}=\frac{M_k-N_{p0}(z-e_p)}{(\alpha_1 A_p+A_s)z} \tag{7-93}$$

$$e=e_p+\frac{M_k}{N_{P0}} \tag{7-94a}$$

$$e_p=y_{ps}-e_{p0} \tag{7-94b}$$

其中

$$N_{p0}=\sigma_{p0}A_p+\sigma'_{p0}A'_p-\sigma_{l5}A_s-\sigma'_{l5}A'_s \tag{7-95}$$

N_{p0} 合力点至换算截面重心轴的距离 e_{p0} 为：

$$e_{p0}=\frac{\sigma_{p0}A_p y_p-\sigma'_{p0}A'_p y'_p-\sigma_{l5}A_s y_s+\sigma'_{l5}A'_s y'_s}{N_{p0}} \tag{7-96}$$

式中　M_k——按荷载标准组合计算的弯矩值；

z——受拉区纵向普通钢筋和预应力筋合力点至截面受压区合力点的距离，按(7-92) 计算；

α_1——无粘结预应力筋的等效折减系数，取 α_1 为 0.3；对灌浆的后张预应力筋，取 α_1 为 1.0；

e_p——N_{p0} 的作用点至受拉区纵向预应力和普通钢筋合力点的距离；

y_{ps}——受拉区纵向预应力和普通钢筋合力点的偏心距。

《混凝土结构设计规范》给出的预应力混凝土梁最大裂缝宽度计算公式仍然采用式(4-80) 的形式，即：

$$w_{max}=\alpha_{cr}\psi\frac{\sigma_s}{E_s}\left[1.9c_s+0.08\frac{d_{eq}}{\rho_{te}}\right] \tag{7-97}$$

式中 α_{cr}——构件受力特征系数，对于预应力混凝土梁，α_{cr} 为 1.5；

σ_s——荷载准永久组合或标准组合下裂缝截面处的钢筋应力。对预应力混凝土梁，$\sigma_s=\sigma_{sk}$，σ_{sk} 按式 (7-93) 计算；

ρ_{te}——按有效受拉混凝土截面面积计算的纵向受拉钢筋配筋率，$\rho_{te}=\dfrac{A_s+A_p}{A_{te}}$；对无粘结后张构件，仅取纵向受拉钢筋计算配筋率；$A_p$ 为受拉区纵向预应力筋截面面积；

d_{eq}——受拉区纵向钢筋的等效直径 (mm)，$d_{eq}=\dfrac{\sum n_i d_i^2}{\sum n_i \nu_i d_i}$；对无粘结后张构件，仅为受拉区纵向受拉钢筋的等效直径 (mm)；d_i 为受拉区第 i 种纵向钢筋的公称直径 (mm)，对于有粘结预应力钢绞线束的直径取为 $\sqrt{n_1}d_{p1}$，其中 d_{p_1} 为单根钢绞线的公称直径，n_1 为单束钢绞线根数；n_i 为受拉区第 i 种纵向钢筋的根数，对于有粘结预应力钢绞线，取为钢绞线束数；

其余符号意义及取值同式 (4-80)。

5. 使用阶段斜截面抗裂验算

当预应力混凝土受弯构件内的主拉应力过大时，会产生与主拉应力方向垂直的斜裂缝，因此为了避免斜裂缝的出现，应对斜截面上的混凝土主拉应力进行验算，同时按裂缝控制等级不同予以区别对待。验算公式如下：

(1) 混凝土的主拉应力

1) 一级裂缝控制等级构件——严格要求不出现裂缝的构件：

$$\sigma_{tp}\leqslant 0.85f_{tk} \tag{7-98}$$

2) 二级裂缝控制等级构件——一般要求不出现裂缝的构件：

$$\sigma_{tp}\leqslant 0.95f_{tk} \tag{7-99}$$

(2) 混凝土的主压应力：

对一、二级裂缝等级构件，均应符合下列规定：

$$\sigma_{cp}\leqslant 0.6f_{ck} \tag{7-100}$$

计算 σ_{tp} 和 σ_{cp} 时，应选择跨度内最不利位置的截面，对该截面的换算截面重心处和截面宽度突变处进行验算。对于先张法构件，尚应考虑预应力钢筋传递长度 l_{cr} 范围内的预应力降低问题。

混凝土的主拉应力和主压应力按下列公式计算：

$$\left.\begin{matrix}\sigma_{tp}\\\sigma_{cp}\end{matrix}\right\}=\frac{\sigma_x+\sigma_y}{2}\pm\sqrt{\left(\frac{\sigma_x+\sigma_y}{2}\right)^2+\tau^2} \tag{7-101}$$

$$\sigma_x=\sigma_{pc}+M_k y_0/I_0 \tag{7-102}$$

$$\tau=(V_k-\sum\sigma_{pe}A_{pb}\sin\alpha_p)S_0/I_0 b \tag{7-103}$$

式中 σ_x——由预加力和弯矩值 M_k 在计算纤维处产生的混凝土法向应力；

σ_y——由集中荷载标准值 F_k 产生的混凝土竖向压应力；

τ——由剪力值 V_k 和预应力弯起钢筋的预加力在计算纤维处产生的混凝土剪应力；当计算截面上有扭矩作用时，尚应计入扭矩引起的剪应力；对超静定后张法预应力混凝土结构构件，在计算剪应力时，尚应计入预加力引起的次剪力；

σ_{pc}——扣除全部预应力损失后，在计算纤维处由预加力产生的混凝土法向应力；

y_0——换算截面重心至计算纤维处的距离；

I_0——换算截面惯性矩；

V_k——按荷载标准组合计算的剪力值；

S_0——计算纤维以上部分的换算截面面积对构件换算截面重心的面积矩；

σ_{pe}——预应力弯起钢筋的有效预应力；

A_{pb}——计算截面上同一弯起平面内的预应力弯起钢筋的截面面积；

α_p——计算截面上预应力弯起钢筋的切线与构件纵向轴线的夹角。

值得注意的是，公式中的 σ_x、σ_y、σ_{pc} 和 $M_k y_0/I_0$，当为拉应力时，以正值代入；当为压应力时，以负值代入。

6. 使用阶段受弯构件的挠度计算

预应力受弯构件的挠度可由两部分叠加而得，一部分是荷载产生的挠度 f_1，另一部分是预应力产生的反拱 f_2。

（1）荷载作用下构件的挠度 f_1

预应力混凝土受弯构件在荷载作用下的挠度，应根据构件的刚度用结构力学的方法计算。在等截面构件中，可假定各同号弯矩区段内的刚度相等，并取用该区段内最大弯矩处的刚度。当计算跨度内的支座截面刚度不大于跨中截面刚度的两倍或不小于跨中截面刚度的二分之一时，该跨也可按等刚度构件进行计算，其构件刚度可取跨中最大弯矩截面的刚度。受到预应力的影响，在荷载短期效应组合下的短期刚度 B_s 有所变化，可按下列公式计算：

1）使用阶段要求不出现裂缝的构件

$$B_s=0.85E_cI_0 \tag{7-104}$$

2）使用阶段允许出现裂缝的构件

$$B_s=\frac{0.85E_cI_0}{\kappa_{cr}+(1-\kappa_{cr})\omega} \tag{7-105}$$

$$\kappa_{cr}=\frac{M_{cr}}{M_k} \tag{7-106}$$

$$\omega=\left[1.0+\frac{0.21}{\alpha_{E}\rho}\right](1+0.45\gamma_{f})-0.7 \tag{7-107}$$

$$M_{cr}=(\sigma_{pc}+\gamma f_{tk})W_{0} \tag{7-108}$$

$$\gamma_{f}=\frac{(b_{f}-b)h_{f}}{bh_{0}} \tag{7-109}$$

式中 I_0——换算截面惯性矩；

ρ——纵向受拉钢筋配筋率：$\rho=\frac{\alpha_1 A_p+A_s}{bh_0}$，对灌浆的后张预应力筋，取 $a_1=1.0$，对无粘结后张预应力筋，取 $\alpha_1=0.3$；

γ_f——受拉翼缘截面面积与腹板有效截面面积的比值；

b_f、h_f——分别为受拉区翼缘的宽度、高度；

κ_{cr}——预应力混凝土受弯构件正截面的开裂弯矩 M_{cr} 与弯矩 M_k 的比值，当 $\kappa_{cr}>1.0$ 时，取 $\kappa_{cr}=1.0$；

σ_{pc}——扣除全部预应力损失后，由预加力在抗裂验算边缘产生的混凝土预压应力，按式（7-67）、式（7-70）计算；

γ——混凝土构件的截面抵抗矩塑性影响系数。

对预压时预拉区出现裂缝的构件，B_s 应降低10%。

《混凝土结构设计规范》规定，预应力混凝土受弯构件的最大挠度应按荷载的标准组合，并考虑荷载长期作用影响的刚度 B 进行计算，B 可按下列规定计算：

$$B=\frac{M_k}{M_q(\theta-1)+M_k}B_s \tag{7-110}$$

式中 M_k——按荷载的标准组合计算的弯矩，取计算区段内的最大弯矩值；

M_q——按荷载的准永久组合计算的弯矩，取计算区段内的最大弯矩值；

B_s——按标准组合计算的预应力混凝土受弯构件的短期刚度，按式（7-104）或式（7-105）计算；

θ——考虑荷载长期作用对挠度增大的影响系数，取 $\theta=2.0$。

（2）预应力产生的反拱 f_2

预应力混凝土受弯构件在使用阶段的预加应力反拱值，可用结构力学方法按两端作用有弯矩 $N_p e_p$ 的刚度为 $E_c I_0$ 的简支梁进行计算：

$$f_2=\frac{N_p e_p l^2}{8E_c I_0} \tag{7-111}$$

考虑预压应力长期作用的影响，因此在计算使用阶段的反拱值时，可将计算的反拱值乘以增大系数2.0。对恒载较小的构件，应考虑反拱过大对使用上的不利影响。

（3）挠度计算

预应力受弯构件的挠度应按荷载效应标准组合并考虑荷载长期作用影响之刚度，并按下式计算：

$$f=f_1-2f_2 \tag{7-112}$$

按上式计算出的挠度值应满足下式要求：

$$f\leqslant f_{lim} \tag{7-113}$$

式中 f_{lim}——《混凝土结构设计规范》规定的最大挠度限值，见附表C-20。

7. 施工阶段验算

施工阶段的受力状态，往往与使用阶段不同。在制作时（图 7-48*a*），构件处于偏压状态；而在运输、堆放、吊装时（图 7-48*b*），由于搁置点或吊点常高于梁端有一段距离，将因自重产生负弯矩；当与偏压状态应力叠加后，情况将变为不利。在截面上边缘（预拉区），混凝土可能开裂，并随时间的增长，裂缝不断开展，试验结果表明，预拉区的裂缝对构件的承载能力影响不大，但会使构件的抗裂性和刚度降低，故应进行施工阶段验算。

对制作、运输及安装等施工阶段预拉区允许出现拉应力的构件，或预压时全截面受压的构件，在预加力、自重及施工荷载作用下（必要时应考虑动力系数）截面上、下边缘的混凝土法向应力（图 7-49）宜符合下列规定：

$$\sigma_{ct} \leqslant f'_{tk} \tag{7-114}$$

$$\sigma_{cc} \leqslant 0.8 f'_{ck} \tag{7-115}$$

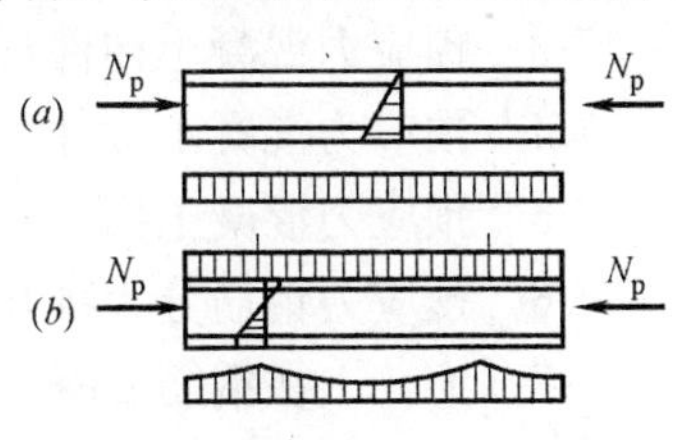

图 7-48　施工阶段应力状态

（*a*）制作阶段；（*b*）吊装阶段

简支构件的端截面预拉区边缘纤维的混凝土拉应力允许大于 f'_{tk}，但不应大于 $1.2f'_{tk}$。截面边缘的混凝土法向应力可按下列公式计算：

$$\sigma_{cc} 或 \sigma_{ct} = \sigma_{pc} + \frac{N_k}{A_0} \pm \frac{M_k}{W_0} \tag{7-116}$$

式中　σ_{ct}——相应施工阶段计算截面预拉区边缘纤维的混凝土拉应力；

σ_{cc}——相应施工阶段计算截面预压区边缘纤维的混凝土压应力；

f'_{tk}、f'_{ck}——与各施工阶段混凝土立方体抗压强度 f'_{cu} 相应的抗拉强度标准值、抗压强度标准值；

N_k、M_k——构件自重及施工荷载的标准组合在计算截面产生的轴向力值、弯矩值；

W_0——验算边缘的换算截面弹性抵抗矩。

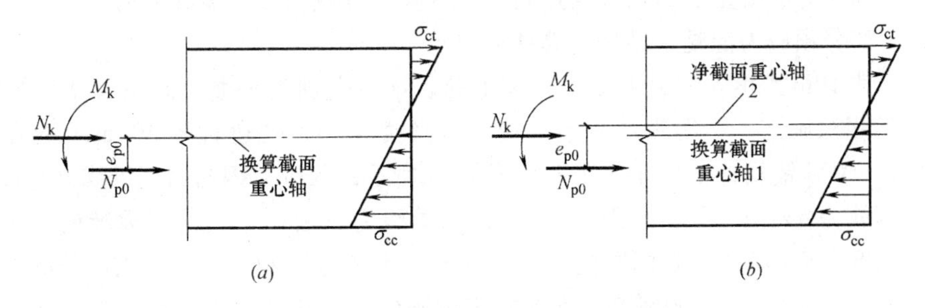

图 7-49　预应力混凝土构件施工阶段验算

（*a*）先张法构件；（*b*）后张法构件

1—换算截面中心轴；2—净截面中心轴

施工阶段预拉区允许出现裂缝的构件，预拉区纵向钢筋的配筋率 $\frac{A'_s + A'_p}{A}$ 不宜小于 0.15%，对后张法构件，考虑到施工阶段 A'_p 与混凝土之间的粘结力尚小（或无粘结），不应计入 A'_p，其中，A 为构件截面面积。预拉区纵向普通钢筋的直径不宜大于 14mm，并应沿构件预拉区的外边缘均匀配置。

思考题与习题

7-1 钢筋混凝土构件有哪些缺点？其根本原因何在？

7-2 预应力是如何施加的？先张法构件和后张法构件的预应力是如何传递给混凝土的？

7-3 预应力混凝土构件对材料有何要求？

7-4 预应力混凝土构件应进行哪些计算和验算？

7-5 预应力混凝土构件对混凝土有哪些要求？

7-6 预应力钢筋分为哪几类？说明它们的特点。

7-7 为什么在钢筋混凝土受弯构件中不能有效地利用高强度钢筋和高强度混凝土，而在预应力混凝土构件中必须采用高强度钢筋和高强度混凝土？

7-8 张拉控制应力 σ_{con} 为什么不能过高？为什么 σ_{con} 是按钢筋抗拉强度标准值确定的，甚至 σ_{con} 可以高于抗拉强度设计值？

7-9 简述 σ_{l1}～σ_{l5} 预应力损失产生的原因和减少各项损失应采取的措施。

7-10 预应力损失有哪几种？先张法构件和后张法构件的预应力损失各是如何组合的？

7-11 为什么预应力损失要分组？什么情况下应只考虑第一批损失 σ_{lI}？什么情况下需考虑出现全部预应力损失 σ_l？

7-12 试分析预应力混凝土轴心受拉构件的混凝土和预应力筋的应力的变化规律（截面上配有预应力筋 A_p 和非预应力筋 A_s，从预加应力直至构件破坏）。

7-13 何谓预应力传递长度？

7-14 试比较钢筋混凝土受弯构件和预应力混凝土受弯构件正截面强度计算的异同。

7-15 预应力混凝土受弯构件需进行哪些计算？其设计计算步骤如何？

7-16 部分预应力混凝土结构有哪些优点？

7-17 某 18m 跨度预应力混凝土屋架下弦，环境类别为一类，截面尺寸为 200mm×150mm，后张法施工，一端张拉并超张拉（超张拉 5%）；孔道直径 50mm，充压橡皮管抽芯成型；OVM 锚具；桁架端部构造如图 7-50 所示；预应力钢筋为钢绞线 d=12.7mm，非预应力钢筋为 4Φ12；混凝土 C40；裂缝控制等级为二级；永久荷载标准值产生的轴向拉力 N_{Gk}=280kN，可变荷载标准值产生的轴向拉力 N_{Qk}=110kN，可变荷载的准永久值系数 ψ_q=0.8；混凝土达 100%设计强度时张拉预应力钢筋。要求进行屋架下弦的使用阶段承载力计算、裂缝控制验算以及施工阶段验算。

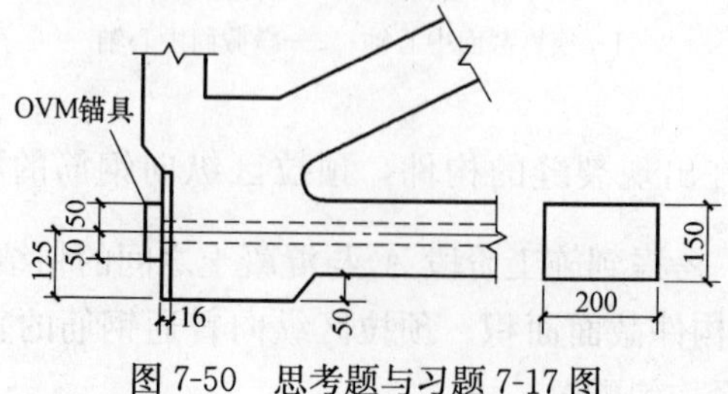

图 7-50 思考题与习题 7-17 图

7-18　某12m预应力混凝土工字形截面梁，环境类别为一类，截面尺寸如图7-51所示。采用先张法台座生产，不考虑锚具变形损失，蒸汽养护，温差$\Delta t=20$℃，采用超张拉，设钢筋松弛损失在放张前已完成50%，预应力钢筋采用$\Phi^{P}5$消除应力钢丝，张拉控制应力$\sigma_{con}=\sigma'_{con}=0.75f_{ptk}$。箍筋用HPB300级钢筋，混凝土为C40，放张时$f'_{cu}=30N/mm^2$。试计算梁的各项预应力损失。

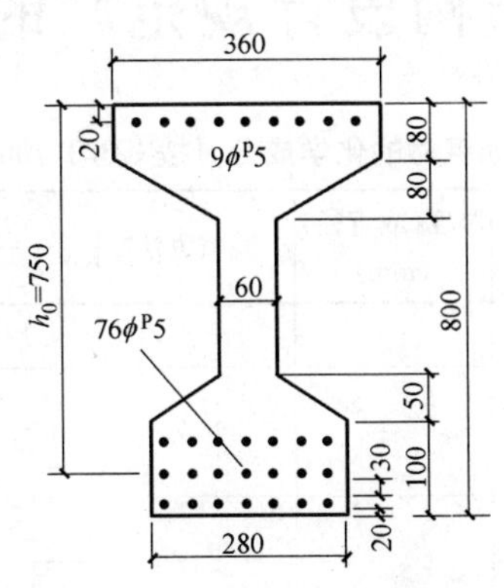

图7-51　思考题与习题7-18图

附录A　钢结构材料规格、性能、截面特性及《钢结构设计规范》的有关规定

碳素结构钢钢材的化学成分（按GB/T 700—2006）　　附表A-1

牌号	统一数字代号[a]	等级	厚度（或直径）(mm)	脱氧方法	化学成分（质量分数）(%)，不大于				
					C	Si	Mn	P	S
Q195	U11952	—	—	F、Z	0.12	0.30	0.50	0.035	0.040
Q215	U12152	A	—	F、Z	0.15	0.35	1.20	0.045	0.050
	U12155	B							0.045
Q235	U12352	A	—	F、Z	0.22	0.35	1.40	0.045	0.050
	U12355	B			0.20[b]				0.045
	U12358	C		Z	0.17			0.040	0.040
	U12359	D		TZ				0.035	0.035
Q275	U12752	A	—	F、Z	0.24	0.35	1.50	0.045	0.050
	U12755	B	≤40	Z	0.21			0.045	0.045
			＞40		0.22				
	U12758	C	—	Z	0.20			0.040	0.040
	U12759	D		TZ				0.035	0.035

[a]表中为镇静钢、特殊镇静钢牌号的统一数字，沸腾钢牌号的统一数字代号如下：

Q195F——U11950；

Q215AF——U12150，Q215BF——U12153；

Q235AF——U12350，Q235BF——U12353；

Q275AF——U12750。

[b] 经需方同意，Q235B的碳含量可不大于0.22%。

碳素结构钢钢材的机械性能（按GB/T 700—2006）　　附表A-2

牌号	等级	屈服强度[a]R_{eH}(N/mm^2)，不小于						抗拉强度[b] R_m (N/mm^2)	断后伸长率A(%)，不小于					冲击试验（V形缺口）	
		厚度（或直径）(mm)							厚度（或直径）(mm)					温度(℃)	冲击吸收功（纵向）(J)，不小于
		≤16	＞16～40	＞40～60	＞60～100	＞100～150	＞150～200		≤40	＞40～60	＞60～100	＞100～150	＞150～200		
Q195	—	195	185	—	—	—	—	315～430	33	—	—	—	—	—	—
Q215	A	215	205	195	185	175	165	335～450	31	30	29	27	26	—	—
	B													＋20	27
Q235	A	235	225	215	215	195	185	370～500	26	25	24	22	21	—	—
	B													＋20	27[c]
	C													0	
	D													－20	

续表

牌号	等级	屈服强度[a]R_{eH}(N/mm^2)、不小于						抗拉强度[b] R_m (N/mm^2)	断后伸长率A(%),不小于					冲击试验(V形缺口)	
		厚度(或直径)(mm)							厚度(或直径)(mm)					温度(℃)	冲击吸收功(纵向)(J),不小于
		≤16	>16~40	>40~60	>60~100	>100~150	>150~200		≤40	>40~60	>60~100	>100~150	>150~200		
Q275	A	275	265	255	245	225	215	410~540	22	21	20	18	17	—	—
	B													+20	27
	C													0	
	D													−20	

[a] Q195的屈服强度值仅供参考，不作交货条件。

[b] 厚度大于100mm的钢材，抗拉强度下限允许降低20N/mm^2。宽带钢（包括剪切钢板）抗拉强度上限不作交货条件。

[c] 厚度小于25mm的Q235B级钢材，如供方能保证冲击吸收功值合格，经需方同意，可不作检验。

碳素结构钢钢材的冷弯试验和试样方向（按GB/T 700—2006）　　附表A-3

牌　　号	试 样 方 向	冷弯试验180°　$B=2a$[a]	
		钢材厚度(或直径)[b](mm)	
		≤60	>60~100
		弯心直径d	
Q195	纵	0	—
	横	0.5a	
Q215	纵	0.5a	1.5a
	横	a	2a
Q235	纵	a	2a
	横	1.5a	2.5a
Q275	纵	1.5a	2.5a
	横	2a	3a

[a] B为试样宽度，a为试样厚度（或直径）。

[b] 钢材厚度（或直径）大于100mm时，弯曲试验由双方协商确定。

低合金高强度结构钢的化学成分（按GB/T 1591—2008）　　附表A-4

牌号	质量等级	化学成分[a,b](质量分数)(%)														
		C	Si	Mn	P	S	Nb	V	Ti	Cr	Ni	Cu	N	Mo	B	Als
					不大于											不小于
Q345	A	≤0.20	≤0.50	≤1.70	0.035	0.035	0.07	0.15	0.20	0.30	0.50	0.30	0.012	0.10	—	—
	B				0.035	0.035										
	C				0.030	0.030										0.015
	D	≤0.18			0.030	0.025										
	E				0.025	0.020										

续表

牌号	质量等级	化学成分[a,b](质量分数)(%)														
		C	Si	Mn	P	S	Nb	V	Ti	Cr	Ni	Cu	N	Mo	B	Als
					不大于											不小于
Q390	A				0.035	0.035										—
	B				0.035	0.035										
	C	≤0.20	≤0.50	≤1.70	0.030	0.030	0.07	0.20	0.20	0.30	0.50	0.30	0.015	0.10	—	
	D				0.030	0.025										0.015
	E				0.025	0.020										
Q420	A				0.035	0.035										—
	B				0.035	0.035										
	C	≤0.20	≤0.50	≤1.70	0.030	0.030	0.07	0.20	0.20	0.30	0.80	0.30	0.015	0.20	—	
	D				0.030	0.025										0.015
	E				0.025	0.020										
Q460	C				0.030	0.030										
	D	≤0.20	≤0.60	≤1.80	0.030	0.025	0.11	0.20	0.20	0.30	0.80	0.55	0.015	0.20	0.004	0.015
	E				0.025	0.020										
Q500	C				0.030	0.030										
	D	≤0.18	≤0.60	≤1.80	0.030	0.025	0.11	0.12	0.20	0.60	0.80	0.55	0.015	0.20	0.004	0.015
	E				0.025	0.020										
Q550	C				0.030	0.030										
	D	≤0.18	≤0.60	≤2.00	0.030	0.025	0.11	0.12	0.20	0.80	0.80	0.80	0.015	0.30	0.004	0.015
	E				0.025	0.020										
Q620	C				0.030	0.030										
	D	≤0.18	≤0.60	≤2.00	0.030	0.025	0.11	0.12	0.20	1.00	0.80	0.80	0.015	0.30	0.004	0.015
	E				0.025	0.020										
Q690	C				0.030	0.030										
	D	≤0.18	≤0.60	≤2.00	0.030	0.025	0.11	0.12	0.20	1.00	0.80	0.80	0.015	0.30	0.004	0.015
	E				0.025	0.020										

[a]型材及棒材P、S含量可提高0.005%，其中A级钢上限可为0.045%。

[b]当细化晶粒元素组合加入时，20 (Nb+V+Ti) ≤0.22%，20 (Mo+Cr) ≤0.30%。

低合金高强度结构钢的拉伸性能（按 GB/T 1591—2008） 附表 A-5

牌号	质量等级	拉伸试验[a,b,c]																					
		以下公称厚度(直径,边长)下屈服强度(R_{eL})(MPa)									以下公称厚度(直径,边长)抗拉强度(R_m)(MPa)							断后伸长率(A)(%) 公称厚度(直径,边长)					
		≤16mm	>16mm~40mm	>40mm~63mm	>63mm~80mm	>80mm~100mm	>100mm~150mm	>150mm~200mm	>200mm~250mm	>250mm~400mm	≤40mm	>40mm~63mm	>63mm~80mm	>80mm~100mm	>100mm~150mm	>150mm~250mm	>250mm~400mm	≤40mm	>40mm~63mm	>63mm~100mm	>100mm~150mm	>150mm~250mm	>250mm~400mm
Q345	A	≥345	≥335	≥325	≥315	≥305	≥285	≥275	≥265	—	470~630	470~630	470~630	470~630	450~600	450~600	—	≥20	≥19	≥19	≥18	≥17	—
	B																						
	C																	≥21	≥20	≥20	≥19	≥18	
	D									≥265							450~600						≥17
	E																						
Q390	A	≥390	≥370	≥350	≥330	≥330	≥310	—	—	—	490~650	490~650	490~650	490~650	470~620	—	—	≥20	≥19	≥19	≥18	—	—
	B																						
	C																						
	D																						
	E																						
Q420	A	≥420	≥400	≥380	≥360	≥360	≥340	—	—	—	520~680	520~680	520~680	520~680	500~650	—	—	≥19	≥18	≥18	≥18	—	—
	B																						
	C																						
	D																						
	E																						

续表

牌号	质量等级	拉伸试验[a,b,c]																					
		以下公称厚度(直径,边长)下屈服强度(R_{eL})(MPa)									以下公称厚度(直径,边长)抗拉强度(R_m)(MPa)							断后伸长率(A)(%) 公称厚度(直径,边长)					
		≤16mm	>16mm~40mm	>40mm~63mm	>63mm~80mm	>80mm~100mm	>100mm~150mm	>150mm~200mm	>200mm~250mm	>250mm~400mm	≤40mm	>40mm~63mm	>63mm~80mm	>80mm~100mm	>100mm~150mm	>150mm~250mm	>250mm~400mm	≤40mm	>40mm~63mm	>63mm~100mm	>100mm~150mm	>150mm~250mm	>250mm~400mm
Q460	C																						
	D	≥460	≥440	≥420	≥400	≥400	≥380	—	—	—	550~720	550~720	550~720	550~720	530~700	—	—	≥17	≥16	≥16	≥16	—	—
	E																						
Q500	C																						
	D	≥500	≥480	≥470	≥450	≥440	—	—	—	—	610~770	600~760	590~750	540~730	—	—	—	≥17	≥17	≥17	—	—	—
	E																						
Q550	C																						
	D	≥550	≥530	≥520	≥500	≥490	—	—	—	—	670~830	620~810	600~790	590~780	—	—	—	≥16	≥16	≥16	—	—	—
	E																						
Q620	C																						
	D	≥620	≥600	≥590	≥570	—	—	—	—	—	710~880	690~880	670~860	—	—	—	—	≥15	≥15	≥15	—	—	—
	E																						
Q690	C																						
	D	≥690	≥670	≥660	≥640	—	—	—	—	—	770~940	750~920	730~900	—	—	—	—	≥14	≥14	≥14	—	—	—
	E																						

[a] 当屈服不明显时，可测量 $R_{p0.2}$ 代替下屈服强度。

[b] 宽度不小于600mm的扁平材，拉伸试验取横向试样；宽度小于600mm的扁平材、型材及棒材取纵向试样，断后伸长率最小值相应提高1%（绝对值）。

[c] 厚度>250~400mm的数值适用于扁平材。

低合金高强度结构钢的冷弯试验（按 GB/T 1591—2008） 附表 A-6

牌号	试样方向	180°弯曲试验 [d=弯心直径，a=试样厚度(直径)]	
		钢材厚度(直径，边长)	
		≤16mm	>16mm～100mm
Q345 Q390 Q420 Q460	宽度不小于 600mm 扁平材，拉伸试验取横向试样。宽度小于 600mm 的扁平材、型材及棒材取纵向试样	$2a$	$3a$

低合金高强度结构钢冲击试验的试验温度和吸收能量（按 GB/T 1591—2008） 附表 A-7

牌号	质量等级	试验温度(℃)	冲击吸收能量(KV_2)[a](J)		
			公称厚度(直径、边长)		
			12～150mm	>150～250mm	>250～400mm
Q345	B	20	≥34	≥27	—
	C	0			
	D	−20			27
	E	−40			
Q390	B	20	≥34	—	—
	C	0			
	D	−20			
	E	−40			
Q420	B	20	≥34	—	—
	C	0			
	D	−20			
	E	−40			
Q460	C	0	≥34	—	—
	D	−20		—	—
	E	−40		—	—
Q500、Q550、Q620、Q690	C	0	≥55	—	—
	D	−20	≥47	—	—
	E	−40	≥31	—	—

[a] 冲击试验取纵向试样。

热轧等边角钢的规格及截面特性（按 GB/T 706—2008） 附表 A-8

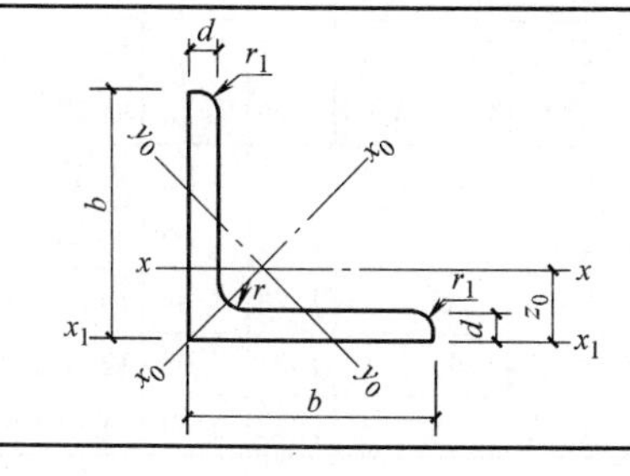

b—边宽度；
d—边厚度；
r—内圆弧半径；
I—截面惯性矩；
W—截面模量；
i—回转半径；
Z_0—重心距离；
$r_1=d/3$(边端圆弧半径)

续表

型号	截面尺寸(mm)			截面面积(cm^2)	理论重量(kg/m)	外表面积(m^2/m)	惯性矩(cm^4)				惯性半径(cm)			截面模数(cm^3)			重心距离(cm)
	b	d	r				I_x	I_{x1}	I_{x0}	I_{y0}	i_x	i_{x0}	i_{y0}	W_x	W_{x0}	W_{y0}	Z_0
2	20	3	3.5	1.132	0.889	0.078	0.40	0.81	0.63	0.17	0.59	0.75	0.39	0.29	0.45	0.20	0.60
		4		1.459	1.145	0.077	0.50	1.09	0.78	0.22	0.58	0.73	0.38	0.36	0.55	0.24	0.64
2.5	25	3		1.432	1.124	0.098	0.82	1.57	1.29	0.34	0.76	0.95	0.49	0.46	0.73	0.33	0.73
		4		1.859	1.459	0.097	1.03	2.11	1.62	0.43	0.74	0.93	0.48	0.59	0.92	0.40	0.76
3.0	30	3	4.5	1.749	1.373	0.117	1.46	2.71	2.31	0.61	0.91	1.15	0.59	0.68	1.09	0.51	0.85
		4		2.276	1.786	0.117	1.84	3.63	2.92	0.77	0.90	1.13	0.58	0.87	1.37	0.62	0.89
3.6	36	3		2.109	1.656	0.141	2.58	4.68	4.09	1.07	1.11	1.39	0.71	0.99	1.61	0.76	1.00
		4		2.756	2.163	0.141	3.29	6.25	5.22	1.37	1.09	1.38	0.70	1.28	2.05	0.93	1.04
		5		3.382	2.654	0.141	3.95	7.84	6.24	1.65	1.08	1.36	0.70	1.56	2.45	1.00	1.07
4	40	3	5	2.359	1.852	0.157	3.59	6.41	5.69	1.49	1.23	1.55	0.79	1.23	2.01	0.96	1.09
		4		3.086	2.422	0.157	4.60	8.56	7.29	1.91	1.22	1.54	0.79	1.60	2.58	1.19	1.13
		5		3.791	2.976	0.156	5.53	10.74	8.76	2.30	1.21	1.52	0.78	1.96	3.10	1.39	1.17
4.5	45	3		2.659	2.088	0.177	5.17	9.12	8.20	2.14	1.40	1.76	0.89	1.58	2.58	1.24	1.22
		4		3.486	2.736	0.177	6.65	12.18	10.56	2.75	1.38	1.74	0.89	2.05	3.32	1.54	1.26
		5		4.292	3.369	0.176	8.04	15.2	12.74	3.33	1.37	1.72	0.88	2.51	4.00	1.81	1.30
		6		5.076	3.985	0.176	9.33	18.36	14.76	3.89	1.36	1.70	0.8	2.95	4.64	2.06	1.33
5	50	3	5.5	2.971	2.332	0.197	7.18	12.5	11.37	2.98	1.55	1.96	1.00	1.96	3.22	1.57	1.34
		4		3.897	3.059	0.197	9.26	16.69	14.70	3.82	1.54	1.94	0.99	2.56	4.16	1.96	1.38
		5		4.803	3.770	0.196	11.21	20.90	17.79	4.64	1.53	1.92	0.98	3.13	5.03	2.31	1.42
		6		5.688	4.465	0.196	13.05	25.14	20.68	5.42	1.52	1.91	0.98	3.68	5.85	2.63	1.46
5.6	56	3	6	3.343	2.624	0.221	10.19	17.56	16.14	4.24	1.75	2.20	1.13	2.48	4.08	2.02	1.48
		4		4.390	3.446	0.220	13.18	23.43	20.92	5.46	1.73	2.18	1.11	3.24	5.28	2.52	1.53
		5		5.415	4.251	0.220	15.02	29.33	25.42	6.61	1.72	2.17	1.10	3.97	6.42	2.98	1.57
		6		6.420	5.040	0.220	18.69	35.26	29.66	7.73	1.71	2.15	1.10	4.68	7.49	3.40	1.61
		7		7.404	5.812	0.219	21.23	41.23	33.63	8.82	1.69	2.13	1.09	5.36	8.49	3.80	1.64
		8		8.367	6.568	0.219	23.63	47.24	37.37	9.89	1.68	2.11	1.09	6.03	9.44	4.16	1.68
6	60	5	6.5	5.829	4.576	0.236	19.89	36.05	31.57	8.21	1.85	2.33	1.19	4.59	7.44	3.48	1.67
		6		6.914	5.427	0.235	23.25	43.33	36.89	9.60	1.83	2.31	1.18	5.41	8.70	3.98	1.70
		7		7.977	6.262	0.235	26.44	50.65	41.92	10.96	1.82	2.29	1.17	6.21	9.88	4.45	1.74
		8		9.020	7.081	0.235	29.47	58.02	46.66	12.28	1.81	2.27	1.17	6.98	11.00	4.88	1.78
6.3	63	4	7	4.978	3.907	0.248	19.03	33.35	30.17	7.89	1.96	2.46	1.26	4.13	6.78	3.29	1.70
		5		6.143	4.822	0.248	23.17	41.73	36.77	9.57	1.94	2.45	1.25	5.08	8.25	3.90	1.74
		6		7.288	5.721	0.247	27.12	50.14	43.03	11.20	1.93	2.43	1.24	6.00	9.66	4.46	1.78
		7		8.412	6.603	0.247	30.87	58.60	48.96	12.79	1.92	2.41	1.23	6.88	10.99	4.98	1.82
		8		9.515	7.469	0.247	34.46	67.11	54.56	14.33	1.90	2.40	1.23	7.75	12.25	5.47	1.85
		10		11.657	9.151	0.246	41.09	84.31	64.85	17.33	1.88	2.36	1.22	9.39	14.56	6.36	1.93

续表

型号	截面尺寸 (mm)			截面面积 (cm^2)	理论重量 (kg/m)	外表面积 (m^2/m)	惯性矩 (cm^4)				惯性半径 (cm)			截面模数 (cm^3)			重心距离 (cm)
	b	d	r				I_x	I_{x1}	I_{x0}	I_{y0}	i_x	i_{x0}	i_{y0}	W_x	W_{x0}	W_{y0}	Z_0
7	70	4	8	5.570	4.372	0.275	26.39	45.74	41.80	10.99	2.18	2.74	1.40	5.14	8.44	4.17	1.86
		5		6.875	5.397	0.275	32.21	57.21	51.08	13.31	2.16	2.73	1.39	6.32	10.32	4.95	1.91
		6		8.160	6.406	0.275	37.77	68.73	59.93	15.61	2.15	2.71	1.38	7.48	12.11	5.67	1.95
		7		9.424	7.398	0.275	43.09	80.29	68.35	17.82	2.14	2.69	1.38	8.59	13.81	6.34	1.99
		8		10.667	8.373	0.274	48.17	91.92	76.37	19.98	2.12	2.68	1.37	9.68	15.43	6.98	2.03
7.5	75	5	9	7.412	5.818	0.295	39.97	70.56	63.30	16.63	2.33	2.92	1.50	7.32	11.94	5.77	2.04
		6		8.797	6.905	0.294	46.95	84.55	74.38	19.51	2.31	2.90	1.49	8.64	14.02	6.67	2.07
		7		10.160	7.976	0.294	53.57	98.71	84.96	22.18	2.30	2.89	1.48	9.93	16.02	7.44	2.11
		8		11.503	9.030	0.294	59.96	112.97	95.07	24.86	2.28	2.88	1.47	11.20	17.93	8.19	2.15
		9		12.825	10.068	0.294	66.10	127.30	104.71	27.48	2.27	2.86	1.46	12.43	19.75	8.89	2.18
		10		14.126	11.089	0.293	71.98	141.71	113.92	30.05	2.26	2.84	1.46	13.64	21.48	9.56	2.22
8	80	5		7.912	6.211	0.315	48.79	85.36	77.33	20.25	2.48	3.13	1.60	8.34	13.67	6.66	2.15
		6		9.397	7.376	0.314	57.35	102.50	90.98	23.72	2.47	3.11	1.59	9.87	16.08	7.65	2.19
		7		10.860	8.525	0.314	65.58	119.70	104.07	27.09	2.46	3.10	1.58	11.37	18.40	8.58	2.23
		8		12.303	9.658	0.314	73.49	136.97	116.60	30.39	2.44	3.08	1.57	12.83	20.61	9.46	2.27
		9		13.725	10.774	0.314	81.11	154.31	128.60	33.61	2.43	3.06	1.56	14.25	22.73	10.29	2.31
		10		15.126	11.874	0.313	88.43	171.74	140.09	36.77	2.42	3.04	1.56	15.64	24.76	11.08	2.35
9	90	6	10	10.637	8.350	0.354	82.77	145.87	131.26	34.28	2.79	3.51	1.80	12.61	20.63	9.95	2.44
		7		12.301	9.656	0.354	94.83	170.30	150.47	39.18	2.78	3.50	1.78	14.54	23.64	11.19	2.48
		8		13.944	10.946	0.353	106.47	194.80	168.97	43.97	2.76	3.48	1.78	16.42	26.55	12.35	2.52
		9		15.566	12.219	0.353	117.72	219.39	186.77	48.66	2.75	3.46	1.77	18.27	29.35	13.46	2.56
		10		17.167	13.476	0.353	128.58	244.07	203.90	53.26	2.74	3.45	1.76	20.07	32.04	14.52	2.59
		12		20.306	15.940	0.352	149.22	293.76	236.21	62.22	2.71	3.41	1.75	23.57	37.12	16.49	2.67
10	100	6	12	11.932	9.366	0.393	114.95	200.07	181.98	47.92	3.10	3.90	2.00	15.68	25.74	12.69	2.67
		7		13.796	10.830	0.393	131.86	233.54	208.97	54.74	3.09	3.89	1.99	18.10	29.55	14.26	2.71
		8		15.638	12.276	0.393	148.24	267.09	235.07	61.41	3.08	3.88	1.98	20.47	33.24	15.75	2.76
		9		17.462	13.708	0.392	164.12	300.73	260.30	67.95	3.07	3.86	1.97	22.79	36.81	17.18	2.80
		10		19.261	15.120	0.392	179.51	334.48	284.68	74.35	3.05	3.84	1.96	25.06	40.26	18.54	2.84
		12		22.800	17.898	0.391	208.90	402.34	330.95	86.84	3.03	3.81	1.95	29.48	46.80	21.08	2.91
		14		26.256	20.611	0.391	236.53	470.75	374.06	99.00	3.00	3.77	1.94	33.73	52.90	23.44	2.99
		16		29.627	23.257	0.390	262.53	539.80	414.16	110.89	2.98	3.74	1.94	37.82	58.57	25.63	3.06
11	110	7	12	15.196	11.928	0.433	177.16	310.64	280.94	73.38	3.41	4.30	2.20	22.05	36.12	17.51	2.96
		8		17.238	13.535	0.433	199.46	355.20	316.49	82.42	3.40	4.28	2.19	24.95	40.69	19.39	3.01
		10		21.261	16.690	0.432	242.19	444.65	384.39	99.98	3.38	4.25	2.17	30.60	49.42	22.91	3.09
		12		25.200	19.782	0.431	282.55	534.60	448.17	116.93	3.35	4.22	2.15	36.05	57.62	26.15	3.16
		14		29.056	22.809	0.431	320.71	625.16	508.01	133.40	3.32	4.18	2.14	41.31	65.31	29.14	3.24

续表

型号	截面尺寸（mm）			截面面积（cm^2）	理论重量（kg/m）	外表面积（m^2/m）	惯性矩（cm^4）				惯性半径（cm）			截面模数（cm^3）			重心距离（cm）
	b	d	r				I_x	I_{x1}	I_{x0}	I_{y0}	i_x	i_{x0}	i_{y0}	W_x	W_{x0}	W_{y0}	Z_0
		8		19.750	15.504	0.492	297.03	521.01	470.89	123.16	3.88	4.88	2.50	32.52	53.28	25.86	3.37
		10		24.373	19.133	0.491	361.67	651.93	573.89	149.46	3.85	4.85	2.48	39.97	64.93	30.62	3.45
12.5	125	12		28.912	22.696	0.491	423.16	783.42	671.44	174.88	3.83	4.82	2.46	41.17	75.96	35.03	3.53
		14		33.367	26.193	0.490	481.65	915.61	763.73	199.57	3.80	4.78	2.45	54.16	86.41	39.13	3.61
		16		37.739	29.625	0.489	537.31	1048.62	850.98	223.65	3.77	4.75	2.43	60.93	96.28	42.96	3.68
		10		27.373	21.488	0.551	514.65	915.11	817.27	212.04	4.34	5.46	2.78	50.58	82.56	39.20	3.82
14	140	12		32.512	25.522	0.551	603.68	1099.28	958.79	248.57	4.31	5.43	2.76	59.80	96.85	45.02	3.90
		14	14	37.567	29.490	0.550	688.81	1284.22	1093.56	284.06	4.28	5.40	2.75	68.75	110.47	50.45	3.98
		16		42.539	33.393	0.549	770.24	1470.07	1221.81	318.67	4.26	5.36	2.74	77.46	123.42	55.55	4.06
		8		23.750	18.644	0.592	521.37	899.55	827.49	215.25	4.69	5.90	3.01	47.36	78.02	38.14	3.99
		10		29.373	23.058	0.591	637.50	1125.09	1012.79	262.21	4.66	5.87	2.99	58.35	95.49	45.51	4.08
15	150	12		34.912	27.406	0.591	748.85	1351.26	1189.97	307.73	4.63	5.84	2.97	69.04	112.19	52.38	4.15
		14		40.367	31.688	0.590	855.64	1578.25	1359.30	351.98	4.60	5.80	2.95	79.45	128.16	58.83	4.23
		15		43.063	33.804	0.590	907.39	1692.10	1441.09	373.69	4.59	5.78	2.95	84.56	135.87	61.90	4.27
		16		45.739	35.905	0.589	958.08	1806.21	1521.02	395.14	4.58	5.77	2.94	89.59	143.40	64.89	4.31
		10		31.502	24.729	0.630	779.53	1365.33	1237.30	321.76	4.98	6.27	3.20	66.70	109.36	52.76	4.31
16	160	12		37.441	29.391	0.630	916.58	1639.57	1455.68	377.49	4.95	6.24	3.18	78.98	128.67	60.74	4.39
		14		43.296	33.987	0.629	1048.36	1914.68	1665.02	431.70	4.92	6.20	3.16	90.95	147.17	68.24	4.47
		16	16	49.067	38.518	0.629	1175.08	2190.82	1865.57	484.59	4.89	6.17	3.14	102.63	164.89	75.31	4.55
		12		42.241	33.159	0.710	1321.35	2332.80	2100.10	542.61	5.59	7.05	3.58	100.82	165.00	78.41	4.89
18	180	14		48.896	38.383	0.709	1514.48	2723.48	2407.42	621.53	5.56	7.02	3.56	116.25	189.14	88.38	4.97
		16		55.467	43.542	0.709	1700.99	3115.29	2703.37	698.60	5.54	6.98	3.55	131.13	212.40	97.83	5.05
		18		61.055	48.634	0.708	1875.12	3502.43	2988.24	762.01	5.50	6.94	3.51	145.64	234.78	105.14	5.13
		14		54.642	42.894	0.788	2103.55	3734.10	3343.26	863.83	6.20	7.82	3.98	144.70	236.40	111.82	5.46
		16		62.013	48.680	0.788	2366.15	4270.39	3760.89	971.41	6.18	7.79	3.96	163.65	265.93	123.96	5.54
20	200	18	18	69.301	54.401	0.787	2620.64	4808.13	4164.54	1076.74	6.15	7.75	3.94	182.22	294.48	135.52	5.62
		20		76.505	60.056	0.787	2867.30	5347.51	4554.55	1180.04	6.12	7.72	3.93	200.42	322.06	146.55	5.69
		24		90.661	71.168	0.785	3338.25	6457.16	5294.97	1381.53	6.07	7.64	3.90	236.17	374.41	166.65	5.87
		16		68.664	53.901	0.865	3187.36	5681.62	5063.73	1310.99	6.81	8.59	4.37	199.55	325.51	153.81	6.03
		18		76.752	60.250	0.866	3534.30	6395.93	5615.32	1453.27	6.79	8.55	4.35	222.37	360.97	168.29	6.11
22	220	20	21	84.756	66.533	0.865	3871.49	7112.04	6150.08	1592.90	6.76	8.52	4.34	244.77	395.34	182.16	6.18
		22		92.676	72.751	0.865	4199.23	7830.19	6668.37	1730.10	6.73	8.48	4.32	266.78	428.66	195.45	6.26
		24		100.512	78.902	0.864	4517.83	8550.57	7170.55	1865.11	6.70	8.45	4.31	288.39	460.94	208.21	6.33
		26		108.264	84.987	0.864	4827.58	9273.39	7656.98	1998.17	6.68	8.41	4.30	309.62	492.21	220.49	6.41
		18		87.842	68.956	0.985	5068.22	9379.11	8369.04	2167.41	7.74	9.76	4.97	290.12	473.42	224.03	6.84
		20		97.045	76.180	0.984	5779.34	10426.97	9181.94	2376.74	7.72	9.73	4.95	319.66	519.41	242.85	6.92
		24		115.201	90.433	0.983	6763.93	12529.74	10742.67	2785.19	7.66	9.66	4.92	377.34	607.70	278.38	7.07
25	250	26	24	124.154	97.461	0.982	7238.08	13585.18	11491.33	2984.84	7.63	9.62	4.90	405.50	650.05	295.19	7.15
		28		133.02	104.422	0.982	7700.60	14643.62	12219.39	3181.81	7.61	9.58	4.89	433.22	691.23	311.42	7.22
		30		141.807	111.318	0.981	8151.80	15705.30	12927.26	3376.34	7.58	9.55	4.88	460.51	731.28	327.12	7.30
		32		15.508	118.149	0.981	8592.01	16770.41	13615.32	3568.71	7.56	9.51	4.87	487.39	770.20	342.33	7.37
		35		163.402	128.271	0.980	9232.44	18374.95	14611.16	3853.72	7.52	9.46	4.85	526.97	826.53	364.30	7.48

注：截面图中的 $r_1=1/3d$ 及表中 r 的数据用于孔型设计，不做交货条件。

附表 A-9

热轧不等边角钢的规格及截面特性（按 GB/T 706—2008）

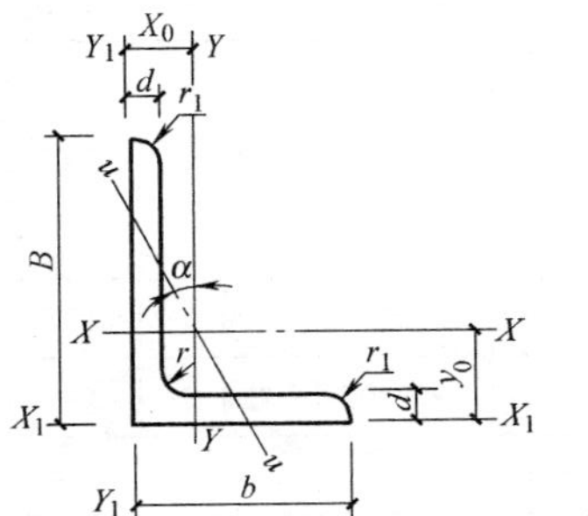

B—长边宽度；I—截面惯性矩；X_0、Y_0—重心距离；
b—短边宽度；W—截面模量；r—内圆弧半径；
d—边厚；i—回转半径；$r_1=d/3$（边端圆弧半径）

型号	截面尺寸 (mm)				截面面积 (cm²)	理论重量 (kg/m)	外表面积 (m²/m)	惯性矩 (cm⁴)					惯性半径 (cm)			截面模数 (cm³)			tanα	重心距离 (cm)	
	B	b	d	r				I_x	I_{x1}	I_y	I_{y1}	I_u	i_x	i_y	i_u	W_x	W_y	W_u		X_0	Y_0
2.5/1.6	25	16	3	3.5	1.162	0.912	0.080	0.70	1.56	0.22	0.43	0.14	0.78	0.44	0.34	0.43	0.19	0.16	0.392	0.42	0.86
			4		1.499	1.176	0.079	0.88	2.09	0.27	0.59	0.17	0.77	0.43	0.34	0.55	0.24	0.20	0.381	0.46	1.86
3.2/2	32	20	3		1.492	1.171	0.102	1.53	3.27	0.46	0.82	0.28	1.01	0.55	0.43	0.72	0.30	0.25	0.382	0.49	0.90
			4		1.939	1.522	0.101	1.93	4.37	0.57	1.12	0.35	1.00	0.54	0.42	0.93	0.39	0.32	0.374	0.53	1.08
4/2.5	40	25	3	4	1.890	1.484	0.127	3.08	5.39	0.93	1.59	0.56	1.28	0.70	0.54	1.15	0.49	0.40	0.385	0.59	1.12
			4		2.467	1.936	0.127	3.93	8.53	1.18	2.14	0.71	1.36	0.69	0.54	1.49	0.63	0.52	0.381	0.63	1.32
4.5/2.8	45	28	3	5	2.149	1.687	0.143	445	9.10	1.34	2.23	0.80	1.44	0.79	0.61	1.47	0.62	0.51	0.383	0.64	1.37
			4		2.806	2.203	0.143	5.69	12.13	1.70	3.00	1.02	1.42	0.78	0.60	1.91	0.80	0.66	0.380	0.68	1.47
5/3.2	50	32	3	5.5	2.431	1.908	0.161	6.24	12.49	2.02	3.31	1.20	1.60	0.91	0.70	1.84	0.82	0.68	0.404	0.73	1.51
			4		3.177	2.494	0.160	8.02	16.65	2.58	4.45	1.53	1.59	0.90	0.69	2.39	1.06	0.87	0.402	0.77	1.60
5.6/3.6	56	36	3	6	2.743	2.153	0.181	8.88	17.54	2.92	4.70	1.73	1.80	1.03	0.79	2.32	1.05	0.87	0.408	0.80	1.65
			4		3.590	2.818	0.180	11.45	23.39	3.76	6.33	2.23	1.79	1.02	0.79	3.03	1.37	1.13	0.408	0.85	1.78
			5		4.415	3.466	0.180	13.86	29.25	4.49	7.94	2.67	1.77	1.01	0.78	3.71	1.65	1.36	0.404	0.88	1.82

续表

型号	截面尺寸 (mm)				截面面积 (cm^2)	理论重量 (kg/m)	外表面积 (m^2/m)	惯性矩 (cm^4)					惯性半径 (cm)			截面模数 (cm^3)			$\tan\alpha$	重心距离 (cm)	
	B	b	d	r				I_x	I_{x1}	I_y	I_{y1}	I_u	i_x	i_y	i_u	W_x	W_y	W_u		X_0	Y_0
6.3/4	63	40	4	7	4.058	3.185	0.202	16.49	33.30	5.23	8.63	3.12	2.02	1.14	0.88	3.87	1.70	1.40	0.398	0.92	1.87
			5		4.993	3.920	0.202	20.02	41.63	6.31	10.86	3.76	2.00	1.12	0.87	4.74	2.07	1.71	0.395	0.95	2.04
			6		5.908	4.638	0.201	23.36	49.98	7.29	13.12	4.34	1.96	1.11	0.86	5.59	2.43	1.99	0.393	0.99	2.08
			7		6.802	5.339	0.201	26.53	58.07	8.24	15.47	4.97	1.98	1.10	0.86	6.40	2.78	2.29	0.389	1.03	2.12
7/4.5	70	45	4	7.5	4.547	3.570	0.226	23.17	45.92	7.55	12.26	4.40	2.26	1.29	0.98	4.86	2.17	1.77	0.410	1.02	2.15
			5		5.609	4.403	0.225	27.95	57.10	9.13	15.39	5.40	2.23	1.28	0.98	5.92	2.65	2.19	0.407	1.06	2.24
			6		6.647	5.218	0.225	32.54	68.35	10.62	18.58	6.35	2.21	1.26	0.98	6.95	3.12	2.59	0.404	1.09	2.28
			7		7.657	6.011	0.225	37.22	79.99	12.01	21.84	7.16	2.20	1.25	0.97	8.03	3.57	2.94	0.402	1.13	2.32
7.5/5	75	50	5	8	6.125	4.808	0.245	34.86	70.00	12.61	21.04	7.41	2.39	1.44	1.10	6.83	3.30	2.74	0.435	1.17	2.36
			6		7.260	5.699	0.245	41.12	84.30	14.70	25.37	8.54	2.38	1.42	1.08	8.12	3.88	3.19	0.435	1.21	2.40
			8		9.457	7.431	0.244	52.39	112.50	18.53	34.23	10.89	2.35	1.40	1.07	10.52	4.99	4.10	0.429	1.29	2.44
			10		11.590	9.098	0.244	62.71	140.80	21.96	43.43	13.10	2.33	1.38	1.06	12.78	6.04	4.99	0.423	1.36	2.52
8/5	80	50	5		6.375	5.005	0.255	41.96	85.21	12.82	21.06	7.66	2.55	1.42	1.10	7.78	3.32	2.74	0.388	1.14	2.60
			6		7.560	5.935	0.255	49.49	102.53	14.95	25.41	8.85	2.56	1.41	1.08	9.25	3.91	3.20	0.387	1.18	2.65
			7		8.724	6.848	0.255	56.16	119.33	46.96	29.82	10.18	2.54	1.39	1.08	10.58	4.48	3.70	0.384	1.21	2.69
			8		9.867	7.745	0.254	62.83	136.41	18.85	34.32	11.38	2.52	1.38	1.07	11.92	5.03	4.16	0.381	1.25	2.73
9/5.6	90	56	5	9	7.212	5.661	0.287	60.45	121.32	18.32	29.53	10.98	2.90	1.59	1.23	9.92	4.21	3.49	0.385	1.25	2.91
			6		8.557	6.717	0.286	71.03	145.59	21.42	35.58	12.90	2.88	1.58	1.23	11.74	4.96	4.13	0.384	1.29	2.95
			7		9.880	7.756	0.285	81.01	169.60	24.36	41.71	14.67	2.86	1.57	1.22	13.49	5.70	4.72	0.382	1.33	3.00
			8		11.183	8.779	0.286	91.03	194.17	27.15	47.93	16.34	2.85	1.56	1.21	15.27	6.41	5.29	0.380	1.36	3.04

续表

型号	截面尺寸（mm）				截面面积（cm^2）	理论重量（kg/m）	外表面积（m^2/m）	惯性矩（cm^4）					惯性半径（cm）			截面模数（cm^3）			$\tan\alpha$	重心距离（cm）	
	B	b	d	r				I_x	I_{x1}	I_y	I_{y1}	I_u	i_x	i_y	i_u	W_x	W_y	W_u		X_0	Y_0
10/6.3	100	63	6	10	9.617	7.550	0.320	99.06	199.71	30.94	50.50	18.42	3.21	1.79	1.38	14.64	6.35	5.25	0.394	1.43	3.24
			7		11.111	8.722	0.320	113.45	233.00	35.26	59.14	21.00	3.20	1.78	1.38	16.88	7.29	6.02	0.394	1.47	3.28
			8		12.534	9.878	0.319	127.37	266.32	39.39	87.88	23.50	3.18	1.77	1.37	19.08	8.21	5.78	0.391	1.50	3.32
			10		15.467	12.142	0.319	153.81	333.06	47.12	85.73	28.33	3.15	1.74	1.35	23.32	9.98	8.24	0.387	1.58	3.40
10/8	100	80	6		10.637	8.350	0.354	107.04	199.83	61.24	102.68	31.65	3.17	2.40	1.72	15.19	10.16	8.37	0.627	1.97	2.95
			7		12.301	9.656	0.354	122.73	233.20	70.08	119.98	36.17	3.16	2.39	1.72	17.52	11.71	9.60	0.626	2.01	3.0
			8		13.944	10.946	0.353	137.92	266.61	78.58	137.37	40.58	3.14	2.37	1.71	19.81	13.21	10.80	0.625	2.05	3.04
			10		17.167	13.476	0.353	166.87	333.63	94.65	172.48	49.10	3.12	2.35	1.69	24.24	16.12	13.12	0.622	2.13	3.12
11/7	110	70	6		10.637	8.350	0.354	133.37	265.78	42.92	69.08	25.36	3.54	2.01	1.54	17.85	7.90	6.53	0.403	1.57	3.53
			7		12.301	9.656	0.354	153.00	310.07	49.01	80.82	28.95	3.53	2.00	1.53	20.60	9.09	7.50	0.402	1.61	3.57
			8		13.944	10.946	0.353	172.04	354.39	54.87	92.70	32.45	3.51	1.98	1.53	23.30	10.25	8.45	0.401	1.65	3.62
			10		17.167	13.476	0.353	208.39	443.13	65.88	116.83	39.20	3.48	1.96	1.51	28.54	12.48	10.29	0.397	1.72	3.70
12.5/8	125	80	7	11	14.096	11.066	0.403	227.98	454.99	74.42	120.32	43.81	4.02	2.30	1.76	26.86	12.01	9.92	0.408	1.80	4.01
			8		15.989	12.551	0.403	256.77	519.99	83.49	137.85	49.15	4.01	2.28	1.75	30.41	13.56	11.18	0.407	1.84	4.06
			10		19.712	15.474	0.402	312.04	650.09	100.67	173.40	59.45	3.98	2.26	1.74	37.33	16.56	13.64	0.404	1.92	4.14
			12		23.351	18.330	0.402	364.41	780.39	116.67	209.67	69.35	3.95	2.24	1.72	44.01	19.43	16.01	0.400	2.00	4.22
14/9	140	90	8	12	18.038	14.160	0.453	365.64	730.53	120.69	195.79	70.83	4.50	2.59	1.98	38.48	17.34	14.31	0.411	2.04	4.50
			10		22.261	17.475	0.452	445.50	913.20	140.03	245.92	85.82	4.47	2.56	1.96	47.31	21.22	17.48	0.409	2.12	4.58
			12		26.400	20.724	0.451	521.59	1096.09	169.79	296.89	100.21	4.44	2.54	1.95	55.87	24.95	20.54	0.406	2.19	4.66
			14		30.456	23.908	0.451	594.10	1279.26	192.10	348.82	114.13	4.42	2.51	1.94	64.18	28.54	23.52	0.403	2.27	4.74

续表

型号	截面尺寸 (mm)				截面面积 (cm²)	理论重量 (kg/m)	外表面积 (m²/m)	惯性矩 (cm⁴)					惯性半径 (cm)			截面模数 (cm²)			tanα	重心距离 (cm)	
	B	b	d	r				I_x	I_{x1}	I_y	I_{y1}	I_u	i_x	i_y	i_u	W_x	W_y	W_u		X_0	Y_0
15/9	150	90	8	12	18.839	14.788	0.473	442.05	898.25	122.80	195.96	74.14	4.84	2.55	1.98	43.86	17.47	14.48	0.364	1.97	4.92
			10		23.261	18.280	0.472	539.24	1122.85	148.62	246.26	89.86	4.81	2.53	1.97	53.97	21.38	17.69	0.362	2.05	5.01
			12		27.600	21.666	0.471	632.08	1347.50	172.85	297.46	104.95	4.79	2.50	1.95	63.79	25.14	20.80	0.359	2.12	5.09
			14		31.856	25.007	0.471	720.77	1572.38	195.62	349.74	119.53	4.76	2.48	1.94	73.33	28.77	23.84	0.356	2.20	5.17
			15		33.952	26.652	0.471	763.62	1684.93	205.50	376.33	126.67	4.74	2.47	1.93	77.99	30.53	25.33	0.354	2.24	5.21
			16		36.027	28.281	0.470	805.51	1797.55	217.07	403.24	133.72	4.73	2.45	1.93	82.60	32.77	26.82	0.352	2.27	5.25
16/10	160	100	10	13	25.315	19.872	0.512	668.69	1362.89	205.03	336.59	121.74	5.14	2.85	2.19	62.13	26.56	21.92	0.390	2.28	5.24
			12		30.054	23.592	0.511	794.91	1635.56	239.06	405.94	142.33	5.11	2.82	2.17	73.49	31.28	25.79	0.388	2.36	5.22
			14		34.709	27.247	0.510	896.30	1908.50	271.20	476.42	162.23	5.08	2.80	2.16	84.56	35.83	29.56	0.385	0.43	5.40
			16		29.281	30.835	0.510	1003.04	2181.79	301.60	548.22	182.57	5.05	2.77	2.16	95.33	40.24	33.44	0.382	2.51	5.48
18/11	180	110	10	14	28.373	22.273	0.571	956.25	1940.40	278.11	447.22	166.50	5.80	3.13	2.42	78.96	32.49	26.88	0.376	2.44	5.89
			12		33.712	26.440	0.571	1124.72	2328.38	325.03	538.94	194.87	5.78	3.10	2.40	93.53	38.32	31.66	0.374	2.52	5.98
			14		38.967	30.589	0.570	1286.91	2716.60	369.55	631.95	222.30	5.75	3.08	2.39	107.76	43.97	36.32	0.372	2.59	6.06
			16		44.139	34.649	0.569	1443.06	3105.15	411.85	726.46	248.94	5.72	3.06	2.38	121.64	49.44	40.87	0.369	2.67	6.14
20/12.5	200	125	12		37.912	29.761	0.641	1570.90	3193.85	483.16	787.74	285.79	6.44	3.57	2.74	116.73	49.99	41.23	0.392	2.83	6.54
			14		43.687	34.436	0.640	1800.97	3726.17	550.83	922.47	326.58	6.41	3.54	2.73	134.65	57.44	47.34	0.390	2.91	6.62
			16		49.739	39.045	0.639	2023.35	4258.88	615.44	1058.86	386.21	6.38	3.52	2.71	152.18	64.89	53.32	0.388	2.99	6.70
			18		55.526	43.588	0.638	2238.30	4792.00	677.19	1197.13	404.83	6.35	3.49	2.70	169.33	71.74	59.18	0.385	3.06	6.78

注：截面图中的 $r_1=1/3d$ 及表中 r 的数据用于孔型设计，不做交货条件。

热轧普通工字钢的规格及截面特性（按 GB/T 706—2008） 附表 A-10

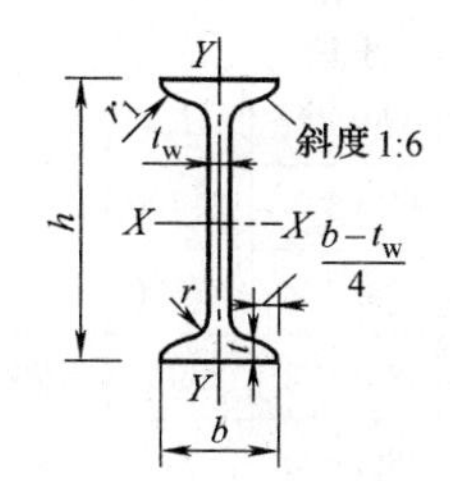

I—截面惯性矩；
W—截面模量；
S—半截面面积矩；
i—截面回转半径

型号	截面尺寸(mm)						截面面积 (cm²)	理论重量 (kg/m)	惯性矩 (cm⁴)		惯性半径 (cm)		截面模数 (cm²)	
	h	b	d	t	r	r_1			I_x	I_y	i_x	i_y	W_x	W_y
10	100	68	4.5	7.6	6.5	3.3	14.343	11.261	245	33.0	4.14	1.52	49.0	9.72
12	120	74	5.0	8.4	7.0	3.5	17.818	13.987	436	46.9	4.95	1.62	72.7	12.7
12.6	126	74	5.0	8.4	7.0	3.5	18.118	14.223	488	46.9	5.20	1.61	77.5	12.7
14	140	80	5.6	9.1	7.5	3.8	21.516	16.890	712	64.4	5.76	1.73	102	16.1
16	160	88	6.0	9.9	8.0	4.0	26.131	20.513	1130	93.1	6.58	1.89	141	21.2
18	180	94	6.5	10.7	8.5	4.3	30.756	24.143	1660	122	7.36	2.00	185	26.0
20a	200	100	7.0	11.4	9.0	4.5	35.578	27.929	2370	158	8.15	2.12	237	31.5
20b		102	9.0				39.578	31.069	2500	169	7.96	2.06	250	33.1
22a	220	110	7.5	12.3	9.5	4.8	42.128	33.070	3400	225	8.99	2.31	309	40.9
22b		112	9.5				46.528	36.524	3570	239	8.78	2.27	325	42.7
24a	240	116	8.0	13.0	10.0	5.0	47.741	37.477	4570	280	9.77	2.42	381	48.4
24b		118	10.0				52.541	41.245	4800	297	9.57	2.38	400	50.4
25a	250	116	8.0				48.541	38.105	5020	280	10.2	2.40	402	48.3
25b		118	10.0				53.541	42.030	5280	309	9.94	2.40	423	52.4
27a	270	122	8.5	13.7	10.5	5.3	54.554	42.825	6550	345	10.9	2.51	485	56.6
27b		124	10.5				59.954	47.054	6870	366	10.7	2.47	509	58.9
28a	280	122	8.5				55.404	43.492	7110	345	11.3	2.50	508	56.6
28b		124	10.5				61.004	47.888	7480	379	11.1	2.49	534	61.2
30a	300	126	9.0	14.4	11.0	5.5	61.254	48.084	8950	400	12.1	2.55	597	63.5
30b		128	11.0				67.254	52.794	9400	422	11.8	2.50	627	65.9
30c		130	13.0				73.254	57.504	9850	445	11.6	2.46	657	68.5
32a	320	130	9.5	15.0	11.5	5.8	67.156	52.717	11100	460	12.8	2.62	692	70.8
32b		132	11.5				73.556	57.741	11600	502	12.6	2.61	726	76.0
32c		134	13.5				79.956	62.765	12200	544	12.3	2.61	760	81.2
36a	360	136	10.0	15.8	12.0	6.0	76.480	60.037	15800	552	14.4	2.69	875	81.2
36b		138	12.0				83.680	65.689	16500	582	14.1	2.64	919	84.3
36c		140	14.0				90.880	71.341	17300	612	13.8	2.60	962	87.4

续表

型号	截面尺寸(mm)						截面面积(cm²)	理论重量(kg/m)	惯性矩(cm⁴)		惯性半径(cm)		截面模数(cm²)	
	h	b	d	t	r	r_1			I_x	I_y	i_x	i_y	W_x	W_y
40a		142	10.5				86.112	67.598	21700	660	15.9	2.77	1090	93.2
40b	400	144	12.5	16.5	12.5	6.3	94.112	73.878	22800	692	15.6	2.71	1140	96.2
40c		146	14.5				102.112	80.158	23900	727	15.2	2.65	1190	99.6
45a		150	11.5				102.446	80.420	32200	855	17.7	2.89	1430	114
45b	450	152	13.5	18.0	13.5	6.8	111.446	87.485	33800	894	17.4	2.84	1500	118
45c		154	15.5				120.446	94.550	35300	938	17.1	2.79	1570	122
50a		158	12.0				119.304	93.654	46500	1120	19.7	3.07	1860	142
50b	500	160	14.0	20.0	14.0	7.0	129.304	101.504	48600	1170	19.4	3.01	1940	146
50c		162	16.0				139.304	109.354	50600	1220	19.0	2.96	2080	151
55a		166	12.5				134.185	105.335	62900	1370	21.6	3.19	2290	164
55b	550	168	14.5				145.185	113.970	65600	1420	21.2	3.14	2390	170
55c		170	16.5	21.0	14.5	7.3	156.185	122.605	68400	1480	20.9	3.08	2490	175
56a		166	12.5				135.435	106.316	65600	1370	22.0	3.18	2340	165
56b	560	168	14.5				146.635	115.108	68500	1490	21.6	3.16	2450	174
56c		170	16.5				157.835	123.900	71400	1560	21.3	3.16	2550	183
63a		176	13.0				154.658	121.407	93900	1700	24.5	3.31	2980	193
63b	630	178	15.0	22.0	15.0	7.5	167.258	131.298	98100	1810	24.2	3.29	3160	204
63c		180	17.0				179.858	141.189	102000	1920	23.8	3.27	3300	214

注：表中 r、r_1 的数据用于孔型设计，不做交货条件。

热轧普通槽钢的规格及截面特性（按 GB/T 706—2008） 附表 A-11

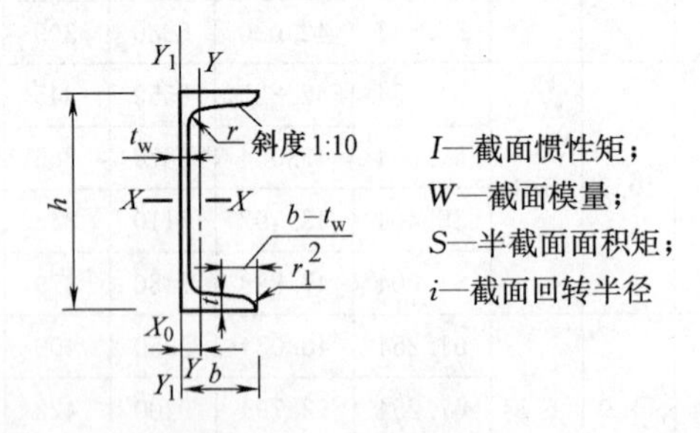

型号	截面尺寸(mm)						截面面积(cm²)	理论重量(kg/m)	惯性矩(cm⁴)			惯性半径(cm)		截面模数(cm³)		重心距离(cm)
	h	b	d	t	r	r_1			I_x	I_y	I_{y1}	i_x	i_y	W_x	W_y	Z_0
5	50	37	4.5	7.0	7.0	3.5	6.928	5.438	26.0	8.30	20.9	1.94	1.10	10.4	3.55	1.35
6.3	63	40	4.8	7.5	7.5	3.8	8.451	6.634	50.8	11.9	28.4	2.45	1.19	16.1	4.50	1.36
6.5	65	40	4.3	7.5	7.5	3.8	8.547	6.709	55.2	12.0	28.3	2.54	1.19	17.0	4.59	1.38

续表

型号	截面尺寸 (mm)						截面面积 (cm^2)	理论重量 (kg/m)	惯性矩 (cm^4)			惯性半径 (cm)		截面模数 (cm^3)		重心距离 (cm)
	h	b	d	t	r	r_1			I_x	I_y	I_{y1}	i_x	i_y	W_x	W_y	Z_0
8	80	43	5.0	8.0	8.0	4.0	10.248	8.045	101	16.6	37.4	3.15	1.27	25.3	5.79	1.43
10	100	48	5.3	8.5	8.5	4.2	12.748	10.007	198	25.6	54.9	3.95	1.41	39.7	7.80	1.52
12	120	53	5.5	9.0	9.0	4.5	15.362	12.059	346	37.4	77.7	4.75	1.56	57.7	10.2	1.62
12.6	126	53	5.5	9.0	9.0	4.5	15.692	12.318	391	38.0	77.1	4.95	1.57	62.1	10.2	1.59
14a	140	58	6.0	9.5	9.5	4.8	18.516	14.535	564	53.2	107	5.52	1.70	80.5	13.0	1.71
14b		60	8.0				21.316	16.733	609	61.1	123	5.35	1.69	87.1	14.1	1.67
16a	160	63	6.5	10.0	10.0	5.0	21.962	17.24	866	73.3	144	6.28	1.83	108	16.3	1.80
16b		65	8.5				25.162	19.752	935	83.4	161	6.10	1.82	117	17.6	1.75
18a	180	68	7.0	10.5	10.5	5.2	25.699	20.174	1270	98.6	190	7.04	1.96	141	20.0	1.88
18b		70	9.0				29.299	23.000	1370	111	210	6.84	1.95	152	21.5	1.84
20a	200	73	7.0	11.0	11.0	5.5	28.837	22.637	1780	128	244	7.86	2.11	178	24.2	2.01
20b		75	9.0				32.837	25.777	1910	144	268	7.64	2.09	191	25.9	1.95
22a	220	77	7.0	11.5	11.5	5.8	31.846	24.999	2390	158	298	8.67	2.23	218	28.2	2.10
22b		79	9.0				36.246	28.453	2570	176	326	8.42	2.21	234	30.1	2.03
24a	240	78	7.0	12.0	12.0	6.0	34.217	26.860	3050	174	325	9.45	2.25	254	30.5	2.10
24b		80	9.0				39.017	30.628	3280	194	355	9.17	2.23	274	32.5	2.03
24c		82	11.0				43.817	34.396	3510	213	388	8.96	2.21	293	34.4	2.00
25a	250	78	7.0				34.917	27.410	3370	176	322	9.82	2.24	270	30.6	2.07
25b		80	9.0				39.917	31.335	3530	196	353	9.41	2.22	282	32.7	1.98
25c		82	11.0				44.917	35.260	3690	218	384	9.07	2.21	295	35.9	1.92
27a	270	82	7.5	12.5	12.5	6.2	39.284	30.838	4360	216	393	10.5	2.34	323	35.5	2.13
27b		84	9.5				44.684	35.077	4690	239	428	10.3	2.31	347	37.7	2.06
27c		86	11.5				50.084	39.316	5020	261	467	10.1	2.28	372	39.8	2.03
28a	280	82	7.5				40.034	31.427	4760	218	388	10.9	2.33	340	35.7	2.10
28b		84	9.5				45.634	35.823	5130	242	428	10.6	2.30	366	37.9	2.02
28c		86	11.5				51.234	40.219	5500	268	463	10.4	2.29	393	40.3	1.95
30a	300	85	7.5	13.5	13.5	6.8	43.902	34.463	6050	260	467	11.7	2.43	403	41.1	2.17
30b		87	9.5				49.902	39.173	6500	289	515	11.4	2.41	433	44.0	2.13
30c		89	11.5				55.902	43.883	6950	316	560	11.2	2.38	463	46.4	2.09
32a	320	88	8.0	14.0	14.0	7.0	48.513	38.083	7600	305	552	12.5	2.50	475	46.5	2.24
32b		90	10.0				54.913	43.107	8140	336	593	12.2	2.47	509	49.2	2.16
32c		92	12.0				61.313	48.131	8690	374	643	11.9	2.47	543	52.6	2.09
36a	360	96	9.0	16.0	16.0	8.0	60.910	47.814	11900	455	818	14.0	2.73	660	63.5	2.44
36b		98	11.0				68.110	53.466	12700	497	880	13.6	2.70	703	66.9	2.37

续表

型号	截面尺寸(mm)						截面面积(cm^2)	理论重量(kg/m)	惯性矩(cm^4)			惯性半径(cm)		截面模数(cm^3)		重心距离(cm)
	h	b	d	t	r	r_1			I_x	I_y	I_{y1}	i_x	i_y	W_x	W_y	Z_0
36c	360	100	13.0	16.0	16.0	8.0	75.310	59.118	13400	536	948	13.4	2.67	746	70.0	2.34
40a		100	10.5				75.068	58.928	17600	592	1070	15.3	2.81	879	78.8	2.49
40b	400	102	12.5	18.0	18.0	9.0	83.068	65.208	18600	640	114	15.0	2.78	932	82.5	2.44
40c		104	14.5				91.068	71.488	19700	688	1220	14.7	2.75	986	86.2	2.42

注：表中 r、r_1 的数据用于孔型设计，不做交货条件。

热轧H型钢的规格及截面特性（按GB/T 11263—2010） **附表A-12**

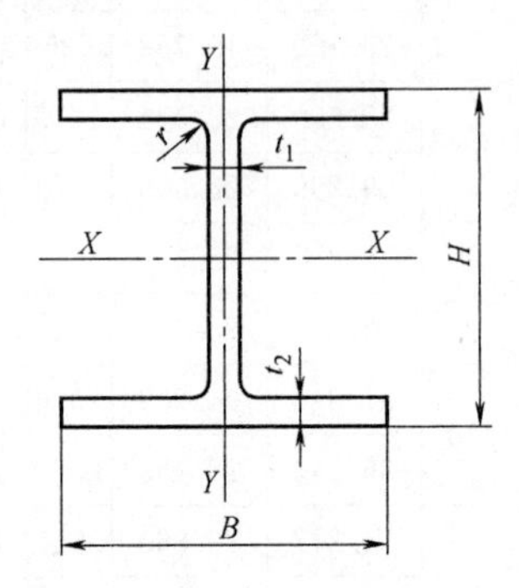

类别	型号(高度×宽度)(mm×mm)	截面尺寸(mm)					截面面积(cm^2)	理论重量(kg/m)	惯性矩(cm^4)		惯性半径(cm)		截面模数(cm^3)	
		H	B	t_1	t_2	r			I_x	I_y	i_x	i_y	W_x	W_y
HW	350×350	*338	351	13	13	13	133.3	105	27700	9380	14.4	8.38	1640	534
		*344	348	10	16	13	144.0	113	32800	11200	15.1	8.83	1910	646
		*344	354	16	16	13	164.7	129	34900	11800	14.6	8.48	2030	669
		350	350	12	19	13	171.9	135	39800	13600	15.2	8.88	2280	776
		*350	357	19	19	13	196.4	154	42300	14400	14.7	8.57	2420	808
	400×400	*388	402	15	15	22	178.5	140	49000	16300	16.6	9.54	2520	809
		*394	398	11	18	22	186.8	147	56100	18900	17.3	10.1	2850	951
		*394	405	18	18	22	214.4	168	59700	20000	16.7	9.64	3030	985
		400	400	13	21	22	218.7	172	66600	22400	17.5	10.1	3330	1120
		*400	408	21	21	22	250.7	197	70900	23800	16.8	9.74	3540	1170
		*414	405	18	28	22	295.4	232	92800	31000	17.7	10.2	4480	1530
		*428	407	20	35	22	360.7	283	119000	39400	18.2	10.4	5570	1930
		*458	417	30	50	22	528.6	415	187000	60500	18.8	10.7	8170	2900
		*498	432	45	70	22	770.1	604	298000	94400	19.7	11.1	12000	4370

续表

类别	型号（高度×宽度）(mm×mm)	截面尺寸(mm)					截面面积 (cm^2)	理论重量 (kg/m)	惯性矩 (cm^4)		惯性半径 (cm)		截面模数 (cm^3)	
		H	B	t_1	t_2	r			I_x	I_y	i_x	i_y	W_x	W_y
HW	500×500	* 492	465	15	20	22	258.0	202	117000	33500	21.3	11.4	4770	1440
		* 502	465	15	25	22	304.5	239	146000	41900	21.9	11.7	5810	1800
		* 502	470	20	25	22	329.6	259	151000	43300	21.4	11.5	6020	1840
HM	150×100	148	100	6	9	8	26.34	20.7	1000	150	6.16	2.38	135	30.1
	200×150	194	150	6	9	8	38.10	29.9	2630	507	8.30	3.64	271	67.6
	250×175	244	175	7	11	13	55.49	43.6	6040	984	10.4	4.21	495	112
	300×200	294	200	8	12	13	71.05	55.8	11100	1600	12.5	4.74	756	160
		* 298	201	9	14	13	82.03	64.4	13100	1900	12.6	4.80	878	189
	350×250	340	250	9	14	13	99.53	78.1	21200	3650	14.6	6.05	1250	292
	400×300	390	300	10	16	13	133.3	105	37900	7200	16.9	7.35	1940	480
	450×300	440	300	11	18	13	153.9	121	54700	8110	18.9	7.25	2490	540
	500×300	* 482	300	11	15	13	141.2	111	58300	6760	20.3	6.91	2420	450
		488	300	11	18	13	159.2	125	68900	8110	20.8	7.13	2820	540
	550×300	* 544	300	11	15	13	148.0	116	76400	6760	22.7	6.75	2810	450
		* 550	300	11	18	13	166.0	130	89800	8110	23.3	6.98	3270	540
	600×300	* 582	300	12	17	13	169.2	133	98900	7660	24.2	6.72	3400	511
		588	300	12	20	13	187.2	147	11400	9010	24.7	6.93	3890	601
		* 594	302	14	23	13	217.1	170	13400	10600	24.8	6.97	4500	700
HN	* 100×50	100	50	5	7	8	11.84	9.30	187	14.8	3.97	1.11	37.5	5.91
	* 125×60	125	60	6	8	8	16.68	13.1	409	29.1	4.95	1.32	65.4	9.71
	150×75	150	75	5	7	8	17.84	14.0	666	49.5	6.10	1.66	88.8	13.2
	175×90	175	90	5	8	8	22.89	18.0	1210	97.5	7.25	2.06	138	21.7
	200×100	* 198	99	4.5	7	8	22.68	17.8	1540	113	8.24	2.23	156	22.9
		200	100	5.5	8	8	26.66	20.9	1810	134	8.22	2.23	181	26.7
	250×125	* 248	124	5	8	8	31.98	25.1	3450	255	10.4	2.82	278	41.1
		250	125	6	9	8	36.96	29.0	3960	294	10.4	2.81	317	47.0
	300×150	* 298	149	5.5	8	13	40.80	32.0	6320	442	12.4	3.29	424	59.3
		300	150	6.5	9	13	46.78	36.7	7210	508	12.4	3.29	4.81	67.7
	350×175	* 346	174	6	9	13	52.45	41.2	11000	791	14.5	3.88	638	91.0
		350	175	7	11	13	62.91	49.4	13500	984	14.6	3.95	771	112
	400×150	400	150	8	13	13	70.37	55.2	18600	734	16.3	3.22	929	97.8
	400×200	* 396	199	7	11	13	71.41	56.1	19800	1450	16.6	4.50	999	145
		400	200	8	13	13	83.37	65.4	23500	1740	16.8	4.56	1170	174
	450×150	* 446	150	7	12	13	66.99	52.6	22000	677	18.1	3.17	985	90.3

续表

类别	型号（高度×宽度）（mm×mm）	截面尺寸(mm)					截面面积（cm^2）	理论重量（kg/m）	惯性矩（cm^4）		惯性半径（cm）		截面模数（cm^3）	
		H	B	t_1	t_2	r			I_x	I_y	i_x	i_y	W_x	W_y
HN	450×150	*450	151	8	14	13	77.49	60.8	25700	806	18.2	3.22	1140	107
	450×200	446	199	8	12	13	82.97	65.1	28100	1580	18.4	4.36	1260	159
		450	200	9	14	13	95.43	74.9	32900	1870	18.6	4.42	1460	187
	475×150	*470	150	7	13	13	71.53	56.2	26200	733	19.1	3.20	1110	97.8
		*475	151.5	8.5	15.5	1	86.15	67.6	31700	901	19.2	3.23	1330	119
		482	153.5	10.5	19	13	106.4	83.5	39600	1150	19.3	3.28	1640	150
	500×150	*492	150	7	12	13	70.21	55.1	27500	677	19.8	3.10	1120	90.3
		*500	152	9	16	13	92.21	72.4	37000	940	20.0	3.19	1480	124
		504	153	10	18	131	103.3	81.1	41900	1080	20.1	3.23	1660	141
	500×200	*496	199	9	14	13	99.29	77.9	40800	1840	20.3	4.30	1650	185
		500	200	10	16	13	112.3	88.1	46800	2140	20.4	4.36	1870	214
		*506	201	11	19	13	129.3	102	55500	2580	20.7	4.46	2190	257
	550×200	*546	199	9	14	13	103.8	81.5	50800	1840	22.1	4.21	1860	185
		550	200	10	16	13	117.3	92.0	58200	2140	22.3	4.27	2120	214
	600×200	*596	199	10	15	13	117.8	92.4	66600	1980	23.8	4.09	2240	199
		600	200	11	17	13	131.7	103	75600	2270	24.0	4.15	2520	227
		*606	201	12	20	13	149.8	118	88300	2720	24.3	4.25	2910	270
	625×200	*625	198.5	11.5	17.5	13	138.8	109	85000	2290	24.8	4.06	2720	231
		630	200	13	20	13	158.2	124	97900	2680	24.9	4.11	3110	268
		*638	202	15	24	13	186.9	147	118000	3320	25.2	4.21	3710	328
	650×300	*646	299	10	15	13	152.8	120	110000	6690	26.9	6.61	3410	447
		*650	300	11	17	13	171.2	134	125000	7660	27.0	6.68	3850	511
		*656	301	12	20	13	195.8	154	147000	9100	27.4	6.81	4470	605
	700×300	*692	300	13	20	18	207.5	163	168000	9020	28.5	6.59	4870	601
		700	300	13	24	18	231.5	182	197000	10800	29.2	6.83	5640	721
	700×300	*734	299	12	16	18	182.7	143	16100	7140	29.7	6.25	4390	478
		*742	300	13	20	18	214.0	168	197000	9020	30.4	6.49	5320	601
		*750	300	13	24	18	238.0	187	231000	10800	31.1	6.74	6150	721
		*758	303	16	28	18	284.8	224	276000	13000	31.1	6.75	7270	859
	800×300	*792	300	14	22	18	239.5	188	248000	9920	32.2	6.43	6270	661
		800	300	14	26	18	263.5	207	286000	11700	33.0	6.66	7160	781
	850×300	*834	298	14	19	18	227.5	178	251000	8400	33.2	6.07	6020	564
		*842	299	15	23	18	259.7	204	298000	10300	33.9	6.28	7080	687
		*850	300	16	27	18	292.1	229	346000	12200	34.4	6.45	8140	812
		*858	301	17	31	18	324.7	255	395000	14100	34.9	6.59	9210	939

续表

类别	型号（高度×宽度）（mm×mm）	截面尺寸（mm）					截面面积（cm^2）	理论重量（kg/m）	惯性矩（cm^4）		惯性半径（cm）		截面模数（cm^3）	
		H	B	t_1	t_2	r			I_x	I_y	i_x	i_y	W_x	W_y
HN	900×300	*890	299	15	23	18	266.9	210	339000	10300	35.6	6.20	7610	687
		900	300	16	28	18	305.8	240	404000	12600	36.4	6.42	8990	842
		*912	302	18	34	18	360.1	283	491000	15700	36.9	6.59	10800	1040
	1000×300	*970	297	16	21	18	276.0	217	393000	9210	37.8	5.77	8110	620
		*980	298	17	26	18	315.5	248	472000	11500	38.7	6.04	9630	772
		*990	298	17	31	18	345.3	271	544000	13700	39.7	6.30	11000	921
		*1000	300	19	36	18	395.1	310	634000	16300	40.1	6.41	12700	1080
		*1008	302	21	40	18	439.3	345	712000	18400	40.3	6.47	14100	1220
HT	100×50	95	48	3.2	4.5	8	7.620	5.98	115	8.39	3.88	1.04	24.2	3.49
		97	49	4	5.5	8	9.370	7.36	143	10.9	3.91	1.07	29.6	4.45
	100×100	96	99	4.5	6	8	16.20	12.7	272	97.2	4.09	2.44	56.7	19.6
	125×60	118	58	3.2	4.5	8	9.250	7.26	218	14.7	4.85	1.26	37.0	5.08
		120	59	4	5.5	8	11.39	8.94	271	19.0	4.87	1.29	45.2	6.43
	125×125	119	123	4.5	6	8	20.12	15.8	532	186	5.14	3.04	89.5	30.3
	150×75	145	73	3.2	4.5	8	11.47	9.00	416	29.3	6.01	1.59	57.3	8.02
		147	74	4	5.5	8	14.12	11.1	516	37.3	6.04	1.62	70.2	10.1
	150×100	139	97	3.2	4.5	8	13.43	10.6	476	68.6	5.94	2.25	68.4	14.1
		142	99	4.5	6	8	18.27	14.3	654	97.2	5.98	2.30	92.1	19.6
	150×150	144	148	5	7	8	27.76	21.8	1090	378	6.25	3.69	151	51.1
		147	149	6	8.5	8	33.67	26.4	1350	469	6.32	3.73	183	63.0
	175×90	168	88	3.2	4.5	8	13.55	10.6	670	51.2	7.02	1.94	79.7	11.6
		171	89	4	6	8	17.58	13.8	894	70.7	7.13	2.00	105	15.9
	175×175	167	173	5	7	13	33.32	26.2	1780	605	7.30	4.26	213	69.9
		172	175	6.5	9.5	13	44.64	35.0	2470	850	7.43	4.36	287	97.1
	200×100	193	98	3.2	4.5	8	15.25	12.0	994	70.7	8.07	2.15	103	14.4
		196	99	4	6	8	19.78	15.5	1320	97.2	8.12	2.21	135	19.6
	200×150	188	149	4.5	6	8	26.34	20.7	1730	331	8.09	3.54	184	44.4
	200×200	192	198	6	8	13	43.69	34.3	3060	1040	8.37	4.86	319	105
	250×125	244	124	4.5	6	8	25.86	20.3	2650	191	10.1	2.71	217	30.8
	250×175	238	173	4.5	8	13	39.12	30.7	4240	691	10.4	4.20	356	79.9
	300×150	294	148	4.5	6	13	31.90	25.0	4800	325	12.3	3.19	327	43.9
	300×200	286	198	6	8	13	49.33	38.7	7360	1040	12.2	4.58	515	105
	350×175	340	173	4.5	6	13	36.97	29.0	7490	518	14.2	3.74	441	59.9
	400×150	390	148	6	8	13	47.57	37.3	11700	434	15.7	3.01	602	58.6
	400×200	390	198	6	8	13	55.57	43.6	14700	1040	16.2	4.31	752	105

注：1. 表中同一型号的产品，其内侧尺寸高度一致；

2. 表中截面计算公式为："$t_1(H-2t_2)+2Bt_2+0.858r^2$"；

3. 表中"*"表示的规格为市场非常用规格。

热轧 T 形钢的规格及截面特性（按 GB/T 11263—2010） 附表 A-13

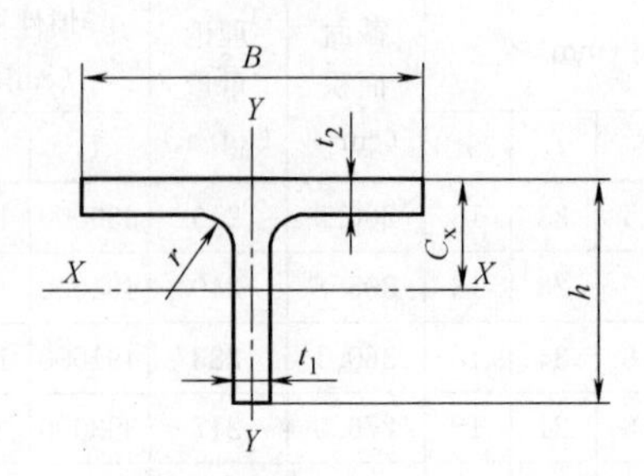

类别	型号（高度×宽度）（mm×mm）	截面尺寸（mm）					截面面积（cm^2）	理论重量（kg/m）	惯性矩（cm^4）		惯性半径（cm）		截面模数（cm^3）		重心（mm）	对应 H 型钢系列型号
		h	B	t_1	t_2	r			I_x	I_y	i_x	i_y	W_x	W_y	C_x	
TW	50×100	50	100	6	8	8	10.79	8.47	16.1	66.8	1.22	2.48	4.02	13.4	1.00	100×100
	62.5×125	62.5	125	6.5	9	8	15.00	11.8	35.0	147	1.52	3.12	6.91	23.5	1.19	125×125
	75×150	75	150	7	10	8	19.82	15.6	66.4	282	1.82	3.76	10.8	37.5	1.37	150×150
	87.5×175	87.5	175	7.5	11	13	25.71	20.2	115	492	2.11	4.37	15.9	56.2	1.55	175×175
	100×200	100	200	8	12	13	31.76	24.9	184	801	2.40	5.02	22.3	80.1	1.73	200×200
		100	204	12	12	13	35.76	28.1	256	851	2.67	4.87	32.4	83.4	2.09	
	125×250	125	250	9	14	13	45.71	35.9	412	1820	3.00	6.31	39.5	146	2.08	250×250
		125	255	14	14	13	51.96	40.8	589	1940	3.36	6.10	59.4	152	2.58	
	150×300	147	302	12	12	13	53.16	41.7	857	2760	4.01	7.20	72.3	183	2.85	300×300
		150	300	10	15	13	59.22	46.5	798	3380	3.67	7.55	63.7	225	2.47	
		150	305	15	15	13	66.72	52.4	1110	3550	4.07	7.29	92.5	233	3.04	
	175×350	172	348	10	16	13	72.00	56.5	1230	5620	4.13	8.83	84.7	323	2.67	350×350
		175	350	12	19	13	85.94	67.5	1520	6790	4.20	8.88	104	388	2.87	
	200×400	194	402	15	15	22	89.22	70.0	2480	8130	5.27	9.54	158	404	3.70	400×400
		197	398	11	18	22	93.40	73.3	2050	9460	4.67	10.1	123	475	3.01	
		200	400	13	21	22	109.3	85.8	2480	11200	4.75	10.1	147	560	3.21	
		200	408	21	21	22	125.3	98.4	3650	11900	5.39	9.74	229	584	4.07	
		207	405	18	28	22	147.7	116	3620	15500	4.95	10.2	213	766	3.68	
		214	407	20	35	22	180.3	142	4380	19700	4.92	10.4	250	967	3.90	
TM	75×100	74	100	6	9	8	13.17	10.3	51.7	75.2	1.98	2.38	8.84	15.0	1.56	150×100
	100×150	97	150	6	9	8	19.05	15.0	124	253	2.55	3.64	15.8	33.8	1.80	200×150
	125×175	122	175	7	11	13	27.74	21.8	288	492	3.22	4.21	29.1	56.2	2.28	250×175
	150×200	147	200	8	12	13	35.52	27.9	571	801	4.00	4.74	48.2	80.1	2.85	300×200
		149	201	9	14	13	41.01	32.2	661	949	4.01	4.80	55.2	94.4	2.92	
	175×250	170	250	9	14	13	49.76	39.1	1020	1820	4.51	6.05	73.2	146	3.11	350×250
	200×300	195	300	10	16	13	66.62	52.3	1730	3600	5.09	7.35	108	240	3.43	400×300
	225×300	220	300	11	18	13	76.94	60.4	2680	4050	5.89	7.25	150	270	4.09	450×300

续表

类别	型号（高度×宽度）(mm×mm)	截面尺寸(mm)					截面面积 (cm^2)	理论重量 (kg/m)	惯性矩 (cm^4)		惯性半径 (cm)		截面模数 (cm^3)		重心 (mm)	对应H型钢系列型号
		h	B	t_1	t_2	r			I_x	I_y	i_x	i_y	W_x	W_y	C_x	
TM	250×300	241	300	11	15	13	70.58	55.4	3400	3380	6.93	6.91	178	225	5.00	500×300
		244	300	11	18	13	79.58	62.5	3610	4050	6.73	7.13	184	270	4.72	
	275×300	272	300	11	15	13	73.99	58.1	4790	3380	8.04	6.75	225	225	5.96	550×300
		275	300	11	18	13	82.99	65.2	5090	4050	7.82	6.98	232	270	5.59	
	300×300	291	300	12	17	13	84.60	66.4	6320	3830	8.64	6.72	280	255	6.51	600×300
		294	300	12	20	13	93.60	73.5	6680	4500	8.44	6.93	288	300	6.17	
		297	302	14	23	13	108.5	85.2	7890	5290	8.52	6.97	339	350	6.41	
TN	50×50	50	50	5	7	8	5.920	4.65	11.8	7.39	1.41	1.11	3.18	2.95	1.28	100×50
	62.5×60	62.5	60	6	8	8	8.340	6.55	27.5	14.6	1.81	1.32	5.96	4.85	1.64	125×60
	75×75	75	75	5	7	8	8.920	7.00	42.6	24.7	2.18	1.66	7.46	6.59	1.79	150×75
	87.5×90	85.5	89	4	6	8	8.790	6.90	53.7	35.3	2.47	2.00	8.02	7.94	1.86	175×90
		87.5	90	5	8	8	11.44	8.98	70.6	48.7	2.48	2.06	10.4	10.8	1.93	
	100×100	99	99	4.5	7	8	11.34	8.90	93.5	56.7	2.87	2.23	12.1	11.5	2.17	200×100
		100	100	5.5	8	8	13.33	10.5	114	66.9	2.92	2.23	14.8	13.4	2.31	
	125×125	124	124	5	8	8	15.99	12.6	207	127	3.59	2.82	21.3	20.5	2.66	250×125
		125	125	6	9	8	18.48	14.5	248	147	3.66	2.81	25.6	23.5	2.81	
	150×150	149	149	5.5	8	13	20.40	16.0	393	221	4.39	3.29	33.8	29.7	3.26	300×150
		150	150	6.5	9	13	23.39	18.4	464	254	4.45	3.29	40.0	33.8	3.41	
	175×175	173	174	6	9	13	26.22	20.6	679	396	5.08	3.88	50.0	45.5	3.72	350×175
		175	175	7	11	13	31.45	24.7	814	492	5.08	3.95	59.3	56.2	3.76	
	200×200	198	199	7	11	13	35.70	28.0	1190	726	5.77	4.50	76.4	72.7	4.20	400×200
		200	200	8	13	13	41.68	32.7	1390	868	5.78	4.56	88.6	86.8	4.26	
	225×150	223	150	7	12	13	33.49	26.3	1570	338	6.84	3.17	93.7	45.1	5.54	450×150
		225	151	8	14	13	38.74	30.4	1830	403	6.87	3.22	108	53.4	5.62	
	225×200	223	199	8	12	13	41.48	32.6	1870	789	6.71	4.36	109	79.3	5.15	450×200
		225	200	9	14	13	47.71	37.5	2150	935	6.71	4.42	124	93.5	5.19	
	237.5×150	235	150	7	13	13	35.76	28.1	1850	367	7.18	3.20	104	48.9	7.50	475×150
		237.5	151.5	8.5	15.5	13	43.07	33.8	2270	451	7.25	3.23	128	59.5	7.57	
		241	153.5	10.5	19	13	53.20	41.8	2860	575	7.33	3.28	160	75.0	7.67	
	250×150	246	150	7	12	13	35.10	27.6	2060	339	7.66	3.10	113	45.1	6.36	500×150
		250	152	9	16	13	46.10	36.2	2750	470	7.71	3.19	149	61.9	6.53	
		252	153	10	18	13	51.66	40.6	3100	540	7.74	3.23	167	70.5	6.62	
	250×200	248	199	9	14	13	49.64	39.0	2820	921	7.54	4.30	150	92.6	5.97	500×200
		250	200	10	16	13	56.12	44.1	3200	1070	7.54	4.36	169	107	6.03	
		253	201	11	19	19	64.65	50.8	3660	1290	7.52	4.46	189	128	6.00	

续表

类别	型号（高度×宽度）(mm×mm)	截面尺寸(mm)					截面面积 (cm²)	理论重量 (kg/m)	惯性矩 (cm⁴)		惯性半径 (cm)		截面模数 (cm³)		重心 (mm)	对应H型钢系列型号
		h	B	t_1	t_2	r			I_x	I_y	i_x	i_y	W_x	W_y	C_x	
TN	275×200	273	199	9	14	13	51.89	40.7	3690	921	8.43	4.21	180	92.6	6.85	550×200
		275	200	10	16	13	58.62	46.0	4180	1070	8.44	4.27	203	107	6.89	
	300×200	298	199	10	15	13	58.87	46.2	5150	988	9.35	4.09	235	99.3	7.92	600×200
		300	200	11	17	13	65.85	51.7	5770	1140	9.35	4.15	262	114	7.95	
		303	201	12	20	13	74.88	58.8	6530	1360	9.33	4.25	291	135	7.88	
	312.5×200	312.5	198.5	11.5	17.5	13	69.38	54.5	6690	1140	9.81	4.06	294	115	9.92	625×200
		315	200	13	20	13	79.07	62.1	7680	1340	9.85	4.11	336	134	10.0	
		319	202	15	24	13	93.45	73.6	9140	1660	9.89	4.21	395	164	10.1	
	325×300	323	299	10	15	12	76.26	59.9	7220	3340	9.73	6.62	289	224	7.28	650×300
		325	300	11	17	13	85.60	67.2	8090	3830	9.71	6.68	321	255	7.29	
		328	301	12	20	13	97.88	76.8	9120	4550	9.65	6.81	356	302	7.20	
	350×300	346	300	13	20	13	103.1	80.9	1120	4510	10.4	6.61	424	300	8.12	700×300
		350	300	13	24	13	115.1	90.4	1200	5410	10.2	6.85	438	360	7.65	
	400×300	396	300	14	22	18	119.8	94.0	170	4960	12.1	6.43	592	331	9.77	800×300
		400	300	14	26	18	131.8	103	1870	5860	11.9	6.66	610	391	9.27	
	450×300	445	299	15	23	18	133.5	105	2590	5140	13.9	6.20	789	344	11.7	900×300
		450	300	16	28	18	152.9	120	2910	6320	13.8	6.42	865	421	11.4	
		456	302	18	34	18	180.0	141	3410	7830	13.8	6.59	997	518	11.3	

热轧无缝钢管的规格及截面特性（按 YB 321—70） **附表 A-14**

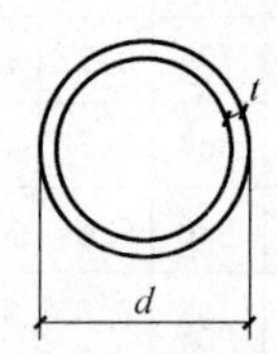

I——截面惯性矩；
W——截面抵抗矩；
i——截面回转半径

尺寸 (mm)		截面面积	单位重量	截面特性			尺寸 (mm)		截面面积	单位重量	截面特性		
d	t	A (cm²)	(kg·m⁻¹)	I (cm⁴)	W (cm³)	i (cm)	d	t	A (cm²)	(kg·m⁻¹)	I (cm⁴)	W (cm³)	i (cm)
32	2.5	2.32	1.82	2.54	1.59	1.05	42	2.5	3.10	2.44	6.07	2.89	1.40
	3.0	2.73	2.15	2.90	1.82	1.03		3.0	3.68	2.89	7.03	3.35	1.38
	3.5	3.13	2.46	3.23	2.02	1.02		3.5	4.23	3.32	7.91	3.77	1.37
	4.0	3.52	2.76	3.52	2.20	1.00		4.0	4.78	3.75	8.71	4.15	1.35
38	2.5	2.79	2.19	4.41	2.32	1.26	45	2.5	3.34	2.62	7.56	3.36	1.51
	3.0	3.30	2.59	5.09	2.68	1.24		3.0	3.96	3.11	8.77	3.90	1.49
	3.5	3.79	2.98	5.70	3.00	1.23		3.5	4.56	3.58	9.89	4.40	1.47
	4.0	4.27	3.35	6.26	3.29	1.21		4.0	5.15	4.04	10.93	4.86	1.46

续表

尺寸(mm)		截面面积	单位重量	截面特性		
d	t	A (cm^2)	(kg·m^{-1})	I (cm^4)	W (cm^3)	i (cm)
50	2.5	3.73	2.93	10.55	4.22	1.68
	3.0	4.43	3.48	12.28	4.91	1.67
	3.5	5.11	4.01	13.90	5.56	1.65
	4.0	5.78	4.54	15.41	6.16	1.63
	4.5	6.43	5.05	16.81	6.72	1.62
	5.0	7.07	5.55	18.11	7.25	1.60
54	3.0	4.81	3.77	15.68	5.81	1.81
	3.5	5.55	4.36	17.79	6.59	1.79
	4.0	6.28	4.93	19.76	7.32	1.77
	4.5	7.00	5.49	21.61	8.00	1.76
	5.0	7.70	6.04	23.34	8.64	1.74
	5.5	8.38	6.58	24.96	9.24	1.73
	6.0	9.05	7.10	26.46	9.80	1.71
57	3.0	5.09	4.00	18.61	6.53	1.91
	3.5	5.88	4.62	21.14	7.42	1.90
	4.0	6.66	5.23	23.52	8.25	1.88
	4.5	7.42	5.83	25.76	9.04	1.86
	5.0	8.17	6.41	27.86	9.78	1.85
	5.5	8.90	6.99	29.84	10.47	1.83
	6.0	9.61	7.55	31.69	11.12	1.82
60	3.0	5.37	4.2	21.88	7.29	2.02
	3.5	6.21	4.88	24.88	8.29	2.00
	4.0	7.04	5.52	27.73	9.24	1.98
	4.5	7.85	6.16	30.41	10.14	1.97
	5.0	8.64	6.78	32.94	10.98	1.95
	5.5	9.42	7.39	35.32	11.77	1.94
	6.0	10.18	7.99	37.56	12.52	1.92
63.5	3.0	5.70	4.48	26.16	8.24	2.14
	3.5	6.60	5.18	29.79	9.38	2.12
	4.0	7.48	5.87	33.24	10.47	2.11
	4.5	8.34	6.55	36.50	11.50	2.09
	5.0	9.19	7.21	39.60	12.47	2.08
	5.5	10.02	7.87	42.52	13.39	2.06
	6.0	10.84	8.51	45.28	14.26	2.04
68	3.0	6.13	4.81	32.42	9.54	2.30
	3.5	7.09	5.57	36.99	10.88	2.28
	4.0	8.04	6.31	41.34	12.16	2.27
	4.5	8.98	7.05	45.47	13.37	2.25
	5.0	9.90	7.77	49.41	14.53	2.23
	5.5	10.80	8.48	53.14	15.63	2.22
	6.0	11.69	9.17	56.68	16.67	2.20
70	3.0	6.31	4.96	35.50	10.14	2.37
	3.5	7.31	5.74	40.53	11.58	2.35
	4.0	8.29	6.51	45.33	12.95	2.34
	4.5	9.26	7.27	49.89	14.26	2.32
	5.0	10.21	8.01	54.24	15.50	2.30
	5.5	11.14	8.75	58.38	16.68	2.29
	6.0	12.06	9.47	62.31	17.80	2.27
73	3.0	6.60	5.18	40.48	11.09	2.48
	3.5	7.64	6.00	46.26	12.67	2.46
	4.0	8.67	6.81	51.78	14.19	2.44
	4.5	9.68	7.60	57.04	15.63	2.43
	5.0	10.68	8.38	62.07	17.01	2.41
	5.5	11.66	9.16	66.87	18.32	2.39
	6.0	12.63	9.91	71.43	19.57	2.38
76	3.0	6.88	5.40	45.91	12.08	2.58
	3.5	7.97	6.26	52.50	13.82	2.57
	4.0	9.05	7.010	58.81	15.48	2.55
	4.5	10.11	7.93	64.85	17.07	2.53
	5.0	11.15	8.75	70.62	18.59	2.52
	5.5	12.18	9.56	76.14	20.04	2.50
	6.0	13.19	10.36	81.41	21.42	2.48
83	3.5	8.74	6.86	69.19	16.67	2.81
	4.0	9.93	7.79	77.64	18.71	2.80
	4.5	11.10	8.71	85.76	20.67	2.78
	5.0	12.25	9.62	93.56	22.54	2.76
	5.5	13.39	10.51	101.04	24.35	2.75
	6.0	14.51	11.39	108.22	26.08	2.73
	6.5	15.62	12.26	115.10	27.74	2.71
	7.0	16.71	13.12	121.69	29.32	2.70
89	3.5	9.40	7.38	86.05	19.34	3.03
	4.0	10.68	8.38	96.68	21.73	3.01
	4.5	11.95	9.38	106.92	24.03	2.99
	5.0	13.19	10.36	116.79	26.24	2.98
	5.5	14.43	11.33	126.29	28.38	2.96
	6.0	15.65	12.28	135.43	30.43	2.94
	6.5	16.85	13.22	144.22	32.41	2.93
	7.0	18.03	14.16	152.67	34.31	2.91
95	3.5	10.06	7.90	105.45	22.20	3.24
	4.0	11.44	8.98	118.60	24.97	3.22
	4.5	12.79	10.04	131.31	27.64	3.20
	5.0	14.14	11.10	143.58	30.23	3.19
	5.5	15.46	12.14	155.43	32.72	3.17
	6.0	16.78	13.17	166.86	35.13	3.15
	6.5	18.07	14.19	177.89	37.45	3.14
	7.0	19.35	15.19	188.51	39.69	3.12
102	3.5	10.83	8.50	131.52	25.79	3.48
	4.0	12.32	9.67	148.09	29.04	3.47
	4.5	13.78	10.82	164.14	32.18	3.45
	5.0	15.24	11.96	179.68	35.23	3.43
	5.5	16.67	13.09	194.72	38.18	3.42
	6.0	18.10	14.21	209.28	41.03	3.40
	6.5	19.50	15.31	223.35	43.79	3.38
	7.0	20.89	16.40	236.96	46.46	3.37

续表

尺寸 (mm)		截面面积	单位重量	截面特性		
d	t	A (cm^2)	(kg·m^{-1})	I (cm^4)	W (cm^3)	i (cm)
114	4.0	13.82	10.85	209.35	36.73	3.89
	4.5	15.48	12.15	232.41	40.77	3.87
	5.0	17.12	13.44	254.81	44.70	3.86
	5.5	18.75	14.72	276.58	48.52	3.84
	6.0	20.36	15.98	297.73	52.23	3.82
	6.5	21.95	17.23	318.26	55.84	3.81
	7.0	23.53	18.47	338.19	59.33	3.79
	7.5	25.09	19.70	357.58	62.73	3.77
	8.0	26.64	20.91	376.30	66.02	3.76
121	4.0	14.70	11.54	251.87	41.63	4.14
	4.5	16.47	12.93	279.83	46.25	4.12
	5.0	18.22	14.30	307.05	50.75	4.11
	5.5	19.96	15.67	333.54	55.13	4.09
	6.0	21.68	17.02	359.32	59.39	4.07
	6.5	23.38	18.35	384.40	63.54	4.05
	7.0	25.07	19.68	408.80	67.57	4.04
	7.5	26.74	20.99	432.51	71.49	4.02
	8.0	28.40	22.29	455.57	75.30	4.01
127	4.0	15.46	12.13	292.61	46.08	4.35
	4.5	17.32	13.59	325.29	51.23	4.33
	5.0	19.16	15.04	357.14	56.24	4.32
	5.5	20.99	16.48	388.19	61.13	4.30
	6.0	22.81	17.90	418.44	65.90	4.28
	6.5	24.61	19.32	447.92	70.54	4.27
	7.0	26.39	20.72	476.63	75.06	4.25
	7.5	28.16	22.10	504.58	79.46	4.23
	8	29.91	23.48	531.80	83.75	4.22
133	4.0	16.21	12.73	337.53	50.76	4.56
	4.5	18.17	14.26	375.42	56.45	4.55
	5.0	20.11	15.78	412.40	62.02	4.53
	5.5	22.03	17.29	448.50	67.44	4.51
	6.0	23.94	18.79	483.72	72.74	4.50
	6.5	25.83	20.28	518.07	77.91	4.48

尺寸 (mm)		截面面积	单位重量	截面特性		
d	t	A (cm^2)	(kg·m^{-1})	I (cm^4)	W (cm^3)	i (cm)
133	7.0	27.71	21.75	551.58	82.94	4.46
	7.5	29.57	23.21	584.25	87.86	4.45
	8	31.42	24.66	616.11	92.65	4.43
140	4.5	19.16	15.04	440.12	62.87	4.79
	5.0	21.21	16.65	483.76	69.11	4.78
	5.5	23.24	18.24	526.40	75.20	4.76
	6.0	25.26	19.83	568.06	81.15	4.74
	6.5	27.26	21.40	608.76	86.97	4.73
	7.0	29.25	22.96	648.51	92.64	4.71
	7.5	31.22	24.51	687.32	98.19	4.69
	8.0	33.18	26.04	725.21	103.60	4.68
	9.0	37.04	29.08	798.29	114.04	4.64
	10	40.84	32.06	867.86	123.98	4.61
146	4.5	20.00	15.70	501.16	68.65	5.01
	5.0	22.15	17.39	551.10	75.49	4.99
	5.5	24.28	19.06	599.95	82.19	4.97
	6.0	26.39	20.72	647.73	88.73	4.95
	6.5	28.49	22.36	694.44	95.13	4.94
	7.0	30.57	24.00	740.12	101.39	4.92
	7.5	32.63	25.62	784.77	107.50	4.90
	8.0	34.68	27.23	828.41	113.48	4.89
	9.0	38.74	30.41	912.71	125.03	4.85
	10	42.73	33.54	993.16	136.05	4.82
152	4.5	20.85	16.37	567.61	74.69	5.22
	5.0	23.09	18.13	624.43	82.16	5.20
	5.5	25.31	19.87	680.06	89.48	5.18
	6.0	27.52	21.60	734.52	96.65	5.17
	6.5	29.71	23.32	787.82	103.66	5.15
	7.0	31.89	25.03	839.99	110.52	5.13
	7.5	34.05	26.73	891.03	117.24	5.12
	8.0	36.19	28.41	940.97	123.81	5.10
	9.0	40.43	31.74	1037.59	136.53	5.07
	10	44.61	35.02	1129.99	148.68	5.03

电焊钢管的规格及截面特性（按 YB 242—63） **附表 A-15**

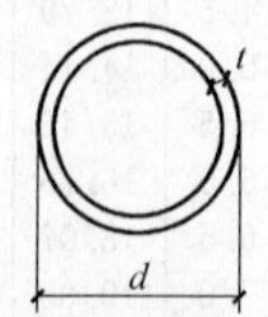

I——截面惯性矩；
W——截面抵抗矩；
i——截面回转半径

尺寸 (mm)		截面面积	单位重量	截面特性		
d	t	A (cm^2)	(kg·m^{-1})	I (cm^4)	W (cm^3)	i (cm)
32	2.0	1.88	1.48	2.13	1.35	1.06
	2.5	2.32	1.82	2.54	1.59	1.05
38	2.0	2.26	1.78	3.68	1.93	1.27
	2.5	2.79	2.19	4.41	2.32	1.26
40	2.0	2.39	1.87	4.32	2.16	1.35
	2.5	2.95	2.31	5.20	2.60	1.33
42	2.0	2.51	1.97	5.04	2.40	1.42
	2.5	3.10	2.44	6.07	2.89	1.40

续表

尺寸(mm)		截面面积 A (cm²)	单位重量 (kg·m⁻¹)	截面特性		
d	t			I (cm⁴)	W (cm³)	i (cm)
45	2.0	2.70	2.12	6.26	2.78	1.52
	2.5	3.34	2.62	7.56	3.36	1.51
	3.0	3.96	3.11	8.77	3.90	1.49
51	2.0	3.08	2.42	9.26	3.63	1.73
	2.5	3.81	2.99	11.23	4.40	1.72
	3.0	4.52	3.55	13.08	5.13	1.70
	3.5	5.22	4.10	14.81	5.81	1.68
53	2.0	3.20	2.52	10.43	3.94	1.80
	2.5	3.97	3.11	12.67	4.78	1.79
	3.0	4.71	3.70	14.48	5.58	1.77
	3.5	5.44	4.27	16.75	6.32	1.75
57	2.0	3.46	2.714	13.08	4.59	1.95
	2.5	4.28	3.36	15.93	5.59	1.93
	3.0	5.09	4.00	18.61	6.53	1.91
	3.5	5.88	4.62	21.14	7.42	1.90
60	2.0	3.64	2.86	13.34	5.11	2.05
	2.5	4.52	3.55	18.70	6.23	2.03
	3.0	5.37	4.22	21.88	7.29	2.02
	3.5	6.21	4.88	24.88	8.29	2.00
63.5	2.0	3.86	3.03	18.29	5.76	2.18
	2.5	4.79	3.76	22.32	7.03	2.16
	3.0	5.70	4.48	26.15	8.24	2.14
	3.5	6.60	5.18	29.79	9.38	2.12
70	2.0	4.27	3.35	24.72	7.06	2.41
	2.5	5.30	4.16	30.23	8.64	2.39
	3.0	6.31	4.96	35.50	10.14	2.37
	3.5	7.31	5.74	40.53	11.58	2.35
	4.5	9.26	7.27	49.89	14.26	2.32
76	2.0	4.65	3.65	31.85	8.38	2.62
	2.5	5.77	4.53	39.03	10.27	2.60
	3.0	6.88	5.40	45.91	12.08	2.58
	3.5	7.97	6.26	52.50	13.82	2.57
	4.0	9.05	7.10	58.81	15.48	2.55
	4.5	10.11	7.93	64.85	17.07	2.53
83	2.0	5.09	4.00	41.76	10.06	2.86
	2.5	6.32	4.96	51.26	12.35	2.85
	3.0	7.54	5.92	60.40	14.56	2.83
	3.5	8.74	6.86	69.19	16.67	2.81
	4.0	9.93	7.79	77.64	18.71	2.80
	4.5	11.10	8.71	85.76	20.67	2.78
89	2.0	5.47	4.29	51.75	11.63	3.08
	2.5	6.79	5.33	63.59	14.29	3.06
	3.0	8.11	6.36	75.02	16.86	3.04
	3.5	9.40	7.38	86.05	19.34	3.03
	4.0	10.68	8.38	96.68	21.73	3.01
	4.5	11.95	9.38	106.92	24.03	2.99
95	2.0	5.84	4.59	63.20	13.31	3.29
	2.5	7.26	5.70	77.76	16.37	3.27
	3.0	8.67	6.81	91.83	19.33	3.25
	3.5	10.06	7.90	105.45	22.20	3.24
102	2.0	6.28	4.93	78.57	15.41	3.54
	2.5	7.81	6.13	96.77	18.97	3.52
	3.0	9.33	7.32	114.42	22.43	3.50
	3.5	10.83	8.50	131.52	25.79	3.48
	4.0	12.32	9.67	148.09	29.04	3.47
	4.5	13.78	10.82	164.14	32.18	3.45
	5.0	15.24	11.96	179.68	25.23	3.43
108	3.0	9.90	7.77	136.49	25.28	3.71
	3.5	11.49	9.02	157.02	29.08	3.70
	4.0	13.07	10.26	176.95	32.77	3.68
114	3.0	10.46	8.21	161.24	28.29	3.93
	3.5	12.15	9.54	185.63	32.57	3.91
	4.0	13.82	10.85	209.35	36.73	3.89
	4.5	15.48	12.15	232.41	40.77	3.87
	5.0	17.12	13.44	254.81	44.70	3.86
121	3.0	11.12	8.73	193.69	32.01	4.17
	3.5	12.92	10.14	223.17	36.89	4.16
	4.0	14.70	11.54	251.87	41.63	4.14
127	3.0	11.69	9.17	224.75	35.39	4.39
	3.5	13.57	10.6	259.11	40.80	4.37
	4.0	15.46	12.13	292.61	46.08	4.35
	4.5	17.32	13.59	325.29	51.23	4.33
	5.0	19.16	15.04	357.14	56.24	4.32
133	3.5	14.24	11.18	298.71	44.92	4.58
	4.0	16.21	12.73	337.53	50.76	4.56
	4.5	18.17	14.26	375.42	56.45	4.55
	5.0	20.11	15.78	412.40	62.02	4.53
140	3.5	15.01	11.78	349.79	49.97	4.83
	4.0	17.09	13.42	395.47	56.50	4.81
	4.5	19.16	15.04	440.12	62.87	4.79
	5.0	21.21	16.65	483.76	69.11	4.78
	5.5	23.24	18.24	526.40	75.20	4.76
152	3.5	16.33	12.82	450.35	59.26	5.25
	4.0	18.60	14.60	509.59	67.05	5.23
	4.5	20.85	16.37	567.61	74.69	5.22
	5.0	23.09	18.13	624.43	82.16	5.20
	5.5	25.31	19.87	680.06	89.48	5.18

注：电焊钢管的通常长度：d=32～70mm时，为3～10m；d=76～152mm时，为4～10m。

钢材的强度设计值（N/mm²）　　附表 A-16

钢材		抗拉、抗压和抗弯	抗剪	端面承压(刨平顶紧)
等级	厚度或直径(mm)	f	f_v	f_{ce}
Q235 钢	≤16	215	125	325
	＞16～40	205	120	
	＞40～60	200	115	
	＞60～100	190	110	
Q345 钢	≤16	310	180	400
	＞16～35	295	170	
	＞35～50	265	155	
	＞50～100	250	145	
Q390 钢	≤16	350	205	415
	＞16～35	335	190	
	＞35～50	315	180	
	＞50～100	295	170	
Q420 钢	≤16	380	220	440
	＞16～35	360	210	
	＞35～50	340	195	
	＞50～100	325	185	

注：表中厚度系指计算点的厚度。

受拉构件的容许长细比　　附表 A-17

项次	构件名称	承受静力荷载或间接承受动力荷载的结构		直接承受动力荷载的结构
		一般建筑结构	有重级工作制吊车的厂房	
1	桁架的杆件	350	250	250
2	吊车梁或吊车桁架以下的柱间支撑	300	200	—
3	其他拉杆、支撑、系杆等（张紧的圆钢除外）	400	350	—

注：1. 承受静力荷载的结构中，可仅计算受拉构件在竖向平面内的长细比；
2. 在直接或间接承受动力荷载的结构中：计算单角钢受拉构件的长细比时，应采用角钢的最小回转半径；但在计算交叉轴心受压构件平面外的长细比时，应采用与角钢肢边平行轴的回转半径；
3. 中、重级工作制吊车桁架下弦杆的长细比不宜超过 200；
4. 在设有夹钳吊车或刚性料耙吊车的厂房中，支撑（表中第 2 项除外）的长细比不宜超过 300；
5. 受拉构件在永久荷载与风荷载组合作用下受压时，其长细比不宜超过 250；
6. 跨度等于或大于 60m 的桁架，其受拉弦杆和腹杆的长细比不宜超过 300（承受静力荷载）或 250（承受动力荷载）。

受压构件的容许长细比　　附表 A-18

项次	构件名称	容许长细比
1	柱、桁架、天窗架的构件	150
	柱的缀条、吊车梁或吊车桁架以下的柱间支撑	
2	支撑（吊车梁或吊车桁架以下的柱间支撑除外）	200
	用以减小受压构件长细比的轴心受压构件	

注：1. 桁架（包括空间桁架）的受压腹杆，当其内力等于或小于承载能力的 50％时，容许长细比值可取为 200；
2. 计算单角钢受压构件的长细比时，应采用角钢的最小回转半径；但在计算交叉轴心受压构件平面外的长细比时，应采用与角钢肢边平行轴的回转半径；
3. 跨度等于或大于 60m 的桁架，其受压弦杆和端压杆的容许长细比值宜取为 100。其他受压腹杆可取为 150（承受静力荷载）或 120（承受动力荷载）。

轴心受压构件的截面分类（板厚 $t<40$mm） **附表 A-19**

<table>
<tr><th>截面形式</th><th>对 x 轴</th><th>对 y 轴</th></tr>
<tr><td> 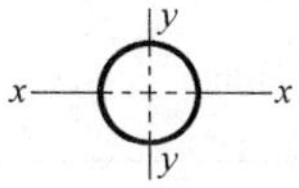轧制</td><td>a类</td><td>a类</td></tr>
<tr><td> 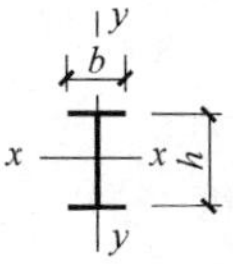轧制，$b/h\leqslant 0.8$</td><td>a类</td><td>b类</td></tr>
<tr><td> 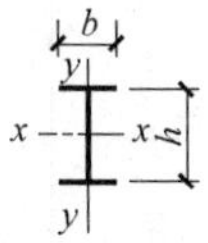轧制，$b/h>0.8$</td><td rowspan="11">b类</td><td rowspan="11">b类</td></tr>
<tr><td> 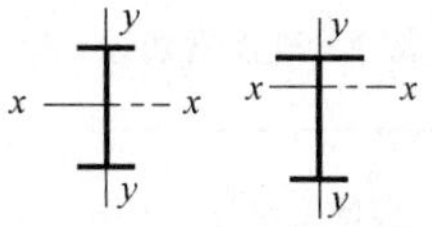焊接，翼缘为焰切边</td></tr>
<tr><td> 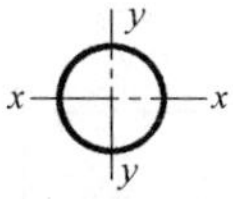焊接</td></tr>
<tr><td> 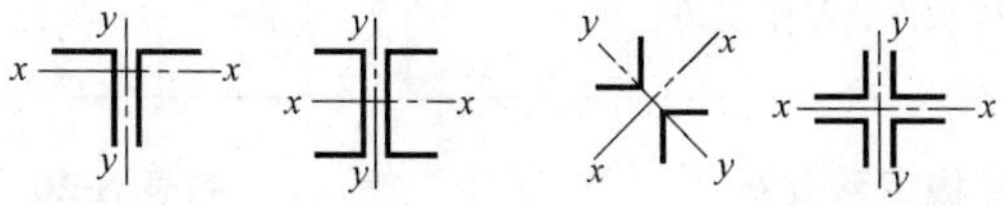轧制</td></tr>
<tr><td> 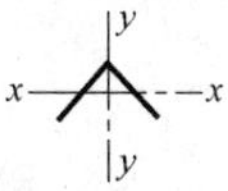轧制等边角钢</td></tr>
<tr><td> 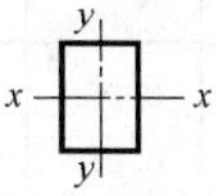轧制，焊接（板件宽厚比>20）</td></tr>
<tr><td> 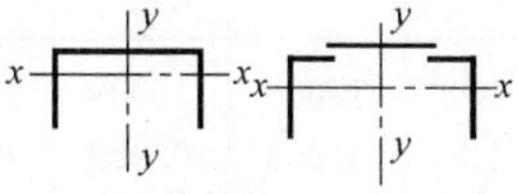轧制或焊接</td></tr>
<tr><td> 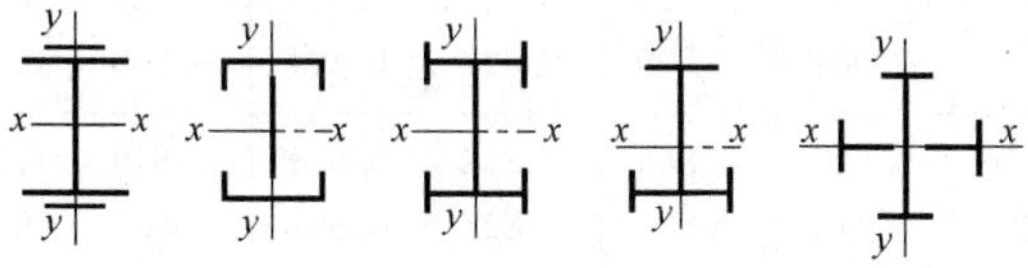焊接</td></tr>
<tr><td> 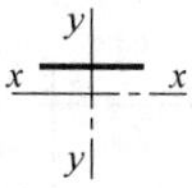轧制截面和翼缘为焰切边的焊接截面</td></tr>
<tr><td> 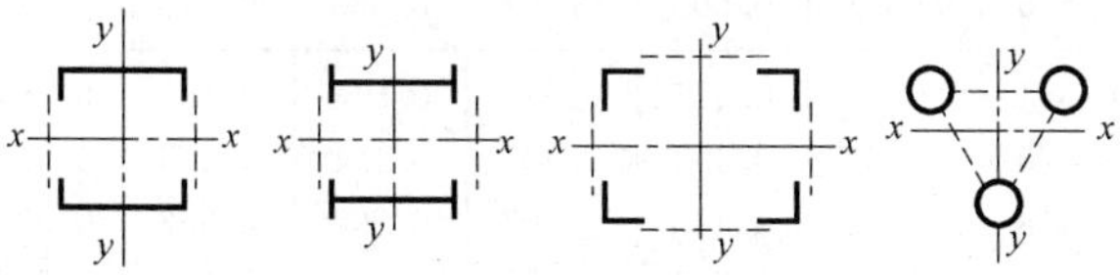格构式</td></tr>
<tr><td> 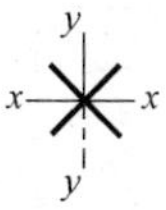焊接，板件边缘焰切</td></tr>
<tr><td> 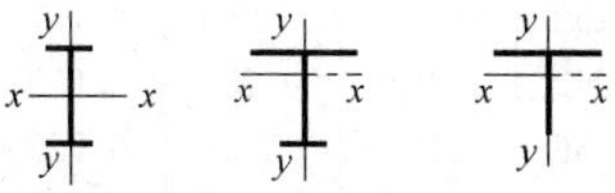焊接，翼缘为轧制或剪切边</td><td>b类</td><td>c类</td></tr>
<tr><td> 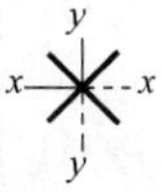焊接，板件边缘轧制或剪切</td><td rowspan="2">c类</td><td rowspan="2">c类</td></tr>
<tr><td> 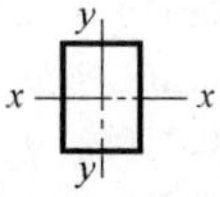焊接，板件宽厚比$\leqslant 20$</td></tr>
</table>

续表

截面情况		对 x 轴	对 y 轴
轧制工字形或H形截面	$t<80\text{mm}$	b类	c类
	$t\geqslant 80\text{mm}$	c类	d类
焊接工字形截面	翼缘为焰切边	b类	b类
	翼缘为轧制剪切边	c类	b类
焊接箱形截面	板件宽厚比>20	b类	b类
	板件宽厚比≤20	c类	c类

轴心受压构件稳定系数 φ **附表 A-20**

截面类型	$\lambda\sqrt{\frac{f_y}{235}}$	0	1	2	3	4	5	6	7	8	9
a类截面	0	1.000	1.000	1.000	1.000	0.999	0.999	0.998	0.998	0.997	0.996
	10	0.995	0.994	0.993	0.992	0.991	0.989	0.988	0.986	0.985	0.983
	20	0.981	0.979	0.977	0.976	0.974	0.972	0.970	0.968	0.966	0.964
	30	0.963	0.961	0.959	0.957	0.955	0.952	0.950	0.948	0.946	0.944
	40	0.941	0.939	0.937	0.934	0.932	0.929	0.927	0.924	0.921	0.919
	50	0.916	0.913	0.910	0.907	0.904	0.900	0.897	0.894	0.890	0.886
	60	0.883	0.879	0.875	0.871	0.867	0.863	0.858	0.854	0.849	0.844
	70	0.839	0.834	0.829	0.824	0.818	0.813	0.807	0.801	0.795	0.789
	80	0.783	0.776	0.770	0.763	0.757	0.750	0.743	0.736	0.728	0.721
	90	0.714	0.706	0.699	0.691	0.684	0.676	0.668	0.661	0.653	0.645
	100	0.638	0.630	0.622	0.615	0.607	0.600	0.592	0.585	0.577	0.570
	110	0.563	0.555	0.548	0.541	0.534	0.527	0.520	0.514	0.507	0.500
	120	0.494	0.488	0.481	0.475	0.469	0.463	0.457	0.451	0.445	0.440
	130	0.434	0.429	0.423	0.418	0.412	0.407	0.402	0.397	0.392	0.387
	140	0.383	0.378	0.373	0.369	0.364	0.360	0.356	0.351	0.347	0.343
	150	0.339	0.335	0.331	0.327	0.323	0.320	0.316	0.312	0.309	0.305
	160	0.302	0.298	0.295	0.292	0.289	0.285	0.282	0.279	0.276	0.273
	170	0.270	0.267	0.264	0.262	0.259	0.256	0.253	0.251	0.248	0.246
	180	0.243	0.241	0.238	0.236	0.233	0.231	0.229	0.226	0.224	0.222
	190	0.220	0.218	0.215	0.213	0.211	0.209	0.207	0.205	0.203	0.201
	200	0.199	0.198	0.196	0.194	0.192	0.190	0.189	0.187	0.185	0.183
	210	0.182	0.180	0.179	0.177	0.175	0.174	0.172	0.171	0.169	0.168
	220	0.166	0.165	0.164	0.162	0.161	0.159	0.158	0.157	0.155	0.154
	230	0.153	0.152	0.150	0.149	0.148	0.147	0.146	0.144	0.143	0.142
	240	0.141	0.140	0.139	0.138	0.136	0.135	0.134	0.133	0.132	0.131
	250	0.130									

续表

截面类型	$\lambda\sqrt{\frac{f_y}{235}}$	0	1	2	3	4	5	6	7	8	9
b类截面	0	1.000	1.000	1.000	0.999	0.999	0.998	0.997	0.996	0.995	0.994
	10	0.992	0.991	0.989	0.987	0.985	0.983	0.981	0.978	0.976	0.973
	20	0.970	0.967	0.963	0.960	0.957	0.953	0.950	0.946	0.943	0.939
	30	0.936	0.932	0.929	0.925	0.922	0.918	0.914	0.910	0.906	0.903
	40	0.899	0.895	0.891	0.887	0.882	0.878	0.874	0.870	0.865	0.861
	50	0.856	0.852	0.847	0.842	0.838	0.833	0.828	0.823	0.818	0.813
	60	0.807	0.802	0.797	0.791	0.786	0.780	0.774	0.769	0.763	0.757
	70	0.751	0.745	0.739	0.732	0.726	0.720	0.714	0.707	0.701	0.694
	80	0.688	0.681	0.675	0.668	0.661	0.655	0.648	0.641	0.635	0.628
	90	0.621	0.614	0.608	0.601	0.594	0.588	0.581	0.575	0.568	0.561
	100	0.555	0.549	0.542	0.536	0.529	0.523	0.517	0.511	0.505	0.499
	110	0.493	0.487	0.481	0.475	0.470	0.464	0.458	0.453	0.447	0.442
	120	0.437	0.432	0.426	0.421	0.416	0.411	0.406	0.402	0.397	0.392
	130	0.387	0.383	0.378	0.374	0.370	0.365	0.361	0.357	0.353	0.349
	140	0.345	0.341	0.337	0.333	0.329	0.326	0.322	0.318	0.315	0.311
	150	0.308	0.304	0.301	0.298	0.295	0.291	0.288	0.285	0.282	0.279
	160	0.276	0.273	0.270	0.267	0.265	0.262	0.259	0.256	0.254	0.251
	170	0.249	0.246	0.244	0.241	0.239	0.236	0.234	0.232	0.229	0.227
	180	0.225	0.223	0.220	0.218	0.216	0.214	0.212	0.210	0.208	0.206
	190	0.204	0.202	0.200	0.198	0.197	0.195	0.193	0.191	0.190	0.188
	200	0.186	0.184	0.183	0.181	0.180	0.178	0.176	0.175	0.173	0.172
	210	0.170	0.169	0.167	0.166	0.165	0.163	0.162	0.160	0.159	0.158
	220	0.156	0.155	0.154	0.153	0.151	0.150	0.149	0.148	0.146	0.145
	230	0.144	0.143	0.142	0.141	0.140	0.138	0.137	0.136	0.135	0.134
	240	0.133	0.132	0.131	0.130	0.129	0.128	0.127	0.126	0.125	0.124
	250	0.123									
c类截面	0	1.000	1.000	1.000	0.999	0.999	0.998	0.997	0.996	0.995	0.993
	10	0.992	0.990	0.988	0.986	0.983	0.981	0.978	0.976	0.973	0.970
	20	0.966	0.959	0.953	0.947	0.940	0.934	0.928	0.921	0.915	0.909
	30	0.902	0.896	0.890	0.884	0.877	0.871	0.865	0.858	0.852	0.846
	40	0.839	0.833	0.826	0.820	0.814	0.807	0.801	0.794	0.788	0.781
	50	0.775	0.768	0.762	0.755	0.748	0.742	0.735	0.729	0.722	0.715
	60	0,709	0.702	0.695	0.689	0.682	0.676	0.669	0.662	0.656	0.649
	70	0.643	0.636	0.629	0.623	0.616	0.610	0.604	0.597	0.591	0.584
	80	0.578	0.572	0.566	0.559	0.553	0.547	0.541	0.535	0.529	0.523
	90	0.517	0.511	0.505	0.500	0.494	0.488	0.483	0.477	0.472	0.467
	100	0.463	0.458	0.454	0.449	0.445	0.441	0.436	0.432	0.428	0.423
	110	0.419	0.415	0.411	0.407	0.403	0.399	0.395	0.391	0.387	0.383
	120	0.379	0.375	0.371	0.367	0.364	0.360	0.356	0.353	0.349	0.346
	130	0.342	0.339	0.335	0.332	0.328	0.325	0.322	0.319	0.315	0.312
	140	0.309	0.306	0.303	0.300	0.297	0.294	0.291	0.288	0.285	0.282
	150	0.280	0.277	0.274	0.271	0.269	0.266	0.264	0.261	0.258	0.256
	160	0.254	0.251	0.249	0.246	0.244	0.242	0.239	0.237	0.235	0.233
	170	0.230	0.228	0.226	0.224	0.222	0.220	0.218	0.216	0.214	0.212
	180	0.210	0.208	0.206	0.205	0.203	0.201	0.199	0.197	0.196	0.194
	190	0.192	0.190	0.189	0.187	0.186	0.184	0.182	0.181	0.179	0.178
	200	0.176	0.175	0.173	0.172	0.170	0.169	0.168	0.166	0.165	0.163
	210	0.162	0.161	0.159	0.158	0.157	0.156	0.154	0.153	0.152	0.151
	220	0.150	0.148	0.147	0.146	0.145	0.144	0.143	0.142	0.140	0.139
	230	0.138	0.137	0.136	0.135	0.134	0.133	0.132	0.131	0.130	0.129
	240	0.128	0.127	0.126	0.125	0.124	0.124	0.123	0.122	0.121	0.120
	250	0.119									

续表

截面类型	$\lambda\sqrt{\frac{f_y}{235}}$	0	1	2	3	4	5	6	7	8	9
d类截面	0	1.000	1.000	0.999	0.999	0.998	0.996	0.994	0.992	0.990	0.987
	10	0.984	0.981	0.978	0.974	0.969	0.965	0.960	0.955	0.949	0.944
	20	0.937	0.927	0.918	0.909	0.900	0.891	0.883	0.874	0.865	0.857
	30	0.848	0.840	0.831	0.823	0.815	0.807	0.799	0.790	0.782	0.774
	40	0.766	0.759	0.751	0.743	0.735	0.728	0.720	0.712	0.705	0.697
	50	0.690	0.683	0.675	0.668	0.661	0.654	0.646	0.639	0.632	0.625
	60	0.618	0.612	0.605	0.598	0.591	0.585	0.578	0.572	0.565	0.559
	70	0.552	0.546	0.540	0.534	0.528	0.522	0.516	0.510	0.504	0.498
	80	0.493	0.487	0.481	0.476	0.470	0.465	0.460	0.454	0.449	0.444
	90	0.439	0.434	0.429	0.424	0.419	0.414	0.410	0.405	0.401	0.397
	100	0.394	0.390	0.387	0.383	0.380	0.376	0.373	0.370	0.366	0.363
	110	0.359	0.356	0.353	0.350	0.346	0.343	0.340	0.337	0.334	0.331
	120	0.328	0.325	0.322	0.319	0.316	0.313	0.310	0.307	0.304	0.301
	130	0.299	0.296	0.293	0.290	0.288	0.285	0.282	0.280	0.277	0.275
	140	0.272	0.270	0.267	0.265	0.262	0.260	0.258	0.255	0.253	0.251
	150	0.248	0.246	0.244	0.242	0.240	0.237	0.235	0.233	0.231	0.229
	160	0.227	0.225	0.223	0.221	0.219	0.217	0.215	0.213	0.212	0.210
	170	0.208	0.206	0.204	0.203	0.201	0.199	0.197	0.196	0.194	0.192
	180	0.191	0.189	0.188	0.186	0.184	0.183	0.181	0.180	0.178	0.177
	190	0.176	0.174	0.173	0.171	0.170	0.168	0.167	0.166	0.164	0.163
	200	0.162									

截面塑性发展系数 γ_x、γ_y 附表 A-21

项次	截面形式	γ_x	γ_y
1	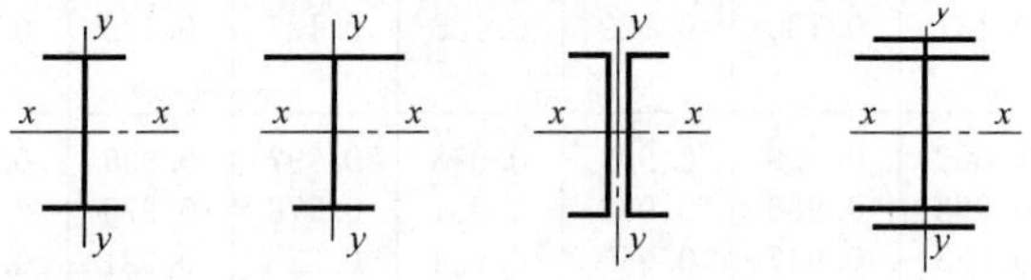	1.05	1.2
2	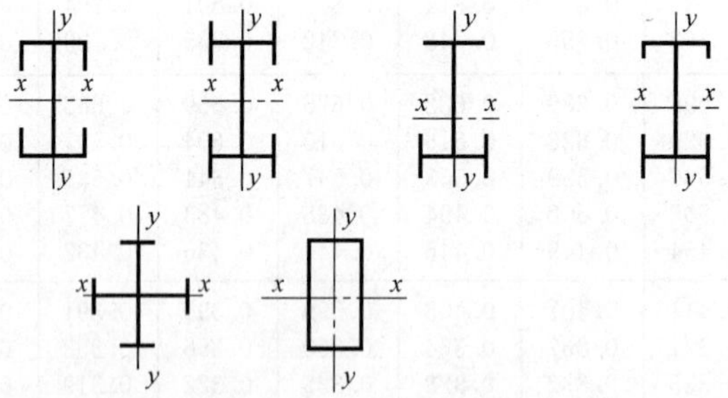	1.05	1.05
3		$\gamma_{x1}=1.05$ $\gamma_{x2}=1.2$	1.2
4		$\gamma_{x1}=1.05$ $\gamma_{x2}=1.2$	1.05

续表

项次	截面形式	γ_x	γ_y
5	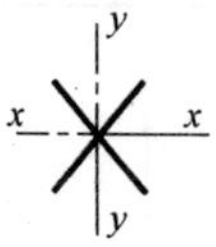 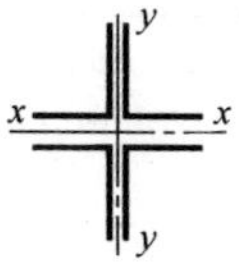 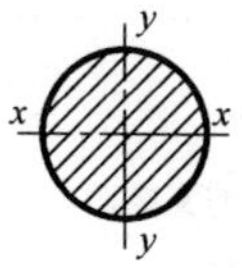	1.2	1.2
6	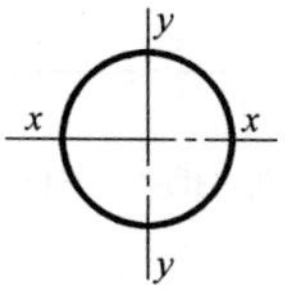	1.15	1.15
7	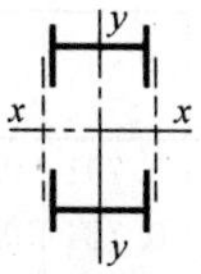 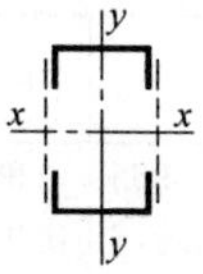	1.0	1.05
8	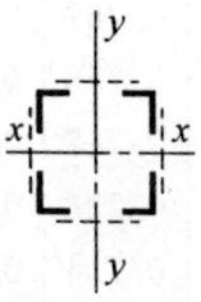 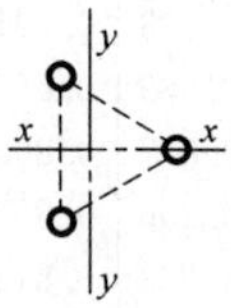		1.0

注：当压弯构件受压翼缘的自由外伸宽度与其厚度之比大于 13 $\sqrt{235/f_y}$ 而不超过 15 $\sqrt{235/f_y}$ 时，应取 $\gamma_x=1.0$。

钢受弯构件的容许挠度 **附表 A-22**

项次	构件类别	挠度容许值	
		$[v_T]$	$[v_Q]$
1	吊车梁和吊车桁架(接自重和起重量最大的一台吊车计算挠度)		
	(1)手动吊车和单梁吊车(含悬挂吊车)；	$l/500$	—
	(2)轻级工作制桥式吊车；	$l/800$	—
	(3)中级工作制桥式吊车；	$l/1000$	—
	(4)重级工作制桥式吊车	$l/1200$	—
2	手动或电动葫芦的轨道梁	$l/400$	—
3	有重轨(重量≥38kg/m)轨道的工作平台梁	$l/600$	—
	有轻轨(重量≤24kg/m)轨道的工作平台梁	$l/400$	—
4	楼(屋)盖梁或桁架，工作平台梁(第 3 项除外)和平台板		
	(1)主梁或桁架(包括设有悬挂起重设备的梁和桁架)；	$l/400$	$l/500$
	(2)抹灰顶棚的次梁；	$l/250$	$l/350$
	(3)除(1)、(2)外的其他梁(包括楼梯梁)；	$l/250$	$l/300$
	(4)屋盖檩条：		
	支承无积灰的瓦楞铁和石棉瓦者	$l/150$	—
	支承压型金属板、有积灰的瓦楞铁和石棉瓦等屋面者	$l/200$	—
	支承其他屋面材料者	$l/200$	—
	(5)平台板	$l/150$	—

续表

项次	构件类别	挠度容许值	
		$[\upsilon_T]$	$[\upsilon_Q]$
5	墙梁构件 (1)支柱； (2)抗风桁架(作为连续支柱的支撑时)； (3)砌体墙的横梁(水平方向)； (4)支承压型金属板、瓦楞铁和石棉瓦墙面的横梁(水平方向)； (5)带有玻璃窗的横梁(竖直和水平方向)	 $l/200$	 $l/400$ $l/1000$ $l/300$ $l/200$ $l/200$

注：1. l 为受弯构件的跨度（对悬臂梁和伸臂梁为悬伸长度的 2 倍）；

2. $[\upsilon_T]$ 为全部荷载标准值产生的挠度（如有起拱应减去拱度）的容许值；$[\upsilon_Q]$ 为可变荷载标准值产生的挠度的容许值。

无侧移框架柱的计算长度系数 μ **附表 A-23**

K_2 \ K_1	0	0.05	0.1	0.2	0.3	0.4	0.5	1	2	3	4	5	≥10
0	1.000	0.990	0.981	0.964	0.949	0.935	0.922	0.875	0.820	0.791	0.773	0.760	0.732
0.05	0.990	0.981	0.971	0.955	0.940	0.926	0.914	0.867	0.814	0.784	0.766	0.754	0.726
0.1	0.981	0.971	0.962	0.946	0.931	0.918	0.906	0.860	0.807	0.778	0.760	0.748	0.721
0.2	0.964	0.955	0.946	0.930	0.916	0.903	0.891	0.846	0.795	0.767	0.749	0.737	0.711
0.3	0.949	0.940	0.931	0.916	0.902	0.889	0.878	0.834	0.784	0.756	0.739	0.728	0.701
0.4	0.935	0.926	0.918	0.903	0.889	0.877	0.866	0.823	0.774	0.747	0.730	0.719	0.693
0.5	0.922	0.914	0.906	0.891	0.878	0.866	0.855	0.813	0.765	0.738	0.721	0.710	0.685
1	0.875	0.867	0.860	0.846	0.834	0.823	0.813	0.774	0.729	0.704	0.688	0.677	0.654
2	0.820	0.814	0.807	0.795	0.784	0.774	0.765	0.729	0.686	0.663	0.648	0.638	0.615
3	0.791	0.784	0.778	0.767	0.756	0.747	0.738	0.704	0.663	0.640	0.625	0.616	0.593
4	0.773	0.766	0.760	0.749	0.739	0.730	0.721	0.688	0.648	0.625	0.611	0.601	0.580
5	0.760	0.754	0.748	0.737	0.728	0.719	0.710	0.677	0.638	0.616	0.601	0.592	0.570
≥10	0.732	0.726	0.721	0.711	0.701	0.693	0.685	0.654	0.615	0.593	0.580	0.570	0.549

注：1. 表中的计算长度系数 μ 值按下式算得：

$$\left[\left(\frac{\pi}{\mu}\right)^2+2(K_1+K_2)-4K_1K_2\right]\frac{\pi}{\mu}\cdot\sin\frac{\pi}{\mu}-2\left[(K_1+K_2)\left(\frac{\pi}{\mu}\right)^2+4K_1K_2\right]\cos\frac{\pi}{\mu}+8K_1K_2=0$$

式中，K_1、K_2 分别为相交于柱上端、柱下端的横梁线刚度之和与柱线刚度之和的比值。当横梁远端为铰接时，应将横梁线刚度乘以 1.5；当横梁远端为嵌固时，则应乘以 2.0。

2. 当横梁与柱铰接时，取横梁线刚度为零。

3. 对底层框架柱：当柱与基础铰接时，取 $K_2=0$（对平板支座可取 $K_2=0.1$）；当柱与基础刚接时，取 $K_2=10$。

4. 当与柱刚接的横梁所受的轴心压力 N_b 较大时，横梁线刚度应乘以折减系数 α_N。α_N 的计算方法如下：横梁远端与柱刚接或横梁远端铰支时，$\alpha_N=1-\frac{N_b}{N_{Eb}}$；横梁远端嵌固时，$\alpha_N=1-\frac{N_b}{2N_{Eb}}$。式中，$N_{Eb}=\frac{\pi^2 EI_b}{l^2}$。其中，$I_b$、$l$ 分别为横梁的截面惯性矩和长度。

有侧移框架柱的计算长度系数 μ **附表 A-24**

K_2 \ K_1	0	0.05	0.1	0.2	0.3	0.4	0.5	1	2	3	4	5	≥10
0	∞	6.02	4.46	3.42	3.01	2.78	2.64	2.33	2.17	2.11	2.08	2.07	2.03
0.05	6.02	4.16	3.47	2.86	2.58	2.42	2.31	2.07	1.94	1.90	1.87	1.86	1.83
0.1	4.46	3.47	3.01	2.56	2.33	2.20	2.11	1.90	1.79	1.75	1.73	1.72	1.70
0.2	3.42	2.86	2.56	2.23	2.05	1.94	1.87	1.70	1.60	1.57	1.55	1.54	1.52
0.3	3.01	2.58	2.33	2.05	1.90	1.80	1.74	1.58	1.49	1.46	1.45	1.44	1.42

续表

K_2 \ K_1	0	0.05	0.1	0.2	0.3	0.4	0.5	1	2	3	4	5	≥10
0.4	2.78	2.42	2.20	1.94	1.80	1.71	1.65	1.50	1.42	1.39	1.37	1.37	1.35
0.5	2.64	2.31	2.11	1.87	1.74	1.65	1.59	1.45	1.37	1.34	1.32	1.32	1.30
1	2.33	2.07	1.90	1.70	1.58	1.50	1.45	1.32	1.24	1.21	1.20	1.19	1.17
2	2.17	1.94	1.79	1.60	1.49	1.42	1.37	1.24	1.16	1.14	1.12	1.12	1.10
3	2.11	1.90	1.75	1.57	1.46	1.39	1.34	1.21	1.14	1.11	1.10	1.09	1.07
4	2.08	1.87	1.73	1.55	1.45	1.37	1.32	1.20	1.12	1.10	1.08	1.08	1.06
5	2.07	1.86	1.72	1.54	1.44	1.37	1.32	1.19	1.12	1.09	1.08	1.07	1.05
≥10	2.03	1.83	1.70	1.52	1.42	1.35	1.30	1.17	1.10	1.07	1.06	1.05	1.03

注：1. 表中的计算长度系数 μ 值按下式算得：

$$\left[36K_1K_2-\left(\frac{\pi}{\mu}\right)^2\right]\sin\frac{\pi}{\mu}+6(K_1+K_2)\frac{\pi}{\mu}\cdot\cos\frac{\pi}{\mu}=0$$

式中，K_1、K_2 分别为相交于柱上端、柱下端的横梁线刚度之和与柱线刚度之和的比值。当横梁远端为铰接时，应将横梁线刚度乘以 0.5；当横梁远端为嵌固时，则应乘以 2/3。

2. 当横梁与柱铰接时，取横梁线刚度为零。

3. 对底层框架柱：当柱与基础铰接时，取 $K_2=0$（对平板支座可取 $K_2=0.1$）；当柱与基础刚接时，取 $K_2=10$。

4. 当与柱刚接的横梁所受的轴心压力 N_b 较大时，横梁线刚度应乘以折减系数 α_N。α_N 的计算方法如下：

横梁远端与柱刚接时，$\alpha_N=1-\frac{N_b}{N_{Eb}}$；横梁远端铰支时，$\alpha_N=1-\frac{N_b}{2N_{Eb}}$；横梁远端嵌固时，$\alpha_N=1-\frac{N_b}{2N_{Eb}}$。

式中，$N_{Eb}=\frac{\pi^2EI_b}{l^2}$。其中，$I_b$、$l$ 分别为横梁的截面惯性矩和长度。

柱上端为自由的单阶柱下段的计算长度系数 μ　　　附表 A-25

$K_1=\frac{I_1}{I_2}\cdot\frac{H_2}{H_1}$，$\eta_1=\frac{H_1}{H_2}\sqrt{\frac{N_1}{N_2}\cdot\frac{I_2}{I_1}}$

N_1—上段柱的轴心力；

N_2—下段柱的轴心力

η_1 \ K_1	0.06	0.08	0.10	0.12	0.14	0.16	0.18	0.20	0.22	0.24	0.26	0.28	0.3	0.4	0.5	0.6	0.7	0.8
0.2	2.00	2.01	2.01	2.01	2.01	2.01	2.01	2.02	2.02	2.02	2.02	2.02	2.02	2.03	2.04	2.05	2.06	2.07
0.3	2.01	2.02	2.02	2.02	2.03	2.03	2.03	2.04	2.04	2.05	2.05	2.05	2.06	2.08	2.10	2.12	2.13	2.15
0.4	2.02	2.03	2.04	2.04	2.05	2.06	2.07	2.07	2.08	2.09	2.09	2.10	2.11	2.14	2.18	2.21	2.25	2.28
0.5	2.04	2.05	2.06	2.07	2.09	2.10	2.11	2.12	2.13	2.15	2.16	2.17	2.18	2.24	2.29	2.35	2.40	2.45
0.6	2.06	2.08	2.10	2.12	2.14	2.16	2.18	2.19	2.21	2.23	2.25	2.26	2.28	2.36	2.44	2.52	2.59	2.66
0.7	2.10	2.13	2.16	2.18	2.21	2.24	2.26	2.29	2.31	2.34	2.36	2.38	2.41	2.52	2.62	2.72	2.81	2.90
0.8	2.15	2.20	2.24	2.27	2.31	2.34	2.38	2.41	2.44	2.47	2.50	2.53	2.56	2.70	2.82	2.94	3.06	3.16
0.9	2.24	2.29	2.35	2.39	2.44	2.48	2.52	2.56	2.60	2.63	2.67	2.71	2.74	2.90	3.05	3.19	3.32	3.44
1.0	2.36	2.43	2.48	2.54	2.59	2.64	2.69	2.73	2.77	2.82	2.86	2.90	2.94	3.12	3.29	3.45	3.59	3.74
1.2	3.69	2.76	2.83	2.89	2.95	3.01	3.07	3.12	3.17	3.22	3.27	3.32	3.37	3.59	3.80	3.99	4.17	4.34
1.4	3.07	3.14	3.22	3.29	3.36	3.42	3.48	3.55	3.61	3.66	3.72	3.78	3.83	4.09	4.33	4.56	4.77	4.97
1.6	3.47	3.55	3.63	3.71	3.78	3.85	3.92	3.99	4.07	4.12	4.18	4.25	4.31	4.61	4.88	5.14	5.38	5.62
1.8	3.88	3.97	4.05	4.13	4.21	4.29	4.37	4.44	4.52	4.59	4.66	4.73	4.80	5.13	5.44	5.73	6.00	6.26
2.0	4.29	4.39	4.48	4.57	4.65	4.74	4.82	4.90	4.99	5.07	5.14	5.22	5.30	5.66	6.00	6.32	6.63	6.92
2.2	4.71	4.81	4.91	5.00	5.10	5.19	5.28	5.37	5.46	5.54	5.63	5.71	5.80	6.19	6.57	6.92	7.26	7.58
2.4	5.13	5.24	5.34	5.44	5.54	5.64	5.74	5.84	5.93	6.03	6.12	6.21	6.30	6.73	7.14	7.52	7.89	8.24
2.6	5.55	5.66	5.77	5.88	5.99	6.10	6.20	6.31	6.41	6.51	6.61	6.71	6.80	7.27	7.71	8.13	8.52	8.90
2.8	5.97	6.09	6.21	6.33	6.44	6.55	6.67	6.78	6.89	6.99	7.10	7.21	7.31	7.81	8.28	8.73	9.16	9.57
3.0	6.39	6.52	6.64	6.77	6.89	7.01	7.13	7.25	7.37	7.48	7.59	7.71	7.82	8.35	8.86	9.34	9.80	10.24

注：表中的计算长度系数 μ 值按下式算得 $\eta_1K_1\cdot\tan\frac{\pi}{\mu}\cdot\tan\frac{\pi\eta_1}{\mu}-1=0$。

柱上端可移动但不转动的单阶柱下段的计算长度系数 μ 附表 A-26

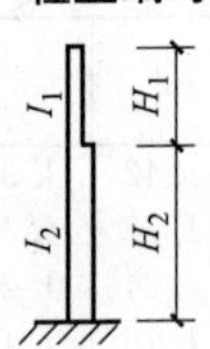

$$K_1=\frac{I_1}{I_2}\cdot\frac{H_2}{H_1},\ \eta_1=\frac{H_1}{H_2}\sqrt{\frac{N_1}{N_2}\cdot\frac{I_2}{I_1}}$$

N_1—上段柱的轴心力；

N_2—下段柱的轴心力

η_1 \ K_1	0.06	0.08	0.10	0.12	0.14	0.16	0.18	0.20	0.22	0.24	0.26	0.28	0.3	0.4	0.5	0.6	0.7	0.8
0.2	1.96	1.94	1.93	1.91	1.90	1.89	1.88	1.86	1.85	1.84	1.83	1.82	1.81	1.76	1.72	1.68	1.65	1.62
0.3	1.96	1.94	1.93	1.92	1.91	1.89	1.88	1.87	1.86	1.85	1.84	1.83	1.82	1.77	1.73	1.70	1.66	1.63
0.4	1.96	1.95	1.94	1.92	1.91	1.90	1.89	1.88	1.87	1.86	1.85	1.84	1.83	1.79	1.75	1.72	1.68	1.66
0.5	1.96	1.95	1.94	1.93	1.92	1.91	1.90	1.89	1.88	1.87	1.86	1.85	1.85	1.81	1.77	1.74	1.71	1.69
0.6	1.97	1.96	1.95	1.94	1.93	1.92	1.91	1.90	1.90	1.89	1.88	1.87	1.87	1.83	1.80	1.78	1.75	1.73
0.7	1.97	1.97	1.96	1.95	1.94	1.94	1.93	1.92	1.92	1.91	1.90	1.90	1.89	1.86	1.84	1.82	1.80	1.78
0.8	1.98	1.98	1.97	1.96	1.96	1.95	1.95	1.94	1.94	1.93	1.93	1.93	1.92	1.90	1.88	1.87	1.86	1.84
0.9	1.99	1.99	1.98	1.98	1.98	1.97	1.97	1.97	1.97	1.96	1.96	1.96	1.96	1.95	1.94	1.93	1.92	1.92
1.0	2.00	2.00	2.00	2.00	2.00	2.00	2.00	2.00	2.00	2.00	2.00	2.00	2.00	2.00	2.00	2.00	2.00	2.00
1.2	2.03	2.04	2.04	2.05	2.06	2.07	2.07	2.08	2.08	2.09	2.10	2.10	2.11	2.13	2.15	2.17	2.18	2.20
1.4	2.07	2.09	2.11	2.12	2.14	2.16	2.17	2.18	2.20	2.21	2.22	2.23	2.24	2.29	2.33	2.37	2.40	2.42
1.6	2.13	2.16	2.19	2.22	2.25	2.27	2.30	2.32	2.34	2.36	2.37	2.39	2.41	2.48	2.54	2.59	2.63	2.67
1.8	2.22	2.27	2.31	2.35	2.39	2.42	2.45	2.48	2.50	2.53	2.55	2.57	2.59	2.69	2.76	2.83	2.88	2.93
2.0	2.35	2.41	2.46	2.50	2.55	2.59	2.62	2.66	2.69	2.72	2.75	2.77	2.80	2.91	3.00	3.08	3.14	3.20
2.2	2.51	2.57	2.63	2.68	2.73	2.77	2.81	2.85	2.89	2.92	2.95	2.98	3.01	3.14	3.25	3.33	3.41	3.47
2.4	2.68	2.75	2.81	2.87	2.92	2.97	3.01	3.05	3.09	3.13	3.17	3.20	3.24	3.38	3.50	3.59	3.68	3.75
2.6	2.87	2.94	3.00	3.06	3.12	3.17	3.22	3.27	3.31	3.35	3.39	3.43	3.46	3.62	3.75	3.86	3.95	4.03
2.8	3.06	3.14	3.20	3.27	3.33	3.38	3.43	3.48	3.53	3.58	3.62	3.66	3.70	3.87	4.01	4.13	4.23	4.32
3.0	3.26	3.34	3.41	3.47	3.54	3.60	3.65	3.70	3.75	3.80	3.85	3.89	3.93	4.12	4.27	4.40	4.51	4.61

注：表中的计算长度系数 μ 值按下式算得 $\tan\frac{\pi\eta_1}{\mu}+\eta_1K_1\cdot\tan\frac{\pi}{\mu}=0$。

附录B　钢梁的整体稳定系数计算

附B.1　焊接工字形等截面简支梁

焊接工字形等截面（附图B-1）简支梁的整体稳定系数 φ_b 应按下式计算：

$$\varphi_B=\beta_b\frac{4320}{\lambda_y^2}\cdot\frac{Ah}{W_x}\left[\sqrt{1+\left(\frac{\lambda_y t_1}{4.4h}\right)^2}+\eta_b\right]\frac{235}{f_y} \tag{附B-1}$$

$$\lambda_y=l_1/i_1$$

式中　β_b——梁整体稳定的等效弯矩系数，按附表B-1采用；

λ_y——梁在侧向支承点间对截面弱轴 y-y 的长细比，i_y 为梁毛截面对 y 轴的截面回转半径；

A——梁的毛截面面积；

h、t_1——梁截面的全高和受压翼缘厚度；

η_b——截面不对称影响系数。

对双轴对称工字形截面（附图B-1a）

$$\eta_b=0$$

对单轴对称工字形截面（附图B-1b、c）

加强受压翼缘

$$\eta_b=0.8(2\alpha_b-1)$$

加强受拉翼缘

$$\eta_b=2\alpha_b-1$$

$$\alpha_b=\frac{I_1}{I_1+I_2}$$

式中　I_1、I_2——受压翼缘和受拉翼缘对 y 轴的惯性矩。

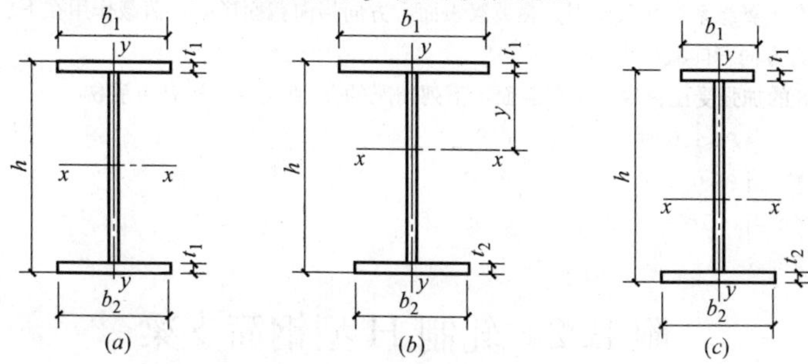

附图B-1　焊接工字形截面

（a）双轴对称工字形截面；（b）加强受压翼缘的单轴对称工字形截面；

（c）加强受拉翼缘的单轴对称工字形截面

当按附式（B-1）算得的 φ_b 值大于 0.60 时，应按下式计算的 φ_b' 代替 φ_b 值：

$$\varphi_b' = 1.07 - \frac{0.282}{\varphi_b} \leqslant 1.0 \tag{附 B-2}$$

应注意，附式（B-1）亦适用于等截面铆接（或高强度螺栓连接）简支梁，其受压翼缘厚度 t_1 应包括翼缘角钢厚度在内。

H 型钢和等截面工字形简支梁的等效弯矩系数 β_b　　　　**附表 B-1**

项次	侧向支承	荷　载		$\xi=\frac{l_1 t_1}{b_1 h}$		适用范围
				$\xi \leqslant 2.0$	$\xi > 2.0$	
1	跨中无侧向支承	均布荷载作用在	上翼缘	$0.69+0.13\xi$	0.95	附图 B-1(*a*)、(*b*)的截面形式
2			下翼缘	$1.73-0.20\xi$	1.33	
3		集中荷载作用在	上翼缘	$0.73+0.18\xi$	1.09	
4			下翼缘	$2.23-0.28\xi$	1.67	
5	跨度中点有一个侧向支承点	均布荷载作用在	上翼缘	1.15		附图 B-1 中的所有截面形式
6			下翼缘	1.40		
7		集中荷载作用在截面高度上任意位置		1.75		
8	跨中点有不少于两个等距离侧向支承点	任意荷载作用在	上翼缘	1.20		
9			下翼缘	1.40		
10	梁端有弯矩，但跨中无荷载作用			$1.75-1.05\frac{M_2}{M_1}+0.3\left(\frac{M_2}{M_1}\right)^2$，但$\leqslant 2.3$		

注　1. $\xi = l_1 t_1 / b_1 h$——参数，其中 b_1 为受压翼缘的宽度，l_1 为受压翼缘侧向支撑点的长度。

2. M_1 和 M_2 为梁的端弯矩，使梁产生同向曲率时，M_1 和 M_2 取同号，产生反向曲率时，取异号，$|M_1| \geqslant |M_2|$。

3. 表中项次 3、4 和 7 的集中荷载是指一个或少数几个集中荷载位于跨中央附近的情况，对其他情况的集中荷载，应按表中项次 1、2、5、6 内的数值采用。

4. 表中项次 8、9 的 β_b，当集中荷载作用在侧向支承点处时，取 $\beta_b=1.20$。

5. 荷载作用在上翼缘系指荷载作用点在翼缘表面，方向指向截面形心；荷载作用在下翼缘系指荷载作用点在翼缘表面，方向背向截面形心。

6. 对 $\alpha_b > 0.8$ 的加强受压翼缘工字形截面，下列情况的 β_b 值应乘以相应的系数：

项次 1	当 $\xi \leqslant 1.0$ 时	0.95
项次 3	当 $\xi \leqslant 0.5$ 时	0.90
	当 $0.5 < \xi \leqslant 1.0$ 时	0.95

附 B.2　轧制 H 型钢简支梁

轧制 H 型钢简支梁整体稳定系数 φ_b 应按附式（B-1）计算，取 η_b 等于零，当所得的 φ_b 值大于 0.6 时，应按附式（B-2）算得相应的 φ_b' 代替 φ_b 值。

附 B.3　轧制普通工字钢简支梁

轧制普通工字钢简支梁整体稳定系数 φ_b 应按附表 B-2 采用，当所得的 φ_b 值大于 0.60 时，应按附式（B-2）算得相应的 φ_b' 代替 φ_b 值。

轧制普通工字钢简支梁 φ_b　　　　**附表 B-2**

项次	荷载情况			工字钢型号	自由长度 l_1(m)								
					2	3	4	5	6	7	8	9	10
1	跨中无侧向支承点的梁	集中荷载作用于	上翼缘	10～20	2.00	1.30	0.99	0.80	0.68	0.58	0.53	0.48	0.43
				22～32	2.40	1.48	1.09	0.86	0.72	0.62	0.54	0.49	0.45
				36～63	2.80	1.60	1.07	0.83	0.68	0.56	0.50	0.45	0.40
2			下翼缘	10～20	3.10	1.95	1.34	1.01	0.82	0.69	0.63	0.57	0.52
				22～40	5.50	2.80	1.84	1.37	1.07	0.86	0.73	0.64	0.56
				45～63	7.30	3.60	2.30	1.62	1.20	0.96	0.80	0.69	0.60
3		均布荷载作用于	上翼缘	10～20	1.70	1.12	0.84	0.68	0.57	0.50	0.45	0.41	0.37
				22～40	2.10	1.30	0.93	0.73	0.60	0.51	0.45	0.40	0.36
				45～63	2.60	1.45	0.97	0.73	0.59	0.50	0.44	0.38	0.35
4			下翼缘	10～20	2.58	1.55	1.08	0.83	0.68	0.56	0.52	0.47	0.42
				22～40	4.00	2.20	1.45	1.10	0.85	0.70	0.60	0.52	0.46
				45～63	5.60	2.80	1.80	1.25	0.95	0.78	0.65	0.55	0.49
5	跨中有侧向支撑点的梁(不论荷载作用点在截面高度上的位置)			10～20	2.20	1.39	1.01	0.79	0.66	0.57	0.52	0.47	0.42
				22～40	3.00	1.80	1.24	0.96	0.76	0.65	0.56	0.49	0.43
				45～63	4.00	2.20	1.38	1.01	0.80	0.66	0.56	0.49	0.43

注　1. 同附表 B-1 的注 3，注 5；

2. 表中的 φ_b 用于 Q235 钢，对其他钢号，表中数值应乘以 $235/f_y$。

附 B.4　轧制槽钢简支梁

轧制槽钢简支梁的整体稳定系数，不论荷载形式和荷载作用点在截面高度上的位置，均可按下式计算：

$$\varphi_b=\frac{570bt}{l_1h}\cdot\frac{235}{f_y} \tag{附 B-3}$$

式中　h、b、t——分别为槽钢截面的高度、翼缘宽度和平均厚度。

按附式（B-3）算得的 φ_b 值大于 0.6 时，应按附式（B-2）算得相应的 φ_b' 代替 φ_b 值。

附 B.5　双轴对称工字形等截面（含 H 型钢）悬臂梁

对轴对称工字形等截面（含 H 型钢）悬臂梁的整体稳定系数，可按附式（B-1）计算，但式中系数 β_b 应按附表 B-3 查得，$\lambda_y=\frac{l_1}{i_y}$（$l_1$ 为悬臂梁的悬伸长度）。当求得的 φ_b 值大于 0.6 时，应按附式（B-2）算得相应的 φ_b' 值代替 φ_b 值。

双轴对称工字形等截面（含H型钢）悬臂梁的等效弯矩系数 β_b 附表 B-3

项次	荷载形式		$0.60 \leqslant \xi \leqslant 1.24$	$1.24 < \xi \leqslant 1.96$	$1.96 < \xi \leqslant 3.10$
1	自由端一个集中荷载作用在	上翼缘	$0.21+0.67\xi$	$0.72+0.26\xi$	$1.17+0.03\xi$
2		下翼缘	$2.94-0.65\xi$	$2.64-0.40\xi$	$2.15-0.15\xi$
3	均布荷载作用在上翼缘		$0.62+0.82\xi$	$1.25+0.31\xi$	$1.66+0.10\xi$

注 1. 本表是按支承端为固定的情况确定的，当用于由邻跨延伸出来的伸臂梁时，应在构造上采取措施加强支承处的抗扭能力；

2. $\xi=\frac{l_1 t_1}{b_1 h}$，式中符号意义同附表 B-1。

附录C 《混凝土结构设计规范》GB 50010—2010 规定的材料指标及有关规定

普通钢筋强度标准值（N/mm²） 附表C-1

牌号	符号	公称直径 d(mm)	屈服强度标准值 f_{yk}	极限强度标准值 f_{stk}
HPB300	Φ	6～22	300	420
HRB335 HRBF335	Φ Φ^{F}	6～50	335	455
HRB400 HRBF400 RRB400	Φ Φ^{F} Φ^{R}	6～50	400	540
HRB500 HRBF500	Φ Φ^{F}	6～50	500	630

普通钢筋强度设计值（N/mm²） 附表C-2

牌　　号	抗拉强度设计值 f_y	抗压强度设计值 f'_y
HPB300	270	270
HRB335、HRBF335	300	300
HRB400、HRBF400、RRB400	360	360
HRB500、HRBF500	435(受剪、受扭、受冲切计算360)	410

预应力筋强度标准值（N/mm²） 附表C-3

种类		符号	公称直径 d(mm)	屈服强度标准值 f_{pyk}	极限强度标准值 f_{ptk}
中强度预应力钢丝	光面 螺旋肋	ϕ^{PM} ϕ^{HM}	5、7、9	620	800
				780	970
				980	1270
预应力螺纹钢筋	螺纹	ϕ^{T}	18、25、32、40、50	785	980
				930	1080
				1080	1230
消除应力钢丝	光面 螺旋肋	ϕ^{P} ϕ^{H}	5	—	1570
				—	1860
			7	—	1570
			9	—	1470
				—	1570

续表

种类		符号	公称直径 d(mm)	屈服强度标准值 f_{pyk}	极限强度标准值 f_{ptk}
钢绞线	1×3（三股）	ϕ^S	8.6、10.8、12.9	—	1570
				—	1860
				—	1960
	1×7（七股）		9.5、12.7、15.2、17.8	—	1720
				—	1860
				—	1960
			21.6	—	1860

注：极限强度标准值为1960N/mm² 的钢绞线作后张预应力配筋时，应有可靠的工程经验。

预应力筋强度设计值（N/mm²） **附表 C-4**

种　类	极限强度标准值 f_{ptk}	抗拉强度设计值 f_{py}	抗压强度设计值 f'_{py}
中强度预应力钢丝	800	510	410
	970	650	
	1270	810	
消除应力钢丝	1470	1040	410
	1570	1110	
	1860	1320	
钢绞线	1570	1110	390
	1720	1220	
	1860	1320	
	1960	1390	
预应力螺纹钢筋	980	650	410
	1080	770	
	1230	900	

注：当预应力筋的强度标准值不符合附表 C-4 的规定时，其强度设计值应进行相应的比例换算。

钢筋的弹性模量（×10⁵ N/mm²） **附表 C-5**

牌号或种类	弹性模量 E_s
HPB300 钢筋	2.10
HRB335、HRB400、HRB500 钢筋 HRBF335、HRBF400、HRBF500 钢筋 RRB400 钢筋 预应力螺纹钢筋	2.00
消除应力钢丝、中强度预应力钢丝	2.05
钢绞线	1.95

普通钢筋及预应力筋在最大力下的总伸长率限值 **附表 C-6**

钢筋品种	普通钢筋			预应力筋
	HPB300	HRB335、HRBF335、HRB400、HRBF400、HRB500、HRBF500	RRB400	
δ_{gt}(%)	10.0	7.5	5.0	3.5

普通钢筋疲劳应力幅限值（N/mm²）　　附表 C-7

疲劳应力比值 ρ_s^f	疲劳应力幅限值 Δf_y^f		疲劳应力比值 ρ_s^f	疲劳应力幅限值 Δf_y^f	
	HRB335	HRB400		HRB335	HRB400
0	175	175	0.5	115	123
0.1	162	162	0.6	97	106
0.2	154	156	0.7	77	85
0.3	144	149	0.8	54	60
0.4	131	137	0.9	28	31

注：当纵向受拉钢筋采用闪光接触对焊连接时，其接头处的钢筋疲劳应力幅限值应按表中数值乘以 0.80 取用。

预应力筋疲劳应力幅限值（N/mm²）　　附表 C-8

疲劳应力比值 ρ_p^f	疲劳应力幅限值 Δf_{py}^f	
	钢绞线 $f_{ptk}=1570$	消除应力钢丝 $f_{ptk}=1570$
0.7	144	240
0.8	118	168
0.9	70	88

注：1. 当 ρ_p^f 不小于 0.9 时，可不作预应力筋疲劳验算；
2. 当有充分依据时，可对表中规定的疲劳应力幅限值作适当调整。

混凝土轴心抗压强度标准值（N/mm²）　　附表 C-9

强度	混凝土强度等级													
	C15	C20	C25	C30	C35	C40	C45	C50	C55	C60	C65	C70	C75	C80
f_{ck}	10.0	13.4	16.7	20.1	23.4	26.8	29.6	32.4	35.5	38.5	41.5	44.5	47.4	50.2

混凝土轴心抗拉强度标准值（N/mm²）　　附表 C-10

强度	混凝土强度等级													
	C15	C20	C25	C30	C35	C40	C45	C50	C55	C60	C65	C70	C75	C80
f_{tk}	1.27	1.54	1.78	2.01	2.20	2.39	2.51	2.64	2.74	2.85	2.93	2.99	3.05	3.11

混凝土轴心抗压强度设计值（N/mm²）　　附表 C-11

强度	混凝土强度等级													
	C15	C20	C25	C30	C35	C40	C45	C50	C55	C60	C65	C70	C75	C80
f_c	7.2	9.6	11.9	14.3	16.7	19.1	21.1	23.1	25.3	27.5	29.7	31.8	33.8	35.9

混凝土轴心抗拉强度设计值（N/mm²）　　附表 C-12

强度	混凝土强度等级													
	C15	C20	C25	C30	C35	C40	C45	C50	C55	C60	C65	C70	C75	C80
f_t	0.91	1.10	1.27	1.43	1.57	1.71	1.80	1.89	1.96	2.04	2.09	2.14	2.18	2.22

混凝土的弹性模量（×10⁴N/mm²） **附表 C-13**

混凝土强度等级	C15	C20	C25	C30	C35	C40	C45	C50	C55	C60	C65	C70	C75	C80
E_c	2.20	2.55	2.80	3.00	3.15	3.25	3.35	3.45	3.55	3.60	3.65	3.70	3.75	3.80

注：1. 当有可靠试验依据时，弹性模量可根据实测数据确定；

2. 当混凝土中掺有大量矿物掺合料时，弹性模量可按规定龄期根据实测数据确定。

混凝土受压疲劳强度修正系数 **附表 C-14**

ρ_c^f	$0\leqslant\rho_c^f<0.1$	$0.1\leqslant\rho_c^f<0.2$	$0.2\leqslant\rho_c^f<0.3$	$0.3\leqslant\rho_c^f<0.4$	$0.4\leqslant\rho_c^f<0.5$	$\rho_c^f\geqslant0.5$
γ_ρ	0.68	0.74	0.80	0.86	0.93	1.00

混凝土的疲劳变形模量（×10⁴N/mm²） **附表 C-15**

强度等级	C30	C35	C40	C45	C50	C55	C60	C65	C70	C75	C80
E_c^f	1.30	1.40	1.50	1.55	1.60	1.65	1.70	1.75	1.80	1.85	1.90

钢筋的公称直径、公称截面面积及理论重量 **附表 C-16**

公称直径(mm)	不同根数钢筋的公称截面面积(mm²)									单根钢筋理论重量(kg/m)
	1	2	3	4	5	6	7	8	9	
6	28.3	57	85	113	142	170	198	226	255	0.222
8	50.3	101	151	201	252	302	352	402	453	0.395
10	78.5	157	236	314	393	471	550	628	707	0.617
12	113.1	226	339	452	565	678	791	904	1017	0.888
14	153.9	308	461	615	769	923	1077	1231	1385	1.21
16	201.1	402	603	804	1005	1206	1407	1608	1809	1.58
18	254.5	509	763	1017	1272	1527	1781	2036	2290	2.00(2.11)
20	314.2	628	942	1256	1570	1884	2199	2513	2827	2.47
22	380.1	760	1140	1520	1900	2281	2661	3041	3421	2.98
25	490.9	982	1473	1964	2454	2945	3436	3927	4418	3.85(4.10)
28	615.8	1232	1847	2463	3079	3695	4310	4926	5542	4.83
32	804.2	1609	2413	3217	4021	4826	5630	6434	7238	6.31(6.65)
36	1017.9	2036	3054	4072	5089	6107	7125	8143	9161	7.99
40	1256.6	2513	3770	5027	6283	7540	8796	10053	11310	9.87(10.34)
50	1963.5	3928	5892	7856	9820	11784	13748	15712	17676	15.42(16.28)

注：括号内为预应力螺纹钢筋的数值。

钢绞线的公称直径、公称截面面积及理论重量 **附表 C-17**

种　类	公称直径(mm)	公称截面面积(mm²)	理论重量(kg/m)
1×3	8.6	37.7	0.296
	10.8	58.9	0.462
	12.9	84.8	0.666
1×7 标准型	9.5	54.8	0.430
	12.7	98.7	0.775
	15.2	140	1.101
	17.8	191	1.500
	21.6	285	2.237

钢丝的公称直径、公称截面面积及理论重量　　附表 C-18

公称直径(mm)	公称截面面积(mm^2)	理论重量(kg/m)
5.0	19.63	0.154
7.0	38.48	0.302
9.0	63.62	0.499

每米板宽各种钢筋间距时的钢筋截面面积　　附表 C-19

钢筋间距(mm)	当钢筋直径(mm)为下列数值时的钢筋截面面积(mm^2)													
	3	4	5	6	6/8	8	8/10	10	10/12	12	12/14	14	14/16	16
70	101	179	281	404	561	719	920	1121	1369	1616	1908	2199	2536	2872
75	924.3	167	262	377	524	671	859	1047	1277	1508	1780	2053	2367	2681
80	88.4	157	245	354	491	629	805	981	1198	1414	1669	1924	2218	2513
85	83.2	148	231	333	462	592	758	924	1127	1331	1571	1811	2088	2365
90	78.5	140	218	314	437	559	716	872	1064	1257	1484	1710	1972	2234
95	74.5	132	207	298	414	529	678	826	1008	1190	1405	1620	1868	2116
100	70.6	126	196	283	393	503	644	785	958	1131	1335	1539	1775	2011
110	64.2	114	178	257	357	457	585	714	871	1028	1214	1399	1614	1828
120	58.9	105	163	236	327	419	537	654	798	942	1112	1283	1480	1676
125	56.5	100	157	226	314	402	515	628	766	905	1068	1232	1420	1608
130	54.4	96.6	151	218	302	387	495	604	737	870	1027	1184	1366	1547
140	50.5	89.7	140	202	281	359	460	561	684	808	954	1100	1268	1436
150	47.1	83.8	131	189	262	335	429	523	639	754	890	1026	1183	1340
160	44.1	78.5	123	177	246	314	403	491	599	707	834	962	1110	1257
170	41.5	73.9	115	166	231	296	379	462	564	665	786	906	1044	1183
180	39.2	69.8	109	157	218	279	358	436	532	628	742	855	985	1117
190	37.2	66.1	103	149	207	265	339	413	504	595	702	810	934	1058
200	35.3	62.8	98.2	141	196	251	322	393	479	565	668	770	888	1005
220	32.1	57.1	89.3	129	178	228	292	357	436	514	607	700	807	914
240	29.4	52.4	81.9	118	164	209	268	327	399	471	556	641	740	838
250	28.3	50.2	78.5	113	157	201	258	314	383	452	534	616	710	804
260	27.2	48.3	75.5	109	151	193	248	302	368	435	514	592	682	773
280	25.2	44.9	70.1	101	140	180	230	281	342	404	477	550	634	718
300	23.6	41.9	66.5	94	131	168	215	262	320	377	445	513	592	670
320	22.1	39.2	61.4	88	123	157	201	245	299	353	417	481	554	628

注：表中钢筋直径中的 6/8、8/10、…，系指两种直径的钢筋间隔放置。

混凝土受弯构件的挠度限值　　附表 C-20

构 件 类 型	挠 度 限 值	
吊车梁	手动吊车	$l_0/500$
	电动吊车	$l_0/600$
屋盖、楼盖及楼梯构件	当 $l_0<7m$ 时	$l_0/200$　($l_0/250$)
	当 $7m\leqslant l_0\leqslant 9m$ 时	$l_0/250$　($l_0/300$)
	当 $l_0>9m$ 时	$l_0/300$　($l_0/400$)

注：1. 表中 l_0 为构件的计算跨度；计算悬臂构件的挠度限值时，其计算跨度 l_0 按实际悬臂长度的 2 倍取用；
2. 表中括号内的数值适用于使用上对挠度有较高要求的构件；
3. 如果构件制作时预先起拱，且使用上也允许，则在验算挠度时，可将计算所得的挠度值减去起拱值，对预应力混凝土构件，尚可减去预加力所产生的反拱值；
4. 构件制作时的起拱值和预加力所产生的反拱值，不宜超过构件在相应荷载组合作用下的计算挠度值。

混凝土结构的环境类别 **附表 C-21**

环境类别	条件
一	室内干燥环境 无侵蚀性静水浸没环境
二 a	室内潮湿环境 非严寒和非寒冷地区的露天环境 非严寒和非寒冷地区与无侵蚀性的水或土壤直接接触的环境 严寒和寒冷地区的冰冻线以下与无侵蚀性的水或土壤直接接触的环境
二 b	干湿交替环境 水位频繁变动环境 严寒和寒冷地区的露天环境 严寒和寒冷地区冰冻线以上与无侵蚀性的水或土壤直接接触的环境
三 a	严寒和寒冷地区冬季水位变动区环境 受除冰盐影响环境 海风环境
三 b	盐渍土环境 受除冰盐作用环境 海岸环境
四	海水环境
五	受人为或自然的侵蚀性物质影响的环境

注：1. 室内潮湿环境是指构件表面经常处于结露或湿润状态的环境；
2. 严寒和寒冷地区的划分应符合国家现行标准《民用建筑热工设计规范》GB 50176 的有关规定；
3. 海岸环境和海风环境宜根据当地情况，考虑主导风向及结构所处迎风、背风部位等因素的影响，由调查研究和工程经验确定；
4. 受除冰盐影响环境为受到除冰盐盐雾影响的环境；受除冰盐作用环境指被除冰盐溶液溅射的环境以及使用除冰盐地区的洗车房、停车楼等建筑；
5. 暴露的环境是指混凝土结构表面所处的环境。

混凝土结构构件的裂缝控制等级及最大裂缝宽度的限值（mm） **附表 C-22**

<table>
<tr><th rowspan="2">环境类别</th><th colspan="2">钢筋混凝土结构</th><th colspan="2">预应力混凝土结构</th></tr>
<tr><th>裂缝控制等级</th><th>w_{lim}</th><th>裂缝控制等级</th><th>w_{lim}</th></tr>
<tr><td>一</td><td rowspan="4">三级</td><td>0.30(0.40)</td><td rowspan="2">三级</td><td>0.20</td></tr>
<tr><td>二 a</td><td rowspan="3">0.20</td><td>0.10</td></tr>
<tr><td>二 b</td><td>二级</td><td>—</td></tr>
<tr><td>三 a、三 b</td><td>一级</td><td>—</td></tr>
</table>

注：1. 对处于年平均相对湿度小于 60%地区一类环境下的受弯构件，其最大裂缝宽度限值可采用括号内的数值；
2. 在一类环境下，对钢筋混凝土屋架、托架及需作疲劳验算的吊车梁，其最大裂缝宽度限值应取为 0.20mm，对钢筋混凝土屋面梁和托梁，其最大裂缝宽度限值应取为 0.30mm；
3. 在一类环境下，对预应力混凝土屋架、托架及双向板体系，应按二级裂缝控制等级进行验算；对一类环境下的预应力混凝土屋面梁、托梁、单向板，按表中二 a 类环境的要求进行验算；在一类和二 a 类环境下需作疲劳验算的预应力混凝土吊车梁，应按裂缝控制等级不低于二级的构件进行验算；
4. 表中规定的预应力混凝土构件的裂缝控制等级和最大裂缝宽度限值仅适用于正截面的验算，预应力混凝土构件的斜截面裂缝控制验算应符合《混凝土结构设计规范》第 7 章的要求；
5. 对于烟囱、筒仓和处于液体压力下的结构，其裂缝控制要求应符合专门标准的有关规定；
6. 对于处于四、五类环境下的结构构件，其裂缝控制要求应符合专门标准的有关规定；
7. 表中的最大裂缝宽度限值为用于验算荷载作用引起的最大裂缝宽度。

混凝土保护层的最小厚度 c（mm）　　　　附表 C-23

环境类别	板、墙、壳	梁、柱
一	15	20
二 a	20	25
二 b	25	35
三 a	30	40
三 b	40	50

注：1. 混凝土强度等级不大于 C25 时，表中保护层厚度数值应增加 5mm；
2. 钢筋混凝土基础宜设置混凝土垫层，基础中钢筋的混凝土保护层厚度应从垫层顶面算起，且不应小于 40mm。

混凝土截面抵抗矩塑性影响系数基本值 γ_m　　　　附表 C-24

项次	1	2	3		4		5
截面形状	矩形截面	翼缘位于受压区的T形截面	对称I形截面或箱形截面		翼缘位于受拉区的倒T形截面		圆形和环形截面
			$b_f/b\leqslant2$、h_f/h为任意值	$b_f/b>2$、$h_f/h<0.2$	$b_f/b\leqslant2$、h_f/h为任意值	$b_f/b>2$、$h_f/h<0.2$	
γ_m	1.55	1.50	1.45	1.35	1.50	1.40	$1.6-0.24r_1/r$

注：1. 对 $b_f'>b_f$ 的I形截面，可按项次 2 与项次 3 之间的数值采用；对 $b_f'<b_f$ 的I形截面，可按项次 3 与项次 4 之间的数值采用；
2. 对于箱形截面，b 系指各肋宽度的总和；
3. r_1 为环形截面的内环半径，对圆形截面取 r_1 为零。

混凝土构件纵向受力钢筋的最小配筋百分率 ρ_{min}　　　　附表 C-25

受力类型			最小配筋百分率(%)
受压构件	全部纵向钢筋	强度等级 500MPa	0.50
		强度等级 400MPa	0.55
		强度等级 300MPa、335MPa	0.60
	一侧纵向钢筋		0.20
受弯构件、偏心受拉、轴心受拉构件一侧的受拉钢筋			0.20 和 $45f_t/f_y$ 中的较大值

注：1. 受压构件全部纵向钢筋最小配筋百分率，当采用 C60 以上强度等级的混凝土时，应按表中规定增加 0.10；
2. 板类受弯构件（不包括悬臂板）的受拉钢筋，当采用强度等级 400MPa、500MPa 的钢筋时，其最小配筋百分率应允许采用 0.15 和 $45f_t/f_y$ 中的较大值；
3. 偏心受拉构件中的受压钢筋，应按受压构件一侧纵向钢筋考虑；
4. 受压构件的全部纵向钢筋和一侧纵向钢筋的配筋率以及轴心受拉构件和小偏心受拉构件一侧受拉钢筋的配筋率均应按构件的全截面面积计算；
5. 受弯构件、大偏心受拉构件一侧受拉钢筋的配筋率应按全截面面积扣除受压翼缘面积 $(b_f'-b)h_f'$ 后的截面面积计算；
6. 当钢筋沿构件截面周边布置时，“一侧纵向钢筋”系指沿受力方向两个对边中一边布置的纵向钢筋。

参 考 文 献

1. 工程结构可靠性设计统一标准 GB 50153—2008. 北京：中国建筑工业出版社，2009.
2. 建筑结构可靠度设计统一标准 GB 50068—2001. 北京：中国建筑工业出版社，2001.
3. 公路工程结构可靠度设计统一标准 GB/T 50283—1999. 北京：中国计划出版社，1999.
4. 铁路工程结构可靠度设计统一标准 GB 50216—1994. 北京：中国标准出版社，1994.
5. 建筑结构荷载规范 GB 50009—2012. 北京：中国建筑工业出版社，2012.
6. 混凝土结构设计规范 GB 50010—2010. 北京：中国建筑工业出版社，2011.
7. 钢结构设计规范 GB 50017—2003. 北京：中国计划出版社，2003.
8. 冷弯薄壁型钢结构技术规范 GB 50018—2002. 北京：中国计划出版社，2002.
9. 高层民用建筑钢结构技术规程 JGJ 99—98. 北京：中国建筑工业出版社，1998.
10. 钢-混凝土组合结构设计规程 DL/T 5085—1999. 北京：中国电力出版社，1999.
11. 钢管混凝土结构设计与施工规程 CECS 28：2012. 北京：中国计划出版社，2012.
12. 铁路桥梁钢结构设计规范 TB 10002. 2—2005. 北京：中国铁道出版社，2005.
13. 公路桥涵设计通用规范 JTG D 60—2004. 北京：人民交通出版社，2010.
14. 钢结构工程施工质量验收规范 GB 50205—2001. 北京：中国计划出版社，2001.
15. 混凝土结构工程施工质量验收规范 GB 50204—2002. 北京：中国建筑工业出版社，2002.
16. 建筑抗震设计规范 GB 50011—2010. 北京：中国建筑工业出版社，2010.
17. 罗福午. 建筑结构. 武汉：武汉理工大学出版社，2005.
18. 林宗凡. 建筑结构原理及设计. 北京：高等教育出版社，2002.
19. （美）Daniel L. Schodek 著. 罗福午，杨军，曹俊译. 建筑结构—分析方法及其设计应用（第 4 版）. 北京：清华大学出版社，2004.
20. 叶列平. 混凝土结构. 北京：清华大学出版社，2005.
21. 罗福午，张慧英，杨军. 建筑结构概念设计及案例. 北京：清华大学出版社，2003.
22. [日] 日本建筑构造技术者协会编. 王跃译. 图说建筑结构. 北京：中国建筑工业出版社，2000.
23. 戴国欣. 钢结构. 武汉：武汉理工大学出版社，2007.
24. 沈祖炎等. 钢结构基本原理. 北京：中国建筑工业出版社，2005.
25. 刘树堂. 钢结构. 北京：中国电力出版社，2009.
26. 曹双寅等. 工程结构设计原理. 南京：东南大学出版社，2008.
27. 叶见曙. 结构设计原理（第二版）. 北京：人民交通出版社，2007.
28. 沈蒲生. 混凝土结构设计原理（第 3 版）. 北京：高等教育出版社，2007.
29. 刘立新，叶燕华. 混凝土结构原理（第 2 版）. 武汉：武汉理工大学出版社，2012.
30. 张季超等. 新编混凝土结构原理. 北京：科学出版社，2012.
31. 东南大学，天津大学，同济大学合编. 混凝土结构（上册）. 第五版. 北京：中国建筑工业出版社，2012.
32. 江见鲸. 混凝土结构工程学. 北京：中国建筑工业出版社，1998.